2020年1月8日，农业农村部副部长张桃林出席中国农业科学院2020年工作会议并讲话

2020年3月，农业农村部副部长张桃林一行到中国农业科学院植物保护研究所云南江城草地贪夜蛾防控试验基地和雷达监测点调研，实地了解草地贪夜蛾监测与防控措施等情况

2020年5月，农业农村部副部长刘焕鑫一行到中国农业科学院调研“十四五”农业农村现代化规划编制工作

2020年6月12日，全国人大常委会副委员长吉炳轩率执法检查组赴农业农村部南京农业机械化研究所就《中华人民共和国农业机械化促进法》贯彻落实情况开展执法检查，并围绕提高农机装备水平、确保国家粮食安全等进行调研

2020年7月29日，浙江省委副书记、省长袁家军到中国农业科学院茶叶研究所、中国水稻研究所调研

2020年12月，农业农村部原党组副书记、副部长，中国农业绿色发展研究会理事长余欣荣一行到中国农业科学院草原研究所调研指导

2020年8月，财政部党组成员、部长助理欧文汉一行到中国农业科学院调研

2020年1月8日，中国农业科学院2020年工作会议在北京市召开

2020年6月10日，中国农业科学院在北京市召开2017—2020年重大科研进展发布会，总结贯彻落实习近平总书记贺信精神三年来的阶段性成效，面向社会发布了“中国农业科学院2017—2020年十大科研进展”

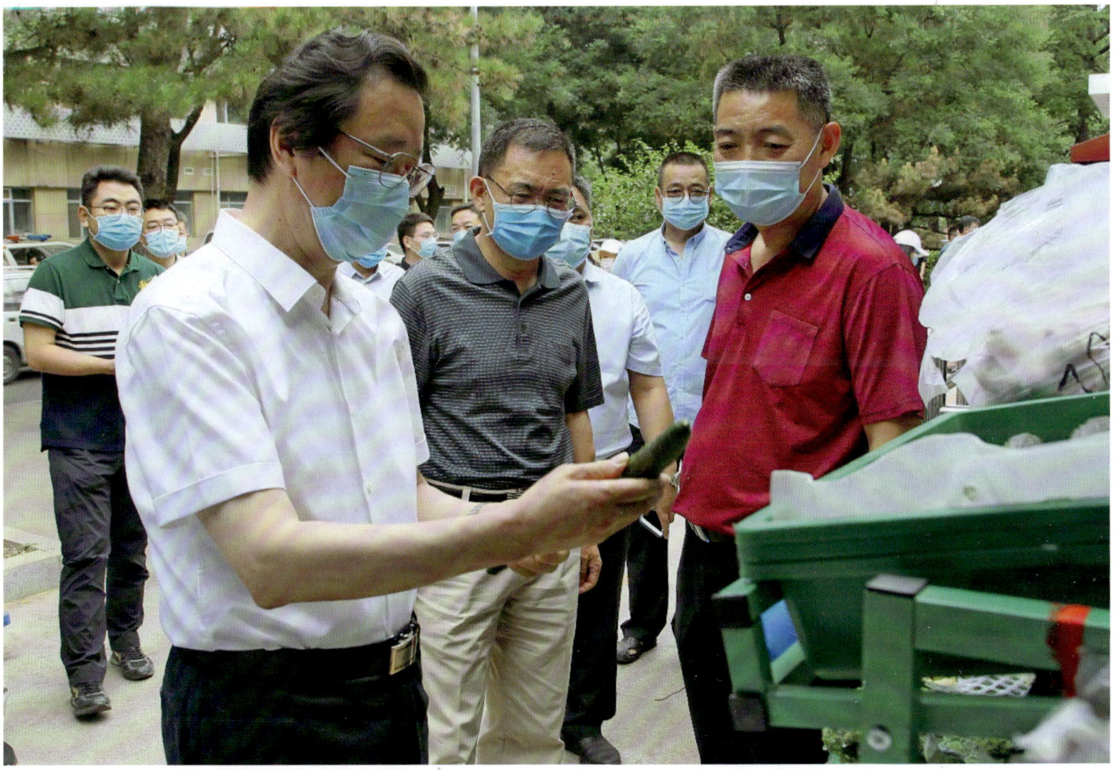

2020年6月17日，农业农村部党组成员、中国农业科学院院长唐华俊，院党组书记张合成到中关村院区疫情防控重点区域检查指导防疫措施落实情况

2020年5月26日，中国农业科学院全体院领导集体参观了“贯彻落实习近平总书记贺信精神重大科技成就展”，重温习近平总书记致中国农业科学院建院60周年贺信

2020年3月8日，农业农村部党组成员、中国农业科学院院长唐华俊，院党组书记张合成，院党组副书记、副院长吴孔明，副院长冯忠武一行看望慰问疫情防控和科研攻关一线的女干部职工

2020年9月，中国农业科学院“深化院地合作　弘扬科学家精神”主题活动在河南省新乡市举办

2020年9月，中国农业科学院党组书记张合成在祁阳红壤实验站调研时强调：传承祁阳站精神　锻造新时代中国科学家的精神丰碑

2020年9月7日，中国农业科学院和北京大学战略合作座谈会在北京市举行，双方签署战略合作协议，共同探索农业科教融合新模式

2020年9月9日，中国农业科学院科学技术协会成立大会在北京市举行。中国科学技术协会党组书记、常务副主席怀进鹏，中国工程院副院长、中国科学技术协会副主席邓秀新，中国科学技术协会副主席孟庆海，农业农村部党组成员、中国农业科学院院长唐华俊，北京市科学技术协会党组书记马林等出席会议

2020年9月16—17日，农业农村部党组成员、中国农业科学院院长唐华俊到苏州市调研，考察苏州未来农业研究院（华东农业科技中心）筹建工作，了解未来智慧田园项目和智能设施园艺装备研发制造基地建设情况

2020年10月19日，在“智汇海淀”人才主题周开幕式上，中国农业科学院党组副书记、副院长吴孔明与北京市海淀区副区长沙海江签署了农业科技服务合作协议，以科技助推海淀区打造高质量“农业中关村”

2020年11月27日，由中国农业科学院、农业农村部科技发展中心、山东省农业科学院和农民日报社共同主办的“给农业插上科技的翅膀”理论研讨会在济南市举行

2020年12月，中国农业科学院党组召开农业科研基础工作专题会

2020年12月15日，中国农业科学院与中国农业发展集团有限公司共同举办科企融合发展研讨会

2020年6月5日，中国农业科学院发布《中国农业绿色发展报告2019》

2020年11月24日，中国农业科学院2020年科研工作会议在北京市召开

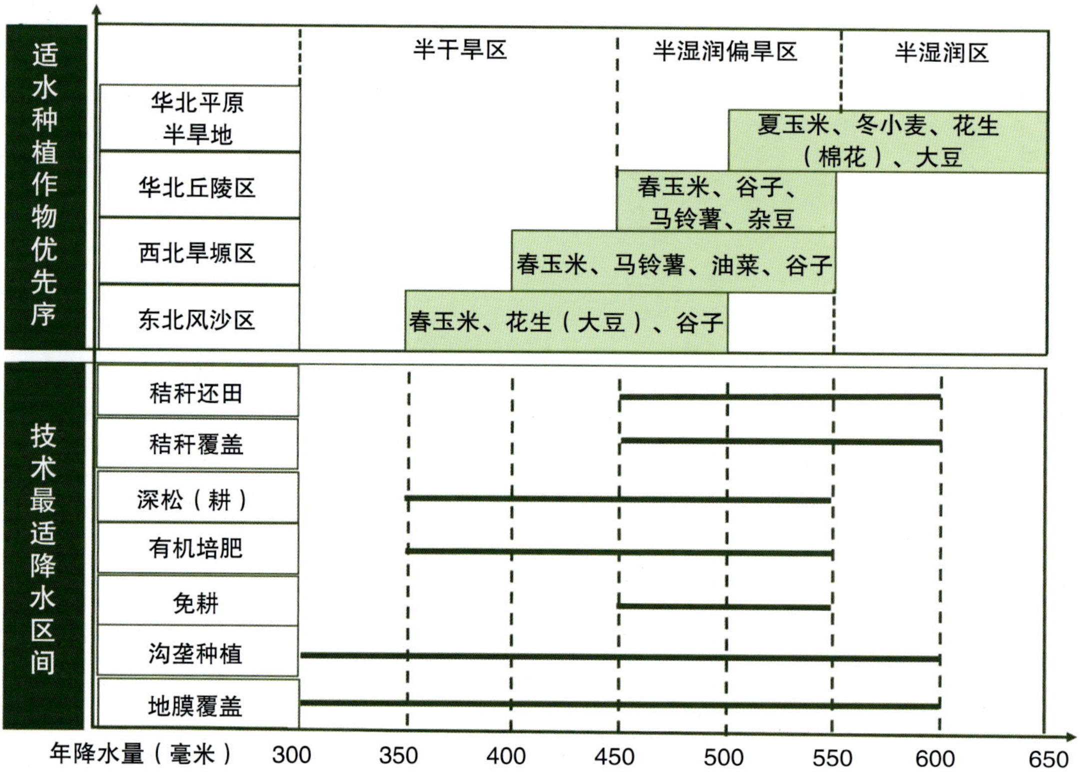

中国农业科学院副院长梅旭荣研究员牵头完成的“北方旱地农田抗旱适水种植技术及应用”荣获2020年度国家科学技术进步奖二等奖

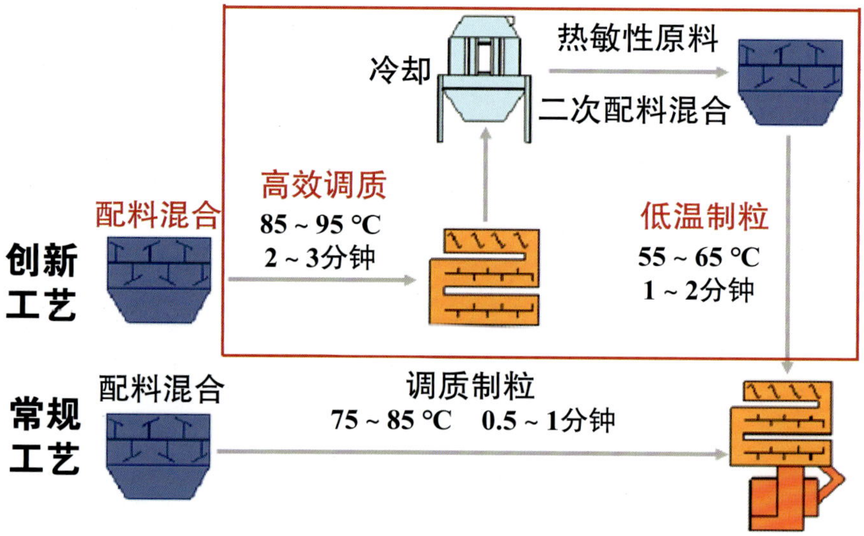

中国农业科学院北京畜牧兽医研究所秦玉昌研究员牵头完成的“畜禽饲料质量安全控制关键技术创建与应用”荣获2020年度国家科学技术进步奖二等奖

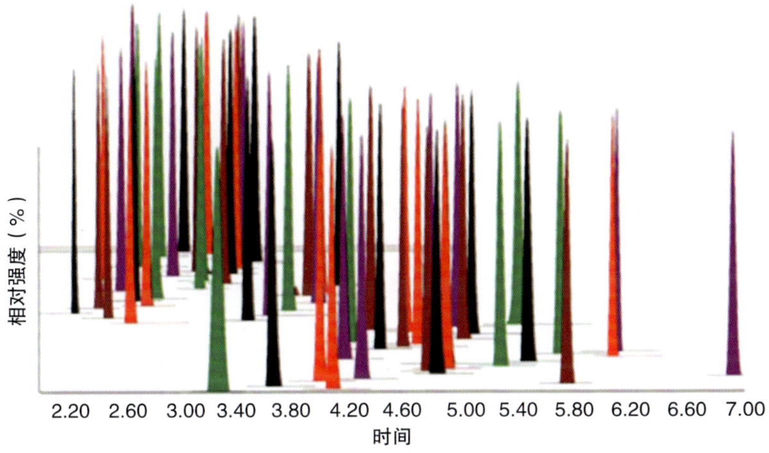

61种兽药同步检测技术

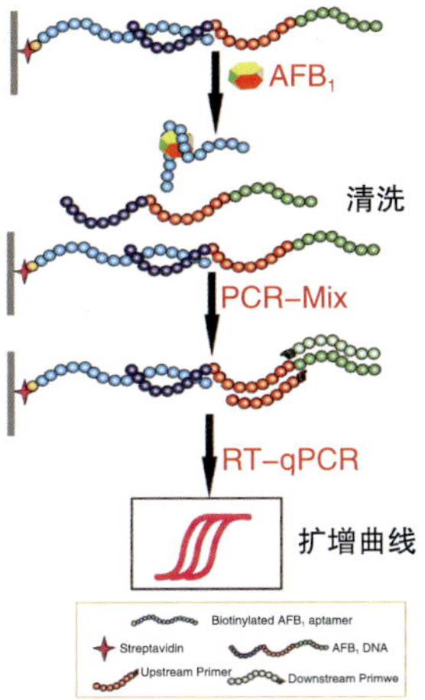

黄曲霉毒素B_1适配体检测技术

中国农业科学院北京畜牧兽医研究所王加启研究员牵头完成的“奶及奶制品安全控制与质量提升关键技术”荣获2020年度国家科学技术进步奖二等奖

中国农业科学院农业资源与农业区划研究所周卫研究员牵头完成的“主要粮食作物养分资源高效利用关键技术”荣获2020年度国家科学技术进步奖二等奖

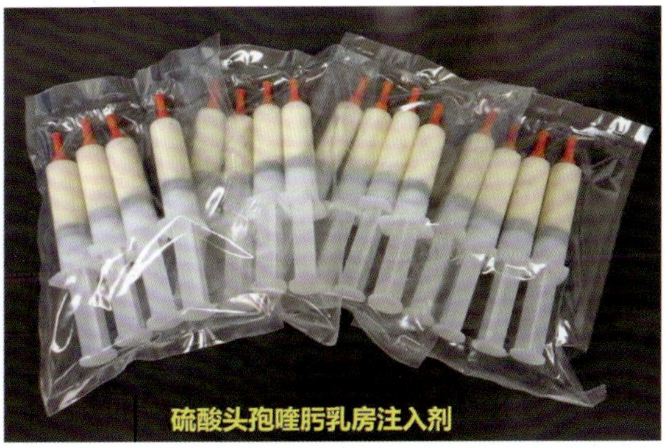

中国农业科学院饲料研究所李秀波研究员牵头完成的“奶牛高发病防治系列新兽药创制与应用”荣获2020年度国家科学技术进步奖二等奖

中国农业科学院作物科学研究所王天宇研究员牵头完成的“玉米优异种质资源规模化发掘与创新利用”荣获2020年度国家科学技术进步奖二等奖

中国水稻研究所胡培松研究员牵头完成的“超高产专用早籼稻品种中嘉早17等的选育与应用”荣获2020年度国家科学技术进步奖二等奖

2020年10月，黄三文荣膺深圳经济特区建立40周年杰出创新人才

2020年10月24日，中国农业科学院蔬菜花卉研究所金黎平被授予“全国三八红旗手”荣誉称号

中国农业科学院程式华被授予2020年度“全国先进工作者”荣誉称号

中国农业科学院何中虎被授予2020年度“全国先进工作者”荣誉称号

中国农业科学院苗保河被授予2020年度“全国先进工作者”荣誉称号

中国农业科学院张克强被授予2020年度“全国先进工作者”荣誉称号

中国农业科学院26人被授予抗美援朝70周年纪念章

中国农业科学院财务局审计处孙聪被授予2020年度“全国内部审计先进工作者”荣誉称号

2020年5月28日，苏州市人民政府与中国农业科学院在北京市召开发布会，共同发布苏州市率先基本实现农业农村现代化评价考核指标体系（2020—2022年）

2020年8月4日，西藏农业技术服务团启动仪式在西藏农业农村厅举行

2020年8月16日，中国农业科学院田间课堂启动暨桦川科技帮扶现场会在黑龙江省佳木斯市桦川县举行

2020年9月18日，农业农村部党组成员、中国农业科学院院长唐华俊与江苏省副省长赵世勇签署院省合作协议，以科技助推江苏率先基本实现农业农村现代化

2020年10月14日，中国农业科学院携手福建省农业科学院服务福建省现代农业建设主战场

2020年10月25日，北方水稻研究中心建设与发展座谈会暨中国水稻研究所与北大荒农垦集团战略合作协议签约仪式在北京市举行

2020年12月，中国农业科学院召开脱贫攻坚与成果转化工作会议

2020年12月2日，中国农业科学院与新疆维吾尔自治区科技援疆工作座谈会在京召开

2020年，中国农业科学院以突出重点、分类施策为基本原则，调动全院力量，解决产业技术难题，一手抓疫情防控，一手抓科技扶贫，针对农产品种植、病害防控、畜禽健康养殖等技术问题，组织开展网络培训103场，在线听众达206 268人次，解决生产中的实际问题，助力脱贫攻坚

2020年4月20日，2020中国农业展望大会以视频直播方式在北京市召开，农业农村部部长韩长赋、联合国粮食及农业组织总干事屈冬玉受邀作视频致辞

2020年5月20日，联合国粮食及农业组织联合中国农业科学院、斯洛文尼亚农林食品部、国际蜂联、中国养蜂学会共同举办的“5・20世界蜜蜂日”主题庆祝活动通过视频会议方式召开

2020年9月，中国农业科学院启动国际农业科学计划第一批项目

2020年12月14日，中国农业科学院海外农业研究中心发布智库研究最新成果

2020年12月15日，中国农业科学院2020年国际合作工作会议在北京市召开

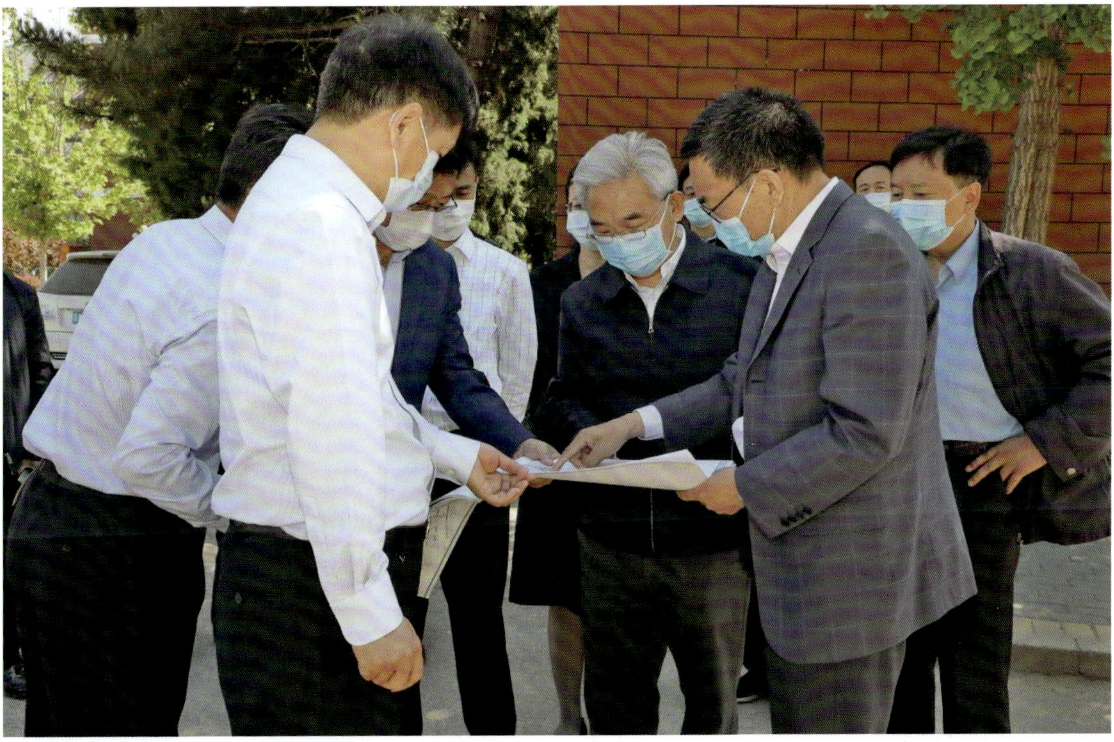

2020年5月12日，农业农村部副部长张桃林到中国农业科学院北京畜牧兽医研究所调研国家畜禽基因库建设项目筹备情况

2020年9月20日，中国农业科学院作物科学研究所作物科普基地“北京市海淀区科普教育基地”正式揭牌

2020年9月，院党组书记张合成为中国农业科学院研究生讲授“乡村振兴理论与实践”第一课

2020年11月，中国农业科学院国家作物表型研究设施在海南省三亚市开工

中国农业科学院2020届研究生毕业典礼

中国农业科学院2020级研究生开学典礼

2020年1月20日，中国农业科学院院部举办迎新春茶话会，共贺新春佳节

2020年1月14日，中国农业科学院举办学习贯彻党的十九届四中全会精神辅导报告会

2020年1月19日，中国农业科学院召开2020年新春媒体团拜会，表彰优秀新闻作品奖获奖记者（团队），共同谋划2020年农业科技宣传工作

2020年1月23日，中国农业科学院领导慰问坚守一线职工

2020年2月11日，中国农业科学院领导指导疫情防控一线工作并看望坚守人员

2020年6月5日，中国农业科学院召开范云六院士学术思想研讨会

郝元峰

赵胜园

朱捷（中）

刘记

顿小玲

曾文芳

李鑫（左）

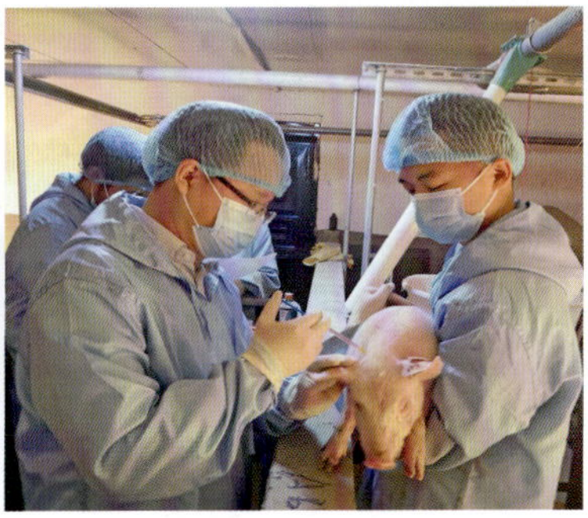

柳金雄（左）

石瑾

2020年5月4日，中国农业科学院举办“青春国家队　筑梦主战场”五四主题活动

2020年6月22日，中国农业科学院召开2020年全面从严治党工作会议，深入学习贯彻十九届中央纪委四次全会精神和农业农村部全面从严治党工作会议精神

2020年7月1日，中国农业科学院召开纪念建党99周年大会

2020年9月27日，农业农村部举办“决胜小康·奋斗有我”职工文艺汇演，中国农业科学院创作的情景剧《粮心田》以感人的故事和精彩的演出打动观众，获得一致好评

中国农业科学院年鉴

2020

中国农业科学院办公室　编

中国农业科学技术出版社

图书在版编目(CIP)数据

中国农业科学院年鉴.2020 / 中国农业科学院办公室编.--北京：中国农业科学技术出版社，2022.7
ISBN 978-7-5116-5783-1

Ⅰ.①中… Ⅱ.①中… Ⅲ.①中国农业科学院-2020-年鉴 Ⅳ.①S-242

中国版本图书馆 CIP 数据核字(2022)第 096620 号

责任编辑 史咏竹
责任校对 李向荣
责任印制 姜义伟 王思文

出 版 者 中国农业科学技术出版社
北京市中关村南大街 12 号 邮编:100081
电 话 (010) 82105169 (编辑室) (010) 82109702 (发行部)
(010) 82109709 (读者服务部)
网 址 https://castp.caas.cn
经 销 者 各地新华书店
印 刷 者 北京地大彩印有限公司
开 本 185 mm×260 mm 1/16
印 张 54.25 插页 24 面
字 数 1 255 千字
版 次 2022 年 7 月第 1 版 2022 年 7 月第 1 次印刷
定 价 268.00 元

《中国农业科学院年鉴 2020》

编 辑 委 员 会

目 录

一、总 类

二、科研创新与创新工程

三、科技成果转化与推广

四、国际合作与交流

五、人事管理与人才建设

六、计划财务管理与条件建设

七、研究生教育与管理

八、综合政务管理

九、党的建设、思想政治和党风廉政工作

十、人物介绍

十一、大事记

十二、附　录

一、总　　类

强化科技创新　完善体制机制
加快推进“两个一流”建设步伐

——中国农业科学院2020年工作会议报告

农业农村部党组成员、中国农业科学院院长　唐华俊

2020年1月8日

同志们：

今天，我们召开2020年中国农业科学院工作会议，主要任务是，以习近平新时代中国特色社会主义思想为指导，深入学习领会总书记关于“三农”工作和科技创新重要指示精神，贯彻落实中央经济工作会议、中央农村工作会议精神和全国农业农村厅局长会议部署要求，总结2019年工作，部署2020年重点任务，完善科技创新体制机制，提升科技创新能力和成果转化水平，为实施乡村振兴战略、全面建成小康社会提供强有力的科技支撑。

农业农村部①党组高度重视农科院工作。韩长赋部长多次赴院所调研指导，在习近平总书记贺信两周年之际，亲临中国农业科学院作了《科技创新支撑乡村振兴》专题报告；昨天又专门作出重要批示，对中国农业科学院2019年在科技创新和人才培养、支撑国家粮食安全和农业高质量发展等方面取得的成绩，给予了充分肯定，对2020年工作提出了新的要求。今天，张桃林副部长出席会议并作了重要讲话，对农业科技创新和院所改革发展提出了明确要求。大家要全面深入领会，认真贯彻落实。下面，我讲三点意见。

一、2019年工作回顾

2019年，全院上下深入贯彻落实习近平总书记贺信指示精神和部党组工作部署，深入开展“不忘初心、牢记使命”主题教育，扎实推进重点任务落地落实，科技创新亮点纷呈、成果转化力度增强、人才结构不断优化、平台布局更加完善，各项工作成效显著，总体发展水平再上新台阶。

① 中华人民共和国农业农村部，全书简称农业农村部。

（一）充分发挥创新工程引领作用，科技创新实现了重大突破

进一步凝练学科方向，优化团队布局，健全任务形成机制、团队运行机制、稳定支持机制，聚集优势力量协同攻关，在重大项目实施、重大成果培育、重大战略研究等方面取得一系列新进展。国家重大科技计划立项再获丰收。2019 年，全院共主持各级各类在研课题5 325项，合同总经费79.5 亿元，其中新增3 049项，同比增长7.4%。国家自然科学基金资助项目 297 项，直接费用 1.89 亿元，立项数稳居农业科研院所首位。其中，重大类项目 18 项，创新研究群体项目、杰青优青项目①实现双突破。国家重点研发计划资助项目新增 12 项。转基因重大专项新增重大任务 2 项。重大成果培育再创佳绩。7 项成果获得国家科学技术奖励二等奖，其中自然科学奖 1 项、技术发明奖 1 项、科技进步奖 5 项，连续两年实现三大奖“全覆盖”，在全国农业科研教学单位中保持第一优势，占全国农业领域授奖总数的 22%。获得省部级一等奖 35 项，其中，中华农业科技奖一等奖 11 项，创新团队奖 10 项；全国农牧渔业丰收奖一等奖 5 项、合作奖 4 项；中国专利银奖 1 项、优秀奖 4 项。评选产生 2019 年度全院十大科技进展，引导培育重大成果。基础前沿研究再获突破。在《*Science*》《*Nature*》《*Cell*》《*PNAS*》等顶级刊物上发表高水平论文 11 篇。原创杂交水稻无融合生殖体系，为作物杂种优势固定研究与应用奠定基础。破解二倍体马铃薯自交衰退机制，有望从根本上颠覆马铃薯种植。发明单倍体诱导介导的基因编辑技术，可大大加快作物精准育种进程。揭示西甜瓜、桃、驯鹿、陆地棉等驯化演进历史，为种质创新与品种培育提供理论基础。核心技术攻关再添新进展。全面解析了非洲猪瘟病毒三维结构，疫苗创制取得了阶段性突破。初步摸清了草地贪夜蛾迁飞危害规律，构建了监测预警与应急防控技术体系，为全国联防联控提供了重要技术支撑。自主培育高效瘦肉型中新白羽肉鸭配套系，打破进口品种垄断的局面。培育出无角牦牛新品种阿什旦牦牛，填补了圈养牦牛育种空白。农业农村发展战略研究再谱新篇。26 篇农业农村、农业科技发展政策建议得到党和国家领导人重要批示，《中国农业产业发展报告》《中国农业科技进展报告》《中国农业绿色发展报告》《中国农业展望报告》广受社会关注，初步形成了农科智库研究报告体系，彰显了科研国家队、决策智囊团的重要作用。全年发表科技论文 6 429篇，其中 SCI/EI 收录论文 3 094篇。审定新品种 346 个，其中国审品种 208 个，获得植物新品种权 89 项，新兽药登记证书 14 个，出版著作 280 部。

（二）加快科技成果转化，服务乡村振兴和脱贫攻坚

围绕产业目标导向，统筹设计创新创造创业，打通科研和产业发展通道，扎实推进

---

① 国家杰出青年科学基金项目，简称杰青项目或杰青；优秀青年科学基金项目，简称优青项目或优青。

科技创新联盟建设，深入实施科技扶贫行动和乡村振兴科技支撑行动，加强技术集成示范与推广应用，为现代农业建设主战场提供强大科技支撑。成功举办首届全国农业科技成果转化大会，打造了全国性的成果展示交易平台，展示成果1 300多项，交易和签约近10亿元。全院成果转化收入10.65亿元，增长0.97亿元，同比增长10%以上。有力支撑国家粮食安全。围绕粮食优质、高产、高效目标，研发玉米密植高产机械化技术，创亩①产破1 500千克纪录；培育优质强筋小麦新品种中麦578，实现了高产优质；示范推广高产高油多抗油菜品种中油杂19，面积超过2 000万亩；创建了生猪复养技术体系，为恢复生猪生产提供强大技术支撑。引领农业绿色高质量发展。强化创新联盟建设，加强全产业链关键技术协同创新，为华北节水保粮、南方稻田重金属污染防控、农业废弃物循环利用提供了一批综合技术模式。继续推进油菜、蔬菜、奶牛等16个产业绿色技术集成示范，重点示范区三大主粮平均节水33%、节肥20%、节药30%，亩均节本增效350元。助力脱贫攻坚和乡村振兴。组建了“院领导牵头+院机关部门协调+研究所组织+专家团队实施”的3+N工作体系，主动帮扶5个部定点扶贫县，打造8个院科技扶贫和乡村振兴示范县，对接89个“三区三州”深度贫困县，派专家、出主意、送技术、做示范，推广科技成果1 500项，培训12.7万人次，帮扶新型经营主体2 500多个。临潭县科技扶贫样板在中央电视台《决不掉队》栏目专题报道，影响广泛。

（三）深入实施人才强院战略，为科技创新凝心聚力

强化人才顶层设计，召开第三次人才工作会，确定了“推年轻、强领军、补短板、优环境”的工作目标，出台了“新30条措施”。高层次人才队伍建设硕果累累。新增选两院院士4位，均为中国农业科学院自主培养且长期在院工作，创中国农业科学院院士增选数量和在院院士总人数两项新高。42人次入选各类国家级人才计划，其中“万人计划”19人、杰青优青3人、百千万人才工程5人。全院农科英才总数达331人。开通转化岗位正高级专门渠道，继续实行优秀青年职称评审专门渠道，40岁以下晋升正高级职称、35岁以下晋升副高级职称的分别占37%、44%，人才队伍结构进一步优化。成功获批生态学博士后科研流动站，实现了11个博士一级学科的全覆盖。博士后在站人数达531人，居全国农业领域高校及科研机构前列。干部队伍建设成效显著。开展优秀年轻干部人才专题调研，建立了素质优良、规模适度、结构合理的干部人才储备库，健全了优秀年轻干部“选育管用”机制；全年任免部、院党组管理干部144人次，选拔45岁以下所局级领导干部18名，班子结构持续优化，整体功能不断增强。研究生教育质量持续提升。全日制研究生招生规模同比增长5%。在兽医学院开展博士生招生“申请—考核”制试点，生源质量不断提高。首次招收直博生，选拔优秀本科生直接进入博士阶段贯通培养。博士留学生规模居全国第六位，农林院校第一位。顺利通过

① 1亩≈667米^2，15亩=1公顷，全书同。

“高校来华留学教育与管理质量认证”，成为全国首批认证院校之一。成功举办研究生教育改革发展暨研究生院建院40周年交流会。

（四）加快推进重大条件平台建设，不断提升支撑保障和服务能力

瞄准一流学科和一流院所建设需求，统筹谋划重大科技平台布局，强化重大基础设施建设和财务保障，为科技创新提供条件支撑。区域性综合中心布局加快推进。成都中心一期工程、西部农业研究中心综合楼建设顺利推进，北方水稻研究中心进入建设准备阶段，南繁研究院成功注册，雄安创新中心、大湾区国际食品谷筹建稳步推进。重大创新平台梯次推进。国家口蹄疫参考实验室建成交付使用，国家作物种质库主体结构即将封顶，基因组学研究中心正在立项批复。新争取国家农业科技创新园改造、山东长岛迁飞昆虫科学观测站等27个基建项目立项，落实中央投资增长68%。22个观测实验站纳入创新能力条件建设规划支持。呼伦贝尔站、祁阳站被评为“优秀”国家野外科学观测研究站。财务保障能力进一步增强。2019年全院预算总收支规模84.56亿元，较上年增长6.8%。重点项目经费预算较上年有较大增长，科技创新工程经费、基本科研业务费分别同比增长11.8%、25%。发起成立中国农业科学院农业发展基金会，广泛吸纳社会资金，进一步拓展了资金渠道。

（五）深化农业科技国际合作，显著提升中国农业科学院国际影响力

围绕国家“三农”发展和外交战略，持续优化国际布局，推进合作交流，积极参与国际农业科技治理，支撑农业科技创新和“走出去”，进一步提升了中国农业科学院全球影响力、号召力和国际高端对话参与度。成功举办第六届国际农科院院长高层研讨会。39个国家和15个国际组织的400多名代表参会，47万人观看网络直播，充分展现了我国科技创新成效，达成农业绿色发展《成都宣言》。首次发起“国际农业科学计划”。第一期项目投入1 000万美元，打造全球农业科技创新网络，获得了20多个全球伙伴的积极响应和广泛支持。稳步推进农业科技全球布局。新增“中—法植物保护国际联合实验室”等17个联合实验室，获批2个国家引才引智示范基地，哈萨克斯坦和罗马尼亚的“一带一路”联合实验室获得科技部①首批认证。进一步加强农业科技交流合作。新增国际合作项目107项，经费超过1亿元。促成“南南合作基金”草地贪夜蛾等项目成功立项。在东南亚、中亚、非洲成功开展13种作物新品种示范。在华举办国际学术会议55场次，来访外宾1 500多人。

---

① 中华人民共和国科学技术部，全书简称科技部。

（六）深入推进放管服落地，营造更加宽松的科研环境

进一步解放思想，紧扣创新发展需要和科研人员需求，深入推进“放管服”落实落地，破除体制机制障碍，切实提升管理效能和服务质量，营造良好的创新环境。创新团队管理更加完善。全面开展创新工程中期评估，加大团队调整力度，调整46个、淘汰27个，现团队总数307个。研究建立“院—所—团队”三级任务形成机制，实施跨学科、跨团队、跨研究所联合攻关，实现国家需求导向下的院、所、团队三级任务相统一。“放管服”改革落地见效。专门出台《关于给科研人员做好服务和松绑减负的实施方案》，坚持能放尽放，围绕财务报销、项目管理、出国出境等，去除繁文缛节，简化办事程序，减轻科研人员负担。科研导向改革取得初步成果。研究所评价试运行“新增竞争性项目、人才队伍建设、科技成果转化工作”三项附加，引导研究所更加聚焦重点工作；研究提出以科研产出为基础，价值导向、能力提升、影响力为主要内容的“1+3”研究所评价体系，努力打破“四唯”，体现大成果导向。政务管理水平再上新台阶。加强和改进院机关工作作风，强化责任落实，优化办事流程，精简文件会议，强化督查督办，提升工作效率和服务水平。加快推进信息化管理，构建了院、所、团队、个人四级协同的科研和人事管理系统，为全院科研、人事、财务一体化奠定了基础。举办庆祝中华人民共和国成立70周年、首届农科开放日等系列宣传活动，中央级媒体报道650篇次，央视报道量较上年增长2倍，社会影响大幅提升。院区综合服务水平稳步提升。切实加强危化品专项整治、实验室生物安全、消防安全和地下空间管理，积极妥善应对各类应急事件。完善车辆管理智能系统，实现精准识别和人车分流。社会治安综合治理、幼儿园教育分别获得海淀区有关部门表彰。创办“农科味道”特色美食品牌和“农科e生活”平台，进一步提升职工幸福感和获得感。

（七）全面加强党的建设和党的领导，为“两个一流”建设提供坚强保证

以党的政治建设为统领，以提升组织力为重点，以支部建在团队为抓手，落实全面从严治党各项要求，推进党建与业务工作互融互促，把党的政治优势和组织优势转化为服务中心工作、促进创新发展的成效。“不忘初心、牢记使命”主题教育成效显著。把开展主题教育作为重大政治任务，把学习贯彻习近平新时代中国特色社会主义思想摆在首位，坚持高标准、严要求，突出党组带头、院所同步，强化问题导向，狠抓整改落实，全院党员干部思想政治受到深刻洗礼，“两个维护”的自觉性进一步提高，干事创业精气神进一步增强。基层党组织的组织力持续提升。大力推进支部建在创新团队，扎实开展红旗党支部创建，切实把党的领导落实到创新团队上，把“三个面向”指示精神落实到创新方向和创新任务上。探索形成支部结对帮扶、助力脱贫攻坚的“桦川模式”。构建农业科研特色监督体系取得新进展。结合农业科研实际，强化责任落实、纪

律教育、风险防控和监督执纪。建立院、所、团队三级责任体系，出台《科研人员重点纪律红线（试行）》《三大重点领域十四个方面风险防控指南》。为新入职职工、新晋升高级职称人员、新任研究生导师、新提任所局级领导干部上好“廉政第一课”。组织对7个单位政治巡视和16个单位内部审计。运用监督执纪“四种形态”，坚持“三个区分开来”，落实“四严四宽”，做到严管与厚爱相结合、信任与监督相统一。创新文化建设不断加强。大力弘扬科学精神和工匠精神，充分发挥创新文化引领作用，挖掘和举荐出一批先进典型，获得了“全国青年文明号”“全国巾帼文明岗”“全国巾帼建功先进集体”“全国巾帼建功标兵”等荣誉称号。

总的来看，2019年圆满完成了各项目标，成果丰硕，这些成绩来之不易，是中共中央、国务院大政方针正确指引的结果，是农业农村部坚强领导和科技部等有关部委及单位大力支持的结果，是全院干部职工辛勤劳动、努力拼搏的结果。借此机会，我代表中国农业科学院，向关心支持中国农业科学院工作的各级领导、各界朋友表示衷心的感谢，向中国农业科学院全体干部职工致以崇高的敬意！

二、深刻认识农业科技面临的新形势新任务

当前，我国正处于“两个一百年”奋斗目标的历史交汇期。世界经济增长持续放缓，国内经济下行压力加大，种粮效益持续下降，农民增收难度越来越大，农业农村发展形势更加复杂严峻。2020年要打赢脱贫攻坚战，全面建成小康社会，开启全面建设社会主义现代化国家的新征程，任务十分艰巨。保障国家粮食安全和重要农产品有效供给，促进农民增收和农业绿色发展，迫切需要发挥科技的引领和支撑作用。

（一）农业农村发展对科技支撑能力提出了新要求

刚刚结束的中央农村工作会议和全国农业农村厅局长会议，对2020年的农业农村工作做出了全面部署，提出保障粮猪等重要农产品有效供给、确保农民增收、打赢脱贫攻坚战等重点任务。从保供给来看，当前，农业水土资源约束加剧，气候条件不确定因素增多，非洲猪瘟、草地贪夜蛾等重大动植物疫病风险增加，要确保粮食和生猪等稳产保供，农业科技要发挥关键作用。对中国农业科学院来讲，必须集中优势资源，在作物新品种培育、高产高效栽培、非洲猪瘟和草地贪夜蛾防控等方面强化技术攻关和转化，提升综合生产能力，尽快取得新突破。从保增收来看，整体经济下行压力加大，农民收入要保持“两个高于”，必须依靠产业增收，依靠科技进步。我们要强化优质绿色、节本增效技术研发，推动产业转型升级，走调结构、转方式、提质量、增收益的路子。从保小康来看，全面建成小康社会，最突出的短板在“三农”，最硬的任务在脱贫攻坚。我们要面向贫困地区，强化人才和科技支撑，发展特色产业，打造特色品牌，坚决打赢脱贫攻坚战；要加强农村卫生厕所、污水处理、垃圾储运等关键技术、产品和模式研

究，为农村人居环境改善提供技术样板和解决方案。

（二）农业科技发展形势对自主创新能力提出新要求

当前，信息技术、生物技术、制造技术、新材料技术、新能源技术等广泛渗透到农业农村各领域，全球新一轮农业科技革命和产业变革蓄势待发。2019 年我国农业科技论文总体竞争力和专利总体竞争力均居全球第二。全国农作物耕种收综合机械化率超过70%，主要农作物自主选育品种提高到95%以上，农业科技进步贡献率达到59.2%。但与国际先进水平相比，仍然存在较大差距：原始创新不足，作物基因编辑、生物合成、干细胞育种、信息技术等前沿领域缺乏自主知识产权；关键核心技术“卡脖子”严重，畜禽品种、部分高端农机或核心部件依赖进口；农业科技投入总量不足、结构失衡，稳定支持经费比例低，尤其是人员经费保障不够；农业科技创新体制机制需要进一步完善。中国农业科学院作为农业科研国家队，必须充分发挥国家战略科技力量作用，加快农业科技创新和机制创新，加强基础前沿研究、核心关键技术攻关，努力抢占制高点、抓住发展主动权、打通科技与经济通道，不断提升农业科技的创新能力、创新水平和创新效益，引领我国农业科技创新实现整体跃升。

（三）“两个一流”建设对院所治理能力提出新要求

习近平总书记致中国农业科学院贺信以来，中国农业科学院深入贯彻“三个面向”重要指示，系统谋划全院发展战略、科研任务和重点工作，各项工作都取得了可喜进展，但与世界一流农业学科和一流农业科研院所相比，仍然存在不少差距。学科和区域布局仍需进一步调整优化。部分研究所学科老化，前沿交叉学科发展滞后。部分研究所面对国家产业结构变化和主产区转移的趋势，调整转移的步伐还跟不上。院所使命定位聚焦“三个面向”不足。部分研究所的研究方向和创新团队没有聚焦世界农业科技前沿，没有紧扣国家重大需求，满足于发论文、报专利，“自娱自乐、小富即安”。研究所发展不平衡现象突出。国家重大项目、重大成果、高端人才主要集中在传统优势学科和研究所。有的所多年没有主持国家重点项目、没有国家奖、没有引进高层次人才。院所管理水平和风险防范意识还需进一步提高。有的所内控机制缺失，财务和资产管理存在漏洞；有的所研究生安全教育、实验室安全管理不到位；个别科研人员发生论文抄袭、师德失范等问题；有的所对所办企业监管不力，甚至发生职务违法行为。此外，“放管服”落实与科研人员的期盼还有一定的差距。这些问题，说明中国农业科学院治理体系和管理水平仍然存在很大的提升空间。一流的科研院所必须有一流的治理体系。我们必须依靠管理创新，完善体制机制，加快推进院所治理现代化。

三、2020 年重点工作

2020 年是全面打赢脱贫攻坚战收官之年，是全面建成小康社会、进入创新型国家行列的目标实现之年，是规划“十四五”、谋划 2035 年中长期发展的关键之年，做好农业科技创新工作意义重大。中国农业科学院工作的总体思路是：以习近平新时代中国特色社会主义思想为指导，深入学习贯彻党的十九大和十九届二中、三中、四中全会精神，落实中央经济工作会议、中央农村工作会议精神和全国农业农村厅局长会议部署要求，深入落实“三个面向”指示精神，加快农业科技创新和成果转化，推动产学研用深度融合，进一步完善体制机制，激发创新活力，加快推进“两个一流”建设，为确保农业丰收、打赢脱贫攻坚战、农村同步建成小康社会提供强有力的科技支撑。

总体要求是“强创新、壮队伍、优机制、促振兴”。强创新，就是坚持以研为本，聚焦“三个面向”，围绕国际前沿和国家重大需求，集中优势力量，加强基础创新、“卡脖子”技术攻关，努力抢占科技竞争制高点和产业发展主动权。壮队伍，就是坚持人才强院，深入落实人才工作会议精神，大力推进人才队伍年轻化和领军型人才引育，优化人才成长环境，打造高素质、专业化的科研、管理、支撑、转化四支人才队伍。优机制，就是坚持深化改革，深入贯彻落实党的十九届四中全会精神，加快科研“放管服”落实落地，构建符合农业科研规律的任务形成机制、科研进展报告机制、科研评价机制、分配激励机制、科研监管机制，不断激发创新活力。促振兴，就是坚持服务大局，围绕稳定粮食生产、生猪稳产保供、打赢脱贫攻坚战、农业绿色发展、农村人居环境整治等重点任务，加强核心关键技术攻关和集成转化，全力支撑保供给、保增收、保小康，促进乡村振兴。

全年重点要抓好以下工作。

（一）强化自主创新，攻克一批基础前沿和“卡脖子”技术

要处理好稳定支持和竞争性项目的关系，加快推进创新工程优化升级，增强国家重大项目竞争活力，统筹各类项目资源，着力攻克一批农业科技基础前沿和关键核心技术。要积极承担国家重大项目。主持承担国家重大科技计划是国家级科研机构使命职责所在，也是综合实力的体现。要围绕国家重大需求，组织开展前瞻性、全局性和关键性科技发展战略研究，凝练重大科学问题，服务国家重大科技决策。要积极牵头申报重大项目，做好组织动员、统筹协调、服务支撑，争取国家科技计划立项再获新突破。要超前谋划重大成果，突出重大奖励、重大专利、重大品种等，对苗头性成果给予重点培育，推动产出突破性、标志性成果。加快推进创新工程优化升级。在前期评估和团队调整基础上，针对评估中发现的问题，持续推进科研组织模式创新，严格执行科研任务制、创新团队制、首席负责制等制度。系统梳理全院科技创新重点任务，突出重大科学

问题和前沿性、颠覆性、关键共性技术，建立“使命清单”，组织实施30项左右重大科技任务联合攻关，推动优势科技资源集聚和重大成果产出。要进一步明确创新任务和重点。面向世界农业科技前沿，重点在作物关键基因挖掘、作物分子聚合育种技术、高效固氮生物学、作物高光效育种、农业新材料、农情信息智能获取等领域超前部署，力争取得一批基础研究成果与重大科学发现，强化科技创新源头供给。面向国家重大需求，重点在“藏粮于技”、畜禽良种培育、农业重大疫病应急防控、农业绿色发展、智慧农业与智能农机装备等领域联合攻关，集中突破一批“卡脖子”的核心关键技术。面向现代农业建设主战场，重点在经济作物提质增效、优质乳工程、农产品营养与质量安全等领域联合攻关，加快产出一批引领农业高质量发展的重大产品。

（二）强化产学研用结合，服务脱贫攻坚和乡村振兴

要积极投身现代农业建设主战场，加强前沿引领、技术支撑、政策供给和典型示范，解决产业和区域重大问题，保障粮食安全，服务农业高质量发展，支撑脱贫攻坚和乡村振兴。深入推进农业科技创新联盟建设。要承担好联盟牵头单位重任，以增加优质安全农产品供给、解决农业环境突出问题、解决区域发展难题为目标，持续推进重点任务落实和联盟实体化运行，充分发挥联盟三级联动、科企合作的独特优势，调动各方参与的积极性，推动产业技术协同创新取得实效。深入实施“三创一体”战略。要优化评价体系，强化团队打造，构建“三创”协同发展机制。接续举办全国农业科技成果转化大会暨科企融合对接会，成立科企融合发展联盟，推动“研学产”向“产学研”转变。对成果转化优秀团队和人员给予政策倾斜。组织实施好科研人员科技成果所有权试点。深入实施乡村振兴科技支撑行动。要围绕地方产业发展需求，强化协同攻关和关键技术集成，建设示范基地，开展技术培训。坚持院县共建、以县为主，进一步梳理重点产业，继续推进乡村振兴示范县建设。继续推进绿色发展技术集成研究与示范，加大成熟模式推广力度，支撑区域农业高效发展。切实加大科技扶贫力度。要树立“不脱贫、不松劲，脱了贫、不脱钩”的思想，围绕部定点扶贫县、院科技扶贫示范县、“三区三州”深度贫困县，推广新品种新技术新模式，强化科技服务，解决技术难题，指导产业发展，决胜脱贫攻坚。

（三）强化人才培育，建设农业科技人才创新高地

坚持“推年轻、强领军、补短板、优环境”，深入贯彻落实中国农业科学院第三次人才会议精神，统筹推进四支队伍建设，充分调动各类人才创新活力。接续召开第四次人才工作会议，促进人才工作再上新台阶。强化领军人才队伍建设。坚持引育双轮驱动，力争领军型人才规模进一步扩大。适时遴选首批支撑英才和转化英才。全面开展农科英才中期评估，对评估结果较差的人才不再重点支持。强化博士后队伍建设，多措并

举促进规模和质量双增长。打造高素质专业化干部队伍。重点抓好“一把手”选拔配备，选优配强领导班子，加大各层级优秀年轻干部选拔配备、教育培训和实践锻炼力度。坚持全院“一盘棋”，积极推动院机关与院属单位、院机关部门间干部交流。坚持和完善老干部工作制度，规范工作、优化服务，切实提高服务老干部工作质量水平。深化研究生教育改革。进一步加强研究生管理工作，稳步推进学院制改革，努力实现深圳研究生院 2020 级新生入学。优化招生结构，稳步扩大博士生招生规模。全面落实导师立德树人职责，加强师德师风建设和思想政治建设。提高教育教学质量，培养德才兼备、知农爱农的复合型、应用型、国际化高层次人才。

（四）强化全球视野，进一步加强农业科技国际合作

面对全球科技竞争日益加剧的新形势，必须加强国际合作，充分利用全球创新资源，加快提升中国农业科学院国际化水平，更好地服务农业科技创新发展和农业“走出去”。推进科技创新重点领域的国际合作。加强顶层设计，整合全院国际合作资源，强化与国际一流科研机构的战略伙伴关系，争取在重点区域布局上取得新进展。实施好国际农业科学计划。科学制定和实施研究任务，积极挖掘和利用全球农业科技创新资源，提升中国农业科学院组织开展全球性创新合作的能力。推动农业科技“走出去”，充分发挥农业科技作为优质外交资源的作用，利用海外中心和农业科技“走出去”联盟等机制和平台，加强科企对接，为农业“走出去”提供支撑。强化国际化人才队伍建设，多措并举加大科研创新人才国际交流力度，着力培养国际化科研领军人才和管理人才，做好国外高端人才引进工作，为中国农业科学院“两个一流”建设提供智力支撑。

（五）强化重大平台和条件建设，提升创新综合保障能力

农业科技的革命性突破，越来越依赖于重大工程设施、先进实验手段和基础数据分析处理能力。要坚持世界眼光、国际标准和高点定位，加快建设一批跨学科、大协作的攻关平台。积极争取国家重大平台立项。要积极谋划生物育种、农业生物安全国家实验室立项。努力争取作物基因资源、蔬菜生物学、油料作物生物学等国家重点实验室立项建设。加快健全完善农业基础性长期性的实验观测和定点监测网络，为农业科技原始创新提供数据支撑。加强农业科研试验基地建设。统筹推进科研平台布局与条件建设，突出抓好成都中心、西部中心、南繁研究院等区域性农业综合科研中心的布局与建设，确保高起点规划、高标准建设和高效率运行的无缝衔接。重点推进国家作物种质库、北方水稻研究中心等重大项目建设，国家畜禽种质资源库、国家农业高级别实验动物创制等重大项目谋划。推进全面预算绩效管理。要牢固树立“过紧日子”思想，按照公用经费压减 15%的要求，坚决压减一般性支出。院所机关要进一步精简会议，压缩开支，

把钱花在刀刃上，切实提高资金使用效率。提升机关工作效率。开展机关作风建设年活动，完善政务管理制度，强化督查督办抓落实，确保政令畅通、工作高效。强化科研资源智慧管理，建设科研人事财务一体化智慧管理平台。强化院所区综合治理。落实安全生产责任和管理制度，完善应急管理机制。突出抓好危化品、生物安全、消防安全、地下空间等安全管理，加强安保能力、应急能力和体系建设，确保全院安全稳定。创新后勤管理服务。继续推动大院内科贸楼、门诊楼改造。做好院区电力、给排水管网系统升级。引入“互联网+”，实现供暖和物业在线收费。持续开展“绿化、亮化、净化”工程。加大力度抓好院区综合治理，持续打造智慧、美丽、和谐、文明、平安院区。

（六）强化机制创新，充分激发院所创新活力

将2020年作为中国农业科学院深化改革年，开展全方位、系统化的深化改革调研，围绕机制创新和激发活力，尽快走出“脱钩、断奶、转企”的影响，探索构建全员岗位聘用、分类评价、收入分配等制度体系，完善院所两级管理体制和运行机制，在农业科研单位改革中走在前、做表率。加强院所改革和发展战略研究。围绕“十四五”和2035年中长期发展目标、战略定位、重大任务，开展科技发展、干部人才、条件建设、国际合作等规划研究。加强学科调整和机构布局研究，进一步明确学科优化重点、机构布局方案、区域农业中心运行模式和机制。加快推进科研导向改革研究。深化评价体系改革，探索建立以创新能力、质量、绩效、贡献为导向的人才分类评价体系。深化职称制度改革，构建符合农业科研特色的评价体系和代表性成果评价制度。研究完善研究所评价指标体系，主动跟踪中央级农业科研机构绩效评价试点工作。高度重视部对院绩效考核工作，将结果作为各部门绩效和班子考核的重要依据。研究探索全员岗位聘任和全成本核算。充分发挥院属单位用人主体作用，统筹编内编外两种资源，试点实施“以岗位设置为基础、以聘用考核为核心”的岗位管理机制。探索建立“导向明确、科学合理、简便易行”的农业科研单位成本核算模式，为适应绩效管理和政府购买服务管理要求夯实基础。深化收入分配制度改革。强化增加知识价值的分配导向，试点团队首席“年薪制”、引进人才“协议工资制”、聘用人才“项目工资制”，探索高端紧缺人才绩效工资总量单列、骨干编内外人才同工同酬、青年人才薪酬保障等机制，健全多元化薪酬分配体系。

（七）强化党建引领，为科技创新提供坚强的政治保证

深入贯彻落实新时代党的建设总要求，巩固深化“不忘初心、牢记使命”主题教育成果，进一步提高政治站位，全面加强党的政治、思想、组织、作风和纪律建设。坚持用习近平新时代中国特色社会主义思想武装头脑、指导实践、推动工作。要继续深入学习领会习近平新时代中国特色社会主义思想，及时学习领会习近平总书记最新重要讲

话精神和重要指示精神，不断提高理论素养、政治素养，努力提升把方向、谋大局、定政策、促改革的综合能力；要始终把“不忘初心、牢记使命”作为必修课、常修课，以锻造新时代“农科精神”为重点，引导全院职工自觉践行、大力弘扬科学家精神，着力培养造就思想好、技术精、作风硬的人才队伍。促进党的建设与科研创新工作深度融合，把党建工作放在院所改革发展全局中谋划，以高质量党建引领高质量发展。持续推进“红旗党支部”创建，实现支部建在团队全覆盖，把业务工作中的“热点”“难点”“痛点”作为党建工作的切入点，深入查找党员领导干部在思想观念、工作作风和执行能力上的问题，通过党建工作有效解决，使党建和业务工作融为一体，相互促进。加快中国农业科学院科学技术协会的筹建，充分发挥桥梁纽带作用，大力举荐人才、服务科研，将全院科技工作者紧密团结凝聚在党的周围，服务保障农业高质量发展。坚持和完善农业科研特色监督体系。压紧压实院、所、团队三级责任体系，强化落实全面从严治党政治责任。以宣贯《科研人员重点纪律红线》为重点，强化干部职工经常性纪律教育。以强化院所办企业监管为重点，落实《三大重点领域十四个方面风险防控指南》，不断增强风险防控意识。做实做细日常监督，践行“四种形态”，特别运用好第一种形态，抓早抓小、防微杜渐。强化政治巡视和巡视整改监督，发现问题、形成震慑，推动改革、促进发展。坚持“三个区分开来”，落实“四严四宽”，营造纪律严明、环境宽松的创新氛围。

同志们，做好今年农业科技创新工作，责任重大，使命光荣。我们要更加紧密地团结在以习近平同志为核心的党中央周围，深入贯彻“三个面向”重要指示，开拓进取，改革创新，加快建成世界一流学科和一流科研院所，为决胜全面建成小康社会作出新的更大贡献！

中国农业科学院党组书记张合成在2020年中国农业科学院工作会议上的总结讲话

2020年1月10日

同志们：

我们已非常顺利地完成了院工作会议的各项任务，时间紧凑，组织有序，效率很高。会前，韩长赋部长对院工作报告作出重要批示，对中国农业科学院工作给予了充分肯定，希望我们在新的一年里，为确保农业丰收、打赢脱贫攻坚战、农村同步建成小康社会作出新的更大贡献。张桃林副部长亲自到会作了重要讲话，分析了当前我国农业农村发展的新形势、新任务、新要求，提出了农业科技创新的方向和重点。农业农村部党组对中国农业科学院工作的高度重视和充分肯定，极大地激发了全院科技创新的积极性，全体干部职工精神振奋，备受鼓舞。

会上，我们隆重表彰了优秀成果和先进人物，通过鼓励先进，大力营造学习先进、争当先进的良好风尚，弘扬和传承农科精神。与会代表听取了华俊院长的工作报告，明确了2020年的工作任务。我们还召开了深化院所改革研讨会，举办了研究所和所党委的述职，召开了信息化工作会、职称评审会和财务相关的专题会议。这些会议任务完成得很好，九个分组讨论也很有成效，每位同志都发了言，表达了对会议的看法，谈了个人的工作体会，以及对今年工作的打算。这次会议取得了四方面成效。

一是统一了认识，明确了任务。华俊院长全面总结了2019年中国农业科学院各项成绩，深刻分析了当前农业科技创新面临的新形势、新任务，全面部署了2020年的七项重点工作。大家对工作报告进行了深入讨论，在思想认识上达到了高度统一。一致认为，这个报告全面体现了党的十九届四中全会的精神要求，全面体现了中央经济工作会议、中央农村工作会议和全国农业农村厅局长会议工作部署，是指导中国农业科学院今年工作的十分重要的报告。

二是启动了深化改革工作。2019年10月，院党组部署了深化现代院所改革调研工作，谋划推进改革的思路和举措。院工作会期间，我们成功召开了现代院所改革交流研讨会，正式启动了全院深化改革工作，华俊院长在会上宣布了2020年作为深化改革年。

三是培训交流效果实实在在。昨天下午，9个小组进行了深入讨论，发言踊跃、情绪高涨、效果很好。各位同志分别谈了个人想法，提出很有见地、很有价值的意见和建议。第一，关于新形势与新任务方面，有的小组提出，深化改革的压力与日俱增，2020年农业科技面临的形势与任务很重，打赢脱贫攻坚战，促进农民增收和农业绿色发展等，对农业科技创新提出了更为紧迫、更加广泛、更深层次的需求。中国农业科学院要适应这些新需求，更好支撑农业高质量发展，这是作为国家队应尽的职责和义务。第二，关于改革发展的紧迫性方面，有的小组提出，当前中国农业科学院已经达到“不进则退”的关键节点，不深化改革就难以顺畅发展，发展的动力必须要由深化改革来激发。第三，关于夯实科技创新和成果转化两大基石方面，有的小组提出要抢占科技创新制高点，解决“卡脖子”问题，提高科技成果转化率。第四，关于人才和干部队伍培育方面，有的小组提出，要做好分类评价，改进评价方法；要创造条件给年轻人多加担子，对优秀人才的任职年限要灵活掌握；要坚持引育并重的原则，两手抓、不能偏；要配齐配强领导班子，加强管理干部培训等。第五，关于加强国际合作与交流方面，有的小组提出，要以国际合作协同创新项目和中非农业合作规划等项目为抓手，撬动国际组织、联盟内省农科院和企业等更多资源，推动农业科技走出去工作落地。第六，关于弘扬科学家精神方面，有的小组提出，要开展党史国史院史所史、农业发展史和科技发展史教育，以“祁阳站精神”“中棉所精神”为基础，建设特色鲜明、主题突出、务实管用的院级科学家精神教育基地，通过“优秀创新团队和优秀科学家”等各类评选表彰活动，选树、宣传一批我们自己土生土长的先进典型。此外，关于重大科研平台建设、提升院所治理能力、完善工作机制、研究生培养教育、加强党风廉政建设等方面，各小组都提出了很好的意见建议。

四是院所两级同频共振形成共识。这次大会既是 2020 年的工作部署会，也是一次卓有成效的业务培训会，还是一次全院统一思想、统一认识的学习推进会。这次会议，各所领导班子成员、党委委员全体参会，交流研讨，在重大工作部署上实现了院所同步，同频共振，全院上下在思想认识上达到了高度统一，切实增强了改革创新的积极性、主动性，对全面深入贯彻落实习近平总书记“三个面向”贺信精神，推进“两个一流”建设，意义重大。

2020 年院工作报告明确了“强创新、壮队伍、优机制、促振兴”四方面总要求，提出了七项重点工作。院属各单位、院机关各部门下周之内要传达到中层干部、团队首席和支部书记，争取春节前传达到全体干部职工，2 月 15 日前形成本单位的行动计划，上报院办。在传达贯彻过程中，要按照以下八方面要求抓好落实。

一要明形势。2020 年是具有里程碑意义的一年。我们将全面建成小康社会，实现第一个百年奋斗目标。2020 年也是脱贫攻坚决战决胜之年。做好农业科技工作，必须要充分研判当前农业农村及农业科技面临的新问题、新挑战、新任务，切实把思想和行动统一到党中央的决策部署和部党组的中心工作上来。2020 年的农业农村厅局长会议，提出了“保供给，保增收，保小康”要求，部署了十项重点任务。其中，“一粮一猪”是 2020 年的头等大事，中国农业科学院要围绕这两件头等大事做好“保粮猪”科技支撑工作。重点加强非洲猪瘟疫苗研制和生猪复养技术优化，力争在恢复生猪生产上作贡献。切实做好草地贪夜蛾监测，预防其大规模暴发，确保粮食产量不受影响。此外，2020 年是“十四五”规划的启动之年，要把握好“十四五”发展的重大机遇，对接好国家规划和部门规划，科学地、迅速地厘清“十四五”发展的目标任务。2020年中央一号文件提出了要建设“十四五”专门项目库，一定要积极主动争取重大科技命题、重大项目、重大科技攻关列入项目库，进一步提升中国农业科学院“十四五”科技创新能力和产业支撑能力。我们要做好过紧日子的准备，各项工作要以节约的心态组织安排。

二要定任务。通过创新工程的试点和推进，科研任务制已提高到重要位置。院、所、团队都要有核心任务和目标。关于“定任务”，我提出三方面要求：尽快推进任务制。要将自上而下的任务制和自下而上的项目制结合起来，强化“院—所—团队”三级任务管理，实现国家需求导向下的院、所、团队三级任务相统一。在院层面，提出核心定位、重点突破方向与重大任务部署。在研究所层面，围绕学科重大问题和产业重大需求，安排科研任务，形成动态调整的所级重点任务体系。在团队层面，要将院级任务、所级任务确立为主要任务，使院级任务与研究所、创新团队科研任务目标相统一，推动优势科技资源集聚和重大成果产出。建立任务清单。明确各学科领域在国际前沿、国家需求、农业主战场的创新方向和重点任务，形成“使命任务清单”，作为院层面稳定性支持重点。研究建立科研进展报告机制。2020年发布的十项重大科研进展，就是从部分科研团队报告中遴选出来的。要推进建立所有团队的科研进展报告制度，建立以科研进展评价为核心的考核机制，重点评价各类科研任务的完成情况、科研成果的创新水平、科研成果对社会经济环境的影响、对国计民生的价值和贡献，引导创新工程出国家需要的大成果。要将院工作报告中的七项部署转化为具体任务，将任务书变为行动计划。

三要强团队。中国农业科学院已经建立科研团队动态调整机制，根据科研任务实施需要和完成情况，及时设立、调整、淘汰科研团队，最终形成“方向跟着国家走，团队跟着方向走，任务跟着需求走，考核保障不走偏”的创新机制。要充分认识团队地位。通过创新工程的实施，团队制已成为我们重要的成果和经验，创新团队是中国农业科学院基础管理单位和运营单位。不少研究所对科研团队的认识还不到位，对团队建设不重视，没有把科研团队看成研究所稳定学科方向、壮大研究力量、培育重大成果的基础。不少团队存在岗位虚设、交叉重复、生拼硬凑问题，内部还是课题组制度、各干各的，更谈不上有机融合。这次考核评估实现了团队动态调整，这只是一个开头，今年是创新工程全面推进期最后一年，明年要开展全面推进期期末评估，根据评估结果进行团队动态调整，各研究所要高度重视。要加强团队首席科学家队伍建设。首席是一个团队的当家人、领路人，团队首席的学术水平、战略眼光和组织能力在一定程度上决定了一个团队的好坏。不能光搞自己的科研，更重要的是建设团队。按照院人才工作会议精神，研究所要落实好资深首席—首席—执行首席接续培养机制，加快团队首席年轻化进程，为中国农业科学院未来事业发展培育一批将才、帅才、慧才。要优化团队运行机制与创新文化，完善团队决策机制、学习研讨机制、资源投入机制、激励保障机制等，尊重和信任团队成员，强化合作意识。从长远看，还要加强团队文化建设，通过共同的目标愿景、公开透明的内部治理、风清气正的学术生态等来感召人，让每个团队成员爱岗如家、倾力奉献。

四要争投入。没有重大平台的支撑，不利于基础前沿成果的突破，没有充足的经费，就失去了科研创新的基础保障。2020 年要过紧日子，我们就努力争取投入。积极争取国家重大平台立项。我们要加强顶层设计，积极谋划建立农业领域“国家实验室”。跟踪科技部国家重点实验室申报指南，做好申报准备与组织工作，努力争取国家重点实验室立项建设。除了“争”，还要“保”。现在科技部对于国家重点实验室评估，每 5 年进行一次考核，不合格的黄牌警告甚至摘牌。现有的国家重点实验室要做好过程管理，未雨绸缪。下大力气确保国家对创新工程形成长期稳定的支持机制。在财政收支矛盾突出的环境下，中国农业科学院 2020 年创新工程的经费增长了，体现了中央对农业科技的重视。要继续努力，确保创新工程能够长期稳定地支持，经费额度能够稳定地增长，同时，还要积极与部委沟通，加快谋划创设新型财政支持类型。协助科研人员提高基金类项目申报竞争力，相比高校，我们的自然基金重大项目、杰青、创新团体等项目还比较薄弱，院所两级管理部门要为竞标科研人员创造更加良好的环境，协助谋划、分析研判形势等，以提高科研人员的中标率，确保竞争性项目占比只能增加不能降低。保持国家重大科技计划的传统优势。充分利用国家编制“十四五”规划的契机，积极参与科技发展规划编制与战略研究工作，将中国农业科学院传统优势学科领域、特色与新兴学科领域、重大联合攻关任务等，与国家科技计划实现对接，争取纳入国家相关科技计划指南。要密切跟踪国家科技计划立项动态，做好组织动员、统筹协调、服务支撑等工作。尽快启动中国农业科学院“十四五”科技规划的研究编制工作。要深入贯彻落实习近平总书记“三个面向、两个一流”重要指示精神，进一步明确院所在“十四五”期间科技创新工作的总体思路、发展目标和重点任务，提出保障措施。

五要抓改革。“强化机制创新，充分激发院所创新活力”是 2020 年的一项重点工作。以改革促活力，是全面深入推动中国农业科学院科技创新和成果转化工作的关键。要充分认清我们划为二类单位的优势和挑战，一定要利用好、利用足国家成果转化的好政策。要有刀刃向内的勇气，优化机制，激发研究所、团队和科学家的活力，减少繁文缛节。2020 年作为深化改革年，各研究所要高度重视，坚持问题导向，根据本所实际，提出切合实际的改革目标，全面落实改革要求。要深入推进科研导向改革研究，构建科研计划、科研进展和科研评价制度。研究探索全员岗位聘用制度改革，建立“以岗位设置为基础、以聘用考核为核心”的岗位管理机制。加强全成本核算的深入研究，进行全成本核算的试点探索。全面加强学科布局和发展战略研究。

六要提效率。为保障今年重点任务的落实落地，要不断提升院所两级科研服务水平，进一步提高工作执行效率，提升服务支撑科研的效率。提效率的对象，主要是院所两级领导班子，以及院所两级职能部门。继续深入落实科研“放管服”，中央出台了系列关于深化体制机制改革、促进科技成果转化、优化科研管理、加强科研诚信建设、弘扬科学家精神等文件，要对照文件精神，修改完善中国农业科学院各项管理制度，强化贯彻落实。从完善科研管理制度、简化财务报销流程、完善监督机制等方面着手，通过解决一个又一个的“小问题”，突破“放管服”的“大瓶颈”，激发科研人员的创新活力。今年“放管服”重点要放在基层财务，破除“最后一公里”的问题。加快推进院所作风建设，要构建高效工作机制，有问题要第一时间发现，第一时间提意见建议，第一时间作出部署，遇事不能“推拖等”。要优化完善工作规范，精简文件会议，强化督查督办，落实牵头主责制、首问主办制。要提升工作效率和服务水平，做到“对上件件有回音，对下事事有结果”。要确保政令畅通，避免政策出不了大楼、出不了中国农业科学院大门。加强信息一体化建设，要以“一流的信息化促一流的科技创新”为牵引，持续推进全院信息化建设，尽快打通科研、财务通道，全面建成中国农业科学院科研—人事—财务—评价一体化智慧管理平台，大力推进各类数据的共享化水平，提升科技创新效率。确保 2020 年年底数字农科院 1.0 版正式上线。

七要防风险。华俊院长特别强调，要记住自己头上顶着“国家队”的牌子，一定要守住红线和底线。2019 年，中农威特 24 人受到党纪国法及组织处理，作科所、植保所 2 人酒驾刑拘给我们敲响了警钟。院所办企业是违规违纪违法的高危领域，一些单位对企业的监管不到位，风险防控意识淡化，国有资产管理、合同管理等方面隐患集中，发生职务违法和职务犯罪，令人触目惊心。财务管理风险防范意识依然薄弱，有些单位内控机制缺失，对关键岗位人员疏于监督。有的单位资产管理存在不经集体研究擅自签订合同、合同时间过长、对承租单位疏于管理监督等问题，造成很不好的影响。科研学术风险时有发生，出现了一些抄袭论文、专利侵权的问题，研究生安全教育、纪律教育缺失，个别导师师德失范问题也有发生。实验室安全风险管理系统性不足，生物安全、危化品安全和消防安全等主体责任意识不强，管理队伍、管理制度、防范措施、应急预案、监督管理等计划缺失。以上存在的这些问题，说明我们的院所治理体系建设仍然存在很多漏洞，一些制度形同虚设，必须举一反三，进一步完善管理制度，尽快制定风险管理和应急预案，强化责任，彻底加以解决。

八要讲政治。加强党建引领，推动科技创新，是实现中国农业科学院“两个一流”建设目标的坚强保证。巩固拓展主题教育成果，将“不忘初心、牢记使命”，作为加强党的建设的永恒课题和全体党员干部的终身课题常抓不懈。深入学习贯彻习近平总书记关于“三农”工作和科技创新的重要论述，切实将指示精神落实到科技创新的主要任务上，落实到日常的具体业务工作上。加强党对科研工作的领导，促进党建与科研工作的深度融合，互融互促，通过党委领导确保院长负责制、所长负责制落实落地，确保中共中央决策部署第一时间传达贯彻，确保部党组、院党组工作部署和重点任务第一时间迅速执行，见人见事见效。把党建工作落到实处，以党的政治建设为统领，以提升组织力为重点，以支部建在团队为抓手，落实全面从严治党各项要求，积极探索新时代新形势下农业科研单位党建工作规律，实现党建与业务工作互融互促，使党建优势成为促进科技创新和成果转化工作的优势。构建农业科研特色的监督体系，要紧密结合农业科研实际，强化责任落实、纪律教育、风险防控和监督执纪。建立院、所、团队三级责任体系，要大力宣传《科研人员重点纪律红线（试行）》等，为新入职职工、新晋升高级职称人员、新任研究生导师、新提任所局级领导干部上好“廉政第一课”；要继续运用监督执纪“四种形态”，落实“四严四宽”，做到严管与厚爱相结合、信任与监督相统一。大力弘扬科学精神和工匠精神，要进一步挖掘和举荐一批先进典型，树立潜心科研、攻坚克难、笃定不悔的科学精神。研究所要加大宣传力度，弘扬先进集体、先进人物精神，树榜样、立标杆，激励广大科研人员科技创新的积极性和工作热情。落实好民主集中制，要充分认识民主基础上的集中和集中指导下的民主的关系。坚持集体领导和个人分工相结合，班子成员要坚持集体领导，同时还要明确个人分工，重大事项要先做好个别酝酿，然后再会议决定。班子成员和党委委员要按照分工履职尽责。决定之前可以畅所欲言，决定以后要发出同一个声音。所长、书记、班子成员之间要建立起良好的政治生态和工作秩序，推动院所顺畅发展。

春节将近，我在这里还要再次强调，大家一定要高度重视节日期间的实验室生物安全、危化品安全、消防安全、人身安全。同时，我也要再次提醒，各级党员干部在春节期间一定要严格落实好中央八项规定精神，严防“四风”反弹，严格纪律要求，防止“节日腐败”，确保过一个风清气正、欢乐祥和的节日。

同志们，新春佳节将至，我代表院党组，代表华俊院长，代表院领导班子，向大家致以新春的问候，向全院干部职工和离退休老干部拜个早年，祝大家新春快乐、万事如意。祝愿中国农业科学院 2020 年再创佳绩，为完成脱贫攻坚硬任务、全面建成小康社会、推动农业农村现代化发展，作出新的更大贡献。谢谢大家！

中国农业科学院关于发布
2020 年研究所评价结果的通知

院属各单位：

中国农业科学院 2021 年第 2 次常务会议审议通过了 2020 年研究所评价结果。2020 年全院发展实力进一步增强，各所发展实力（不含管理水平）总分比 2019 年增长 16.57%；发展速度进一步加快，各所平均发展速度从 24.74%提高到 37.83%；人均实力进一步提升，各所人均实力从 3.07 分增长至 3.57 分。

现将 2020 年研究所评价结果印发你们，希望各研究所持续深入贯彻落实习近平总书记贺信指示精神，锐意创新、奋勇争先，努力打造国家战略科技力量，引领支撑乡村振兴，加快农业农村现代化。

附件：1. 中国农业科学院 2020 年研究所评价结果

2. 中国农业科学院 2020 年研究所评价附加排名

中国农业科学院

2021 年 1 月 19 日

附件 1

中国农业科学院 2020 年研究所评价结果

发展实力排名		得分	发展速度排名		比前三年增长率（%）	人均实力排名		得分	总体排名		总体得分
1	作科所	2 445.91	1	果树所	181.83%	1	植保所	8.50	1	作科所	2 525.91
2	植保所	2 108.76	2	营养所	148.25%	2	牧医所	6.77	2	植保所	2 228.76
3	资划所	1 662.91	3	农经所	120.69%	3	作科所	6.56	3	资划所	1 742.91
4	牧医所	1 478.16	4	信息所	95.98%	4	农经所	5.85	4	牧医所	1 558.16
5	棉花所	1 235.80	5	基因组所	89.08%	5	蔬菜所	5.46	5	蔬菜所	1 264.94
6	蔬菜所	1 219.94	6	牧医所	63.40%	6	资划所	5.35	6	棉花所	1 235.80
7	水稻所	1 209.87	7	棉花所	53.82%	7	营养所	5.31	7	水稻所	1 209.87
8	哈兽研	1 067.03	8	生物所	48.42%	8	质标所	4.73	8	哈兽研	1 112.03
9	油料所	1 048.77	9	烟草所	41.79%	9	环发所	4.62	9	油料所	1 068.77
10	环发所	956.01	10	麻类所	41.09%	10	生物所	3.84	10	环发所	951.01
11	基因组所	822.34	11	水稻所	39.74%	11	油料所	3.73	11	基因组所	872.34
12	农经所	798.81	12	草原所	37.92%	12	兰兽研	3.66	12	农经所	798.81
13	兰兽研	776.32	13	茶叶所	37.81%	13	加工所	3.55	13	兰兽研	786.32
14	加工所	722.60	14	上兽研	35.58%	14	麻类所	3.42	14	加工所	752.60
15	郑果所	721.50	15	蔬菜所	29.88%	15	水稻所	3.39	15	郑果所	716.50
16	茶叶所	714.22	16	环发所	29.79%	16	上兽研	3.37	16	茶叶所	709.22
17	信息所	676.35	17	哈兽研	28.41%	17	茶叶所	3.32	17	生物所	701.83
18	生物所	671.83	18	植保所	23.88%	18	蜜蜂所	3.24	18	烟草所	621.48
19	麻类所	607.68	19	油料所	23.31%	19	饲料所	3.23	19	信息所	596.35
20	烟草所	586.48	20	兰兽研	23.26%	20	郑果所	3.10	20	麻类所	562.68

（续表）

发展实力排名		得分	发展速度排名		比前三年增长率（%）	人均实力排名		得分	总体排名		总体得分
21	农机化所	548.74	21	环保所	23.00%	21	环保所	3.01	21	质标所	537.00
22	果树所	532.56	22	资划所	16.59%	22	棉花所	2.91	22	环保所	514.20
23	环保所	519.20	23	作科所	15.81%	23	哈兽研	2.80	23	农机化所	508.74
24	质标所	511.98	24	蜜蜂所	12.72%	24	基因组所	2.74	24	果树所	497.56
25	蜜蜂所	494.78	25	兰牧药	11.92%	25	烟草所	2.53	25	饲料所	492.76
26	饲料所	492.76	26	质标所	11.79%	26	果树所	2.53	26	蜜蜂所	484.78
27	上兽研	457.06	27	郑果所	10.26%	27	沼科所	2.18	27	上兽研	467.06
28	草原所	374.39	28	农机化所	2.72%	28	草原所	1.70	28	草原所	364.39
29	兰牧药	371.00	29	加工所	0.07%	29	信息所	1.68	29	兰牧药	346.00
30	沼科所	351.34	30	饲料所	-0.14%	30	农机化所	1.62	30	沼科所	286.34
31	特产所	332.74	31	沼科所	-8.44%	31	兰牧药	1.59	31	营养所	239.02
32	营养所	289.02	32	特产所	-19.27%	32	特产所	0.75	32	特产所	192.74
33	灌溉所	210.04	33	灌溉所	-22.49%	33	灌溉所	0.63	33	灌溉所	145.04
	都市所	306.31		都市所	—		都市所	—		都市所	231.31

注：都市所暂不参与排名。

附件2

中国农业科学院2020年研究所评价附加排名

人才工作附加排名		成果转化附加排名		竞争性项目附加排名	
1	基因组所	1	牧医所	1	上兽研
2	作科所	2	哈兽研	2	植保所
3	资划所	3	植保所	3	资划所
4	植保所	4	烟草所	4	作科所
5	牧医所	5	环保所	5	质标所
6	环发所	6	郑果所	6	蔬菜所
7	蔬菜所	7	加工所	7	生物所
8	生物所	8	油料所	8	基因组所
9	草原所	9	兰兽研	9	加工所
10	油料所	10	茶叶所	10	都市所
11	水稻所	11	农经所	11	饲料所
12	茶叶所	12	麻类所	12	兰兽研
13	哈兽研	13	棉花所	13	牧医所
14	加工所	14	水稻所	14	环发所
15	上兽研	15	蔬菜所	15	油料所
16	棉花所	16	果树所	16	烟草所
17	农机化所	17	作科所	17	水稻所
18	果树所	18	资划所	18	环保所
19	兰兽研	19	草原所	19	兰牧药
20	沼科所	20	饲料所	20	农经所
21	饲料所	21	质标所	21	营养所

（续表）

人才工作附加排名		成果转化附加排名		竞争性项目附加排名	
22	烟草所	22	蜜蜂所	22	哈兽研
23	农经所	23	营养所	23	棉花所
24	灌溉所	24	兰牧药	24	蜜蜂所
25	质标所	25	生物所	25	麻类所
26	蜜蜂所	26	农机化所	26	茶叶所
27	郑果所	27	基因组所	27	郑果所
28	信息所	28	灌溉所	28	草原所
29	兰牧药	29	沼科所	29	信息所
30	都市所	30	环发所	30	农机化所
31	环保所	31	信息所	31	果树所
32	麻类所	32	上兽研	32	沼科所
33	特产所	33	特产所	33	灌溉所
34	营养所	34	都市所	34	特产所

二、科研创新与创新工程

中国农业科学院
2020 年科研进展情况报告

2020 年，在农业农村部党组和院党组的坚强领导下，在财政部①、科技部、国家自然科学基金委员会等部委的大力支持下，全院科技人员以习近平总书记贺信指示精神为引领，坚持“四个面向”，以高度政治责任感，认真贯彻落实中共中央、国务院和农业农村部的各项工作部署，求实奋进、勤勉工作，加快推进农业科技创新，如期高质量完成了承担的各级各类科技计划项目任务，科研立项与重大成果产出再获丰收，自主创新与产业支撑能力进一步提升。

全院共主持各级各类科技计划项目（课题）4 761项，年度合同总经费 79. 2 亿元，其中新增主持项目（课题）2 312项，合同经费 15. 2 亿元，留所经费 8. 2 亿元。国家自然科学基金获资助项目 315 项，直接费用 1. 64 亿元，立项数和直接费用分别增长 9%和 7. 2%。其中重大类项目 15 项，包括 2 项杰青项目、5 项优青项目，人才类重大项目立项获得新突破。国家重点研发计划资助项目新增 3 项。全年共获各类科技成果 73 项，其中获奖成果 65 项。以第一完成单位获国家奖 7 项，其中技术发明奖二等奖 1 项、科技进步奖二等奖 6 项，占当年农业领域授奖总数的 28%；牵头获得省部级奖励 25 项，其中一等奖 5 项，二等奖 11 项；院科技成果奖 15 项。全年共发表科技论文 7 202篇，其中 SCI/EI 收录论文4 179篇，影响因子 10 以上的高水平论文 49 篇。获得新兽药证书 9 项，其中一类新兽药 3 项。审定（登记）品种 359 个，其中国审 233 个。制定各类标准 487 项。58 份调研报告和政策建议获党和国家领导人重要批示，较 2019 年翻了一番，影响力和决策支撑能力明显提升。

一、基础研究与基础性工作

围绕主要农作物品质、抗逆等重要功能性状基因挖掘和调控机制解析，农业重要动植物病虫害致病机理、结构解析，重要畜禽营养代谢和重要性状形成调控规律等开展基础研究、前沿探索和科技基础性工作，取得了一些重要突破，提升了农业高质量发展的源头创新能力。

揭示稻米蛋白品质形成的分子机制。克隆了水稻蛋白品质形成新基因 *GPA5*，证实 *GPA5* 编码一个具有磷脂结合能力的植物特有调控因子，并从细胞、遗传和生化层面阐

① 中华人民共和国财政部，全书简称财政部。

明了 *GPA5* 在水稻贮藏蛋白后高尔基体转运中的关键作用，对稻米蛋白品质改良具有重要指导意义。

水稻抗虫机制解析取得新进展。克隆了水稻抗褐飞虱关键基因 *OsMYB30*。阐明了 *OsMYB30* 在转录水平通过调控苯丙氨酸氨裂合酶 PAL 编码基因进而提高水稻对褐飞虱的抗性机理，对水稻抗褐飞虱的遗传改良具有重要意义。

发现水稻绿色革命基因伴侣基因。完成了华占的多分蘖特性解析，发现水稻绿色革命基因的伴侣基因 $HTD1^{HZ}$，成功解析了绿色革命中矮秆多分蘖类型品种的分子机理，首次报告了独脚金内酯合成基因的有利等位变异如何在水稻绿色革命中被选择和广泛应用，对稳产、广适性水稻品种分子设计育种具有十分重要的理论价值和指导意义。

揭示水稻抗性的调控机制并挖掘利用。明确了糖基化修饰在稻瘟菌生长发育以及致病中的作用；揭示了线粒体动态平衡介导的抗病分子机制；发掘得到 OsALS1 抗除草剂新位点，获得了对氟乐灵和二甲戊灵具有抗性且不影响产量和品质的水稻新种质，为水稻抗病和抗除草剂育种提供了理论基础和材料支撑。

揭示草地贪夜蛾在我国的迁移为害规律。世界性害虫草地贪夜蛾是“北迁南回，周年循环”的重大迁飞性害虫。研究表明了草地贪夜蛾在我国可周年繁殖和越冬，证实了草地贪夜蛾可进行跨南海、跨渤海湾迁飞，为开展草地贪夜蛾的区域性治理奠定了基础。

解析棉花间接防御害虫的遗传机制。系统研究了棉属蜜腺的进化途径，发现亚洲棉中无蜜腺性状是由自然突变产生，并在中国的传播演化过程中受到强烈的选择作用，揭示了蜜腺发育的关键调控基因，并构建蜜腺生长发育的分子调控网络，鉴定了蜜汁的代谢物组成，发现木质素代谢通路可能在棉花间接防御中具有重要作用，为研究植物—动物互作和利用蜜腺性状育种奠定了基础。

油菜素内酯（BR）调控纤维发育机制取得新进展。发现 GhSK13 激酶参与 BR 信号途径，并通过磷酸化 GhHDZ5 等下游基因调控纤维发育，为棉花的分子改良奠定了基础。

油菜机械化性状优良基因鉴定和资源创建进展显著。首次在油菜中鉴定出抗裂角基因，并成功利用基因编辑技术创造了抗除草剂和株高矮化基因，为油菜适合机械化生产性状的改良提供了理论、技术和材料支撑，对于其他十字花科和双子叶作物的相关研究也具有重要的指导意义。

解析大豆产量及含油量调控基因分子机理。挖掘关键调控因子，表明 GmWRI1b 通过调控赤霉素水平调控株型，并通过调控糖酵解和脂肪酸合成途径来调控大豆种子含油量，解析大豆产量与种子含油量的调控机理，协同提高大豆产量与含油量，有利于大豆生产提质增效。

鉴定早酥红梨红色性状相关变异位点。通过基因组重测序结合 BSA 联合分析的方法，自早酥红梨中鉴定出缺失变异，与早酥红梨的红色性状密切相关，该体细胞突变的发现有助于红梨育种和梨果皮着色调控机制等方面的研究。

基因组测序揭示结构变异影响桃农艺性状形成的机制。以336份桃种质资源为材料，通过全因组深度重测序鉴定到20多万个结构变异。解析了桃基因组的结构变异特征，发现高达98%的基因上有结构变异的发生；开展了果实成熟期、果实形状、近核处颜色等26个农艺性状的全基因组结构变异关联分析，发掘了多个农艺性状的关键基因及其遗传变异机制，解析了蟠桃扁平果实形成的分子机理。

茶树起源演化研究取得重要突破。以龙井43为材料，采用自主开发的组装软件完成了其染色体级别的基因组组装，并对来自不同国家和地区139份有代表性的茶树材料进行了深度重测序。表明茶树近源种群是茶变种和阿萨姆变种的祖先，驯化过程中二者的选择方向存在差异，茶变种在驯化过程中与风味相关的萜烯类代谢基因和抗病相关基因受到选择强于阿萨姆变种茶树。

破解重要蔬菜害虫对杀虫剂的抗性机制。通过研究重要蔬菜害虫烟粉虱对化学杀虫剂吡虫啉、小菜蛾对*Bt*生物杀虫剂产生抗药性的关键信号通路，首次揭示了害虫抗药性形成的分子遗传调控网络，研究结果对重大农业害虫抗药性监测预警、田间治理和新型绿色高效杀虫剂的研发具有重要的理论价值和实践意义。

解析黄瓜和番茄关键农艺性状遗传调控机制。揭示了黄瓜株型发育、显性全雌基因和番茄短日照开花适应性、果实硬度等重要农艺性状的分子调控机制，为培育长季节栽培、耐贮运、高品质的黄瓜和番茄提供了可改良利用的理想靶点，有力推动了蔬菜新材料新品种的创制与改良。

揭示薇甘菊全球入侵的分子机制。构建了染色体水平的高质量薇甘菊参考基因组，利用比较基因组学、代谢组学、转录组学和土壤宏基因组学技术，从薇甘菊的光合作用、化感物质、与土壤微生物作用等几方面揭示了其快速生长和环境适应的分子机制。

揭示褐藻寡糖缓解雄性动物发育氧化损伤的新机制。发现褐藻寡糖促进肠道双歧杆菌等有益菌增殖和血液代谢产物，增加肠黏膜紧密连接蛋白表达水平，缓解小肠黏膜内质网、线粒体、细胞膜、细胞间连接和微绒毛损伤，改善上皮细胞发育功能，发现褐藻寡糖通过增加与精子发生过程相关最重要基因和蛋白表达水平及其代谢产物缓解雄性动物繁殖障碍，对提高种公畜禽精液品质，挖掘优良种公禽畜遗传资源效能具有重要意义。

研究雪貂、猫、犬及其他家畜禽对新冠病毒易感性。证明雪貂可用作SARS-CoV-2疫苗和药物评价动物模型；犬、猪、鸡和鸭对SARS-CoV-2不易感；猫对SARS-CoV-2高度易感，应密切监测和保护疫区的猫，避免其接触传染源，防止其成为可能的传播宿主或储存宿主。成功建立了雪貂、小鼠、恒河猴及食蟹猴动物感染模型。该研究为全球COVID-19防控策略制定提供了关键科学依据。

揭示动物流感病毒生物学特性和致病机制。发现了野鸟源H5亚型禽流感病毒基因来源复杂，可对家鸭和小鼠呈现不同的致病表型，部分毒株已具有人型受体结合特性，需进一步加强监测；发现 2.3.4.4h 分支的 H5N6 病毒在新疆[①]感染候鸟天鹅，研究发现该病毒可以致死鸡和鸭，但对小鼠呈低致病性。发现两株 H7N9 高致病性禽流感病毒对小鼠的致病性存在较大差异的原因是由病毒 NP 蛋白的 286 位点及 437 位点所决定，对于病毒致弱疫苗以及抗流感病毒药物的研发均具有参考意义。

揭示口蹄疫病毒宿主嗜性变异的分子基础。首次揭示了 S 片段和 L 蛋白变异是 O 型 Mya-98 毒株适应猪远离牛，发生宿主嗜性变异的决定因素，鉴定了口蹄疫病毒结构蛋白 VP1 发挥免疫逃逸的新机制，为口蹄疫猪苗产品创制提供了重要理论依据，为国家口蹄疫防疫策略制定提供了理论参考。

解析非洲猪瘟病毒免疫与致病机制。建立了非洲猪瘟病毒体外培养体系、非洲猪瘟病毒种毒资源库和非洲猪瘟病毒实验动物感染模型。鉴定出了新的免疫抑制蛋白，并阐明该蛋白与互作蛋白及通路信号分子的磷酸化、泛素化和乙酰化等修饰与调控机制；根据关键位点，突变病毒、拯救出重组病毒，验证重组病毒在细胞上和猪体内的生物学效应，为创制非洲猪瘟疫苗提供了重要的理论指导。

宏基因组挖掘牛瘤胃微生物对高木质纤维素饲料的动态降解。通过微生物 16S 扩增子和宏基因组技术对 6 种不同植物木质纤维素上附着的瘤胃微生物菌群进行测序分析，发现了 523 种未培养细菌和大多数未培养的古细菌在瘤胃中的潜在功能，组装了细菌基因组信息，富集了与木质纤维素聚合物降解和降解产物发酵成短链挥发性脂肪酸有关的基因。发现在瘤胃发酵过程中共营养类群向寡营养类群的转变对于在瘤胃复杂的物理化学环境和变化的环境中消化难降解的木质纤维素底物具有潜在的重要意义。

揭示新城疫病毒劫持宿主翻译系统和诱发 DNA 损伤的新机制。发现新城疫病毒感染宿主细胞抑制宿主蛋白翻译，并通过其编码的 NP 蛋白与宿主翻译起始因子互作，实现病毒 mRNA 的优先翻译。拓展了对 NDV 与宿主细胞互作的理解，为更好的防控新城疫和改造溶瘤病毒提供了新的视角。

解析高空间分辨率热红外遥感数据邻近效应影响。从热辐射传输模拟和地表温度反演两方面解析了邻近效应对高空间分辨率热红外遥感数据的影响。当气溶胶光学厚度大于 0.3 时，需要考虑邻近效应对高空间分辨率热红外遥感数据的影响，反演的地表温度与地面实测地表温度之差的均方根误差从邻近效应校正前的 1.4K 降低到邻近效应校正后的 0.6K。

解析新型持久性有机污染物（POPs）全链条迁移转化机制。探明了饲料中多溴联苯醚、全氟化合物、氯化石蜡和有机磷酸酯等新型 POPs 污染特征和污染来源，解析了有机磷酸酯等新型 POPs 在动物组织中形态赋存特征，阐明了其在“环境—饲料—养殖动物—畜禽产品”链条中迁移转化机制，评估了新型 POPs 在主要畜禽产品中暴露风险。

探明不同农药混合污染的联合毒性效应和作用机制。采用敏感细胞系获得了不同农

① 新疆维吾尔自治区，全书简称新疆。

药组合对人肝癌HepG2细胞氧化应激、DNA 合成的影响以及对 CYP 3A4 酶活性的影响，探索构建了各农药单剂及其代谢物的识别方法及肝微粒体体外孵育系统。获得内分泌干扰物等新型污染物二元混合后的联合效应类型，构建了暴露后细胞内源物质的调控网络，解释了单独及联合暴露细胞活性改变的分子机制。

多方位揭示乡村生活污水协同农业利用风险调控机理。揭示了黄菖蒲人工湿地系统去除养殖废水重金属技术的机理；构建了再生水水生植物消减重金属的植物立体系统，建立了对养殖废水重金属消减后水稻—土壤系统多因子健康评估体系；明确了再生水灌溉对辣椒内生细菌群落和病原菌的影响规律，探明了根系对不同种类抗生素的吸附能力及根系带电特性对根系吸附抗生素的影响规律，探索了土壤微环境对再生水 PPCPs 迁移累积的响应规律。

研究农田和农产品重金属源解析与污染特征。基本摸清了不同来源对我国农田土壤重金属累积贡献，开发并实践了包括镉同位素方法在内的一系列的土壤重金属源解析方法，提出了设施菜地有机肥施用与土壤镉累积风险及防控建议，为我国农田重金属污染防控提供了有效的支撑。

评价化肥农药减施增效的环境效应。构建了土壤—作物—环境系统水分和养分过程系列模拟模型 WHCNS，实现了量化肥料施用后在水、土、气、生等环境介质中的去向，为定量评价肥料施用后的环境效应评价打下了基础。应用该模型明确了农田尺度四大作物（水稻、蔬菜、苹果、茶园）肥料施用后的各自主要环境敏感因子。

科学测算畜禽养殖业和地膜污染状况。科学提出了畜禽养殖业排污量的测算方法，较第一次污染源普查相比，在畜禽规模养殖量增加 1.8 倍的基础上，全国畜禽养殖的污染源排放量下降 20%以上，单位动物排放强度下降 50%以上；首次摸清了全国农田地膜使用及残留污染情况，核算了分省、分区、分作物的残留量及残留系数。相关测算结果作为《第二次全国污染源普查公报》主要数据发布，为我国“十四五”及未来精准、科学、依法治污提供有力支撑。

构建高杂合二倍体马铃薯基因组图谱。首次获得了杂合二倍体马铃薯品系 RH 的全基因组序列，并解析出两套单体型；揭示了铃薯基因组内部等位基因的序列差异和表达调控差异；构建了完整的杂合二倍体马铃薯基因组图谱，为研究马铃薯自交衰退分子机制和培育二倍体自交系提供了数据基础。

麻类作物种质资源与新品种选育研究取得新的进展。考察收集 116 份种质资源；编目入长期库 355 份，入中期库 463 份；解决了库存数量不足、生活力低等问题，为资源的安全保存和有效利用提供了强有力的支撑；鉴定评价资源 500 份；向科研、教学、育种单位和生产企业提供麻类种质资源 540 份；创新培育登记工业大麻、红麻、黄麻等新品种 12 个。

持续开展多年生牧草种质资源收集、评价与新品种选育。持续加强国家种质牧草中期库（圃）的提质升级，新增收集草种质资源 580 份，约 150 种（260 余份）为首次入库，包括国家（地区）珍稀濒危种质资源 23 份，特有种质资源 15 份，发现 2 种植物新分布区。强化资源评价鉴定与创新利用，向全国科研院所、高校、企业年共享利用500余份（次），登记国审新品种1个，地方新品种2个，为草种业和草牧业及生态安全屏障建设发展提供强有力的战略物质基础保障。

稳步开展烟草及特种作物种质资源基础性工作。新收集资源40份，新编目材料127份，繁种200份。对2 556份烟草种质资源进行简化基因组测序，构建了包含310份资源的烟草核心种质库。分析了30份野生烟种质资源的遗传多样性，构建了指纹图谱，收集了国内外300余份雪茄烟种质资源，进行了系统的表型鉴定，并获得了完整的基因型，建立了雪茄烟种质资源库，筛选出一批优异雪茄烟资源。

持续开展厌氧微生物种质资源保藏与利用。新增厌氧微生物模式菌种72个，分布在6门、13纲、20目、34科、58种，具有较为广泛的代表性，开展微生物菌种的功能挖掘和评价。

完成覆盖我国全域高精度数字土壤。创建了我国首个覆盖全域的高精度数字土壤，成果在全国推广应用，整体达到国际领先水平，是我国迄今最完整和精细的土壤资源与质量数据，具有多要素（8个土壤理化性状图层和1个剖面图层）、高精度（100米数据）、时空维度（40年土壤空间数据）特征。

农产品品质评价研究取得重要突破。以时间、空间为因素，围绕食用品质、加工品质、安全品质、营养品质、功效品质，建立了农产品时空品质评价理论。以24个省（市、自治区）的1 250份粮油、果蔬、畜产、特色农产品为材料，解析了品质数据与品种及制品的相关性，研建了小麦、大豆、花生、马铃薯、甘薯、绿豆、桃、石斛、羊肉九大农产品品质评价模型15个，构建了品质数据库及品质评价与保持技术标准体系，研发快速评价与检测技术装备5台（套）。

二、核心关键技术研发

围绕主要作物精准育种与性状改良、重大农业害虫防治、重要畜禽疾病防控、耕地质量提升、信息识别、装备研发等，突破一批核心关键技术，为确保国家粮食安全、农产品有效供给和农业绿色发展提供了重要技术支撑。

利用基因编辑高效创制玉米第三代杂交种技术。利用 *CRISPR/Cas*9 基因编辑定点删除了玉米内源 *MS*26 基因重要功能域，创制了 ms26ΔE5 隐性不育系，实现了保持系生物技术元件半合子遗传及其与不育系种子的荧光分拣。该技术为第三代作物杂交种技术提供了高效解决方案，将助推第三代作物杂交育种技术发展和产业化应用。

玉米高产探索再创纪录。明确了“密植增穗增产，培育高质量抗倒群体，增加花后群体物质生产和高效分配”为核心产量突破途径。通过融合密植高产农艺与滴灌水肥一体化工程的措施进行精准运筹管理，实现了高产突破与节水节肥绿色生产的协同。2020年示范田玉米最高亩产达到1 663. 25千克，第七次刷新我国玉米高产纪录。示范田内包括MC670、中单111、中单8812等11个品种，单产均超过每亩1 500千克。

杂交稻精准播种机插关键技术。采用气吸定量、秧盘及播种红外线定位、吸嘴防阻、槽式自流浇水等多项创新技术，研发了杂交稻精准播种机插技术，实现30~50克精准播种，每亩用种量下降25%~40%，有力地促进了杂交稻机械化种植。在浙江、四川、云南、黑龙江等地建立了一批叠盘出苗育秧中心，有效解决南方早稻播种出苗难题，为稳定双季稻面积、保障粮食安全提供科技支撑。

机采棉膜下滴灌生育期—非生育期水盐联合调控技术。通过连续3年机采棉膜下滴灌生育期—非生育期水盐联合调控技术研究，明晰了南疆棉田在不同冬春灌与膜下滴灌策略下的生育期—非生育期水盐平衡机制，确定了棉田休闲期适宜淋洗方式和淋洗定额，提出了基于ETgage蒸发量的棉花膜下滴灌节水抑盐灌溉制度，形成了南疆地区机采棉优质高效综合栽培技术规程。在推荐技术模式下，2020年较常规对照种植模式增产12.0%，节水30.7%，节肥22.5%。

迁飞昆虫雷达—高空诱虫灯协同监测技术。对迁飞性害虫进行科学防控需要开展精准监测。构建了长岛14科93种、云南澜沧30余种、江城30余种常见重要迁飞昆虫的物种参数数据库。基于物种参数数据库，研发了新型高分辨昆虫雷达，可完成多种常见昆虫的种类精准辨识。研发了昆虫雷达—高空诱虫灯对迁飞性害虫的协同监测技术，成功监测了苹梢鹰夜蛾、黄脊竹蝗、稻飞虱等害虫的迁飞行为及迁飞轨迹。

“中蔬根保”系列土传病害综合防控产品和防治技术。“中蔬根保”系列土传病害综合防控产品，包括1个生物制剂，2个化学药剂综合防治套餐，1个土壤熏蒸剂组合，可建立生防菌与化学药剂组合的协同共效防控，对各类真菌型土传病害的防控效果达到75%以上，有效提高我国蔬菜生产抵御土传病害威胁的能力。同时研发配套的新型微粉剂剂型和精量电动弥粉机，可彻底杀灭飘浮在空中和吸附在墙体及田间走道上的病原菌。弥粉法施药防治设施蔬菜病害技术，填补了国内设施蔬菜轻简化高效防控技术的空白。

油菜全产业链绿色高质高效模式。通过油菜全产业链开发和全价值链挖掘，集成高油高产多抗适机化菜用两用油菜品种中油杂19、油菜精量联合直播技术、油菜全营养缓释专用肥、油菜高效田间管理技术、油菜分段联合收获技术、功能型菜籽油7D产地绿色高效加工等技术，开展油菜全产业链绿色高质高效技术的规模化示范与应用，全价值链挖掘油菜“油”“菜”“花”“蜜”等价值模块产值，为提升我国油菜综合效益和促进油菜全产业链绿色高质高效发展提供了可推广、可复制的综合技术解决方案。

葡萄设施化生产适宜品种选育与轻简优质高效栽培技术。创新集成了无病毒健康苗木、改良土壤、改良品种结构、精准水肥管理、精准病虫害防控、精准休眠调控、高标准建园、高光效树形、高标准花果管理、高效环境调控10项关键技术，构建出涵盖品种、栽培和植保领域的“一无两改三准四高”设施葡萄节能、轻简、优质、高效生产技术体系，为葡萄设施化生产的绿色高质量发展提供技术支撑。育成设施葡萄适宜品种和砧木5个，其中4个获得新品种登记。

猕猴桃产业绿色发展的“3+”模式集成示范。研发了“三优三减三提”的

(3+) 模式，即“优化适栽品种、优化果园选址、优化栽培模式，减施化肥、减喷农药、减少人工，最终实现提高果品质量、提高果园效益、提高果农收入的目标”。该项技术集成了新优品种筛选+科学选址建园、一主干两主蔓羽状整形修剪+牵引式管理、行间生草+行内覆盖、水肥精准调控+果园病虫草害绿色防控等国内外先进技术及装备，可达到提早 1~2 年丰产，优质果率提高 15%以上，减施化学农药 25%以上，减施化肥 30%以上，节水 40%以上，节省人工 40%以上。

茶园有害生物高效防控技术。分离鉴定出了茶黑毒蛾的 3 种性信息素组分和结构，首次在茶树鳞翅目害虫中发现了混合类型的性信息素组成，创制的田间性诱剂对雄蛾的引诱效果与雌蛾对雄蛾的引诱效果相当；明确茶蚕性诱剂组成和剂量的引诱活性差异，提高诱蛾效果达 15 头/(诱捕器 · 天)，并在海南省示范。筛选出防治茶小绿叶蝉的新型高效生物源农药“双丙环虫酯”。

甜醇工夫红茶定向加工关键技术。建立了工夫红茶甜醇滋味品质量化评价技术，基本探明适制甜醇工夫红茶的鲜叶原料生化特点、甜醇滋味特征组分以及品质调控机理，创制出红茶动态发酵机、微域调控远红外提香机等新设备，提出甜醇工夫红茶萎凋、发酵、足火等关键工艺技术，形成了全套甜醇工夫红茶定向加工的关键技术，可稳定获得色香味俱佳且甜醇风味凸显的红茶产品。

优质牧草提质增产增效技术。通过合理调控水肥、优化收获管理等方式，研发出苜蓿吨草田管理技术，该项技术在河套灌区和土默川平原均可达到亩产苜蓿干草 1.7 吨/亩，在南方乌蒙山区可达到亩产苜蓿干草 1.4 吨/亩，极大地提高了土地生产效率；提出适生早熟燕麦品种进行燕麦+燕麦的种植模式；研发了四川凉山州豆禾混播技术。

烟草全基因组分子模块育种技术。开展烟草全基因组分子模块的不同性状评价、重要模块的功能解析以及不同模块的分子聚合育种，搭建烟草全基因组分子模块育种技术体系，推动我国烟草育种从“经验育种”向“精准育种”转变，并大大提高烟草育种效率。实现烟草主栽品种从单一性状改良，到多性状聚合育种的飞跃，培育中烟 300 等多个优良性状聚合的新品种。

显著降低基因编辑脱靶效应的单碱基编辑工具。预测了基因编辑过程中产生脱靶效应的重要氨基酸，然后通过检测突变体的 DNA 和 RNA 的脱靶效应，构建并筛选出能够显著降低 DNA 和 RNA 脱靶效应的单碱基编辑器突变体，又通过在突变体基础上增加标签和核定位序列（FNLS）以提高基因编辑效率，获得了既安全又高效的新型基因编辑工具，大大提升了单碱基基因编辑工具在转基因动物育种、遗传疾病基因治疗等领域应用潜力，也奠定了中国学者在单碱基基因编辑技术研究领域的国际地位。

优质鸡蛋生产的营养调控关键技术。系统开展了蛋壳超微结构动态矿化、蛋清分泌包裹、蛋黄功能脂质沉积及风味形成等机制和规律研究，采用营养调控，攻克了优质鸡蛋相关的蛋壳、蛋白、蛋黄等多项调控技术难点，建立无抗鸡蛋生产技术，显著提升鸡蛋的营养健康价值，满足人们差异化膳食需求；促进了蛋鸡产业绿色发展和企业、农户增产增收，推广应用8 000多万只产蛋鸡。

白羽肉鸡新品种培育实现重大突破。建立白羽肉鸡表型精准测定技术和主选性状基因组选择技术方案，完成了6个品系的继代选育。父系在生长速度、饲料报酬和产肉率性状稳步提升，饲料报酬可达1.68，母系的300日龄产蛋数显著提升，有望近期打破我国白羽肉鸡品种完全依赖进口的现状。

非洲猪瘟防控消毒技术。筛选出6种ASFV敏感消毒剂（次氯酸、次氯酸钠、二氧化氯、过氧乙酸、碘酸混合液、复合亚氯酸钠）；研究设计了高效规范的消毒程序，制定并发布了《非洲猪瘟防控清洁消毒技术要点2.0》，并在全国多地开展宣传与推广；研发新型环保消毒剂4个，其中二氧化氯水溶液消毒剂对非洲猪瘟病毒的平均灭活对数大于4.0，达到彻底杀灭病毒效果。

中欧食品智能可信追溯技术研究。对中国和欧盟食品追溯系统进行了系统对比，发现了"信息记录—数据整合—智能决策"为主线的追溯系统进化迭代规律，提出了基于区块链的食品追溯框架，根据跨境食品贸易的特点，采用了链上和链下相结合的混合数据存储方法，设计了出口数据记录、检测数据记录与验证、追溯查询跟踪等的智能合约，增加了食品贸易过程中的数据信任，为促进国际食品贸易可持续发展提供了重要技术保障。

基于雷达遥感的冬小麦叶面积指数反演新模型。提出了基于雷达遥感的冬小麦叶面积指数反演新模型，实现了区域冬小麦叶面积指数的高精度反演。该模型在充分考虑不同生育期作物形态特征基础上，耦合微波散射模型和冠层散射模拟模型，以达到提高作物叶面积指数获取精度的目的，为农业、生态以及气候变化等研究必需的高精度作物参数获取提供了新的技术手段。

基于机器视觉的生猪身份识别关键技术。围绕生猪身份的智能识别，形成了用于猪脸检测的数据集合1个以及用于生猪身份识别的数据集合1个；研发出用于生猪检测的深度学习模型，实现了生猪脸部和身体的实时检测，其检测精度达到90%以上，检测速度为每秒322帧；创新性地提出了基于人脸信息迁移辅助的生猪身份识别方法，取得了良好的识别效果。

农药残留快速检测核心关键技术。通过酶学的定向进化技术，实现了对AfEST酶的改造，提高了对有机磷农药的识别能力，构建了有机磷农药生物条形码免疫分析技术，灵敏度提升8~78倍；开展了新型酶源的创制改进，热稳定性脂酶（AfEST）代替原来的AChE，提高了其对有机磷农药的识别能力。

天空地农田精准灌溉信息智能感知技术与装备。将智能传感器、物联网、遥感监测等信息技术，同传统灌溉装备与技术进行深度融合，以"智能感知与诊断—精准预报与决策"为主线，将传感器和多光谱监控采集的土壤水分、气象、作物生长及水源状况等多源数据进行融合分析，利用模型算法开展灌溉智能决策和优化控制，为灌区水资源管理提供技术支撑。

自主研发了智慧农业系统。以棉花栽培管理为主线，集成作物信息学，农业自动控制，互联网应用等技术，研究并形成具有自主知识产权的智慧农业技术系统。该系统包括环境和棉花长势的监测、智慧农业大数据采集与控制，以及智慧农业应用云端平台。使用该系统，可以足不出户进行长势监测与浇水、施肥、化控等一系列田间管理，减少灌水量10%~30%，减少施肥量18%~23%，从而实现棉花生产智能化管理，降低了棉花生产成本，提高了棉花生产效益。

图像和数字化识别的规模化关键表型组鉴定技术。对规模化花期和主要生育期的高清图像采集、图像拼接和识别等关键表型组鉴定技术取得重要突破，开发了“油菜规模化花期航拍图像人工智能定量识别软件”，能精准鉴别油菜全生育期发育节律的变化，首次实现油菜全生育期生长节律的精准鉴定，为揭示油菜产量形成和适应性机制提供的规模化的精准数据。

工业大麻副产物饲料化综合利用。研发了汉麻生物饲料添加剂，可以应用到畜禽及水产饲料中。使用本发明的生物饲料添加剂，试验组提高了日增重，降低了料重比，从而增加了经济效益；在血液免疫指标方面，显著提高了免疫球蛋白浓度，试验组比对照组分别提高了15. 82%、18. 44%和27. 54%。

中南镉砷污染农田综合防治与修复技术示范。形成适合中南地区镉砷污染农田植物萃取、化学钝化、间作修复、综合防治等修复技术模式5套；建立中南镉砷污染农田植物萃取、植物叶面阻隔、农田钝化、耕地安全利用及综合防治修复技术示范区，面积600亩以上，土壤镉砷活性降低60%以上，农产品质量达到食品安全国家标准；技术辐射推广8 500亩。

重金属污染耕地安全利用技术与产品研发。发现镉在水稻体内主要通过阳离子通道进行转运，根茎叶等营养器官能把75%以上的镉固定在细胞壁中。在水稻抽穗开花期喷施叶面调理剂，能有效提高阳离子通道对有害元素的识别能力、激活营养器官对镉的拦截潜力，能使稻谷镉含量下降40%以上。叶面调理剂与低积累品种和碱性肥料相结合（简称VFR模式），能充分挖掘基因型和环境的互作效应，大幅度降低镉污染农田中稻米镉超标的风险，实现土地安全利用和保障农产品质量安全的双重目标。

农村有机生活垃圾干发酵处理技术。将干发酵工艺技术应用于农村有机生活垃圾的分散、就地处理利用，所产沼气可作为生活燃料，沼液循环回用，沼渣经熟化后可作为基肥，也可用于项目周边园林、绿化等。操作简单，运行管理简便，能耗低，因此人力物力成本低，且无二次污染，可以一定程度地减轻农村生活垃圾的污染问题，实现农村有机生活垃圾的减量化、资源化和无害化。

植物工厂光能—生物能转换效率提升关键技术。针对植物工厂能源消耗大、运行成本高、光能利用效率低等突出问题，开展植物叶片光合潜能挖掘、采前营养品质光调控、高效节能供光策略参数优化等研究，突破了提升光能—生物能转换效率技术瓶颈，为植物工厂作物“高光效、低能耗”生产提供理论依据和技术支撑。

秸秆高效低氮捆烧关键技术。搭建捆烧试验平台系统，揭示出秸秆捆烧分层燃烧机理与热质扩散规律，阐明了温度场与污染物生成耦合机制，研发了原料、挥发分、固定碳等燃烧的三室分级低氮捆烧技术及一体化污染物脱除技术，研制了秸秆捆烧供暖锅炉，热效率达 82.5%、NOx 减少 19.5%、颗粒物脱除率提高 41.2%，温室气体排放仅为煤炭的 1/10~1/7，减排效果明显。在辽宁、黑龙江等省推广应用，为北方农村地区清洁取暖和秸秆综合利用提供了坚实的技术支撑。

全量秸秆硬茬地去秸障高质顺畅机播关键技术。首创“碎秸跨越移位均匀覆盖”和“碎秸侧移行间规整条覆”整体去秸障与精细覆盖还田一体化机播技术，创制出全量秸秆硬茬地高质机播精细覆秸一体化系列装备，彻底破解“挂秸壅堵、架种、晾种”难题，实现了全量秸秆硬茬地高质顺畅机械化播种，为秸秆就地还田培肥地力、实现禁烧、促进绿色发展提供了支撑。

三、重大产品创制

选育出小麦、水稻、大豆、马铃薯、油菜、棉花、猕猴桃、西瓜、烟草等一批主要粮食作物和经济作物新品种，创制了一批新型化学农药与天敌昆虫、畜禽疫苗、农业投入品、营养功能食品、农业机械装备等重大新产品。

选育应用高产优质强筋小麦新品种中麦 578。优质强筋与高产相结合的抗病抗逆新品种中麦 578，通过黄淮南片国家审定以及河南、安徽审定，成为国内首个同时通过黄淮南片和北片国审的优质强筋小麦品种，2020 年河南省焦作市修武县高产创建平均亩产 841.5 千克，创全国冬麦区高产纪录。品质指标稳定达到国家优质强筋小麦标准，与河北金沙河集团合作，研制成面包粉和拉面粉。

选育应用耐草甘膦除草剂转基因大豆中黄 6106。利用两个自主知识产权基因 *g2-epsps* 和 *gat*，培育出对广谱、低残留除草剂草甘膦具有高耐受性的转基因大豆中黄 6106，获得生产应用安全证书。转基因大豆中黄 6106 与非转基因大豆具有同等环境和食用安全性，且环境风险可控。高耐草甘膦除草剂转基因大豆中黄 6106 提供给全国 22 个科研教学单位，大面积种植展示出广阔应用前景。

培育华浙优 261、嘉禾优 7245 等超级稻品种。华浙优 261 荣获 2020 年第三届中国·黑龙江国际大米节品评品鉴活动金奖第一名和第三届全国优质稻品种食味品质鉴评活动籼稻组第一名；嘉禾优 7245 和嘉丰优 2 号于 2018 年双双被评为浙江十大“好味稻”品种，其中，嘉丰优 2 号 2017 年以来连续 3 年获得“浙江好稻米”金奖，2019 年创下江西水稻单产最高纪录，平均亩产达 1 022.2千克；中浙优 H7 于 2019—2020 年先后获评湖南长沙“双新”展示会明星品种、“2020 浙江·长江下游水稻新品种大会”推荐品种；中组 143 于 2018 年 5 月通过浙江省品种审定；华浙优 71 荣获 2018 年“浙江好稻米”优质奖，多次荣获地市“好稻米”评比金奖，2020 年荣获广西[①]第十七届“看禾选种”大会（桂北）重点推介品种。

发现对半翅目和鞘翅目昆虫有高活性的 Cry 蛋白。从活性菌株 Bt B4F11 中获得了

① 广西壮族自治区，全书简称广西。

一种新型的高毒力蛋白 Cry78Ba1。该蛋白对灰飞虱致死中浓度 LC_{50} 为 9.723 微克/毫升。基因组测序发现 BtSU4 中有两个新的 *cry*8 基因（*cry8Ha*1 和 *cry8Ia*1）。*Cry8Ha*1 对暗黑鳃金龟的幼虫和成虫、大黑鳃金龟成虫以及光肩星天牛幼虫有活性；*Cry8Ha*1 对多种鞘翅目物种具有不同的毒性，并且蛋白酶活化过程可以改变其杀虫谱，*Cry8Ia*1 对暗黑鳃金龟幼虫有活性。

棉花品种推广应用取得新进展。中棉所 96A 获得植物新品种权证书，是兼顾品质与产量的突破性品种，在新疆推广 30 余万亩，成为莎车县扶贫明星品种。完成引种的中棉 113 实现伊犁等低积温风险棉区优质高产示范，已成为新疆生产建设兵团第六师和第七师师市棉花推荐品种，有望成为北疆主推品种。相关品种的推广应用有助于推动新疆棉花产业的提质增效。

选育出高产高油优质多抗适合机械化油菜新品种。利用多性状快速聚合和高油杂交种选育技术，创制出 8 个含油量大于 50%的突破性油菜新品种，其中 7 个新品种在 2019—2020 年长江下游、湖北省等区域试验中，平均亩产超过 210 千克，产油量增幅最高达 28.3%。

培育出猕猴桃品种并转让。筛选、评价，培育中熟品种“宝石红”“天源红”，以及晚熟品种“红贝”，并实现有偿转让，推广应用占同类型栽培面积 85%以上。培育了中猕抗砧 1 号专用砧木品种，对盐碱地具有良好适应性，结束了我国目前没有猕猴桃专用砧木品种的现状。填补了产业中猕猴桃即食型全红品种和我国砧木品种的空白。

培育出系列抗重茬、适合简约化栽培无籽西瓜新品种。培育出类型多样、品质优、抗病性更强、丰产性更高、适合简约化栽培的无籽西瓜新品种，其优势性状突出、综合性状居同类型领先水平。其中中龙 1 号无籽、冰花无籽和莱卡红 3 号在河南太康、中牟，陕西蒲城等地综合表现抗病、抗逆、易坐瓜、品质优良，较当地主栽品种亩均增产超过 7%，已通过国家非主要农作物品种登记，有望在全国无籽西瓜产区开展推广应用，带动更多的瓜农增产增收。

选育出山葡萄等系列抗寒浆果新品种。通过收集俄罗斯远东寒带地区山葡萄等资源，获得了大量的野生优质抗寒种质资源。对不同浆果资源进行了农艺性状、品质特性、加工特性、种质抗逆性等精准评价，选育出了适宜我国寒带地区气候条件的山葡萄新品种“紫晶梦露”“紫晶甘露”，软枣猕猴桃新品种“绿宝”，桃新品种“集禄”，促进了我国北方寒冷地区的浆果产业发展，在山区和半山区的产业结构调整和乡村振兴中起到了重要作用。

育成一批突破性烟草新品种/品系。育成烤烟新品种中烟 207、中烟特香 301 通过全国审定，适宜在黄淮烟区、西南烟区和华中烟区推广种植，育成低苯并芘 K326 定向改良新品系，抗蚜虫 K326 定向改良新品系并通过鉴定。获得中烟 300、K326、云烟 87 抗赤星病定向改良稳定新品系，获得中烟 100、云烟 87 兼抗 TMV、PVY 定向改良稳定新品系。育成了一系列雪茄烟新品系。

育成抗新型流行病害优质甜（辣）椒系列新品种。育成的品种满足了生产对抗病性和高品质品种的迫切需求，成为主导品种，累计推广 475 万亩，其中南菜北运最主要的甜椒品种——中椒 105 占广东、海南等地南菜北运甜椒的 80%，中椒 106 占华中高山蔬菜微辣椒的 70%，中椒 107 占华北地区早熟设施甜椒栽培的 60%，新增经济效益 17.77 亿元。对减少农药使用量，促进辣椒产业发展、乡村振兴具有重要意义。

选育一批花卉新品种。培育出一批花色新颖、花香馥郁的牡丹、月季、百合和菊花等新品种，荣获省部级审定证书 15 个，植物新品种保护权 34 个，花卉新品种及繁殖技术多次获得全国花卉博览会、专类展览会等奖项。新品种在全国各地示范推广应用，开始逐步替代部分国外同类品种，为我国花卉产业升级和美丽乡村建设发挥了重要作用。

创制出三价禽流感病毒灭活疫苗。研制出鸡胚源和细胞源重组禽流感病毒（H5+H7）三价灭活疫苗，能够有效抵御 H7N9 抗原变异株以及当前流行的 H5 亚型分支病毒攻击；同时研制的配套抗体检测试剂也具有良好的特异性和敏感性。疫苗产品已转让 10 家企业进行生产和销售，诊断试剂已转让 1 家企业进行生产和销售，在家禽中的大量应用有效阻断了 H7N9 病毒由禽向人的传播，每年为养禽业挽回巨大经济损失，经济和社会效益显著。

研制了国际上首个 ALV 群特异性抗原检测试纸条。利用禽白血病病毒群特异抗原（p27）单克隆抗体，研制了禽白血病病毒群特异抗原检测试纸条。具有良好的特异性，样品检测不需要任何仪器，仅需 10 分钟出结果。该试纸条是国际上首个用于禽白血病快速检测的产品，于 2020 年 1 月获得国家一类新兽药注册证书。

研发了口蹄疫病毒 O 型竞争 ELISA 抗体检测试剂盒。“口蹄疫病毒 O 型竞争 ELISA 抗体检测试剂盒”获得三类新兽药证书。该试剂盒将多抗和病毒抗原在酶标板上形成固相抗原/抗体复合物，待检样品与竞争酶标抗体同时加入竞争结合包被抗原，既可定型又可测定血清抗体效价，特异性高，稳定好，精准及快速，为口蹄疫检测和免疫监测提供了新的技术手段。

研制出抗寄生虫药羟氯扎胺及其混悬液。羟氯扎胺及其混悬液于 2020 年 8 月获批国家二类新兽药证书。主要用于治疗牛、羊的肝片吸虫感染引起的疾病，对绦虫和线虫也有良好的治疗效果。羟氯扎胺原料药已实现产业化生产，达到了年产 50 吨的生产规模，占据国际市场的 30% 以上，并取得了欧盟认证。羟氯扎胺混悬液已实现转让，先后与国内 4 家企业签订技术转让协议。

研制出重组猪蓝耳病基因工程疫苗。以商品化的猪蓝耳病和猪伪狂犬疫苗株为载体，通过分子生物学手段成功构建出“表达猪瘟病毒 E2 蛋白的重组猪蓝耳病基因工程疫苗”和“表达猪瘟病毒 E2 蛋白的重组猪伪狂犬病基因工程疫苗”。两种疫苗已经通过农业转基因生物安全评审，即将进行技术转让，具有广阔的应用前景。

研发了沙咪珠利。研发了全新化学结构的三嗪类抗球虫药物沙咪珠利，获得一类新兽药注册证书。沙咪珠利打破了兽用化学药物领域 17 年沉寂，成为继喹烯酮之后我国在兽用化学药物领域又一个可用于食品动物的国家一类新兽药。

创制全球农业土地资源空间数据系列产品。突破了全球农业土地资源制图多源多尺度信息时空融合算法，研制了全球500米空间分辨率耕地融合制图产品，并在此基础上完成了全球最新一期水稻、小麦、玉米等42种主要农作物的面积、总产、单产空间分布制图，填补了全球农业土地资源数据集缺乏的空白，为《联合国可持续发展目标》评估提供了重要基础数据支撑，增强了我国在参与全球农业治理和农业可持续发展领域的话语权。

创新并研制了畜禽养殖物联网关键技术和智能装备。研制了畜禽“生态—生理—生长”多通量专用传感技术，创新了畜禽多维立体感知方法，突破了复杂环境下多特征联动感知难的问题，为智慧养殖获取海量数据提供了技术保障；构建了基于大数据的畜禽养殖分析预测模型库，研制了智能化控制设备，解决了畜禽养殖监测预警难的问题，实现了畜禽高效健康养殖的智慧管理与科学决策。

研制并应用了多源数据和模型驱动的中国农产品监测预警系统。建立了农业监测预警大数据资源库；优化提升了CAMES模型系统，研究了18种主要农产品监测预警阈值表，可对生产、消费和价格等分年度、季度、月度、周度、日度进行监测预警；对以全产业链大数据监测和CAMES为支撑的国家决策发挥显著作用。

研发了吡虫啉等6种常见农药残留快速检测免疫层析试纸条。研发了吡虫啉、克百威、毒死蜱、多菌灵、腐霉利、啶虫脒等系列农药残留快速检测免疫层析试纸条，并实现了试纸条的标准化生产和条形码标记，通过配套研发试纸条多通道搭载平台和智能图像识别算法，实现了环境光条件下手机直接拍照准确定性、半定量判读免疫层析试纸条检测结果，建立了免疫层析图像识别技术研发平台，并在水果、蔬菜和茶叶上进行示范应用。

研发了基于物联网的水肥一体化智能灌溉系统。系统实现田间灌溉和施肥无人值守自动控制；配合智能手机和中控计算机平台，构建现地控制、移动控制和中央控制三种不同管理模式，实现对种植园区全方位水肥管控。操作简便，维护方便，模块化设计大大降低了系统成本，投入产出比高，提高了水肥利用效率，降低人力成本和劳动强度，提高产量和品质，增加农民经济效益。

研制出社区小型一体化7D榨油装备。研制出自动化程度高，运行可靠的社区小型一体化7D榨油装备，实现了7D功能型菜籽油的社区制备与自动售卖。与同等处理量的一代车载榨油系统相比，设备占地面积减少40%，过滤器有效容积增加20%，具有自动化程度高，运行可靠等优势。

研制出4HB-480B型自走式黄麻/红麻剥皮机。4HB—480B自走式黄麻/红麻剥皮机是一款可移动式黄、红麻鲜茎剥制加工机械。解决了机械茎秆粗细适应性差的难题，创新设计的齿形滚筒增加了与物料的接触时间，更有利于对梢部的分离加工，提高剥皮质量。自走式履带式底盘可适应不同地形，越障能力强，田间行走方便，适合在田间直接作业，节省工时，提高产业经济效益，有利于促进该产业规模化发展，促进麻农增收。

研发了集约化养殖粪污污染综合防治技术与装备。开发了集成红外感应、生命活动感应、自清洁等功能的移动地板式粪尿分离实时收运技术，创制了粪尿即时分离、实时收运装备；研发了固体粪污分子膜微好氧绿色储存技术与装备，在北京市大兴区的金银岛牧场建立示范工程；开发了猪场粪污负压高效收集与转运关键技术及设备，研制了基于工业物联网技术和4G+无线高速通信网络技术的智能化控制系统，创制了猪场粪污收运的智能转运车。

研发了蔬菜智能化精细生产技术与装备。研制出蔬菜定形纸钵基质加工和精量播种智能复合作业生产线、耕翻埋茬旋耕机、高速自动定植机、水肥智能精量施用系统、叶类蔬菜有序收获和根茎类蔬菜智能高效联合收获机等装备20台（套），具备主要参数实时采集、故障诊断与自动监控功能，实现了甘蓝、青梗菜和胡萝卜生产的全程机械化，番茄和辣椒的机械化标准育苗和高速定植，洋葱和大蒜收获机械化，显著提升了蔬菜生产装备技术的整体水平，为推进我国蔬菜生产的效率化、自动化、规模化发展提供了装备支撑。

四、软科学研究

农业绿色发展研究、农业保险保障研究等一系列调研报告获中央和部门领导批示，在农业绿色高质量发展、疫情对农业影响等方面开展持续研究并发布系列报告，为国家农业农村政策制定提供了决策参考。

农业绿色发展的生态补偿对策研究。利用农户调查数据，分析了农户种植绿肥和秸秆还田的受偿意愿，以及畜禽粪便处理意愿，并明确了相关影响因素。研究提出，若能在经济上降低绿色生产成本，加以政府补偿引导，农户将愿意实施种植绿肥、秸秆还田和畜禽粪便处理等农业绿色生产行为。该研究为政府通过财政转移支付建立农业绿色生产激励机制提供决策依据。

农业高质量发展空间格局研究。聚焦农业绿色发展、重要农产品供给保障战略空间落地需求，构建了农业绿色发展指数模型，首次定量评价我国农业绿色发展水平，揭示了我国农田灌溉用水效率区域时空变化特征；研究提出构建面向2035年的“七区十一带”农业战略格局，设计了3类11种重要农产品区布局方案。其中农业空间格局、农产品区域布局研究成果分别提交自然资源部①和农业农村部支撑编制“国土空间规划纲要”和“重要农产品区域布局与供给保障方案”，《中国农业绿色发展报告2019》获国务院副总理胡春华批示。

地区农业农村现代化建设与政策研究。面向巩固脱贫攻坚成果、农业农村现代化加速推进新形势，研究提出贫困地区产销衔接促进战略与政策，构建了西南地区乡村振兴的路径与模式；揭示了现代农业园区发展的动力机制和利益机制；提出了我国水稻收购政策完善方向。其中“我国稻谷生产形势、深层次问题分析与政策建议”获李克强总

---

① 中华人民共和国自然资源部，全书简称自然资源部。

理、韩正副总理和胡春华副总理批示，“要千方百计确保早稻最低收购价托底政策落地”“当前早稻市场购销形势”和“加强农产品产销对接，助力‘三区三州’长效脱贫”分别获国务院副总理胡春华肯定批示。

农业保险保障研究。首次提出了“保障水平”“保障效率”和“保障贡献”“三位一体”的农业保险保障评价的理论体系和框架，构建了3类9个指标构成的评价指标体系；并“以数据为基础、用数据说话”，对中国农业保险发展状况进行全面深入系统的分析和评价，得出了一些有价值结论，提出了相应政策建议。《中国农业保险保障研究报告》通过《中农阅》和《经济要情》渠道上报党和国家领导人，已得到中共中央和多位部省级领导肯定性批示5项。

牛奶营养健康效用评价及消费推进政策研究。研究分析了新冠肺炎疫情下居民乳品消费、乳品加工企业、牧场生鲜乳销售及饲料物质保障情况，提出短期、长期稳定奶业发展的政策建议。《2019年奶类消费情况及2020年趋势研判》获得农业农村部于康震副部长肯定性批示。

农产品市场供需预测分析。持续跟踪我国和国际小麦、油料、禽肉市场供需形势，分析市场和价格波动的主要原因，预测后期发展趋势，提出调控措施和政策建议。研究新冠肺炎疫情对我国小麦、油料、禽肉市场供需的影响，分析疫情期间小麦、油料、禽肉价格波动的原因。发布了《中国农业产业发展报告》，提交的《我国粮食总需求2029年将达到8.5亿吨峰值》研究报告得到中央领导同志批示。针对新冠肺炎疫情对农业农村发展的影响，向决策部门提交政策建议报告，《紧急加大粮食生产支持力度的建议》等10份报告获中央领导批示。

疫情对牧区半牧区草原畜牧业的影响及建议。掌握了我国牧区半牧区抗击疫情的基本情况、困难与短板，提出了有针对性的建议与对策。相关研究结果得到政府和社会各界的广泛认可和高度重视，并获得国家林业和草原局、农业农村部、中国人民政治协商会议内蒙古①委员会等主管领导批示2份。

农村人居环境发展战略和政策系列研究。立足乡村振兴战略和国家相关精神，开展农村人居环境整治重点领域的发展战略和政策研究，形成《以疫情防控为切入点推进农村厕所革命的对策建议》，获农业农村部党组成员批示；《以疫情防控为切入点推进四川农村厕所革命的对策建议》，获四川省副省长尧斯丹批示。

---

① 内蒙古自治区，全书简称内蒙古。

中国农业科学院2020年获奖成果统计表

一、获国家奖成果

序号	成果名称	第一完成人	第一完成单位	奖励类别	奖励等级
1	玉米优异种质资源规模化发掘与创新利用	王天宇	作科所	科技进步奖	二等奖
2	超高产专用早籼稻品种中嘉早17等的选育与应用	胡培松	水稻所	科技进步奖	二等奖
3	畜禽饲料质量安全控制关键技术创建与应用	秦玉昌	牧医所	科技进步奖	二等奖
4	奶及奶制品安全控制与质量提升关键技术	王加启	牧医所	科技进步奖	二等奖
5	奶牛高发病防治系列新兽药创制与应用	李秀波	饲料所	科技进步奖	二等奖
6	北方旱地农田抗旱适水种植技术及应用	梅旭荣	环发所	科技进步奖	二等奖
7	主要粮食作物养分资源高效利用关键技术	周　卫	资划所	科技进步奖	二等奖

二、获省部级奖成果

序号	成果名称	第一完成人	第一完成单位	奖励类别	奖励等级
1	黄淮海麦茬夏大豆免耕覆秸栽培技术体系构建与示范	韩天富	作科所	北京市科技进步奖	一等奖
2	北京油鸡新品种培育与产业升级关键技术研发应用	陈继兰	牧医所	北京市科学技术奖	一等奖

（续表）

序号	成果名称	第一完成人	第一完成单位	奖励类别	奖励等级
3	花生高油种质发掘创制与新品种培育	姜慧芳	油料所	湖北省科技进步奖	一等奖
4	液态乳品质提升及质量控制关键技术研究与示范应用	吕加平	加工所	北京市科学技术奖	二等奖
5	基于数量化栽培的轻简化植棉技术及产品研制与示范	李亚兵	棉花所	河南省科技进步奖	二等奖
6	麻类副产品梯次利用及灵芝化妆品新原料技术研究与应用	彭源德	麻类所	湖南省发明奖	二等奖
7	猕猴桃即食型全红品种培育及提质增效关键技术与应用	齐秀娟	郑果所	河南省科技进步奖	二等奖
8	马传染性贫血弱毒疫苗致弱及免疫保护机制研究	王晓钧	哈兽研	黑龙江省自然科学奖	二等奖
9	藏羊种质资源评价及提质增效综合配套技术创新与应用	刘建斌	兰牧药	甘肃省科技进步奖	二等奖
10	内蒙古草原增碳减排多尺度管理技术创新与应用	丁　勇	草原所	内蒙古自治区科技进步奖	二等奖
11	酿造冰红葡萄酒品种“北冰红”创制与推广应用	路文鹏	特产所	吉林省科技进步奖	二等奖
12	牡丹优异资源评价、保护与高效利用	张秀新	蔬菜所	梁希林业科技进步奖	二等奖
13	天然成熟蜂蜜优质高产技术的研究与示范推广	赵亚周	蜜蜂所	北京市农业技术推广奖	三等奖
14	仔猪健康高效养殖饲料与饲喂技术示范推广	张乃锋	饲料所	北京市农业技术推广奖	三等奖
15	北方灌区智能量控水集成创新与应用	贾艳辉	灌溉所	河南省科技进步奖	三等奖
16	中原现代农业科技示范区水资源承载力及高效利用关键技术	温　季	灌溉所	河南省科技进步奖	三等奖
17	高产优质抗病棉花杂交种中棉所 65 选育技术及应用	杨代刚	棉花所	安徽省科技进步奖	三等奖

（续表）

序号	成果名称	第一完成人	第一完成单位	奖励类别	奖励等级
18	鲜食葡萄新品种培育及优质高效绿色栽培技术集成应用	刘三军	郑果所	河南省科技进步奖	三等奖
19	牦牛高效繁殖及绿色生产关键技术集成与应用	郭 宪	兰牧药	甘肃省科技进步奖	三等奖
20	奶牛主要普通病防治新制剂的研制与应用	严作廷	兰牧药	甘肃省科技进步奖	三等奖
21	梅花鹿高效快繁关键技术集成及应用	赵伟刚	特产所	吉林省科技进步奖	三等奖
22	烟草主要真菌病害生防微生物制剂创制与产业化应用	张成省	烟草所	山东省科技进步奖	三等奖

三、2020 年获中国农业科学院科学技术成果奖成果

序号	成果名称	第一完成单位	第一完成人
杰出科技创新奖（10 项）			
1	大豆光温适应性改良技术创新与育种应用	作科所	韩天富
2	优质、多抗甜椒优异种质资源的创制及新品种选育	蔬菜所	王立浩
3	白羽肉鸭育种技术创新与新品种培育	牧医所	侯水生
4	挂面提质节能与自动化制造关键技术及产业化	加工所	魏益民
5	农业科技创新能力提升研究及应用	农经所	毛世平
6	中国高精度数字土壤构建与应用	资划所	张维理
7	畜禽养殖物联网关键技术创新和智能装备研制与应用	信息所	孔繁涛
8	主要农产品风险因子识别与安全评价关键技术研发及应用	质标所	钱永忠

（续表）

序号	成果名称	第一完成单位	第一完成人
9	猪用重组口蹄疫 O 型、A 型二价灭活疫苗的创制与应用	兰兽医	郑海学
10	番茄基因组研究与风味设计育种	基因组所	黄三文
青年科技创新奖（5 项）			
11	双生病毒致病的分子机制	植保所	李方方
12	十字花科蔬菜基因组演化与重要园艺性状驯化机制	蔬菜所	程　锋
13	水稻无土基质育插秧关键技术研究与应用	水稻所	张均华
14	油菜种子重要性状的母体效应调控机理解析	油料所	刘　静
15	茶汁生物酶催化提质关键技术与应用	茶叶所	许勇泉

中国农业科学院2020年获奖科技成果简介

一、国家级奖

1. 玉米优异种质资源规模化发掘与创新利用

主要完成单位 中国农业科学院作物科学研究所

主要完成人员 王天宇，黎　裕，杨俊品，扈光辉，刘　成，王晓鸣，杨　华，王振华，程伟东，李永祥

起止时间 2001年11月—2016年12月

获奖情况 2020年国家科技进步奖二等奖

内容提要 优异种质资源的发掘与创新利用是新品种培育的基础。项目组揭示了我国玉米主产区大斑病、小斑病、纹枯病、茎腐病发病特点，明确了玉米生长发育对干旱胁迫的响应特征，创新抗病、抗旱精准鉴定技术，破解抗病抗旱性状鉴定准确性差的难题。挖掘抗病、抗旱和产量相关主效QTL，创建杂种优势类群划分新技术，建立高效种质创新技术体系。构建定向组配和定向选择相结合的玉米生态育种模式。育成新品种22个，其中18个品种抗病性突出、8个抗旱性突出，17个区试产量超对照8%以上，3个被选为区试对照。项目组内培育品种已应用1.9亿亩；此外，项目外单位利用项目组提供的优异种质资源育成新品种94个，累计应用3.8亿亩，取得显著的经济、社会和生态效益。

2. 超高产专用早籼稻品种中嘉早17等的选育与应用

主要完成单位 中国水稻研究所

主要完成人员 胡培松，唐绍清，杨尧城，焦桂爱，罗　炬，谢黎虹，邵高能，魏祥进，圣忠华，蔡金洋

起止时间 2001年1月—2016年12月

获奖情况 2020年国家科技进步奖二等奖

内容提要 针对长江中下游早稻生产存在苗期低温冷害烂秧、生长期短难创高产、高温逼熟品质差三大突出技术难题，项目组提出超高产专用早稻育种理论与方法，一是提出超高产专用早稻育种理论与方法，并创制出超高产、米粉专用早稻育种新种质；二是研创出超高产米粉专用早稻高效、精准鉴定选择技术体系；三是培育出超高产米粉专用早稻中嘉早17等新品种8个。代表性品种中嘉早17米粉加工品质优良，

2010—2016 年连续 7 年被农业部①推荐为主导品种，2013 年起连续 5 年稳居南方稻区年应用面积第一位，也是自 1991 年以来唯一年应用超千万亩的早稻品种，覆盖长江中下游早稻面积 20%左右，经济、社会效益显著。

3. 畜禽饲料质量安全控制关键技术创建与应用

主要完成单位 中国农业科学院北京畜牧兽医研究所

主要完成人员 秦玉昌，李军国，张军民，王红英，王卫国，李 俊，薛 敏，饶正华，杨 洁，汤超华

起 止 时 间 2001 年 6 月—2016 年 12 月

获 奖 情 况 2020 年国家科技进步奖二等奖

内 容 提 要 项目历经 16 年，在饲料非法添加物与有毒有害物质检测、加工过程质量安全控制和追溯体系建立等关键技术方面实现了突破，构建了“检测控制—加工保障—体系管理”的全产业链饲料质量安全控制技术体系。成果获发明专利 12 件、软件著作权 8 项，制修订国家标准 10 项、行业标准 5 项；发表论文 289 篇，其中 SCI/EI 88 篇，出版著作 6 部，获神农中华农业科技奖等一等奖 3 项。项目在全国 1 000多家饲料生产和养殖企业推广应用，累计创造经济效益 80. 57 亿元，引领了饲料质量安全控制技术进步与发展，保障了畜产品质量安全。

4. 奶及奶制品安全控制与质量提升关键技术

主要完成单位 中国农业科学院北京畜牧兽医研究所

主要完成人员 王加启，郑 楠，张养东，李松励，郑百芹，王 成，张树秋，吕志勇，杨志刚，王惠铭

起 止 时 间 2005 年 1 月—2016 年 12 月

获 奖 情 况 2020 年国家科技进步奖二等奖

内 容 提 要 针对我国奶业存在风险评估基础数据缺失、安全控制技术薄弱、质量提升技术落后等重大技术难题，项目组成功构建了“奶产品质量安全风险评估与营养品质评价数据库平台”，准确掌握主要风险因子的种类及变化特征；制定了生产过程安全控制技术规范，推广应用后显著提升全国生乳安全水平；制定国际上首个复原乳鉴定标准，创新优质乳评价技术与绿色低碳加工工艺，集成构建质量提升技术，成为引领国产奶业从安全向优质转型升级的重要技术体系。成果获省部级科技进步奖一等奖 4 项，长城食品安全科学技术奖特等奖 1 项、一等奖 1 项，国家、行业和团体标准 30 项，发明专利 18 项，19 项（次）核心技术作为农业农村部主推技术得到应用。2019 年示范企业生产优质巴氏杀菌乳产品 48. 25 万吨，占全国规模企业巴氏杀菌乳产量的 90%。

---

① 中华人民共和国农业部，全书简称农业部。2018 年国务院机构改革，将农业部职责整合，组建农业农村部。

5. 奶牛高发病防治系列新兽药创制与应用

主要完成单位 中国农业科学院饲料研究所

主要完成人员 李秀波，路永强，刘义明，徐 飞，陈孝杰，石 波，李艳华，张正海，贾国宾，赵炳超

起 止 时 间 1997年1月—2016年12月

获 奖 情 况 2020年国家科技进步奖二等奖

内 容 提 要 项目组历经20年攻坚克难，创建了国际最大的奶牛病原菌库，摸清了奶牛乳房炎、子宫内膜炎等高发病病原种属及分布规律，发现了药物作用新靶标。创新了国际领先的药物制备“共性和差异化”关键技术，实现了“两高一低”。创制了安全高效系列新兽药，实现了奶牛养殖产业链“全覆盖”。实现了新兽药成果转化率和产业化率“双100%”。制定兽药国家标准25项，发表论文128篇，授权专利16件，成果已在黑龙江、内蒙古等省（区）大规模推广应用，产品远销德国、日本、巴西等国家。2017—2019年累计覆盖牛群达1 260万头次，为本行业培训相关技术人员52万人次，新增经济效益32.6亿元，为奶业健康可持续发展作出重要贡献。

6. 北方旱地农田抗旱适水种植技术及应用

主要完成单位 中国农业科学院农业环境与可持续发展研究所

主要完成人员 梅旭荣，孙占祥，樊廷录，周怀平，赵长星，刘恩科，钟永红，龚道枝，冯良山，孙东宝

起 止 时 间 2001年1月—2016年12月

获 奖 情 况 2020年国家科技进步奖二等奖

内 容 提 要 针对北方旱地频旱多变环境、水土过度利用、生产稳定性下降等问题，项目组织优势力量开展了16年的协同创新，揭示了北方旱地作物水分供需变化规律，首次确定了抗旱适水种植的技术适宜性和作物优先序。探明了土壤增碳扩容、地表覆盖抑蒸、冠层塑型提效的作用机理，建立了北方旱地土壤—地表—冠层协同调控的抗旱适水种植理论和方法。创建了北方主要类型旱地抗旱适水种植主导技术，研制了配套技术产品并实现了标准化。2017—2019年，抗旱适水种植技术在北方旱地三个类型区应用1.15亿亩，增产粮食45.9亿千克，增加产值86.5亿元，节约灌溉水12亿立方米，经济、社会和生态效益显著。该成果为实施国家旱地农业规划和旱作节水示范提供了重要科学依据与关键技术支撑。

7. 主要粮食作物养分资源高效利用关键技术

主要完成单位 中国农业科学院农业资源与农业区划研究所

主要完成人员 周 卫，何 萍，艾 超，孙建光，黄绍文，王玉军，余喜初，孙静文，张水清，乔 艳

起 止 时 间 2006 年 1 月—2015 年 12 月

获 奖 情 况 2020 年国家科技进步奖二等奖

内 容 提 要 本项目以玉米、小麦、水稻等主要粮食作物为对象，以化肥减施增效为目标，在阐明作物养分需求特征基础上，创建了基于产量反应与农学效率的推荐施肥新方法，创新了有机肥、秸秆等养分资源高效利用关键技术，研创了肥料新产品，集成了主要粮食作物化肥减施增效技术模式，全面构建了主要粮食作物养分资源高效利用的理论与技术体系，大幅度提高了养分资源利用效率、作物产量和综合效益。2017—2019 年研究成果在粮食主产区玉米、小麦和水稻上共推广应用7 990万亩，增产粮食 53. 32 亿千克，减施化肥氮磷养分 41. 32 万吨，增收节支 122. 86 亿元，新增纯收入 108. 03 亿元。研究成果为国家化肥使用量零增长行动提供了重要科技支撑。

二、省部级奖

1. 黄淮海麦茬夏大豆免耕覆秸栽培技术体系构建与示范

主要完成单位 中国农业科学院作物科学研究所

主要完成人员 韩天富，陈海涛，吴存祥，纪文义，卢为国，张孟臣，李素真，沈维良，王　幸，张　磊，于　伟，孙　石，徐彩龙，徐庆辉，乔金友

起 止 时 间 2007 年 11 月—2017 年 12 月

获 奖 情 况 2020 年北京市科技进步奖一等奖

内 容 提 要 针对黄淮海特别是京津冀地区麦茬大豆播种困难、出苗率低，封闭除草效果差，秸秆焚烧污染环境等突出问题，项目组发明了以全田均匀秸秆覆盖为核心的麦茬免耕覆秸精播技术。研发与免耕覆秸精播技术配套的关键部件及成套播种机具。筛选培育出一批耐密抗倒适合全程机械化作业的新品种。集成创新了黄淮海麦茬夏大豆免耕覆秸栽培技术体系，开创了黄淮海大豆产量水平跨越式提升的新路径。成果核心技术自 2012 年以来连续 7 年被农业部列为主推技术，项目研制的 2BMFJ 系列免耕覆秸精播机入选《2017 中国农业农村新技术新产品和新装备》。自 2009 年以来，技术累计应用面积1 857. 10万亩，增产大豆 34. 15 万吨，节本增效 27. 35 亿元。

2. 北京油鸡新品种培育与产业升级关键技术研发应用

主要完成单位 中国农业科学院北京畜牧兽医研究所

主要完成人员 陈继兰，文　杰，龚炎长，孙研研，李显耀，李冬立，杨福剑，吴文平，陈　余，麻　慧，罗清尧，贾亚雄，任海义，刘冉冉

起 止 时 间 2000 年 1 月—2017 年 12 月

获 奖 情 况 2020 年北京市科技进步奖一等奖

内 容 提 要 针对油鸡产业存在的生产效率与肉蛋品质难以有效平衡、品种创新和产业化开发利用严重不足等问题。项目组深入解析了北京油鸡重要性状调控机制，挖

掘了有效分子标记，创制了18个专门化品系，培育了3个国审新品种，在保证外观特征和肉、蛋品质基础上，新品种年产蛋数从150个增加到210个以上，饲料转化效率提高10.1%。有效解决了品质与效率矛盾突出问题，建立了新品种产业化升级关键技术体系，升级了养殖模式和免疫、光照、饲料配方及保种技术。新品种和应用技术已经推广至全国22个省（区、市），直接效益5.23亿元，间接效益30.41亿元。提高了北京油鸡资源利用率和良种自给率，推动了地方鸡育种和产业技术进步，强化了北京“种业之都”影响力。

3. 花生高油种质发掘创制与新品种培育

主要完成单位 中国农业科学院油料作物研究所

主要完成人员 姜慧芳，雷　永，程增书，廖伯寿，李玉荣，陈玉宁，涂　勇，姬小玲，贺梁琼，罗怀勇，陈四龙，黄　莉，周小静，刘　念，李　飞

起止时间 2001年1月—2019年12月

获奖情况 2020年湖北省科技进步奖一等奖

内容提要 本项目针对花生高油育种中存在的理论和技术难题，全面系统评价了国内外花生种质资源含油量的遗传差异，揭示了花生含油量的遗传特性，首次鉴定出花生野生种含油量特异位点，发掘出了育种急需的高油优异种质，创制出了含油量最高的特异花生材料，创建了含油量分子标记辅助选择技术和高油高产多抗聚合育种技术体系，培育出了含油量最高、产油量最高、产油增幅最大的中花16等4个花生新品种，累计推广3 160万亩，新增社会经济效益49亿元，显著推动了主产区花生品种的更新换代和产业发展。实现了花生高油资源发掘、分子标记开发、种质创制和新品种培育的系统性创新和大面积推广，为推动花生生产发展和增加油脂供给提供了重要支撑，并具有广阔应用前景。

4. 液态乳品质提升及质量控制关键技术研究与示范应用

主要完成单位 中国农业科学院农产品加工研究所

主要完成人员 吕加平，张书文，逄晓阳，芦　晶，胡长利，乔为仓，刘　鹭，刘浏，蒋彦森，龄　南，赵军英，张玉兰

起止时间 2006年1月—2017年12月

获奖情况 2019年北京市科学技术进步奖二等奖

内容提要 针对国内液态乳品质酶促劣化及过度热加工等问题，项目组探明了内源性及外源性酶对乳品酶促变质的机理，解析了耐热酶的变性动力学规律和机制。建立了乳品耐热酶残留酶活快速测定方法。开发了提升巴氏杀菌乳及UHT乳品质的加工关键技术。构建了基于原料乳品质的巴氏杀菌乳及UHT乳货架期预测模型。项目成果在北京三元食品股份有限公司等企业推广应用，已生产巴氏杀菌乳及UHT产品24.2万吨，实现销售收入242 902万元，获得项目利润19 734万元。

5. 基于数量化栽培的轻简化植棉技术及产品研制与示范

主要完成单位　中国农业科学院棉花研究所

主要完成人员　李亚兵，韩迎春，王国平，冯　璐，杨北方，范正义，王占彪，雷亚平，张黎明，熊世武

起 止 时 间　2010 年 1 月—2019 年 12 月

获 奖 情 况　2020 年河南省科技进步奖二等奖

内 容 提 要　本研究以棉花株型和熟性为突破口，创新了株型和熟性的量化方法，构建了全生育期棉花株型和熟性标准，并在此基础上形成了轻简化生产的关键技术措施和化学调控产品，建立了系统的数量化管理方法，在我国主产棉区得到广泛的应用。为未来农业生产智能化、自动化奠定了基础。2016—2019 年累计推广 447.0 万亩，产量增幅 5%～22%，平均产值增收 104.8 元/亩，节约成本 104.0 元/亩，新增产值 44 983.3万元，增收节支总额90 573.0万元。

6. 麻类副产品梯次利用及灵芝化妆品新原料技术研究与应用

主要完成单位　中国农业科学院麻类研究所

主要完成人员　彭源德，谢纯良，何广文，洪益秋，严　理，龚文兵

起 止 时 间　2014 年 1 月—2019 年 12 月

获 奖 情 况　湖南省科学技术发明奖二等奖

内 容 提 要　本项目形成以麻类副产品为主原料的珍稀食用菌高效栽培技术体系，开辟出珍稀食用菌栽培新原料。率先探明麻类副产品栽培食用菌产量高的机理，为提高食用菌生物学效率奠定了理论基础。创建灵芝菌丝体液体深层发酵生产化妆品原料新工艺，降低了化妆品功效原料成本，为食用菌的精深加工提出了新途径。首次形成菌渣再次栽培同种食用菌及菌渣制备脱色剂梯次利用技术，实现了麻类副产品基质的高值化利用；对废弃杏鲍菇进行了酵素饮料开发。

7. 猕猴桃即食型全红品种培育及提质增效关键技术与应用

主要完成单位　中国农业科学院郑州果树研究所

主要完成人员　齐秀娟，方金豹，林苗苗，陈锦永，雷玉山，丁素明，苏建五，顾红，张　洋，袁云凌

起 止 时 间　1994 年 1 月—2019 年 12 月

获 奖 情 况　2020 年河南省科技进步奖二等奖

内 容 提 要　项目创立了涵盖不同地理生态型的即食型猕猴桃种质资源库，建立评价体系，挖掘出骨干亲本。创建即食型猕猴桃远缘杂交和高效分子辅助选择育种技术体系，应用于育种实践，彻底改变我国即食型猕猴桃依赖野生资源直接选种局面。培育了 3 个突破性新品种，填补了产业中猕猴桃即食型全红品种的空白。中熟品种“宝石

红”“天源红”，以及晚熟品种“红贝”，实现有偿转让，推广应用占同类型栽培面积85%以上。创新4项提质增效关键技术，即工厂化苗木繁育、果园机械授粉、雌雄株倍性配置、适期采收贮运，实现了良种良法配套。

8. 马传染性贫血弱毒疫苗致弱及免疫保护机制研究

主要完成单位 中国农业科学院哈尔滨兽医研究所

主要完成人员 王晓钧，林跃智，王雪峰，杜 承，马 建

起止时间 2010年1月—2017年12月

获奖情况 2020年黑龙江省自然科学奖二等奖

内容提要 本项目以马传染性贫血病毒EIAV疫苗致弱系统为研究对象，详细地揭示了EIAV致弱的分子基础，绘制了基因组遗传演化图谱、解析了疫苗株的“准种”构成、提出疫苗起源和筛选假说；发现EIAV疫苗可有效激活天然免疫和特异性免疫，早期诱导高水平细胞免疫与免疫保护正相关。证明了疫苗株囊膜多样性组成是其诱导保护性免疫应答的关键；发现一系列马属动物天然免疫限制因子，并揭示其调控EIAV复制及病毒逃逸机制。上述科学发现点不仅是对目前唯一成功大规模应用的慢病毒疫苗由强致弱过程最为全面、详细的分子进化规律的解析，而且发现了EIAV弱毒疫苗致弱及免疫保护的关键因素。

9. 藏羊种质资源评价及提质增效综合配套技术创新与应用

主要完成单位 中国农业科学院兰州畜牧与兽药研究所

主要完成人员 刘建斌，王宏博，包鹏甲，梁春年，袁 超，熊 琳，吴晓云，丁考仁青，扎西卓玛，南青卓玛

起止时间 2001年1月—2019年12月

获奖情况 2020年甘肃省科技进步奖二等奖

内容提要 项目揭示藏羊起源进化、遗传多样性形成、种质资源评价和低氧适应机制等，集成创新藏羊选育提高、提纯复壮、高效繁育、精准育肥、营养均衡供给等提质增效综合配套技术，构建提质增效综合配套技术模式。通过项目实施，藏羊产肉性能、繁殖率分别提高10%、20%，羔羊日增重、初生重、成活率分别提高50%、0.4千克和40%，空怀率降低14.3%，草场载畜量减少了30%。在甘肃、青海两省繁育良种藏羊13.65万只，提纯复壮3.28万只；推广种公羊5.26万只，母羊3.12万只，改良当地藏羊173.33万只；新增羔羊53.27万只，减少损失羔羊3.86万只，新增经济效益69 676万元，新增利润17 419万元。

10. 内蒙古草原增碳减排多尺度管理技术创新与应用

主要完成单位 中国农业科学院草原研究所

主要完成人员 丁 勇，李元恒，李西良，吴新宏，萨茹拉，杨婷婷，王 珍

起 止 时 间　2009 年 1 月—2017 年 12 月

获 奖 情 况　2020 年内蒙古自治区科技进步奖二等奖

内 容 提 要　针对内蒙古草原生态系统增碳调控技术薄弱的突出难题，项目组揭示了内蒙古主要草原生态系统碳储量及其构成。构建了内蒙古草原家庭牧场“生产—生活—生态”增碳足迹研究框架。探明了草原保护建设技术的固碳潜力，即草甸草原 30. 57 千克/平方米、典型草原 18. 51 千克/平方米、荒漠草原 15. 84 千克/平方米。提出 4 项重要的增碳调控技术：40%牧后剩余量的放牧强度控制关键技术、利用补奖资金增加草料储备的冬防春保关键技术、优化接羔—出栏调控技术、轮牧—刈牧—适禁的综合利用技术。通过推广应用，草原生态、畜牧生产、牧民生活“三生”效益突出。

11. 酿造冰红葡萄酒品种“北冰红”创制与推广应用

主要完成单位　中国农业科学院特产研究所

主要完成人员　路文鹏，许培磊，李昌禹，范书田，杨义明，刘　涛，张庆田，王欣华，刘迎雪，赵　滢，肖家美，李海升，宋润刚

起 止 时 间　2007 年 10 月—2020 年 7 月

获 奖 情 况　2020 年吉林省科技进步奖二等奖

内 容 提 要　项目组创制了中国自主知识产权，能够酿造优质冰红葡萄酒新品种“北冰红”。研究出“北冰红”优质配套栽培技术，完成了品种区化。在我国吉林省集安市、通化市、松原市、白城市、通榆县、柳河县，辽宁省铁岭市、本溪县、阜新县、桓仁县，黑龙江省双鸭山市、依兰县、鸡东县、桦南县，宁夏①贺兰山东麓等地，推广面积近 4 万亩，栽培面积逐年增加，年总产值近 9 亿元。签订成果转化项目及科技扶贫计划各 1 项，培训果农 3 000余人次，带动大量农村人口就业及贫困县脱贫。集安鸭绿江河谷冰葡萄酒节已成功举办 4 次，将 12 月 9 日设立为通化北冰红的专属日。为创造地方品牌、发展区域经济助力。

12. 牡丹优异资源评价、保护与高效利用

主要完成单位　中国农业科学院蔬菜花卉研究所

主要完成人员　张秀新，薛璟祺，王顺利，薛玉前，任秀霞，吴　蕊，刘爱青，李丰见，高　洁，杨若雯

起 止 时 间　2004 年 9 月—2020 年 3 月

获 奖 情 况　2020 年第十一届梁希林业科技进步奖二等奖

内 容 提 要　项目组历经 15 年攻关，建成了世界野生资源数量最多、优异品种种类最全的牡丹基因库，挖掘出多花期、高亚麻酸、高丹皮酚等优异牡丹资源 168 份。创建了牡丹种苗周年生产高效繁育技术体系。首创一套基于远缘杂交、早成花的牡丹高

① 宁夏回族自治区，全书简称宁夏。

效育种技术体系。培育出“秾苑金科”等20个观赏性状优良、抗性强，兼具药用和油用的突破性牡丹品种，其综合性状优于国内外同类品种。品种已在山东、湖南、甘肃等牡丹主产区推广应用，累计为企业增收5 000余万元。该成果累计新增产值近1亿元，在我国牡丹产业升级、精准扶贫及美丽乡村建设中发挥了重要作用，经济与社会效益显著。

13. 天然成熟蜂蜜优质高产技术的研究与示范推广

主要完成单位 中国农业科学院蜜蜂研究所

主要完成人员 赵亚周，刘富海，韩胜明，吴黎明，田文礼，李彬之，罗 婷，刘 然，何佳亮，苏慧琦

起止时间 2017年1月—2019年12月

获奖情况 2020年北京市农业技术推广奖三等奖

内容提要 项目组主要开展蜂群春繁技术、成熟蜂蜜生产、秋繁技术和成熟蜂蜜抑菌能力研究，研发集成了新技术成果，并实现技术的“落地效应”，将科研成果在生产实践中转化。2016—2018年，该技术成果总计在北京地区应用规模为30万群蜜蜂，技术覆盖率达到了40.38%，新增总投入6 000万元，新增总产值约2.4亿元，新增纯收益约1.8亿元，推广投资年均纯收益率为19.98%。

14. 仔猪健康高效养殖饲料与饲喂技术示范推广

主要完成单位 中国农业科学院饲料研究所

主要完成人员 张乃锋，张卫兵，史文清，郭 庆，毕研亮，郝志刚，王 宏，王以君，张士海，王淑艳

起止时间 2016年1月—2019年12月

获奖情况 2020年北京市农业技术推广奖三等奖

内容提要 项目揭示了益生菌在仔猪断奶前2周改善肠道健康的作用机制，发明了“酿酒酵母318”等益生菌株，建立了单一菌株及组合调控肠道健康的关键技术，为改善仔猪肠道菌群平衡，缓解断奶应激提供技术支撑。研发出酵母培养物、发酵液态饲料、代乳粉等仔猪饲料产品，并实现产业化生产，为保障仔猪健康高效生长提供了物质基础。明确了仔猪饲粮关键营养参数，建立了仔猪补饲的适宜时机和方式，解决了母乳营养不足的问题，提高了仔猪成活率。累计培训技术人员2 600余人次，示范推广533万头，示范区内仔猪日增重提高8.7%，饲料转化效率提高9.9%，成活率提高3个百分点，新增效益2.88亿元，经济、社会效益显著，推广前景广阔。

15. 北方灌区智能量控水集成创新与应用

主要完成单位 中国农业科学院农田灌溉研究所

主要完成人员 贾艳辉，李金山，段福义，孙 浩，孙秀路，刘 杨，李 浩，陈

震，韩启彪，程　千

起 止 时 间　2011 年 1 月—2017 年 12 月

获 奖 情 况　2020 年河南省科技进步奖三等奖

内 容 提 要　针对我国北方灌区水资源短缺、降水时空分布差异大等问题，项目提出了北方灌区智能量控水技术模式；初步改变了北方灌区末级渠道量控水一体化产品缺乏、适应性差的现状；为灌区信息化建设及灌区现代化发展提供了技术支撑。该成果主要解决的技术难题包括：灌区水资源优化调度模型中水资源空间分布信息少，造成优化结果偏差大；不同厂家信息采集器和传感器接口不匹配，灌溉信息监测成本高；适合末级渠道的量控一体化设备较少。成果重点在河南、黑龙江、内蒙古等省（区）的灌区中应用，累计示范 11 万余亩。2015—2019 年，示范区累计节水 23%以上，粮食增产 11%以上。累计辐射推广 20 万余亩，经济、社会和生态效益显著。

16. 中原现代农业科技示范区水资源承载力及高效利用关键技术

主要完成单位　中国农业科学院农田灌溉研究所

主要完成人员　温　季，翟国亮，周新国，张旭东，郭树龙，姜　新，刘思芳

起 止 时 间　2012 年 1 月—2018 年 12 月

获 奖 情 况　2020 年河南省科技进步奖三等奖

内 容 提 要　针对河南省农业科技资源比较集中、产业化优势明显，但水资源不足的特点，项目研制了多种形式的雨水资源化利用装置与系统。研制了多种形式的节水灌溉产品。项目成果丰富了我国微灌产品种类，提高了国内产品的市场竞争力。该成果分别在河南、甘肃和宁夏等地推广应用，不仅节约了用水，增加了水资源可利用量，同时改善了该地区水资源紧缺及水质状况，有效提高了该区域水资源承载能力，促进了社会经济和生态环境的协调发展，为社会经济可持续发展创造了条件，其社会效益和生态效益显著。

17. 高产优质抗病棉花杂交种中棉所 65 选育技术及应用

主要完成单位　中棉所长江科研中心，中国农业科学院棉花研究所

主要完成人员　杨代刚，马雄风，周克海，匡冬萍、周关印，裴小雨，李　威，周晓箭，张先亮，贺昆仑

起 止 时 间　2003 年 3 月—2019 年 12 月

获 奖 情 况　2020 年安徽省科技进步奖三等奖

内 容 提 要　针对安徽棉区生产品种产量不高、品质不优、抗病性不强等瓶颈问题，项目创制了棉花优异亲本 9018，以基因组重测序和微进化分析等技术手段，揭示了其优良性状形成的遗传基础。培育的中棉所 65 实现了铃重、衣分等产量性状与纤维品质和抗病性的协同改良。以棉花杂交制种亲本限代繁殖技术规程引领中棉所 65 大面积应用，保障了该杂交种在生产上长达 11 年的持续增产增收作用。该成果在安徽和新

疆等棉区累计推广 620.6 万亩，新增经济效益 12.90 亿元，其中 2017—2019 年累计推广 114 万亩，新增经济效益 2.15 亿元，取得了显著的经济效益、社会效益和生态效益。

18. 鲜食葡萄新品种培育及优质高效绿色栽培技术集成应用

主要完成单位 中国农业科学院郑州果树研究所

主要完成人员 刘三军，贺亮亮，李 灿，宋银花，周子发，章 鹏，吕海霞，高艳华，段亚魁，彭帅帅

起 止 时 间 2003 年 1 月—2019 年 12 月

获 奖 情 况 2020 年河南省科技进步奖三等奖

内 容 提 要 项目培育葡萄新优品种 5 个，筛选优异育种资源 22 份，创制优异种质 29 份。优化无核葡萄品种胚挽救等技术，提高育种效率。集成了“避雨+简约化修剪架式（高宽垂或‘V’形架式）+田间生草+水肥一体化+简约化花果管理+病虫害综合防控+机械化”等葡萄绿色高效配套栽培技术。2010 年以来新品种新技术累计推广面积超过 18 万亩，总产值约 11 亿元，新增经济效益 6 亿元，其中，2017—2019 新品种推广 2.03 万亩，新技术推广面积 6.12 万亩，总产值 3.49 亿元，新增销售额 2.67 亿元，新增利润 2.10 亿元，有效提升了我国鲜食葡萄育种和栽培水平。

19. 牦牛高效繁殖及绿色生产关键技术集成与应用

主要完成单位 中国农业科学院兰州畜牧与兽药研究所

主要完成人员 郭 宪，裴 杰，吴晓云，马忠涛，裴成芳，柴绍芳，包鹏甲

起 止 时 间 2014 年 1 月—2019 年 12 月

获 奖 情 况 2020 年甘肃省科技进步奖三等奖

内 容 提 要 项目建立牦牛高效繁殖模式 1 套，经济杂交利用繁殖模式 3 套；建立了牦牛高效繁殖生产技术体系；建立了牦牛繁殖调控技术体系；建立了牦牛高效繁殖绿色生产技术体系。早期断奶母牦牛发情率达 100%；人工授精受胎率达 83.5%；能繁母牛连产率达 80.6%。通过牦牛繁殖特性研究解析了牦牛卵泡发育特性；筛选出泌乳性状相关的 lncRNA30 个和功能基因 41 个；研制牦牛亲子鉴定和生长发育检测试剂盒 4 个；鉴定出牦牛精子冷冻损伤标记蛋白 2 个；阐释了犏牛雄性不育机制；组装注释了 13 个牦牛、4 个黄牛和 2 个犏牛线粒体基因组。成果在甘肃、青海等地推广应用，2017—2019 年，培育种公牛 1.02 万头、种子母牛 9.01 万头，扩繁新增犊牛 13.94 万头，新增销售额 13.58 亿元、新增利润 4.64 亿元。

20. 奶牛主要普通病防治新制剂的研制与应用

主要完成单位 中国农业科学院兰州畜牧与兽药研究所

主要完成人员 严作廷，王东升，张世栋，武小虎，荔 霞，苗小楼，王胜义

起 止 时 间 2012 年 1 月—2019 年 12 月

获 奖 情 况　2020 年甘肃省科技进步奖三等奖

内 容 提 要　项目研制出防治奶牛卵巢静止和持久黄体的中兽药“藿芪灌注液”，生产工艺合理、简单、便于生产，治愈率达 80%以上。研制出治疗奶牛子宫内膜炎的中兽药“丹翘灌注液”，预防产后子宫疾病的中兽药“产复康”和复方微生态制剂，以及防治奶牛隐性乳房炎的中兽药“蒲鹿乳炎散”。建立了一种体外筛选和检测抗炎药物的方法，实现了中药活性成分的快速和高通量筛选与检测。研制出子宫细胞取样刷、便携式电动子宫冲洗器和兽用可视化内窥镜，提高了奶牛子宫疾病的诊疗水平。成果在甘肃、宁夏、黑龙江、河南等省（区）推广应用，用于奶牛重要普通病的防治，推广应用奶牛 19. 38 万头，已产生经济效益 3. 72 亿元，社会效益显著。

21. 梅花鹿高效快繁关键技术集成及应用

主要完成单位　中国农业科学院特产研究所

主要完成人员　赵伟刚，魏海军，许保增，杨镒峰，陈秀敏，赵　蒙，娄吉良，孟庆江

起 止 时 间　2011 年 1 月—2016 年 12 月

获 奖 情 况　2020 年吉林省科技进步奖三等奖

内 容 提 要　项目揭示了繁殖期梅花鹿血液繁殖激素或相关因子的水平检测及其与卵巢卵泡发育波的关系。制定了梅花鹿精液采集及冷冻技术规程。建立了梅花鹿细管冻精人工授精技术规程，梅花鹿人工授精受胎率达到 76%~85%。建立了梅花鹿性控精液分离及检测技术，X、Y 精分离纯度>90%，解冻后精子活率>0. 45，顶体完整率>81%。结合 B 超监测采用腹腔镜输精，受胎率达 82%以上。优化了梅花鹿 MOET 技术体系，胚胎回收率达 84. 1%，受体妊娠率达到 64. 71%，产仔率达到 47. 06%。采用面向对象的事件驱动编程技术，编制了鹿只登记及饲料调配管理系统和鹿病智能诊断专家系统。

22. 烟草主要真菌病害生防微生物制剂创制与产业化应用

主要完成单位　中国农业科学院烟草研究所

主要完成人员　张成省，王　静，张鹏，赵栋霖，曹建敏，魏秉培

起 止 时 间　2008 年 1 月—2017 年 12 月

获 奖 情 况　2020 年山东省科技进步奖三等奖

内 容 提 要　真菌病害是制约烟叶生产可持续发展的重要因素，项目构建了陆海一体的微生物资源库和化合物实体库；阐明了优良菌株防病促生作用机理，揭示了生防作用的“网络式机制”；创制了适合不同用途的生防菌剂，集成了以生防菌剂应用为核心的防控模式，为病害防治提供了产品和技术支撑。生防菌剂及病害绿色防控技术模式作为行业主推技术得到广泛应用，2017—2019 年累计推广 104. 45 万亩，挽回经济损失 1 148. 95万元；专利技术在微生物菌剂生产企业落地，产生直接经济效益 330 万元，社会、经济和生态效益显著。

中国农业科学院2020年十大科技进展简介

1. 耐热高产优质小麦新品种中麦895大面积推广应用

研 究 团 队 中国农业科学院作物科学研究所何中虎研究团队

联合完成单位 中国农业科学院棉花研究所

内 容 提 要 针对高温热害严重影响黄淮地区小麦生产，建立了小麦耐热育种技术体系，育成的耐热高产面条小麦新品种中麦895，累计推广约4 500万亩，年最大推广面积1 062万亩，现居全国前三位。中麦895的灌浆速率和耐热性居黄淮麦区主栽品种首位，高产稳产矮秆抗倒，综合抗病性好，节本增效优势明显，面条和馒头品质优良，适合大面积推广应用。以其为亲本育成中麦30等品种品系6个。

2. 创制耐草甘膦除草剂转基因大豆新种质中黄6106

研 究 团 队 中国农业科学院作物科学研究所邱丽娟研究团队

联合完成单位 中国农业科学院生物技术研究所

内 容 提 要 针对我国大豆生产中草害治理成本高和效果差等难题，创新大豆遗传转化技术和草甘膦耐受性快速鉴定技术，构建转基因大豆育种技术体系，利用自主知识产权基因培育出对广谱、低残留除草剂草甘膦具有高耐受性的转基因大豆新种质中黄6106，并获得生产应用安全证书。中黄6106耐草甘膦的特异性检测与应用获得中国和国际发明专利。中黄6106转育的新品系在田间种植，降低了除草剂用量、可节省除草成本50%以上，减少产量损失15%以上，为耐除草剂转基因大豆品种产业化应用、节本增效和农业绿色发展提供了科技支撑。研究成果入选农业农村部“十三五”农业科技十大标志性成果。

3. 破解重要蔬菜害虫对杀虫剂的抗性机制

研 究 团 队 中国农业科学院蔬菜花卉研究所张友军研究团队

内 容 提 要 我国田间蔬菜害虫抗药性日益严重但抗性机制尚不明确，研究发现重要蔬菜害虫烟粉虱对化学杀虫剂吡虫啉、小菜蛾对*Bt*生物杀虫剂产生抗药性的关键信号通路，并初步开发了以该信号通路关键基因为导向的精准田间抗性诊断预警技术。研究结果对于重大农业害虫抗药性监测预警、田间治理和新型绿色高效杀虫剂的研发均具有重要的理论价值和实践意义。

4. 攻克优质鸡蛋生产的营养调控关键技术

研 究 团 队　中国农业科学院饲料研究所齐广海研究团队

联合完成单位　中国农业大学、北京市畜牧总站等

内 容 提 要　针对优质鸡蛋生产瓶颈问题，创新研究了蛋壳超微结构的“时序—空间特征对应性”，创建了饲粮微量营养调控蛋壳品质技术，降低产蛋后期蛋壳破损率 35%以上。解析了饲粮氨基酸与蛋清蛋白的量效关系，突破了非豆粕饲粮和低蛋白饲粮导致的蛋清稀化和货架期短等难题，降低饲料成本 50～60 元/吨。在国内率先提出功能脂质型定制鸡蛋理念，集成蛋黄有益脂质高效富集和有害成分有效消除技术，研发了 10 余款定制鸡蛋产品，满足不同人群的差异化的膳食需要。研究成果入选农业农村部“2020 中国农业农村重大新技术”，年覆盖产蛋鸡 5 500多万只，经济、社会和生态效益显著。

5. 首次创建覆盖我国全域高精度数字土壤

研 究 团 队　中国农业科学院农业资源与农业区划研究所张维理研究团队

内 容 提 要　针对大比例尺土壤调查图件和资料分散存放各地，亟待收集和整合的问题，融合土壤学、人工智能、数据科学、制图学方法，首创土壤海量信息整合与表征的高效土壤大数据方法，较常规方法提高效率 80 倍。创建覆盖我国全域、含九大图层高精度数字土壤，为我国新增一项惠及多行业和亿万农民的高技术基础设施。研究成果已应用于耕地保护与地力提升、面源污染防治、基本农田建设等多项国家工程，取得了巨大社会和经济效益。

6. 攻克龙井茶树复杂基因组组装难题，揭示茶树起源演化规律

研 究 团 队　中国农业科学院茶叶研究所杨亚军研究团队

联合完成单位　深圳农业基因组研究所、中国科学院昆明动物研究所、云南省农科院茶叶所

内 容 提 要　利用自主开发的三代测序组装算法，解决了茶树基因组高度杂合、重复序列比例高等复杂基因组组装难题，获得了高质量染色体级别的我国代表性茶树品种龙井 43 的基因组。基于全世界 139 份资源的深度重测序，首次从群体遗传角度揭示了栽培茶树起源的历史，并发现两个主要变种驯化过程中风味代谢和抗病相关基因选择压差异。研究成果为茶树分子育种和进化研究打下坚实理论基础。

7. 非洲猪瘟弱毒疫苗第二阶段临床试验顺利推进

研 究 团 队　中国农业科学院哈尔滨兽医研究所步志高研究团队

内 容 提 要　成功分离出非洲猪瘟病毒株，深入开展病原生物学研究，构建一系列缺失病毒株，顺利完成疫苗实验室创制和中间试制阶段工作，建立了工艺可行、质量

可控、成本经济的生产工艺，突破了疫苗大生产的关键瓶颈。完成了生物安全环境释放试验及第一阶段临床试验，生物安全生产性试验。第二阶段临床试验顺利推进，田间数据进一步证明了疫苗的安全性和有效性。研究成果有力推动疫苗产业化应用步伐。

8. 新药成功创制改变我国球虫耐药无药可用的局面

研 究 团 队 中国农业科学院上海兽医研究所薛飞群研究团队

内 容 提 要 研发出我国第一个全新化学结构的三嗪类抗球虫自主知识产权新兽药沙咪珠利，具有安全性高、抗球虫谱广、效果优异等突出特点。提高球虫病防治水平的同时，可通过合成工艺、制剂工艺的创新不断升级延缓耐药性。突破了药物生产工艺、质量标准、残留标准制定等关键技术，获得国家一类新兽药证书 2 项，成为 17 年来我国化学药物领域第一个可用于食品动物使用的创新型兽药（一类新兽药）。研究成果有力缓解我国球虫耐药无药可用的局面。

9. 典型地区农村厕所改造关键技术与模式取得重要突破

研 究 团 队 农业农村部环境保护科研监测所郑向群研究团队

内 容 提 要 首次开展了全国 18 省（区）农村厕所粪污监测评估，发现了我国农村厕所粪污无害化区域性特征，开发了无动力一体化新型堆肥户厕、雨水回用替代水冲等系列农村改厕技术及装备，构建了 7 套分散农户厕所粪污庭院消纳技术模式，建立了农村厕所粪污产排及利用模拟评估大数据平台。成果在全国 11 个省（区）进行了示范应用，并形成 2 项国家标准。研究成果为我国农村改厕提供了技术样板和重要支撑保障。

10. 整体去秸障高质机播技术显著提升秸秆还田播种质量

研 究 团 队 农业农村部南京农业机械化研究所胡志超研究团队

内 容 提 要 首创“碎秸跨越移位均匀覆盖”和“碎秸侧移行间规整条覆”整体去秸障与精细覆盖还田机播技术与装备，破解全量秸秆硬茬地机播存在的“挂秸壅堵、架种、晾种”技术瓶颈，有效解决秸秆还田播种质量差的难题，为促进绿色发展提供了有力支撑。

中国农业科学院关于印发《中国农业科学院关于加强所级重点任务管理的指导意见》的通知

农科院科〔2020〕50 号

院机关各部门、院属各单位：

为贯彻落实习近平总书记“三个面向”“两个一流”和“整体跃升”重要指示精神，进一步强化研究所国家使命担当，落实法人主体责任，强化所级重点任务管理和实施，推动紧扣国家需求的“科研任务制”全面落地，特制定《中国农业科学院关于加强所级重点任务管理的指导意见》，经中国农业科学院 2020 年第 6 次院常务会审议通过，现印发给你们，请结合实际认真贯彻执行。

中国农业科学院

2020 年 4 月 16 日

中国农业科学院关于加强所级重点任务管理的指导意见

所级重点任务是创新工程任务牵引格局的重要一环，既是创新团队任务的有机集成，又为院级重大任务提供储备。为推动研究所法人主体责任落实，强化所级重点任务管理和实施，推进建立中国农业科学院科技创新工程“院—所—团队”三级任务管理模式，实现创新工程经费任务牵引，扎实推进创新工程“科研任务制”管理全面落地，提出加强所级重点任务管理的指导意见。

一、总体要求

（一）指导思想

贯彻落实“三个面向”“两个一流”指示精神，在“院—所—团队”三级任务管理模式下，进一步落实研究所法人主体责任和科研自主权，把握研究所定位，强化国家使命担当，在鼓励团队开展自由探索、原始创新，持续做好基础性长期性工作的基础上，围绕国家重大需求、重大成果培育等组织凝练一批所级重点任务。加强对所级重点任务的顶层设计和实施管理，建立健全预算挂钩、年度监测和绩效考评机制。通过所级重点任务的实施，将创新工程经费集中到体现院所学科优势与特色的研究任务上来，促进研究所内创新团队之间的交流协作与资源共享，加快推动产出一批带动研究所学科发展、解决产业及区域关键重大科学技术问题、服务国家需求的重大科技成果，不断提升研究所的创新效率和产出水平，彰显国家队应有的竞争力和影响力。

（二）总体目标

围绕学科重大问题和产业重大需求，准确把握研究所责任使命和角色定位，在研究所层面部署和实施3~5个跨团队协同创新的所级重点任务，并按照轻重缓急分批次逐步启动，每个研究所视体量分年度启动1~2项所级重点任务，力争“十四五”期间在全院形成120项左右的动态调整的所级重点任务体系，推动建立研究所重点任务与创新工程预算相挂钩的预算分配机制，实现研究所创新工程经费的任务牵引。

（三）基本原则

（1）突出重点。坚持需求导向、目标导向和任务牵引，引导研究所通过跨团队协同创新，将研究所优势科技资源集中到突破重大科技基础前沿，解决国家和产业重大需求，以及急需的核心关键技术、产品和应急性任务上来，使全院科技创新工作聚焦于院所使命与定位。

（2）鼓励创新。尊重科学规律，将自由探索和研究所战略目标有机融合，既要以所级重点任务为中心集聚创新资源、集中有限目标，又要重视原创性、探索性的理论研究与发明创造，重视基础性长期性工作的开展，营造提高原始创新能力、鼓励自由探索的制度环境和生长土壤。

（3）产出导向。通过加强研究所重点任务的实施管理，及时掌握研究所重点任务实施进展，发现重大苗头性成果产出。任务实施与研究所成果培育工作应进一步衔接，加速原始创新、前沿与核心技术突破、重大集成应用，促进不断取得重大成果产出。

（4）院所联动。院层面强化对研究所重点任务的指导审核、监测评价等。研究所作为所级重点任务管理的责任主体，应发挥法人主体作用，强化任务的顶层设计、实施管理和绩效考核，将所级重点任务落实到主持和参加团队。所级重点任务作为创新工程任务牵引格局的重要一环，为院级重大任务提供项目储备。

（5）科学评价。将所级重点任务作为院对所评价的重要内容，对研究所重点任务执行情况开展监测和评价。研究所应将团队承担所级重点任务情况及实施进展纳入所对团队绩效考评的指标，进行激励引导，调动创新团队积极性。

（6）预算挂钩。在研究所层面加强对创新工程经费统筹力度，由研究所自主统筹到所创新工程经费对所级重点任务进行倾斜支持，探索建立所级重点任务与创新工程经费预算相挂钩的新模式，推动全面实现创新工程经费任务牵引。

二、重点任务及主要措施

（一）研究明确“十四五”期间研究所重点任务

任务目标：研究所应围绕“三个面向”，根据国家使命、学科定位、重大需求、预期重大培育性成果目标等进行顶层设计，在“十四五”期间部署 3~5 项所级重点任务并分年度启动。通过实施所级重点任务，引导研究所聚焦研究重点、明确发展目标、凝练预期重大产出，不断提升创新效率和产出水平，推动产出一批带动学科发展、解决产业及区域关键重大科学技术问题、服务国家需求的重大科技成果，彰显国家队的竞争力和影响力。

主要措施：一是研究所根据院学术委员会咨询评议意见和院科研管理工作会研讨情况，按照前沿基础、产业重大需求、应急性三类进一步梳理凝练所级任务。二是所级重点任务应研究重点聚焦、创新目标明确，鼓励研究所内跨团队协同及联合地方科研力量协同，充分发挥学科交叉的优势。三是研究所将凝练出的所级重点任务按照重要程度进行布局，视研究所体量分年度批次启动1~2项所级重点任务，实施周期建议为3~5年，并报科技局备案。

（二）加强研究所重点任务的实施管理与经费支持

任务目标：研究所层面加强对所级重点任务的实施管理，推动所级重点任务落实落地。引导承担所级重点任务的创新团队围绕绩效任务书设定的研究内容和目标持续开展团队攻关，取得预期产出。通过研究所重点任务的实施，在研究所层面探索建立所级重点任务与预算相挂钩的新模式，实现研究所创新工程经费的任务牵引，将科研经费集中到体现院所学科优势与特色的研究任务上来，给“想干事、能干事”的团队更多经费支持。

主要措施：一是对于每年度确定启动的所级重点任务，研究所应组织承担团队签订研究所重点任务年度绩效任务书，明确研究内容、实施方案、任务分工、绩效目标、经费预算、实施周期等，根据绩效任务书严格管理，推动绩效产出。每年启动的所级重点任务签订绩效任务书应在2月底前报科技局备案。二是所学术委员会应在所级重点任务实施过程中充分发挥指导作用，进一步强化所级重点任务的民主决策和科学决策，加强对所级重点任务的动态管理，研究所可在任务实施过程中调整优化任务及目标。三是加强创新工程经费统筹力度，由研究所自主统筹到所创新工程经费（成果转化返还、团队稳定经费等）对所级重点任务进行支持。按照任务类别，建议给予每项所级重点任务50万~200万元/年不等的支持。

（三）监测研究所重点任务年度执行情况

任务目标：院层面通过年度报告制度开展对研究所重点任务执行情况的年度监测，及时掌握研究所重点任务实施进展，发现重大苗头性成果产出，推动科技创新从被动向主动转变。所级重点任务实施应与研究所成果培育工作进一步衔接，加速原始创新、前沿与核心技术突破、重大集成应用，促进不断取得重大成果产出，为院级联合攻关重大科研任务提供储备项目。

主要措施：一是按照院评价导向改革的部署要求，在院层面探索实施科研进展报告制度，探索对创新工程重大任务、研究所重点任务、科研团队重点任务执行情况等的年度进展报告及评价方法。重点监测各年度研究所重点任务科研工作的新变化、新进展，预期的阶段性成果产出，以及推进基础研究、攻克关键技术、开展应急响应等的成效、创新水平和价值贡献等。二是根据年度进展监测情况结果，推动研究所及时发现问题并进行整改，确保研究所重点任务创新方向不偏离既定目标，确保所级重点任务与研究所成果培育工作不脱钩。三是年度监测结果应与下年度所级重点任务经费预算挂钩，以此动态调整下年度所级重点任务的经费预算。四是根据年度监测情况，将执行优秀且具备重大苗头性成果产出的所级重点任务提升至院级重大科研计划支持，切实做到为院级重大科研计划提供储备。

（四）强化对研究所重点任务的绩效评价和考核

任务目标：结合中国农业科学院深化改革年行动，推动构建完善科研评价机制，在院所两级进一步强化对所级重点任务的绩效评价，进行激励引导，调动研究所和创新团队积极性，不断激发中国农业科学院创新活力。加强对所级重点任务的考核验收，确保创新团队按照绩效任务书完成各项任务和目标，实现各项重大突破。

主要措施：一是在院层面将所级重点任务实施情况纳入创新工程各环节的绩效评价内容，纳入院对研究所评价指标体系。二是在研究所层面将团队承担所级重点任务情况及实施进展纳入所对团队绩效评价体系。三是研究所应对执行到期的所级重点任务进行绩效考核，在年度监测的基础上，对执行期内的科研进展与成效、绩效指标完成情况、组织与管理情况等进行考核，并将考核结果报科技局备案。

（五）开展对团队任务的精细化管理

任务目标：创新团队作为中国农业科学院科技创新工作的基本单元，是各项任务实施的主体。研究所应将团队任务管理作为进一步加强创新工程管理的切入点和抓手，建立创新团队任务与所级重点任务相统一的制度，加强对团队任务的精细化管理，强化创新团队任务顶层设计，做好团队任务实施管理，探索团队任务与预算分配挂钩制度，转变按人头分配经费的模式。推动团队任务更聚焦和明确，团队目标更清晰和突出，团队建设更高效和协同。通过抓任务促进团队建设、通过抓目标促进绩效产出，力争推动创新工程取得更多更有分量的重大科技成果。

主要措施：一是研究所组织对各团队梳理凝练的团队任务进行学术把关，确保任务聚焦到“三个面向”上来。二是在研究所层面全面监测团队任务执行情况，及时了解团队任务实施进展和成果产出，对发现的问题及时整改，保证团队科研创新方向不偏离团队任务目标。三是研究所应调整对创新团队绩效评价指标体系，重点评估团队任务实施情况、科研产出与团队任务的相关性，团队绩效产出应与团队任务具有相关性。四是研究所应根据团队任务需求和实施进展监测结果确定各团队预算资金额度。

三、组织实施

（一）加强组织领导

各研究所应充分认识强化创新工程任务管理的重要意义，将顶层设计和实施所级重点任务作为推动研究所对标国家使命、解决国家重大问题的战略基点和中心环节，应将所级重点任务实施作为研究所年度科研工作的大事、要事推动落实。各研究所向院报告创新工程进展情况时，应将所级重点任务实施情况作为重要内容。

（二）院所协同推进

严格落实责任，加强院所两级联动，建立所级重点任务协同运行机制。科技局发挥牵头抓总作用，强化统筹协调、具体指导和督促落实，强化对研究所重点任务的指导审核、监测评价等；研究所作为所级重点任务管理的责任主体，应积极发挥法人主体作用，强化任务的顶层设计、实施管理和绩效考核。所级任务牵头人应按照任务书约定做好所级重点任务的组织实施工作。院所两级做好协同配合，形成工作合力。

（三）加大经费支持

研究所应充分发挥法人主体作用，集聚所内各类优势科技资源，对所级重点任务进行全方位、持续性倾斜支持，开展定向培育，加速重大产出。在研究所层面推动实现创新工程经费的任务牵引，探索建立研究所重点任务与创新工程预算相挂钩的预算分配机制，研究所应统筹成果转化返还、团队稳定经费等到所创新工程经费对所级重点任务予以重点支持。在保障所级重点任务经费的前提下，根据团队任务需求和团队考评结果确定创新团队预算资金额度。

（四）强化组织保障

研究所应根据院指导意见，制定研究所进一步加强所级重点任务管理的实施方案，提出具体工作措施，明确各项任务的时间进度，建立咨询评议机制、组织管理机制、协同创新机制、评价机制、激励机制、考核机制、动态准入退出机制等，报科技局备案。通过强化措施推进，不断激发创新活力，力求通过所级重点任务的实施，推动“十四五”期间研究所创新工作取得重大突破。

中国农业科学院关于印发《中国农业科学院科技创新工程重大科研任务管理办法（试行）》的通知

农科院科〔2020〕154 号

院机关各部门、院属各单位：

为加强中国农业科学院科技创新工程重大科研任务规范化管理，确保科学立项与顺利实施，科技管理局组织制定了《中国农业科学院科技创新工程重大科研任务管理办法（试行）》。

该办法已经中国农业科学院 2020 年第 19 次院常务会审议通过，现印发给你们，请结合实际认真贯彻执行。

中国农业科学院

2020 年 11 月 20 日

中国农业科学院科技创新工程重大科研任务管理办法（试行）

第一条 《中国农业科学院科技创新工程综合管理办法（试行）》《中国农业科学院科技创新工程经费管理办法（试行）》《中国农业科学院科技创新工程绩效管理办法（试行）》等制度对“发挥中国农业科学院建制优势与学科特长，组织跨学科、跨研究所的优势力量协同开展重大科技命题研究”提出明确要求。为深入贯彻落实习近平总书记贺信指示和党的十九大精神，中国农业科学院全面总结创新工程实施进展与成效，梳理整合原有“协同创新任务”和“重大产出科研选题任务”，构建院级重大任务框架体系，在院级层面组织谋划一批创新工程联合攻关重大科研任务（简称重大任务），集中优势科研力量与资源，加快取得一批重大科技突破。为加强重大任务规范化管理，确保科学立项与顺利实施，研究制定本办法。

第二条 坚持科技创新工程对创新团队的长期稳定支持。在稳定支持基础上，围绕“四个面向”，组织优秀创新团队实施一批具备“先导性、重要性、前瞻性、关键性、非共识性、协作性、种子性”等特性的重大任务，建立院级重大任务“使命清单”，强化农业科研国家队使命担当，加快推动取得一批原创性、突破性成果，推动“两个一流”建设。

“先导性”是指能够引领农业产业发展方向，代表技术发展和产业演进的方向。“重要性”是指瞄准保障粮食安全与重要农产品安全、质量安全、绿色发展、生态安全等国家重大需求。“前瞻性”是指瞄准与国家重大需求直接相关的前沿基础问题。“关键性”是指瞄准制约国家重大战略实施或重大需求实现的“卡脖子”关键技术。“非共识性”是指在一些没有达成共识的重要前沿领域，大胆探索颠覆性创新，获得突破性、革命性产出。“协作性”是指必须为跨研究所跨团队的紧密协作研究，非简单拼凑。“种子性”是指通过培育性研究，有望上升成为国家科技计划专项任务。

第三条 重大任务的确立与实施坚持以下基本原则。

（一）需求导向。围绕国家重大需求，围绕与国家重大需求直接相关的前沿基础问题，围绕“卡脖子”关键技术，以及围绕生产实践中的重大科技问题等需求，组织凝练重大任务。

（二）目标明确。坚持问题导向和目标导向，提升原始创新能力和高水平成果产出水平，拟破解的核心科学问题、拟突破的关键技术、拟创制重大产品和拟推动出台的重大政策高度聚焦。

（三）任务牵引。通过重大任务牵引，加大对优秀科研团队的稳定支持，使科学家、创新团队、研究所的创新目标与中国农业科学院的使命定位高度统一，解决我国农业农村经济发展中全局性、基础性、长期性、公益性、关键性的重大科技问题。

（四）院所联动。院里发挥牵头抓总、督促落实作用，加强对重大任务的顶层设计、统筹协调、绩效考核和动态管理。研究所发挥实施主体作用，创造条件、倾斜支持，确保任务顺利推进。院所两级紧密联动，形成合力。

第四条　重大任务的管理实行院所分工、各负其责、责权匹配的工作机制。

（一）科技管理局负责重大任务的统筹管理。组织开展重大任务管理制度建设、任务凝练、实施方案编制与审核、咨询论证、确立实施与评价管理等工作。财务局及重大任务牵头和参加单位财务部门负责经费管理，组织开展重大任务经费概算审核、预算执行和决算监督等任务。

（二）牵头单位是重大任务实施的责任主体，按照任务书要求，确保经费落实到相关团队，不得进行统筹、截留或挪作他用，并做好条件保障与沟通协调。牵头单位应设立任务管理办公室，由所领导任办公室主任，负责任务各参加单位之间的科研组织与协调沟通，督促任务落实。

（三）重大任务实行首席科学家负责制。首席科学家负责组织开展国内外发展现状与趋势研究，找准拟突破的重大科学问题与关键技术难题，在科技管理局组织下负责编制重大任务实施方案，统领任务实施；负责根据参加团队的工作表现和进展提出参加人员和经费额度调整建议，有责任及时向研究所和院汇报任务进展。青年科技人员应作为骨干力量参与重大任务的组织实施。

（四）重大任务参加单位和参加团队必须密切配合牵头单位和首席科学家，完成相应的分工任务和目标。参加单位应加强实施管理与服务，确保经费落实到相关团队，并提供必要的条件保障。

第五条　重大任务需求建议可通过多种途径组织提出，经科技管理局组织院学术委员会咨询评议，列入全院科技发展规划或重大任务拟支持清单，成熟一项启动一项，不集中征集、不发指南、不设时间节点。

（一）依据科技发展战略研究、主管部门委托等，由科技管理局组织有关研究所提出重大任务选题建议。

（二）院属单位基于已取得进展成效的所级任务向科技管理局提出重大任务选题建议。

（三）院领导和院机关其他业务局可依据职能定位及院重点工作等提出重大任务选题建议。

（四）针对紧急和突发的产业重大科技需求，以及列入基本科研业务费专项“院级统筹”的应急性任务，若有必要长期持续开展，可由科技管理局组织有关研究所提出重大任务选题建议。

第六条　科技管理局组织相关单位编制重大任务实施方案，提出牵头单位、团队和参加单位、团队建议，提出首席科学家人选，明确总体研究内容、目标、绩效指标及执行期限，制定统一、协同的联合攻关技术路线和时间表，确定参加团队及人员的任务分工与考核目标，明确成果与利益分配、资源共享和沟通协作机制，根据任务需要提出经费概算。

第七条 科技管理局审核实施方案后，会同重大任务牵头单位组织国内高水平学术与产业专家对实施方案进行咨询论证。根据论证评审意见，组织对实施方案进行修改完善，报院常务会议审定。

第八条 根据审议通过的实施方案，以委托制方式确定承担单位、首席科学家及团队。科技管理局组织编制任务书，经费纳入下一年度创新工程经费预算。任务书由中国农业科学院与牵头单位、首席科学家共同签署。重大任务执行期一般为3~5年，执行期内任务书一年一签。年度任务书对研究任务、团队分工、联合攻关方案、绩效目标、年度目标、共享机制、科研诚信等做出约定，绩效目标和评价指标要能够体现出国内领先的创新质量与产业贡献，避免简单量化。重大任务牵头单位应与各子任务负责单位签订子任务书。

第九条 任务书签订后，牵头单位应组织召开任务启动会，对组织实施工作做出具体部署，首席科学家应当对子任务的分工、技术路线、创新目标与产出、年度工作计划等做出要求；子任务按照首席科学家分配的任务及要求，报告技术路线与研究内容、拟解决的关键科学和技术问题、创新目标与预期产出、年度工作计划、子任务经费预算、相关工作基础等。

第十条 重大任务牵头单位应组建由行业知名专家、产业专家与行政管理专家等组成的执行咨询专家组，加强对总体研发目标与实施方案的学术咨询与监督指导。

第十一条 牵头单位和首席科学家应发挥组织协调职能，实行目标管理，推进重大任务联合攻关。牵头单位每年召开实施推进会，总结研究进展，加强子任务间的联系，发挥平台支撑作用，促进集成创新。首席科学家应及时督查子任务执行情况，对子任务实施提出明确要求，确保不偏离协同技术路线，有效支撑总体任务目标。各参加方须按照任务书确定的统一方案和分工安排，履行各自责任和义务，协同推进。

第十二条 重大任务牵头单位和首席科学家必须建立共享机制，明确知识、技术方法、材料、平台、数据等的共享方式。共享机制建设作为重大任务监测评价的重要内容之一。

第十三条 院所两级共同加强对重大任务的跟踪管理，及时发现、解决问题，总结执行成效，开展学术评议。建立院重大科研进展汇报会制度，院领导定期听取重大任务进展汇报，对执行情况进行督导检查和评议，原则上每年评价一次。

第十四条 实行重大事项报告制度，各参加单位向牵头单位提出涉及研究任务与目标、子任务设置、相关负责人等重大事项的变更申请，由牵头单位组织报院科技管理局，由科技管理局提请院长办公会审批。

第十五条 牵头单位和首席科学家应根据联合攻关成效，提出下一年度人员与经费调整建议。重大任务执行过程中发现苗头性成果，可及时申请调整任务重点或追加经费，加速重大成果定向培育。对执行成效不佳或完成总体任务目标预期贡献度低的子任务，牵头单位和首席科学家应及时向科技管理局提出调整或终止建议。依据进展汇报和评价情况，对于执行不力的任务，应提出调减经费或提前终止的建议，由科技管理局报院常务会议审定。

第十六条　重大任务执行进展应纳入牵头研究所年度科研进展报告，明确进展类型，由科技管理局组织开展进展评价。重大任务牵头团队及子任务牵头团队，应将所承担任务进展情况纳入本团队年度主要科研进展。科技管理局每年组织编写重大任务年度总结报告，对研究进展、成果产出等进行总结。

第十七条　重大任务实施效果应作为院所创新工程绩效评价的重要内容和相关团队绩效评价的核心内容。在研究所评价、人才评价、职称评审等院内评估评价活动中，重大任务视同国家主体科技计划项目，子任务视同国家主体科技计划课题。

第十八条　重大任务应在实施期满半年内完成总体绩效评价，编写总体科研进展报告，包含 3~5 项核心科研进展，并附若干代表性成果，由科技管理局组织院学术委员会开展评价。评价重点为任务书约定目标完成情况，理论突破、技术突破、产品创制、软科学、成果转化等不同类型科研进展情况，突出代表性成果的创新质量与产业贡献，以及联合攻关与共享机制实施成效等，给出评价意见、结论及是否延续支持的建议。对于需要长期持续开展的任务，在实施到期并组织专家评估后可延续支持。

第十九条　重大任务的结束分为两种情况。

（一）任务完成。重大任务在实施期内完成了任务书规定的预期目标，或得到了国家主体科技计划支持，即视为任务完成。

（二）任务终止。重大任务在实施期内，未完成任务书既定目标，或年度间无任何实质性进展，或出现重大失误、产生重大负面影响，或国家发布了任务相关领域的科技计划指南但未争取到，进行评估后视为任务终止。

涉及国家发布了相关领域科技计划指南的重大任务，可继续执行到当年年底，第二年不再持续支持。

第二十条　重大任务期满评价结论较差或未取得重要进展，牵头单位和首席科学家原则上 3 年内不得再牵头承担重大任务，并与院所创新工程绩效评价、人才考评等科技评价活动中评分挂钩。

第二十一条　重大任务牵头单位应将相关研究任务纳入创新工程所级重点任务，重大任务承担团队应将相关研究任务确立为团队核心工作，实现三级任务一体化。

第二十二条　重大任务经费按照创新工程经费办法管理。加强经费使用监管，独立核算。

第二十三条　重大任务形成的论文和专著等科研成果须标注“中国农业科学院科技创新工程”资助，英文标注为“The Agricultural Science and Technology Innovation Program（ASTIP）”。

第二十四条　建立重大任务组织实施的责任追究制度。对在重大任务实施过程中不作为、学术不端、违规使用专项资金等行为，按照有关规定追究相关责任人和单位的责任。

第二十五条 本办法由院科技管理局负责解释。

第二十六条 本办法自发布之日起试行。

中国农业科学院 2020 年科技平台目录

一、科学研究平台

国家重大科技基础设施

序号	基础设施名称	依托单位
1	农作物基因资源与基因改良国家重大科学工程	作科所、生物所
2	国家农业生物安全科学中心	植保所
3	国家动物疫病防控高级别生物安全实验室	哈兽研

国家重点实验室

序号	实验室名称	依托单位
1	植物病虫害生物学国家重点实验室	植保所
2	动物营养学国家重点实验室	牧医所、中国农业大学
3	水稻生物学国家重点实验室	水稻所、浙江大学
4	兽医生物技术国家重点实验室	哈兽研
5	家畜疫病病原生物学国家重点实验室	兰兽研
6	棉花生物学国家重点实验室	棉花所、河南大学

省部共建国家重点实验室

序号	实验室名称	依托单位
1	特种经济动物分子生物学省部共建国家重点实验室	特产所

农业农村部综合性重点实验室

序号	实验室名称	依托单位
1	农业农村部作物基因资源与种质创制重点实验室	作科所

（续表）

序号	实验室名称	依托单位
2	农业农村部麦类生物学与遗传育种重点实验室	作科所
3	农业农村部作物有害生物综合治理重点实验室	植保所
4	农业农村部园艺作物生物学与种质创制（蔬菜）重点实验室	蔬菜所
5	农业农村部薯类作物生物学与遗传育种重点实验室	蔬菜所
6	农业农村部农业环境重点实验室	环发所
7	农业农村部动物营养与饲料学重点实验室	牧医所
8	农业农村部农产品加工重点实验室	加工所
9	农业农村部农业基因组学重点实验室（北京）	生物所
10	农业农村部植物营养与肥料重点实验室	资划所
11	农业农村部农产品质量安全重点实验室	质标所
12	农业农村部水稻生物学与遗传育种重点实验室	水稻所
13	农业农村部棉花生物学与遗传育种重点实验室	棉花所
14	农业农村部油料作物生物学与遗传育种重点实验室	油料所
15	农业农村部兽用药物与诊断技术重点实验室	哈兽研
16	农业农村部动物病原生物学重点实验室	兰兽研
17	农业农村部农村可再生能源开发利用重点实验室	沼科所
18	农业农村部现代农业装备重点实验室	农机化所
19	农业农村部动物遗传育种与繁殖（家禽）重点实验室	牧医所
20	农业农村部特种经济动植物生物学与遗传育种重点实验室	茶叶所
21	农业农村部产地环境污染防控重点实验室	环保所
22	农业农村部农业遥感重点实验室	资划所

农业农村部专业性（区域性）重点实验室

序号	实验室名称	依托单位
1	农业农村部作物生理生态重点实验室	作科所

（续表）

序号	实验室名称	依托单位
2	农业农村部北京大豆生物学重点实验室	作科所
3	农业农村部旱作节水农业重点实验室	环发所
4	农业农村部设施农业节能与废弃物处理重点实验室	环发所
5	农业农村部授粉昆虫生物学重点实验室	蜜蜂所
6	农业农村部饲料生物技术重点实验室	饲料所
7	农业农村部农业微生物资源收集与保藏重点实验室	资划所
8	农业农村部面源污染控制重点实验室	资划所
9	农业农村部农业信息服务技术重点实验室	信息所
10	农业农村部作物需水与调控重点实验室	灌溉所
11	农业农村部生物毒素检测重点实验室	油料所
12	农业农村部麻类生物学与加工重点实验室	麻类所
13	农业农村部园艺作物种质资源利用重点实验室	果树所
14	农业农村部果树育种技术重点实验室	郑果所
15	农业农村部兽用药物创制重点实验室	兰牧药
16	农业农村部动物寄生虫学重点实验室	上兽研
17	农业农村部牧草资源与利用重点实验室	草原所
18	农业农村部特种经济动物遗传育种与繁殖重点实验室	特产所
19	农业农村部烟草生物学与加工重点实验室	烟草所
20	农业农村部蚕桑遗传改良重点实验室	蚕业所
21	农业农村部农产品质量安全生物性危害因子（植物源）控制重点实验室（试运行）	植保所
22	农业农村部蔬菜质量安全控制重点实验室（试运行）	蔬菜所
23	农业农村部农膜污染防控重点实验室（试运行）	环发所
24	农业农村部休闲农业重点实验室（试运行）	环发所
25	农业农村部牧草种质资源与育种重点实验室（试运行）	牧医所

（续表）

序号	实验室名称	依托单位
26	农业农村部奶及奶制品质量安全控制重点实验室（试运行）	牧医所
27	农业农村部蜂产品质量安全控制重点实验室（试运行）	蜜蜂所
28	农业农村部农产品质量安全收贮运管控重点实验室（试运行）	加工所
29	农业农村部农业转基因生物安全评价（分子）重点实验室（试运行）	生物所
30	农业农村部草地资源监测评价与创新利用重点实验室（试运行）	资划所
31	农业农村部农业大数据重点实验室（试运行）	信息所
32	农业农村部节水灌溉工程重点实验室（试运行）	灌溉所
33	农业农村部油料加工重点实验室（试运行）	油料所
34	农业农村部茶叶质量安全控制重点实验室（试运行）	茶叶所
35	农业农村部兽用化学药物及制剂学重点实验室（试运行）	上兽研
36	农业农村部草地与农业生态遥感重点实验室（试运行）	草原所
37	农业农村部草地生态与修复治理重点实验室（试运行）	草原所
38	农业农村部经济动物疫病重点实验室（试运行）	特产所
39	农业农村部农产品质量安全环境因子控制重点实验室（试运行）	环保所
40	农业农村部农业基因数据分析重点实验室（试运行）	基因组所

农业农村部科学观测实验站

序号	实验站名称	依托单位
1	农业农村部新乡小麦高效育种技术科学观测实验站	作科所
2	农业农村部核辐射农业生物科学观测实验站	作科所
3	农业农村部锡林郭勒草原有害生物科学观测实验站	植保所

（续表）

序号	实验站名称	依托单位
4	农业农村部桂林有害生物科学观测实验站	植保所
5	农业农村部廊坊农作物有害生物科学观测实验站	廊坊基地
6	农业农村部蔬菜作物基因资源与种质创制北京科学观测实验站	蔬菜所
7	农业农村部寿阳农业环境与作物高效用水科学观测实验站	环发所
8	农业农村部兽用药物与兽医生物技术北京科学观测实验站	牧医所
9	农业农村部华北动物遗传资源与营养科学观测实验站	牧医所
10	农业农村部祁阳农业环境科学观测实验站	资划所
11	农业农村部呼伦贝尔农业环境科学观测实验站	资划所
12	农业农村部华北设施栽培与施肥科学观测实验站	德州实验站
13	农业农村部商丘农业环境科学观测实验站	灌溉所
14	农业农村部作物基因资源与种质创制浙江科学观测实验站	水稻所
15	农业农村部作物基因资源与种质创制辽宁科学观测实验站	果树所
16	农业农村部作物基因资源与种质创制河南科学观测实验站	郑果所
17	农业农村部草原畜牧业装备科学观测实验站	草原所
18	农业农村部大理农业环境科学观测实验站	环保所
19	农业农村部西南地区果树科学观测实验站	柑桔所

中国农业科学院重点开放实验室

序号	实验室名称	依托单位
1	中国农业科学院作物种质资源与生物技术重点开放实验室	作科所

（续表）

序号	实验室名称	依托单位
2	中国农业科学院作物遗传改良与生物技术重点开放实验室	作科所
3	中国农业科学院粮棉油料作物生理与栽培重点开放实验室	作科所
4	中国农业科学院植物病虫害生物学重点开放实验室	植保所
5	中国农业科学院农药化学与应用技术重点开放实验室	植保所
6	中国农业科学院生物入侵与生物防治重点开放实验室	植保所
7	中国农业科学院杂草鼠害生物学与治理重点开放实验室	植保所
8	中国农业科学院园艺作物遗传与生理重点开放实验室	蔬菜所
9	中国农业科学院农业环境与气候变化重点开放实验室	环发所
10	中国农业科学院旱作节水农业重点开放实验室	环发所
11	中国农业科学院动物营养学重点开放实验室	牧医所
12	中国农业科学院家养动物遗传资源与种质创新重点开放实验室	牧医所
13	中国农业科学院牧草遗传改良与利用重点开放实验室	牧医所
14	中国农业科学院授粉昆虫生物学重点开放实验室	蜜蜂所
15	中国农业科学院饲料生物技术重点开放实验室	饲料所
16	中国农业科学院农产品加工与质量控制重点开放实验室	加工所
17	中国农业科学院农作物分子生物学与生物技术重点开放实验室	生物所
18	中国农业科学院国家农业政策分析与决策支持系统重点开放实验室	农经所
19	中国农业科学院植物营养与养分循环重点开放实验室	资划所
20	中国农业科学院资源遥感与数字农业重点开放实验室	资划所
21	中国农业科学院土壤质量重点开放实验室	资划所
22	中国农业科学院智能化农业预警技术与系统重点开放实验室	信息所

（续表）

序号	实验室名称	依托单位
23	中国农业科学院农产品质量与食物安全重点开放实验室	质标所
24	中国农业科学院农业水资源高效安全利用重点开放实验室	灌溉所
25	中国农业科学院水稻生物学重点开放实验室	水稻所
26	中国农业科学院棉花遗传改良重点开放实验室	棉花所
27	中国农业科学院油料作物生物学重点开放实验室	油料所
28	中国农业科学院茎纤维生物质与工程微生物重点开放实验室	麻类所
29	中国农业科学院麻类遗传育种与生物加工重点开放实验室	麻类所
30	中国农业科学院果树种质资源与育种技术重点开放实验室	果树所
31	中国农业科学院果树生长发育与品质控制重点开放实验室	郑果所
32	中国农业科学院茶及饮料植物产品加工与质量控制重点开放实验室	茶叶所
33	中国农业科学院兽医生物技术重点开放实验室	哈兽研
34	中国农业科学院动物流感重点开放实验室	哈兽研
35	中国农业科学院人兽共患病重点开放实验室	哈兽研、兰兽研
36	中国农业科学院家畜疫病病原生物学重点开放实验室	兰兽研
37	中国农业科学院草食动物疫病重点开放实验室	兰兽研
38	中国农业科学院新兽药工程重点开放实验室	兰牧药
39	中国农业科学院动物寄生虫学重点开放实验室	上兽研
40	中国农业科学院兽药安全评价与兽药残留研究重点开放实验室	上兽研
41	中国农业科学院草地资源生态重点开放实验室	草原所

（续表）

序号	实验室名称	依托单位
42	中国农业科学院特种经济动物种质资源遗传改良重点开放实验室	特产所
43	中国农业科学院农业环境与农产品安全重点开放实验室	环保所
44	中国农业科学院能源微生物重点开放实验室	沼科所
45	中国农业科学院农业机械重点开放实验室	农机化所
46	中国农业科学院烟草遗传改良与生物技术重点开放实验室	烟草所
47	中国农业科学院柑桔学重点开放实验室	柑桔所
48	中国农业科学院北方糖料作物资源与利用重点开放实验室	甜菜所
49	中国农业科学院蚕桑遗传改良与生物技术重点开放实验室	蚕业所
50	中国农业科学院草地农业系统学重点开放实验室	草原生态所
51	中国农业科学院家禽遗传资源评价与繁育重点开放实验室	家禽所
52	中国农业科学院甘薯遗传改良重点开放实验室	甘薯所

农业农村部农产品质量安全风险评估实验室

序号	实验室名称	依托单位
1	农业农村部稻米产品质量安全风险评估实验室（杭州）	水稻所
2	农业农村部谷物产品质量安全风险评估实验室（北京）	作科所
3	农业农村部油料产品质量安全风险评估实验室（武汉）	油料所
4	农业农村部奶产品质量安全风险评估实验室（北京）	牧医所
5	农业农村部蔬菜产品质量安全风险评估实验室（北京）	蔬菜所
6	农业农村部果品质量安全风险评估实验室（郑州）	郑果所
7	农业农村部果品质量安全风险评估实验室（兴城）	果树所
8	农业农村部柑桔产品质量安全风险评估实验室（重庆）	柑桔所

（续表）

序号	实验室名称	依托单位
9	农业农村部茶叶产品质量安全风险评估实验室（杭州）	茶叶所
10	农业农村部蜂产品质量安全风险评估实验室（北京）	蜜蜂所
11	农业农村部农产品质量安全生物性危害因子风险评估实验室（北京）	植保所
12	农业农村部农产品质量安全环境因子风险评估实验室（天津）	环保所
13	农业农村部农产品加工质量安全风险评估实验室（北京）	加工所
14	农业农村部棉花产品质量安全风险评估实验室（安阳）	棉花所
15	农业农村部烟草质量安全风险评估实验室（青岛）	烟草所
16	农业农村部畜产品质量安全风险评估实验室（兰州）	兰牧药
17	农业农村部微生物产品质量安全风险评估实验室（北京）	资划所
18	农业农村部蚕桑产品及食用昆虫质量安全风险评估实验室（镇江）	蚕业所
19	农业农村部糖料产品质量安全风险评估实验室（哈尔滨）	甜菜所
20	农业农村部禽类产品质量安全风险评估实验室（扬州）	家禽所
21	农业农村部动物产品质量安全生物性危害因子风险评估实验室（上海）	上兽研
22	农业农村部动物产品质量安全环境因子风险评估实验室（北京）	环发所
23	农业农村部植物纤维产品质量安全风险评估实验室（长沙）	麻类所
24	农业农村部特种动植物产品质量风险评估实验室（长春）	特产所
25	农业农村部农产品质量与营养功能风险评估实验室（北京）	营养所

（续表）

序号	实验室名称	依托单位
26	农业农村部农产品质量安全肥料源性因子风险评估实验室（北京）	资划所
27	农业农村部动物产品质量安全饲料源性因子风险评估实验室（北京）	饲料所
28	农业农村部农产品质量安全水环境因子风险评估实验室（新乡）	灌溉所
29	农业农村部草产品质量安全风险评估实验室（呼和浩特）	草原所
30	农业农村部生物质发酵产品质量安全风险评估实验室	沼科所

中国农业科学院农产品质量安全风险评估研究中心

序号	研究中心名称	依托单位
1	中国农业科学院谷物产品质量安全风险评估研究中心	作科所
2	中国农业科学院农产品农药残留与生物危害风险评估研究中心	植保所
3	中国农业科学院蔬菜产品质量安全风险评估研究中心	蔬菜所
4	中国农业科学院奶产品质量安全风险评估研究中心	牧医所
5	中国农业科学院蜂产品质量安全风险评估研究中心	蜜蜂所
6	中国农业科学院农产品加工质量安全风险评估研究中心	加工所
7	中国农业科学院食用菌质量安全风险评估研究中心	资划所
8	中国农业科学院稻米产品质量安全风险评估研究中心	水稻所
9	中国农业科学院棉花质量安全风险评估研究中心	棉花所
10	中国农业科学院油料产品质量安全风险评估研究中心	油料所
11	中国农业科学院麻类产品质量安全风险评估研究中心	麻类所
12	中国农业科学院兴城果品质量安全风险评估研究中心	果树所
13	中国农业科学院郑州果品质量安全风险评估研究中心	郑果所
14	中国农业科学院茶叶质量安全风险评估研究中心	茶叶所
15	中国农业科学院兰州畜产品质量安全风险评估研究中心	兰牧药
16	中国农业科学院特种经济动植物产品质量安全风险评估研究中心	特产所
17	中国农业科学院农产品产地环境风险评估研究中心	环保所

（续表）

序号	研究中心名称	依托单位
18	中国农业科学院烟草产品质量安全风险评估研究中心	烟草所
19	中国农业科学院柑桔质量安全风险评估研究中心	柑桔所
20	中国农业科学院蚕业产品质量安全风险评估研究中心	蚕业所
21	中国农业科学院农用水质量安全风险评估研究中心	灌溉所
22	中国农业科学院沼气及发酵产品质量安全风险评估研究中心	沼科所
23	中国农业科学院动物产品质量安全饲料源性因子风险评估研究中心	饲料所
24	中国农业科学院农产品质量安全肥料源性因子风险评估研究中心	资划所
25	中国农业科学院草业产品质量安全风险评估研究中心	草原所

二、技术创新平台

国家工程实验室

序号	实验室名称	依托单位
1	作物分子育种国家工程实验室	作科所
2	作物细胞育种国家工程实验室	蔬菜所
3	棉花转基因育种国家工程实验室	棉花所
4	耕地培育技术国家工程实验室	资划所
5	作物高效用水与抗灾减损国家工程实验室	环发所

国家工程技术研究中心

序号	研究中心名称	依托单位
1	国家昌平综合农业工程技术研究中心	中国农业科学院
2	国家饲料工程技术研究中心	中国农业大学、饲料所
3	国家油菜工程技术研究中心	华中农业大学、油料所
4	国家茶产业工程技术研究中心	茶叶所

（续表）

序号	研究中心名称	依托单位
5	国家柑桔工程技术研究中心	柑桔所

国家工程研究中心

序号	研究中心名称	依托单位
1	动物用生物制品国家工程研究中心	哈兽研
2	生物饲料开发国家工程研究中心	饲料所

中国农业科学院工程技术研究中心

序号	研究中心名称	依托单位
1	中国农业科学院粮食作物育种工程技术研究中心	作科所
2	中国农业科学院生物防治工程技术研究中心	植保所
3	中国农业科学院花卉工程技术研究中心	蔬菜所
4	中国农业科学院农业环境工程技术研究中心	环发所
5	中国农业科学院家畜品种改良与繁育工程技术研究中心	牧医所
6	中国农业科学院蜂产品工程技术研究中心	蜜蜂所
7	中国农业科学院饲料安全工程技术研究中心	饲料所
8	中国农业科学院农产品加工工程技术研究中心	加工所
9	中国农业科学院作物生物技术工程技术研究中心	生物所
10	中国农业科学院新型肥料工程技术研究中心	资划所
11	中国农业科学院农业监测预警与大数据工程技术研究中心	信息所
12	中国农业科学院农产品质量安全工程技术研究中心	质标所
13	中国农业科学院双蛋白工程技术研究中心	营养所
14	中国农业科学院节水灌溉工程技术研究中心	灌溉所
15	中国农业科学院超级稻工程技术研究中心	水稻所

（续表）

序号	研究中心名称	依托单位
16	中国农业科学院棉花工程技术研究中心	棉花所
17	中国农业科学院油料作物分子育种工程技术研究中心	油料所
18	中国农业科学院麻类工程技术研究中心	麻类所
19	中国农业科学院落叶果树工程技术研究中心	果树所
20	中国农业科学院果树瓜类种苗工程技术研究中心	郑果所
21	中国农业科学院茶叶加工工程技术研究中心	茶叶所
22	中国农业科学院动物疫病诊断技术工程技术研究中心	哈兽研
23	中国农业科学院草食动物疫病防控工程技术研究中心	兰兽研
24	中国农业科学院羊育种工程技术研究中心	兰牧药
25	中国农业科学院动物热带疫病防控技术研究中心	上兽研
26	中国农业科学院草原生产力保育工程技术研究中心	草原所
27	中国农业科学院特种动物饲养与饲料工程技术研究中心	特产所
28	中国农业科学院农产品产地环境保护与修复工程技术研究中心	环保所
29	中国农业科学院沼气工程技术研究中心	沼科所
30	中国农业科学院农作物收获装备工程技术研究中心	农机化所
31	中国农业科学院烟草工程技术研究中心	烟草所
32	中国农业科学院全基因组育种设计工程技术研究中心	基因组所

国家农作物、畜禽改良中心（分中心）

序号	改良中心（分中心）名称	依托单位
1	国家小麦改良中心	作科所
2	国家大豆改良北京分中心	作科所
3	国家蔬菜改良中心	蔬菜所
4	国家花卉改良中心	蔬菜所

（续表）

序号	改良中心（分中心）名称	依托单位
5	国家马铃薯改良中心华北分中心	蔬菜所
6	国家畜禽分子育种中心	牧医所
7	国家牛奶质量改良中心	牧医所
8	国家水稻改良中心	水稻所
9	国家棉花改良中心	棉花所
10	国家油料作物改良中心	油料所
11	国家麻类作物育种中心	麻类所
12	国家苹果育种中心	果树所
13	国家桃、葡萄改良中心	郑果所
14	国家茶树改良中心	茶叶所
15	国家烟草改良中心	烟草所
16	国家柑桔品种改良中心	柑桔所
17	国家糖料改良中心	甜菜所
18	国家蚕桑育种中心	蚕业所
19	国家禽类实验动物种子中心	哈兽研
20	国家牧草改良中心	草原所
21	国家食用菌改良中心	资划所
22	国家瓜果改良中心	郑果所

现代农业产业技术体系技术研发中心

序号	产业	研发中心名称	依托单位
1	水稻	国家水稻产业技术研发中心	水稻所
2	玉米	国家玉米产业技术研发中心	作科所
3	小麦	国家小麦产业技术研发中心	作科所
4	大豆	国家大豆产业技术研发中心	作科所

（续表）

序号	产业	研发中心名称	依托单位
5	大麦青稞	国家大麦青稞产业技术研发中心	作科所
6	谷子糜子	国家谷子糜子产业技术研发中心	作科所
7	食用豆	国家食用豆产业技术研发中心	作科所
8	马铃薯	国家马铃薯产业技术研发中心	蔬菜所
9	油菜	国家油菜产业技术研发中心	油料所
10	棉花	国际棉花产业技术研发中心	棉花所
11	麻类	国家麻类产业技术研发中心	麻类所
12	茶叶	国家茶叶产业技术研发中心	茶叶所
13	食用菌	国家食用菌产业技术研发中心	资划所
14	大宗蔬菜	国家大宗蔬菜产业技术研发中心	蔬菜所
15	肉鸡	国家肉鸡产业技术研发中心	牧医所
16	水禽	国家水禽产业技术研发中心	牧医所
17	蜂	国家蜂产品技术研发中心	蜜蜂所
18	绿肥	国家绿肥技术研发中心	资划所

现代农业产业技术体系功能研究室

序号	产业	研究室名称	依托单位
1	水稻	育种与繁育研究室	水稻所
2	水稻	栽培与土肥研究室	水稻所
3	小麦	病虫害防控研究室	植保所
4	玉米	病虫草害防控研究室	植保所
5	大豆	遗传改良研究室	油料所
6	大麦青稞	机械化研究室	农机化所
7	大麦青稞	加工研究室	质标所
8	大麦青稞	产业经济研究室	农经所

（续表）

序号	产业	研究室名称	依托单位
9	食用豆	病虫草害防控研究室	作科所
10	食用豆	机械化研究室	农机化所
11	食用豆	加工研究室	加工所
12	食用豆	产业经济研究室	信息所
13	马铃薯	栽培与土肥研究室	蔬菜所
14	马铃薯	产业经济研究室	资划所
15	甘薯	机械化研究室	农机化所
16	油菜	病虫草害防控研究室	油料所
17	油菜	机械化研究室	农机化所
18	油菜	加工研究室	油料所
19	花生	病虫草害防控研究室	油料所
20	花生	机械化研究室	农机化所
21	花生	加工研究室	加工所
22	特色油料	加工研究室	油料所
23	棉花	栽培与土肥研究室	棉花所
24	棉花	病虫草害防控研究室	植保所
25	麻类	遗传改良研究室	麻类所
26	麻类	机械化研究室	农机化所
27	麻类	加工研究室	麻类所
28	蚕桑	家蚕遗传改良与饲养研究室	蚕业所
29	蚕桑	病虫害防控研究室	蚕业所
30	茶叶	病虫草害防控研究室	茶叶所
31	茶叶	机械化研究室	农机化所
32	茶叶	产业经济研究室	茶叶所

（续表）

序号	产业	研究室名称	依托单位
33	食用菌	遗传改良研究室	资划所
34	食用菌	机械化研究室	农机化所
35	绿肥	病虫草害防控研究室	植保所
36	绿肥	机械化研究室	农机化所
37	绿肥	产业经济研究室	资划所
38	大宗蔬菜	遗传改良研究室	蔬菜所
39	大宗蔬菜	病虫害防控研究室	蔬菜所
40	特色蔬菜	病虫害防控研究室	蔬菜所
41	特色蔬菜	加工研究室	质标所
42	西甜瓜	栽培与土肥研究室	郑果所
43	西甜瓜	病虫草害防控研究室	植保所
44	西甜瓜	机械化研究室	农机化所
45	西甜瓜	产业经济研究室	农经所
46	苹果	遗传改良研究室	果树所
47	梨	加工研究室	果树所
48	葡萄	遗传改良研究室	郑果所
49	葡萄	栽培与土肥研究室	果树所
50	葡萄	病虫草害防控研究室	植保所
51	桃	栽培与土肥研究室	郑果所
52	牧草	遗传改良研究室	牧医所
53	牧草	产业经济研究室	农经所
54	奶牛	疾病防控研究室	兰牧药
55	奶牛	生产与环境控制研究室	牧医所
56	肉牛、牦牛	遗传改良研究室	牧医所

（续表）

序号	产业	研究室名称	依托单位
57	肉羊	营养与饲料研究室	饲料所
58	肉羊	疾病防控研究室	兰兽研
59	肉羊	加工研究室	加工所
60	绒毛用羊	疾病防控研究室	兰兽研
61	蛋鸡	营养与饲料研究室	牧医所
62	蛋鸡	产业经济研究室	农经所
63	肉鸡	疾病防控研究室	哈兽研
64	肉鸡	生产与环境控制研究室	牧医所
65	肉鸡	产业经济研究室	农经所
66	蜂	遗传改良研究室	蜜蜂所
67	蜂	产业经济研究室	农经所

现代农业产业技术体系综合试验站

序号	产业	试验站名称	依托单位
1	水稻	祁阳综合试验站	资划所
2	小麦	德州综合试验站	资划所
3	麻类	沅江苎麻试验站	麻类所
4	苹果	葫芦岛综合试验站	果树所
5	葡萄	左家综合试验站	特产所
6	葡萄	豫西与黄土高原综合试验站	郑果所
7	桃	郑州综合试验站	郑果所
8	牧草	鄂尔多斯综合试验站	草原所

国家农产品加工技术研发中心（分中心）

序号	研发中心（分中心）名称	依托单位
1	国家农产品加工技术研发中心	加工所

（续表）

序号	研发中心（分中心）名称	依托单位
2	国家油菜籽加工技术研发专业分中心	油料所
3	国家杂粮加工技术研发专业分中心	作科所
4	国家饲料加工技术研发专业分中心	饲料所
5	国家柑橘加工技术研发专业分中心	柑桔所
6	国家茶叶加工技术研发专业分中心	茶叶所
7	国家蜂产品加工技术研发专业分中心	蜜蜂所
8	国家人参鹿茸加工技术研发专业分中心	特产所

三、基础支撑平台

国家科技资源共享服务平台

序号	平台名称	依托单位
1	国家作物种质资源库	作科所
2	国家菌种资源库	资划所
3	国家家养动物种质资源库	牧医所
4	国家农业科学数据中心	信息所
5	国家园艺种质资源库	郑果所
6	国家禽类实验动物资源库	哈兽研

国家级野外台站

序号	野外台站名称	依托单位
1	国家农作物种质资源野外观测研究圃网	作科所
2	国家土壤肥力与肥料效益监测站网	资划所
3	南方红黄壤地区农业生态环境监测试验站	资划所
4	内蒙古呼伦贝尔草原生态系统国家野外科学观测研究站	资划所

（续表）

序号	野外台站名称	依托单位
5	河南商丘农田生态系统国家野外科学观测研究站	灌溉所
6	山西寿阳旱地农田生态系统野外科学观测研究站	环发所
7	云南大理农田生态系统野外科学观测研究站	环保所

农业农村部野外科学观测试验站

序号	野外台站名称	依托单位
1	农业农村部迁西燕山生态环境重点野外科学观测试验站	资划所
2	农业农村部洛阳旱地农业重点野外科学观测试验站	资划所
3	农业农村部呼伦贝尔草甸草原生态环境重点野外科学观测试验站	资划所
4	农业农村部祁阳红壤生态环境重点野外科学观测试验站	资划所
5	农业农村部昌平潮褐土生态环境重点野外科学观测试验站	资划所
6	农业农村部德州农业资源与生态环境重点野外科学观测试验站	资划所
7	农业农村部长白山野生生物资源重点野外科学观测试验站	特产所
8	农业农村部杭州茶树资源重点野外科学观测试验站	茶叶所
9	农业农村部寿阳旱地农业重点野外科学观测试验站	环发所
10	农业农村部鄂尔多斯沙地草原生态环境重点野外科学观测试验站	草原所
11	农业农村部沙尔沁牧草资源重点野外科学观测试验站	草原所
12	农业农村部玉树高寒草原资源与生态环境重点野外科学观测试验站	草原所
13	农业农村部沅江麻类资源重点野外科学观测试验站	麻类所
14	农业农村部廊坊有害生物防治重点野外科学观测试验站	植保所

（续表）

序号	野外台站名称	依托单位
15	农业农村部锡林浩特草原有害生物防治重点野外科学观测试验站	植保所
16	农业农村部兴城北方落叶果树资源重点野外科学观测试验站	果树所
17	农业农村部武昌花生资源重点野外科学观测试验站	油料所
18	农业农村部商丘农业资源与生态环境重点野外科学观测试验站	灌溉所
19	农业农村部兰州黄土高原生态环境重点野外科学观测试验站	兰牧药
20	农业农村部昌平畜禽资源重点野外科学观测试验站	牧医所
21	农业农村部新乡矮败小麦重点野外科学观测试验站	作科所
22	农业农村部大理农业生态环境重点野外科学观测试验站	环保所
23	农业农村部镇江桑树资源重点野外科学观测试验站	蚕业所
24	农业农村部徐州甘薯资源重点野外科学观测试验站	甘薯所

中国农业科学院野外科学观测试验站

序号	野外台站名称	依托单位
1	中国农业科学院祁阳红壤生态环境野外科学观测试验站	资划所
2	中国农业科学院呼伦贝尔草甸草原生态环境野外科学观测试验站	资划所
3	中国农业科学院洛阳旱地农业野外科学观测试验站	资划所
4	中国农业科学院迁西燕山生态环境野外科学观测试验站	资划所
5	中国农业科学院昌平潮褐土生态环境野外科学观测试验站	资划所
6	中国农业科学院德州农业资源与生态环境野外科学观测试验站	资划所
7	中国农业科学院长白山野生生物资源野外科学观测试验站	特产所

（续表）

序号	野外台站名称	依托单位
8	中国农业科学院杭州茶树资源野外科学观测试验站	茶叶所
9	中国农业科学院寿阳旱地农业野外科学观测试验站	环发所
10	中国农业科学院鄂尔多斯沙地草原生态环境野外科学观测试验站	草原所
11	中国农业科学院沙尔沁牧草资源野外科学观测试验站	草原所
12	中国农业科学院玉树高寒草原资源与生态环境野外科学观测试验站	草原所
13	中国农业科学院沅江麻类资源野外科学观测试验站	麻类所
14	中国农业科学院廊坊有害生物防治野外科学观测试验站	植保所
15	中国农业科学院锡林浩特草原有害生物防治野外科学观测试验站	植保所
16	中国农业科学院兴城北方落叶果树资源野外科学观测试验站	果树所
17	中国农业科学院武昌花生资源野外科学观测试验站	油料所
18	中国农业科学院商丘农业资源与生态环境野外科学观测试验站	灌溉所
19	中国农业科学院兰州黄土高原生态环境野外科学观测试验站	兰牧药
20	中国农业科学院昌平畜禽资源野外科学观测试验站	牧医所
21	中国农业科学院新乡矮败小麦野外科学观测试验站	作科所
22	中国农业科学院大理农业生态环境野外科学观测试验站	环保所
23	中国农业科学院镇江桑树资源野外科学观测试验站	蚕业所
24	中国农业科学院徐州甘薯资源野外科学观测试验站	甘薯所
25	中国农业科学院新乡有害生物防治野外科学观测试验站	植保所
26	中国农业科学院天水有害生物防治野外科学观测试验站	植保所
27	中国农业科学院桂林有害生物防治野外科学观测试验站	植保所
28	中国农业科学院廊坊数字水肥野外科学观测试验站	资划所

（续表）

序号	野外台站名称	依托单位
29	中国农业科学院密云生态农业野外科学观测试验站	资划所
30	中国农业科学院鄂托克旗牧草资源与育种野外科学观测试验站	牧医所
31	中国农业科学院杭州水稻种质资源野外科学观测试验站	水稻所
32	中国农业科学院长江中下游棉花野外科学观测试验站	棉花所
33	中国农业科学院平安油菜育种野外科学观测试验站	油料所
34	中国农业科学院进贤红壤地区油料作物野外科学观测试验站	油料所
35	中国农业科学院汉川转基因油料作物环境安全野外科学观测试验站	油料所
36	中国农业科学院武清转基因生物农田生态系统影响野外科学观测试验站	环保所
37	中国农业科学院藁城农业生态环境野外科学观测试验站	环保所
38	中国农业科学院彭州农产品产地环境野外科学观测试验站	环保所
39	中国农业科学院南京农业机械野外科学观测试验站	农机化所
40	中国农业科学院郑州果树瓜类野外科学观测试验站	郑果所
41	中国农业科学院阿克苏果树瓜类野外科学观测试验站	郑果所
42	中国农业科学院青岛烟草资源与环境野外科学观测试验站	烟草所
43	中国农业科学院张掖牧草及生态农业野外科学观测试验站	兰牧药
44	中国农业科学院苏尼特温带荒漠草原资源与生态环境野外科学观测试验站	草原所
45	中国农业科学院太仆寺旗草地资源生态监测与评价野外科学观测试验站	草原所
46	中国农业科学院葫芦岛落叶果树生理生态及有害生物野外科学观测试验站	果树所

（续表）

序号	野外台站名称	依托单位
47	中国农业科学院新乡农业水土环境野外科学观测试验站	灌溉所
48	中国农业科学院廊坊蔬菜资源野外科学观测试验站	蔬菜所
49	中国农业科学院信息农业野外科学观测试验站	信息所
50	中国农业科学院数字化文献信息服务系统野外科学观测试验站	信息所
51	中国农业科学院岳阳农业环境野外科学观测试验站	环发所
52	中国农业科学院那曲高寒草原生态与气候变化野外科学观测试验站	环发所
53	中国农业科学院密云农业环境野外科学观测试验站	环发所
54	中国农业科学院共和农业环境野外科学观测试验站	环发所
55	中国农业科学院兰州农业环境野外科学观测试验站	环发所 兰牧药
56	中国农业科学院永宁农业环境野外科学观测试验站	环发所
57	中国农业科学院大荔农业环境野外科学观测试验站	环发所
58	中国农业科学院崇明农业环境野外科学观测试验站	环发所
59	中国农业科学院东营农业环境野外科学观测试验站	环发所
60	中国农业科学院西昌烟草资源与环境野外科学观测试验站	烟草所

国家农业科学观测实验站

序号	实验站名称	依托单位
1	国家农业科学土壤质量德州观测实验站	资划所
2	国家农业科学土壤质量祁阳观测实验站	资划所
3	国家农业科学土壤质量昌平观测实验站	资划所
4	国家农业科学土壤质量洛龙观测实验站	资划所
5	国家农业科学植物保护甘谷观测实验站	植保所

（续表）

序号	实验站名称	依托单位
6	国家农业科学种质资源管城观测实验站	郑果所
7	国家农业科学农业环境寿阳观测实验站	环发所
8	国家农业科学土壤质量西湖观测实验站	茶叶所
9	国家土壤质量呼伦贝尔观测实验站	资划所
10	国家农业环境商丘观测实验站	灌溉所
11	国家农业环境顺义观测实验站	环发所
12	国家农业环境那曲观测实验站	环发所
13	国家农业环境岳阳观测实验站	环发所
14	国家农业环境玉树观测实验站	草原所
15	国家土壤质量呼和浩特观测实验站	草原所
16	国家农业微生物鄂尔多斯观测实验站	草原所
17	国家植物保护廊坊观测实验站	植保所
18	国家植物保护锡林郭勒观测实验站	植保所
19	国家植物保护桂林观测实验站	植保所
20	国家植物保护临汾观测实验站	蔬菜所
21	国家植物保护西宁观测实验站	油料所
22	国家植物保护兴城观测实验站	果树所
23	国家农业环境大理观测实验站	环保所
24	国家农业微生物双流观测实验站	沼科所

国家及农业农村部农作物种质库

序号	种质库名称	依托单位
1	国家作物种质长期库	作科所
2	国家农作物种质保存中心	作科所
3	农业农村部植物新品种保护办公室植物新品种保藏中心	作科所

（续表）

序号	种质库名称	依托单位
4	国家蔬菜中期库	蔬菜所
5	国家水稻中期库	水稻所
6	国家棉花中期库	棉花所
7	国家油料作物中期库	油料所
8	国家麻类作物中期库	麻类所
9	国家西甜瓜中期库	郑果所
10	国家牧草中期库	草原所
11	国家烟草中期库	烟草所
12	国家甜菜中期库	甜菜所

国家农作物种质圃

序号	种质圃名称	依托单位
1	国家种质北京多年生小麦野生近缘植物圃	作科所
2	国家无性繁殖多年生蔬菜种质圃（北京）	蔬菜所
3	国家种质海南野生棉圃	棉花所
4	国家种质武昌野生花生圃	油料所
5	国家种质沅江苎麻圃	麻类所
6	国家果树种质兴城梨、苹果圃	果树所
7	国家果树种质郑州桃、葡萄圃	郑果所
8	国家种质杭州茶树圃	茶叶所
9	国家种质多年生牧草圃	草原所
10	国家种质左家山葡萄圃	特产所
11	国家果树种质重庆柑桔圃	柑桔所
12	国家种质镇江桑树圃	蚕业所
13	国家种质徐州甘薯试管苗库	甘薯所

国家农业检测基准实验室

序号	实验室名称	依托单位
1	国家农业检测基准实验室（农药残留）	环保所
2	国家农业检测基准实验室（生物毒素）	油料所
3	国家农业检测基准实验室（饲料非法添加物）	质标所
4	国家农业检测基准实验室（奶及奶制品污染物）	牧医所
5	国家农业检测基准实验室（重金属）	水稻所

国家质量监督检验中心

序号	质检中心名称	依托单位
1	国家饲料质量监督检验中心（北京）	质标所
2	国家化肥质量监督检验中心（北京）	资划所
3	国家植保机械质量监督检验中心	农机化所

部级产品质量监督检验测试中心

序号	质检中心名称	依托单位
1	农业农村部谷物品质监督检验测试中心	作科所
2	农业农村部农药应用评价监督检验测试中心（北京）	植保所
3	农业农村部植物生态环境安全监督检验测试中心（北京）	植保所
4	农业农村部蔬菜品质监督检验测试中心（北京）	蔬菜所
5	农业农村部畜牧环境设施设备质量监督检验测试中心（北京）	环发所
6	农业农村部奶及奶制品质量监督检验测试中心（北京）	牧医所
7	农业农村部蜂产品质量监督检验测试中心（北京）	蜜蜂所
8	农业农村部农产加工品质量监督检验测试中心	加工所

（续表）

序号	质检中心名称	依托单位
9	农业农村部微生物肥料和食用菌菌种质量监督检验测试中心	资划所
10	农业农村部农产品质量安全监督检验测试中心	质标所
11	水利部节水灌溉设备质量检测中心	灌溉所
12	农业农村部稻米及制品质量监督检验测试中心	水稻所
13	农业农村部转基因植物环境安全监督检验测试中心（杭州）	水稻所
14	农业农村部棉花品质监督检验测试中心	棉花所
15	农业农村部转基因植物环境安全监督检验测试中心（安阳）	棉花所
16	农业农村部油料及制品质量监督检验测试中心	油料所
17	农业农村部转基因植物环境安全监督检验测试中心（武汉）	油料所
18	农业农村部麻类产品质量监督检验测试中心	麻类所
19	农业农村部果品及苗木质量监督检验测试中心（兴城）	果树所
20	农业农村部果品及苗木质量监督检验测试中心（郑州）	郑果所
21	农业农村部茶叶质量监督检验测试中心	茶叶所
22	农业农村部实验动物质量监督检验测试中心（哈尔滨）	哈兽研
23	农业农村部动物毛皮及制品质量监督检验测试中心（兰州）	兰牧药
24	农业农村部特种经济动植物及产品质量监督检验测试中心	特产所
25	农业农村部环境质量监督检验测试中心	环保所
26	农业农村部植物生态环境监督检验测试中心（天津）	环保所
27	农业农村部沼气产品及设备质量监督检验测试中心	沼科所
28	农业农村部烟草产业产品质量监督检验测试中心	烟草所

（续表）

序号	质检中心名称	依托单位
29	农业农村部植物及植物用微生物生态环境安全监督检验测试中心（北京）	生物所
30	农业农村部柑桔及苗木质量监督检验测试中心	柑桔所
31	农业农村部甜菜品质监督检验测试中心	甜菜所
32	农业农村部蚕桑产业产品质量监督检验测试中心（镇江）	蚕业所

国家参考实验室

序号	实验室名称	依托单位
1	国家牛传染性胸膜肺炎参考实验室	哈兽研
2	国家禽流感参考实验室	哈兽研
3	国家口蹄疫参考实验室	兰兽研
4	国家动物血吸虫病参考实验室	上兽研
5	国家马鼻疽参考实验室	哈兽研
6	国家马传染性贫血参考实验室	哈兽研
7	国家动物包虫病专业实验室	兰兽研
8	国家非洲猪瘟专业实验室	哈兽研
9	国家非洲猪瘟区域实验室	兰兽研

获 OIE、FAO 认可的参考实验室、中心

序号	实验室名称	依托单位
1	OIE 禽流感参考实验室	哈兽研
2	OIE 马传染性贫血参考实验室	哈兽研
3	OIE 马流感 twinning 实验室	哈兽研
4	OIE 口蹄疫参考实验室	兰兽研
5	OIE 禽传染性法氏囊病 twinning 实验室	哈兽研

（续表）

序号	实验室名称	依托单位
6	OIE 人兽共患病亚太区协作中心	哈兽研
7	OIE 羊泰勒虫病参考实验室	兰兽研
8	FAO 动物流感参考中心	哈兽研
9	FAO 沼气技术研究培训参考中心	沼科所

唐华俊院长在中国农业科学院第八届学术委员会第五次会议上的讲话

2020 年 8 月 28 日

各位院士、委员：

大家上午好！

非常感谢大家在百忙之中特别是在疫情期间出席中国农业科学院第八届学术委员会第五次会议。由于疫情关系，今年的会议时间推迟到现在。我们取消了很多会议，不少会议转为视频形式召开，但学术委员会我们仍然保留现场会议的形式，就是希望当面听取各位委员的真知灼见、意见建议。今年是“十三五”收官之年，也是本届学术委员会第五个年头。在这个重要时间节点，我们邀请各位委员莅临，主要目的是与大家一道分析形势任务，研判机遇挑战，总结成效问题，共商中国农业科学院“十四五”乃至中长期发展重大举措。

下面，我向各位委员汇报几点想法。

一、贯彻落实习近平总书记贺信指示，切实履行国家队使命担当

三年来，中国农业科学院认真学习领会贺信精神、深入贯彻落实重要指示，成立贺信精神理论学习研究组，开展系列学习研讨活动，以“三个面向”为总要求、“两个一流”为总目标，系统谋划全院发展战略、科研任务和重点工作。在贺信精神的指引下，全院牢记科技报国为民兴农的初心使命，努力抢占全球农业科技制高点，聚力突破农业“卡脖子”技术，大力推动产学研深度融合，探索构建世界一流学科体系和治理体系，各项工作都取得了可喜进展。三年来，全院共获科技奖励成果 266 项，其中国家科学技术奖 22 项，占全国农业领域授奖数量的 26%；以第一单位发表论文 1.7 万篇，其中 SCI 论文 8 000余篇，一批学科、成果进入世界领先行列；新培养 6 位两院院士和一大批学科带头人；推进种质资源发掘、技术研发、商业化育种、产业应用一体化，审定农作物品种 645 项，其中国家审定品种 353 项，获得植物新品种权 271 项，新兽药证书 42 个；创制了有望产业化应用的非洲猪瘟疫苗，构建了草地贪夜蛾综合防控技术体系，为保障国家粮食安全、公共卫生安全、农业绿色发展提供了有力支撑。

面向世界农业科技前沿，重点在马铃薯二倍体育种、作物高光效与高效固氮、作物微生物组、基因组编辑技术、农业纳米药物、农业大数据等方面部署，持续开展原创性

研究，破解重大科学问题，取得多项重要科学发现，尤其是在作物基因组学研究和重要功能基因挖掘方面继续保持领跑。在《细胞》《自然》《科学》等国际高水平期刊发表论文51篇，连续两年都获得国家自然科学奖二等奖，学术影响力快速提升。首次发现了植物自私基因，建立了杂交水稻无融合生殖体系，破解了二倍体马铃薯自交不亲和与自交衰退机制等，均在国际学术界产生了重大影响。

面向国家重大需求，重点在“藏粮于技”、主要畜禽良种培育、非洲猪瘟防控、草地贪夜蛾防控、智能农机装备、饲用抗生素减替、农业废弃物利用等方面部署，通过整合力量、协同攻关，突破多项“卡脖子”与核心关键技术，充分发挥了科技对农业稳产保供的支撑作用。特别是非洲猪瘟疫苗创制和草地贪夜蛾防控两项科技攻关任务。在非洲猪瘟疫情发生后，中国农业科学院第一时间反应，落实中共中央和农业农村部党组部署，将疫情防控作为服务国家战略、履行职责使命的重大科研任务，聚集优势资源，组建联合攻关项目组，两年来安排应急性经费3 000余万元，以疫苗研发为重点开展科研攻关。哈兽研步志高所长团队敢于拼搏、勇于担当，基因缺失疫苗创制取得重大突破。在前期完成候选疫苗株实验室和中间试制阶段研究的基础上，目前已完成疫苗环境释放试验，进入扩大临床试验和生产性试验阶段，有望年底前完成相关试验，依照法定程序进入安全证书申报和疫苗注册流程，并在一定区域开展试应用。我们还发布了生猪复养相关技术要点2.0版本，举办了8期生猪复养技术讲习班，将猪疫病防控、猪场复养、饲料营养等技术和产品，通过直播的形式快速传递到生产一线，有力支撑全国生猪产能恢复。草地贪夜蛾监测与防控也是中国农业科学院针对国家重大需求紧急启动的攻关任务，吴孔明院士领衔的植保所团队，在害虫发生为害规律、监测预警、防治技术等方面取得了一系列突破性进展，并在生产上及时推广应用，为农业农村部联防联控提供了科学支撑，为全国打赢草地贪夜蛾防控战提供了重要技术支撑。

面向现代农业建设主战场，重点在牛奶优质化、园艺与经济作物提质增效、农产品品质评价、农产品质量安全速测、草业科学等方面部署，创制一批重大技术产品，提高成果转化水平，引领支撑农业提质增效。全面开展乡村振兴科技支撑行动，推进农业产业绿色发展技术模式研究和示范，转化了一批助推农业转型升级的新技术新产品。高产高油优质多抗油菜品种中油杂19、阿什旦牦牛、中畜草原白羽肉鸭等新品种的培育和大规模推广应用，都为支撑引领现代农业发展作出了重要贡献。我们主动结对帮扶“三区三州”89个深度贫困县，1人荣获2019年全国脱贫攻坚创新奖，8人荣获第二届全国创新争先奖。

同时，中国农业科学院大力加强农业农村发展战略研究，充分发挥决策智囊团重要作用。持续发布《中国农业产业发展报告》《中国农业科技进展报告》《中国农业绿色发展报告》《中国农业展望报告》，形成了农科智库研究报告体系，广受社会关注，数十篇农业农村、农业科技发展政策建议得到党和国家领导人重要批示。充分发挥创新工程引领和撬动作用，持续深化现代院所改革。创新工程2013年启动以来，在稳定科研队伍、撬动院所改革、增强创新能力、活力、影响力等方面都发挥了重要作用。但也存在团队首席年龄偏大、聚焦重大科技问题不足等问题，创新工程也需要优化升级。为此，2019 年我们根据中期评估结果，加大科研团队调整力度，调整 46 个团队首席和 88 个团队的名称，淘汰 27 个科研团队，现团队总数 307 个。我们召开第三次院人才工作会议，建立首席到期变更和“荣誉首席—首席—执行首席”接续制度，督促研究所加快团队首席调整和团队首席后备人才培育，全院首席科学家队伍年龄结构进一步优化。我们研究建立“院—所—团队”三级任务形成机制，聚焦国家重大战略需求和关键科学问题，实施跨学科、跨团队、跨研究所联合攻关，实现国家需求导向下的院、所、团队三级任务相统一，加快产出标志性、引领性重大成果。

二、群策群力、高标准编制十四五科技规划，引领中长期中国农业科学院发展

习近平总书记近日对“十四五”规划编制工作作出重要指示强调，编制和实施国民经济和社会发展五年规划，是我们党治国理政的重要方式。要开门问策、集思广益，把加强顶层设计和坚持问计于民统一起来，切实把社会期盼、群众智慧、专家意见、基层经验充分吸收到“十四五”规划编制中来，齐心协力把“十四五”规划编制好。

“十四五”时期是非常特殊的时期。它是我国全面建成小康社会、实现第一个百年奋斗目标之后，乘势而上开启全面建设社会主义现代化国家新征程、向第二个百年奋斗目标进军的第一个五年。“十四五”时期区别于以往的五年规划期，最大的不同就是外部环境的“百年未有之变局”。大变局的“变”既表现为生产力层面的新一轮科技革命和产业变革，也表现为生产关系层面的全球治理体系变革和国际政治格局调整。新一轮科技革命和产业革命正在加速演进，生物、信息、新材料和新能源等领域颠覆性技术不断涌现并加速向农业领域渗透，多学科交叉融合带动农业科技创新不断深化，正引领农业产业技术变革升级、发展方式加快转型和产业格局深度调整。我们必须抢占全球农业科技竞争先机，提升我国农业科技创新力和产业竞争力。2019 年我国农业科技论文总体竞争力和专利总体竞争力均居全球第二，农业科技进步贡献率达到 59.2%。但与国际先进水平相比，仍然存在较大差距。原始创新不足，作物基因编辑、生物合成、干细胞育种、信息技术等前沿领域缺乏自主知识产权；关键核心技术“卡脖子”严重，畜禽品种、部分高端农机或核心部件依赖进口。到 2030 年，我国要跻身创新型国家前列，农业科技要整体率先跃居，任务艰巨繁重。

从经济领域看，全球化回潮和种族主义抬头，中美经贸摩擦与高技术领域竞争突破恐成为常态，将对未来我国经济社会发展带来诸多不确定性，构建以国内大循环为主的双循环新发展格局，要求我们集中力量做好自己的事情。新冠肺炎疫情更加凸显了“三农”的压舱石作用，确保国家粮食安全和主要农产品供给，是建设现代化强国的最

大底气，对农业农村科技发展提出空前挑战与需求。“十四五”时期也是深入实施创新驱动发展战略和乡村振兴战略、推动实现农业农村现代化的关键时期。推动农业高质量发展对高水平科技供给的需求也越来越迫切。

从中国农业科学院自身看，经过63年发展，已经形成了比较完备的农业科技创新体系，积累了学科、人才、平台、基地、成果等优势创新要素，特别是创新工程自主经费为中国农业科学院深化改革创新、加快科技创新提供了强有力抓手。当前，中国农业科学院正处于持续贯彻落实“三个面向”战略导向，加快建设一流学科与一流院所的历史最好时期和科技创新重点突破期。面对形势与任务，作为农业科研国家队，必须守好科技兴农初心，与全国农业科技同仁一道，扛稳粮食安全、食品安全、生态安全、乡村振兴重任，持续强化原始创新、集成创新和协同创新，大力推动产学研深度融合，依靠机制创新和科技创新增强发展动能，助力乡村振兴和农业高质量发展。

凡事预则立，不预则废。为编制好“十四五”规划，中国农业科学院成立全院发展规划编制工作领导小组。搭建了以“总规”为主体，以科技发展规划、成果转化规划为重点，以人才队伍、基本建设、国际合作、党建、监督、研究生规划为支撑的“1+2+6”规划体系。我们将紧紧围绕“三个面向、两个一流”，高质量编制好“十四五”规划，使规划编制过程成为汇聚各方智慧、谋划中国农业科学院新发展蓝图的过程。

“十四五”期间，中国农业科学院将按照“顶天立地、重点突破、追求卓越、引领未来”的思路，统筹推进学科、团队、任务、机构、平台、中心六位一体布局，建立有中国特色的国家级农业科技创新体系，统领中国农业科学院中长期发展。

一是优化学科体系布局。要拓展新兴前沿学科，培育一批具有重大发展前景的前沿学科方向。要集中资源重点支持1/3左右学科进入世界一流水准。特别是要适应农业多学科交叉融合大趋势，打破传统学科之间的壁垒，探索建立融合研究机构，打造高水平开放合作平台，促进多学科汇集解决科学问题。

二是推进科研团队分档布局。科研团队是中国农业科学院创新工程机制创新的成功探索，是中国农业科学院长期持续实施的基本制度。“十四五”期间中国农业科学院将统筹配置科技资源，分学科、分梯次推进团队建设，着力打造一批国际知名团队、一批国内领先团队、一批行业特色团队，成为一流学科和一流院所的核心支撑。

三是统筹科研任务布局。聚焦关键科学问题和国家重大战略需求，建立院级重大科研任务“使命清单”，部署实施30项左右重大创新任务，集中优势科技资源，强化联合攻关和集成创新。在研究所层面，围绕发展定位和自身优势布局3~5项所级重点任务。在科研团队层面，聚焦重点研究方向开展前瞻性、持续性、应急性科研任务。形成院级、所级、团队高度统一的三级科研任务体系，加快产出一批标志性、引领性重大成果。

四是调整研究所发展布局。针对研究所发展重点不聚焦等问题，我们计划将研究所分为基础前沿所、行业领域所、专业特色所，坚持定位分类、投入分类、考评分类，系统梳理明确各研究所发展定位、重点培育方向、预期重大突破，实行差异化的目标绩效管理。重点支持 1/3 左右的研究所抢占世界农业科技制高点，1/3 的研究所攻关共性关键技术，1/3 的研究所聚焦服务区域现代农业主战场。

五是完善科技平台布局。农业科研离不开先进的科技平台支撑。要积极参与国家实验室筹划，积极争取国家重点实验室新增建设，增强基础前沿创新支撑能力。谋划推进若干国家技术创新中心和院专业公共实验室建设，推进创新成果集成与共性技术研发。谋划推进若干重大科学设施装备、国家野外科学观测研究站、科研试验基地建设，全面提高科技平台体系的条件保障能力。

六是加快区域中心布局。区域经济社会的快速发展和现代农业产业格局的调整变迁倒逼中国农业科学院必须加强创新力量区域布局。“十四五”期间中国农业科学院将充分发挥多年积累的科技、人才、基地体系化优势，加快建设成都中心、西部中心、南繁研究院、北方水稻中心、深圳食品中心、烟台中心、雄安科创中心等区域性农业综合研究中心，近距离服务现代农业建设主战场。

通过优化创新布局，完善创新生态，提升创新能力，持续强化基础研究、卡脖子技术攻关、集成创新与转化应用，到 2025 年，全院创新能力、创新活力、创新效率明显提升，科技竞争力和国际影响力显著增强，1/3 以上学科和研究所达到世界一流水准，成为农业领域国家倚重的战略科技力量。

目前，中国农业科学院科技发展规划已形成一个比较初步的稿子。今天，提请各位委员咨询评议，希望大家能畅所欲言，为“十四五”期间中国农业科学院发展出谋划策。同时，也希望全国农业科技界能凝聚共识、统一目标、分工合作、协调一致，呼吁国家加大农业科技投入力度，谋划好国家“十四五”乃至中长期农业科技发展目标任务。

三、活跃学术，服务委员，营造良好创新氛围

学术委员会是中国农业科学院现代院所治理体系的重要一环。充分发挥学术委员会在重大学术事项管理中的主导作用，对加快“两个一流”建设具有重要意义。

本届学术委员会自 2016 年成立以来，各位委员兢兢业业、认真履职尽责，发挥了参谋策划、咨询评议、评审把关、监督指导等重要作用，为中国农业科学院发展贡献了智慧和力量。在此，向各位委员的大力支持和辛勤工作表示衷心的感谢！

2021 年中国农业科学院将组建新一届学术委员会。我们将加大学术委员会改革力度，围绕“打造学术殿堂”目标，突出学术委员会在整个学术管理体系与组织架构中的核心和最高学术机构的地位，强化院、学部、研究所三级学术组织，尤其是突出学部在活跃学术氛围、决策学术事项、促进学科融合发展等方面的作用。我们将进一步健全学术委员会运行与保障机制，完善管理制度和运行程序，尊重并支持学术委员独立行使职权，将中国农业科学院学部委员制度打造成国内具有较高知名度、认可度的学术头

衔、学术荣誉、学术品牌。

这次会议是疫情以来中国农业科学院召开的第一次大规模现场会议，大家聚在一起非常难得。借此机会，再次感谢各位委员的辛勤工作和无私付出。也希望大家一如既往关心支持中国农业科学院的发展。

谢谢大家！

中国农业科学院第八届学术委员会第五次全体会议工作报告

中国农业科学院副院长、中国农业科学院第八届学术委员会主任委员万建民

2020 年 8 月 28 日

各位委员、同志们：

上午好！今天我们在这里召开中国农业科学院第八届学术委员会第五次会议。主要任务是向各位委员报告一年来的工作，听取大家关于中国农业科学院“十四五”期间学科布局、科技规划、改革创新等工作的意见建议。首先，对各位委员长期以来给予中国农业科学院的大力支持表示衷心的感谢，对各位委员百忙之中前来参会表示热烈的欢迎！

下面，我简要报告中国农业科学院学术委员会近一年来的工作，请各位委员审议。

一、2019 年度学术委员会工作情况

一年来，学术委员会积极组织各位委员参与咨询论证、战略研讨、学术交流等活动，为中国农业科学院科技创新工作把脉问诊。

（一）发挥咨询评议作用，助推创新工程优化升级

创新工程从咨询论证开始，到试点期（2013—2015 年），再到全面推进期（2016—2020 年），每一个环节、每一项改革、每一步创新都凝聚了各位委员的辛勤汗水与聪明才智。2019 年，我们根据创新工程 5 年考核与全面推进期中期评估结果，邀请各位委员对研究所提交的调整改进方案进行论证把关。在第八届学术委员会第四次会议上，对《中国农业科学院创新工程团队重点任务与研究所重点任务及预期产出目标》进行了咨询评议，推动研究所与科研团队的重点任务方向一致、目标明确、符合“三个面向”要求，并且与全院成果培育工作衔接，为创新工程全面推进期中期的调整改进提供了智力支持。

（二）发挥参谋顾问作用，服务政策创设与规划制订

围绕乡村振兴、农业绿色发展、“一带一路”等国家战略与倡议，组织委员开展重大科技问题调研，凝练提出一批重大咨询建议，发布《中国农业产业发展报告》《中国农业科技进展报告》《中国农业绿色发展报告》《中国农业展望报告》等系列战略研究报告，产生广泛影响，充分发挥了学术委员会“策源地”和“参谋部”作用。

为深入贯彻落实习近平总书记贺信指示，更好发挥引领带动作用，中国农业科学院建立了重大科技任务联合攻关机制，聚焦国家重大需求和农业农村主战场需要，梳理凝练出非洲猪瘟防控、草地贪夜蛾防控、“藏粮于技”等联合攻关任务，在科技任务凝练、重大任务咨询论证、协同攻关合作的过程中，我们坚持学术主导，充分依托各位委员的力量。

围绕“一流学科”建设目标，邀请各位委员系统参与中国农业科学院学科发展战略研究，通过开展未来农业发展趋势和农业颠覆性技术的预测分析，把握国家发展大势、农业产业发展趋势和农业科技前沿态势，对标国家中长期关键需求和重大任务，科学评价中国农业科学院学科发展水平、存在差距，不断改进学科发展布局，为一流学科建设提供科学指导。

（三）发挥评审把关作用，提升项目立项与成果培育质量

学术委员会坚持分类评价、科学严谨、客观公正的原则，严格标准条件，进一步提升中国农业科学院项目立项与成果培育质量。

组织评选2019年度与贺信三周年十大科技进展。为集中宣传展示中国农业科学院代表性科技进展与事件，强化重大科技成果培育导向，激发调动科研人员创新积极性，进一步扩大社会影响力，组织开展了2019年度与贺信三周年中国农业科学院“十大科技进展”的推荐提名与评选工作。在推荐、函评、院士专家会评、领域专家通讯评审等环节，各位委员均认真把关。

评审院年度科学技术成果奖。2019年会议期间，委员们以严谨科学的态度，评审出中国农业科学院杰出科技创新奖和青年科技创新奖，还提出非常中肯的建议，为更高水平的成果培育和人才培养提供了科学指导。

委员们密切跟踪国家科技体制改革进程，紧扣各类科技计划特点，提出非常实用的建议，在项目论证、答辩辅导等环节发挥了重要指导作用。在申报重点研发计划项目、国家自然基金重点重大类项目、提名国家奖项目过程中，委员们通过经验分享、指出不足、凝练创新点、提升材料水平等方式，为中国农业科学院科研立项、成果培育贡献了智慧和力量。

（四）发挥沟通协调作用，积极组织学术交流活动

一年来，院所两级学术委员会组织、发起各种类型学术会议、学术报告等活动数百场，为科研人员及时了解国内外农业科研动态、前沿进展提供了交流互动平台，达到了增进了解、启发思考、借鉴提高的目的，营造了浓厚的创新氛围。

2020 年，院学术委员会专门策划开展深入贯彻落实习近平总书记贺信指示系列学术活动。依托 7 个专业学部组织专题学术交流活动，目前 4 个学部已完成，3 个学部将于 9 月底前完成。学术活动邀请两院院士、优秀科学家、知名企业家等开展系列学术讲座，交流前沿热点、技术短板和产业需求，希望能达到思想交流、智慧碰撞、借鉴提高的目标，为加快建设“两个一流”营造浓厚学术氛围。

（五）发挥监督指导作用，营造良好学术环境

院学术委员会及下设的学术道德委员会持续强化学风建设，在工作制度、信用管理、负面清单等方面积极探索实践，从预防、管理、惩治、保障等多个环节，推进中国农业科学院科研诚信和信用体系建设。从管理环节，梳理查找科研诚信建设主要风险点，提出院、所、团队三级防控措施，明确管理责任，强化内部监督。加强科研诚信监管，完成 2013 以来国际期刊撤稿论文的调查核实工作。配合开展科研诚信与科研伦理的宣传教育。

在各位委员的支持帮助下，中国农业科学院通过凝练学科方向、优化团队布局、强化院所团队三级科研任务实施等举措，不断推进创新工程机制创新，强化创新工程的引领地位和撬动作用，推动科技创新各项工作取得新进展。

科研立项保持良好势头。2019 年，全院共主持各级各类在研课题5 325项，合同总经费 79.5 亿元，其中新增3 049项，同比增长 7.4%。国家自然科学基金资助项目 297 项，直接费用 1.89 亿元，立项数稳居农业科研院所首位。其中，重大类项目 18 项，创新研究群体项目、杰青优青项目实现双突破。国家重点研发计划资助项目新增 12 项。转基因重大专项新增重大任务 2 项。

科技创新持续加快推进。基础研究方面，原创杂交水稻无融合生殖体系，为作物杂种优势固定研究与应用奠定基础。破解二倍体马铃薯自交衰退机制，有望从根本上颠覆马铃薯种植。发明单倍体诱导介导的基因编辑技术，可大大加快作物精准育种进程。揭示西甜瓜、桃、驯鹿、陆地棉等驯化演进历史，为种质创新与品种培育提供理论基础。2019 年发表科技论文6 429篇，其中 SCI/EI 收录论文 3094 篇，在《*Science*》《*Nature*》《*Cell*》《*PNAS*》发表高水平论文 11 篇。核心技术方面，全面解析了非洲猪瘟病毒三维结构，疫苗创制取得了阶段性突破。构建了草地贪夜蛾空地一体监测预警技术体系，初步摸清了生物学规律，为全国联防联控提供重要技术支撑；自主培育高效瘦肉型中新白

羽肉鸭配套系，打破进口品种垄断的局面；培育出无角牦牛新品种“阿什旦牦牛”，填补圈养牦牛育种空白。2019 年全院 7 项成果获得国家科学技术奖励二等奖，审定新品种 346 个，其中，国审品种 208 个，获得植物新品种权 89 项，新兽药登记证书 14 个，出版科技著作 280 部。获得中国专利银奖 1 项、优秀奖 4 项。战略研究方面，提交的多篇战略研究报告得到党和国家领导人重要批示，为国家宏观决策发挥了积极作用。条件建设方面，在科技部发布 2019 年中央级高校和科研院所重大科研基础设施和大型科研仪器开放共享评价考核结果中，中国农业科学院 5 个研究所获得“优秀”，10 个研究所获得“良好”。在国家野外科学观测研究站考核评估中取得 2 个优秀、2 个良好，整体评估工作成绩优良。国家成都农业科技中心一期工程、西部农业研究中心综合楼建设顺利推进，北方水稻研究中心进入建设准备阶段，南繁研究院成功注册，雄安创新中心、大湾区国际食品谷筹建稳步推进。

取得以上成绩，离不开各位委员的辛勤努力和无私付出，在此向各位委员表示衷心的感谢和崇高的敬意！

二、做好新一年度学术委员会各项工作，推动农业科技创新工作再上新台阶

2020 年是全面打赢脱贫攻坚战收官之年，是规划“十四五”、谋划 2035 年中长期发展的关键之年，做好农业科技创新工作意义重大。学术委员会将充分发挥联系广泛、专家云集、学部齐全的优势，带领广大农业科研人员深入贯彻习近平新时代中国特色社会主义思想，全面落实“三个面向”“两个一流”和“整体跃升”的要求，把智慧和力量凝聚到推动科技创新能力整体跃升上，重点做好以下几个方面工作。

（一）为科学谋划“十四五”规划献计献策

“十四五”是开启全面建设社会主义现代化国家新征程的第一个五年，也是深入实施创新驱动发展战略和乡村振兴战略、推动实现农业农村现代化的关键时期。围绕国家农业重大需求和“十四五”农业科技战略部署，系统谋划全院科技创新战略目标、发展思路和重点任务，是中国农业科学院今年的一项重要工作。本次会议的重点，就是请各位委员立足世界发展态势和我国农业发展需求，对提交会议的《中国农业科学院“十四五”科技发展规划》进行咨询评议，希望各位委员积极参与，为中国农业科学院“十四五”乃至中长期发展方向、发展目标、发展思路、重点任务和机制创新等出主意、做规划。

（二）为推进科技创新工程优化升级提供学术指导

创新工程是财政部、农业农村部为中国农业科学院量身打造的国家工程。创新工程实施至今，已基本完成了试点期和全面推进期的两个阶段任务，较好地解决了中国农业科学院研究方向不稳、小而散的问题，创造了稳定支持科研团队的研究组织模式，构建起一整套新型的科研组织管理体系，激发了科研人员的创新活力。在各位委员的支持下，我们完成了创新工程全面推进期中期考评工作，明年将开展全面推进期期末评估。我们将充分依托各学部、各位委员开展评估。希望大家积极参与、严格把关。

（三）为一流学科建设做好咨询服务

习近平总书记在中国农业科学院建院60周年的贺信上提出“加快建设世界一流学科”，“一流学科”建设内涵十分丰富，特别是学科发展战略研究是一项长期性、基础性工作。近几年我们多次请学术委员会审议过《中国农业科学院学科体系优化方案》《一流学科对标机构清单及竞争力评价指标体系》等材料，各位委员提出了很多建设性的意见和建议。本次会议，我们提交了新形成的学科体系优化调整方案，征求各位委员的意见，希望各位委员直奔主题、直击要害、直言不讳，真正帮我们找准关键领域，引领创新方向，超前谋划部署，为一流学科建设做好咨询服务。

（四）为重大科技成果培育提供智力支持

培育重大科技成果是科研院所的根本目标。目前，中国农业科学院存在科技成果学科分布不平衡、突破性与标志性成果偏少等问题。希望各位委员积极参与，通过组织开展高质量的学术咨询、评议、评价工作，帮助我们强化重大成果培育体系建设，形成从专利、论文等基础成果，到院奖、省部级奖等阶段成果，再到国家奖等重大成果的成果培育体系，推动重大科技成果产出。

今天下午，部分委员将参加中国农业科学院 2020 年科学技术成果奖的评审，请各位委员严格把握标准，坚持公平公正，确保奖励成果的水平和竞争力。同时，挖掘一批有苗头的科技成果，通过重点培育、主动帮扶指导等，提升成果质量水平。

（五）为建设优良学风起到模范作用

学术委员会作为院长领导下的最高学术机构，要切实担负起营造良好的学术诚信和引领学术道德风尚的职责。各位委员都是我国农业科技界的知名专家，是中国农业科学院的形象“代言人”，无论是学术还是学风方面，都是科技界的楷模。希望各位委员以德修身、率先垂范，带头弘扬科学家精神，严把学术关、严把道德关，认真负责地参与学术评价，对一些倾向性、苗头性问题提出监管意见，切实维护学术尊严、珍惜学术荣誉，指导和帮助广大农业科技工作者自觉维护学术道德，为促进学术规范、提升学术质量、提高学术水平、建设优良学风起到模范作用，齐心协力营造风清气正的科研创新环境。

（六）为学术委员会改革创新出谋划策

在现代院所治理结构中，学术委员会与院所行政管理体系同为院所治理体系的核心。院里高度重视学术委员会建设，但与行政治理体系相比，中国农业科学院学术治理体系相对较弱，学术委员会在职能定位、运行机制、学部建设、学术交流、委员履职等方面，都存在不少问题。明年，我们将换届成立中国农业科学院第九届学术委员会，在换届的同时准备对学术委员会进行改革，通过修改章程、建立学术荣誉制度、强化学部职能、建立专职机构、完善激励与约束机制等措施，推动学部组织和学部委员切实发挥学术评价、学术指导、学术咨询、学术交流、学风建设等作用，健全完善现代院所学术治理体系与治理机制。也希望各位委员在下午的学部会议能够围绕如何充分发挥学部作用、如何调动委员履职积极性、建立健全学术委员会工作激励与约束机制、强化学术委员会职权等方面积极出谋划策，我们将认真研究采纳。

各位委员，2016 年 5 月我们换届成立了中国农业科学院第八届学术委员会，在过去的 4 年多时间里，委员们为积极推进中国农业科学院科技创新发展作出了突出的贡献，共同营造了良好的学术氛围，推动了现代院所建设。在此，我代表中国农业科学院学术委员会，向各位委员表示衷心的感谢和崇高的敬意！同时，也希望各位委员今后能够继续在重要发展规划制定、重大科研布局调整、重要科技资源配置、重大科研项目论证、重大成果评价等方面积极建言献策，为保障国家粮食安全与生态安全，促进农业高质量发展贡献力量。

谢谢大家！

唐华俊院长在中国农业科学院 2020 年科研工作会上的讲话

2020 年 11 月 24 日

同志们：

今天我们召开 2020 年科研工作会议，主要任务是，深入学习贯彻党的十九届五中全会精神，以习近平新时代中国特色社会主义思想为指导，总结“十三五”科技工作成效，部署“十四五”科技创新重点任务，加快建设世界一流学科和一流院所。

党的十九届五中全会，是在两个一百年历史交汇点上召开的一次具有历史性意义的重要会议。习近平总书记在会上发表了重要讲话。全会审议通过的《中共中央关于制定国民经济和社会发展第十四个五年规划和二〇三五年远景目标的建议》，是开启全面建设社会主义现代化国家新征程的纲领性文件，特别是对坚持创新驱动发展、全面推进乡村振兴作出了重要部署。全院上下要深入学习贯彻全会精神，迅速把思想和行动统一到全会决策部署上来，进一步增强做好农业科技工作的责任感、使命感，加快打造国家农业战略科技力量，为保障国家粮食安全、推进农业高质量发展和乡村全面振兴提供强有力的科技支撑。

下面，我讲三点意见。

一、把握新阶段新理念新格局，进一步凸显科技创新的核心作用

十九届五中全会突出强调创新在现代化建设全局中的核心地位。把握新阶段新理念新格局，比任何时候都更加需要科技创新解决方案，更加需要创新这个第一动力。

（一）适应新发展阶段，必须依靠科技创新催生新动能

全会提出，“十四五”时期我国仍处于重要战略机遇期，但机遇和挑战都有新的发展变化。当前，新一轮科技革命和产业变革加速演进，我国社会主要矛盾发生深刻变化，发展不平衡不充分问题突出，人民日益增长的美好生活需要不断提高。进入新发展阶段，必须更加注重发展方式、发展质量、发展效益，依靠科技改造传统产业、创造新兴产业、优化经济结构、保护生态环境、增进民生福祉，走一条更高质量、更有效率、

更加公平、更可持续、更为安全的高质量发展之路。推进农业高质量发展，要求农产品质量好、农业经营效益高、农村生态环境美。我们要加强农产品加工、质量安全控制、智能装备制造、生态循环农业等领域的关键技术研发应用，支撑农业产业提质增效。

（二）贯彻新发展理念，必须坚持把创新摆在首要位置

全会强调，坚定不移贯彻新发展理念，并把创新摆在各项规划任务的首位。五大发展理念相互贯通、相互促进，而创新作为引领发展的第一动力，对于解决发展不均衡、不可持续以及竞争力不强等问题，实现协调发展、绿色发展、开放发展、共享发展，都具有很强的推动作用。必须大力实施创新驱动发展战略，推动科技创新步伐，加快跻身创新型国家前列，加快建设世界科技强国。我们要加强农业面源污染防治、废弃物资源化利用、土壤肥力提升等技术研发，针对不同生态区域强化技术模式的集成推广，加强农村改革、乡村建设、城乡融合发展等方面政策和措施研究，支撑推动乡村全面振兴。

（三）构建新发展格局，必须把科技自立自强作为战略支撑

全会指出，构建以国内大循环为主体、国内国际双循环相互促进的新发展格局，保障供应链产业链稳定，科技创新是关键。当前我国发展的外部环境错综复杂，过去强调利用“两种资源、两个市场”，但是新冠肺炎疫情发生以后，尤其是中美经贸摩擦以来，全球合作创新走向更加依靠自主创新、自主可控。没有科技创新，就没有双循环，必须依靠制度优势，尽快解决“卡脖子”技术问题。针对粮食这个关系国计民生的领域，我们要深入实施藏粮于地、藏粮于技战略，强化生物育种、重大动植物疫病防控等基础前沿研究和关键技术攻关，实现农业科技创新自主可控，确保国家粮食安全和农业产业安全，“把中国人的饭碗牢牢端在自己手中”。

二、“十三五”科技创新取得历史性成就，有力彰显了农业科研国家队的使命担当

“十三五”期间，特别是2017年习近平总书记致中国农业科学院建院60周年贺信以来，全院干部职工坚守农业科研初心、牢记国家队使命，团结协作，奋力攻关，全院自主创新能力迈上新台阶，院所改革发展取得新的重要成就。

一是农业科技创新取得重要突破。在《*Nature*》《*Science*》《*Cell*》等国际顶尖刊物上发表论文30篇，获国家科学技术奖36项（含2020年）、省部级奖励200余项（2016—2019年）。在农作物基因组学研究、农作物强杂交优势利用与新品种创制、绿色超级稻培育、动物重大疫病流行机制与疫苗研制等方向，达到世界前列或居于领先地位。新培育一大批作物新品种，创造了多项全国单产新纪录，非洲猪瘟疫苗成功进入临

床试验，构建了草地贪夜蛾防控技术体系，为农业稳产保供提供了有力支撑。创建了全国农田面源污染监测体系、农药高效低风险技术体系，研发了“天空地”农情信息智能获取技术及装备，有力推动了农业绿色化、信息化进程。

二是领军人才与优秀青年人才队伍不断壮大。人才强院战略加快实施，农科英才特殊支持政策效果显著，引进海内外高层次人才 200 余人，当选两院院士 6 人，新增杰青 4 人、优青 11 人，18 人任现代农业产业技术体系首席，具有国家级人才称号的高层次人才 250 余人，农科英才规模 330 余人，博士留学生培养规模居全国农林类高校首位。

三是农业科研平台支撑能力持续增强。国家重点实验室、国家重大基础设施、现代产业技术体系技术研发中心、农业部综合性重点实验室建设不断推进，新增科技平台 79 个，总数达 567 个。成立西部农业研究中心、国家成都农业科技中心、北方水稻中心、国家南繁研究院、国际农业食品科学中心等区域研究机构。新开工建设全球单体最大、原生资源最多的国家作物种质资源库，建成目前全球最大的大动物 P4 实验室单体设施。

四是国家农业科技高端智库品牌的影响力不断提升。每年发布《中国农业产业报告》《中国农业科技前沿报告》《中国农业绿色发展报告》《中国农业展望报告》等系列智库产品，广受社会关注。每年 20 多篇政策建议得到党和国家领导同志的重要批示。今年 40 篇应对新冠肺炎疫情分析报告，为统筹新冠肺炎疫情防控和农业农村发展提供了战略性、前瞻性的决策参考。

五是农业科技体制机制创新作出重要探索。强化创新工程的引领作用，探索建立了国家需求导向的科研任务形成机制、以团队为主的科研组织机制、以稳定支持为主的科研投入机制、绩效导向的考核评估机制；牵头建设全国农业科技创新联盟，打造了产业链上中下游协同攻关的新模式，探索了多学科集成解决区域重大问题的新途径，为我国农业科技体制改革探索出一条新路。

这些成绩的取得，进一步增强了中国农业科学院创新能力、创新活力和创新后劲，为“十四五”发展打下坚实基础。我们也要清醒认识到，对标新阶段新任务新要求，农业科技创新还存在差距与不足。基础研究与原始创新不够，在基因编辑、合成生物、人工智能等前沿领域还缺乏自主知识产权，节肥节水节药技术原创性不够。关键核心技术还存在“卡脖子”问题，在有重大育种价值的关键基因挖掘、主要园艺作物优质品种国产化、畜禽核心种质育种、新化学实体农药兽药创制、智能化大型农机装备等方面还受制于人。农业科技体制机制还需进一步完善，农业科技投入总量不足、结构失衡问题突出，投入增速明显降低，符合农业科研规律的稳定支持机制尚未形成。农业科技体制改革进展迟缓，农业科研机构自主权落地不够。这些问题，需要我们农业科研国家队，怀着高度的历史使命感，不断加大科研攻关和改革创新力度，下大力气探索突破、推动解决。

三、深入贯彻落实全会精神，依靠科技支撑农业高质量发展和乡村全面振兴

面向“十四五”，中国农业科学院要把学习贯彻全会精神作为当前和今后一个时期的重要政治任务，对标对表全会决策部署，以打造国家农业战略科技力量为目标，聚焦“四个面向”使命定位，全面加强学科、团队、平台和人才队伍建设，加强基础研究、技术攻关和集成创新，着力取得一批原创性科学发现、关键技术突破和重大科技产品，实现创新布局科学完善、创新力量显著增强、创新供给精准高效、创新生态更加优化，加快建设世界一流学科和一流院所，引领我国农业科技率先进入世界前列，强力支撑农业高质量发展和乡村全面振兴。

（一）加强规划引领，进一步聚焦科研任务方向

要制定完善院“十四五”发展规划，引导科研活动更加聚焦“四个面向”，重点针对重大育种价值基因克隆、生物育种、智慧农业等开展原始创新，抢占农业科技竞争制高点；围绕“藏粮于技”、农业绿色发展、农业供给侧结构性改革等开展应用基础研究和关键技术攻关，保障国家重大需求；针对农业规模化、设施化、机械化、智能化中的科技及生产实际问题开展应用研究，服务农业农村现代化主战场；强化农业生物安全、营养健康领域的科研攻关，保障国家生物安全和人民生命健康。

（二）突出联合攻关，谋划实施一批重大科技项目

要持续开展农业科技前沿态势分析和战略研究，积极谋划并实施国家科技重大项目，优化升级创新工程，建立院级重大科研任务“使命清单”，构建“充分承接国家科技计划、积极拓展社会科技项目、大力实施院级自主科研任务”的多层次、一体化的科研任务实施体系，将优势科技资源集中到突破重大科技基础前沿、解决国家产业重大需求、响应重大应急性任务上来。要加强跨学科、跨领域的联合协同攻关，着力攻克一批前沿技术和颠覆性技术，突破一批“卡脖子”技术，创制一批新产品新模式，为农业农村现代化提供精准高效的成果供给。

（三）强化基础支撑，系统布局学科、团队和平台建设

要完善学科集群—学科领域—重点方向三级学科体系，厚植优势学科，提升特色学科，发展新兴交叉学科。要以满足产业需求为目标，从理论创新、技术和产品创造、成果转化和产业化进行全创新链布局，打造“三创一体”协同发展的科研团队。要整合

全院科技力量，在新疆昌吉、黑龙江双鸭山、四川成都、广东深圳、江苏苏州、山东烟台、海南三亚等地建设完善区域创新中心，服务区域经济发展和乡村振兴。要完善重大科技研究平台、专业技术创新平台、基础支撑服务平台、科研试验基地四个层次的平台布局，围绕粮食安全、生物安全等核心领域积极参与国家实验室谋划建设，围绕作物、园艺、畜牧、资源环境等关键学科领域部署国家重点实验室建设，大力提升基因种质、信息数据、设施装备等创新资源供给质量和效率，全面提升科技条件保障能力。

（四）坚持以人为本，构建适应新阶段创新要求的人才队伍

要进一步树牢人才是第一资源理念，着眼国家战略需求，立足国家队使命定位，坚持一手抓引进、一手抓培育，围绕产业链部署创新链，围绕创新链布局人才链，统筹创新、管理、转化、支撑“四支队伍”建设。要大力实施高层次人才精准引进行动和高层次人才提质工程，抢抓海外引才机遇期和窗口期，精准引进一批领军人才，培养造就一大批优秀青年人才。要坚持国际化人才发展理念，推送优秀人才融入全球创新网络，培养一批具有全球视野和国际水平的科技人才。

（五）着眼激发活力，进一步完善科技创新体制机制

要贯彻落实中央关于深化科技体制改革的决策精神，推动拟转企问题尽快解决。要构建“定位清晰、职责明确、评价科学、开放有序、管理规范”的现代院所治理体系，推动机构、人才、项目、资金等科技资源要素优化配置。要强化章程管理，进一步健全院所长负责制，完善具有农科特色的民主管理和监督机制。要进一步落实科研“放管服”和研究所自主权，探索职称评聘、人才待遇、岗位设置调整、经费使用管理等制度创新，营造鼓励创新、宽容失败的创新环境。

同志们，党的十九届五中全会部署了“十四五”的战略任务，描绘了第二个百年奋斗目标第一阶段的宏伟蓝图，吹响了科技自立自强、乡村全面振兴的进军号角，鼓舞人心，催人奋进。我们要紧密团结在以习近平同志为核心的党中央周围，砥砺前行，开拓创新，为加快农业农村现代化、建设世界科技强国作出新的更大的贡献。

张合成书记在中国农业科学院2020年科研工作会上的总结讲话

2020年11月24日

同志们：

根据科研工作会议日程安排，由我做会议小结。这次科研工作会议是全院深入贯彻十九届五中全会精神的一次重要工作研讨和部署会，主要任务是总结“十三五”，谋划“十四五”，并对18个联合攻关重大任务进行咨询评议，意义十分重大。我们要通过深入剖析这些重大任务，研讨如何完善重大任务管理机制，将总书记“四个面向”重要指示落在实处，推动取得标志性科研成果产出，加快“两个一流”的建设。本次会议内容饱满丰富，方式新颖，院党组十分重视，在家院领导全程参加，各位所长全程认真参会，会议开得很务实。

今天上午唐华俊院长做了重要讲话，深刻地阐述了科技创新对适应新发展阶段、贯彻新发展理念、构建新发展格局的重大意义，充分肯定了中国农业科学院“十三五”科技工作取得的成效，指出了差距与不足，提出要深入贯彻五中全会精神，依靠科技支撑农业的高质量发展和乡村全面振兴，并对“十四五”科研、团队、项目、平台、机制等重点工作进行了部署，各研究所一定要认真学习贯彻好华俊院长的讲话精神。18个重大任务牵头人汇报了科研进展，材料准备充分，值得充分肯定。各位点评专家点出了当前任务实施中存在的问题和不足，就如何做好后续工作提出了很好的思路和建议。各任务牵头人要按照院领导点评要求，做好整改和优化。重大任务汇报为建立和完善中国农业科学院重大科研进展制度、科研进展报告制度提供了良好的开端和样板。参会的各位局长、各位所长要结合今天各位院领导点评和华俊院长的讲话，在推动中国农业科学院开创科研管理工作新局面方面做出新的努力。围绕下一步全院工作，我讲几点意见。

一、深入学习贯彻五中全会精神，谋划好“十四五”工作

十九届五中全会是一次具有全局性、历史性意义的重要会议，它确定了创新在现代化建设全局中的核心地位，确定了科技自立自强作为国家发展战略的支撑地位，强调了科技创新在“十四五”建设中的首要任务这一地位，标志着新时代科学春天的到来。我们一定要认真学习，深入领会。

贯彻五中全会科技工作精神，要按照总书记在科学家座谈会上讲的六条加以落实。一是坚持问题导向和需求导向。问题导向和需求导向是相对兴趣导向来说的，中国农业科学院一定要落实好问题导向和需求导向。二是资源配置方式。要将科技链、创新链部署在产业链上，避免科研内循环，大量成果转化不出去，造成资源配置浪费。三是持之以恒地加强基础研究。四是加强人才队伍建设，激发人才的活力。五是推进科研改革，包括自主权、经费使用权、科研路径的决策权。六是加强国际科技合作。

学习贯彻十九届五中全会精神，要坚持优先发展农业农村，全面推进乡村振兴。"十四五"期间"三农"工作主要是做好三件大事。第一是推进巩固拓展脱贫攻坚成果同乡村振兴的有效衔接。第二是全面推进农业现代化，核心是提升农业质量效益和竞争力，实现稳粮保供。第三是农村现代化，核心是乡村建设行动。

下一步，要按照五中全会精神，把中国农业科学院"十四五"规划起草好、修改好，重点突出以下几点。第一是聚焦关键核心技术，主要是稳粮保供。第二是强化高质量发展的技术保障。第三是大力发展绿色技术，将农业绿色革命进行到底。第四是加强基础研究，进一步聚焦基础观测、基础理论、基础设施、基本业务，强化基本工作、基本队伍。第五是坚持"三创一体"的设计，团队、研究所、全院要从国家农业发展的大局入手，以提高农业科技贡献率为核心，面向 2035 年和建院一百年设立长远目标。规划设立目标时要统筹考虑以下几个方面。一是抢占制高点，要明确各个团队在国际上要达到什么样的地位。二是降低对外依存度，要体现降低关键品种对外依存度的目标，如白羽肉鸡实现 0 到 1 的突破，猪、牛、高端蔬菜核心品种等摆脱对外依存度等。三是提高成果转化率。充分发挥科技成果价值，促进农民增收和院所团队增效。四是提高企业技术进步能力，要推动企业技术不断进步。

二、抓好创新工程院级重大任务组织实施

院里专门制定了院级重大任务管理办法，这个办法是重大任务管理的依据。当前已启动的重大任务决策是正确的，方向是对的，进展是令人鼓舞的，成果前景非常美好，有些成果已经进入孵化前期。关于已启动的任务，要进一步完善提升。一是提升价值判断，继续聚焦对标国家重大需求。二是目标要指标化、数字化，要有可追踪的指标。三是强化基础研究，提升持续创新后劲。四是"三创一体"的设计要更加完备。五是协同组织方式要进一步改进。

关于重大任务的组织实施，一要高度重视。院级重大任务要全面落实总书记"四个面向"要求，关注前沿、重大需求、农业农村主战场、生命健康。将来其他项目立项，也要具备这个重大意义。二要深刻把握目标功能定位。要聚焦学科前沿、聚焦国家战略、聚焦产业集群。通过三个聚焦实现国家需求导向下的院、所、团队三级任务相统一。实现统领战略研究、指南科技问题、规划科研任务、优先应急攻关、储备国家专项这五大功能定位。三要完善科研进展报告评价制度。今天的报告是一种报告，报告到院

要情、报告到农科动态是一种报告，报告到《柳叶刀》也是一种报告。要学会向内部和上级报告，这也是贯彻中央重大事项报告制度的内容之一。要明确进展评价的导向，关注科研进展的先进性、成熟度、集成性、应用型，把握这“四性”的关键是看是不是坚持了问题导向和需求导向，没有坚持问题导向和需求导向就没有应用前景。今天的高光效应用前景非常好，是重大的战略方向。这“四性”的把握非常重要，也是我们下一步进展评价的核心指标。同时在评价的机制建立上，要充分发挥学术委员会的作用，让学术委员会真正有职有责有权有力。要聚焦对学术的发展、对科学进步有没有什么贡献，对解决国家重大需求有没有什么贡献，对产业有没有什么贡献，对农民增收有没有什么贡献，等等，要实实在在地评价，而不是数论文、数影响因子。四要处理好稳定支持和动态调整的关系。稳定是前提，动态调整是手段。健全院级重大任务绩效目标制定、年度进展监测、阶段性考评制度，依据评价结果来调整的绩效管理机制，特别是要强化首席科学家和牵头单位的自主权。五要调整创新工程资源配置的模式。坚持以团队为单元的稳定支持，并不是按照团队的人头分，而是按任务稳定，对研究所和科研团队按照任务的需求进行支持。同时，加强对重大任务评议结果的运用。今天我们的评议结果将作为下一步动态调整的重要依据。

三、要认真做好“十三五”盘点工作

对“十三五”进行系统总结，一方面是要展示中国农业科学院发展成效，全面体现国家队使命担当。同时也是及时发现问题，明确努力方向。总结工作要抓住几个关键：一要总结中国农业科学院科技成果对保障国计民生重点产业发展的贡献。中共中央在粮食功能区、特色农产品优势区等区域对主粮作物、重要经济园艺作物和畜禽等涉及国计民生的重要产品进行了重点布局。我们作为农业科研国家队要发挥支撑引领作用，就是要从中央的部署入手，总结对国计民生产业发展的贡献，重点涉及小麦、水稻、玉米、大豆、棉花、油菜、禽类、生猪、奶业、马铃薯、蔬菜、水果等国计民生主要行业。要以数据为基础，进行整个行业发展情况分析，并全面梳理中国农业科学院从基础研究到技术研发再到产品创制等全创新链条上的重大科技进展和贡献。二要总结中国农业科学院科技成果对促进农业绿色发展的重大贡献。主要是从基础前沿、关键技术、重大产品、技术集成方面，特别是从土、肥、水、药、重金属等关键环节，总结中国农业科学院成果对推动我国农业科技进步和绿色发展的重大贡献和推动作用。三要将创新要素与全国优势单位进行对比总结。将项目、成果、平台、学科、机制等创新要素与全国同行特别是优势单位进行对比总结分析，客观反映中国农业科学院的进步提升与占位水平。四要按照九大学科集群进行盘点。重点总结学科发展的成效，明确学科发展的趋势，谋划本学科“十四五”发展方向和工作重点。

四、做好创新工程全面推进期评估准备工作

党的十八大以来，中国农业科学院工作取得了历史性成绩，发生了历史性变化，创新工程在其中发挥了不可替代的作用，可以说没有创新工程就没有农科院今天欣欣向荣的局面。今年是创新工程全面推进期的最后一年，明年就要进入跨越发展期。对创新工程进行一次全面系统的考评和总结，分析形势任务，凝聚新时期发展目标，是制度安排，也是推动创新工程升级的必要基础环节。

评估将于明年上半年进行。一是查目标任务的完成情况，对标“四个面向”要求来总结梳理目标任务的完成情况。二是查问题找短板，该解决的问题是否解决，有没有新问题。三是谋划跨越发展，提出下一步优化提升的意见建议。各所要高度重视，早期谋划，早作安排。各位所长要亲自上手、亲自谋划，成立一个精干的专班谋划实施。要把评估的工作实事求是地落实好，特别是把“十四五”跨越发展期的方向、任务、目标谋划好。

五、要加强基础性研究

加强基础研究是十九届五中全会总书记讲话特别强调的一件事。结合祁阳站长期定位监测和祁阳站精神，我近期有一些思考，跟大家交流几个观点，供大家在加强长期性、基础性研究的时候进行参考。

一要强化基础工作的体系。中国科学院的基础研究就是数学、物理、化学等基础学科研究。中国农业科学院的基础研究还要包括基础观测，特别是长期定位的基础观测，没有长期定位观测的数据就无法把握农业大尺度长周期规律。二要加强基础理论研究。重点是阐明机理，这方面我们工作还不够系统，各单位回去后，要认真梳理在基础理论研究方面，哪些是短板，哪些是要加强的重点。三要健全基础设施。没有吴孔明团队长期的坚守，没有 8 个台站联网形成的一套监测系统，就没有人民日报所说的“中国农业的萨德系统”。如果没有哈兽研在多年前就开始储备的 SPF 猪群，这次非洲猪瘟暴发时，我们就没有实验种群。如果没有 P4 实验室，非洲猪瘟疫苗的研发是不可能这么快的。所以我们一定要重视基础设施。现在，很多领域还缺少基础设施，我们要尽早梳理提出，推动立项建设。还有基本业务，包括资源管理业务，以及基本条件等，这些要素构成一个系统的基础研究体系。四要强化基础研究投入的持续性。当前我国基础研究投入刚刚突破 6%，而欧美国家多年来一直保持在 15%~20%的水平。我国中央财政基础研究经费占全社会投入的 85%左右，其总量只有美国联邦政府投入的 36%，全国有 20 个省（区、市）总经费投入达不到 2%，这是一般的创新型国家研发投入的底线。企业是技术创新的主体，但我们国家的国有企业投入基础研究的经费仅占全国基础研究总经费的 3. 8%，而美国 2012 年企业投入的基础研究经费是中国企业投入经费的 20 倍。

五要尊重农业科研规律。农业科研有其特殊的生命属性、长周期属性、自然环境约束性、市场属性以及人类健康高度相关的属性。农业不论在改革和发展上，不论是基础研究还是应用研究上，长期性、稳定性支持是我们的生命线。所以需要建立农业科研优先发展的政策体系，一方面防止临阵磨枪的短视的政策，另一方面防止脱钩断奶转企等一刀切的改革政策。

长期以来，中国农业科学院科技创新有力地支撑了农业现代化发展，充分展现了中国农业科学院在全国农业科技创新领域的地位。随着我国第一个百年奋斗目标的实现，全国建设社会主义现代化国家新征程的开启，我国“十四五”时期以及更长时间的发展，对加快科技创新提出了更为迫切的需求，我国农业农村全面振兴对农业科技也提出了新的挑战和要求。中国农业科学院要立足国家农业重大需求，把握时代前沿，投身农业主战场，关注人民生命健康，积极调整完善研究方向，创新科研模式和管理机制，发挥学科人才优势，适应科技的系统化、智能化、绿色化的要求，加快解决我国农业农村重大科技问题，为农业农村现代化提供强有力的科技保障。

谢谢大家！

中国农业科学院副院长冯忠武在国家农业科技创新联盟交流评议会上的讲话

2020 年 11 月 8 日

尊敬的康绍忠院士，各位专家、同志们：

大家上午好！

按照联盟办公室的统一安排，我们组织开展今天这次国家农业科技创新联盟工作评估会议，非常有意义。借此机会，我代表联盟秘书处，对各位评估专家在百忙之中来到中科院评估中心参加联盟评估工作，对各位子联盟代表前来参加评估工作，表示热烈的欢迎和衷心的感谢！

借此机会，我谈三点意见。

一、要充分认识联盟建设和开展评估工作的重要意义

联盟自 2014 年成立以来，始终认真贯彻落实习近平总书记关于科技创新的一系列新思想、新论断、新要求，按照农业农村部党组中心工作部署和韩长赋部长历年联盟工作会上的讲话精神，围绕农业供给侧结构性改革、农业绿色发展和创新驱动发展等重大战略开展协同攻关。经过六年多的建设发展，联盟从无到有、从小到大、由弱变强，形成了区域联盟、专业联盟、产业联盟三大类型 80 余个子联盟，初步构建了产学研用紧密结合，上中下游有机衔接的协同协作机制，搭建了集中力量办大事、办难事的平台和载体，得到了政府、社会、产业、行业等各方面的认可。

不客气地说，联盟建设目前也存在一些问题，有的联盟打着挂牌子、要票子的想法建起了联盟，并没有发挥相应的作用，无协同机制、无攻关任务、无创新团队。2019 年，我们对 2018 年前成立的子联盟进行第三方评估，并通过部办公厅发文认定了首批 34 个联盟。2020 年的 6 月 30 日，农业农村部办公厅发布了关于国家农业科技创新联盟建设的指导意见，将评估工作作为联盟年度管理运行的重要环节。评估的目的，一是探索联盟激励评价机制，通过动态调整完善联盟运行管理，促进联盟良性发展；二是通过联盟自评归纳总结联盟亮点工作、机制创新，及时发现联盟发展中的问题，从而进一步明确目标定位和工作思路；三是通过评估促进各联盟间的交流学习，借鉴经验，同时结合自身特点深入思考联盟发展的方向和模式，也希望参评的各联盟负责人能够正确地认识和理解评估工作。

二、充分肯定联盟建设运行以来取得的显著成效

六年来，联盟按照“三个一”目标谋划、“四个一”标准建设、“五个有”要求管理，形成了一套完整的工作模式、工作规范和管理规则。2019 年以来，我们重点抓了 15 个标杆联盟，在凝练联盟的主攻目标、探索有效的运行机制等方面下了较大的功夫。目前来看，大家认识逐步统一了，路子逐步理顺了，项目基本做实了，重点明显突出了，这些都值得充分肯定。

一是构建了上中下游协同攻关新模式。联盟集聚跨学科、跨行业、跨部门的优势科技力量和资源，逐步构建起“集团军式”大联合、大协作的高效协同创新模式。在棉花、奶业等领域，创建了覆盖上中下游的农业新型组织模式。在水稻商业化育种、天敌昆虫等领域建立了“从生产中来、到实践中去”的问题导向机制，改善了农业生产一线的高新技术“贫血”现象。

二是创建了共享共用共建的农业科技资源新平台。联盟以提高科技资源利用率和创新效率为目标，着力构建基础性公共服务平台，在科技信息资源、农业基因组等方面开展共建共享，依托联盟内外创新力量构建了一批符合现代农业产业发展的平台，使各类碎片化的资源信息网络化，提升了创新效率，也加快了联盟科技资源使用效率的整体升级。

三是形成了多学科集成综合解决区域重大问题新途径。针对东北秸秆焚烧、华北地下水超采、南方稻田重金属污染等区域重大问题，联盟组织各相关成员单位成立联合攻关团队，集成关联不足的单项技术，优化农业科技成果的资源配置，形成了一批综合技术解决方案，确保区域重大问题解决的延展性，增强了联盟在区域内的影响力。

四是开展了实体化等体制机制创新探索。联盟从优化科技创新顶层设计着手，逐步探索出“实体化”“一体化”和“共建共享”等运行机制。特别是水稻商业化分子育种、渔业装备等产业联盟结合自身特点开展实体化探索，破解了以往科企合作中产权归属明晰度不明、创新效率较低的突出问题。

三、以机制创新为重点，加快做强做优联盟的几点建议

下一步，我们要针对目前建设和运行存在的问题与不足，重点从以下三个方面集中发力、实现突破。

一是围绕我国农业行业性区域性基础性重大关键问题，在技术和模式创新上取得突破。联盟要瞄准产业需求、区域需要和科技自身发展诉求，以解决重大产业问题、区域问题和科学命题为基点，一要围绕节本增效、节能减排、优质健康，以及智能农业、精准农业等领域共性关键技术问题，通过协同攻关，研发并推广一批新技术、新品种、新装备和绿色发展综合解决方案，着力推动产业转型升级和提质增效。二要围绕东北秸秆

利用、华北超采区节水、南方稻区重金属、西南热区石漠化等重大区域农业发展问题，加强技术熟化配套和系统集成，形成技术措施、工作措施、工程措施和政策措施“四位一体”的综合解决方案和推广应用模式。三要围绕解决科学基础数据系统性不强、连续性不够、规范性不足等科技基础性工作问题，联盟要在土壤、环境等领域部署长期定位试验和观测监测，加强数据的收集统计、分析评价和深度利用，为科学研究和政策制定提供服务和支撑。

二是围绕破解科技与经济“两张皮”，要在重大机制创新上取得突破。联盟建设运行要以“任务牵引、资源共享、行业协同、市场驱动”作为根本路径和基本的方法论，重点要从三大机制建设上发力。一要加快完善实体化运行机制。按照市场主体、法人治理的要求，组建实体机构，完善利益联结机制，推动科技与经济、成果与产业、科技人员与企业家的加速深度融合。二要着力强化一体化协作机制。围绕产业上中下游紧密衔接这条主线，协同开展技术攻关和产品研发，通过创新链提升产业链、打造价值链。三要完善共建共享机制。联盟要放大格局，敞开胸怀，最大限度地汇聚各方面的优势特色资源，构建“一站式”服务平台，提高数据、种质、设备等科技资源的利用效率。

三是围绕拓宽支持渠道，要在联盟自我发展上取得突破。联盟要发展壮大，需要深挖自身潜力、盘活存量，争取各方面支持、吸引增量，实现可持续发展。一要依托现有专项渠道，促进联盟的重点任务与项目的主攻目标有机对接，促进联盟的自筹资金和专项财政资金有机整合，切实增强联盟发展的内生动力。二要推动企业加大投入。目前，我们的联盟共已有上千家企业共同参与。要充分发挥企业在联盟研发投入、技术创新和成果转化中的主体作用，鼓励企业在新品种培育、新产品开发、新装备创制、新业态拓展等方面加大投入，让企业优先使用联盟的科技创新成果，得到实实在在的收益，使企业成为推动联盟发展的中坚力量。三要吸引社会资本共同投入。联盟要在目标任务凝练、建设方案优化、技术路线设计等方面提高针对性、可行性、经济性，吸引风险投资、PPP、社会团体等多种形式参与联盟建设。目前联盟办公室正在策划创建联盟基金，目的也是为联盟的可持续发展提供全方位支持。

同志们，这次评估是国家农业科技创新联盟建设的重要节点，各子联盟务必重视本次评估工作，也衷心希望各位专家帮助我们多发现问题，多给出意见和建议，尤其是对联盟合理布局和机制突破等方面给予指导。请专家们一定不要客气、不留情面、实事求是，多提问题和建议，为联盟的建设和发展把好脉、开良方。

谢谢大家！

中国农业科学院关于北京畜牧兽医研究所变更科技创新工程科研团队首席专家的批复

农科院科〔2020〕58号

北京畜牧兽医研究所：

你所《中国农业科学院北京畜牧兽医研究所关于调整水禽育种与营养、鸡营养代谢与调控创新团队首席科学家的请示》（农科牧医科〔2020〕2号）收悉。根据《中国农业科学院科技创新工程岗位管理办法（试行）》等有关规定，经审核，同意“水禽育种与营养”团队首席由侯水生调整为周正奎，“鸡营养代谢与调控”团队首席由罗绪刚调整为张敏红。

请你所按照管理办法等相关文件要求，签订首席科学家聘用合同，督促做好工作交接，明确任务目标，加强团队管理，确保科技创新工程各项任务顺利实施。

中国农业科学院

2020年4月26日

中国农业科学院关于蔬菜花卉研究所、油料作物研究所变更科技创新工程科研团队首席科学家的批复

农科院科〔2020〕85 号

蔬菜花卉研究所、油料作物研究所：

你们关于申请调整科技创新工程科研团队首席科学家的请示收悉（农科蔬科〔2020〕25 号、农科油〔2020〕37 号）。根据《中国农业科学院科技创新工程岗位管理办法（试行）》等有关规定，经审核，同意蔬菜花卉研究所“蔬菜种质资源”团队首席由李锡香调整为王海平、“甘蓝类蔬菜遗传育种”团队首席由杨丽梅调整为张扬勇、“叶菜类蔬菜遗传育种”团队首席由孙日飞调整为张淑江、“蔬菜病害防控”团队首席由谢丙炎调整为李宝聚、“蔬菜功能基因组学”团队首席由张忠华调整为杨学勇，同意油料作物研究所“油料作物逆境生物学与抗性改良”团队首席由张学昆调整为胡琼、“芝麻与特色油料遗传育种”团队首席由张秀荣调整为王林海、“油料作物营养与栽培”团队首席由张春雷调整为马霓。

请按照管理办法等相关文件要求，签订首席科学家聘用合同，督促做好工作交接，明确任务目标，加强团队管理，确保科技创新工程各项任务顺利实施。

中国农业科学院

2020 年 6 月 1 日

中国农业科学院关于农业农村部环境保护科研监测所变更科技创新工程科研团队首席科学家的批复

农科院科〔2020〕97号

农业农村部环境保护科研监测所：

你所《关于调整创新团队首席科学家的请示》（农科环保科〔2020〕29号）收悉。根据《中国农业科学院科技创新工程岗位管理办法（试行）》等有关规定，经审核，同意“农业生物多样性与生态农业”团队首席由任天志调整为张贵龙。

请你所按照管理办法等相关文件要求，签订首席科学家聘用合同，督促做好工作交接，明确任务目标，加强团队管理，确保科技创新工程各项任务顺利实施。

中国农业科学院

2020年7月9日

中国农业科学院关于麻类研究所变更科技创新工程科研团队首席科学家的批复

农科院科〔2020〕98 号

麻类研究所：

你所《中国农业科学院麻类研究所关于更换科技创新工程科研团队首席专家的请示》（农科麻办〔2020〕39 号）收悉。根据《中国农业科学院科技创新工程岗位管理办法（试行）》等有关规定，经审核，同意“麻纤维产品与加工技术”团队首席由王朝云调整为吕江南。

请你所按照管理办法等相关文件要求，签订首席科学家聘用合同，并配备执行首席，加强团队人才队伍建设，确保科技创新工程各项任务顺利实施。

中国农业科学院
2020 年 7 月 9 日

中国农业科学院关于兰州兽医研究所变更科技创新工程科研团队首席科学家的批复

农科院科〔2020〕99号

兰州兽医研究所：

你所《兰州兽医研究所关于调整创新团队首席科学家的请示》（农科兰兽〔2020〕118号）收悉。根据《中国农业科学院科技创新工程岗位管理办法（试行）》等有关规定，经审核，同意“口蹄疫防控技术”团队首席由张永光调整为郭慧琛、“草食动物病毒病”团队首席由张志东调整为孙跃峰。

请你所按照管理办法等相关文件要求，签订首席科学家聘用合同，督促做好工作交接，明确任务目标，加强团队管理，确保科技创新工程各项任务顺利实施。

中国农业科学院

2020年7月9日

中国农业科学院关于农业环境与可持续发展研究所变更科技创新工程科研团队首席科学家的批复

农科院科〔2020〕100 号

农业环境与可持续发展研究所：

你所《中国农业科学院农业环境与可持续发展研究所关于推荐刘布春研究员担任团队首席的请示》（农科环发科〔2020〕25 号）收悉。根据《中国农业科学院科技创新工程岗位管理办法（试行）》等有关规定，经审核，同意“农业气象灾害防控”团队首席由梅旭荣调整为刘布春。

请你所按照管理办法等相关文件要求，签订首席科学家聘用合同，督促做好工作交接，明确任务目标，加强团队管理，确保科技创新工程各项任务顺利实施。

中国农业科学院

2020 年 7 月 9 日

中国农业科学院关于同意组建“种植废弃物清洁转化与高值利用”科研团队的批复

农科院科〔2020〕142号

农业环境与可持续发展研究所：

你所《中国农业科学院农业环境与可持续发展研究所关于申请组建种植废弃物清洁利用工程创新团队的请示》（农科环发科〔2020〕29号）收悉。根据《中国农业科学院科技创新工程综合管理办法（试行）》等有关规定，经研究，同意组建“种植废弃物清洁转化与高值利用”科研团队，同意赵立欣研究员担任团队首席。

请你单位按照管理办法等相关文件要求，与首席科学家签订聘用合同及团队绩效任务书，加强团队建设，确保科技创新工程各项任务顺利实施。

中国农业科学院

2020年10月21日

中国农业科学院关于植物保护研究所等 7 个研究所变更科技创新工程科研团队首席科学家的批复

农科院科〔2020〕152 号

植物保护研究所、生物技术研究所、农业资源与农业区划研究所、农田灌溉研究所、郑州果树研究所、茶叶研究所、农业农村部南京农业机械化研究所：

你们关于调整科技创新工程科研团队首席科学家的请示收悉。经研究，现批复如下。

一、同意植物保护研究所“粮食作物虫害监测与控制”团队首席由王振营调整为张永军。

二、同意生物技术研究所“玉米功能基因组”团队首席由王海洋调整为普莉，“作物耐逆性调控与改良”团队首席由黄荣峰调整为谷晓峰。

三、同意农业资源与农业区划研究所“土壤培肥与改良”团队首席由徐明岗调整为张文菊，“土壤耕作与种植制度”团队首席由逄焕成调整为李玉义。

四、同意农田灌溉研究所“节水高效灌溉技术与装备”团队首席由黄修桥调整为李金山。

五、同意郑州果树研究所“特色果树资源与育种”团队首席由曹尚银调整为周厚成，“果品营养与功能”团队首席由黄纪念调整为焦中高，“果品质量安全控制技术”团队首席由白艳红调整为谢汉忠。

六、同意茶叶研究所“茶树病虫害防控”团队首席由陈宗懋调整为周利，“茶树遗传育种”团队首席由杨亚军调整为王新超。

七、同意农业农村部南京农业机械化研究所“穗粒类收获机械”团队首席由吴崇友调整为张敏。

请按照管理办法等相关文件要求，签订首席科学家聘用合同，督促做好工作交接，明确任务目标，加强团队管理，按要求对设置两年试用期的首席做好期满考核工作，确保科技创新工程各项任务顺利实施。

中国农业科学院

2020 年 11 月 18 日

中国农业科学院关于作物科学研究所等4个研究所变更科技创新工程科研团队首席科学家的批复

农科院科〔2020〕153号

作物科学研究所、蜜蜂研究所、农业资源与农业区划研究所、烟草研究所：

你们关于调整科技创新工程科研团队首席科学家的请示收悉。现批复如下。

一、同意作物科学研究所“玉米优异种质资源发掘与创新利用”团队首席由王天宇调整为黎裕，“作物基因组选择育种”团队首席由王国英调整为付俊杰。

二、同意蜜蜂研究所“蜜粉源植物产地识别与控制”团队首席由李熠调整为周金慧，“传粉蜂生物学与授粉应用”团队首席由吴杰调整为李继莲，“蜜蜂蛋白质组学”团队首席由李建科调整为徐书法。

三、同意农业资源与农业区划研究所“农业微生物资源”团队首席由张瑞福调整为魏海雷。

四、同意烟草研究所“烟草栽培与调制”团队首席由王树声调整为石屹。

请按照管理办法等相关文件要求，签订首席科学家聘用合同，督促做好工作交接，明确任务目标，加强团队管理，按要求对设置两年试用期的首席做好期满考核工作，确保科技创新工程各项任务顺利实施。

中国农业科学院

2020年11月20日

中国农业科学院关于
加强科研废弃物管理的指导意见（试行）

农科院科〔2020〕162 号

科研废弃物分类收集和依规处置是保障现代院所安全、平稳运行的重要工作内容。为加强和规范科研废弃物管理，保障科研工作顺利开展，保障科研人员的生命安全，防止环境污染、生产事故发生，根据国家、部门有关法律法规要求，提出中国农业科学院加强科研废弃物管理的指导意见。

一、高度重视科研废弃物管理工作

（一）提高整体认识

科研废弃物管理是现代科研院所治理能力的重要体现，是中国农业科学院履行农业科研国家队使命、建设世界一流院所的重要保障。坚持底线思维，从确保农业科研安全开展、可持续发展的要求出发，研究所、科研团队、工作人员要把科研废弃物分类收集和依规处置作为基本要求和常规操作，明确职责和工作红线，确保中国农业科学院科技创新工作的安全、平稳、高效开展。

（二）落实文件要求

有关科研废弃物管理方面的规范应用文件主要包括《中华人民共和国环境保护法》《中华人民共和国固体废物污染环境防治法》《国家危险废物名录》《危险废物贮存染控制标准》《危险废物鉴别标准通则》《实验室废弃化学品收集技术规范》《危险废物转移联单管理办法》《环境保护图形标志—固体废物贮存（处置）所》《危险废物经营单位编制应急预案指南》《放射性废物安全管理条例》《农业转基因生物安全管理通用要求》等，要全面学习，深入理解，认真落实。

（三）明确工作目标

贯彻落实习近平总书记关于着力防范化解重大风险的指示精神，坚持前置思维，强化科研废弃物全流程、全领域、全区域、可追溯管理与重要风险点管控，落实院、所二级科研废弃物管理职责，建立涵盖化学废弃物、生物废弃物、放射性废弃物等类别的组织体系和制度体系，强化应急预案、教育培训、条件能力、监督检查等相关措施，统筹推进全院科研废弃物的管理工作，把科研废弃物管理工作措施分步落实到位，为履行好中国农业科学院农业科研国家队使命保驾护航，为建设世界一流院所提供安全生产保障。

（四）坚持基本原则

（1）明确管理职责。按照现行管理体制，院层面负责研究制定科研废弃物管理指导文件，强化政策解读与监督指导作用，并对研究所科研废弃物管理情况进行评估考核。研究所作为科研废弃物管理的责任主体，应发挥法人主体作用，切实把科研废弃物的科学管理落到实处。

（2）坚持分类管理。严格按照国家、部门法律法规，对科研废弃物实行分类管理，把科研废弃物与科研副产品、生活垃圾分开，把化学废弃物、生物废弃物、放射性废弃物、其他废弃物分开，并对应制定分类管控措施。

（3）加强统筹管控。研究所应强化顶层设计，增强管理的系统性、协同性，对科研废弃物产生的全流程进行风险评估和跟踪预警，通过分类收集、原位处理、暂存管理、及时清运、建立台账、监督检查等措施，完善管理体系，注重纠错调整，积极防范潜在风险。

（4）落实工作责任。研究所应指定专门机构与人员负责科研废弃物的管理。管理人员应具备科研废弃物分类和收集知识，明确各环节的工作流程，配合生态环境部门及危险废物处置单位组织本单位科研废弃物的清运工作。

二、把握好科研废弃物范围与分类

（五）明确工作对象

科研废弃物是指在科研活动中产生的丧失原有利用价值或者虽未丧失利用价值但被抛弃或者放弃的、具有潜在危害人体健康、污染环境或存在其他安全隐患的物品、物质，主要包括在实验室、试验基地产生的化学废弃物、生物废弃物等，不包括科研副产品、生活垃圾。

（六）依法依规分类

科研废弃物按照其性质主要分为化学废弃物、生物废弃物、放射性废弃物、其他废弃物四类。按照物理形态又可分为固体废弃物、液体废弃物、气体废弃物等。

（1）化学废弃物。化学废弃物是指在研究、开发和教学活动中实验室产生的或未经使用而被所有人抛弃、放弃的化学废弃物及淘汰、伪劣、过期、失效的危险化学品等。常见的化学废弃物主要包括无机物、有机物、氧化剂、还原剂、酸、碱、剧毒试剂等。

（2）生物废弃物。生物废弃物是指在研究、开发和教学活动中实验室使用和产生的微生物、细胞及各种动、植物和人源的组织和液体等生物材料制备物。常见的生物废弃物主要包括微生物培养物、细胞培养物、动物尸体、转基因植物等。

（3）放射性废弃物。放射性废弃物是指含有放射性核素或者被放射性核素污染，其放射性核素浓度或者比活度大于国家确定的清洁解控水平，预期不再使用的废弃物。常见的放射性废弃物主要包括：废放射源；受放射性物质污染或者清洁去污处理后仍超过国家标准规定限值的金属、非金属材料、劳保用品、工具、设备等；被放射性污染的动物尸体或植株；含放射性核素的有机闪烁液；放射性核素含量超过国家规定限值的废气、废水、废料等。

（4）其他废弃物。其他废弃物是实验过程中产生的有毒有害气体、废水等。常见的有毒有害气体废弃物主要包括：试剂和样品的挥发物、使用仪器分析样品时产生的废气、实验过程中产生的有毒有害气体、泄漏和排空的标准气和载气等。常见的有毒有害废水主要有实验室的洗涤废水和动物舍废水等。

科研废弃物分类主要依据《中华人民共和国固体废物污染环境防治法》《国家危险废物名录》《实验室废弃化学品收集技术规范》《放射性废物安全管理条例》《农业转基因生物安全管理通用要求》等。

三、加强管理责任体系建设

（七）明确院级职责

院机关主要负责政策解读与监督指导，研究出台科研废弃物管理指导文件，明确科研废弃物管理范围、分类标准、处置程序、经费条件等，压实管理责任。院办公室负责督办落实；科技管理局负责实验室、质检中心科研废弃物管理工作的指导和督促落实；成果转化局负责试验基地科研废弃物管理工作的指导和督促落实；后勤服务中心负责中关村、马连洼院区科研废弃物管理工作的指导和督促落实。

（八）明确研究所职责

研究所切实担负起主体责任，健全相关机构，明确工作职责及要求，根据国家、部门法律法规和院里的文件要求，建立、修订、完善本单位的科研废弃物管理制度，完善无害化处理和暂存设施等条件建设。相关职能部门按照职责分工，切实做好各环节的管理、协调、督促、落实等工作，做到应分尽分，应管尽管。

（九）明确工作单元职责

创新团队、实验室、质检中心、实验动物房、试验基地等工作单元要落实院和研究所的管理制度与要求，普及科研废弃物污染环境防治法律和科普知识，加强对管理人员、科研人员和研究生的宣传教育，进一步提升管理人员、科研人员、研究生的责任意识和处置能力，把科研废弃物管理落到实处。

（十）明确管理人员职责

研究所主要负责人对本单位科研废弃物管理全面负责；职能部门负责人对本部门职责范围内的科研废弃物管理环节负责；工作单元（创新团队）负责人对本工作单元（创新团队）科研废弃物的分类收集、无害化处理、暂存移交等全面管理，工作单元（创新团队）应设立安全管理员，监督、管理科研废弃物的处理。

四、加强体制机制建设

（十一）制定规章制度

研究所应制定本单位的科研废弃物管理规章制度，科学有效地开展科研废弃物的收集、存放与处置管理工作，做到“制度上墙、责任到人”。

（十二）建立管理台账

研究所应根据国家、部门法律法规的要求建立本单位的科研废弃物台账，台账应体现科研废弃物产生、处理、暂存、移交等全部管理流程并定期归档，做到科研废弃物处置流程可追溯。

（十三）加强培训考核

按照“全员、全程、全面”的原则，定期对相关人员进行科研废弃物处置、收集、存贮以及安全、环保等相关知识的专题培训。建立实验室准入制度，未经培训考核的人员不得进入实验室开展相关科研工作。

五、实施全流程全领域管理

（十四）强化原位处理

研究所应对科研废弃物进行原位处理，并按照相关技术规范要求包装、收集后统一移交至暂存点。

1. 做好化学废弃物处理

（1）液体废弃物。实验中产生的酸性、碱性、有毒有害废液应分类储存于专门的带有明显标识的废液收集容器中，禁止将易发生危险化学反应的废液混装在同一收集容器内。含重金属的废液必须全部回收。收集容器中的废液不应超过容器最大容量的80%。

（2）固体废弃物。实验室所产生的各类危险化学固态废物（包括固态、半固态的化学品和化学废物，化学品的包装材料，废弃玻璃器皿，一次性手套、滴管等），应收集在安全牢固的包装容器内，确保清运过程中的安全。

（3）各类废弃试剂。实验室的各类废弃试剂必须保持原标签完好、清晰，由原器皿盛装暂存，不能混装；对废弃剧毒品及盛装过剧毒品的器皿等必须单独收集存放并做详细记录，不得倒入其他收集容器内。

2. 做好生物废弃物处理

（1）固体废弃物。接触病原微生物的实验材料、防护装备等固体废弃材料应分类收集经原位无害化处理后，收集于安全牢固的包装容器内。动物尸体或使用过的培养基、样本、菌（毒、虫）种等经原位无害化处理后，收集于安全牢固的包装容器内，并暂存于专门的冰柜或冷库内。容易刺伤或割伤人体的损伤性废弃物（注射针头、手术刀片、载玻片、玻璃安瓿等）经原位无害化处理后应单独收集在利器盒中。

（2）液体废弃物。液态培养基等生物型液态废弃物经原位无害化处理后，储存于专门的带有明显标识的废液收集容器中。收集容器中的废液不应超过容器最大容量的80%。

（3）基因工程操作的含有活性微生物的固体和液体废弃物，应通过高温高压等方式进行灭活后再按常规废弃物进行处理。转基因植株可繁殖部分（如种子、块茎等）应通过粉碎、高温高压等方式灭活后再按常规废弃物进行处理，其他部分可采用粉碎还田、深埋等方式在田间进行无害化处理。

3. 做好放射性废弃物处理

（1）放射性废弃物应分类包装、分类标识，严禁将非放射性废弃物和放射性废弃物一起收集贮存；严禁将废放射源同其他放射性物质一起存储；严禁将放射性废弃物倾倒在下水道或丢弃；含短寿命核素的放射性废弃物与含长寿命核素的放射性废弃物应分别收集贮存。贮存时应最大限度地减少放射性废弃物的体积，以降低废物包装、中间贮存、运输和处置的费用。

（2）存放放射性废弃物的包装应坚固、耐久、安全且易于存取，应经常对存放点进行检查和检测，防止丢失及泄漏事故发生。

（3）排放含放射性物质的废水、废气和固体废弃物，必须符合国家规定的排放标准，经当地环境辐射监测管理机构监测核准，并经当地环境保护行政管理部门批准方可排放。

（4）各单位不得擅自处置放射性废物，必须按照当地环境保护行政管理部门的要求处理后，交给指定的专业机构集中收贮，收贮证明留存备案。

4. 做好其他危险废弃物处理

实验室应对排放的有毒有害废气进行净化处理，对排放的废水收集后进行无害化处理后再排入园区（市政）污水站处理，经处理达到相关排放标准后方可排放。

原位处理主要依据《中华人民共和国固体废物污染环境防治法》《实验室废弃化学品收集技术规范》《放射性废物安全管理条例》《农业转基因生物安全管理通用要求》等。

（十五）做好暂存管理

（1）实行定期回收。结合工作实际，各工作单元应定期将产生的科研废弃物移交至暂存库。

（2）设置暂存地点。研究所应有专门地点存放科研废弃物，并保障临时存放设施的安全与环保条件。严禁超量、超品种贮存废弃物，禁止不相容物质混存。

（3）设置收集装置。根据科研活动中产生废弃物的类别、特性，统一配置符合相关技术规范要求的收集容器或装置。收集容器不可敞口，不可有破损、损坏或其他可能引起废弃物泄漏的安全隐患。所有收集容器或装置应在醒目位置粘贴相应废弃物标签，详细标明废弃物的名称、数量、产生废弃物的单位、责任人、联系电话及投放时间等信息。

（4）严格分类存放。研究所应对科研废弃物严格分类，分别存放。科研废弃物不可与生活垃圾混放，更不可随意丢弃或堆放在公共区域。不具相容性（相互反应）的废弃物严禁混放混存。放射性废弃物和生物废弃物的收集装置应予以屏蔽和隔离。

暂存管理主要依据《中华人民共和国固体废物污染环境防治法》《放射性废物安全管理条例》等。

（十六）及时清运处置

研究所应与持有相关资质的危险废弃物处置单位签订科研废弃物转运和处置合同，并根据科研废弃物产生情况及时安排清运处置。

清运处置主要依据《中华人民共和国固体废物污染环境防治法》《实验室废弃化学品收集技术规范》等。

（十七）加强监督检查

研究所科研废弃物管理部门应强化对废弃物分类收集、原位处理、移交暂存、规范转运等过程的监督管理，对不达标行为要及时发现、严肃处理。对存在科研废弃物分类收集、包装容器不规范、泄漏、不及时移交、未建立台账或记录不规范等现象，要督促责任单位及时整改。对违规处置科研废弃物的要严肃处理，依法追究相关责任。

（十八）加大问责力度

研究所应严格按照国家相关法律法规和中国农业科学院相关要求，落实对科研废弃物处理事故的问责。

《中华人民共和国环境保护法》第六十条规定，企业事业单位超过污染物排放标准排放污染物的，县级以上人民政府环境保护主管部门可以责令其采取限制生产、停产整治等措施；情节严重的，责令停业、关闭。

《中华人民共和国固体废物污染环境防治法》第一百零二条规定，产生、收集、贮存、运输、利用、处置固体废物的单位未依法及时公开固体废物污染环境防治信息的，由生态环境主管部门责令改正，处五万元以上二十万元以下的罚款，情节严重的，可以责令停业或者关闭。

《中华人民共和国固体废物污染环境防治法》第一百一十二条规定，未按照规定设置危险废物识别标志的；未按照国家有关规定制定危险废物管理计划或者申报危险废物有关资料的；擅自倾倒、堆放危险废物的；将危险废物提供或者委托给无许可证的单位或者其他生产经营者从事经营活动的；未按照国家有关规定填写、运行危险废物转移联单或者未经批准擅自转移危险废物的；未按照国家环境保护标准贮存、利用、处置危险废物或者将危险废物混入非危险废物中贮存的；未经安全性处置，混合收集、贮存、运输、处置具有不相容性质的危险废物的；未经消除污染处理，将收集、贮存、运输、处置危险废物的场所、设施、设备和容器、包装物及其他物品转作他用的；未采取相应防范措施，造成危险废物扬散、流失、渗漏或者其他环境污染的；未制定危险废物意外事故防范措施和应急预案的；未按照国家有关规定建立危险废物管理台账并如实记录的，由生态环境主管部门责令改正，处以罚款，情节严重的，可以责令停业或者关闭。

《中华人民共和国固体废物污染环境防治法》第一百二十条规定，擅自倾倒、堆放、丢弃、遗撒固体废物，造成严重后果的；将危险废物提供或者委托给无许可证的单位或者其他生产经营者堆放、利用、处置的；未经批准擅自转移危险废物的；未采取防范措施，造成危险废物扬散、流失、渗漏或者其他严重后果的，尚不构成犯罪的，由公安机关对法定代表人、主要负责人、直接负责的主管人员和其他责任人员处十日以上十五日以下的拘留；情节较轻的，处五日以上十日以下的拘留。

中国农业科学院党政领导干部选拔任用工作规定（农科院党组发〔2014〕16号）第五十八条规定，党政领导干部受到责任追究应当免职的，一般应当免去现职。第六十条规定，因问责被免职的党政领导干部，一年内不安排职务，两年内不得担任高于原任职务层次的职务。

六、提高应急反应能力

（十九）制定应急预案

研究所应对可能出现的科研废弃物泄漏与中毒、丢失与被盗、火灾与爆炸等事件，病原微生物、动物或转基因生物意外扩散等生物安全事件制定相应应急预案，防止事故发生或将危害控制到最低水平。

（二十）做好应急演练

研究所应制定应急演练计划，定期组织相关人员，尤其是应急救援人员、实验室安全员等重点人员进行防护用具使用与选择、出入现场的注意事项、事故现场观察与处置、应急救援操作等培训与应急演练。

七、强化条件保障措施

（二十一）加强人员队伍建设

研究所应配备专门的科研废弃物管理人员及监督人员，定期进行相关知识的专题培训和应急演练。

（二十二）加强原位处置设备配置

研究所应配备固体废弃物、废液、实验室废气和废水的原位无害化处置设施设备，严禁将未达到国家安全排放标准的废气、废水排放到环境中。涉及病原微生物、动物实验的废弃物，应配备能够完全对废弃物消毒灭菌的设备设施。

（二十三）加强暂存设施建设

研究所应设有符合国家、部门相关法律法规要求的科研废弃物暂存库。暂存库应防爆、防火、防渗漏，保持通风，远离火源及生活垃圾，避免高温、日晒、雨淋，配备有效可用的紧急安全设施，设置明显警示标识。

（二十四）加大经费支持

研究所应积极筹措工作经费，对科研废弃物管理工作进行全流程、持续性倾斜支持；将科研废弃物处置费用纳入科研活动的直接费用科目，在有关科研项目经费中列支。

（二十五）强化组织实施

研究所应根据院指导意见，研究制定本单位加强科研废弃物管理的实施细则，明确管理机构和人员职责，梳理管理流程，强化工作措施，消除安全隐患，确保科研工作顺利开展，确保科研人员的生命和财产安全，确保研究所安全平稳发展。

关于国家农业科技创新联盟建设的指导意见

国家农业科技创新联盟（以下简称联盟）是深化农业科技体制改革与机制创新、深度推进产学研一体化的重要举措，是科学配置农业科技创新资源、培育农业农村发展新动能、支撑引领乡村振兴的重要平台和载体。为深入贯彻落实中共中央、国务院关于实施创新驱动发展战略和乡村振兴战略的部署要求，进一步加快联盟建设，大力推进产学研深度融合，确保联盟围绕农业节本增效、质量安全、生态环保需求高质量发展和规范化运行，现提出以下意见。

一、重要意义

（一）推进联盟建设是落实乡村振兴战略的重要举措

农业出路在现代化，农业现代化关键在科技进步，要给农业插上科技的翅膀。乡村振兴离不开科技支撑，实施乡村振兴战略，要求农业科技创新瞄准质量兴农、绿色兴农、效益优先，加快转变农业生产方式、推进改革创新、科技创新和工作创新。推进联盟建设，有利于把握农业农村重点领域改革发展的战略机遇，通过高效合理配置创新资源，深入推进协同创新和开放创新，面向乡村振兴主战场，聚焦乡村产业发展、生态宜居和人才培养等重点需求，打通从科技强到产业强、经济强、人才强的通道，加速先进适用农业科技成果的转化推广，为实现乡村全面振兴提供强有力的科技支撑和决策支撑。

（二）推进联盟建设是农业科技体制改革和机制创新的重要探索

联盟是在现有科技管理体制下，探索农业科技协同攻关的重大机制创新。大力推进联盟建设，有利于打破各专业、学科、区域和单位界限，形成科学合理的协同创新布局，培育多元创新主体，构建一流的学科和团队，建成有利于调动各主体积极性的共建共享共赢平台，最大限度激发涉农企业以及中央、省、地市各级农业科研机构和高等院校的创新创业热情，加快解决事关国家战略需求和产业竞争力提升的农业重大科技和产业问题。

（三）推进联盟建设是完善农业科技创新体系的有效途径

联盟通过创新任务牵引、资源共享、实体运维、市场驱动等机制，打通从基础研究、应用研究到技术开发和产业化的通道，补上科技成果集成孵化、转移转化的短板，有利于加快解决科技与产业“两张皮”、创新链与产业链价值链脱节等问题，促进科技、产业、人才、资本等创新要素深度融合，助力构建与农业科研特点和规律相适应、与农业科技进步和产业变革相衔接、与建设农业科技强国目标相匹配的新时代中国特色农业科技创新体系。

二、总体要求

（一）指导思想

以习近平新时代中国特色社会主义思想为指导，牢固树立和深入贯彻新发展理念，以国家重大战略需求、区域重大需求和现代农业产业重大需求为导向，以实现农业产学研深度融合为目标，坚持把联盟建设作为推动农业科技创新的重要抓手，集聚各类创新资源，激活各类创新要素，构建高效创新机制，突破关键技术瓶颈，形成协同创新合力，加快构建一批产学研用一体化的创新联合体（新型研发机构），有力带动全国农业科技整体跃升，为实施乡村振兴战略和实现农业农村现代化提供强有力的科技支撑。

（二）基本原则

产研深度融合，市场导向驱动。以产业问题和市场需求为导向，围绕产业链布局联盟创新链，以联盟实体化、一体化等方式集聚科研院校、企业等各类创新主体力量，形成全产业链、全要素、全过程集成创新和转化应用的格局，推动现代农业产业发展。

质量效益并重，主攻目标聚焦。适应农业高质量发展和提升国际市场竞争力的要求，围绕农业产业转型升级和提质增效的现实需求，聚焦专业性、产业性、区域性重大关键问题，为产业或区域发展提供综合解决方案，着力提升产业质量效益竞争力。

协同创新发展，多方齐力参与。充分发挥企业在联盟主攻目标、组织实施、研发投入、成果转化等各环节的主导作用，充分依托科研院校源头科技创新、基础条件平台和人才智力支撑，积极鼓励新型农业经营主体参与成果推广应用，形成各方面支持、多学科协同、全链条联合的产业科技协同创新机制。

加强引导激励，促进内生发展。充分发挥政府专项投入的撬动效应和社会金融资本的拉动作用，在联盟内部积极推动落实放活机构、放活成果、放活人才等激励政策，引导科技人员在院校与企业之间自由流动、兼职兼薪，促进最新研发成果在联盟内部快速转移、优先转化，建立优势互补、互利共赢机制，打造有利于联盟健康持续发展的内生动力。

（三）总体目标

建设一批产业特色明显、发展方式绿色、各类要素集聚、机制创新鲜明、示范带动有力的联盟，基本形成层级分明、布局合理、梯次推进的全国农业科技创新联盟框架。力争联盟建设覆盖农业领域的各个专业、产业以及全国各生态区域，形成创新效率明显提升、产业带动效果显著、区域问题有效解决、协同机制运行高效的全国农业科技创新联盟发展格局。

农业产业科技创新能力显著提升。推动实现农业产学研深度融合，充分激发企业技术创新主体作用，做大做强一批具有国际竞争力的农业高新技术企业，带动相应产业集群的质量效益竞争力显著增强。

区域农业可持续发展的能力显著增强。形成华北、东北、华东、华南、华中、西南、西北等区域农业重大问题的科技综合解决方案和技术体系，并在不同农业生态区域、不同优势农产品生产区示范和推广，有效解决区域性重大产业科技问题和农业可持续发展。

农业科技资源共建共享效率显著提升。全面建成农业科技文献和农业基础性科学数据等农业信息资源的共建共享服务平台，全面提升农作物种质资源、畜禽资源和农业微生物资源等农业生物资源要素共享效率，全面实现联盟内重大科技基础设施、大型仪器设备、服务单元及试验示范基地的共用共享。

三、重点任务

（一）培育产业发展新动能，助力实现产业质量效益提升

集成熟化一批质量兴农、效益兴农的重大关键技术，瞄准优质农产品、绿色投入品、智能农机装备与智慧生产、现代渔业等领域，开展提质增效技术研发与应用，形成一系列技术、产品、标准和品牌，加快构建以企业为主体、市场为导向、产学研相结合的产业联盟，助力提升产业质量效益竞争力。

（二）聚焦绿色发展难题，实现区域农业农村可持续发展

面向东北平原区、华北黄淮麦区、长江流域稻区、西北旱作区、华南热区及西南喀

斯特区等不同生态区域的农业发展需求和生产问题，着力创建不同区域农业绿色发展技术体系，加快构建区域重大问题一揽子综合解决方案，形成一批可复制可推广的应用模式并进行定点示范与推广应用，实现区域农业农村可持续发展。

（三）推进体制机制创新，为乡村振兴科技支撑提供制度保障

建立共建共享机制，打造共建共享平台，提升农业种质、信息、大数据等科技资源全国“一盘棋”的共建共享效率。鼓励联盟以企业为主体，吸引科研院校优势团队和社会资本共同参与，打造新型研发机构或实体化联合体。围绕行业、产业和区域发展的瓶颈制约和共性难题，充分发挥联盟学科交叉、成果集成、人才集中的优势，提供“一体化”综合技术解决方案。

四、联盟的建设与管理

（一）联盟分类

联盟实行分类建设与管理制度，国家农业科技创新联盟框架包括专业性联盟、产业性联盟和区域性联盟。

专业性联盟是指围绕科技资源共建共享、解决专业领域重大共性问题的创新联盟。产业性联盟是指解决重大产业发展问题、实现产业链上中下游紧密衔接的创新联盟。区域性联盟是指通过协同解决区域重大关键问题，促进区域农业农村高质量、可持续发展的创新联盟，以及各省（自治区、直辖市）政府组织本省（自治区、直辖市）各级各类农业科技创新机构开展协同攻关而成立的省级农业科技创新联盟。

（二）联盟创建

除政府部门外，凡承认国家农业科技创新联盟章程，认可联盟定位、职责及义务，并符合相应条件的农业科研机构、高校、企业、新型研发机构等单位，均可提出创建联盟的申请。

1. 建设条件

（1）专业性联盟一般由中央或地方科研单位、涉农高校，新型研发机构等牵头组建。牵头单位应在基础前沿领域具有显著优势，或在产业关键共性技术研究领域具有显著优势，或在基础性长期性科技工作方面具有深厚积累。

（2）产业性联盟一般由省级以上农业产业化龙头企业，中央或地方科研单位、涉农高校，新型研发机构等牵头组建。牵头单位在研发投入、研发团队、条件平台及发明

专利等方面，在全国具有显著优势，或在本产业领域具有领先的市场竞争优势、显著的品牌影响力或国际竞争力。

（3）区域性联盟一般由中央或地方科研单位、涉农高校牵头组建。牵头单位应在我国主要农业生态或生产区域重大问题研究方面具有显著优势。省级联盟以省级农业（农牧、农林）科学院、涉农高校牵头组建，重点解决本省（自治区、直辖市）农业农村发展重大科技问题。

2. 建盟申请

（1）各拟组建联盟牵头单位严格对照建盟条件，向国家农业科技创新联盟办公室（以下简称联盟办）提交联盟创建申请，通过联盟办形式审查后提交国家农业科技创新联盟秘书处审核。

（2）通过审核的联盟与联盟办签订联盟创建协议后开展试运行。创建协议应有明确的创新任务、创新目标、创新团队、创新资金和考核机制，并提出核心任务评估指标。创建协议及相关材料须报农业农村部相关司局备案。

（3）各联盟要建立有效的决策、咨询与执行机制，明确其对外承担责任的主体。联盟执行机构应配备专职人员，负责有关日常事务。

（4）试运行期间的联盟，可使用“国家×××农业科技创新联盟”的名称和标识开展相关活动，但须严格遵守创建协议相关条款。

（三）联盟管理

联盟办按照创建协议，对各联盟的组织建设与运行管理进行监督考核。

1. 联盟评估

（1）联盟办委托第三方评估机构，依据联盟章程和创建协议等，对各联盟建设和运行情况进行评估。

（2）试运行联盟组建两年内须参加评估。评估结果分为认定、整改和退出三类，并报国家农业科技创新联盟理事会审议。无故不参加评估的联盟将视为自动退出。

（3）通过评估的联盟，由农业农村部发文予以认定，并纳入国家农业科技创新联盟序列正式运行，可使用“国家×××农业科技创新联盟”的名称和标识开展相关活动。认定联盟原则上每三年评估一次，每年底须向联盟办提交建设运行进展报告。

（4）经评估退出的联盟，不得以国家农业科技创新联盟名义开展任何活动，不得使用“国家×××农业科技创新联盟”名称和标识。

（5）经评估需整改的联盟，一年后须参加下次评估，根据评估结果予以认定或退出。

2. 联盟机制

（1）运行发展机制。联盟应根据其不同类型特点，以强化深度协同协作、提高共建共享效率、推进联盟实体化运行、提供一体化解决方案为核心目标，大胆探索、积极创新联盟高效运行机制。

（2）利益保障机制。联盟协同创新产生的成果（技术、产品和模式等知识产权）应按照联盟章程或协议约定的权利归属、使用许可和收益分配办法执行，要强化违约责任追究，保护联盟成员的合法权益。

（3）开放合作机制。联盟应根据自身发展需要，及时吸纳新成员，定期开展与外部组织的交流与合作，并将联盟通过协同攻关形成的各类成果向联盟外扩散。

五、保障和支持

（一）加强组织领导

农业农村部负责牵头统筹推进联盟建设工作，研究解决联盟建设中的重要事项，建立健全联盟建设各类管理规章制度。联盟牵头单位所在地方或单位要健全联盟建设工作协调机制，把联盟建设作为推动产学研深度融合、提升产业质量效益竞争力的重要手段，与本地本单位相关工作统筹推进。

（二）加强支持保障

鼓励联盟根据其定位与使命，通过牵头单位或主要依托单位联合申报、成立实体化机构（新型研发机构）等方式，获得国家有关部门或地方科技专项支持，或承担国家和地方相关部门委托任务。引导和鼓励联盟内企业加大研发、孵化、推广投入力度，发挥主导作用，并吸引其他社会力量、金融资本共同参与联盟建设发展。

（三）加强典型引领

及时总结、积极推广联盟建设发展的新成效、新进展和新机制，充分调动各方面的积极性，营造联盟建设发展的良好创新创业生态。培育壮大一批联盟发展的新标杆、好样板，认真总结提升，加强观摩交流，广泛宣传推广，充分发挥联盟在促进产学研深度融合、带动产业或区域发展中的示范引领作用。

中国农业科学院　北京大学
战略合作协议书

甲方：中国农业科学院

乙方：北京大学

一、合作基础与合作背景

甲方是国家综合性农业科研机构，担负着全国农业重大基础与应用基础研究、应用研究和高新技术研究的任务，致力于解决我国农业及农村经济发展中基础性、方向性、全局性、关键性的重大科技问题，在推动农业科技创新、服务地方经济、培养高层次科研人才、促进国际科技交流合作等方面发挥重要作用。甲方始终全面贯彻落实中共中央、国务院关于农业、农村与农业科技工作的方针政策，按照习近平总书记致中国农业科学院建院60周年贺信要求，坚持“三个面向”为引领，带领全国农业科技力量，为我国农业科技率先跨入世界先进行列奠定了坚实的基础，为保障国家粮食安全、促进农业农村经济发展做出了重要贡献。

乙方是我国最著名的文理工医的综合性大学之一，位列“世界一流大学和一流学科”“211 工程”“985 工程”，在学科建设、人才培养、师资队伍建设、教学科研等各方面都取得了显著成绩，已经成为国家培养高素质、创造性人才的摇篮、科学研究的前沿、知识创新的重要基地，以及国际交流的重要桥梁和窗口。近年来，乙方大力发展农业交叉学科，着力解决农业现代化发展中的重大关键问题，实现“学、研、产、管”一体，逐步建成集理论、应用、战略、政策、规划研究和中高端人才培养和培训、咨询为一体的国际一流的农业科教机构，为国家新农村发展建设提供基础理论支撑、前沿核心技术支撑、人才队伍支撑和政策咨询支撑。

甲乙双方有责任、有义务带动我国农业科技整体实力率先进入世界先进行列，为实现习近平总书记提出的“面向世界农业科技前沿、面向国家重大需求、面向现代农业建设主战场，加快建设世界一流学科和一流科研院所，推动我国农业科技整体跃升”以及“办出中国特色世界一流大学、培养社会主义合格建设者和接班人”的期望和要求作出贡献。

为进一步深入贯彻实施科技强国战略和乡村振兴战略，致力于解决我国农业及农村经济发展中基础性、方向性、全局性、关键性的重大问题，深化双方战略合作，经友好协商，达成本协议。

二、合作目标与原则

甲乙双方以“优势互补、资源共享、协同发展、互利共赢”为原则，通过开展全方位的务实合作实现“强强联合”。甲乙双方将瞄准“服务产业重大科技需求、跃居世界农业科技高端”的目标，联合解决我国现代农业发展重大科技问题，培养农业高层次科研人才，合力打造国家“三农”高端智库，为实现我国食物安全、生态安全和全民健康提供强有力的科技支撑。

三、合作内容

（一）支持现代农学院建设

（1）开展学科领域结对。聚焦乙方现代农学院现有四类学科方向，鼓励甲方各相关研究所相关团队与乙方现代农学院相关团队（课题组）结对共建，聚焦创新研究交集，明确学科共建任务，开展长期稳定合作。

（2）开放共享科技资源。甲方相关领域的国家重大科学工程、国家重点实验室、国家工程技术中心（工程实验室）、国家科技基础条件平台等重大平台资源向乙方现代农学院开放共享，为乙方现代农学院可持续发展和核心竞争力提升提供条件能力支撑。

（3）加强学术人才交流。依托国家农业科技创新联盟等平台，联合举办农学相关国际国内论坛和会议，支持乙方现代农学院扩大交流合作领域，共同推进农业科技与人才“引进来”和“走出去”；构建人才交流机制，互派青年学者，并依托高层次人才优势为有潜力的青年人才互配成长导师，进行“一对一”学术指导。

（二）科技协同创新

（1）聚焦攻关方向。双方发挥各自科技优势，包括针对农业科学相关重要基础问题解析和育种应用、现代农业与农村经济转型政策研究、现代农业信息与大数据研究、全球背景下的绿色农业与区域农业可持续发展研究、现代农业与食品营养以及食品安全研究等，开展国家层面联合攻关，联合科研创新，国际团队组建与合作。

（2）创新合作机制。构建实体化现代农业协同创新中心，并将其纳入中国农业科学院科技创新工程建设和北京大学世界一流大学建设，在科学研究及人才培养上给予指导与支持，在资源配置、硬件建设、机构设置等方面予以充分的保障。

（3）设立联合研发项目。构建院校深度合作的协同机制，在农业基础研究、前沿交叉等领域共同设立联合研发项目，资助双方的相关团队特别是青年科学家联合申报，开展协同攻关。

（三）合力打造国家“三农”高端智库

充分发挥双方在农业宏观战略研究领域研究优势和影响力，依托甲方战略研究中心（中国农业发展战略研究院）以及乙方经济学院、光华管理学院、国家发展研究院和现代农学院，汇聚农业农村智库研究领军人才，共同建立联合协作的咨询决策平台，共享双方现有智库平台。围绕农业农村发展全局，合作开展重大战略问题研究，联合发布智库报告，共同举办高端智库论坛，为国家“三农”事业发展和乡村振兴战略实施，加快推进农业农村现代化提供决策建议。

（四）研究生联合培养

按照国家研究生招生有关规定，依法依规开展联合培养工作。加大乙方优秀本科生推荐免试接收工作政策倾斜力度，在博士招考方面采用“申请—考核制”加“推荐制”吸引乙方硕士生源；双方向教育部①共同申报联合培养博士研究生专项计划，开展博士研究生联合培养工作；推进双方的研究生课程互选与共认，基于团队与科研合作的研究生培养资源共享与基地共享；甲方支持乙方对口专业的本科生、硕士生、博士生、博士后以访问或实习的形式到甲方各研究实体或基地开展实习实践。

四、保障机制

完善院校合作工作机制，由双方主要领导牵头，建立院校合作高层工作会商机制，定期通报合作情况，研究重大合作事项。

双方在人员、经费、资源等方面共同为合作开展提供保障支撑。

双方分别确定由中国农业科学院科技管理局和北京大学国内合作委员会办公室为院校合作的协调与具体落实部门，负责具体组织、联络与协调。

五、其他事项

本协议旨在明确双方的战略合作框架，并为具体合作事项和具体合作协议的订立提供基础和指导性原则。在此原则基础上，本协议中涉及的平台共建、技术转让、知识产权归属等事宜，可另行签订协议。在具体项目正式签约前，可据本协议开展工作，促进各类项目的推进。

---

① 中华人民共和国教育部，全书简称教育部。

双方严格遵守国家相关的保密规定，明确职责，共同做好合作中的保密工作。开展合作时有关保密的具体要求按项目合同规定的保密协议执行。

本协议自双方签字盖章之日起生效，有效期五年。协议期满后，可由双方协商续签。

本协议一式四份，双方各持两份，协议未尽事宜，双方另行商定。

甲方：中国农业科学院　　　　乙方：北京大学

签字：　　　　　　　　　　　签字：

签约日期：2020 年 9 月　　　签约日期：2020 年 9 月

三、科技成果转化与推广

中国农业科学院
2020年科技兴农工作总结

2020年，在农业农村部的正确领导下，中国农业科学院深入贯彻“四个面向”重要指示，全面落实“两大基石”战略布局，面对突发疫情不利形势，不忘初心，牢记使命，紧紧围绕脱贫攻坚、保障国家粮食和重要农产品供给安全、高标准农田建设、农民收入增加、乡村人居环境建设等任务开展了一系列卓有成效的技术咨询、科技培训、成果推广应用等科技兴农活动，推进科技成果转化应用，促进科技与产业有效结合，为打赢脱贫攻坚战和乡村振兴战略全面实施提供了强有力的科技支撑。

全院共推广新品种561个，推广新产品297个，推广新技术569项，推广总面积3.5亿亩，推广畜禽新品种及相关技术约6亿头（羽），举办科技培训和技术咨询活动4 581场次，线上线下培训技术人员、种养大户、新型农民等60余万人次，发放技术资料30余万份。玉米机械籽粒收获高效生产技术等4项技术和产品入选2020年中国农业农村重大新技术新产品。

一、强化农业科技支撑，落实“藏粮于地、藏粮于技”战略

我国农业主要矛盾已经由总量不足转变为结构性矛盾，粮食安全形势依旧严峻。通过科技创新解决当前农业生产中的难题，让科技力量为内涵式现代农业发展之路提供良好支撑成为有效途径。

（一）依靠技术集成支撑，提升粮食及农业综合生产力

依托院“藏粮于技”项目大豆精准栽培任务，通过定向集成大豆体系多年来研发的“轮作、种子接种包衣、免耕覆秸精播、合理密植定产定肥、病虫草害绿色防控和全程机械化技术”，运用适期补肥结合精准灌溉技术进行大豆高产攻关。院德州实验站冬小麦—夏玉米绿色高产创建定位研究平台，以绿色高效增值肥料—高产品种—宽幅精播—全程平衡施肥为核心，创建了冬小麦—夏玉米一体化超高产绿色增产模式，开展整建制大面积高产示范，实现全年粮食亩产超1 500千克、化肥增效、减量、环保新目标。根据国家现代小麦、玉米产业技术体系水分生理和节水栽培岗位任务的要求，分别在焦作广利灌区、许昌黄淮井灌区和新乡引黄灌区建立小麦、玉米高产高效创建基地，通过土壤深松耕作、密植栽培、水肥高效利用等关键技术集成，2020年农田灌溉用水亩均

减少 12.8%，氮肥投入减少肥料 21.5%，增产 16.7%，氮肥偏生产力提高了 40.3%，节水、省肥、增产效果显著。

针对棉花生产中遇到的用工成本高、棉花机械采用农艺性状改良难度大等实际问题，进行适宜机采的棉花新品系的培育，培育出始果枝节位高、吐絮集中、株型较紧凑、品质达到“双 30”的陆地棉新品系 3 个，选育出的高始果枝节位的海岛棉新品系在遗传鉴定中。因地制宜制定出一套轻简化植棉模式，并引进免打顶技术，引进缩节胺、氟节胺等产品，并辅之配套技术。在新疆生产建设兵团第一师、第二师、第三师、第五师、第七师、第八师，以及昌吉市、精河县、莎车县、温宿县、巴楚县开展优质棉品种高产创建工作。北疆特早熟高产地块籽棉产量达 508.8 千克/亩，早熟棉区高产地块籽棉产量达 543 千克/亩，较周边地块增产 5%左右。在特早熟推广示范“宽早优”栽培模式，解决风险棉区棉花品质问题，相继通过《“宽早优”机采棉品种标准》《“宽早优”优质机采棉化学调控与脱叶催熟技术规程》《“宽早优”机采棉有机肥替代部分化肥技术规范》等地方标准。

围绕协同创新推动我国营养型农业科技创新和产业发展关键问题，开展了富含微量营养素以及健康功能因子的营养型农业种质资源鉴定和新品种培育、生物有效性评价、绿色生产、食品加工、效益评估和技术平台建立等科研任务，为促进健康中国和乡村振兴发展战略提供有力技术支撑。

（二）围绕高标准农田建设，加强耕地质量保护与提升

按照国办《关于切实加强高标准农田建设提升国家粮食安全保障能力的意见》，推进农田建设、监测、评价和管理的数字化改造，利用数字技术推进农田建设的统一规划、统一标准、统一建设、统一监测、统一监督评价，建立大数据驱动的农田建设综合监管服务新模式，推进数字管理、数字决策、精细服务，完成平台建设、调试、试运行。针对高标准农田建设中存在的问题以及现有高标准农田监测评价指标不明确等问题，受农业农村部农田建设司委托开展了高标准农田耕地质量监测评价指标的调研和指标体系建设，先后在南方（江苏）、西北（甘肃）、东北（吉林）等地，就不同区域的共性指标与区域指标进行了现场考察与研讨，并发放了全国 31 省（市、区）的高标准农田耕地质量监测评价指标调查问卷，明确了不同区域共性指标与区域指标，建立了“*N*+*X*”全国高标准农田监测评价指标体系，报交农业农村部农田建设司。围绕农业节水化与高效用水技术，在河南、四川、宁夏等省区深入调研基础上撰写完成了《关于国家高标准农田建设与管理工作的意见和建议》《河南省高标准农田建设工作意见和建议》报交农业农村部和河南省政府。

依照农业农村部实施耕地质量保护与提升行动任务，在陕西杨凌、上海自贸区、辽河流域、海南自贸区（港）等地进行了耕地治理现场勘查、调研、采样分析与划拨耕地质量等级评定等工作，撰写了《陕西省耕地耕层保护与利用调研报告》《中国（上

海）自由贸易试验区临港新片区先行启动区域永久基本农田调整补划耕地的质量评定报告》《辽河流域生态恢复调整补划永久基本农田耕地的质量评定报告》《海南自贸区（港）重点片区及重大建设项目占用永久基本农田调整补划耕地质量评定报告》等报告，有效推动了耕地质量评定、保护与提升。

二、充分发挥科技优势，为脱贫攻坚贡献农科力量

全院深入学习贯彻习近平总书记脱贫攻坚重要理论和中央决策部署，按照农业农村部产业扶贫工作要求，以“脱贫攻坚主战场在哪里，中国农业科学院专家团队就到哪里”的担当精神，把产业扶贫作为全院工作的大事要事，立足于贫困地区经济发展的实际需求，面对突发新冠肺炎疫情，全院科技人员迎难而上，凝心聚力，信息化手段与现场帮扶相结合，有序推进贫困地区复工复产，聚焦农业农村部5个定点扶贫县、中国农业科学院4个科技扶贫示范县、“三区三州”89个深度贫困县，坚持农科帮扶方式，采取得力举措，将疫情影响降到最低，完成全年扶贫任务，形成可复制、可推广的4种科技帮扶模式，全力以赴完成科技扶贫目标任务，为确保如期打赢脱贫攻坚战、决胜全面建成小康社会贡献了科技力量。

（一）强化工作部署，完善工作举措

制定《2020年科技帮扶重点贫困县工作方案》，进一步明确帮扶内容、工作举措。召开全院脱贫攻坚调度视频会，院长唐华俊作重要讲话，院党组书记张合成主持会议，全体院领导、所长、党委书记等160余人参加，大会要求进一步聚焦国家挂牌督战县，力争将疫情影响降到最低、完成全年扶贫任务。

（二）拓展服务领域，拓宽帮扶模式

根据突发疫情，全院积极开辟网络在线服务模式，线上线下模式相结合多渠道全方位开展科技培训、咨询服务和技术指导。通过中央电视台《开讲啦》节目，介绍智能植物工厂技术与发展历程，让更多人了解未来代表农业发展方向的高效农业系统和生产方式，通过中央电视台进行植物工厂直播与移动直播，向公众进行了植物工厂技术宣传普及；参加了中央电视台“科普进农家，助农帮帮团”“田园新主张”栏目“科技帮扶大讲堂”等直播活动，为农民和农业科技人员进行了蔬菜科学种植咨询解答；疫情防控关键时期，通过“抗疫情、助春耕、保供给”专家直播课堂公益讲座，来自全国主要设施蔬菜生产一线的农业技术人员、农资经销商及菜农积极参与，逾10万人实时在线观看直播，为各地疫情期间设施蔬菜安全生产提供了有力保障；各单位通过微信、QQ、小鱼易连、Polyv直播、钉钉视频、抖音等线上网络平台，开展灵活多样的技术培

训和生产指导；为抗击新冠病毒疫情建言献策，相关专家撰写的《疫情防控期间保障“菜篮子”产品供应的建议》被中共中央办公厅、全国政协办公厅等部门采纳。

（三）突出帮扶重点，增派技术专家

聚焦 21 个未摘帽国家挂牌督战贫困县以及 5 个部定点扶贫县，围绕主导产业技术需求，深入开展科技帮扶工作。继续派专家、送技术、出主意、做示范，据不完全统计，2020 年全院累计派出 1 250余人次科研人员奔走在扶贫一线，以线上为主开展技能培训 450 余场次，培训各类人员 35 万人次，在贫困地区新建示范基地近百个，示范新品种、新产品、新技术 500 余个，推广应用 75 万亩，帮扶各类经营主体 1 650个。院党组精心选派 20 名科研骨干专家，组成西藏①农业技术服务团，分赴西藏拉萨、林芝、山南和日喀则 4 地市开展技术服务工作。专家们察实情、访民意、找症结，积极主动与地方农业农村部门对接，先后就种质资源收集和保存、新品种引进和示范、高效栽培管理技术、牛羊科学饲喂和繁育、人兽共患病防治技术、饲草料配制技术、农畜产品检测技术及合作社运营管理等，深入 4 市 39 个县（区）开展指导帮扶近百次，充分体现了农业技术服务团主动作为、勇于担当、真情付出的可贵精神。

（四）帮扶成效显著，取得丰硕成果

大批专家奋战在脱贫攻坚和乡村振兴一线。无论是雪域高原，还是戈壁沙漠，无论是田间地头，还是加工车间，专家团队走进了每一个角落，开展了形式多样的科技帮扶，充分发挥了科技在脱贫攻坚和乡村振兴中的支撑引领作用，为贫困地区脱贫致富和区域发展做出了积极贡献，取得了显著成效，涌现出了一批先进集体和个人。农业资源与农业区划研究所张金霞研究员荣获全国脱贫攻坚奖—创新奖；茶叶所肖强获四川省脱贫攻坚先进个人奖；兰兽医所驻村帮扶工作队队长黄连清荣获甘肃省先进帮扶干部；沼科所蒲小东获四川省科技特派员先进个人；兰牧药所驻村第一书记周学辉帮扶先进事迹被央视多个频道等广泛报道。作物科学研究所、蜜蜂研究所荣获全国发明创业奖—科技助力扶贫专项奖；棉花所被喀什地区行署评选为协助扶贫先进单位；蔬菜所马铃薯产业技术扶贫团队推荐申报全国脱贫攻坚奖。

三、探索科技帮扶模式，为乡村振兴提供全方位科技支撑

根据院乡村振兴科技支撑规划和行动方案，以示范县建设为重点，按照“院地共建、地方为主、支撑产业、互利共赢”的原则，创新体制机制，强化政策设计，积极

① 西藏自治区，全书简称西藏。

推进乡村振兴科技支撑行动，院属18个单位、1 000多名专家投身乡村振兴第一线，集成示范技术，培育主导产业，培训“一懂两爱”人才，打造“田间课堂”，为开启全面推进乡村振兴新局面提供了技术支撑和储备。

（一）加强调研指导，凝练主导产业

以产业兴旺为重点，先后组织中国农业科学院10余个研究所200余名专家学者多次赴示范县开展调研和指导，凝练主导产业与发展重点，着力提升示范县产业发展质量。提出打造兰考蜜瓜、蜜桃、蜜薯、奶山羊，即“三蜜一奶”特色农业品牌战略；在婺源实施“四个一”工程，即建立一个农旅研究院、打造一个油菜博物馆、实现一种四季油菜花海模式，发展一个油菜花产业链；在邛崃发展种业、蔬菜、油料、茶叶及畜禽粪污资源化利用等优势产业提升工程；在东海重点发展粮食、蔬菜、花卉、果树等特色优势产业等。

（二）强化示范引领，集成应用关键技术

在婺源建立了5个农旅结合科普示范基地，集成10余项绿色高产高效技术，在兰考示范了适宜观光采摘桃、甜瓜、番茄、黄瓜新品种，集成了“一优二改三减四提高”技术模式；在邛崃示范乡村生活污水治理与厕所革命一体化技术，着力推进美丽乡村高品位建设；在东海建设智慧农业展示示范园，引进蔬菜新品种50个、观赏花卉品种6个。

（三）开设“田间课堂”，提升内生发展动力

以打造“田间课堂”农科助农品牌为重点，着力培养“一懂两爱”农业经营者队伍，先后在8个示范县及杭州、三亚等地举办了“东海县农村电商示范培育高级培训班”“兰考县乡村振兴示范县建设果树技术培训会”“邛崃市乡村振兴培训班”等各类培训班20多期，对来自各示范县农村局、各乡镇干部、新型职业农民及新型经营主体等共1.2万余人次进行了培训，受到广泛好评，为示范县建设提供智力人才支撑。

（四）打造典型样板，注重辐射带动

通过联合攻关，打造了科技帮扶样板，形成了多所协同的阜平模式、科技驻村的临潭模式、支部共建的桦川模式、培育特色产业的紫阳模式等。带动贫困地区林果、蜂蜜、香菇、蔬菜、富硒茶、肉鸽等特色产业发展，涌现出了“林果县长”等一批科技扶贫先进典型，为乡村振兴打下了坚实基础。中央电视台《决不掉队》栏目系统介绍

了科技驻村扶贫的临潭模式，宣传了农科人的使命担当。

四、持续推进高产高效技术模式研究，强力支撑稳产保供国家重大需求

围绕区域农业高质量发展技术需求，按照“增产增效并重、良种良法配套、农机农艺融合、生产生态协调”原则，组织实施油菜、马铃薯、棉花、蔬菜、茶叶、瓜果等种植业，以及奶牛、肉羊、生猪、肉鸭等养殖业，共计 14 个产业的绿色发展技术集成模式研究与示范工作。制订工作方案，狠抓工作落实，取得新成效，为我国稳产保供提供了有力技术支撑，得到了上级领导的高度重视和国内外同行的广泛认可。

（一）集成关键技术，构建典型模式

通过试验示范，集成国内外先进实用技术 197 项，构建适合不同区域生态条件的农业绿色发展综合技术模式 61 套，建立示范基地 171 个，示范面积 89 万亩，辐射带动 716 万亩，示范畜禽 1 480万头（只），种植业平均增产 28%，节水 35%，节肥 25%，节省农药 30%，平均每亩节本增效 400 元，养殖业节本增效达 30%，有力支撑了我国稳产保供，为乡村振兴和脱贫攻坚战略提供了技术支撑，得到领导专家的充分肯定，取得了良好的经济社会效益。

（二）完善协同网络，加强技术攻关

组织院内 26 个单位、126 个团队、521 名科技人员协同攻关；院外有 260 个单位、3 000人加盟。通过广泛的协作，进一步整合了全院各研究所以及国内兄弟单位的成果、人才、平台等资源条件，完善了院内外协同攻关与成果转化机制，形成了覆盖全国主要产区的全国协同攻关网络，构建了一系列不同区域农业关键问题优化解决方案，提高了科技创新与成果转化能力。

（三）开展咨询培训，强化辐射带动

结合研究与示范工作，组织专家团队开展了农业发展战略研究，向农业农村部等上级部门和地方政府提出了 15 份有关农业产业发展建议报告，为上级部门和地方政府农业发展决策提供科学依据。结合示范基地建设和现场观摩会，开展了一系列技术服务活动，举办各种技术培训 277 场，培训农技人员、新型农业生产主体、农民等 3 万多人，发放技术资料 5. 8 万多份，有效带动提高了区域农业生产技术水平。

五、加快科技成果转化应用，支撑现代农业高质量发展

为加快科技成果转化应用，用科技创新和成果转化带动产业发展，积极推广转化应用新品种、新产品和新成果等1 500多项，推广面积3.5亿亩。

（一）新品种推广确保农产品产量和效益

小麦、玉米、水稻、棉花等561个新品种广泛推广。中麦895推广817万亩，成为我国第三大小麦品种，联合选育的小麦品种鲁原502推广606万亩，全国排名第七名；中麦578在焦作市示范测产，平均亩产达到841.5千克，创下黄淮麦区高产纪录。在新疆奇台玉米最高亩产达到1 663.25千克，打破现有1517.11千克的全国高产纪录，实现146.14千克的大幅提高，第七次刷新我国玉米高产纪录，中单111、中单8812等品种单产均超过每亩1 500千克；科尔沁区钱家店镇20亩高产示范田亩产达到1 234.88千克，创东北玉米机械粒收规模种植高产纪录。100多个水稻品种在全国40多个推广，累计推广面积660多万亩。中黄35新疆测产为416.89千克/亩，再创亩产超400千克的全国大豆超高产典型。棉花品种在新疆棉区累计推广约300万亩，其中，5个中棉所系列棉花品种入选兵团第七师2020年品种推荐目录。推广桃、苹果、葡萄、猕猴桃、李杏、石榴、樱桃、西瓜、甜瓜等瓜果新品种80多个，全年累计转化推广面积百万余亩，产生直接经济效益10亿余元。中甘系列甘蓝品种年推广面积达80万亩，实现春夏秋冬全覆盖。中茶108、中茶302、中黄1号、中黄2号、中白1号，以及联合选育的望海茶1号等优良茶树新品种推广面积约超过8万亩。

（二）新技术转化应用提升产业科技综合水平

粮食高效栽培收获、蔬菜绿色防控、节水灌溉、农业机械化等一大批先进实用技术在各自产业领域示范推广，大大提升了产业科技水平。水稻钵形毯状秧苗机插技术在黑龙江、吉林、宁夏等地年推广面积达3 000多万亩以上；玉米机械籽粒收获高效生产技术是现代玉米生产方式的关键技术环节，该技术入选2020年中国农业农村重大新技术，被遴选为“十三五”期间农业科技标志性成果；垂直智慧植物工厂技术示范推广至5省区；“引黄灌区农业绿色高效用水技术模式”在人民胜利渠灌区、广利灌区应有，累计示范推广160余万亩，实现农业直接增收效益达2.8亿元，节约涵养淡水资源超过4亿立方米，“农田多源信息采集系统”入选2020年水利部①水利先进技术推广名录；推广示范盲蝽绿色防控体系、昆虫微米波雷达、水稻抗病基因编辑等关键核心技术，大幅

① 中华人民共和国水利部，全书简称水利部。

度提高作物的产量和品质，年增经济效益超 30 亿元；“宽早优”植棉模式，创新了新疆棉区由单一“向温要棉”到“向光、温和现代装备挖潜”，实现了“良种良法配套、农机农艺融合”的技术突破；示范推广“麻育秧膜水稻机插育秧技术”400 余万亩，农户通过节本增效、增加产量等每亩增收 100～150 元，累计增收 4 亿元以上；推广桃树 3S 整形新技术、葡萄简约绿色高效生产技术、樱桃直立中央领导干修剪技术、石榴高效栽培技术集成模式、无籽西瓜高效栽培技术等瓜果新技术成效显著；推广油菜无人机田间管理技术，作业效率提升 30 倍以上，防治效果提高 20%以上，减少农药施用 20%以上，节水 90%以上，亩综合经济效益增加 200 元以上，菜籽油产地绿色加工技术及装备在陕西、湖南等地新建生产线 8 条，四季油菜花海定制技术在武汉、松滋、婺源等地逐步铺开，为进一步拓展油菜功能和实现一二三产业融合发展，促进当地油菜产业效益提升和高质量发展提供了有力支撑；集约化农田循环高效生产技术示范推广 10 000余亩；在 12 省开展茶树害虫绿色防控技术集成模式的示范推广，示范面积 6 万余亩，示范区化学农药平均减施 76.8%，茶叶平均增产 12.8%，茶叶中水溶性农药、高毒农药等高风险农药零检出；茶园生产机械化作业技术集成应用成果系统地集成了“分形而治”“动力平台+”的茶园机械化生产技术模式，累计推广面积 234 819亩，亩均增产 7%，化肥减施 10%，农药减施 20%，单位规模新增纯收益 881.19 元/亩，为茶产业发展提供了重要的装备技术支撑，极大地推动了区域农业转型升级发展。“优质乳标准化技术”入选农业农村部十大引领性技术之一，在全国 25 个省市 58 家示范企业应用。

（三）新产品示范推广助力农民增效增收

生物农药阿泰灵累计推广面积达 1 000万亩，直接经济效益 15 亿元，间接经济效益 50 亿元，位列我国单品生物农药排行榜第一。农药阿泰灵（6%寡糖·链蛋白）作物免疫调控、吉多宝（150 亿个/克球孢白僵菌）防治蓟马、冠蓝（1 000亿个/克枯草芽孢杆菌 BS208 菌株）防治气传和土传病害等年推广面积达到 2 000万亩以上，为有效防控农作物重大病虫害，保障国家粮食安全和农产品质量安全做出了重大贡献，相关产品入选农业农村部“十大科技进展”“十大新产品”。“H7N9 禽流感疫苗研发成功并大规模应用”“猪病毒性腹泻三联活疫苗研发成功并应用”，位列农业农村部“十三五”期间十大重大农业科技标志性成果。中蔬手持式精量电动弥粉机和系列微粉剂推广取得新进展，推广面积达 6 万亩，较传统喷雾施药节省 90%劳动力，化学农药减施量达到 42%，为实现设施蔬菜绿色发展做出了突出贡献；示范推广瓜果植物调节制剂和肥料等产品 30 余万亩，每亩平均收益能增收 1 000元以上，产生直接经济效益 2.67 亿元；棉花智能化管理技术体系，在新疆地方和兵团、山东、河北、江西、甘肃等棉花主产区投入使用近 200 台套；茶园害虫绿色防控技术系列产品转化推广累计约 20 万亩，天敌友好型 LED 杀虫灯创产值近 2 000万元。研发应用了无动力一体化新型堆肥厕所、太阳能干化双坑交替旱厕等系列厕改产品，和单联户农村生活污水、农村垃圾复合堆肥等一体化处理装备及以农村灰土垃圾+秸秆为填料的生活污水复合土地处理系统、农村坑塘的复合污水综合治理系统等模式，在辽宁、四川、宁夏、贵州等11个省（区）示范应用。

六、推进院地务实合作，为科产深度融合发展搭建大平台

（一）完善制度设计，明确发展目标

强化科产融合发展，重点加大服务现代农业建设主战场的工作力度，搭建中国农业科学院成果转化工作平台和载体，完成并印发了《关于深入推进科企科产融合发展的意见》《关于推进中国农业科学院科产融合发展的工作方案》，明确了绿色发展模式、示范县建设、未来农业示范园、战略咨询、科技服务等方面的重点任务与发展目标。

（二）强化院地合作，搭建转化平台

先后组织与山西、内蒙古、新疆、江苏等4个省（区）级人民政府，以及平谷、南平、安庆、延安、乌兰察布等12个地市级人民政府建立了全面战略科技合作关系，根据区域代表性、辐射带动性、地方政府积极性三统一的原则，搭建中国农业科学院成果转化和科产融合发展大平台，在战略咨询、协同攻关、共建示范基地、成果转化、技术培训、人才培养等方面开展了广泛的合作，共同促进区域现代农业农村发展，有力支撑乡村振兴与脱贫攻坚。

（三）创新合作模式，拓展服务领域

服务地方政府开展乡村振兴、农业农村大数据平台建设、“十四五”农业农村发展规划，诸如“四川省三农大数据平台建设”“抚州市十四五农业农村发展规划”“国家中原现代农业科技示范区规划”等。紧抓长三角区域一体化战略、国家城乡发展一体化综合改革试点和苏州市智慧农业国家试点等重要机遇，助推苏州市农业特色优势产业发展的科技水平，提升华东地区现代农业科技研发体系、生产体系和产业体系建设。团队牵头推进中国农业科学院华东农业科技中心（苏州）建设，与苏州、潍坊、佛山等地合作共建新型研发机构，院培训中心培训基地在南平挂牌落地。

中国农业科学院
2020 年度知识产权分析报告

中国农业科学院科研产出所形成的知识产权，主要包括专利权、植物新品种权和软件著作权，其中专利权的类型包括发明专利权、实用新型专利权和外观设计专利权；植物新品种权主要包括农作物植物新品种权和林业植物新品种权。此报告中，除知识产权转化部分涉及所有知识产权类型，其他部分均主要针对专利权和植物新品种权进行统计分析。

一、知识产权创造情况

（一）授权专利数量和质量情况

1. 发明专利授权量持续增长、实用新型专利授权量继续下降

2020 年，中国农业科学院获得国内发明专利授权数量为 1 191件，连续 10 年保持增长态势，较 2019 年增长 32.48%，较 2018 年增长 64.27%。与发明专利授权量持续增长的趋势不同，自 2019 年中国农业科学院实用新型专利授权量出现近年来的首次下降后，继续保持下降趋势。2020 年，中国农业科学院实用新型专利授权数量为 655 件，较 2019 年下降 26.98%，较 2018 年下降 46.88%。发明和实用新型专利授权数量的趋势变化，反映了中国农业科学院专利创造质量在逐步提高。

2. 国外授权专利情况

2020 年，中国农业科学院共获得经国外实质审查的授权专利 21 件，与 2019 年基本持平。从地域看，全院在美国获得授权的专利数量最多，共 8 件，其次是荷兰和澳大利亚。

3. 国内公开及授权专利质量情况

（1）发明专利申请公开的权利要求数量有所增加。2020 年中国农业科学院研究所公开的发明专利，权利要求数量平均为 7.92 个，比 2019 年有所增加。发明专利公开文本的权利要求数量整体提升，反映了中国农业科学院研究所的专利撰写水平在一定程度上有所提高。通过比较发现，中国农业科学院 11 个研究所 2020 年公开的发明专利权利要求平均数量高于 2019 年。

（2）授权专利的权利要求数量有所增加。中国农业科学院 2020 年授权发明专利

中，权利要求为 10 个以上的占比比 2019 年高 1.4 个百分点，其中，权利要求为 11~18 个的专利数量占比均高于 2019 年。从权利要求数量指标来看，中国农业科学院 2020 年授权发明专利的质量较 2019 年有所提高。

（3）授权发明专利的权利要求技术特征数量比较。与其他领域相比，生物技术领域专利的独立权利要求技术特征较少，保护范围普遍较大。部分研究所授权专利权利要求的技术特征普遍较多，且技术特征大于 60 个的专利数量占比较高，在转化运用时会面临容易规避的问题，应当予以重视。

（4）有效专利被引用次数情况。北京畜牧兽医研究所在 2004 年申请的专利“反刍动物专用微生物饲料添加剂”（CN1559261A）被公司引用次数最多，其次是南京农业机械化研究所的专利“无人机喷药的控制系统”（CN101963806A），说明这些专利在行业内具有一定影响力。

（二）获得植物新品种权概况

2020 年，中国农业科学院共有 11 个研究所获得植物新品种权 154 件，授权量比 2019 年增加了 69.23%；其中，中国农业科学院研究所作为单独品种权人，共获得品种权 110 件。作物科学研究所获得的植物新品种权最多，为 57 件；其次为郑州果树研究所、蔬菜花卉研究所和中国水稻研究所，该排名与 2019 年基本相同。

按照类别划分，2020 年全院获得的植物新品种权涉及作物类别的共 19 个，高于 2018 年（15 个）和 2019 年（18 个），作物新品种研发种类更加丰富。作物杂粮类新品种占比为 57.14%，其中，2020 年普通小麦品种授权最多（28 件），其次是水稻品种（19 件）。2018—2020 年，中国农业科学院累计获得的水稻新品种权数量最多（60 件），其次是普通小麦（52 件）、大豆（28 件）、玉米（26 件）等。

二、专利保护情况分析

（一）有效专利整体质量有提升

截至 2020 年 12 月 31 日，中国农业科学院国内有效专利总数为 8 403件，其中发明专利占比为 63.94%，较 2019 年提高近 6 个百分点，较 2018 年提高了 9 个百分点；实用新型专利占 35.55%，较 2019 年下降 7 个百分点，较 2018 年降低了 9 个百分点。中国农业科学院有效发明专利占比持续提高、有效实用新型占比下降的趋势说明，中国农业科学院有效专利的整体质量稳步提升。但与国内外一流高校院所有效发明专利占比普遍在 80%以上的水平相比，还存在一定差距。

（二）专利保护维持期限情况

截至 2020 年 12 月 31 日统计数据，中国农业科学院有效发明专利保护平均维持期限是 63. 46 个月（约 5. 3 年），较 2019 年（65. 84 个月，约 5. 5 年）缩短了 1. 4 个月，这与中国农业科学院 2020 年当年授权发明专利数量占比较多有关；而实用新型专利平均维持期限为 37. 45 个月，较 2019 年（34. 53 个月）延长了近 3 个月。

（三）发明专利在国外的保护情况

经检索，截至 2020 年 12 月 31 日，中国农业科学院进入国家数量超过 5 个（即同族国家数量大于 5 个）的授权专利共 12 件，其中，10 件仍维持有效，2 件已失效。同族国家数量最多的专利是作物科学研究所获得的授权专利“培育具有不同木质素含量的转基因植物的方法”（CN109694877B），共进入 9 个国家申请专利保护。

三、知识产权运用情况

（一）知识产权转化收入情况

2020 年，中国农业科学院科技成果转化收入为 12. 2 亿元，其中有 26 个研究所实现了知识产权转化，转化金额共计 44 407. 60万元。知识产权转化收入占科技成果转化总收入的 36. 40%，比 2019 年提高了 6 个百分点，说明知识产权在全院科技创新和成果转化中的作用继续提升。

转化的知识产权共计 410 件，其中，转化金额大于 200 万元的共计 45 件，占 10. 98%，涉及单位主要有哈尔滨兽医研究所、兰州兽医研究所、蔬菜花卉研究所、油料作物研究所等。

（二）专利转让、许可和质押情况

通过外网专利数据库检索，2020 年期间，中国农业科学院共有 225 件专利权或专利申请权转让，其中发明专利转让研究所涉及 15 个，实用新型专利转让研究所涉及 5 个；转让的专利中，发明专利占 92. 00%。从转让专利的法律状态看，发明专利授权后转让（即专利权人转让）占比 87. 55%，发明专利公布后转让（即专利申请权转让）占比 11. 48%。2020 年，我国专利质押总金额达 1 558亿元。

四、主要问题及建议

根据以上数据统计分析，2020 年中国农业科学院在知识产权创造保护运用方面取得了一定成效，如授权专利的整体质量持续提升、专利平均维持年限逐渐延长、涌现出一些典型高质量专利等。同时，还存在以下几点突出问题：一是在国外申请的非实质审查即授权的专利较多，例如部分单位申请多项澳大利亚创新专利，说明部分科研人员仍缺乏对国外授权专利的实质性认知，存在功利性、盲目性，造成不必要的投入浪费。二是 PCT 途径的国外授权专利占比低，布局国家数量少，与世界一流科研院所高校差距较大。三是授权专利中，发明专利占比仍较低，发明与实用新型专利授权比例仍需进一步调整完善，同时，高价值专利占比较低。四是备案许可专利数量和占比仍较少，成果转化操作程序和流程有待进一步规范。五是知识产权转化效益和转化率有待进一步提高。

针对上述问题，为提高中国农业科学院知识产权创造保护运用及管理水平，提出以下建议。

1. 进一步完善知识产权类成果考核评价机制

加快建立以知识产权转化绩效为重要指标的科技创新考评体系，中国农业科学院人事部门、科技管理部门和成果转化部门的人才、项目和成果考核评价机制实现有效衔接，逐步建立科技创新工程经费、基本科研业务费等与成果转化收入挂钩的机制。研究所评价中，在 2020 年取消实用新型专利、非实质审查国外授权专利加分的基础上，进一步完善考核评价机制，增加高价值专利的分值，逐步建立以知识产权累计转化率、转化实际财务收益等科学指标相结合为导向的考核机制。

2. 加强重点核心关键技术知识产权布局

建立知识产权人才队伍体系。在院层面，应组建知识产权专业队伍，通过建设院知识产权服务中心，从社会上招聘相关的专业人才，结合农业领域的专业需求和特殊情况，为研究所和科研团队提供专业性的咨询与服务。在研究所层面，应加强培养和引进知识产权专业管理人员，建立重点核心关键技术的及时披露和评估机制，监督监控代理机构的服务质量，弥补知识产权代理机构的服务缺失。在团队层面，应设立知识产权专员，在院知识产权专业团队的指导下，针对重点核心关键技术的知识产权，防止关键技术知识产权流失、申请质量低、布局不合理等问题。建议院级及各单位设立专项资金支持重点核心关键技术的知识产权布局，特别是需要通过 PCT 申请在多国布局的技术。

3. 提升知识产权保护意识

将知识产权意识培训纳入中国农业科学院及各单位的人员培训体系，在新职工入职培训、科研团队首席培训及各级领导干部培训中，增加有针对性的知识产权培训内容，提升中国农业科学院全体职工知识产权意识水平。完善中国农业科学院研究生知识产权课程，将知识产权课程列为部门工科研究生的必修课程，完善现有知识产权选修课程体系内容，提升研究生科研过程的知识产权意识水平。鼓励并支持中国农业科学院有条件的研究所开展知识产权管理标准体系认证工作，提升各部门知识产权意识水平和运行能力。

4. 拓展知识产权运用转化路径模式

制定更有利于知识产权类成果转化的政策制度，包括利益分配比例、奖励报酬制度、考核评价制度等。鼓励院属研究所以专利许可方式进行转化，充分利用普通许可、独占许可、排他许可、开放许可等多种类型，拓展不同的实施转化形式，最大限度将财政支持的科研成果回馈社会公众，造福人民。鼓励支持以知识产权作价入股形式实现转化，促进中国农业科学院知识产权为企业融资发挥作用。

中国农业科学院2020年试验基地工作总结

2020年，中国农业科学院试验基地以“四个面向”重要指示为指引，全面落实“两大基石”战略布局，密切围绕中国农业科学院关于加强科研试验基地管理的若干意见和试验基地“十三五”发展规划，强化调研，创新方式，汇聚资源，推进了“建设一流基地、支撑科技创新、服务区域发展”工作。现将2020年的工作情况总结如下。

一、进一步完善基地布局，为科研创新提供优良环境

截至2020年年底，中国农业科学院共有科研试验基地122个，分布在除重庆、贵州、陕西、宁夏、港澳台地区以外的27个省（区、市），遍及除农经所、信息所、营养所、都市所之外的30个直属研究所，占地总面积10.07万亩，其中院所部分或全部拥有土地使用权证的基地98个，产权土地面积5.01万亩，产权建设用地5 753亩。

（一）院级综合试验基地5个

院级综合试验基地5个，分别由院牵头管理、协调管理或委托管理。

院牵头管理综合试验基地3个。北京南口中试基地占地844亩，由作科所、蔬菜所、牧医所、环发所、蜜蜂所、饲料所、加工所、质标所8个研究所长期入驻科研工作，院牵头管理，后勤服务中心具体管理。河北廊坊园区占地2 000亩，由作科所、蔬菜所、畜牧所、饲料所、生物所、资划所、质标所、营养所、草原所、特产所10个研究所长期入驻开展科研工作，院牵头管理，后勤服务中心具体管理。河南新乡综合试验基地占地4 347亩，由作科所、植保所、环发所、灌溉所、郑州果树所5个研究所长期入驻开展科研工作，院牵头管理，灌溉所具体管理。

院协调管理综合试验基地1个。海南南繁综合试验基地位于海南省乐东、陵水、三亚等地区，占地1 416亩，由作科所、生物所、棉花所、水稻所4个研究所长期入驻开展科研工作，各所管理为主，院里提供政策协助。

院委托管理综合试验基地1个。新疆昌吉综合试验基地占地2 050亩，2019年由作科所、植保所、蜜蜂所、加工所、生物所、灌溉所、棉花所、油料所、麻类所、果树所、郑果所、兰牧药、沼科所13个研究所的28个团队入驻开展科研工作，委托西部中心进行统一管理。

（二）研究所试验基地 117 个

研究所试验基地 117 个，由院属单位在有关规划和管理制度的指导下自主直接管理，2020 年研究所试验基地总数增加 4 个。

2020 年院批复作科所、蔬菜所、牧医所、麻类所、果树所、郑果所 6 个研究所新建试验基地 9 个。

（1）中国农业科学院作物科学研究所东营基地。基地位于山东省东营市，共占地 1 000亩，其中建设用地 10 亩，田间设施用地 10 亩。该基地是集科学试验、成果展示、中试转化为一体的综合性试验基地。建立以来，作科所与示范区共同投资，在配套设施、水利修缮、环境建设、农田改造四个方面实施修缮，已初步具有了田间试验的基本条件。

（2）中国农业科学院蔬菜花卉研究所寿光基地。位于山东省寿光市洛城街道，已取得不动产权的土地 275 亩，其中建设用地 30 亩，该基地是一个蔬菜新品种选育与示范的专业性基地。

（3）中国农业科学院蔬菜花卉研究所兰陵基地。位于山东省临沂市兰陵县兰陵农场，已取得不动产权的土地 313 亩，其中建设用地 10 亩，该基地是一个蔬菜植物保护的专业性基地，致力于设施蔬菜重大和新发病虫害智慧化诊断与发生预警、致害成灾规律定位监测、蔬菜抗病虫遗传调控院里与抗性基因持久利用途径，设施土壤连作障碍发生机制及其微生物组的服务功能，以及绿色防控新技术研发与产品开发、示范与技术推广。目前正在申请国家植物保护临沂观测实验站建设项目。

（4）牧医所内蒙古乌拉盖试验基地。位于内蒙古乌拉盖，现已完成合作协议签订，约 50 亩建设用地已完成划拨手续，产权为牧医所，剩余 50 亩正在办理，1 100亩农业设施用地已到位。

（5）中国农业科学院麻类研究所楚雄工业大麻联合研发中心（暂定名）。位于云南省楚雄国家高新区富民产业园（生物产业加工基地）内，已于 2020 年获得划拨建设用地 20 亩，已办理国有土地使用证。同时政府将出面流转集中连片的田间试验用地 200 亩。

（6）中国农业科学院果树研究所栖霞苹果试验站。位于山东省烟台市栖霞市，已获得划拨建设用地 20 亩，栖霞市为试验站长期无偿提供 300 亩试验用地。试验站集科技创新、成果展示、技术推广、人才培训与学术交流于一体，兼具新品种培育和老品种试验筛选、科技培训、新技术研发与技术推广。

（7）中国农业科学院郑州果树研究所兰考试验基地。由兰考县人民政府无偿划拨 26 亩建设用地（目前手续还在办理中）及 660 亩试验用地（租期 30 年）。基地以桃、葡萄、猕猴桃、李杏、西甜瓜等为研究对象，按照“共建、共管、共享”的原则，重点开展特色瓜果绿色发展技术集成模式研究、示范与推广等工作，致力于打造黄淮海地区的科技创新与成果转化平台，辐射带动区域现代果业的发展。兰考县将积极创造有利条件、营造良好环境，高效率、高质量地为基地的建设、科研等工作服务。

（8）中国农业科学院郑州果树研究所沂南试验站。位于山东省沂南县岸提镇，共占地 185 亩，其中划拨建设用地 5 亩，无偿使用试验用地 180 亩。该基地是集新品种、新技术、新模式试验示范、科技成果转化、人才培养、科普教育为一体的现代化试验站。

（9）中国农业科学院郑州果树研究所新疆试验站昆玉示范基地。位于新疆生产建设兵团第十四师 224 团 11 连，共占地 200 亩。基地围绕南疆得天独厚的气候条件，开展苹果、梨、桃、葡萄、李、杏和樱桃等新品种新技术新模式在新疆地区的引进示范，促进新疆瓜果业发展。

2020 年核减基地 5 个。分别是棉花研究所的九江棉花试验基地，麻类研究所的泰安麻产业试验示范基地、南方饲料作物种质资源与利用科研试验基地、武陵山区萝卜与功能蔬菜研发中心，郑州果树研究所的哈密试验基地。

二、进一步改善基地设施条件，为科技创新与成果转化提供物质基础

2020 年，全院各基地有序开展了承担的基建项目和修购项目，基本完成建设内容，部分项目达到验收条件，支撑能力显著提升。全院在试验基地共投入建设资金 7. 25 亿元，在基地实施基本建设、修缮购置项目 48 个，立项金额 6. 99 亿元；其他建设项目立项金额 0. 26 亿元。全院基地全年实施项目经费 2. 82 亿元，新增建筑面积 2. 85 万平方米，新增田间设施 2. 67 万平方米，改造试验田 1 392亩，购置农机具 23 台（件），仪器设备 313 台（套）。

植保所 2020 年基地实施基建项目及修购项目经费共计 3 939万元。廊坊基地执行了植保所廊坊广阳试验基地房屋修缮及植保所廊坊广阳试验基地基础设施改造两个修购项目，目前项目正在施工收尾阶段。长岛基地建设项目已完成初步设计和概算，核定概算总投资 2 644万元，其中建筑安装工程费用 1 726万元，仪器设备购置费用 256 万元。

资划所 2020 年基地实施基建项目及修购项目经费共计 2 303万元。其中，祁阳基地承担基本建设项目 1 项，经费 847 万元，新建实验室、样品库、食堂、农机具库等建筑面积 4 161平方米，硬化道路 4 160平方米；购置仪器设备 4 台（套），农机具 4 台（件）；新增土地整理 103 亩。昌平基地承担了试验和田间设施改造项目，经费 290 万元，完成了站内东西大门改造、供暖设施改造、试验田机耕路改造、径流池改造、淋溶系统改造、气象观测场改造等的现场施工。德州试验基地实施基建项目经费 1 000万元，年度建设完成了 3 511平方米的综合实验楼 1 栋，日光温室 2 个，网室 1 个，晒场 1 个，大型土壤溶质运移渗漏池 72 个，粪肥腐熟场 1 个，蓄水池修复 1 座，长期定位试验隔断小区 180 个，以及地下灌溉管道和田间排水系统等工程。购置完成了仪器设备和农机

具 40 台套。试验站长期定位试验平台进一步加强和完善，试验土壤、植物、肥料等样品保藏数量突破 80 000份。迁西试验基地本年度完成了本试验站的修购专项项目，从基础设施改造和实验楼修缮两个方面全面对试验站进行了完善。河北平泉试验基地自筹资金 25 万元进行了锅炉改造和制袋机械化自动化改造，具备了生产菌种种源维护工作与技术示范的基本条件。

棉花所 2020 年基地实施基建项目及修购项目经费共计 1 985. 6万元。其中，郑州科研中心承担修购项目，购置安装激光扫描成像仪和透射电子显微镜，并录入共享服务平台；长江科研中心继续实施改造项目，经费 570 万元，完成望江基地田间道路硬化、水渠修缮、水肥一体化建设、晴雨晒场建设、玻璃温室建设等，验收并已投入使用，有效改善了田间实验条件；海南科研中心利用自筹资金及运行经费共 82 万元，对基地设施进行了升级和维修维护，取得大茅基地龙眼树砍伐证，增加用地 26 亩，购置大中型农机具 7 台，完善大茅基地水稻田围栏、线路，规范田间设施，改善科研人员工作和生活条件，有力保障了科研生产的日常需要；石河子综合试验站延续实施农业农村部修缮项目，经费 630 万元，建成铁艺围栏 4 005米、沥青晒场 2 086平方米、田间观察道 2 862 平方米、仓库 633 平方米、库尔勒碎石路 4 893米等；阿拉尔试验站延续实施基建项目，经费 2 800万元，实验楼、农机库、锅炉房外墙工程已完工，室内外配套设施陆续完成。田间道路、田间水渠、田间病圃已基本施工完毕，此外，基地还自筹资金全面改造了试验田滴灌系统，确保了各项科学实验的需求。

三、进一步实施重大项目，加速提升全院科技创新能力

2020 年，全院继续在基地实施国家重点研发计划、国家自然科学基金、现代农业产业体系建设专项等科研项目。以基地科研数据为支撑，全院共获得省部级以上科技奖励成果 32 项，发表高水平论文 1 798篇，审定新品种 271 个，获得授权专利 371 项，为科技创新提供坚实基础。

作科所各基地承担了国家重点研发计划、国家良种攻关，现代农业产业体系等各类项目累计 360 项（次），获得省部级奖 6 项，全年发表论文 86 篇，审定新品种 12 个，获得授权专利 11 项，对科技创新与成果转化起到了强大的支撑作用。

水稻所各试验基地全年承担实施科研项目 114 项，合同经费 1. 48 亿元，以在基地取得的科研数据为支撑，全年获国家科技进步奖二等奖 1 项、国家自然科学杰青项目 1 项、2020 年中国农业科学院青年科技创新奖 1 项。全年发表论文 407 篇，审定新品种 92 个，获得授权专利 54 项。

油料所全年新增竞争性科研项目 59 项，承担各级科研项目（课题）157 项，涉及项目类别主要有国家 973 计划、国家重点研发计划、国家自然科学基金、转基因重大专项、公益性行业科技专项、农业财政专项，以及湖北省、武汉市政府下达的地方项目等，全年到账各类科研项目经费达 7 000余万元。全年共有 31 个油料作物新品种通过省

级以上审定或登记。主持获各类科技奖励成果 2 项，包括湖北省科技进步奖一等奖 1 项，中国农业科学院青年科技创新奖 1 项。发布国家标准 1 项，国家标准物质 2 项。获发明专利 22 项，实用新型专利 3 项，软件著作权 1 项。全年发表论文 179 篇，含 SCI/EI 论文 112 篇。

四、进一步发挥科技示范推广作用，推动全院乡村振兴战略实施和科技扶贫工作

2020 年全院各试验基地结合自身特点，围绕新品种、新产品、新技术的示范推广，通过组织举办成果展示会、现场观摩会、科技培训、技术咨询以及基地开放日等形式，推广先进实用技术，培训基层管理和农业技术人员，服务区域“三农”发展，成效显著。

据不完全统计，2020 年全年在各基地共举办基地开放日 359 次，线上、线下参加人员 18. 6 万人次；举办现场会、观摩会 486 次，参加人员 4. 1 万人次；举办技术培训班 824 次，培训农民和技术人员 5. 5 万人次；推广新品种 529 个，推广新品种 925 个，推广面积 4 847万亩；新技术 156 个，推广面积 4 921万亩；推广新产品 57 个，畜禽 20 万头（羽），推广面积 46 万亩。

一是举办基地开放日活动。在新冠肺炎疫情防控常态化的形势下，主动与中小学沟通联系，结合基地的研学活动及全院的科普日活动，以线上线下相结合的形式举办基地开放日活动，全年共 359 次，线上、线下参加人员 18. 6 万人次。中国农业科学院 4 个全国中小学研学实践教育基地圆满完成 2020 年研学任务。灌溉所新乡基地利用教育部全国中小学生研学实践教育基地平台，开展 2020 年研学科普教育活动，共有新乡市友谊学校四、五年级共 111 名小学生参加活动。举办第三届农科开放日，邀请河南师范大学附属中学两百余名中学生走进实验室、试验田，领略农业丰收背后的科技力量。基因组所基地利用深圳市大鹏新区青少年科普基地、生态文明宣传教育体验中心（自然学校）、儿童友好型自然研习径、大鹏最美社区等公共服务平台积极投入对地方社会服务种。基地在 2020 年利用试验基地的油菜花及菊花盛开季节策划多场线上线下科普展示活动总参与人数超过 2 万人。

二是开展实用技术培训。各基地发挥贴近生产、靠近农民的优势，开展实用技术培训，直接提升种养大户、家庭农场、农民专业合作社等科技水平，2020 年全院基地举办现场会、观摩会 486 次，参加人员 4 万余人次。资划所祁阳站开展培训班 40 场次，现场会 13 场次，调研 29 人次，技术咨询 62 人次；累积培训基层技术人员 436 人次，种粮大户 584 人次，农民 1 442人次，发放各类培训资料 43 720份，为推动地方农业绿色增产发挥了重要作用。植保所新乡基地是河南省新型职业农民培育综合类基地、新乡市农民田间学校联盟理事成员，2020 年接待来河南多个市县组织的高素质农民培训，培训学员 140 人次。国家重点研发计划（2019YFD0300105）黄淮海夏玉米区（河

南）草地贪夜蛾监测与防控技术培训学员 280 余人次。作为大专院校科研教学实习基地，来自河南科技学院、河南农业大学等农业院校的本科生课程实习累计 50 人次基地实习培训。

三是组织技术推广。各基地面向市场、面向产业，强化了技术集成与成果推广转化力度，切实使先进实用的农业科技成果以基地为载体落地生根。2020 年全院各基地推广新品种 925 个，推广面积 4 848万亩；新技术 156 个，推广成效达 4 939万亩（头、羽）；新产品 57 个，推广成效达 45. 9 万亩（头、羽）。牧医所昌平马池口基地根据昌平农业局的要求，完成北京市生猪保供任务，全年出售育肥猪 2 900余头，为北京市生猪市场供给提供了保障；以西部肉牛种质创新基地为技术依托，平凉市承办了“首届中国牛·优质牛肉专家现场品鉴会”。该次品鉴会旨在厘清国人牛肉消费特点，筛选符合国人消费需求的优秀牛种，充分挖掘、利用我国地方特色肉牛种质资源潜力和优势，发展壮大中国黄牛产业，引导肉牛产业转型升级和高质量发展；河北廊坊牧草遗传育种试验基地，中苜系列项目新品种及配套栽培技术辐射黄淮海乃至华北地区，在河北容城、内蒙古磴口、山东东营、陕西大荔等地区推广中苜 3 号、中苜 4 号苜蓿新品种，累计推广种植面积 13 000亩。

五、进一步加强开放共享，促进资源充分利用

作科所、植保所、牧医所、蜜蜂所、饲料所、生物所、资划所、营养所、灌溉所、水稻所、棉花所、油料所、麻类所、果树所、郑果所、茶叶所、哈尔滨兽医所等共 22 个研究所共 60 个试验基地开放共享，面积达 5 296. 9亩，共享仪器设备 750 台（套），促进了基地资源合理充分利用。

资划所呼伦贝尔基地为 41 家高校、科研院所和企业等单位提供了咨询服务、技术支撑、数据支持等，服务人次 400 余人次；仪器设备开放主要涉及定氮仪、光谱仪、叶绿素仪、叶面积仪、LI-6400 光合仪、Li-8500 土壤呼吸仪等共享设备 45 余台套。平均生态监测设备单个仪器使用时长 75 小时/次，使用频率 6 次/月，使用 5 个月，总用时合计 9 750小时；数据服务情况：对外开放共享的数据集个数为 5 292 123次，累计文件访问数 5 347 884次。共享数据量达 218. 66GB。呼伦贝尔台站门户网站 2020 年截至 10 月 31 日网站访问总量 124 021人次，网站下载量 223 906. 66MB，位列第五位。呼伦贝尔学院师生来呼伦贝尔站进行课程生产实习，主要参与的实习内容包括不同利用方式草地（放牧、刈割、围封）植被调查、土壤和植物样品采集，样品室内养分、微生物生物量等指标的测定等内容。烟草所依托青岛试验基地加强与属地即墨区龙泉街道办事处沟通交流，合作共建昆虫科技馆，现已完成展馆的规划、素材收集、标本准备、教具收集等工作。依托西南试验基地，研究所与四川省烟草公司凉山州公司联合共建了凉山州院企联创烟叶技术中心，通过共建试验基地，仪器设备共享，联合承担国家烟草专卖局、四川省烟草专卖局等科研项目，针对产区科技需求，联合开展科技攻关，发挥了良

好的研究、示范与推广作用。

六、进一步规范管理工作，推进全院试验基地支撑能力取得新提升

（一）积极推动基地管理改革，加强工作指导

成果转化局研究制定《加强科研试验基地管理改革和发展的建议》，得到唐华俊院长、张合成书记肯定批复。形成《关于实行研究所新建基地报院统一审批制度的可行性研究》，为推动基地进一步发展做好了充分准备。出台《中国农业科学院加强新冠肺炎疫情防控 恢复试验基地科研生产活动工作方案》，明确“属地管理、分级分区、一手抓疫情防控，一手抓复工复产”原则和“不误科研、不误农时、不误重点工作”总要求，指导全院各所制定差异化措施，抓好基地疫情防控和科研恢复工作。制定出台《院新乡基地新型冠状病毒感染的肺炎疫情防控工作方案》，组建协调小组，落实属地责任，细化工作措施，促使院与所、院与地形成管理合力，为同类基地提供了工作范本。

（二）研究所基地管理细化深化，继续创新发展

环发所明确防控责任制、防控机制、具体措施、工作程序，安排专人记录和测量体温，防控全覆盖，平稳度过中高风险防控期，迎接各级政府检查10余次。积极响应复工复产的要求，起草《环发所顺义基地科研复工疫情防控工作方案》，保障疫情防控情况下，第一个逐步恢复科研和生产部门。郑果所基地积极探索各种新型管理机制，以激发职工干事创业的积极性，形成“规范高效、和谐奋进”的良好局面。例如，海南科研中心基地根据不同工作内容设置事业部，划块管理，按照“集中决策，分权经营”和“管运分离”原则，各事业部实行相对独立运营，全成本核算。年底依据事业部管理、服务、盈利、节本及向所财务上交技术服务费金额等综合评定，进行绩效考核，调动了每个职工的工作积极性，工作效率和经济效益明显好转，促进了基地的良性运转和健康发展。饲料所基地今年重新修订完善了基地管理制度，包括封闭管理制度，基地人员管理制度，养殖区消毒制度病死动物无害化处理制度，畜禽引入、调出制度，发生重大疫情应急方案，废弃物处理制度，粪防蚊蝇鼠病媒生物管控制度，牛羊、肉鸡、蛋鸡免疫程序、污水处理方案，开展各项生产、试验相关记录表格等，将最新的法规章程融入管理制度，与时俱进的同时兼顾操作性和可行性。

中国农业科学院 2020 年科技扶贫工作总结及 2021 年工作计划

2020 年是打赢脱贫攻坚战的收官之年。习近平总书记在决战决胜脱贫攻坚座谈会上强调，脱贫攻坚战不是轻轻松松一冲锋就能打赢的，从决定性成就到全面胜利，面临的困难和挑战依然艰巨，决不能松劲、懈怠。面对突如其来的新冠肺炎疫情，中国农业科学院迎难而上，凝心聚力，现场帮扶与信息化手段相结合，有序推进贫困地区复工复产，力争将疫情影响降到最低，全力以赴完成科技扶贫目标任务，为确保如期打赢脱贫攻坚战贡献科技力量。

一、印发通知，制订方案

为全面加快落实科技帮扶工作，为决战决胜脱贫攻坚做最后冲锋。院党组印发了《2020 年科技帮扶重点贫困县工作方案》，进一步明确了帮扶内容、工作举措和保障措施，为扎实推进扶贫工作提供制度保障。为加大产业扶贫工作力度，巩固脱贫成果防止返贫，切实为贫困地区产业发展、脱贫致富贡献智慧和力量，印发了关于做好 2020 年扶贫工作的通知和进一步推动科技助力产业扶贫的通知，对全面推进产业扶贫工作提出进一步要求。

二、会议推动，统筹谋划

2020 年 3 月 13 日，院党组召开专题（扩大）学习会，传达学习习近平总书记在决战决胜脱贫攻坚座谈会上重要讲话精神，强调突出重点、分类施策，强化产业科技支撑，有力有序做好 2020 年科技扶贫工作。

2020 年 4 月 26 日，召开了全院脱贫攻坚调度会，聚焦“三区三州”国家挂牌督战县，集结全院优势科技力量，扎实做好疫情防控常态化下的科技帮扶工作。坚持问题导向、目标导向和结果导向，力争将新冠肺炎疫情影响降到最低，做到办实事、见实效，全力以赴完成科技扶贫目标任务。

2020 年 12 月 17 日，召开全院脱贫攻坚与成果转化工作会，全面总结全院脱贫攻坚与成果转化成效，深入分析成果转化和乡村振兴面临的新形势和新任务，提出了“十四五”期间中国农业科学院乡村振兴工作的指导思想、总体目标和具体举措，对巩固脱贫攻坚成果、做好乡村振兴有效衔接做出了全面部署。

三、多措并举，全面开花

（一）开展科技服务，组织技能培训

在疫情防控常态化下，中国农业科学院积极利用信息化手段推进科技扶贫工作，聚焦贫困地区主导产业发展和技术需求，开展科技服务，技能培训，指导复工复产。据不完全统计，2020 年以来，全院派出 1 250余人次科研人员奔走在扶贫一线。全院以线上指导为主，开展技能培训 450 余场，培训各类基层技术人员和农牧民 35 万人次，助力贫困地区“稳定脱贫，绝不返贫”。

中国农业科学院 27 名专家参与农业农村部产业技术顾问工作，其中李俊雅、明军等 8 名专家围绕部定点扶贫县开展产业帮扶工作。院党组选派了 20 名科研骨干专家，组成西藏农业技术服务团，赴西藏拉萨、林芝、山南和日喀则 4 地市开展技术服务工作。搭建了“抗疫情 · 助脱贫公益课堂”，在中国农业科学院在线学习平台、国家人事人才培训网、中国青年网等媒体平台播出，向贫困地区推送生猪养殖、果树管理、棉花栽培等实用技术，已有 6 万人注册、学习。举办了农产品品牌体系建设高级研修班，围绕“农产品品牌建设”展开深入讲解，来自全国有关单位的扶贫管理人员、农业产业领头人等 40 余人参与研修，为精准扶贫和乡村振兴中的产业推动与提升提供智力支持和意识引领。烟草所专家团队多次深入四川省普格县、越西县两个国家级贫困县，深入了解烟农脱贫情况，指导烟叶采收烘烤工作，开展烤烟技术示范和产业发展咨询，助推凉山彝族自治州烟草产业发展，扎实开展促农增收与科技扶贫工作。资划所张金霞带领贵州省剑河县、纳雍县和从江县的产业技术顾问组，深入三县开展下乡调研，钻大棚、进工厂，对一线生产技术人员开展现场指导，支撑食用菌产业的持续发展。植保所、信息所、兰兽医所分别派出了专家到四川省炉霍县、西藏芒康县、甘肃省东乡族自治县和永靖县等贫困地区开展科技帮扶工作。

（二）转化科技成果，强化示范带动

为着力解决贫困地区主导产业技术难题，突破发展瓶颈，中国农业科学院将技术成果优势转化为科技扶贫动能，实施合作项目，加强成果转化，建设和完善技术集成示范基地，推动全产业链绿色发展，带动贫困地区经济发展。全院在贫困地区实施各类项目 95 个，涉及经费 3 000万元；新建示范基地近百个，示范新品种、新产品、新技术 500余个，推广应用达 75 万亩；帮扶企业、专业合作社、种养大户等生产经营主体 1 650个，为辐射带动地区脱贫，有效带动农民就业增收、农业农村发展提供新动能。

作科所牵头组织水稻所以及地方院所在黑龙江省佳木斯市桦川县举办了“中国农

业科学院‘田间课堂’桦川培训会暨佳木斯市农村实用人才技能提升活动”，围绕水稻、玉米、大豆等优质丰产关键技术，开展了技术讲解和现场示范，当地农技人员、专业合作社代表等200余人参加活动，切实为增强佳木斯市农村实用人才的整体素质与技能水平、农业科技进步提供了科技支撑。“中国农业科学院桦川科技帮扶”项目获得了第二十四届全国发明展科技助力扶贫奖。农机化所赴青海省尖扎县、西藏左贡县和拉孜县等藏区，开展马铃薯、青稞全程机械化生产技术示范和推广，各地农技人员、农机手、种植大户等200多人参加了现场活动，推进地区机械化生产水平提升。蔬菜花卉所在湖南省龙山县扩大试验示范规模，牵头组建农业农村部“龙山百合良种繁育专家服务团”对龙山百合开展全产业链技术试验示范工作，组织召开了中国（龙山）百合产业高峰论坛，先后召开现场会、培训会9场，累计参加人员2 480人次，建立实施龙山百合专业合作社示范基地50余亩，亩均节约成本、增产增效达到4 000元，取得了良好的示范效果。郑州果树所统筹经费25万元，设立了“特色瓜果提质增效示范推广”项目，针对永顺猕猴桃产业中存在的品种结构不合理、管理技术模式落后等问题，在永顺县建立猕猴桃示范园60亩，引进筛选猕猴桃优良品种10个，构建了高效栽培技术集成模式1套。基因组所持续推进新疆耐盐碱稻项目，新增1 000亩耐盐碱稻乡村文旅示范点，直接帮扶贫困户97户，助其脱贫增收，为当地打造乡村旅游提供农业科技支撑。

（三）强化党建引领，扎实驻村帮扶

全院以院党组、所党委和支部“三级书记抓扶贫”的格局为基础，抓党建，促扶贫，充分发挥党建引擎作用，坚持驻村帮扶不放松，切实为当地脱贫致富和产业发展提供稳定支撑。全院有50多个党支部与地方党支部结对共建，开展组织活动80余次。生物所充分调动创新团队和党支部力量，组织全所党员干部为西藏申扎县、尼玛县两县捐赠超声波细胞粉碎机等一批价值47万元的科研仪器，助力当地推进科技平台建设。加工所第三党支部赴青海省共和县，与当地畜牧企业党支部联合开展党日活动，对藏羊肉、牦牛肉等加工技术开展了现场培训并捐赠技术资料。茶叶所与四川省马边县开展了以科技助力精准扶贫为主题的“党建强会”活动，签订了结对共建协议，实地指导茶企、茶农，赠送病虫害绿色防控生产资料，对茶产业发展提出了指导意见。兰牧药专家团队赴临潭县开展驻村帮扶工作，以实地走访、发放物资、远程视频等方式推进甘肃省临潭县3个帮扶村的疫情防控及复工复产。环保所驻村帮扶组深入帮扶村，向困难村捐赠防疫物资，指导复工复产，用实际行动守护一方安宁。灌溉所驻韩堂村帮扶工作队在全村走访、调研，重点帮扶边缘易致贫户、脱贫不稳定户，制定下一步扶贫工作计划。

四、2021年工作计划

2019年4月，习近平总书记在解决“两不愁三保障”突出问题座谈会上提出了贫

困县摘帽后的“四个不摘”工作要求。中国农业科学院认真贯彻落实总书记讲话精神，强化责任担当，将“四个不摘”作为脱贫攻坚与乡村振兴有效衔接的核心思想，以“现代农业建设主战场在哪里，中国农业科学院专家团队就在哪里”的担当精神，坚持“不脱贫不松劲，脱了贫不脱钩”的原则，突出农业科技的“赋能”作用，持续加强产业帮扶力度，充分发挥农业科研国家队作用，做到派最好的专家、送最实用的技术、出最务实的主意、做可复制的示范。

（一）健全工作机制，巩固脱贫攻坚成果

巩固脱贫攻坚成果，是实现乡村振兴的关键所在。中国农业科学院坚持脱贫不脱科技，摘帽不摘帮扶，加强科技扶贫协作，切实通过产业发展提高贫困地区自我发展能力，保证脱贫效果可持续性。一是对农业农村部5个定点扶贫县，继续坚持“3+*N*”工作机制，构建一套长效帮扶体系，建立战略合作关系、构建主导产业联系机制、建立帮扶示范村和人才培训机制，科技助力农业农村部定点扶贫县的乡村振兴工作。二是对89个“三区三州”深度贫困县，建立固定联系机制，探索全方位支撑途径和方式，力争做到“四个一”，即签一份帮扶协议，每年至少开展一次技术咨询，培训一批技术骨干，领导干部每年互访一次。

（二）发展农科特色，做好乡村振兴衔接

坚持农科帮扶模式，持续开展派专家、送技术、出主意、做示范，实现脱贫攻坚与乡村振兴的有效衔接。一是派专家要及时，定期组织专家团队开展深入调研，充分了解地方诉求和产业需求，及时响应，协调相关专家对症下药。二是送技术要实用，鼓励科研创新团队深入基层，面对帮扶地区的产业发展和经济现状，推广新型实用技术，以谋地区发展。三是出主意要务实，牵头单位组织协调，发挥相关研究所专业优势，配合实地调研，以助力地区发展、实现乡村振兴为目标，开展规划咨询。四是做示范要可复制，针对地方特色产业，结合成果转化，开展全产业链技术集成服务，构建可复制、可推广的示范模式。

（三）加强示范建设，打造乡村振兴样板

按照“院地共建、地方为主、支撑产业、互利共赢”的原则，加快推进乡村振兴示范县的建设。将中国农业科学院4个科技扶贫示范县转为乡村振兴示范县，借助中国农业科学院新乡基地、祁阳站平台，落实乡村振兴示范县建设。举全院之力，打造10个具有产业特色和优势的乡村振兴示范县，为推进乡村全面振兴提供典型样板。一是以“顶层设计、长期共建、技术引领、地方获益、科研提升”为方针，以乡村振兴战略的

总要求充实脱贫攻坚成果，着眼优势主导产业的培育和内生动力的提升，推进乡村振兴示范县建设。二是完善工作机制，健全领导干部联系点责任制，强化科技成果有效供给，落地一批适宜的科研转化项目，健全考核机制，做到看得到、用得着。三是党建引擎驱动，院所各级领导班子落实“两大基石”战略要求，加强党对乡村振兴工作的领导，定期组织党支部入村开展党性教育活动，专家团队驻村入户，以党建引领示范建设。四是打造具有农科特色的“田间课堂”，面向现代农业建设主战场，服务“三农”，做到“一团队一课堂，一所一样本”，把“田间课堂”打造成为中国农业科学院服务新阶段“三农”事业发展的战略品牌。五是建体系，补短板。乡村振兴科研体系是中国农业科学院科研学术工作由“一农”向“三农”拓展的重要举措，加强建设乡村振兴的学术学科体系、科研任务体系、教学培训体系、技术示范体系和科技服务体系，打造支撑乡村振兴战略实施的科技保障。六是全面开展脱贫攻坚的总结和表彰工作，挖掘脱贫攻坚与乡村振兴工作中的先进事迹，表彰优秀典型，强化宣传引导，在全社会讲好“农科故事”，引领广大科技人员参与乡村振兴建设。

习近平总书记指出，脱贫摘帽不是终点，而是新生活、新奋斗的起点。中国农业科学院将在中共中央、农业农村部党组的坚强领导下，坚持“四个面向”，把乡村振兴战略作为新时代“三农”工作总抓手，在实现第一个百年奋斗目标的基础上，继续弘扬不忘初心、勇于担当的攻坚精神，按照产业兴旺、生态宜居、乡风文明、治理有效、生活富裕的总要求，勇攀高峰，推动我国农业科技整体跃升，为建设社会主义现代化、实现中华民族伟大复兴的中国梦作出新的更大的贡献。

江苏省人民政府　中国农业科学院
科技助推江苏率先基本实现农业农村现代化
合作协议

甲方：江苏省人民政府
乙方：中国农业科学院

为深入贯彻落实习近平总书记关于中国农业科学院要“面向现代农业建设主战场”和“江苏要加快建设现代农业，力争在全国率先实现农业现代化”的重要指示精神，充分发挥中国农业科学院科技资源优势和江苏省在实施乡村振兴战略中的示范引领作用，强化科技创新对农业农村现代化的有力支撑。经友好协商，江苏省人民政府和中国农业科学院决定全面开展农业科技战略合作，达成如下协议。

一、合作目标

按照“优势互补、资源共享、协同创新、共同发展”的原则，发挥双方在科技、人才、政策等方面优势，共同推动江苏农业全面升级、农村全面进步、农民全面发展和城乡融合走在前列，在全国率先基本实现农业农村现代化。

二、合作内容

（一）联合开展农业重大科技问题攻关

充分发挥乙方科技人才资源优势，甲方所属农业科研院所、农业高等院校积极对接乙方相关创新团队，共同组建专家咨询团队、产业技术研发团队、新业态科技创新实验室、共性技术研发基地等，共同凝练江苏农业重大科技问题和选题，联合开展科技攻关。对符合国家发展战略导向以及江苏省重大农业科技需求的，由江苏省农业科技创新联盟成员单位和乙方组织力量联合申报国家重点研发计划、江苏省农业科技自主创新资金等重点项目。

（二）支持南京国家现代农业产业科技创新中心（简称南京国家农创园）建设

充分发挥乙方国家农业科技创新联盟牵头单位的优势，积极鼓励农业机器人、农业废弃物循环利用等国家联盟框架下的产业联盟以新型研发机构等实体化形式入驻南京农创园。在原有合作基础上，更好发挥全国农业科技成果转化中心（华东分中心）作用，定期定点组织农业新品种、新产品、新技术的发布、展示、评估及交易活动，打造全国有影响力的农业科技成果交易市场；鼓励中国农业科学院相关机构、人才团队和产业技术联盟入驻，共建农业产业技术研究院、新型研发机构，推动体系联盟实体化运作；支持双方共建检验检测平台、工程技术中心、重点实验室等科技平台，支持双方联办国际会议、高端学术论坛等活动，打造华东区域现代农业产业技术高地和金字招牌。

（三）共同推动江苏农机化转型升级高质量发展

围绕重要农产品有效供给和农业农村绿色高质量发展等重大需求，建设长三角智能农业装备科创中心，重点研发农机作业信息感知技术、控制技术、智能变量作业等关键部件及设备，开展农业装备数字化设计试验验证，打造先进适用农业装备共性技术供给主阵地；建设升级版国家农机化技术创新试验基地，集成创新示范农业无人驾驶、智能装备和智慧管理等无人农场技术模式，打造区域全程机械化发展样板田；建设国家农业机械化作业大数据中心，研发农机化科研基础数据平台、无人机作业管控云平台、农机作业调度与优化配置平台、成果交易平台等，打造农机化高质量发展的决策源；集聚学科和人才优势，实施农机农艺农信技术融合重大科技任务，引领支撑江苏率先基本实现农业农村现代化。

（四）共同打造农业科教聚集区

乙方支持南京国家农高区建设农业科技人才发展改革试验区，创新人、院、企多方联合开展研发与服务的合作管理模式，汇集科技、人才资源，打造农业科教聚集区；强化农业科技国际合作，支持中国农业科学院合作的国际机构、国际组织、国际企业在南京国家农高区设立办事处、科研机构；共同打造以新技术、新品种为核心的国际农业技术交易服务和科技转化平台，吸引国内外先进农业技术创新成果在南京国家农高区聚集、交易、产业化，合作建设国外农业先进技术、先进模式转移示范区。

（五）共同打造农业农村现代化示范样板

推进有条件的市县加快推进农业农村现代化建设，科技助力打造一批农业农村现代示范样板，共同推动苏州率先实现农业农村现代化。乙方在确定的示范市县围绕当地农业科技、人才和资源需要提供战略咨询、智力支持、技术保障和决策建议，联合甲方农业科研院所开展研究，推动创新成果率先在示范市县集成应用。乙方跟踪指导农业农村现代化实施，总结提炼农业农村现代化推进路径和经验模式，引领江苏省农业农村现代化建设，为全国提供经验借鉴。

（六）共建现代农业农村人才培养基地

围绕新产业新业态发展的人才需求，在江苏省农业科学院设立中国农业科学院研究生培养实践基地，联合培养跨学科交叉型高层次人才；江苏省积极接收中国农业科学院优秀毕业生服务当地社会经济发展和乡村振兴战略。加强科研基地与科技平台资源的共建共享，乙方利用国家重大科学工程、国家重点实验室等平台，为甲方所属农业科研院所和高等农业职业院校提供开放课题、客座研究和学习交流条件，甲方为乙方新品种、新技术、新产品的示范应用提供基地等支持；充分利用中国农业科学院培训中心平台优势，针对村镇干部、职业农民、新型经营主体和各级农业管理人员培训需求，依托双方人才、科技、基地等教学资源，共同组建师资队伍，创设特色培训课程，分层次、分批次组织农业农村现代化培训班。

三、组织保障

（一）建立协调机制

成立协调领导小组，中国农业科学院主要负责同志、江苏省人民政府分管负责同志任组长，有关部门负责同志为成员。领导小组下设办公室，设在江苏省农业科学院。

（二）建立会商机制

各方建立信息互通机制，围绕推进农业农村现代化工作进展、创新经验、面临困难和问题，不定期召开专题会商会、现场办公会等，总结经验做法，破解发展难题，研究路径举措，合力推进相关工作落实。

（三）建立保障机制

中国农业科学院在科技资源聚集、高端农业智库、科技成果转化等方面提供支持。江苏省人民政府在工作推进和落实方面给予政策、资金等保障。

四、附　则

本协议有效期五年，自双方签字盖章之日起生效。协议文本一式四份，中国农业科学院和江苏省人民政府各执两份，具有同等效力。

本协议未尽事宜，由双方另行协商确定。

中国农业科学院

签字：

2020 年 9 月 18 日

江苏省人民政府

签字：

2020 年 9 月 18 日

中国农业科学院　山西省人民政府
战略合作框架协议

为深入贯彻落实习近平总书记视察山西重要讲话精神，聚焦山西特优农业产业发展，借力中国农业科学院的技术优势和人才优势，共同推进农业科技产学研用一体化创新，加快山西现代农业转型升级，中国农业科学院和山西省人民政府经过充分协商，决定建立长期稳定合作关系，加强农业科技创新与务实合作，达成如下合作协议。

一、合作宗旨

按照互惠互利和共同发展原则，充分发挥双方的科技优势和资源优势，建立农业科技合作长效机制，实现优势互补、资源共享，提高山西省农业科技创新能力，促进科技与山西经济结合，构建布局合理、资源共享、运转高效的农业科技创新体系，发挥科技创新、成果孵化、人才培养、资源聚集的多重功能，着力解决制约山西省农业产业发展的瓶颈问题，大力发展有机旱作农业，推进区域农业结构调整和转型升级，实现山西省农业高质量绿色发展。

二、合作内容

（一）共同推进晋中国家农高区（山西农谷）建设

发挥中国农业科学院科技、人才优势，为晋中国家农高区（山西农谷）科技创新、人才培养、产业发展提供科技支撑和智力支持，共建太谷国家现代农业产业科技创新中心科创平台，提升晋中国家农高区（山西农谷）农业科技创新能力和协同创新水平。支持中国农业科学院（深圳）农业基因组研究所与晋中国家农高区（山西农谷）在科技农业、生态农业、农产品深加工等方面深度合作。组织干部挂职交流，中国农业科学院选派优秀科技和管理干部到晋中国家农高区（山西农谷）挂职交流，山西选派科技人员、管理人员到中国农业科学院有关研究所上挂学习交流。

（二）共同推进农业科技创新和成果转化

围绕山西省“111”创新工程，新增设立专项科技创新经费，加强有机旱作农业技术创新和关键共性技术研发，加大农业科技项目加强合作，进一步完善技术转移和产业化服务体系。中国农业科学院支持山西高校、科研机构或企业申报国家级重大、重点科技项目；山西省支持高校、科研机构与中国农业科学院相关研究所联合承担省级重大、重点科技项目，山西省对落地的项目给予省级财政资金配套支持。积极组织中国农业科学院最新科研成果和高新技术以各种形式优先在山西省示范、推广应用，推动有机旱作、优势杂粮、山西药茶等技术集成示范与推广，促进中国农业科学院的科技成果和双方合作成果在山西落地生根，打造山西农业高新技术产业高地。

（三）共同推进山西“特”“优”农业做大做强

发挥山西农业产业“特”“优”的禀赋特点和中国农业科学院的技术优势，共同深度挖掘山西独特的资源禀赋，进一步丰富“特”“优”内涵，扩大“特”“优”规模，提升“特”“优”水平。深度挖掘“特”“优”农产品品质优势，探索品种提纯复壮、品质提升优化和优质品牌打造等方面的现代农业路径。加强产业布局科学性研究合作，探索统筹全省产业布局的省级战略。坚持产学研用紧密结合，以优势杂粮、黄花菜、山西药茶等名优产品为重点，合作培育农业高新技术骨干企业。深度挖掘山西省传统饮食、养生和中医药文化，合作开展酿品、饮品、乳品、主食糕点、肉制品、果品、功能食品、保健品、化妆品、药品农产品精深加工十大产业集群补短板研究。依托中国农业科学院农产品精深加工方面科研优势和研究成果，通过重点项目、生产基地和产业园区推进成果转化落地。加强龙头企业和优势品牌打造方面的合作，进一步扩大龙头企业数量、规模，提升品牌形象，增强市场竞争力，打造山西省农产品精深加工的“新黄土高原”。

（四）共同推动农业科技创新载体建设

双方围绕实施乡村振兴战略、农业供给侧结构性改革等重大问题，加强创新资源和创新成果共享，鼓励山西省内高校、科研机构或企业，与中国农业科学院相关研究所开展产学研对接，中国农业科学院在山西布局技术转移机构、创业孵化机构等，支持“南果中粮北肉”“东药材西干果”五大平台建设，着力推动双方就重点实验室、工程研究中心、产业创新中心、企业技术中心等科技创新载体进行合作；支持山西建立国家农业科学数据中心山西农谷分中心，实现图书资料和数据库的共建共享。

（五）共同组织实施农业科技人才培育计划

根据山西省乡村人才振兴需求，围绕科技和产业重大项目需求，建立高层次人才交流与合作制度，开展学科专业建设和高层次人才培养合作，加强重点专业和研究生创新实践基地建设，支持山西高校、科研机构与中国农业科学院有关研究所，共同开展科技研发等项目合作；支持双方有关机构联合招收博士后研究人员或联合培养研究生，鼓励有项目合作的高层次人才联合培养研究生，在增加招生指标方面给予倾斜。双方开展多层次、多渠道、多形式的人才交流学习，合力打造服务山西农业农村发展的智库中心。中国农业科学院向山西省推荐优秀毕业生服务当地社会经济发展和乡村振兴战略，共同做好选调生派送和接收工作。

（六）共同支持中国农业科学院在晋科研单位建设

充分发挥山西省政府属地优势，大力支持农业农村部寿阳农业环境与作物高效用水观测实验站等中国农业科学院在晋科研单位的建设和发展，从学科团队建设、平台基地建设、联合申报重大项目、科技成果转化等方面与中国农业科学院共同给予支持。

三、保障措施

（一）成立合作协调领导小组

山西省人民政府与中国农业科学院成立由双方领导和有关部门负责人组成的领导小组，领导小组下设办公室，分别设在山西农业大学（山西省农业科学院）和中国农业科学院成果转化局，具体负责双方农业科技合作的组织、协调、跟踪和督办等工作。

（二）建立沟通交流机制

建立会商制度，定期或一方提议召开联席会议，研究解决相关实际问题，并形成会议纪要等正式文件。

（三）建立项目执行机制

山西省人民政府与中国农业科学院双方提出的科技合作项目，由双方共同实施。具体合作单位另行签署专项协议，并负责项目的推进实施。

（四）落实合作保障条件

围绕具体合作内容，双方在人才团队、平台基地、经费投入等方面给予优先保障和支持，完善资金配套和相关支持政策，加大科技资源投入，加强协同创新团队建设，建立固定和行之有效的保障机制，共同推进实施合作任务。

四、附　则

协议中未尽事宜，由合作领导小组研究商定。

本协议有效期为五年，签字盖章后生效。期满后，双方可协商续约。

本协议正式文本一式四份，双方各执两份，具有同等效力。

中国农业科学院　　　　山西省人民政府

签字：　　　　签字：

2020 年 11 月 26 日　　　　2020 年 11 月 26 日

中国农业科学院　新疆维吾尔自治区人民政府
农业科技合作协议

为贯彻落实习近平总书记“四个面向”重要指示精神、第三次中央新疆工作座谈会精神和“一带一路”倡议部署，加快推进新疆及西部农业科技创新和发展，促进与中亚农业科技合作，持续高质量巩固脱贫攻坚成果，中国农业科学院与新疆维吾尔自治区人民政府经友好协商，决定进一步深化农业科技合作，达成如下协议。

一、合作背景

中国农业科学院是国家级农业科研机构，具有明显的技术、人才和成果优势，在科技创新和解决我国粮、棉、畜牧、林果、节水等领域重大科技问题以及科技兴农等方面发挥着重要作用。新疆是国家粮食战略接替区，作为全国最具有土地开发潜力，最具有增粮、增棉、增畜空间的省区，对维护全国农产品安全具有非常重要的作用。新疆是“丝绸之路经济带”核心区，是我国对中亚合作的桥头堡，具有明显的地缘优势和土地资源优势。

双方加强农业科技交流与合作，有利于加速科技成果转化，推动农业产业技术升级，增强农业竞争优势，提高新疆和中亚国家农业综合生产能力，对于进一步改善和保障民生、推动新疆和中亚国家农业和农村经济持续快速发展、促进中亚区域合作等具有重要意义。

二、合作宗旨

本着“优势互补、互利共赢、友好协商、共同发展”的原则，充分发挥中国农业科学院的科技、人才、成果、国际合作以及新疆资源、区域等优势，共同推进农业科技创新、成果转化和国际合作，为新疆现代农业发展提供强有力的科技支撑。

三、合作内容

（一）合作提升新疆优质棉基地建设的科技支撑能力

瞄准保障国家用棉安全和提升中国棉花国际竞争力的目标，支持和推动中国农业科学院棉花研究所、南京农业机械化研究所等相关研究所及西部农业研究中心，与新疆相关科研力量合力强化“新疆优质棉基地”的科技支撑保障，在优质棉品种选育和推广、高效绿色栽培技术试验示范、棉花全程机械化技术集成示范、棉花质量安全与检验检测等方面开展联合攻关，并充分发挥国家棉花产业联盟作用，加快生产基地在新疆的落地布局和联盟品牌建设，加快推动新疆棉花全产业链转型升级，加快提升新疆棉花综合生产能力、原料供应质量、产业发展效益和产品国际竞争力。

（二）合作提升新疆现代畜牧业发展的科技支撑能力

瞄准巩固新疆“全国四大牧区”之一的地位和新疆现代畜牧业发展的目标，支持和推动中国农业科学院北京畜牧兽医研究所、兰州畜牧与兽药研究所、上海兽医研究所、草原研究所、蜜蜂研究所等相关研究所及西部农业研究中心，与新疆相关科研力量合力强化新疆现代畜牧业的科技支撑，在特色畜禽遗传资源保护与挖掘利用、畜禽良种繁育与推广、牛羊等基础养殖牲畜快速扩繁、畜禽疫病监测与防控、畜禽高效健康养殖技术集成推广、现代奶业发展、草原保护与改良、饲草料高效种植与多渠道开发利用、畜禽粪污综合治理、畜禽产品质量安全与检验检测等方面开展联合攻关，依托大型龙头企业推动共建联合实验室或研究院，加快提升新疆畜牧业科技进步水平，加快推动新疆畜牧业高质量发展。

（三）合作提升新疆林果业提质增效的科技支撑能力

瞄准做强新疆林果业的目标，支持和推动中国农业科学院郑州果树研究所、果树研究所、南京农业机械化研究所等相关研究所及西部农业研究中心，与新疆相关科研力量合力强化新疆林果业的科技支撑，以核桃、红枣、苹果等主栽树种以及樱桃、杏李等新型林果树种为重点，在特色林果种质资源保护与挖掘利用、优质林果新品种培育与推广、林果绿色标准化栽培技术推广、林果全程机械化技术集成示范、果品加工与贮运、保鲜、果品质量控制与质量安全检测以及老旧果园疏密改造和苹果枝枯病等重要病虫害综合防治等方面开展联合攻关，支持中国农业科学院利用自身技术和信息优势，与新疆企业及研究部门进行充分合作，帮助新疆林果业在“三品一标”打造上给予技术支持，在巩固和扩大新疆林果业发展规模基础上，全面促进新疆林果业提质增效，强化新疆林果业农民增收致富主导产业的地位。

（四）合作提升新疆现代种业发展的科技支撑能力

瞄准把新疆打造为我国最大的制种基地和面向新丝绸之路经济带的外向型种业基地目标，依托国家作物种质库、国家农作物种质保存中心等国家级科研平台优势，支持和推动中国农业科学院作物科学研究所、棉花研究所、蔬菜花卉研究所等相关研究所及西部农业研究中心，与新疆相关科研力量合力强化新疆良种繁育的科技支撑，充分发挥国家农作物种质资源科技创新联盟的作用，加快推进国内优势育种力量与新疆联合育种攻关体深度融合，以科技为纽带引导大型育繁推一体化种业企业投身新疆棉花、小麦、玉米、特色作物“四个百万亩制种基地”建设，提升新疆制种基地科技支撑能力，打响新疆优质制种基地品牌，做大做强新疆现代种业。

（五）合作提升新疆特色农产品加工业的科技支撑能力

瞄准全面打造新疆特色农业产业链、供应链的目标，支持和推动中国农业科学院农产品加工研究所等相关研究所及西部农业研究中心，与新疆相关科研力量合力强化新疆农产品加工业的科技支撑，在林果、粮油、蔬菜、瓜果、畜产品等特色农产品分拣清洗、预冷包装、仓储保鲜、冷链运输、精深加工及副产品综合利用等方面开展联合攻关，加快破解新疆特色农产品加工增值和绿色综合利用的瓶颈技术，以技术创新和集成推广为手段，引导疆内外农产品加工企业改进加工工艺、改造加工设备、提升加工水平。

（六）合作提升新疆农业绿色发展的科技支撑能力

瞄准打造“新疆是个好地方”“绿色农业”品牌，支持和推动中国农业科学院植物保护研究所、农业环境与可持续发展研究所、环境保护科研监测所、沼气科学研究所、农业资源与农业区划研究所等相关研究所及西部农业研究中心，与新疆相关科研力量合力强化新疆农业绿色发展的科技支撑，在化肥农药减施增效、农作物病虫害绿色防控、废旧地膜回收利用、农业面源污染防治、外来入侵生物防控、耕地土壤质量提升与损害修复、秸秆畜禽粪便等农业废弃物综合利用、农业生产结构生态适应性优化等方面开展联合攻关，加快构建和完善新疆农业绿色发展的科技支撑体系。

（七）合作提升新疆高标准农田建设的科技支撑能力

瞄准强化“藏粮于地、藏粮于技”，支持和推动中国农业科学院农田灌溉研究所、农业环境与可持续发展研究所等相关研究所及西部农业研究中心，与新疆相关科研力量合力强化新疆高标准农田建设的科技支撑，在土地平整技术、节水灌溉技术、末级渠系建设与防渗维护技术、水肥一体化智能调控技术、灌区整体布局与工程设计技术、耕地地力培肥与保护技术、高标准农田防护林营造技术及高标准农田建设相关设备与材料研发等方面开展联合攻关和技术推广，全面提升新疆高标准农田建设的科技支撑能力。

（八）合作提升新疆农村人居环境整治的科技支撑能力

瞄准加快建设新疆农民安居乐业美丽家园的目标，在农村改厕、农村垃圾污水处理、村庄绿化美化规划等方面，支持和推动中国农业科学院环境保护科研监测所、沼气科学研究所、农业经济与发展研究所、农业资源与农业区划研究所、农业环境与可持续发展研究所等相关研究所及西部农业研究中心，与新疆相关科研力量开展合力攻关与技术推广，特别是重点在适用于高寒、干旱地区改厕的新技术、新产品研究和综合考虑新疆各地区位条件、文化底蕴等因素指导开展村庄规划编制方面，为新疆提供全方位技术支撑。

（九）合作提升新疆农业农村信息化的科技支撑能力

瞄准加快推动新疆实施数字乡村发展战略，支持和推动中国农业科学院农业信息研究所等相关研究所及西部农业研究中心，与新疆相关科研力量合力强化新疆农业农村信息化的科技支撑，在农业生产智能化、农业经营网络化、农业管理数字化、农业农村服务在线化等方面开展联合攻关和适用技术协同推广，重点是在新疆农业农村大数据平台建设方面开展深度合作，尽快搭建起适应新疆实施乡村振兴需要的“一站式”决策指挥与综合服务平台。

（十）合作推进新疆农业科技人才培养与队伍建设

瞄准建设一支支撑新疆乡村振兴农业科技人才队伍，支持和推动中国农业科学院研究生院、相关专业研究所及西部农业研究中心，采取短期专题进修、共建研究团队、客座访问教学、双向挂职锻炼、定期学术交流、学生合作培养等方式，充分发挥中国农业科学院的人才和教育优势，加大对新疆农业科技人才队伍建设的支持力度。

四、合作机制

（一）成立合作领导小组

新疆维吾尔自治区与中国农业科学院共同成立合作领导小组，负责统筹协调双方合作重大事项。领导小组实行双组长制，由新疆维吾尔自治区人民政府分管负责同志和中国农业科学院主要负责同志任组长，新疆维吾尔自治区有关厅局（单位）和中国农业科学院有关部门负责人担任成员。领导小组下设联合办公室，联合办公室由新疆维吾尔自治区农业农村厅、新疆农业科学院、中国农业科学院成果转化局和科技管理局、中国农业科学院西部农业研究中心有关人员组成，日常办公地点分别设在新疆农业科学院和中国农业科学院西部农业研究中心，主要负责领导小组确定的双方合作事项组织落实和日常沟通联络。

（二）建立年度会商机制

每年年末，由领导小组两位组长共同召集新疆维吾尔自治区和中国农业科学院有关方面，就当年双方确定的合作事项完成情况进行总结和评估，并共同研究确定下一年合作工作计划。年度会商地点可在新疆和北京轮流选定，具体地点经双方考虑实际情况商定。年度会商结束后，双方共同研究起草会商纪要，明确会商议定事项，会商纪要经双方履行必要审批手续后联合印发执行。

（三）实行项目管理模式

按照领导小组研究确定的年度合作工作计划，由联合办公室按照项目管理的思路将工作计划中的内容逐个项目化，实行项目双负责人制度，每个项目都要明确预期目标、技术路线、团队成员、经费来源和成果验证等关键内容，按照合作共享的原则落实工作责任、经费保障及成果转化收益与知识产权。具体每个项目的执行计划和实施细节由项目负责人牵头组织制定，项目实施方案报经联合办公室审定同意后实施。

五、附　则

本协议未尽事宜由双方另行协商决定。

本协议自签字之日起生效，有效期五年。

本协议一式四份，双方各执两份。

中国农业科学院

签字：

2020 年 12 月 2 日

新疆维吾尔自治区人民政府

签字：

2020 年 12 月 2 日

内蒙古自治区政府　中国农业科学院 科技合作协议书

为深入贯彻落实习近平总书记对内蒙古自治区和中国农业科学院发展的重要指示精神，深入实施创新驱动和乡村振兴战略，积极开展“科技兴蒙”行动，进一步深化院区双方科技合作，推动内蒙古农牧业科技创新综合能力提升，探索生态优先、绿色发展的高质量发展之路，经双方友好协商，达成如下合作协议。

一、合作宗旨

本着“优势互补，互利共赢”原则，围绕习近平总书记提出的“三个面向”及培育新产业、新动能、新增长极的要求，以内蒙古自治区经济社会发展战略需求为导向，结合中国农业科学院人才、科研优势，通过强化院区协同创新，推进以科技创新为核心的全面创新，培育壮大内蒙古农牧业领域优势特色产业，形成促进发展、改善民生和保护生态的新动能，为实施乡村振兴战略提供科技支撑。双方重点在科研项目协同攻关、科技成果转移转化、创新平台载体建设和科技人才交流四个方面开展高效务实的科技合作，构建充满活力的区域科技创新体系和院区科技合作新模式，吸引中国农业科学院高水平创新资源、创新成果在内蒙古落地，提高内蒙古自治区创新发展、开放发展、协同发展水平。

二、合作重点

（一）共建科技创新平台载体

一是双方合力加强中国农业科学院草原研究所建设，共建内蒙古自治区草业与草原研究院，推动在内蒙古草原可持续利用、农牧业产业发展等方面开展联合研究。二是进一步整合双方农牧业领域创新平台力量，创新运行机制与模式，推进中国农业科学院科技成果向内蒙古转移转化，加强科技成果资源共享平台建设力度。三是鼓励自治区企业、高校、科研院所与中国农业科学院相关研究所合作，开展多层次的科技对接合作，共建新型研发机构、重点实验室、实验基地等平台，加快农牧业领域关键共性技术推广应用和企业技术创新能力提升。

（二）共同推进内蒙古生态修复与保护

自治区政府设立专项经费，建立稳定支持和委托研究机制，鼓励双方聚焦草原生态修复与保护、山水林田湖草生命共同体构建、黄河流域生态保护和高质量发展等面临的重大科学问题和产业瓶颈问题开展协同攻关，加强草种质资源圃和草种繁育基地建设，培育乡土品种，推进草原生态植被修复、水资源环境治理保护等重点工程建设，形成一批生态保护与恢复关键技术集成模式，加速解决草原沙化退化、“两湖一海”及黄河沿线生态治理与恢复等生态领域问题。联合开展草原重大风险评估及防范化解预案研究，共同建设推广应用草原灾害的监测预警系统，不断提高草原生态恢复和保护水平。

（三）共同推进农牧业全产业链协同创新

双方立足内蒙古自然资源禀赋，进一步整合农牧业科技与产业资源，加快探索集生态保护、现代农牧业于一体的全产业链绿色发展新模式。通过联合实施一批科研项目、产业化项目，推动内蒙古动植物种质资源库建设，加强种植资源保护与利用；推进种业创新工程，培育区域适应性强的品种；开展农牧业技术集成与示范，改进生产管理模式；推进动物疫病防控、农作物病害防治技术研究，降低产业发展风险。利用具有区域特色的牛、羊、马、骆驼，以及马铃薯、小麦、小米、荞麦、燕麦、大米等家畜与农作物资源，打造一批自治区农牧业领域优势特色品牌，引领产业转型升级发展。

（四）深化创新型人才培养合作

双方依托创新平台载体建设、重大项目实施，积极鼓励相关领域的专家、学者和毕业生来内蒙古开展短期研发、长期驻站、技术服务等创新活动，以及自主创业、自由择业、落户就业等创新创业活动，吸纳高素质人才刚性或柔性投身内蒙古自治区经济建设。内蒙古将给予中国农业科学院草原所等单位和个人在申报评定“草原英才”等自治区级荣誉和奖励时，简化组织推荐等申报流程，鼓励中国农业科学院草原所建立符合自治区需求的高水平业务团队。利用中国农业科学院培训中心等平台优势，面向全区培训培养管理型、创新型、创业型人才，全面提升自治区人才队伍的整体素质，提高科技创新综合管理水平。

（五）完善院区战略咨询机制

根据内蒙古重大发展需求，充分发挥中国农业科学院科技人才优势和创新平台优势，完善战略咨询机制，为内蒙古农牧业发展、草原生态与牧区现代化建设提供智力支撑。以组织实施专门课题、专门研讨等形式，梳理提出内蒙古相关领域发展现状及存在症结，为自治区发展研究提出更加务实的高质量决策建议。加强院区干部交流，双方根据实际工作需要，推荐或选派干部到相关岗位任职或挂职，推动干部人才培养互融共促、协同发展。积极鼓励中国农业科学院高水平科研团队和高层次人才围绕内蒙古生态恢复与保护、农牧业发展等领域开展战略研究、技术攻关和成果转化，为自治区农牧业等领域培育新产业、新动能、新增长极提供规划咨询、技术论证、政策建议等智力支持。内蒙古自治区将提供必要的资金、场地和政策保障。

三、合作机制

（一）建立健全院区会商常态化机制

由双方主要领导及分管领导参加的院区会商会议至少每两年举行一次，主要负责制定合作方向、合作重点及形式等内容；由双方分管领导及相关部门负责人参加的年度例会每年进行一次，主要负责审议协议落实情况，并提出新的工作目标及内容；由中国农业科学院成果转化局、中国农业科学院草原所和内蒙古自治区科技厅等院区合作相关部门人员组成工作小组，主要负责提出院区合作阶段性工作计划，协调解决科技合作中的具体问题，拟定有关配套政策。工作小组每年至少召开两次工作会议，对合作项目跟踪检查、指导、协调和总结，并向院区主要领导报告。

（二）围绕内蒙古自治区重点发展的产业方向和优势领域

结合中国农业科学院区域布局，按照“成熟一个，建设一个”的原则，引导中国农业科学院有关院所在内蒙古建立创新平台，内蒙古提供政策、项目、资金等方面的支持。

四、附　则

本协议自签字盖章之日起生效，有效期五年。合作期限内如需补充合作事宜，可协商签订补充协议。

协议中未尽事宜，由院区双方另行商定。

本协议一式四份，双方各持两份。

内蒙古自治区人民政府

签字：

2020 年 12 月 9 日

中国农业科学院

签字：

2020 年 12 月 9 日

中国农业科学院　苏州市人民政府 战略合作协议

为深入贯彻党的十九大精神，全面落实中共中央、国务院《乡村振兴战略规划（2018—2022 年）》和《农业农村部　江苏省政府共同推进江苏率先基本实现农业农村现代化合作框架协议》部署，充分发挥苏州在全省乃至全国推进农业农村现代化的示范引领作用，中国农业科学院和苏州市人民政府经认真研究和充分协商，就双方开展全面战略合作达成如下协议。

一、总体思路

以习近平新时代中国特色社会主义思想为指导，深入贯彻落实习近平总书记关于“三农”工作论述和对中国农业科学院与江苏省工作的重要指示精神，坚持“四化同步”，坚持农业农村优先发展，集聚中国农业科学院的科技优势和苏州的资源优势，充分发挥苏州作为东部沿海发达地区的引领作用，共同推进苏州农业全面升级、农村全面进步、农民全面发展和城乡融合走在前列。

到 2022 年，苏州率先基本实现农业农村现代化，“都市农业发达、水乡特色鲜明、江南文化彰显、和谐治理有效、人民生活富裕”的发展格局基本形成，城乡融合发展的体制机制和政策体系基本完善。到 2030 年，城乡发展差距和居民生活水平差距显著缩小，城乡基本公共服务均等化、标准化水平大幅提高，城乡融合发展体制机制健全完善，农业农村现代化水平保持全国全省领先。

二、合作内容

（一）开展战略咨询

根据苏州现代农业农村发展需要，组织智慧农业等专家团队，开展战略咨询活动，在智慧农业、现代农业、乡村振兴战略、城乡融合发展等方面开展战略研究和政策咨询建议，围绕提升苏州农业农村信息化水平，制订智慧农业国家级改革试点具体方案，为苏州农业农村优先发展和乡村振兴战略实施提供理论和政策支撑。

（二）开展规划编制

依托中国农业科学院智库优势，支持苏州市委、市政府研究制订《苏州市率先基本实现农业农村现代化三年行动计划（2020—2022 年）》和《苏州市率先基本实现农业农村现代化评价考核指标体系》，对行动计划和评价考核指标的引领性、系统性、科学性、操作性提供智力支持与指导。

（三）共建长三角智慧农业研究院

依托中国农业科学院国家智慧农业创新联盟、国家重点实验室等研发平台，以中国农业科学院为主体、苏州市农业科学院参与，共同组建具有独立法人治理结构的混合所有制智慧农业新型研发机构，建设智慧农业科技研发中心、智慧农业成果交易中心和智慧农业培育孵化基地等项目，推行“产业发展需求+科技资源整合+企业管理运行”的发展新模式。

（四）打造国家农业现代化先行示范区

组织中环易达等实体和相关研究所与昆山市陆家镇联合打造《昆山市陆家未来智慧田园暨国家农业现代化先行示范区》，建设具备国际先进水平的垂直农场，建立集智能设施园艺装备应用示范、新品种中试与推广、休闲农业、青少年科普教育于一体的综合性现代农业园区，打造我国都市农业的新样板、长三角现代农业的示范园、昆山农业科技及休闲农业的新地标、农业高端服务业的承接地。

（五）建设长三角农业科技智能装备制造中心

支持中环易达等实体和相关研究所在昆山建立设施农业智能装备制造基地，联合荷兰顶尖设施农业智能装备制造商，结合中环易达自主创新技术成果，共同打造长三角农业科技智能装备制造中心。

（六）开展人才培养交流

双方联合开展专项人才培训，通过开放科研平台、学术交流、合作研究、技术培训、挂职锻炼等形式，加强转移转化人才、科技推广人才、产业经营人才、新型农民和农业农村实用人才等队伍建设，培养一批“懂农业、爱农村、爱农民”的“一懂两爱”农业科技人才，为苏州农业农村现代化发展提供人才和智力支撑。

（七）开展技术指导和培训

依托中国农业科学院队伍和资源优势，组织专家团队到现代农业生产一线开展现场技术指导、技术培训、技术咨询等技术服务活动，提高苏州农业生产技术水平和农业产业发展科技含量，助力苏州乡村振兴和农业农村现代化。

三、合作机制

（一）加强组织领导

中国农业科学院、苏州市人民政府成立战略合作协调领导小组，由双方主要负责同志任组长、分管负责同志任副组长、有关部门和单位负责人任成员。领导小组下设办公室，分别设在中国农业科学院成果转化局和苏州市农业农村局，具体负责合作沟通协商、重大事项跟踪调度、典型宣传推广等工作，及时交流通报有关情况，抓好具体工作落实。

（二）建立会商机制

建立会商制度，双方定期或一方提议不定期召开联席会议、现场办公会等，研究解决合作相关问题。

（三）保持战略合作

除既定合作内容外，双方保持战略互动，持续将中国农业科学院的科技优势和资源优势转化为苏州农业农村发展优势，为苏州率先基本实现农村现代化提供强有力的支撑。

四、保障措施

（一）中国农业科学院

（1）聚集优势农业科技资源。由中国农业科学院协调国内外一流农业科研机构，围绕绿色农业、健康农业、设施农业、智慧农业、休闲农业等领域，跨区域、跨单位、跨学科整合优质科技资源，组建创新团队，为苏州农业农村现代化发展，特别是都市生态农业的产业发展提供服务。

（2）建设高端农业智库。组织专家开展技术指导、关键技术联合攻关、人才培养等活动。以“强核心、大网络”的模式，组建专业型农业智库，逐步建成精准化智库咨询体系，为苏州的“三农”工作提供智力支撑。

（3）支持申报科技项目。依托中国农业科学院优势，联合苏州市农业科学院等力量，共同申报国家科技和农业计划项目，并加强成果转化示范。

（二）苏州市人民政府

（1）人才政策。中国农业科学院及所属单位引进到苏州的各类符合条件的人才，享受苏州现行引进高层次人才相关政策；中国农业科学院在编在岗人员的随迁家属就业、子女入学，在同等条件下予以优先安排。

（2）运营支持。对重大科技合作、平台建设、科技成果转化以及因合作需要建设的项目，从扶持政策、配套服务、土地供给等方面依法予以支持。对中国农业科学院指定的下属合作企业依法给予一定的税收优惠支持。

五、附　则

本协议文本一式四份，自双方签字盖章之日起生效。中国农业科学院和苏州市人民政府各执两份，具有同等效力。

中国农业科学院	苏州市人民政府
签字：	签字：
2020 年 1 月 15 日	2020 年 1 月 15 日

中国农业科学院　邢台市人民政府
战略合作协议

为全面推进乡村振兴战略，促进邢台市农业农村现代化建设，支撑农业高质量发展，助力打赢精准脱贫攻坚战，中国农业科学院与邢台市人民政府决定建立战略合作关系，双方协商达成如下协议。

一、合作宗旨

中国农业科学院是国家级综合性农业科研机构，具有学科齐全、人才聚集、技术领先、成果丰硕等突出优势。

邢台市食品加工产业发达，尤其是南和县的宠物食品产业特色明显，发展势头强劲。双方本着“院地共建、真诚合作，相互支持、共赢共享，由点及面、持续发展”的原则，充分发挥中国农业科学院人才、科技、成果和邢台市资源、特色产业体系等优势，通过合作，将中国农业科学院的科技优势转化为邢台市农业农村经济发展优势，为邢台市推进乡村振兴和农业现代化发展提供科技支撑。

二、合作内容

（一）战略咨询

邢台市人民政府聘请中国农业科学院相关专家组成顾问团开展战略咨询，指导邢台市发展现代农业和特色产业，帮助南和县制定《南和县宠物产业中长期发展规划（2020—2035）》和“科技兴业”“品牌兴业”的针对性战略和举措。从宠物品牌形象提升，国际合作交流、人才培养、科技创新、种质繁育和资源保护、检验防疫、动物福利、价格指数发布等方面为南和宠物产业发展指明方向。

（二）科技合作

中国农业科学院与邢台市有关单位联合申请实施相关科技项目。围绕特色农产品精深加工、宠物产业全产业链条，组织相关研究所帮助南和县有关企业制定高于国家标准的“南和标准”，增加产品科技含量，施行高标准、高规格运行机制，提高南和县宠物粮准入门槛，发挥龙头企业示范带动作用，在南和推广执行。

（三）成果转化

中国农业科学院的相关科技成果优先在邢台市示范转化，邢台市人民政府提供土地、人员、政策等相关支撑条件，并协助组织实施。双方共同围绕南和县宠物产业发展，广泛聚集利用国内外产业资源，培育宠物产业新主体，发展服务宠物产业的新支撑体系，引领和支撑新动能、新业态、新产业发展。

（四）人才培养与交流

通过开放科研平台、学术交流、合作研究、技术培训、挂职锻炼等形式，为邢台市培养一批科技带头人和实用技术人才。中国农业科学院选派有关人员到邢台市挂职，邢台市人民政府选派有关技术人员到中国农业科学院进修，提升邢台农业技术水平和自我发展能力。

三、合作机制

（一）成立战略合作领导小组

领导小组组长由中国农业科学院和邢台市人民政府主管领导担任，成员由双方相关部门人员组成。领导小组办公室分别设在中国农业科学院成果转化局和邢台市农业农村局，负责合作的日常事务管理与工作协调。领导小组每年至少召开一次工作会议，总结当年工作，研究部署下一年工作。相关专业领域工作会议视实际需要协商召开。

（二）建立联合科研团队

建立“首席专家+科研团队+项目”的模式，分工协作，密切配合，联合实施科技创新和示范项目。

（三）建立技术交流制度

中国农业科学院不定期组织专家到邢台市考察调研，指导农业科技创新和产业发展工作；邢台市组织有关技术人员和企业负责人到中国农业科学院学习进修。

（四）建立财政专项经费

由邢台市或相关县、相关项目方安排与中国农业科学院合作专项经费，纳入预算。当年出现不足可由财政另行安排补足，当年结余结转下年安排使用。

（五）奖励突出贡献专家

邢台市人民政府制定院市合作专项奖励办法，设立专项奖励金，对院市合作中有突出贡献的专家给予奖励。

四、附　则

本协议未尽事宜由双方另行协商决定。有关具体合作由邢台市有关单位和中国农业科学院有关研究所另行签署专项协议。

本协议有效期三年，自签字之日起生效，期满后双方可协商续签。

本协议一式四份，双方各执两份。

中国农业科学院　　　　邢台市人民政府

签字：　　　　签字：

2020 年 5 月 28 日　　　　2020 年 5 月 28 日

中国农业科学院　平谷区人民政府
战略合作框架协议

甲方：平谷区人民政府
乙方：中国农业科学院

为深入贯彻习近平新时代中国特色社会主义思想，认真落实国家乡村振兴战略总体部署要求，服务首都全国科技创新中心建设目标，落实平谷“三区一口岸”功能定位，坚持不懈推动“生态立区、绿色发展”，加快推进平谷农业科技创新示范区建设，打造“农业中关村”，经友好协商，平谷区人民政府和中国农业科学院决定签署战略合作框架协议。

一、合作宗旨

坚持“诚信合作、优势互补、携手发展、共创未来、互利共赢”的原则，以科技为支撑，甲乙双方发挥优势创造条件，利用甲方自然资源禀赋和产业发展基础，发挥乙方在科技资源、人才力量和社会服务方面的突出优势，重点在战略规划、科技创新、成果转化、人才培养等领域紧密合作，对标国际一流，高标准推动农业科技创新示范区建设，促进自主创新和成果转化，占领现代农业发展制高点，引领全国乃至世界的农业发展水平。

二、合作内容

（一）共同推进平谷乡村振兴战略实施

围绕实施乡村振兴战略总要求，乙方组织专家团队为平谷区乡村战略实施提供决策咨询建议和顶层设计，在农业科技创新、美丽乡村建设、田园综合体打造、都市农业产业转型升级、发展农村新业态、生态环境建设、经营组织提升等方面协助规划，推动“三农”改革不断深入。

（二）共建高水平农业科技创新示范区

围绕北京“四个中心”建设，立足平谷区“三区一口岸”功能定位，双方协同开展平谷区农业科技创新示范区建设工作，加强产业布局、科学研究等方面合作，着力建设创新驱动、引领示范、核心支撑作用显著的国家农业自主创新战略高地，全力服务北京科技创新中心建设，打造北京“农业中关村”，实现农业现代化发展。

（三）推动平谷农业主导产业转型升级

针对平谷主导产业发展的技术需求和瓶颈问题提供科技支撑和服务，重点在平谷大桃产业的种质资源、新优品种、省力化栽培技术和人员培训等方面提供科技支撑，共建北京农科创京瓦中心果业分中心等平台，率先在平谷区开展“未来果园种植体系探索行动”和“高值果园示范行动”，以提高果园单位面积经济收益为目标，开展全产业链技术集成与示范应用，促进平谷果业高效发展和产业提质增效。

（四）共建全基因组选育及无抗健康养殖实验室

由中国农业科学院北京牧医所与平谷伟嘉育种公司共建“全基因组选育及无抗健康养殖实验室”，共同解决生猪全基因组育种及抗病育种、生产性能提升、健康养殖、肉质改善等关键共性问题，开展生猪新品种选育及健康养殖性能提升工程。

（五）共建现代农科 4.0 版重大工程

参与平谷区“一区一院”建设，平谷区委区政府为中国农业科学院的战略性重大工程项目（现代农科 4.0 版）提供土地资源支持和政策配套支持。主要包括国家农业重大灾害模拟舱、国家小麦设计重大设施等国家重大科技设施平台及中国农业科学院平谷院区等后续有关重大项目的落地实施，助推平谷区农业科技创新能力和影响力的全面提升。

（六）加强人才培养培训

全面加强双方在助力农业农村人才发展方面的交流和联系，通过全方位人才培训、成果交流、机制共享等方式，以平谷区为主阵地，开展全国性多领域、多形式的专题培训，提升农业科技人才能力水平，培养造就一大批懂农业、爱农村、爱农民的“三农”工作队伍。

三、保障措施

（一）成立合作协调领导小组

双方成立由主要领导和有关部门负责人组成的领导小组，负责深化合作工作的组织领导，组织制定深化合作的相关协议，研究开展合作的重大事项，领导小组办公室分别设在中国农业科学院成果转化局和平谷区农业农村局，具体负责双方合作的组织、协调、跟踪和督办等工作。

（二）建立沟通协调机制

建立高层对接、对口联系等沟通协调机制，每年召开 1~2 次专题会议，督促、协调各自系统切实加强合作，定期通报合作任务推动进展，磋商解决存在的问题。

（三）建立合作保障机制

围绕具体合作内容，双方在人才团队、平台基地、经费投入等方面给予优先保障和支持，完善资金配套和相关支持政策，加大科技资源投入，加强协同创新团队建设，建立固定和行之有效的保障机制，共同推进实施合作任务。

四、附　则

本协议自双方签字盖章之日起生效。首个合作期为五年，期满前经双方书面确认，则自动顺延五年进入第二个合作期，以后以此类推。

本协议一式四份，双方各执两份，具有同等法律效力。

本框架协议仅作为推进本次合作的意向性框架协议，所有合作项目的具体开展以具体签订的合作项目合同为准。

北京市平谷区人民政府

签字：

2020 年 9 月 16 日

中国农业科学院

签字：

2020 年 9 月 16 日

南平市人民政府　中国农业科学院
战略合作协议

甲方：南平市人民政府

乙方：中国农业科学院

为深入贯彻党的十九大精神，更好地发挥科技在现代农业发展和乡村振兴中的支撑作用，南平市人民政府与中国农业科学院经友好协商，达成如下合作协议。

一、合作宗旨

本着“信守承诺、真诚合作、立足发展、面向未来、优势互补、互惠互利”的原则，双方将在联合开展关键技术研发、技术示范引领、生产技术规范、科技人才培训等领域开展合作。通过科技示范带动，提升南平市重点产业发展水平，提升农产品的质量和效益，助力乡村产业振兴。

二、合作方式及内容

（1）将南平市人民政府纳入中国农业科学院乡村振兴科技支撑行动计划，南平市人民政府为中国农业科学院提供政策、基地以及有关保障服务。双方各自建立合作团队进行对接和交流。

（2）重点加强整县推进科技示范、农业绿色提质增效技术集成转化、农业科技创新平台提升、农业科技精准扶贫示范、农业科技队伍建设等方面的合作，推动南平农业科技创新能力和水平整体跃升。

（3）建立广泛深层次的合作伙伴关系。通过农业科技合作，创新院地合作模式，建立信息、技术等资源共享机制，加快农产品种、养、加领域的科技创新，推进科学研究、技术服务及成果孵化，促进产学研用一体化发展。

三、甲方权利及义务

（1）组建成立南平市乡村振兴高端智库专家委员会。邀请中国农业科学院相关专家组建“南平市乡村振兴高端智库专家委员会”，配合乙方在南平开展乡村振兴调研及相关工作，安排 100 万元作为乙方专家服务团队到南平开展工作的经费，并为乙方开展工作提供便利条件。

（2）建设国家农业智能科技开发基地和中国现代数字农业数据中心。加强与农业农村部沟通协作，会同福建省有关部门加强整合资源和倾斜投入，支持建设新技术、新应用、新业态创新培育基地。

（3）设立专家工作站。在南平设立专家工作站，积极开展武夷岩茶制作加工、茶叶质量安全管控、有机茶园管护及虫害防治等技术指导及相关合作研究，争取更多的项目和科技成果在南平转化落地。

（4）开展武夷山数字农业试点县项目建设。争取农业农村部数字农业农村试点项目支持，与乙方合作开展武夷山茶叶数字试点县的申报工作，全力配合乙方提供项目承接企业、项目试点场地等支持条件，承认并尊重乙方科研成果及专利技术属于行业秘密，未经乙方允许不得泄露。

四、乙方权利及义务

（1）明确“南平市乡村振兴高端智库专家委员会”专家名单。明确并固定服务南平专家团队名单，形成较为稳定的专家服务技术团队，每年组织相关领域专家或专业技术人员深入南平市，开展阶段性驻点指导和专项技术服务，重点推进茶叶、大米、奶业、数字农业4个产业合作基地建设。

（2）建立中国农业科学院生物育种试验基地。依托南平市农业科学研究所等科研机构，建立中国农业科学院生物育种试验基地，开展分子标记抗性育种、农作物种质资源培育等试验，并在农作物绿色防控技术和水稻优质稻育种、牧草品种试验、玉米品种鉴定、小麦抗病鉴定等方面开展合作。

（3）设立中国农业科学院智能科技及数据标准化研发平台。在南平设立中国农业科学院智能科技及数据标准化研发平台，推动相关领域技术研发、成果熟化、孵化与产业化等科技平台建设。重点打造面向广大农民农户和涉农企业服务南平全区城乡一体化和智慧化发展的智慧农业综合服务平台，下辖数字农业云平台、乡村振兴综合服务平台、畜禽养殖专业物联网平台、种植专业物联网平台。

（4）支持南平建设中国现代数字农业数据中心。把双方的合作纳入中国农业科学院与福建省合作的框架内，推动在南平建设中国现代数字农业数据中心，打造集发布、交流、展示、培训，研究等功能于一体的综合示范区。重点推广粮食、食用菌、中药材等闽北特色农产品新品种试验示范基地的打造，建立全市农业资源要素一张图，打造闽浙赣农业种业和数字农业的集聚地。

（5）加强南平乡村振兴示范服务。确定南平1个区（建阳区）为中国农业科学院乡村振兴整建制推进科技示范区，并为南平110个省级和172个市级乡村振兴示范村提供产业项目技术支持。依托中国农业科学院培训中心和研究生院，与南平建立长期的乡村振兴人才培训计划，定期组织相关人员到中国农业科学院进行培训或组织院专家到南平进行授课，联合开展各类乡村振兴人才培养，壮大科技成果转化人才、技术转移人才、科技推广人才、产业经营人才、新型农民和农业农村实用人才等人才队伍，每年联合组织开办一期乡村振兴培训班。

五、附　则

本协议有效期五年，自签订之日起生效，期满后双方可协商续约。

本协议一式四份，双方各执两份。

未尽事宜由甲乙双方协商解决。

南平市人民政府

签字：

2020 年 9 月 16 日

中国农业科学院

签字：

2020 年 9 月 16 日

中国农业科学院　攀枝花市人民政府
院地合作协议

中国农业科学院成立于1957年，是国家综合性农业科研机构，担负着全国农业重大基础与应用基础研究、应用研究和高新技术研究的任务，致力于解决我国农业及农村经济发展中基础性、方向性、全局性、关键性的重大科技问题，在推动农业科技创新、服务地方经济、培养高层次科研人才、促进国际科技交流合作等方面发挥着重要作用。攀枝花市位于川西南、滇西北交界处，是中国钒钛之都、中国阳光花城、中国康养胜地、四川南向门户，具有“南方的温度、北方的光照”之得天独厚的气候特点。

为了更好地利用和发挥各自的优势，共同推动攀枝花现代特色农业创新和发展，加速农业技术成果转化与推广，为我国现代农业和农村经济发展做出贡献，经中国农业科学院和四川省攀枝花市人民政府友好协商，达成如下合作协议。

一、合作方向及主要内容

（一）农业创新和成果转化平台建设

整合攀枝花市和中国农业科学院科技、人才、资金等方面的资源，围绕攀枝花市现代特色农业产业发展的科技需求，开展联合攻关。中国农业科学院将农业科技深度融入攀枝花钒钛新城和攀西科技城“两城”建设，加强对攀枝花市的农业科技支持力度，建设转化应用推广平台，促进攀枝花农业科研水平提升，打造川西南、滇西北农业科研高地。

（二）农业科技人才培养

中国农业科学院选派科技人才到攀挂职，帮助、指导攀枝花农业发展，并接收攀枝花优秀农业科技人才到院部或院属相关单位上挂锻炼，探索建立双方定期交流互访制度。双方合作开展农业科技人才和管理人才培养，为攀枝花市农业科技进步和社会经济发展提供智力支持。

（三）参与和服务攀枝花区域特色农业

通过在攀枝花市开展农业科技创新和新品种、新技术的示范推广，推动攀枝花市特色农业产业化发展；鼓励下属部门及学者、专家到攀枝花市各县（区）开展科技服务，促进科技与农业经济的结合。

二、组织实施方式

（一）组织形式

成立科技合作协调领导小组，组长由攀枝花市人民政府分管副市长和中国农业科学院分管副院长共同担任。

攀枝花市人民政府指定市农业农村局、中国农业科学院指定院成果转化局负责对接具体事宜。

（二）实施方式

（1）每年举行一次院地合作工作会议，总结交流合作经验，安排下年度合作事宜。

（2）每年双方互相提交一份合作项目目录，如有合作意向，项目负责人进行专题对接，签订具体合作协议。

三、双方责任

（一）中国农业科学院

（1）利用已有的创新成果为攀枝花市现代特色农业产业发展服务，将适宜的储备技术优先在攀枝花市进行成果转化。对攀枝花农业产业急需的关键共性技术和瓶颈技术针对性地立项攻关。

（2）积极参与攀枝花市农业经济建设和农业发展宏观决策与咨询工作。根据攀枝花市需要，可选派有关专家担任对口单位兼职研究员或技术顾问。

（3）优先联合攀枝花市农业科研机构和农业企业申报国家项目。

（4）优先为攀枝花市有关单位选送、推荐高级农业科技人才，为攀枝花培养高级农业科技人才（委托培养在职硕士、在职博士）提供支持。

（5）根据攀枝花市需求，定期或不定期举办农林科技管理人员和技术人员各类专项进修培训。

（二）攀枝花市人民政府

（1）对中国农业科学院在攀枝花市创办、合办或领办的农业科技企业依法给予政策支持，优先从中国农业科学院引进优秀的博士、硕士研究生。

（2）对双方商定的、对攀枝花市有重大影响的项目，符合条件的依法给予优先立项支持。双方根据发展的要求和已明确的农业项目，采取“一年一定”的方式，确定年度合作的重点项目。

（3）攀枝花市人民政府每年对双方联合实施的和委托中国农业科学院独立实施的重大研究课题和科技成果转化应用推广给予经费支持。

（4）为中国农业科学院到攀枝花市工作的农业专家在生活、交通等方面提供良好的条件和服务。

（三）共同责任

（1）选定的各项联合研究项目，由双方项目负责人共同制定具体实施方案、经费预算，做到任务明确、责任到位。

（2）双方共同努力，充分调动参与合作的科技人员的积极性，对做出突出贡献的科技人员给予表彰。

（3）联合探索院地合作高效运行的新机制。

四、合作期限

合作期限五年，从 2020 年 4 月至 2025 年 3 月。

五、其　他

本协议一式四份，双方各执两份，双方签字后生效。未尽事宜，由双方协商解决。

攀枝花市人民政府

签字：

2020 年 9 月 19 日

中国农业科学院

签字：

2020 年 9 月 19 日

中国农业科学院　佳木斯市政府
共建佳木斯（桦川）专家工作站协议

一、建站背景

成立于 1957 年的中国农业科学院，是国家综合性农业科研机构，致力于解决我国农业及农村经济发展中基础性、方向性、全局性、关键性重大科技问题，在推动农业科技创新、服务地方经济、培养高层次科研人才、促进国际科技交流合作等方面发挥重要作用。佳木斯市人民政府坚持把脱贫攻坚和乡村振兴作为新时代“三农”工作总抓手，将推进农业供给侧结构性改革作为主线，加快农业提质增效。2018 年，中国农业科学院与佳木斯市政府签署全面战略合作协议，双方相约将围绕战略咨询、科技创新、学科共建、成果转化、人才培养五大方面建立全面、长期、稳定的战略合作关系。

自 2018 年以来，中国农业科学院先后在佳木斯市实施了“桦川科技扶贫适用技术集成创新与示范应用”“玉米绿色发展技术集成模式研究与示范”及“粮食作物藏粮于技科研攻关”等各类重大项目，为推动当地脱贫攻坚、乡村振兴、农业绿色发展与产业提质增效提供了科技保障，效果显著。为进一步深化合作关系，发挥中国农业科学院科技创新与人才集聚优势，促进佳木斯市农业科技创新能力，双方决定在佳木斯市桦川县共建中国农业科学院—佳木斯（桦川）专家工作站，作为院市县共用共育共管的工作站，开展相关工作。

二、建站目标

围绕国家现代农业产业发展的重大需求，立足佳木斯、面向全国，聚焦脱贫攻坚与乡村振兴，双方重点在科技服务、人才培养、成果转化等方面开展全面合作，探索以“地方政府部门为推力、中央科研院所为支撑、农业产业发展为目标”的建站模式，打造佳木斯市农业创新驱动发展的“策源地”、重大农业科技攻关的“实验室”、高端农业科技人才培养的“集散地”和农业龙头企业研发创新的“孵化器”，为促进农业农村现代化发展发挥引领示范作用。

三、工作任务

（一）提供技术帮扶和智力支持

中国农业科学院发挥农业科技创新能力和高端农业人才优势，围绕农业绿色发展、产业提质增效、乡村振兴战略实施，为佳木斯市提供适宜品种、关键技术、产品加工、品牌建设及发展战略等全方位、全产业链技术与智力帮扶。

（二）深化农业人才培养合作

中国农业科学院定期派遣优秀科研、管理、转化与支撑人才驻站工作，充分发挥工作站人才凝聚和培养作用，并根据需要双方互派干部挂职锻炼，为佳木斯市打造农业领域科技、管理以及示范推广人才队伍。

（三）促进科技成果集成转化

围绕区域农业产业优势与未来发展，探索建立新型科技成果转化与推广体系的合作机制，形成创新链与产业链供应链紧密衔接，促进农业科技成果示范、推广与转化，推动区域农业产业转型升级。

（四）打造“田间课堂”模式

围绕服务桦川农业产业，着力宣传中国农业科学院专家田间写论文、农民课堂得效益的经验和做法，打造桦川“田间课堂”示范点，创立服务农业农村主战场的新模式。

四、保障措施

（一）成立工作站领导小组

领导小组组长由双方领导共同担任，有关单位负责同志为成员；下设领导小组办公室。领导小组建立联席会议制度，定期召开会议研究部署合作项目清单和下阶段重点工作，协调处理运行过程中的重大事项，开展工作站动态管理与运行情况评估。领导小组办公室作为日常办事机构，负责工作站的正常运转。

（二）建立两级合作协商机制

涉及双方内部多个部门或下属单位的合作事宜，由领导小组办公室共同协商。同时，在双方所属单位或部门，分别建立相应领域的合作关系与机制，具体合作内容及方案由合作单位在总的合作框架下另行协商制定，提交领导小组审批后实施。

（三）保障工作站日常运行

佳木斯市（桦川）人民政府负责为驻站专家提供必要的办公及住宿、交通等基本工作与生活条件，保证专家工作的顺利开展。

五、附　则

本协议有效期五年，自经双方法定代表人或授权代表签字并加盖公章之日起生效。合作期满后，双方可视情况协商续约。

本协议为战略框架协议，双方具体的合作内容及形式由双方另行商定，签订专项协议或合同，明确双方的责任、权利和义务，确保各项合作项目顺利开展。

本协议未尽事宜，由双方协商解决或签订补充协议，补充协议与本协议具有同等法律效力。

本协议一式四份，双方各执两份。

中国农业科学院	佳木斯市人民政府
签字：	签字：
2020 年 8 月 16 日	2020 年 8 月 16 日

中国农业科学院　乌兰察布市人民政府
科技合作协议

为深入贯彻落实党的十九大精神和习近平总书记参加十三届全国人大三次会议内蒙古代表团审议时的重要讲话精神，加快实施创新驱动发展战略，提升乌兰察布市科技创新水平，加快中国农业科学院科技成果转移转化，深化科研院所与地方间的科技交流与合作，大力践行内蒙古自治区“科技兴蒙”行动，促进科研院所为地方经济发展服务，助推乌兰察布市经济社会高质量发展，实现院地互利共赢，经友好协商，中国农业科学院、乌兰察布市政府在已有的良好合作基础上进一步拓展领域、聚焦重点，达成如下合作协议。

一、合作宗旨

以乌兰察布市经济社会发展战略需求为导向，围绕自治区“科技兴蒙”行动的具体要求，结合中国农业科学院的人才和技术成果优势，通过强化院地协调创新，推进以科技创新为核心的全面创新，加快中国农业科学院科技成果转移转化，培育壮大乌兰察布市优势特色产业和战略性新兴产业，促进乌兰察布市经济社会高质量发展。双方本着“优势互补、资源共享、互惠双赢、共同发展”的原则，重点在技术成果转化、关键共性技术攻关、科技创新平台载体建设和人才交流培养等方面开展高效务实的科技交流与合作，构建充满活力的区域科技创新体系和院区科技合作新模式，促进中国农业科学院高水平创新资源、创新成果在乌兰察布市落地。

二、合作内容

以冷凉蔬菜院士专家工作站、国家农业现代园区和国家农业科技园区等平台为基础，重点在马铃薯、冷凉蔬菜、乳品加工、肉羊、肉牛、燕麦、杂粮杂豆等乌兰察布市重点产业上加强合作，并积极拓展双方合作的新领域、新途径，助力乌兰察布市现代农牧业发展和乡村振兴。

（一）推进农牧业全产业链协同创新

瞄准乌兰察布市现代农牧业发展的重大需求开展技术攻关，形成一批引领行业技术发展、具有自主知识产权的科研成果，推动知识创新、技术创新、区域创新的战略融合。整合院校、科研机构、公共技术平台、企业的技术资源和创新优势，着力构建以企业为主体、市场为导向、产学研相结合的技术创新体系，共同突破乌兰察布市现代农牧业发展的技术瓶颈，促进整体产业竞争力的提升。

（1）共同推进马铃薯全产业链发展和马铃薯主粮化。立足马铃薯特色优势产业，发挥乌兰察布市“中国薯都”的资源优势，以内蒙古薯都凯达食品有限公司、内蒙古华颂农业科技有限公司、内蒙古民丰种业有限公司、内蒙古希森马铃薯种业有限公司、内蒙古中加农业生物科技有限公司和蓝威斯顿薯业（内蒙古）有限公司等基地为基础，以推动马铃薯全产业链发展和马铃薯主粮化为目标，共建科技创新平台载体，推动国家现代农业园区项目建设，联合开展马铃薯种薯繁育、病虫害防治、加工、试验、推广等项目。

（2）巩固和开展冷凉蔬菜产业领域重大项目合作。以乌兰察布市冷凉蔬菜院士专家工作站、北京宏福国际农业科技有限公司、山东物流现代农业等国家农业科技园区单位为依托，开展甘蓝、胡萝卜、洋葱、西蓝花、西芹、草莓、豆角等冷凉蔬菜新品种选育、病虫害防治、蔬菜机械化和栽培技术等的重大项目试验示范推广研究。

（3）积极支持乌兰察布市乳业发展。围绕中国乳业中心建设，发挥乌兰察布市“酸奶之都”的资源优势，联合开展酸奶益生菌筛选和新产品研究，支持内蒙古兰格格乳业有限公司等乳业龙头企业发展，共同推动乌兰察布市酸奶产业转型升级，提高产品附加值和企业市场竞争力，大力发展乌兰察布市酸奶产业。

（4）推动乌兰察布市畜牧业转型升级。立足戈壁羊、杜蒙羊、萨福克羊、安格斯牛、西门塔尔牛等特殊畜种，以推进现代畜牧业发展为目标，采用国内前沿技术，联合开展肉羊肉牛、猪鸡兔等畜种的品种保护、畜种改良、新品种培育认定等研究。以内蒙古赛诺种羊科技有限公司、内蒙古海高牧场有限公司等单位为基础，共建乌兰察布市市现代畜牧业科研基地。

（5）推动乌兰察布市燕麦、胡麻、杂粮杂豆等产业发展。以发展现代农牧业为目标，共同开展燕麦、杂粮杂豆等产业关键技术攻关和科技创新平台载体建设，在新品种选育、加工等技术领域取得突破，推动乌兰察布市燕麦、杂粮杂豆等产业发展。

（6）推进生态草牧业示范工作。进一步整合乌兰察布市草牧业科技与产业资源，借助中国农业科学院技术和人才优势，推动乌兰察布市农作物秸秆、柠条等灌木枝条饲料化、颗粒化技术成果转移转化，开发新的饲草料资源，推进生态草牧业示范工作。

（二）深化高素质创新型人才培养合作

双方依托创新平台载体建设、重大项目实施，积极鼓励相关领域的专家、学者和毕业生来乌兰察布市开展短期研发、长期驻站、技术入股、技术服务等创新活动以及自主创业、自主择业、落户就业等创新创业活动，壮大乌兰察布市高层次人才、“三区人才”和农业科技特派员队伍，同时依托中国农业科学院的教育、科研资源，面向全市培养管理型、创新型、创业型人才，特别是围绕乌兰察布市产业发展，培养出行业专家级领军人才，全面提升乌兰察布市人才队伍的整体素质，提高科技创新综合管理水平。中国农业科学院积极吸纳乌兰察布市科技人才及科研管理人才到中国农业科学院相关单位挂职锻炼。

三、合作机制

（一）成立合作领导小组

领导小组组长由中国农业科学院和乌兰察布市人民政府主管领导担任，成员由双方相关部门人员组成。领导小组办公室分别设在中国农业科学院成果转化局和兰察布市科技局，负责合作的日常事务管理与工作协调。领导小组每年至少召开一次工作会议，总结当年工作，研究部署下一年工作。相关专业领域工作会议视实际需要协商召开。

（二）建立技术交流制度

中国农业科学院不定期组织专家到乌兰察布市考察调研，指导农业科技创新和产业发展工作；乌兰察布市组织有关技术人员和企业负责人到中国农业科学院学习进修。

（三）奖励突出贡献专家

乌兰察布市人民政府制定院市合作专项奖励办法，设立专项奖励金，对院市合作中有突出贡献的专家给予奖励。

四、双方职责

乌兰察布市积极创造条件，鼓励中国农业科学院高水平科研团队围绕乌兰察布市主导产业重点需求开展技术攻关和成果转化，鼓励以企业为主体的创新合作模式，通过联合研发和协同创新，切实提高乌兰察布市自主创新能力，并在提供基础科研和生活条件、科技项目申报、研究制定政策、土地使用费等资源保障等方面给予支持。

中国农业科学院要充分发挥自身科研、人才、技术成果等优势，围绕乌兰察布市地区主导产业重点需求，与各类创新主体、各个行业、各个地区开展科技合作，提出乌兰察布市主导产业发展方向，围绕重大关键技术开展联合试验攻关，深化高素质创新型人才培养合作，推进科技成果的转移转化、科技创新平台载体的建设和人才的交流培养等工作。

五、附　则

本协议自合作双方签字并加盖公章之日起生效，有效期五年，有效期内如需补充合作事宜，可协商签订补充协议。协议中未尽事宜，由双方另行商定。

本协议一式四份，双方各持两份。

乌兰察布市人民政府

签字：

2020 年 9 月 28 日

中国农业科学院

签字：

2020 年 9 月 28 日

中国农业科学院　眉山市人民政府
农业科技战略合作协议

为深入实施创新驱动发展战略和乡村振兴战略，强化农业科技在农业农村现代化和眉山乡村振兴中的引领作用，促进农业科技成果转化和推广，推动眉山市传统农业与现代农业集群和融合发展，加快建设成渝地区双城经济圈都市现代绿色农业强市，中国农业科学院与眉山市人民政府决定建立战略合作关系，双方协商达成如下协议。

一、合作宗旨

中国农业科学院拥有34个直属研究所、9个共建研究所，具有学科齐全、人才聚集、技术领先、成果丰硕等突出优势，是在国际上有重要影响力的国家级综合性农业科研机构。眉山市自然生态良好，农业基础坚实，产业特色鲜明，形成了独具眉山优势的“583”现代农业产业体系。泡菜年销售收入突破200亿元、创造六个“全国第一”，成功创建中国特色农产品晚熟柑橘优势区、产业基地规模全国最大。院市双方本着“创新、协调、绿色、开放、共享”的发展理念，按照“平等互利、真诚合作、优势互补、持续发展”的合作原则，充分发挥中国农业科学院人才、科技、成果和眉山市农业资源、特色产业体系等优势，通过合作，将中国农业科学院的科技优势转化为眉山市农业农村经济发展优势，为眉山市推进乡村振兴和农业现代化发展提供科技支撑。

二、合作内容

（一）战略咨询

根据眉山市新一轮乡村振兴和构建“583”现代农业产业体系需求，眉山市人民政府聘请中国农业科学院相关专家联合组建专家咨询团队，共建“三农”智库，探索建立资源信息共建共享机制，学习借鉴世界发达国家及我国先进地区的经验成果，开展常态化政策研讨和战略咨询。做好与国家、四川“十四五”规划衔接，为眉山市高质量推进农业农村“十四五”规划编制提供科学依据。

（二）科技合作

中国农业科学院以眉山职业技术学院、四川东坡中国泡菜产业技术研究院和有关龙头企业研发中心为平台，全方位支持服务眉山农村经济建设和现代农业产业发展，助力眉山由农业大市向农业强市跨越。以国际科技合作及引智引才基地为基础，联合建立集资源保护、品种展示、休闲观光于一体的科技创新孵化基地，着力打造都市现代绿色农业样板工程，探索可复制可推广的经验模式，示范带动更多农业科技创新孵化基地。

（三）成果转化

中国农业科学院围绕眉山春橘、东坡泡菜、畜禽水产、水稻制种等优势特色农业产业，重点在新品种培育、新技术引进、新工艺研发上有针对性地开展关键技术攻关，突破眉山现代农业发展技术瓶颈。联合共建农业科技成果转化示范基地，开展农业新品种、新技术、新机械、新工艺、新模式试验示范，中国农业科学院将适宜的成果优先在眉山进行转化；共同组织申报实施国家级科技项目，共同争创国家级现代科技科研平台，为“眉山造”特色农产品注入科技基因。

（四）人才培育

中国农业科学院指导眉山市发展现代农业和特色产业。通过开放科研平台、学术交流、合作研究、技术培训、挂职锻炼等形式，为眉山市培养一批农业科技带头人和实用技术人才，眉山市积极接收中国农业科学院优秀毕业生服务当地社会经济发展和乡村振兴。中国农业科学院选派有关人员到眉山市挂职，眉山市人民政府选派有关技术人员到中国农业科学院进修，提升眉山农业技术水平和自我发展能力。

三、合作机制

（一）建立合作协调机制

院市双方成立战略合作领导小组，各明确一名分管领导负责合作协调工作，领导小组办公室分别设在中国农业科学院成果转化局和眉山市农业农村局，具体负责科技合作的日常事务和组织协调工作。

（二）建立联合科研团队

建立“首席专家+科研团队+项目”的模式，分工协作，密切配合，联合实施科技创新和示范项目及中国农业科学院安排在眉山市的科技项目。

（三）建立技术交流制度

中国农业科学院不定期组织专家到眉山市考察调研，指导农业科技创新和产业发展工作；眉山市组织有关技术人员和企业负责人到中国农业科学院学习进修。

四、附　则

本协议未尽事宜由院市双方另行协商决定。有关具体合作由中国农业科学院有关研究所和眉山市有关单位另行签署专项协议。

本协议有效期五年，经院市双方法定代表人或授权签字人签字盖章后生效。如本协议的履行或解释发生争议，双方应友好协商解决。

本协议一式四份，院市双方各执两份。

中国农业科学院

签字：

2020 年 11 月 16 日

眉山市人民政府

签字：

2020 年 11 月 16 日

中国农业科学院　延安市人民政府
战略合作协议

中国农业科学院和延安市人民政府为落实国家乡村振兴战略，充分发挥双方优势，加强产学研合作，科技助力延安农业农村现代化和高质量发展，经认真协商，达成以下战略合作协议。

一、合作宗旨

中国农业科学院是国家级综合性农业科研机构，具有学科齐全、人才聚集、技术领先、成果丰硕等突出优势。延安市是整市推进的国家现代农业示范区和世界苹果最佳优生区，苹果、肉羊、洋槐蜜、小杂粮、设施瓜菜等区域特色产业优势明显。

双方本着“真诚合作，互利共赢，由点及面、持续发展”的原则，充分发挥中国农业科学院人才、科技、成果和延安市农业资源、产业基础等优势，着力搭建科研攻关、成果转化、技术集成、人才培养的合作平台，为延安农业农村现代化和乡村振兴增添创新驱动活力。

二、合作内容

（一）战略咨询

延安市人民政府聘请中国农业科学院相关专家组成顾问团，在质量兴农、绿色发展、乡村治理、农村改革、城乡融合以及脱贫攻坚与乡村振兴战略有效衔接等方面，帮助延安抢抓国家重大政策机遇，谋划一批重大项目。同时，衔接国家“十四五”有关规划，为延安编制“十四五”农业农村现代化规划。

（二）科技合作

由中国农业科学院牵头，延安市有关科研推广单位参加，组建专家团队，重点围绕果园有机质提升、苹果免套袋、设施基地连作障碍、红枣裂果、优势农产品深加工、农业废弃物利用等技术瓶颈，联合开展重大课题研究和科研攻关，力争三年内在这些领域的研究取得重大突破；围绕陕西省重点支持的新品种新技术新产品研发推广、全程机械化、冷链物流体系、品牌提升等关键环节，以延安产业基地和产业链为载体，每年联合申报2个以上国家重大科技专项项目。

（三）成果转化

双方以推进农业科技进步和成果转化应用为出发点，在延安建设中国农业科学院苹果试验示范和成果转化基地，以延安肉羊、生猪、蔬菜等优势特色产业为重点，建设科研试验示范场（站），并在延安建立国家农业环境观测实验站，将中国农业科学院科技优势转化为延安市农业农村经济发展优势。

（四）人才培养与交流

双方通过搭建科研平台、学术交流、合作研究、技术培训、挂职锻炼等形式，为延安市培养学科带头人和实用人才。中国农业科学院依托国家级科研平台，结合延安产业发展需求，组织多批次专家团队对延安现有科技人员进行“传帮带”；并利用科教资源，依托延安优势产业布局，在延安建立中国农业科学院研究生培养实践基地和博士创新基地。

三、合作机制

（一）成立战略合作领导小组

领导小组组长由中国农业科学院和延安市人民政府分管领导担任，成员由双方有关部门负责人组成。领导小组办公室分别设在中国农业科学院成果转化局和延安市农业农村局，负责合作的日常事务管理与工作协调。领导小组每年至少召开一次工作会议，总结当年工作，研究部署下一年工作。相关专业领域工作会议视实际需要协商召开。

（二）建立联合科研平台

双方建立“首席专家+科研团队+项目”的合作模式，分工协作，密切配合，联合实施科技攻关、技术创新和示范推广项目。

（三）建立技术交流制度

中国农业科学院不定期组织专家到延安市考察调研，指导农业科技创新和产业发展工作；延安市组织有关技术人员和企业负责人到中国农业科学院学习进修。

（四）强化院市合作资金保障

延安市将双方合作开展的重大课题攻关和科技成果转化基地工作经费列入财政预算。中国农业科学院需要由基层农业科研推广实施或配合完成的科研项目或成果转化项目，优先向延安市安排。

（五）奖励突出贡献专家

延安市人民政府制定院市合作专项奖励办法，设立专项奖励金，对院市合作中有突出贡献的专家给予奖励。

四、附　则

本协议未尽事宜由双方另行协商决定。有关具体合作由延安市有关单位和中国农业科学院有关研究所另行签署专项协议。

本协议有效期五年，自签字之日起生效，期满后双方可协商续签。

本协议一式四份，双方各执两份。

中国农业科学院　　　　延安市人民政府

签字：　　　　签字：

2020 年 11 月 17 日　　　　2020 年 11 月 17 日

中国农业科学院　安庆市人民政府战略合作协议

为全面实施乡村振兴战略，培育农业农村发展新动能，支撑农业农村高质量发展，实现安庆市农业农村现代化的战略目标，中国农业科学院与安庆市人民政府经友好协商，决定建立战略合作关系，达成如下协议。

一、合作宗旨

中国农业科学院是国家级综合性农业科研机构，具有学科齐全、人才聚集、技术领先、成果丰硕等突出优势。安庆市是安徽省乃至全国重要的粮棉油、水产品、农特产品和畜禽生产优势区，资源禀赋优越，发展潜力大，正在着力打造长三角绿色农产品生产加工供应基地。双方本着“真诚合作，互利共赢，由点及面、持续发展”的原则，通过广泛务实合作，持续将中国农业科学院的科技、资源、人才优势转化为安庆市农业农村发展的创新优势和竞争优势，为安庆市推进农业现代化和乡村全面振兴提供科技支撑。

二、合作内容

（一）战略咨询

围绕安庆市粮食保供、特色优势产业发展的重大科技问题和乡村振兴重大课题，安庆市人民政府聘请中国农业科学院相关专家组成顾问团开展战略咨询，重点帮助安庆市制定和完善农业农村现代化规划、国家农业科技园区建设规划、乡村振兴发展规划等，为安庆市现代农业和农村经济发展提供技术支撑。近期，重点合作编制《安庆市“十四五”乡村振兴产业发展规划》和汇编《安庆市“十四五”乡村振兴规划》。

（二）人才培养与交流

中国农业科学院选派有关人员到安庆市及其所辖县（市、区）挂职，并通过开放科研平台、学术交流、技术培训、挂职锻炼等形式，为安庆市培养一批科技带头人和实用技术人才。安庆市人民政府和有关高校选派有关技术人员到中国农业科学院进修，提升安庆市农业科技应用水平和自主发展能力。安庆市积极接收中国农业科学院优秀毕业生服务国家战略和地方科技经济发展人才需求。

（三）科技合作

中国农业科学院支持安庆市有关单位业务建设，围绕大别山区、丘陵岗地、沿江平原特色产业带和优质粮油、规模畜禽、特色种养、设施农业、农产品精深加工和智慧农业六大板块，在绿色高质高效粮油棉品种引进示范推广，蔬菜、水果和中药材等特色种植及精深加工，安庆六白猪、番鸭等畜禽的保种和产品开发，富硒（锌）米、红米等功能性农产品开发利用等领域开展合作。

（四）成果转化

根据安庆农业和农村经济发展的特点和需求，中国农业科学院在安庆职业技术学院、安庆市农业科学研究所等建立现代农业科技成果转化试验示范基地，优先将其研制的新品种、新技术、新产品示范推广。安庆市人民政府和有关单位提供土地、人员、政策等相关支撑条件，并协助组织实施。

三、合作机制

（一）成立战略合作领导小组

领导小组组长由中国农业科学院和安庆市人民政府分管领导担任，成员由双方相关部门人员组成。领导小组办公室分别设在中国农业科学院成果转化局和安庆市农业农村局，负责合作的日常事务管理与工作协调。领导小组每年至少召开一次工作会议，总结当年工作，研究部署下一年工作。相关合作领域工作会议视实际需要协商召开。

（二）建立联合攻关团队

设立专家工作站，以“首席专家+科研团队+项目”的模式，分工协作，密切配合，联合实施科技创新和示范项目及中国农业科学院安排在安庆市的科技项目。

（三）建立技术交流制度

中国农业科学院不定期组织专家到安庆市考察调研，指导农业科技创新和产业发展工作，每年在安庆市举办一次产业发展论坛；安庆市组织有关技术人员和企业负责人到中国农业科学院学习进修。

（四）建立财政专项经费

安庆市财政根据年度合作任务，安排经费，保障支持双方合作顺利进行。

四、附　则

本协议未尽事宜由双方另行协商决定。有关具体合作由安庆市有关单位和中国农业科学院有关研究所另行签署专项协议。

本协议有效期三年，自签字之日起生效，期满后双方可协商续签。

本协议一式四份，双方各执两份。

中国农业科学院

签字：

2020 年 11 月 27 日

安庆市人民政府

签字：

2020 年 11 月 27 日

中国农业科学院　仲恺农业工程学院 战略合作协议

甲方：中国农业科学院　　　通讯地址：北京市海淀区中关村南大街 12 号
乙方：仲恺农业工程学院　　通讯地址：广州市海珠区纺织路东沙街 24 号

为深入贯彻习近平总书记关于推进乡村振兴、做好“三农”工作的系列重要讲话精神，深入实施创新驱动发展，促进农业科技进步，经友好协商，甲乙双方在精诚合作、互惠共赢的基础上，达成以下合作共识。

一、合作目标

双方本着“优势互补、资源共享、互利共赢、共同发展”的原则，聚焦世界科技前沿和广东农业产业需求，充分利用各自优势，实现农科教、产学研紧密结合，推动农业科技技术集成创新和重大成果突破，服务于广东国际科技创新中心建设和乡村振兴战略实施。

二、合作内容

（一）联合申报重大科技项目，共同开展科技攻关

围绕广东农业科技短板，以应用研究和应用基础研究为主要方向，联合申报省部级重大科技项目，组织相关优势领域（现代种业、智慧农业、资源环境、农产品加工等）开展农业关键技术和共性技术协同攻关。

（二）探索资源共享机制，联合申报省部科研平台

双方开放重点实验室和大型仪器设备，实现图书馆电子资源和书籍资源的有效共享。联合申报农业部重点实验室、国家技术创新中心、国家工程实验室。

（三）加强学科建设合作，推动重点学科协同创新

充分发挥双方学科、人才和科技优势，凝练合作团队，整合优势力量，在遗传育种、农业信息技术、农业微生物、农业投入品、农产品加工技术等领域协同创新，开展学术交流，推动广东现代农业发展和农业农村现代化。

（四）共建区域创新中心，推进农业科技成果转化

借助甲方科研优势和乙方人才培养优势，双方在粤东西北地区联合共建区域创新中心，推进农业科技成果转化和推广应用，助力脱贫攻坚和乡村振兴。

（五）推动双方研究生导师互聘，联合培养创新人才

甲方聘任乙方符合条件的专家作为博士生导师，参与博士研究生培养工作。乙方聘任甲方符合条件的专家作为硕士生导师，参与硕士研究生培养工作。

（六）共建学生众创空间和科技企业孵化器

共建学生众创空间和科技企业孵化器，共同派驻科技服务人员，搭建农业龙头企业与双方科技人员、科研成果、科研平台和可孵化技术的对接平台，促进成果转化和帮助企业提升科技创新能力。

三、保障机制

双方合作成立战略合作领导小组，定期举行高层协调会议，商议重大合作项目。双方相关部门之间建立常态化的沟通机制，交流工作经验，协商具体问题，确保院校合作落到实处，取得实效。

四、合作期限

本协议为框架协议，对于一些具体的合作项目或事宜，由双方协商后另行签订具体协议。本协议一式四份，双方各执两份，具有同等的法律效力。协议有效期五年，经双方代表签字、盖章后生效。

中国农业科学院	仲恺农业工程学院
签字：	签字：
2020 年 5 月 28 日	2020 年 5 月 28 日

中国农业科学院成果转化奖励办法（试行）

为进一步落实习近平总书记“三个面向”指示精神，促进农业科技创新与成果转化，表彰中国农业科学院创新创造创业一体化发展并为社会和产业进步作出突出贡献的团队及个人，树立科技成果和知识产权转移转化及产业化的先进典型，结合中国农业科学院实际，制定本办法。

第一条 奖项设置

中国农业科学院设立成果转化奖，包括成果转化优秀团队奖与知识产权转化奖。每年评审一次。原则上，每年授奖数量不超过 15 项，其中成果转化优秀团队奖不超过 10 项，知识产权转化奖不超过 5 项。

第二条 奖励对象

创新、创造、创业“三创”协同发展的创新团队以及从事技术转移、技术咨询、技术服务（不含检测服务）、产业开发或企业经营等工作成效显著的转化团队。

中国农业科学院及院属单位获得并实现转化的知识产权，包括专利权、植物新品种权、技术秘密、著作权、软件著作权等。

对于无法申请知识产权保护的部分科研成果，如动物品种等，或因行业主管部门实行市场准入机制而具有市场价值的成果，如疫苗、农药、肥料等，可按核心技术发明专利、技术秘密等方式申报，也可按创新团队业绩申报。

第三条 成果转化优秀团队奖评审标准

（一）团队设置（10%）

（1）主体任务符合“面向世界农业科技前沿、面向国家重大需求、面向现代农业建设主战场”。

（2）岗位设置科学，分工明确；人才配置合理，明确专人从事成果转化工作。

（二）成果转化收入（70%）

近三年累计到账收入。

（三）知识产权保护及社会效益（20%）

（1）知识产权保护措施得当，无法律纠纷。

（2）行业影响力明显。

（3）政策适应性强。

（4）社会效益显著。

第四条 知识产权转化奖评审标准

（一）专利权

1. 技术先进性和专利质量（10%）

（1）具有新颖性、创造性、实用性。

（2）具有当前技术先进性。

（3）专利申请文本质量高。

2. 转化运用收益（70%）

近三年累计到账收入。

3. 保护措施及社会效益（20%）

（1）保护措施得当，无法律纠纷。

（2）行业影响力明显。

（3）政策适应性强。

（4）社会效益显著。

（二）植物新品种权

1. 原创性（10%）

（1）具有特异性、一致性、稳定性。

（2）与已有品种分子或者表型性状总体相似度低于90%，在重要经济性状上有重大突破。

2. 经济效益（70%）

近三年累计到账收入。

3. 社会效益（20%）

（1）推广面积较大或其他社会效益显著，推广面积以全国农业技术推广服务中心统计数据为准。

（2）保护措施得当，无法律纠纷。

（三）技术秘密等其他类型知识产权

1. 原创性（10%）

（1）具有新颖性、创造性和实用性。

（2）具有当前技术先进性，填补国内外空白或解决“卡脖子”问题等。

2. 经济效益（70%）

近三年累计到账收入。

3. 社会效益（20%）

（1）保护措施有效、得当，无法律纠纷。

（2）行业影响力明显。

（3）政策适应性强。

（4）社会效益显著。

第五条 奖励评审

（1）本奖由院成果转化局负责组织院级评审和日常管理工作。院级评审分初评、会议评审和院常务会审议三个环节。

（2）申报本奖须经单位推荐。各所组织所级评审，须就党风廉政、科研诚信、师德师风、干部履职等情况征求本单位相关部门意见，公示后由单位签署推荐意见并盖章报院成果转化局。申报知识产权转化奖，如有其他院内完成单位，需提交其同意申报的书面材料。

（3）院成果转化局对申报材料进行形式审查，符合本办法的提交下一环节评审。

（4）根据当年申报情况，设立不同专业评审组进行初评。初评采用通讯评审方式，通过初评的提交会议评审。

（5）建立以院外专家为主的评审专家库，从专家库随机选取专家组建评审委员会，负责本奖会议评审工作。评审实行回避制度，对参评团队所在单位和知识产权所有权单位的专家严格回避。

（6）按照授奖限额由评审委员会推荐提出入选清单。评审以无记名投票方式表决，入选团队或知识产权须由 2/3 以上评审专家推荐通过。如入选的团队或知识产权超过授奖限额，按得票多少排序取舍。成果转化局须就入选团队或知识产权完成人（团队）的党风廉政、科研诚信、师德师风、干部履职等情况征求院相关部门意见。

（7）院常务会对入选清单进行审议，决议当年拟授奖的团队和知识产权。

（8）评审结果实行公示制度，公示期为 5 日。任何单位和个人对申报单位、完成人、成果及转化内容持有异议，可在规定时间内以书面形式实名向院成果转化局提出。由院成果转化局会同科技局、监察局审核异议情况，申报单位协助完成调查、核实和协调工作。调查结果由院成果转化局、科技局和监察局会审。确有问题的申报将取消授奖资格。

第六条　奖励结果运用

（1）获奖一次的团队或知识产权完成人（团队），其 1 名主要从事成果转化工作的人员（排名前三），符合职称申报条件的，可不占所在单位职数申报高一级职称，或在单位专业技术岗位数内优先聘任五级及以下岗位；获奖两次及以上的团队或知识产权完成人（团队），其 1 名主要从事成果转化工作的人员（排名前三），符合职称申报条件的，可不占所在单位职数申报高一级职称，或在单位专业技术岗位数内不占院下达职数优先聘任三级及以下岗位。

（2）在现代院所评价等考评中，视同中国农业科学院科学技术成果奖进行赋分。

（3）优先推荐参加中国农业科学院转化英才评选。

（4）优先推荐参加中国专利奖等国家相关奖项评选。

第七条　禁则

（1）禁止拼凑人员及团队进行申报。

（2）相关工作业绩，尤其是成果转化收益不得重复使用。

（3）推荐单位和申报人员不得提供虚假数据、材料。

（4）奖励结果不得重复使用。

第八条　本办法由院成果转化局负责解释。

中国农业科学院成果转化奖励评审细则（试行）

根据《中国农业科学院成果转化奖励办法（试行）》（以下简称《办法》），为使评审公平公正，更具客观性和引导性，确定相关评审细则如下。

一、关于成果转化收入

（1）三年成果转化收入的具体含义。三年成果转化收入是指评审前三年的转化收入。如2020年评审的是2017年1月至2019年12月的转化收入。

（2）转化收入的认定。成果转化收入是指到账收入，合同收入仅供参考。到账收入需提供相关财务证明，包括会计入账凭证和合同关键页，不包括检测收入。

二、团队的认定

（1）本细则中，团队的概念主要侧重于“三创一体”的创新团队，是指长期协同开展创新创造创业的团队，以中国农业科学院创新团队为主。

（2）不同团队共同完成的成果创制及转化，如果成果证书上包括了相关人员的姓名，且所有申报人员均知情同意，可作为一个团队申报。如果获奖，相关成果转化收入不得再重复使用，且奖励结果仅限使用1次。

三、评审专家构成及评审程序

（1）目前中国农业科学院已建立以企业专家、知识产权审查员、代理合伙人、第三方转移机构、科研院所及高校的成果转化负责人为主的140余人的专家库，会根据情况不断调整人选。

（2）网络评审阶段，按不同学科团队和不同类型知识产权分别邀请专家进行打分。

（3）会议评审阶段，由主管院领导主持，不设答辩。评审委员会由13~15位专家组成，通过审阅评审材料、主审专家介绍情况、讨论评议，综合打分。

四、计分及获奖标准

（1）按照《办法》中规定的成果转化优秀团队奖和知识产权转化奖的不同评审标准，网评专家和会评专家对团队分工、成果创新性、社会效益、知识产权质量等不同内容进行评价并打分，网评专家打分的满分为 10 分，会评专家打分的满分为 20 分。

（2）鉴于中国农业科学院面向的产业众多，不同产业成果转化难易不同，转化收入差异巨大，为使涉及不同产业的团队和知识产权的成果转化收入计分更加科学合理，并呈正态分布，设立成果转化收入计分基准值。基准值视年度申报和产业发展情况予以适当调整。等于或超过基准值的成果转化收入，计满分 70 分。低于计分基准值的转化收入，按如下公式核算得分。

$$\frac{\text{实际收入}}{\text{基准值}}\times 70=\text{得分}$$

（3）专家评分与成果转化收入折算分值相加后得出总分。按照总分，对团队和知识产权进行大排名，根据年度授奖名额从高到低确定获奖名单。

（4）获奖团队再次申报时，其成果转化收入须比前次申报增长 10% 以上，且前次申报收入不得重复使用。

四、国际合作与交流

中国农业科学院
2020 年国际合作与交流工作概况

2020 年，中国农业科学院认真学习贯彻习近平新时代中国特色社会主义思想和十九届五中全会精神，围绕部院党组的工作部署，在做好新冠肺炎疫情防控工作的同时，严格对照“七个不能降”的要求，创新思路，主动作为，抓紧抓实各项重点任务落实，努力克服新冠肺炎疫情给国际合作带来的影响，扎实推进国际合作工作向纵深发展，取得较好成效。

一、谋篇布局，做好顶层设计和战略研究

一是编制中国农业科学院“十四五”国际合作发展规划。国际合作局牵头联合成立专班，在深入开展专题研究和面向全院创新团队调研的基础上，扎实推进规划编制工作。经多次院长办公会和院内外专家咨询论证，形成规划送审稿并作为首批专项规划经院常务会和院党组专题会审议通过。同时，积极主动与农业农村部科教司、国际合作司对接并征求意见，获得充分肯定。

二是加强战略研究，做好形势研判和决策参谋。及时完成“疫情对全院国际合作工作影响及应对研究”，相关报告获得中国农业科学院主要领导和农业农村部国际合作司司长肯定性批示；组织专门团队开展“对美国农业及农业科技规划的初步观察”战略研究和“‘两个一流’建设指标体系及对标分析研究”，两个报告作为中国农业科学院党组理论中心组学习交流材料在会上印发；组织开展“‘十三五’国际合作贡献分析”“后疫情时期我国农业科技国际合作面临的挑战与对策”等课题研究，为国际合作发展提供支撑；组织编制“中非农业现代化合作规划及行动计划”项目建议书，获国家国际发展合作署认可。

二、开创先河，启动国际农业科学计划

对标“世界一流”遴选学科发展的关键领域，组织开展任务谋划和设计，制定国际农业科学计划实施方案以及任务建议书编写提纲，确保项目设计的科学性和战略性。启动实施“作物分子设计育种”“跨境作物重大病虫害监测与控制”和“智慧农业农田参数获取关键技术与核心装备研发”首批 3 个项目，推动中国农业科学院国际合作工

作步入“以我为主、为我所用”的全新发展阶段。

上述项目面向国际农业科技前沿，吸引了包括法国农科院、比利时列日大学、日本东京大学、澳大利亚墨尔本大学、国际应用生物科学中心（CABI）、国际玉米小麦改良中心（CIMMTY）、国际水稻研究所（IRRI）等 10 多家国际领先的科研机构共同参与，在前沿探索和理论研究、关键技术突破、资源和数据交换与共享等多方面开展实质性国际创新合作，力求在前沿领域占领制高点，解决“卡脖子”技术难题，推动自主创新。

三、全力争取，竞争性国际合作项目取得新进展

一是主动对接科技部、农业农村部、国家自然科学基金委员会、国家国防科技工业局等主管部门，把握政策，对接渠道，积极承担涉农领域战略研究任务，参与指南编制，争取项目推荐资格，中国农业科学院竞争性国际合作项目申报工作取得良好成效。

二是持续探索合作新模式，拓展项目渠道。与先正达集团签署协议，联合设立“创新基金”，支持双方开展种业、植保等领域的合作；与欧盟、丹麦驻华大使馆等机构加强伙伴关系和资源对接，争取更多项目支持。

三是针对院属单位和科研人员的合作需求做好指导和服务，及时发布各类涉农国际合作项目指南 50 余条，举办 3 场国际合作项目申报及管理交流辅导会，全院 34 个研究所 500 多名专家参加，有效提升了项目申报质量。

在全院国合战线的共同努力下，2020 年中国农业科学院竞争性国际合作项目获较大增长，新增主持各类国内外渠道资助的国际合作项目 96 项，参加 5 项，合同经费 1.66 亿元，同比增长 52.3%。特别是成功获批主持国家重点研发计划战略性国际科技创新合作项目“G2P：农作物基因资源阐析”，合同经费达 4 224万元；推动中国农业科学院两个研究所获得科技部首批“一带一路”联合实验室专项建设经费 1 280万元。

四、以人为本，强化国际化人才队伍建设

拓展多方渠道，大力培养具有国际视野的科研骨干，积极引进海外智力资源，提升中国农业科学院人才队伍国际化水平。

一是在全院开展了国际化人才培养现状和需求调研，完成《中国农业科学院国际化人才队伍建设研究报告》，在第四次人才工作会议提出《中国农业科学院国际化人才培养和引进计划书》进行讨论，为进一步推动国际化人才队伍建设奠定良好基础。

二是积极组织院属各单位积极申报公派出国项目，2020 年全院共获批国家留学基金委员会 5 类项目 112 项，同比增长 7%以上。特别是中国农业科学院作为试点单位首次获批乡村振兴人才培养专项，连续资助 3 年，填补了硕士研究生资助渠道的空白。

三是大力推进外国专家引进项目，获批高端外国专家引进计划 7 项和“一带一路”创新人才交流外国专家项目 1 项，经费 160 万元。

五、云上交流，强化伙伴关系建设

中国农业科学院以开放合作的态度，积极克服疫情带来的不利影响，着力巩固和拓展国际“朋友圈”，为“后疫情”时代的合作发展稳固了根基。

一是疫情期间中国农业科学院主动向 59 个受疫情影响的合作机构致信慰问，并组织向合作伙伴捐赠口罩，进一步加深了理解，增强了互信，有效巩固了中国农业科学院与多双边合作伙伴的友好关系。

二是与联合国粮食及农业组织（FAO）共同在线举办世界蜜蜂日活动，组织院属单位参与 FAO—中国农业科学院区域创新中心建设，与德国、澳大利亚、国际盐碱农业研究中心等合作伙伴签署院级合作协议 7 份，组织召开“中澳可持续农业研讨会”“中德粮食安全与营养研讨会”等会议，围绕重点合作领域，推动资源衔接，开展务实合作。

三是全院主办了 22 场线上国际会议和培训班，370 余名科学家在线参加了 115 场国际会议，与国际合作伙伴联合发表高水平论文 130 余篇，通过加强在线交流合作，稳固了农业科技交流互动的良好态势。

六、深度参与，着力提升国际影响力

一是密切跟踪国际农业研究磋商组织（CGIAR）改革进展，开展合作影响研究，向农业农村部提出争取增加捐款等具体工作建议；联合有关部门和研究所共同总结和宣传中国农业科学院与 CABI 合作成效，为申报 2021 年国际科技合作奖做好前期筹备工作。

二是积极推荐中国农业科学院科学家担任 FAO 全球草地贪夜蛾指导委员会委员、2021 年粮食系统峰会顾问和专家、联合国粮安问题高级别专家组指导委员等职务，分享中国经验，提出中方主张，提升中国农业科学院国际影响力。中国农业科学院专家有 183 人次在国际机构和倡议兼职，263 人次在知名国际期刊兼职，为把握行业热点、发起全球议题做出贡献。

三是为重要农业科技外交活动提供专业支撑。为二十国集团（G20）、亚太经济合作组织（APEC）等机制下的农业高级别会议议题贡献方案，特别是针对新冠肺炎疫情下国际关注的人畜共患病等敏感议题提供专业性应对建议；牵头形成《中巴植物病虫害可持续治理中心建设方案（草案）》《中国援助尼泊尔治蝗建议方案（草案）》，获上级部委采纳；推动中国农业科学院对俄罗斯、阿根廷的合作纳入“中俄总理定期会晤委员会科技合作分委会第二十四届例会”“中国—阿根廷政府间科技合作混委会第八次会议”内容，提升了合作层次。

中国农业科学院 2020 年新签、续签合作谅解备忘录/协议清单

序号	单位名称	合作谅解备忘录/协议名称（中文）	合作谅解备忘录/协议名称（外文）	中方签署单位名称	外方签署单位名称（中文）	外方签署单位名称（外文）	外方单位所在国家
1	作科所	中国农业科学院作物科学研究所与日本近畿大学合作研究协议	Agreement for Research Cooperation between Institute of Crop Sciences, Chinese Academy of Agricultural Sciences (China) and Kindai University (Japan)	中国农业科学院作物科学研究所	近畿大学	Kindai University	日本
2	作科所	国际粮食政策研究所与中国农业科学院作物科学研究所联合研究协议	Modeling and Simulation in HarvestPlus Breeding Programs	中国农业科学院作物科学研究所	丰收计划，国际粮食政策研究所	Harvest Plus, International Food Policy Research Institute	美国
3	植保所	日本国立农业·食品研究机构与中国农业科学院植物保护研究所之间的合作研究协议	Collaborative Research Agreement between National Agriculture and Food Research Organization (Naro) Japan and Institute of Plant Protection, Chinese Academy of Agricultural Sciences (IPP-CAAS) People's Republic of China	中国农业科学院植物保护研究所	日本国立农业·食品研究机构	National Agriculture and Food Research Organization (NARO) Japan	日本

（续表）

序号	单位名称	合作谅解备忘录/协议名称（中文）	合作谅解备忘录/协议名称（外文）	中方签署单位名称	外方签署单位名称（中文）	外方签署单位名称（外文）	外方单位所在国家
4	植保所	中国农业科学院植物保护研究所与俄罗斯联邦科学与高等教育部联邦国家预算科研机构全俄植物保护研究所合作协议书	Agreement between the Institute of Plant Protection（Chinese Academy of Agricultural Sciences）and the Federal State Budget Scientific Institution All Russian Institute of Plant Protection（Ministry of Science and Higher Education of the Russian Federation）on Plant Protection and Biopesticides	中国农业科学院植物保护研究所	俄罗斯联邦科学与高等教育部联邦国家预算科研机构全俄植物保护研究所	the A11 Russian Institute of Plant Protection of the Ministry of science and Higher Education of the Russian Federation	俄罗斯
5	植保所	中国农业科学院植物保护研究所与新西兰皇家农业科学院合作谅解备忘录	Memorandum of Understanding between the Institute of Plant Protection of Chinese Academy of Agricultural Sciences and AgResearch Limited	中国农业科学院植物保护研究所	新西兰皇家农业科学院	AgResearch Limited	新西兰
6	蔬菜所	中国与保加利亚环境下番茄品种抗性品质鉴定合作协议	Identification of tomato varieties with resistance and quality under the environmental conditions in Bulgaria and China	中国农业科学院蔬菜花卉研究所	马里查蔬菜研究所	Maritsa Vegetables Corps Research Institute	保加利亚
7	环发所	中国农业科学院农业环境与可持续发展研究所和日本千叶大学合作交流和合作协议	Agreement for Academic Exchange And Cooperation Between Chiba University, Japan And Institute of Environment and Sustainable Development in Agriculture, China	中国农业科学院农业环境与可持续发展研究所	千叶大学	Chiba University, Japan	日本

（续表）

序号	单位名称	合作谅解备忘录/协议名称（中文）	合作谅解备忘录/协议名称（外文）	中方签署单位名称	外方签署单位名称（中文）	外方签署单位名称（外文）	外方单位所在国家
8	加工所	中国农业科学院农产品加工研究所与美国奥本大学农学院国际合作谅解备忘录	International Memorandum of Understanding between Auburn University College of Agriculture and Institute of Food Science and Technology Chinese Academy of Agricultural Sciences	中国农业科学院农产品加工研究所	美国奥本大学农学院	Auburn University College Of Agriculture	美国
9	加工所	中国农业科学院农产品加工研究所与阿根廷花生基金会国际大科学计划“全球花生加工品质评价与基础数据库构建”合作框架协议	Framework Agreement For Joint research programme of Globe Peanut Processing Quality Evaluation and Basic Database Construction between Institute of Food Science and Technology, Chinese Academy of Agricultural Sciences and Fundación Maní Argentino	中国农业科学院农产品加工研究所	阿根廷花生基金会	Fundación Maní Argentino	阿根廷
10	加工所	中国农业科学院农产品加工研究所与塞内加尔农业研究所国际大科学计划“全球花生加工品质评价与基础数据库构建”合作框架协议	Framework Agreement For Joint research programme of Globe Peanut Processing Quality Evaluation and Basic Database Construction between Institute of Food Science and Technology, Chinese Academy of Agricultural Sciences and Institut Sénégalais de Recherches Agricoles	中国农业科学院农产品加工研究所	塞内加尔农业研究所	Institut Sénégalais de Recherches Agricoles	塞内加尔

（续表）

序号	单位名称	合作谅解备忘录/协议名称（中文）	合作谅解备忘录/协议名称（外文）	中方签署单位名称	外方签署单位名称（中文）	外方签署单位名称（外文）	外方单位所在国家
11	加工所	中国农业科学院农产品加工研究所与坦桑尼亚国家食品和营养中心食品科学和营养司国际大科学计划“全球花生加工品质评价与基础数据库构建”合作框架协议	Framework Agreement For Joint research programme of Globe Peanut Processing Quality Evaluation and Basic Database Construction between Institute of Food Science and Technology, Chinese Academy of Agricultural Sciences and Food Science and Nutrition Department Tanzania Food and Nutrition Centre（TFNC）	中国农业科学院农产品加工研究所	坦桑尼亚国家食品和营养中心食品科学和营养司	Food Science and Nutrition Department Tanzania Food and Nutrition Centre（TFNC）	坦桑尼亚
12	加工所	联合研究协议	Agreement on Joint Research	中国农业科学院农产品加工研究所	东京农业大学	Tokyo University of Agriculture	日本
13	资划所	中国农业科学院农业资源与农业区划研究所与埃及国家遥感和空间科学局关于成立农业绿色发展联合实验室的谅解备忘录	Memorandum of Understanding for Establishment of the Agricultural Green Development Joint Research Laboratory between IARRP and NARSS	中国农业科学院农业资源与农业区划研究所	埃及国家遥感和空间科学局	National Authority for Remote Sensing and Space Sciences（NARSS）	埃及
14	资划所	中国农业科学院农业资源与农业区划研究所—蒙古国科学院土壤研究中心蒙古高原草原合作谅解备忘录	Memorandum of Understanding for the Research Collaboration on Cooperative Study on the Mongolian Plateau Grassland between IARRP and SRCMAS	中国农业科学院农业资源与农业区划研究所	蒙古国科学院土壤研究中心	Soil Research Center, Mongolian Academy of Science（SRCMAS）	蒙古国

（续表）

序号	单位名称	合作谅解备忘录/协议名称（中文）	合作谅解备忘录/协议名称（外文）	中方签署单位名称	外方签署单位名称（中文）	外方签署单位名称（外文）	外方单位所在国家
15	资划所	中国农业科学院农业资源与农业区划研究所—新西兰皇家农业科学院面源污染防控合作谅解备忘录	Memorandum of Understanding for Non-point Source Pollution Prevention and Control between IARRP and AgResearch	中国农业科学院农业资源与农业区划研究所	新西兰皇家农业科学院	AgResearch Limited (AgResearch)	新西兰
16	资划所	中国农业科学院农业资源与农业区划研究所—澳大利亚墨尔本大学兽医与农业学院可持续农业与环境研究联合研究中心合作谅解备忘录	Memorandum of Understanding for the Establishment of the Sustainable Agriculture and Environment Research Center between IARRP, CAAS and FVAS, UOM	中国农业科学院农业资源与农业区划研究所	澳大利亚墨尔本大学兽医与农业学院	the Faculty of Veterinary and Agricultural Sciences, The University of Melbourne (FVAS, UOM)	澳大利亚
17	信息所	中国农业科学院农业信息研究所与国际应用生物科学中心 2020 年度关于中文科技文献英文文摘制作协议	Agreement between Agricultural Information Institute of Chinese Academy of Agricultural Sciences and CAB International Relating to Abstracting Chinese Technical Literature	中国农业科学院农业信息研究所	国际应用生物科学中心（CABI）	CAB International	英国
18	信息所	中国农业科学院农业信息研究所与日本农业国际交流协会关于促进双方农业信息科技交流的协议	中国農業科学院農業情報研究所と日本農業国際交流協会における双方の農業情報科学技術交流促進に関する協議	中国农业科学院农业信息研究所	日本农业国际交流协会	日本農業国際交流協会	日本

（续表）

序号	单位名称	合作谅解备忘录/协议名称（中文）	合作谅解备忘录/协议名称（外文）	中方签署单位名称	外方签署单位名称（中文）	外方签署单位名称（外文）	外方单位所在国家
19	信息所	联合国粮食及农业组织与中国农业科学院农业信息研究所关于提供“中国湖南湘西土家族苗族自治州土家族以森林为基础的农业生物多样性的食物系统分析”的协议	Letter of Agreement between the Food and Agriculture Organization of the United Nations（FAO）and Agricultural Information Institute（AII）of the Chinese Academy of Agricultural Sciences（CAAS）for provision of “Profiling an agrobiodiverse forest-based food system of the Tujia in Xiangxi Tujia and Miao Autonomous Prefecture, Hunan, China”	中国农业科学院农业信息研究所	联合国粮食及农业组织	FAO	意大利
20	研究生院	中国农业科学院研究生院与荷兰瓦赫宁根大学举办第二期博士学位教育项目合作协议	Agreement on the Second Phase of the Cooperative PhD Programme Between the Graduate School of the Chinese Academy of Agricultural Sciences with its headquarters in Beijing, China and Wageningen University with its headquarters in Wageningen, the Netherlands	中国农业科学院研究生院	瓦赫宁根大学	Wageningen Universtiy	荷兰
21	研究生院	中国农业科学院研究生院与柬埔寨农林渔业部农用工业司谅解备忘录	Memorandum of Understanding between Graduate School of Chinese Academy of Agricultural Sciences（Beijing, People's Republic of China）and Departmement of Agro-Industry, Ministry of Agriculture Forestry and Fisheries（Phnom Penh, Combodia）	中国农业科学院研究生院	柬埔寨农林渔业部农用工业司	Department of Agro-Industry, Ministry of Agriculture Forestry and Fisheries（Phnom Penh, Combodia）	柬埔寨

（续表）

序号	单位名称	合作谅解备忘录/协议名称（中文）	合作谅解备忘录/协议名称（外文）	中方签署单位名称	外方签署单位名称（中文）	外方签署单位名称（外文）	外方单位所在国家
22	研究生院	中国农业科学院研究生院与柬埔寨皇家农业大学谅解备忘录	Memorandum of Understanding between Graduate School of Chinese Academy of Agricultural Sciences（Beijing，People's Republic of China）and Royal Universtiy of Agriculture（Phnom Penh，Cambodia）	中国农业科学院研究生院	柬埔寨皇家农业大学	Royal Universtiy of Agriculture	柬埔寨
23	研究生院	中国农业科学院研究生院与埃塞俄比亚Oromia农业研究所谅解备忘录	Memorandum of Understanding Between Graduate School of Chinese Academy of Agricultural Sciences（Beijing，People's Republic of China）and Oromia Agricultural Research Institute（Addis Abeba，Ethiopia）	中国农业科学院研究生院	埃塞俄比亚Oromia农业研究所	Oromia Agricultural Research Institute	埃塞俄比亚
24	水稻所	RiceTec水稻联合研究合作协议	RiceTec Joint Rice Research Collaboration	中国水稻研究所	美国水稻科技公司	RiceTec，Inc.	美国
25	水稻所	粳稻研究中心备忘录	Memorandum of Understanding for Establishment of China－IRRI Japonica Rice Research Center	南京农业大学、江苏农业科学院、中国水稻研究所	国际水稻研究所	International Rice Research Institute	菲律宾
26	棉花所	研究与人力资源合作协议	Collaboration in Research and Human Resource and Development	中国农业科学院棉花研究所分子育种课题	四兄弟公司	FB Genetics，Four Brothers Group Private Limited.	巴基斯坦

（续表）

序号	单位名称	合作谅解备忘录/协议名称（中文）	合作谅解备忘录/协议名称（外文）	中方签署单位名称	外方签署单位名称（中文）	外方签署单位名称（外文）	外方单位所在国家
27	麻类所	中国农业科学院麻类研究所与哈萨克斯坦农业大学 2020 关于韧皮纤维作物研究的合作协议	Agreement for Cooperation on Study of Bast Fiber Crops between IBFC and KATU 2020	中国农业科学院麻类研究所	哈萨克斯坦农业大学	S. Seifullin Kazakh Agrotechnical University（KATU）	哈萨克斯坦
28	茶叶所	中国农业科学院茶叶研究所与泰国皇太后大学茶叶与咖啡研究所合作协议	Agreement of Cooperation between Tea Research Institute of Chinese Academy of Agricultural Sciences and Tea and Coffee Research Institute of Mae Fah Lang University of Thailand	中国农业科学院茶叶研究所	泰国皇太后大学茶叶与咖啡研究所	Tea and Coffee Research Institute of Mae Fah Lang University of Thailand	泰国
29	茶叶所	中国农业科学院茶叶研究所与肯尼亚茶叶研究所合作谅解备忘录	Memorandum of Understanding between Tea Research Institute of Chinese Academy of Agricultural Sciences and Tea Research Institute of Kenya	中国农业科学院茶叶研究所	肯尼亚茶叶研究所	Tea Research Institute of Keya	肯尼亚
30	哈兽研	哈萨克斯坦斯塞弗林农业技术大学与中国农业科学院哈尔滨兽医研究所未来合作研讨会会议备忘录	MINUTES of the Online Meeting between the NCJSC “S. Seifullin Kazakh Agrotechnical University”（Nur-Sultan，Kazakhstan）and the Harbin Veterinary Research Institute（Harbin，China）on the Further Expansion of Cooperation	中国农业科学院哈尔滨兽医研究所	哈萨克斯坦斯塞弗林农业技术大学	S. Seifullin Kazakh Agrotechnical University	哈萨克斯坦

（续表）

序号	单位名称	合作谅解备忘录/协议名称（中文）	合作谅解备忘录/协议名称（外文）	中方签署单位名称	外方签署单位名称（中文）	外方签署单位名称（外文）	外方单位所在国家
31	兰牧药	波兰华沙生命科学技术大学和中国农业科学院兰州畜牧与兽药研究所科技合作备忘录	Memorandum of Understanding between Institute of Veterinary Medinine, Faculty of Veterinary Medicine, Warsaw University of Life Sciences - SGGW, Poland and Lanzhou Institute of Husbandry & Pharmaceutical Science of P. R. China	中国农业科学院兰州畜牧与兽药研究所	波兰华沙生命科学技术大学	Institute of Veterinary Medinine, Faculty of Veterinary Medicine, Warsaw University of Life Sciences - SGGW, Poland	波兰
32	上兽研	中国农业科学院上海兽医研究所与尼泊尔特里布文大学关于“新型快速诊断技术和抗虫抗菌药物在尼泊尔动物疫病和动物源性食品安全防控中的应用”的合作协议	Cooperation Agreement between Shanghai Veterinary Research Institute of Chinese Academy of Agricultural Sciences and Tribhuvan University of Nepal on “Application of New Rapid Diagnosis Technology, Anti - parasite and Antibacterial Drugs in Animal and Food - Borne Diseases Control in Nepal”	中国农业科学院上海兽医研究所	尼泊尔特里布文大学	Tribhuvan University of Nepal	尼泊尔
33	特产所	共建“中国—新西兰鹿领域联合研发中心”谅解备忘录	Memorandum of Understanding New Zealand - China Collaborative Deer Research Platform	中国农业科学院特产研究所	新西兰谛尔康科技有限公司	Teveetia Group Limited	新西兰
34	特产所	中俄鹿类动物系统发育联合研究协议		中国农业科学院特产研究所	俄罗斯中央科学院		俄罗斯
35	沼科所	合作项目协议意向书	Letter of Intent on Joint Research	农业农村部沼气科学研究所	乔治亚大学	The University of Georgia	美国

（续表）

序号	单位名称	合作谅解备忘录/协议名称（中文）	合作谅解备忘录/协议名称（外文）	中方签署单位名称	外方签署单位名称（中文）	外方签署单位名称（外文）	外方单位所在国家
36	沼科所	中国农业农村部沼气科学研究所与泰国易三仓大学生物质能源领域技术合作研究协议	Sino-Thai Scientific and Technological Cooperation Project Agreement About Biomass Conversion	农业农村部沼气科学研究所	易三仓大学	Assumption University	泰国
37	基因组所	中国农业科学院农业基因组研究所与荷兰瓦赫宁根食品安全研究所合作谅解备忘录	Memorandum of Understanding between Agricultural Genomics Institute at Shenzhen, Chinese Acacemy of Agricultural Sciences and Wagenigen Food Safety Research	中国农业科学院农业基因组研究所	瓦赫宁根食品安全研究所	Wageningen Food Safety Research	荷兰

中国农业科学院 2020 年新建国际合作平台清单

序号	单位名称	国际合作平台名称（中文）	国际合作平台名称（外文）	中方承担单位	外方承担单位（中文）	外方承担单位（外文）	所在地点	建立时间	合作方向	合作经费来源
1	资划所	中国农业科学院农业资源与农业区划研究所—埃及国家遥感和空间科学局农业绿色发展联合实验室	Joint Research Laboratory of Agricultural Green Development between IARRP，CAAS and NARSS	中国农业科学院农业资源与农业区划研究所	埃及国家遥感和空间科学局	National Authority for Remote Sensing and Space Sciences（NARSS）	北京市	2020 年 11 月	农业遥感、水肥一体化、大数据	中方经费来源于创新工程、院所基本业务费、自筹经费等
2	棉花所	河南省“一带一路”棉花技术合作国际联合实验室		中国农业科学院棉花研究所	乌兹别克斯坦农业科学与生产中心		河南省安阳市	2020 年 2 月	棉花科技	河南省科学技术厅
3	特产所	中国—新西兰鹿领域联合研发中心	China-New Zealand CoLLaborative Deer Research Platform	中国农业科学院特产研究所	新西兰谛尔康科技有限公司	Teveetia Group Limited	吉林省长春市	2020 年 8 月	鹿产业	双方自筹
4	沼科所	亚洲国家农村环境治理与沼气技术合作中心	Cooperation Center for Rural Environment Management and Biogas Technoogy in Asia	农业农村部沼气科学研究所	菲律宾农业部畜牧业司、柬埔寨皇家农业大学、亚太沼气联盟、德国农业协会	Bureau of Aniimal Industry，Cambdia Royal Agricultural University，Asia-Pacific Biogas Association	四川省成都市	2020 年 9 月	环保、能源、农业	农业农村部

中国农业科学院2020年在国内举办国际会议、双边会议及国际培训班清单

序号	单位名称	活动类型	活动名称	国外参会国家或机构	参会人数（人）		会议方式	地点	时间
					中宾	外宾			
1	作科所	国际会议	国际原子能机构RAS-5077项目研究进展交流线上会议	澳大利亚、孟加拉国、柬埔寨、老挝、韩国	2	20	线上视频会	北京+线上	2020年10月8—9日
2	植保所	国际会议	联合国粮食及农业组织项目线上技术会议	法国、瑞士、新西兰、孟加拉国、肯尼亚	8	10	线下主会场和线上分会场	北京+线上	2020年8月17日
3	环发所	国际会议	中国规模化奶牛场低排放技术措施示范与推广项目启动会	荷兰、英国、美国、新西兰等	35	13	线上视频会	北京+线上	2020年9月28日
4	饲料所	国际会议	第五届国际饲料加工技术研讨会	丹麦、挪威、荷兰	350	全球直播，参与超50 000人	线下主会场和线上分会场	南京+线上	2020年11月17—18日
5	饲料所	国际会议	第三届幼龄草食动物培育国际研讨会	美国、加拿大、韩国、西班牙、日本等	1 500	30	线下主会场和线上分会场	北京+线上	2020年9月28日
6	加工所	国际会议	2020国际花生产业发展大会暨花生文化交流研讨会	阿根廷、美国、秘鲁、塞内加尔	200	10（部分在线出席）	线上+线下	河南正阳+线上	2020年9月20—21日

（续表）

序号	单位名称	活动类型	活动名称	国外参会国家或机构	参会人数（人）		会议方式	地点	时间
					中宾	外宾			
7	农经所	国际会议	城市可持续食品体系能力建设研讨会	斯里兰卡、赞比亚、卢旺达、意大利	20	10	线上视频会	北京+线上	2020年10月23日
8	信息所	国际会议	《生物技术通报（英文）》2020年国际编委会会议	美国、日本、韩国	27	10	线上视频会	北京+线上	2020年6月19日
9	信息所	国际会议	第四届海外农业研究大会	联合国粮食及农业组织、国际农业发展基金会	190	10	线下主会场和线上分会场	北京+线上	2020年12月14日
10	油料所	国际会议	第五届国际脂质科学与健康研讨会	美国、加拿大	156	4	线下主会场和线上分会场	湖北武汉+线上	2020年10月24—25日
11	沼科所	国际会议	亚洲国家农村环境治理与沼气技术推广模式与政策研讨会	菲律宾、印度尼西亚、柬埔寨、马来西亚、巴基斯坦	146	14	线下主会场和线上分会场	四川成都+线上	2020年9月8日
12	资划所	培训班	APEC作物生长模型理论与应用培训班	澳大利亚、印度尼西亚、墨西哥、新加坡	138	12	线下主会场和线上分会场	北京+线上	2020年11月11—12日
13	资划所	培训班	“一带一路”发展中国家农业遥感监测培训会	埃及、其他中东国家	45	15	线下主会场和线上分会场	北京+线上	2020年12月30日
14	信息所	培训班	大数据驱动下的包容性现代农业发展培训研讨会	日本、韩国、马来西亚、菲律宾、俄罗斯	40	10	线下主会场和线上分会场	北京+线上	2020年12月9—10日
15	果树所	培训班	“一带一路”发展中国家果树病虫害绿色防控线上培训班	巴基斯坦、孟加拉国、尼泊尔	9	98	线上视频会	辽宁兴城+线上	2020年11月17—18日

（续表）

序号	单位名称	活动类型	活动名称	国外参会国家或机构	参会人数（人）		会议方式	地点	时间
					中宾	外宾			
16	沼科所	培训班	亚洲国家农村环境治理与沼气技术培训班	菲律宾、印度尼西亚、柬埔寨、马来西亚	0	14	线上视频会	线上	2020年9月10—18日
17	植保所	双边会议	中挪国际（地区）合作与交流项目LowImpact项目2020年年会	挪威	15	11	线下主会场和线上分会场	北京+线上	2020年9月23—24日
18	资划所	双边会议	中德粮食安全与食物营养研讨会	德国	100	20	线下主会场和线上分会场	北京+线上	2020年12月3日
19	哈兽研	双边会议	中国—哈萨克斯坦“一带一路”联合实验室视频会议	哈萨克斯坦	7	7	线上视频会	黑龙江哈尔滨+线上	2020年7月15日

中国农业科学院专家 2020 年在国际机构、知名国际期刊兼职清单

序号	单位名称	专家姓名	国际机构/知名国际期刊名称	担任职务	任职时间	期刊 SCI 分区
1	作科所	陈晓玲	The Society for Cryobiology	委员	2017 年至今	
2	作科所	程须珍	亚太地区作物育种促进会 SABRAO	理事	2016 年至今	
3	作科所	刁现民	美国谷子遗传学会	委员	2017 年至今	
4	作科所	刁现民	谷子国际协作网	主席	2014 年至今	
5	作科所	高用明	国际水稻研究所	咨询专家	2017 年至今	
6	作科所	韩龙植	韩国北方农业研究所（Northern Agriculture Research Institute of Korea ）	委员	2018 年至今	
7	作科所	何中虎	国际小麦协调委员会（Wheat Initiative）	委员	2012 年至今	
8	作科所	何中虎	美国农学会	委员	2012 年至今	
9	作科所	何中虎	美国作物学会	委员	2014 年至今	
10	作科所	何中虎	国际玉米小麦改良中心（CIMMYT）中国办事处	主席	1997 年至今	
11	作科所	何中虎	澳大利亚莫道克大学	咨询专家	2010 年至今	
12	作科所	何中虎	美国谷物学会	咨询专家	2017 年至今	

（续表）

序号	单位名称	专家姓名	国际机构/知名国际期刊名称	担任职务	任职时间	期刊 SCI 分区
13	作科所	贾继增	国际小麦基因组测序组织	委员	2013 年至今	
14	作科所	贾继增	国际种质资源基因研究会议	委员	2017 年至今	
15	作科所	金秀良	IEEE 国际计算智能在遥感领域的应用会议的组委会	委员	2019 年至今	
16	作科所	景蕊莲	第六届国际抗旱大会	委员	2019—2020 年	
17	作科所	黎志康	国际水稻所	咨询专家	2015 年至今	
18	作科所	黎志康	Africa Seeds	咨询专家	2017 年至今	
19	作科所	李慧慧	国际玉米小麦改良中心	咨询专家	2017 年至今	
20	作科所	刘　斌	美国植物生理协会	委员	2015 年至今	
21	作科所	刘录祥	国际原子能机构 RCA 核技术合作项目指导委员会	委员	2017—2021 年	
22	作科所	刘　旭	国际小麦遗传大会	理事	2015 年至今	
23	作科所	马有志	中日韩高峰论坛	理事	2016 年至今	
24	作科所	毛　龙	中日韩高峰论坛	理事	2016 年至今	
25	作科所	鲁玉清	中国农业科技国际交流协会	理事	2019 年至今	
26	作科所	邱丽娟	欧盟框架计划	评审专家	2017 年至今	
27	作科所	邱丽娟	美国普度大学	咨询专家	2009 年至今	

（续表）

序号	单位名称	专家姓名	国际机构/知名国际期刊名称	担任职务	任职时间	期刊 SCI 分区
28	作科所	任贵兴	国际藜麦研究中心（玻利维亚）	委员	2019 年至今	
29	作科所	任贵兴	欧盟框架计划	评审专家	2010 年至今	
30	作科所	任贵兴	美国化学学会	委员	2008 年至今	
31	作科所	任贵兴	美国食品科技学会会员	委员	2009 年至今	
32	作科所	任贵兴	*Journal of Traditional and Complementary Medicine*	委员	2011 年至今	
33	作科所	孙君明	欧盟框架计划	评审专家	2017 年至今	
34	作科所	万建民	第八届国际作物学会	理事长	2016 年至今	
35	作科所	万建民	中日韩高峰论坛	理事长	2016 年至今	
36	作科所	万建民	第八届国际作物科学大会	主席	2016 年至今	
37	作科所	王建康	国际玉米小麦改良中心	咨询专家	2015 年至今	
38	作科所	夏兰琴	欧盟框架计划	评审专家	2017 年至今	
39	作科所	夏先春	小麦基因目录编委会	委员	2009 年至今	
40	作科所	徐云碧	国际玉米小麦改良中心	咨询专家	2010 年至今	
41	作科所	杨庆文	联合国开发计划署	委员	2005 年至今	
42	作科所	杨庆文	联合国粮食及农业组织	咨询专家	2015 年至今	
43	作科所	张卫健	世界银行	咨询专家	2016 年至今	

（续表）

序号	单位名称	专家姓名	国际机构/知名国际期刊名称	担任职务	任职时间	期刊 SCI 分区
44	作科所	张卫健	联合国粮食及农业组织	咨询专家	2017 年至今	
45	作科所	张学勇	国际小麦协调委员会（Wheat Initiative）	委员	2012 年至今	
46	作科所	张宗文	国际生物多样性中心	委员	2003 年至今	
47	作科所	赵开军	第四届国际分子植物病理论坛	委员	2017 年至今	
48	作科所	周美亮	国际荞麦协会	委员	2016 年至今	
49	作科所	程维红	*The Crop Journal*	副主编	2017 年至今	SCI 一区期刊
50	作科所	傅彬英	*PLOS ONE*	编委	2014 年至今	SCI 三区期刊
51	作科所	何中虎	*The Crop Journal*	编委	2013 年至今	SCI 一区期刊
52	作科所	何中虎	*Journal of Cereal Science*	编委	2004 年至今	SCI 二区期刊
53	作科所	何中虎	*Molecular Breeding*	编委	2018 年至今	SCI 二区期刊
54	作科所	何中虎	*Journal of Integrative Agriculture*	编委	2017 年至今	SCI 三区期刊
55	作科所	何中虎	*Plant production Science*	编委	2016 年至今	SCI 三区期刊
56	作科所	侯　鹏	*Scientific Reports*	编委	2019 年至今	SCI 三区期刊
57	作科所	贾继增	*International Journal of Plant genomics*	编委	2007 年至今	SCI 一区期刊
58	作科所	贾继增	*Plant Biotechnology Journal*	编委	2007 年至今	SCI 一区期刊
59	作科所	金秀良	*Agronomy Journal*	副主编	2019 年至今	SCI 二区期刊
60	作科所	金秀良	*Remote Sensing*	编委	2017 年至今	SCI 二区期刊

（续表）

序号	单位名称	专家姓名	国际机构/知名国际期刊名称	担任职务	任职时间	期刊 SCI 分区
61	作科所	金秀良	*Scientific Reports*	编委	2016 年至今	SCI 二区期刊
62	作科所	金秀良	*The Journal of Agricultural Science*	编委	2017 年至今	SCI 三区期刊
63	作科所	金秀良	*The Crop Journal*	编委	2020—2023 年	SCI 一区期刊
64	作科所	景蕊莲	*Frontiers in Plant Science*	编委	2016 年至今	SCI 二区期刊
65	作科所	景蕊莲	*Scientific Reports*	编委	2016 年至今	SCI 二区期刊
66	作科所	景蕊莲	*Journal of Integrative Agriculture*	编委	2015 年至今	SCI 三区期刊
67	作科所	黎志康	*The Plant Genome*	编委	2014 年至今	SCI 二区期刊
68	作科所	黎志康	*Plant Breeding*	编委	2012 年至今	SCI 三区期刊
69	作科所	李桂英	*Bioenergy Research*	编委	2008 年至今	SCI 三区期刊
70	作科所	李洪杰	*The Crop Journal*	副主编	2017 年至今	SCI 一区期刊
71	作科所	李慧慧	*The Crop Journal*	编委	2019 年至今	SCI 一区期刊
72	作科所	李慧慧	*Theoretical and Applied Genetics*	编委	2019 年至今	SCI 一区期刊
73	作科所	李少昆	*Journal of Integrative Agriculture*	副主编	2017 年至今	SCI 三区期刊
74	作科所	李新海	*Journal of Integrative Agriculture*	编委	2017 年至今	SCI 三区期刊
75	作科所	刘春明	*Frontiers in Plant Science*	副主编	2015 年至今	SCI 一区期刊
76	作科所	刘春明	*The Crop Journal*	编委	2017 年至今	SCI 一区期刊
77	作科所	刘春明	*Plant Molecular Biology Reporter*	副主编	2009 年至今	SCI 三区期刊

（续表）

序号	单位名称	专家姓名	国际机构/知名国际期刊名称	担任职务	任职时间	期刊 SCI 分区
78	作科所	刘春明	*Food and energy security*	副主编	2010 年至今	SCI 二区期刊
79	作科所	刘录祥	*Horticulture Environment and Biotechnology*	编委	2010 年至今	SCI 三区期刊
80	作科所	马有志	*Journal of Integrative Agriculture*	编委	2017 年至今	SCI 三区期刊
81	作科所	毛　龙	*Genomics, Proteomics & Bioinformatics*	编委	2011 年至今	SCI 一区期刊
82	作科所	毛　龙	*The Crop Journal*	副主编	2017 年至今	SCI 一区期刊
83	作科所	邱丽娟	*The Crop Journal*	编委	2017 年至今	SCI 一区期刊
84	作科所	邱丽娟	*Journal of Integrative Agriculture*	编委	2017 年至今	SCI 三区期刊
85	作科所	万建民	*The Crop Journal*	主编	2017 年至今	SCI 一区期刊
86	作科所	万建民	*Journal of Integrative Agriculture*	主编	2016 年至今	SCI 三区期刊
87	作科所	万建民	*Journal of Integrative Plant Biology*	编委	2009 年至今	SCI 一区期刊
88	作科所	王建康	*The Crop Journal*	副主编	2017 年至今	SCI 一区期刊
89	作科所	王建康	*Theoretical and Applied Genetics*	编委	2009 年至今	SCI 一区期刊
90	作科所	王建康	*Euphytica*	编委	2015 年至今	SCI 三区期刊
91	作科所	吴传银	*The Crop Journal*	编委	2017 年至今	SCI 一区期刊
92	作科所	夏先春	*The Crop Journal*	副主编	2013 年至今	SCI 一区期刊
93	作科所	夏先春	*Theoretical and Applied Genetics*	编委	2007 年至今	SCI 一区期刊
94	作科所	徐建龙	*The Crop Journal*	副主编	2016 年至今	SCI 一区期刊

（续表）

序号	单位名称	专家姓名	国际机构/知名国际期刊名称	担任职务	任职时间	期刊SCI分区
95	作科所	徐云碧	*The Crop Journal*	副主编	2014年至今	SCI一区期刊
96	作科所	徐云碧	*International Journal of Plant Genomics*	副主编	2008年至今	SCI三区期刊
97	作科所	徐云碧	*Theoretical and Applied Genetics*	编委	2007年至今	SCI一区期刊
98	作科所	叶兴国	*BMC Genomics*	编委	2018—2022年	SCI二区期刊
99	作科所	叶兴国	*BMC Plant Biology*	编委	2020—2025年	SCI二区期刊
100	作科所	张卫建	*The Crop Journal*	副主编	2017年至今	SCI一区期刊
101	作科所	张学勇	*Journal of Integrative Agriculture*	副主编	2017年至今	SCI三区期刊
102	作科所	张学勇	*The Crop Journal*	编委	2017年至今	SCI一区期刊
103	作科所	赵开军	*Frontiers in Plant Science*	编委	2017年至今	SCI二区期刊
104	作科所	赵　明	*Journal of integrative agriculture*	副主编	2010年至今	SCI三区期刊
105	作科所	赵　明	*The Crop Journal*	编委	2014年至今	SCI一区期刊
106	作科所	郑天清	*Frontiers in Statistical Genetics and Methodology*	编委	2011年至今	SCI二区期刊
107	作科所	周文彬	*The Crop Journal*	副主编	2017年至今	SCI一区期刊
108	植保所	张朝贤	*Outlook on Pest Management*	咨询专家	2004年至今	SCI二区期刊
109	植保所	王振营	国际玉米螟及其他玉米害虫研究协作组	主席	2007年至今	SCI三区期刊

（续表）

序号	单位名称	专家姓名	国际机构/知名国际期刊名称	担任职务	任职时间	期刊 SCI 分区
110	植保所	王锡锋	国际植物病理学会（International Society for Plant Pathology）	理事	2008 年至今	SCI 一区期刊
111	植保所	周雪平	国际植物病理学会（ISPP）	理事	2008 年至今	SCI 三区期刊
112	植保所	彭德良	International Federation of Nematology Society	委员	2008—2020 年	SCI 三区期刊
113	植保所	陈万权	欧洲和地中海禾谷类锈病基金会	委员	2009 年至今	SCI 一区期刊
114	植保所	高玉林	国际生物防治组织—亚太地区	主席	2013 年至今	SCI 二区期刊
115	植保所	高玉林	美国昆虫学会国际奖励委员会	委员	2013 年至今	SCI 二区期刊
116	植保所	李世访	ICTV-Avsunviroidae and Pospiviroidae Study Group	评审专家	2013 年至今	SCI 三区期刊
117	植保所	周益林	Subject Matter Committee on Biotic Constraints to Food and Fiber Production Biotic Constraints to Food and Fiber Production	委员	2013 年至今	SCI 三区期刊
118	植保所	徐学农	国际生物防治组织亚太区“生物防治物捕食螨”工作组	委员	2014 年至今	SCI 三区期刊
119	植保所	周雪平	国际病毒分类委员会（Tenuivirus Study Group）	委员	2014 年至今	SCI 三区期刊
120	植保所	周雪平	国际植物保护科学学会（IAPPS）	理事	2015 年至今	SCI 三区期刊
121	植保所	袁会珠	国际农业与生物工程委员会 精准农业航空工作组	委员	2015—2020 年	SCI 三区期刊

（续表）

序号	单位名称	专家姓名	国际机构/知名国际期刊名称	担任职务	任职时间	期刊 SCI 分区
122	植保所	刘万学	国际生物入侵委员会	委员	2015—2020 年	SCI 三区期刊
123	植保所	杨念婉	国际生物入侵委员会	委员	2015—2020 年	SCI 三区期刊
124	植保所	高玉林	第二十六届国际昆虫学大会组委会	委员	2016—2020 年	SCI 三区期刊
125	植保所	郭立华	国际病毒分类委员会（Hypovirus Study Group）	委员	2017 年至今	SCI 三区期刊
126	植保所	宁约瑟	美国植物病理学会分子细胞植物病理委员会	委员	2017 年至今	SCI 三区期刊
127	植保所	三锡锋	国际病毒分类委员会（ICTV）黄症病毒（Luteovirdae）工作组	委员	2017 年至今	SCI 三区期刊
128	植保所	李云河	International Society for Biosafety Research	委员	2017—2021 年	SCI 三区期刊
129	植保所	李世访	International Council for the Study of Virus and other Graft Transmissible Diseases of Fruit Crops	委员	2017—2022 年	SCI 二区期刊
130	植保所	曹坳程	联合国开发计划署硫丹项目国家技术顾问	咨询专家	2018—2020 年	SCI 三区期刊
131	植保所	袁会珠	国际精准农业航空学会	委员	2018—2021 年	SCI 三区期刊
132	植保所	曹坳程	联合国环境规划署甲基溴技术选择委员会	委员	2018—2022 年	SCI 三区期刊
133	植保所	刘晨曦	国际 DNA 条形码委员会	委员	2018—2025 年	SCI 三区期刊
134	植保所	李香菊	亚太杂草学会	主席	2019 年至今	SCI 二区期刊

（续表）

序号	单位名称	专家姓名	国际机构/知名国际期刊名称	担任职务	任职时间	期刊 SCI 分区
135	植保所	刘万学	生物多样性和生态系统服务政府间科学政策平台	专家	2019 年至今	SCI 二区期刊
136	植保所	王桂荣	亚太化学生态学会	主席	2019 年至今	SCI 三区期刊
137	植保所	刘新刚	环太平洋国际化学大会组织委员会	委员	2019—2021 年	SCI 二区期刊
138	植保所	董丰收	环太平洋国际化学大会组织委员会	委员	2019—2021 年	SCI 三区期刊
139	植保所	吴孔明	联合国粮食及农业组织（FAO）草地贪夜蛾防控指导委员会	主席	2020 年至今	SCI 一区期刊
140	植保所	王振营	联合国粮农组织（FAO）草地贪夜蛾行动计划技术委员会	委员	2020 年至今	SCI 三区期刊
141	植保所	高玉林	国际生物防治组织	主席	2020—2024 年	SCI 三区期刊
142	植保所	张朝贤	*Crop Protection*	编委	2004 年至今	SCI 一区期刊
143	植保所	周雪平	*Journal of Zhejiang University Science B*	编委	2004 年至今	SCI 三区期刊
144	植保所	杨　青	*Biofuels, Bioproducts and Biorefining*	编委	2010 年至今	SCI 三区期刊
145	植保所	周雪平	*Science in China Life Sciences*	编委	2010 年至今	SCI 二区期刊
146	植保所	王国梁	*Frontiers in Plant-Microbe Interaction*	编委	2011 年至今	SCI 一区期刊
147	植保所	王国梁	*Rice*	编委	2011 年至今	SCI 三区期刊
148	植保所	万方浩	*Journal of Integrative Agriculture*	编委	2012 年至今	SCI 三区期刊
149	植保所	吴孔明	*Journal of Integrative Agriculture*	副主编	2012 年至今	SCI 三区期刊

（续表）

序号	单位名称	专家姓名	国际机构/知名国际期刊名称	担任职务	任职时间	期刊SCI分区
150	植保所	高玉林	*Biocontrol Science and Technology*	编委	2013年至今	SCI二区期刊
151	植保所	刘文德	*Advances in Crop Science and Technology*	编委	2013年至今	SCI二区期刊
152	植保所	王锡锋	*Plant Pathology Journal*	编委	2013年至今	SCI二区期刊
153	植保所	吴孔明	*Entomologia Experimentalis et Applicata*	编委	2013年至今	SCI二区期刊
154	植保所	周雪平	*Journal of General Virology*	编委	2013年至今	SCI三区期刊
155	植保所	周雪平	*Virology*	编委	2013年至今	SCI三区期刊
156	植保所	江幸福	*Plant Protection News*	编委	2014年至今	SCI三区期刊
157	植保所	吴孔明	*Journal of Cotton Research*	编委	2014年至今	SCI二区期刊
158	植保所	周忠实	*Jacobs Journal of Agriculture*	编委	2014年至今	SCI三区期刊
159	植保所	高玉林	*Arthropod-Plant Interactions*	副主编	2015年至今	SCI三区期刊
160	植保所	高玉林	*Ecotoxicology*	副主编	2015年至今	SCI三区期刊
161	植保所	高玉林	*Journal of Applied Entomology*	编委	2015年至今	SCI二区期刊
162	植保所	高玉林	*PLoS ONE*	编委	2015年至今	SCI三区期刊
163	植保所	王国梁	*Molecular Plant-Microbe Interactions*	编委	2015年至今	SCI三区期刊
164	植保所	王锡锋	*Scientific Reports*	编委	2015年至今	SCI二区期刊
165	植保所	吴孔明	*Entomologia Generalis*	编委	2015年至今	SCI三区期刊
166	植保所	徐学农	*Systematic and Applied Acarology*	编委	2015年至今	SCI三区期刊

（续表）

序号	单位名称	专家姓名	国际机构/知名国际期刊名称	担任职务	任职时间	期刊 SCI 分区
167	植保所	杨　青	*Current Pharmaceutical Design*	副主编	2015 年至今	SCI 三区期刊
168	植保所	郑永权	*Journal of Integrative Agriculture*	编委	2015 年至今	SCI 三区期刊
169	植保所	周雪平	*Journal of Integrative Agriculture*	编委	2015 年至今	SCI 三区期刊
170	植保所	陈巨莲	*Jacobs Journal of Entomology and Zoological Studies*	编委	2016 年至今	SCI 三区期刊
171	植保所	高玉林	*Journal of Asia-Pacific Entomology*	副主编	2016 年至今	SCI 三区期刊
172	植保所	高玉林	*Journal of Insect Science*	编委	2016 年至今	SCI 三区期刊
173	植保所	高玉林	*Journal of Pest Science*	编委	2016 年至今	SCI 三区期刊
174	植保所	王桂荣	*Frontiers in Ecology and Evolution*	编委	2016 年至今	SCI 二区期刊
175	植保所	王锡锋	*Annals of Agricultural Sciences*	编委	2016 年至今	SCI 三区期刊
176	植保所	周雪平	*Annual Review of Phytopathology*	编委	2016 年至今	SCI 三区期刊
177	植保所	周雪平	*Plant Protection Science*	编委	2016 年至今	SCI 二区期刊
178	植保所	王桂荣	*Scientific reports*	编委	2016 年至今	SCI 二区期刊
179	植保所	高玉林	*Frontiers in Plant Science*	副主编	2017 年至今	SCI 二区期刊
180	植保所	高玉林	*Pest Management Science*	主编	2017 年至今	SCI 二区期刊
181	植保所	何康来	*Scientific Reports*	编委	2017 年至今	SCI 三区期刊
182	植保所	李世访	*Canadian Journal of Plant Pathology*	编委	2017 年至今	SCI 二区期刊

（续表）

序号	单位名称	专家姓名	国际机构/知名国际期刊名称	担任职务	任职时间	期刊 SCI 分区
183	植保所	李世访	*Virology Journal*	编委	2017 年至今	SCI 二区期刊
184	植保所	李云河	*Frontiers in Plant Science*	编委	2017 年至今	SCI 三区期刊
185	植保所	王国梁	*Journal of Integrative Agriculture*	编委	2017 年至今	SCI 二区期刊
186	植保所	王国梁	*Rice Science*	编委	2017 年至今	SCI 三区期刊
187	植保所	张礼生	*Frontiers in Physiology*	编委	2017 年至今	SCI 三区期刊
188	植保所	张　昊	*Tropical Plant Pathology*	编委	2017—2020 年	
189	植保所	陈巨莲	*Current Trends in Entomology and Zoological Studies*	编委	2018 年至今	
190	植保所	高玉林	*Entomologia Experimentalis et Applicata*	编委	2018 年至今	
191	植保所	高玉林	*Insects*	编委	2018 年至今	
192	植保所	高玉林	*Neotropical Entomology*	编委	2018 年至今	
193	植保所	彭德良	*Phytopathology Research*	编委	2018 年至今	
194	植保所	王桂荣	*Journal of Cotton Research*	编委	2018 年至今	
195	植保所	王桂荣	*Journal of Integrative Agriculture*	编委	2018 年至今	
196	植保所	王国梁	*Phytopathology Research*	编委	2018 年至今	
197	植保所	张　杰	*Archives of Insect Biochemistry and Physiology*	编委	2018 年至今	
198	植保所	周焕斌	*BMC Plant Biology*	副主编	2018 年至今	

（续表）

序号	单位名称	专家姓名	国际机构/知名国际期刊名称	担任职务	任职时间	期刊 SCI 分区
199	植保所	周雪平	*Journal of Cotton Research*	编委	2018 年至今	
200	植保所	周雪平	*Phytopathology Research*	编委	2018 年至今	
201	植保所	何晨阳	*The Crop Journal*	编委	2018—2020 年	
202	植保所	陈巨莲	*CABI Agriculture and Bioscience*	编委	2019 年至今	
203	植保所	高玉林	*Environmental Entomology*	编委	2019 年至今	
204	植保所	高玉林	*International Journal of Pest Management*	编委	2019 年至今	
205	植保所	高玉林	*International Journal of Tropical Insect Science*	编委	2019 年至今	
206	植保所	高玉林	*Journal of Economic Entomology*	编委	2019 年至今	
207	植保所	高玉林	*Journal of Cotton Research*	编委	2019 年至今	
208	植保所	侯茂林	*BioControl*	编委	2019 年至今	
209	植保所	王国梁	*aBIOTECH*	编委	2019 年至今	
210	植保所	周焕斌	*Frontiers in genome editing*	副主编	2019 年至今	
211	植保所	周益林	*Plant Pathology*	编委	2019 年至今	
212	植保所	范　佳	*Frontiers in Physiology*	编委	2020 年至今	
213	植保所	李方方	*Frontiers in Microbiology*	副主编	2020 年至今	
214	植保所	李方方	*Frontiers in Plant Science*	编委	2020 年至今	

（续表）

序号	单位名称	专家姓名	国际机构/知名国际期刊名称	担任职务	任职时间	期刊 SCI 分区
215	植保所	李方方	*Frontiers in Genome Editing*	编委	2020 年至今	
216	植保所	刘文文	*Frontiers in Microbiology*	编委	2020 年至今	
217	植保所	王锡锋	*Frontiers in Microbiology*	编委	2020 年至今	
218	植保所	杨念婉	*CABI Agriculture and Bioscience*	编委	2020 年至今	
219	植保所	杨秀玲	*Frontiers in Microbiology*	副主编	2020 年至今	
220	植保所	杨秀玲	*Frontiers in genome editing*	编委	2020 年至今	
221	植保所	周雪平	*Stress Biology*	编委	2020 年至今	
222	蔬菜所	孙日飞	国际园艺学会	理事	2018—2023 年	
223	蔬菜所	贺超兴	ICoFAB2020	会议科技委员会委员	2019—2021 年	
224	蔬菜所	张友军	*Animal Gene*	编委	2020 年 1 月至今	新 SCI 期刊
225	蔬菜所	吴青君	*Freontiers in Physiology*	副主编	2020 年 11 月至今	JCR 一区期刊
226	蔬菜所	郭兆将	*Frontiers in Plant Science*	编委	2020 年 8 月至今	JCR 一区期刊
227	蔬菜所	郭兆将	*Frontiers in Genetics*	编委	2020 年 8 月至今	JCR 二区期刊

（续表）

序号	单位名称	专家姓名	国际机构/知名国际期刊名称	担任职务	任职时间	期刊 SCI 分区
228	蔬菜所	郭兆将	*Frontiers in Ecology and Evolution*	编委	2020 年 8 月至今	JCR 二区期刊
229	环发所	董红敏	联合国政府间气候变化专门委员会秘书处	咨询专家	2017—2020 年	
230	环发所	董红敏	联合国气候变化框架公约秘书处	评审组长	2005—2020 年	
231	环发所	董红敏	全球农业温室气体研究联盟粪污管理协作网	评审组长	2017 年至今	
232	环发所	董红敏	联合国粮食及农业组织（FAO）畜禽环境伙伴计划	咨询专家	2017 年至今	
233	环发所	高清竹	政府间气候变化专门委员会	委员	2017 年至今	
234	环发所	顾峰雪	Asia Flux Science 执行委员会	委员	2018 年至今	
235	环发所	李玉娥	联合国气候变化公约秘书处	咨询专家	2015 年至今	
236	环发所	李玉娥	联合国环境规划署国际资源专家委员会	咨询专家	2016 年至今	
237	环发所	李玉娥	全球农业温室气体研究联盟	咨询专家	2016 年至今	
238	环发所	刘　硕	《联合国气候变化框架公约》下适应和损害议题	谈判专家	2016 年至今	
239	环发所	秦晓波	全球农业温室气体研究联盟	咨询专家	2011 年至今	
240	环发所	许吟隆	亚太适应气候变化组织指导委员会	委员	2014 年至今	
241	环发所	许吟隆	联合国环境署适应气候变化科学指导委员会	委员	2013 年至今	

（续表）

序号	单位名称	专家姓名	国际机构/知名国际期刊名称	担任职务	任职时间	期刊 SCI 分区
242	环发所	许吟隆	UN Environment World Conservation Monitoring Centre	理事	2018 年至今	
243	环发所	严昌荣	国际农业塑料协会	主席	2018—2021 年	
244	环发所	王耀生	*Archives of Agronomy and Soil Science*	副主编	2018 年至今	SCI 一区期刊
245	环发所	林而达	*Climatic Change*	副主编	2014 年至今	SCI 二区期刊
246	环发所	李　涛	*Frontiers in Plant Science*	编委	2018 年至今	SCI 二区期刊
247	环发所	高清竹	*The Rangeland Journal*	副主编	2016 年至今	SCI 三区期刊
248	环发所	王耀生	*Frontiers in Sustainable Food Systems*	编委	2017 年至今	SCI 三区期刊
249	牧医所	罗绪刚	*Journal of Animal Physiology and Animal Nutrition*	主编	2018—2021 年	SCI 三区期刊
250	牧医所	赵圣国	*Animal*	编委	2018—2021 年	SCI 四区期刊
251	牧医所	王加启	*Journal of Dairy Science*	编委	2017 年至今	SCI 一区期刊
252	牧医所	李　奎	*Journal of Animal Science and Biotechnology*	编委	2015 年至今	SCI 一区期刊
253	牧医所	苗向阳	*BMC Veterinary Research*	副主编	2013 年至今	SCI 一区期刊
254	牧医所	储明星	*Journal of Animal Science and Biotechnology*	编委	2018—2022 年	SCI 一区期刊
255	牧医所	罗绪刚	*Journal of Integrative Agriculture*	副主编	2017—2021 年	SCI 四区期刊
256	牧医所	李　奎	*Journal of Integrative Agriculture*	编委	2017—2021 年	SCI 四区期刊
257	牧医所	熊本海	*Journal of Integrative Agriculture*	编委	2017—2021 年	SCI 四区期刊

（续表）

序号	单位名称	专家姓名	国际机构/知名国际期刊名称	担任职务	任职时间	期刊 SCI 分区
258	牧医所	马月辉	*Journal of Integrative Agriculture*	编委	2017—2021 年	SCI 四区期刊
259	牧医所	朱鸿飞	*Journal of Integrative Agriculture*	编委	2017—2021 年	SCI 四区期刊
260	牧医所	杨青川	*Journal of Integrative Agriculture*	编委	2017—2021 年	SCI 四区期刊
261	牧医所	李　奎	*BioMed Research International*	编委	2015 年至今	SCI 二区期刊
262	牧医所	卜登攀	*Canadian Journal of Animal Science*	副主编	2013 年至今	SCI 二区期刊
263	牧医所	苗向阳	*Frontiers in bioscience*	执行编委	2018—2020 年	SCI 二区期刊
264	牧医所	苗向阳	*Cloning & Transgenesis*	编委	2012 年至今	
265	牧医所	王加启	*Fine Focus*	编委	2015—2019 年	
266	牧医所	崔尚金	*World Journal of Virology*	编委	2008 年至今	
267	牧医所	李　奎	*American Journal of Animal and Veterinary Sciences*	编委	2015 年至今	SCI 四区期刊
268	牧医所	李向林	国际家畜研究所（ILRI）	中国办事处主任，首席代表	2001 年至今	
269	牧医所	卜登攀	AS-ICRAF 农用林业与可持续畜牧业联合实验室	主任	2014 年至今	
270	牧医所	卜登攀	中爱奶业科学技术中心	主任	2014 年至今	
271	牧医所	李向林	国际可持续纤维联盟（SFA）	科技委员会委员	2017 年至今	

（续表）

序号	单位名称	专家姓名	国际机构/知名国际期刊名称	担任职务	任职时间	期刊 SCI 分区
272	牧医所	何　峰	国际可持续纤维联盟（SFA）	科技委员会委员	2017 年至今	
273	牧医所	马月辉	国际生物多样性计划中国委员会委员	委员	2010 年至今	
274	蜜蜂所	石　巍	ICIPE 非洲健康实验室	委员	2015—2019 年	
275	蜜蜂所	石　巍	欧盟“蜜蜂消失”组织	委员	永久	
276	蜜蜂所	石　巍	亚洲养蜂联合会（AAA）	理事	2015 年至今	
277	蜜蜂所	陈黎红	亚洲养蜂联合会（AAA）	秘书长	2016—2020 年	
278	蜜蜂所	陈　超	联合国粮食及农业组织（FAO）	顾问	2019 年至今	
279	蜜蜂所	李建科	亚太蛋白质组学	委员	2019 年至今	
280	蜜蜂所	安建东	国际自然保护联盟—熊蜂专家组委员会	理事	2011 年至今	
281	蜜蜂所	安建东	国际植物—传粉者互作研究委员会	理事	2012 年至今	
282	蜜蜂所	吴　杰	亚洲养蜂联合会（AAA）经济专业委员会	副主席	2016—2020 年	
283	蜜蜂所	王　凯	*BMC Complementary and Alternative Medicine*	副主编	2019 年至今	SCI 二区期刊
284	蜜蜂所	李建科	*Frontier in Genetics*	副主编	永久	SCI 二区期刊
285	蜜蜂所	石　巍	*Apidologie*	编委	2015—2020 年	SCI 一区期刊
286	饲料所	薛　敏	*Aquaculture Research*	编委	2020 年至今	中科院三区期刊
287	饲料所	齐广海	*Poultry Science*	编委		

（续表）

序号	单位名称	专家姓名	国际机构/知名国际期刊名称	担任职务	任职时间	期刊 SCI 分区
288	饲料所	周志刚	国际鱼菌互作学术研讨会	委员	2019 年至今	
289	饲料所	周志刚	国际水产动物消化道微生物研究联盟	副主席	2018—2023 年	
290	饲料所	周志刚	*Frontier in Microbiology*	编辑	2018 年至今	二区期刊
291	饲料所	周志刚	*Frontier in Marine Sciences*	编辑	2018 年至今	三区期刊
292	饲料所	周志刚	*Aquaculture*	编辑	2019—2021 年	一区期刊
293	加工所	王　强	*Journal of Integrative Agriculture*	执行主编（食品栏目）	2017 年至今	二区期刊
294	加工所	王　强	*Bioactive Carbohydrates and Dietary Fibre*	编委	2015 年至今	
295	加工所	王　强	*NPJ Science of Food*	编委	2017 年至今	
296	加工所	木泰华	欧盟地平线 2020 项目评审委员会	项目评审专家	2016 年至今	
297	加工所	邢福国	*Frontiers in Microbiology*	编委	2019—2025 年	二区期刊
298	加工所	邢福国	*Frontiers in Nutrition*	编委	2019—2025 年	二区期刊
299	生物所	王海洋	*Plant Molecular Biology*	副主编	2018 年至今	二区期刊
300	生物所	王海洋	*Plant Communications*	编委	2019 年 6 月至今	
301	生物所	王海洋	*aBIOTECH*	编委	2018 年 9 月至今	
302	生物所	路铁刚	*Frontier in Genetics*	副主编	2015 年至今	二区期刊
303	生物所	张治国	*Frontier in Genetics*	编委	2017 年至今	二区期刊

（续表）

序号	单位名称	专家姓名	国际机构/知名国际期刊名称	担任职务	任职时间	期刊 SCI 分区
304	生物所	张春义	国际农业生物技术应用服务组织（ISAAA）	中国 BIC 理事	2016 年至今	
305	生物所	张春义	*American Journal of Experimental Biology*	编委	2018 年至今	
306	农经所	李先德	联合国粮安领域高级别专家组指导委员会	委员	2019—2021 年	
307	资划所	唐华俊	*Sustainable Agriculture*	编委	2000 年至今	SCI 一区期刊
308	资划所	李召良	*IEEE Transactions on Geoscience and Remote Sensing*	副主编	2014 年至今	SCI 一区期刊
309	资划所	李召良	*Remote Sensing*	副主编	2016 年至今	SCI 二区期刊
310	资划所	李兆君	*International Journal of Chemistry*	编委	2011 年至今	SCI 二区期刊
311	资划所	李兆君	*Journal of Convergence Information Technology*	编委	2012 年至今	SCI 三区期刊
312	资划所	李兆君	*Journal of Integrative Agriculture*（JIA）	编委	2017 年至今	SCI 二区期刊
313	资划所	吴文斌	*Journal of Integrative Agriculture*	编委	2010 年至今	SCI 二区期刊
314	资划所	吴文斌	*Regional Environmental Change*	编委	2013 年至今	SCI 二区期刊
315	资划所	吴文斌	*CABI Agriculture and Bioscience*	主编	2020 年至今	新期刊，未定级
316	资划所	张　斌	*Agronomy Journal*	副主编	2012 年至今	SCI 二区期刊
317	资划所	张瑞福	*Journal of Integrative Agriculture*	编委	2017 年至今	SCI 二区期刊
318	资划所	张瑞福	*International Biodeterioration & Biodegradation*	编委	2018 年至今	SCI 二区期刊

（续表）

序号	单位名称	专家姓名	国际机构/知名国际期刊名称	担任职务	任职时间	期刊 SCI 分区
319	资划所	魏海雷	*Frontiers in Microbiology*	副主编	2016 年至今	SCI 二区期刊
320	资划所	魏海雷	*Frontiers in Plant Science*	副主编	2016 年至今	SCI 一区期刊
321	资划所	白可喻	国际生物多样性中心（Bioversity International）东亚办事处	理事	2012 年至今	
322	资划所	蔡典雄	国际土壤与耕种学会（ISTRO）中国分会	主席	2012 年至今	
323	资划所	范丙全	亚洲核合作论坛生物肥料项目	理事	2012 年至今	
324	资划所	高　巍	国际蘑菇学会	委员	2014 年至今	
325	资划所	何　萍	国际植物营养研究所中国项目部	主席	2012 年至今	
326	资划所	何　萍	国际肥料科学中心	理事	2016 年至今	
327	资划所	何英彬	澳大利亚昆士兰大学	咨询专家	2014 年至今	
328	资划所	宋　敏	东亚农业资源环境研究中心	理事	2012 年至今	
329	资划所	张　斌	国际土壤学会土壤物理学委员会	主席	2010 年至今	
330	资划所	张　斌	国际原子能机构项目和国际会议科学委员会	委员	2012 年至今	
331	资划所	张　斌	国际土壤学会土壤工程和技术委员会	理事	2014 年至今	
332	资划所	张　斌	中欧土地和土壤委员会	主席	2015 年至今	
333	资划所	张　斌	中德农业科技合作平台	理事	2015 年至今	
334	资划所	张　斌	全球土壤伙伴关系（GSP）秘书处开放性工作组（OEWG）	委员	2016 年至今	

（续表）

序号	单位名称	专家姓名	国际机构/知名国际期刊名称	担任职务	任职时间	期刊 SCI 分区
335	资划所	张金霞	非洲开发银行	咨询专家	2012 年至今	
336	资划所	张金霞	国际蘑菇学会	委员	2012 年至今	
337	资划所	邵长亮	中美碳联盟（USCCC）	委员	2016—2020 年	
338	资划所	辛晓平	中美碳联盟（USCCC）	委员	2016—2020 年	
339	资划所	姚艳敏	国际标准化组织地理信息技术委员会（ISO/TC 211）第一工作组（WG1）	委员	2020 年至今	
340	信息所	柴秀娟	*Journal of Electronic Imaging*	编委	2018 年至今	
341	质标所	陈爱亮	*Aptamers*	编委	长期	
342	质标所	李　会	*Frontiers in Microbiology*	编委	2018 年至今	一区期刊
343	营养所	王加启	*Journal of Dairy Sciences*	编辑	2018 年至今	
344	水稻所	程式华	*Rice Science*	主编/荣誉主编	2003—2021 年/2021 年至今	二区期刊
345	水稻所	阮刘青	*Rice Science*	副主编/执行主编	2003—2021 年/2021 年至今	二区期刊
346	水稻所	胡培松	*Rice Science*	编委/主编	2003—2021 年/2021 年至今	二区期刊
347	水稻所	钱　前	*Rice Science*	编委	2003 年至今	二区期刊
348	水稻所	王　磊	*Rice Science*	编委	2003 年至今	二区期刊
349	水稻所	杨长登	*Rice Science*	编委	2003—2013 年，2018 年至今	二区期刊

（续表）

序号	单位名称	专家姓名	国际机构/知名国际期刊名称	担任职务	任职时间	期刊 SCI 分区
350	水稻所	朱智伟	*Rice Science*	编委	2003 年至今	二区期刊
351	水稻所	庄杰云	*Rice Science*	编委	2003—2013 年，2018 年至今	二区期刊
352	水稻所	曹立勇	*Rice Science*	编委	2018 年至今	二区期刊
353	水稻所	钱　前	*Rice*	编委	至今	一区期刊
354	水稻所	钱　前	*Breeding Science*	编委	至今	三区期刊
355	水稻所	王克剑	*BMC Plant Biology*	编委	2018 年至今	二区期刊
356	水稻所	郭龙彪	*Plant growth regulation*	编委	至今	三区期刊
357	水稻所	庄杰云	*Crop Journal*	编委	至今	一区期刊
358	水稻所	张　健	*BMC Development Biology*	编委	至今	三区期刊
359	水稻所	钱　前	*Journal of Getitics and Genomes*	编委	至今	未定
360	水稻所	钱　前	*PLoS One*	编委	至今	三区期刊
361	水稻所	王克剑	*aBIOTECH*	编委	至今	未定
362	水稻所	胡培松	国际水稻委员会	中国代表	2019 年至今	
363	水稻所	胡培松	亚洲水稻研究合作委员会	中国代表	2019 年至今	
364	水稻所	胡培松	国际杂交稻联盟	专家委员会委员	至今	
365	水稻所	王丹英	国际直播稻联盟	咨询专家	2018 年至今	
366	水稻所	罗　炬	国际水稻委员会	中国副代表	至今	

（续表）

序号	单位名称	专家姓名	国际机构/知名国际期刊名称	担任职务	任职时间	期刊 SCI 分区
367	水稻所	罗　炬	亚洲水稻研究合作委员会	中国副代表	至今	
368	棉花所	古　捷	乌兹别克斯坦农业科学与生产中心（乌兹别克斯坦农业科学院）	外籍科学顾问	2020—2022 年	
369	棉花所	袁有禄	国际棉花基因组委员会结构基因组	共同主席	2019—2021 年	
370	棉花所	叶武威	国际棉花基因组委员会结构基因组	共同主席	2019—2021 年	
371	油料所	刘胜毅	*The Crop Journal*	编委	2014 年至今	
372	油料所	李培武	*Toxins*	编委	2016 年至今	
373	油料所	李培武	*World Mycotoxin Journal*	编委	2016 年至今	
374	油料所	李培武	*Journal Integrative Agriculture*	编委	2017 年至今	
375	油料所	廖伯寿	*Frontiers in Plant Science*	编辑	2018 年至今	二区期刊
376	油料所	王汉中	国际油菜咨询委员会（GCIRC）	理事	2003 年至今	
377	油料所	刘胜毅	国际油菜咨询委员会（GCIRC）	理事	2017 年至今	
378	油料所	李培武	国际油菜咨询委员会（GCIRC）	理事	2008 年至今	
379	油料所	李培武	联合国粮食及农业组织/世界卫生组织食品添加剂联合专家委员会	专家组成员	2012—2020 年	
380	油料所	廖伯寿	国际花生青枯病工作网（国际半干旱研究所）	技术协调员（首席专家）	1997 年至今	
381	麻类所	陈万权	联合国粮农组织第四十届硬质纤维和第四十二届黄红麻及同类纤维政府间工作组联合会议	主席	2019—2021 年	

（续表）

序号	单位名称	专家姓名	国际机构/知名国际期刊名称	担任职务	任职时间	期刊 SCI 分区
382	麻类所	陈万权	国际天然纤维组织	副主席	2019—2020 年	
383	麻类所	徐建平	*Fungal Diversity*	副主编	2016 年至今	一区期刊
384	麻类所	徐建平	*Genome*	副主编	2016 年至今	二区期刊
385	麻类所	徐建平	*Mycology*	副主编	2016 年至今	二区期刊
386	麻类所	粟建光	国际黄麻研究组咨询委员会	理事	2009 年至今	
387	麻类所	王玉富	联合国粮食及农业组织欧洲亚麻及其他韧皮纤维植物协作组织	中国区代表	2017 年至今	
388	麻类所	王玉富	*Journal of Natural Fibers*	编委	2017 年至今	二区期刊
389	麻类所	肖建波	*Anti-Cancer Agents in Med Chemistry*	编委	2016—2021 年	三区期刊
390	麻类所	肖建波	*Industrial crops and products*	编委	2016—2021 年	一区期刊
391	麻类所	肖建波	*Phytomedicine*	编委	2018—2020 年	二区期刊
392	麻类所	肖建波	*Current Drug Metabolism*	编委	2016—2021 年	三区期刊
393	麻类所	肖建波	*International Journal of Molecular Science*	编委	2017—2021 年	三区期刊
394	麻类所	肖建波	*Phytochemical Analysis*	副主编	2015—2019 年	三区期刊
395	郑果所	方金豹	国际园艺学会猕猴桃品种登录委员会	权威专家	2019 年至今	
396	茶叶所	韩文炎	*Frontier in Plant Science*	专刊主编	2020—2020 年	
397	茶叶所	陈　亮	*Turkish Journal of Agriculture and Forestry*	编委	2020—2021 年	JCR 二区期刊
398	茶叶所	陈　亮	*Current Chinese Sciences*	编委	2020—2021 年	
399	茶叶所	孙晓玲	亚太地区化学生态学学会	理事	2020—2023 年	

（续表）

序号	单位名称	专家姓名	国际机构/知名国际期刊名称	担任职务	任职时间	期刊 SCI 分区
400	茶叶所	李　鑫	亚洲植物科学家协会执行委员会	委员	2020—2021 年	
401	哈兽研	陈化兰	*Sciences China-Life Sciences*	副主编	2018—2022 年	SCI 一区期刊
402	哈兽研	陈化兰	*Journal of Integrative Agriculture*	副主编	2017—2022 年	SCI 三区期刊
403	哈兽研	陈化兰	*Virology*	编委	2016—2019 年	SCI 三区期刊
404	哈兽研	李呈军	*Virology Journal*	副主编	2018—2021 年	SCI 三区期刊
405	哈兽研	陈化兰	*Virology Journal*	副主编	2008 年至今	SCI 三区期刊
406	哈兽研	李　凯	*Frontiers in Microbiology*	编委	2019 年至今	SCI 二区期刊
407	哈兽研	李　凯	*Frontiers in Plant Science*	编委	2019 年至今	SCI 二区期刊
408	哈兽研	王玉娥	*Archives of Virology*	编委	2013 年至今	SCI 三区期刊
409	兰兽研	郑亚东	*Frontiers in Veterinary Science*	编辑	2018 年至今	未定
410	兰兽研	郑亚东	*Frontiers in Genetics*	编辑	2018 年至今	二区期刊
411	兰兽研	张　杰	*Veterinary Medicine*	编委	2015 年至今	未定
412	兰兽研	张念章	*Frontiers in Cellular and Infection Microbiology*	编辑	2018 年至今	二区期刊
413	兰兽研	朱兴全	*Korean Journal Parasitol*	编委	2018 年至今	四区期刊
414	兰兽研	朱兴全	*Parasitology Research*	编委	2018 年至今	二区期刊
415	兰兽研	朱兴全	*Journal of Integrative Agriculture*	编委	2017 年至今	二区期刊
416	兰兽研	朱兴全	*Journal of Helminthology*	编委	2016 年至今	三区期刊
417	兰兽研	朱兴全	*Experimental Parasitology*	编委	2017 年至今	三区期刊

（续表）

序号	单位名称	专家姓名	国际机构/知名国际期刊名称	担任职务	任职时间	期刊 SCI 分区
418	兰兽研	朱兴全	*Veterinary Parasitology*	编委	2019 年至今	二区期刊
419	兰兽研	朱兴全	*Parasites & Vectors*	编委	2015 年至今	一区期刊
420	兰兽研	朱兴全	*Trends in Parasitology*	编委	2007 年至今	一区期刊
421	兰兽研	付宝权	国际旋毛虫病委员会	委员	2008 年至今	
422	兰兽研	刘湘涛	世界动物卫生组织（OIE）中国国家口蹄疫参考实验室	主任	2008 年至今	
423	兰兽研	殷　宏	世界动物卫生组织（OIE）羊泰勒虫参考实验室	主任	2013 年至今	
424	兰兽研	骆学农	世界动物卫生组织（OIE）囊尾蚴病参考实验室	主任	2020 年至今	
425	兰牧药	张继瑜	*Frontiers in Veterinary Science*	编委	2020—2021 年	二区期刊
426	兰牧药	尚小飞	*Frontiers in Veterinary Science*	编委	2020—2021 年	二区期刊
427	兰牧药	岳耀敬	国际家畜研究所	顾问	2019—2021 年	
428	草原所	金　轲	Glinka World Soil Prize 2020 评奖委员会	委员	2020 年至今	
429	草原所	金　轲	World Soil Day award 2020 评奖委员会	委员	2020 年至今	
430	草原所	金　轲	联合国粮农组织全球土壤合作伙伴关系政府间高级专家组（ITPS）	专家	2018 年至今	
431	草原所	韩文军	*Research for Tropical Agriculture*（日文期刊）；*Tropical Agriculture and Development*（英文期刊）	编委	2014 年至今	

（续表）

序号	单位名称	专家姓名	国际机构/知名国际期刊名称	担任职务	任职时间	期刊 SCI 分区
432	特产所	彭英华	亚太神经化学学会理事	理事	2018—2022 年	
433	特产所	许保增	*Animal Reporduction*	编委	长期	一区期刊
434	环保所	张贵龙	世界自然基金会水管理创新专家联合咨询委员会	咨询专家	长期	
435	环保所	王瑞刚	*Environmental and Experimental Botany*	编委	2018 年至今	SCI 二区期刊
436	环保所	李永涛	*Journal of Soils and Sediments*	编委	2017 年至今	SCI 二区期刊
437	环保所	翁莉萍	*Aquatic Geochemistry*	副主编	2017 年至今	SCI 三区期刊
438	沼科所	刘　刈	国际标准化组织	委员	2020 年至今	
439	沼科所	何明雄	*Frontiers in Microbiology*	编委	2020 年至今	一区期刊
440	沼科所	龙　燕	亚太沼气联盟	委员	2020 年至今	
441	农机化所	薛新宇	国际精准农业技术学会	副会长	2015 年至今	
442	烟草所	郭永峰	*Frontiers in Plant Science*	编委	2020 年至今	一区期刊
443	烟草所	郭永峰	国际烟草科学研究合作中心	任务组 协调专员	2017 年至今	
444	基因组所	李　冲	*Heliyon*	副主编	2020 年至今	新期刊，未分区
445	基因组所	黄三文	《细胞》（*Cell*）学术顾问委员会	委员	2020 年至今	一区期刊
446	基因组所	唐中林	Animals	编委	2020 年至今	三区期刊

五、人事管理与人才建设

中国农业科学院 2020 年人事人才工作综述

2020 年，人事局在中国农业科学院党组坚强领导下，坚持以习近平新时代中国特色社会主义思想和习近平总书记贺信精神为指导，深入贯彻党的十九大和十九届四中、五中全会精神，全面贯彻落实新时代党的组织路线，着力深化人才发展体制机制改革，开拓创新，求真务实，突出重点，统筹推进，各项工作取得了良好成效。

一、积极进取，人事人才工作取得新进展

（一）持之以恒抓落实，人才队伍建设再上新台阶

一是第四次人才工作会成功召开。坚持“抓落实、谋发展、促改革”，全面推进前三次人才工作会议各项任务落实，持续深化人才优先发展的战略部署。二是人才发展制度体系进一步完善。配套“新 30 条”，陆续推出人才制度 11 项，为深入实施人才强院战略提供了坚实的制度保障；研究起草《“十四五”干部人才发展规划》，明确思路目标，系统谋划新时期干部人才工作新举措。三是高层次人才队伍建设成效显著。坚持按需引才，编制发布需求目录，引进海内外高层次人才 28 人；加大人才培育力度，推荐 34 人次获选国家级人才；加快补齐人才队伍短板，遴选首批院级支撑英才和转化英才，示范带动作用初显；涵盖科研、支撑和转化的农科英才特殊支持体系初步建成，全院农科英才总数达 342 人；开展首次农科英才中期评估，评估结果总体良好，引领示范作用进一步显现。四是人才发展体制机制改革持续深化。稳步推进职称制度改革，强化院属单位用人自主权，探索不拘一格选拔人才；实施人才分类评价改革，试点科研进展、代表性成果等评价方式；开展全员聘用制改革研究，聚焦以岗位管理为核心的聘用制和以绩效管理为核心的分配制，探索建立具有农科特色的人员聘用体系。五是博士后规模和质量稳步提升。实施“优农计划”“优秀博士后计划”，进站人数首次突破 200 人，在站人数突破 600 人，居全国农业高校和科研机构前列。国家财政稳定支持和竞争性项目资助均创新高，立项数量和资助经费分别增长 28% 和 32%。六是人才服务更加周到细致。加强院士服务，弘扬老院士学术思想，指导研究所举办老院士学术研讨会。疫情期间加强重点人群疫情防控，做细做实院士、老领导、老同志等重点人群防疫服务工作。

（二）从严从实管干部，领导班子和干部队伍建设开创新局面

一是持续优化班子结构，增强整体功能。坚持新时期好干部标准，选优配强党政正职，选好用好班子副职，全年共任免部、院党组管理干部 64 人次；打通专业技术人员提任领导干部通道，研究员直接提拔所级干部 2 人；加强领导班子能力建设，组织开展为期一年的学习活动，印发《开展党的民主集中制学习活动实施方案》，迅速掀起学习活动热潮。二是积极推动“推年轻”工作部署落地。加大 50 岁以下党政正职、45 岁以下副职选配力度，指导 8 家院属单位配备所长助理；推动中层干部队伍年轻化，督促院属单位配备一定数量的 40 岁左右处长、35 岁左右副处长，完成 8 家单位处级干部竞聘方案审核和指导；推动院机关处级干部补充配备，提拔 40 岁以下处级干部 16 名。三是推动干部人事制度改革走向深入。健全优秀年轻干部“选育管用”全链条机制，印发《关于适应“三个面向”要求大力发现培养选拔优秀年轻干部的实施意见》等制度；完善所局级干部选拔任用程序，研究起草《领导人员选拔任用工作规定》等制度；推动完善任期管理制度，建立颁发荣誉纪念牌、聘为特约顾问、后续职业发展等激励机制。四是优化战略布局和机构设置。坚持服务产业，调整战略布局，积极推进国家成都农业科技中心、西部农业研究中心、苏州中心建设；南繁育种研究中心中央法人设立事宜取得重大进展，中央编办①同意成立中国农业科学院南繁育种研究中心。五是强化教育培训和实践锻炼。组织选派新任所局级干部、优秀年轻干部等 300 余人参加各类培训；鼓励优秀年轻干部投身乡村振兴一线，选派 20 名科研骨干参加西藏农业技术服务团，33 名优秀干部参加乡村振兴与科技扶贫挂职任务。六是加强干部管理监督。坚持“凡提四必”，从严规范领导干部兼职，认真做好离任审计，积极开展干部人事档案专项审核全覆盖和“回头看”，全面开展选人用人“一报告两评议”；组织做好个人事项报告工作，2020 年全院查核一致率达到 91. 15%。七是配合做好接受中央巡视及选人用人检查等有关工作。积极做好有关巡视材料准备工作，完成《选人用人工作情况专题汇报》等各类文字材料 80 余份；报送院党组提拔干部的全程纪实材料 7 卷，共 100 余万字。

（三）紧扣需求促改革，院所发展增添新动能

一是统筹谋划改革思路，2020 年作为院深化改革年，召开全院深化现代科研院所改革交流研讨会，统一思想，凝聚共识，明确深化现代院所改革的方向目标、路径步骤及重点任务等；构建院所联动机制，形成推动改革强大合力；建立改革任务月度调度机制、研讨交流机制，构建《改革动态》专报机制，已印发 13 期。二是着力强化调查研究。瞄准 2035 年和“十四五”，围绕“贯彻落实十九届五中全会精神”“构建现代科研

① 中央机构编制委员会办公室，全书简称中央编办。

院所治理体系”等方面开展战略研究，形成近20份专题报告，为院所改革发展提供决策支撑；积极思考建言献策，围绕“三链融合”“三创协同”等方面，向韩长赋部长、张桃林副部长及院主要领导报送多份思考与建议，为部院领导决策提供参考。三是协调落实重点任务。研究制订分工方案，明确时间表和路线图，积极推进改革。目前科研导向和全员聘用制改革已基本形成实施方案，全成本核算改革已印发试点工作方案，“两个一流”建设指标体系改革已形成报告。四是打造深化改革“试验田”。制定推进基因组所深化改革的“一行动两方案”，指导督促研究所完善章程和理事会制度，制修订管理办法10余项，着力打造新型研发机构，促进试点工作取得实效。

（四）多措并举求实效，劳资调配工作获得新成绩

一是加大薪酬激励保障力度。印发《关于实施“青年人才薪酬保障计划”的意见》，建立青年人才保障机制，稳定优秀青年人才队伍；健全符合高层次人才特点、体现高层次人才价值的薪酬激励机制，指导草原所、基因组所等单位试行高层次人才年薪制；鼓励有条件的单位探索“同工同酬”，充分调动编外人员的积极性；加强疫情防控期间工资管理，制定疫情防控期间工资待遇办法，关心关爱一线防控值守人员。二是持续优化分配管理。加强工资管理审批，做好部、院管干部工资核定及异动审批备案；加强绩效工资分配的指导与监督，审核备案院属单位薪酬分配办法；组织做好职工优抚、自雇费、抚恤金、防暑降温费以及护理费等各项福利政策的落实工作；改革国有企业工资决定机制，指导院属单位制定国有企业工资总额管理办法；扎实做好人事劳动统计工作，编印《2019年人事劳动统计数据汇编》。三是继续推进养老保险改革平稳落地。完成养老保险改革工作衔接，做好新老办法对比计发的宣传和解释，协助部分京外单位做好养老保险参保登记，加强对超编单位的政策指导；合理确定缴费水平，及时调整养老金，切实维护职工的切身利益。四是积极探索疫情期间公开招聘工作新模式。疫情防控常态化形势下，创新招聘方式，研究制定科学可控的线上笔试、面试工作方案，先行先试，取得良好成效，得到人社部①和农业农村部高度肯定；抢占招聘时机，把握工作主动，分类分步推动生源指标下放，提升招聘生源质量。全年招收各类人员265人，为全院科技创新补充新生力量。

（五）提质增效强服务，离退休工作实现新提升

一是加强思想政治和组织建设。强化党员教育管理，疫情期间，通过微信群、视频会议等形式，落实离退休支部组织生活制度；选树先进典型，开展“两优一先”评选活动，对6名优秀党员、6名优秀党务工作者和4个先进基层党组织进行表彰。二是组

① 中华人民共和国人力资源和社会保障部，全书简称人社部。

织开展增添正能量活动。开展增添正能量“五个一”活动，举办宣讲45场，开展志愿服务近500人次，形成各类书画摄影作品近400幅、文艺节目23个；在农业农村部“增添正能量　共筑中国梦”活动中，中国农业科学院获文艺汇演优秀组织奖，30幅书画摄影作品获评“优秀书画摄影作品”；充分发挥老专家作用，开展咨询服务、建言献策，助力脱贫攻坚和乡村振兴。三是全力克服疫情影响，为离退休职工办实事解难事。切实做好医疗服务工作，创新“线下审批+线上传输”形式，实现就近医院变更、经济困难职工住院借款等工作非接触式办理；高标准完成院机关离退休职工及京区单位享受高干医疗人员体检工作；及时走访慰问、发放补贴，全年救助院机关困难职工39人，走访慰问离退休职工共515人次，登门为26名老同志祝寿。

二、凝心聚力，党建和精神文明建设取得良好成效

（一）坚持抓好政治建设，持续强化理论武装

根据中共中央要求和部院党组部署，组织党员系统学习习近平新时代中国特色社会主义思想、新时代党的组织路线、十九届四中、五中全会精神，特别是深入学习习近平总书记关于政治建设、“三农”工作、科技创新等重要论述；强化宣传引导，切实提高党员干部政治站位和政治觉悟，自觉增强“四个意识”，坚定“四个自信”，做到“两个维护”；用好“两微一端”等新媒体，探索有效方法，使学习教育贴近党员、贴近实际。

（二）持续开展正风肃纪，树立作风建设新风尚

压实廉政建设责任，党支部书记履行第一责任人职责，分管局领导和部门负责人落实“一岗双责”，切实发挥支部纪检小组职责，层层推动责任落实，实现内部风险控制管理和廉政风险防控双提升；加大廉政教育力度，深入贯彻部、院全面从严治党会议精神，及时通报传达中央国家机关和部院违规违纪案例，教育党员牢固树立红线意识和底线意识，增强全面从严治党的思想自觉和行动自觉；力戒“推、拖、等”，开展强化政治机关意识教育，聚焦宗旨意识、人民立场、使命担当，在转变作风上下足功夫，切实推动政治机关建设，打造忠诚干净担当的高素质专业化组工队伍。

（三）扎实推进组织建设，夯实支部工作基础

加强局党支部班子建设，落实按期换届制度，选好配强支部班子，严格按照要求和程序开展换届工作；深入开展民主集中制学习活动，切实提升班子领导水平；保证党内

政治生活质量，严格执行“三会一课”制度，召开党支部支委会及支委（扩大）会12次、党员大会12次、理论中心组学习6次，召开企业监管专题生活会；支部书记带头讲党课，继续探索互联共建等活动形式，开展党日活动9次；积极推选先进典型，一年来，人事局2名同志获院优秀党务工作者称号，人事局党支部和机关离退休党总支获得院先进基层党组织称号。

（四）强化组工文化建设，营造团结向上的和谐氛围

做大做强支部特色学习品牌“组工讲堂”，举办2期专题讲座，获得院属单位良好反响；倡导多读书、读好书的学习风尚，购买发放各类图书200余册，开展读书分享活动，搭建分享读书心得交流平台；开展“传承家风·醉美生活”“美丽农科·筑梦小康”摄影活动，展现职工良好精神风貌；鼓励年轻同志参加各类学习交流，2名同志分别获得部中青年干部学习交流活动“稳就业　促增收　振兴乡村奔小康”专题三等奖和“扎实搞好农村人居环境整治”专题优秀奖。

三、创新思路，谋划2021年人事人才重点工作

2021年是“十四五”开局之年，人事局将在院党组的坚强领导下，围绕中心工作，服务全院大局，为打造一支强有力的国家农业战略科技力量，实现世界一流学科和一流科研院所的建设目标提供坚强的组织保证和干部人才支撑。

一是持续加强高质量人才队伍建设。以“抓落实”为主基调，定期督办调度，深入推进四次人才工作会议部署落实落地；指导研究所科学编制“十四五”干部人才发展规划，打造全院人才工作“一盘棋”局面；密切跟踪院士增选工作，切实做好服务保障；实施高层次人才精准引进行动，抢抓窗口期精准引进“急需紧缺”人才；深入开展农科英才遴选与评估；研究探索以“农科职级”为突破口的全员聘用制改革；推进博士后队伍建设，扩规模、提质量，力争进站数突破250人。

二是着力打造高素质领导班子和干部队伍。强化顶层设计，制定《领导人员选拔任用工作规定》等制度，推动干部任期制、聘期制、交流制落实落地；选优配强领导班子，重点抓好50岁以下党政正职和45岁以下班子副职选配；切实抓好党的民主集中制学习活动，加强工作调度和督导检查，确保院属单位学习好、落实好、见到好效果；加快补齐教育培训短板，建立分层、分级、分类培训机制，举办好所局级干部任职培训班等重点班次；以中央巡视整改为契机，加强向中央编办等部门沟通汇报，推进拟转企研究所改革落地。

三是不断深化院所体制机制改革。深入开展以重大任务为聚焦点、以双链融合为导向线、以分类改革为突破口的科研导向改革研究，助力需求侧改革；深入开展按需设岗、按岗聘任、动态管理的用人机制研究，优化评聘制度，激发人才活力；深入开展科

研管理“放管服”和院部发展战略研究，探索院机关及院属单位职能部门深化调整，提升能力素质、管理效率和服务水平；建设深化改革“试验田”，推进基因组所进一步创新人事人才管理机制，释放改革创新活力。

四是稳步推进劳资调配制度改革。积极推进高层次人才绩效工资总量单列，研究制定具体实施方案；健全完善分配激励机制，探索年薪制、协议工资制、项目工资制等灵活多样的分配方式；规范绩效工资总量管理，指导院属单位用足用好绩效工资总量；探索全面推行“同工同酬”，系统总结院属单位经验、问题及成效，研究制定相关指导意见；修订《公开招聘暂行办法》，优化公开招聘管理系统，探索灵活的选聘模式。

五是扎实做好离退休管理工作。坚持以政治建设为统领，不断创新离退休职工政治、思想和组织建设形式内容；做好精准化服务管理，进一步完善疫情防控常态化下离退休工作机制。深化拓展增添正能量活动，搭建平台、创新载体、充分调动离退休职工发挥特长、贡献余热；推动院所离退休工作信息化建设，健全完善离退休管理工作制度，积极推进马连洼院区老干部活动站装修改造，组织开展离退休工作人员培训交流。

六是切实加强自身建设。坚持政治引领，强化理论武装，开展好局内党的民主集中制、组工文化建设年等活动，打造“讲政治、重公道、业务精、作风好”的模范部门；研究制定院 2021 年人事人才工作要点，建立健全重点工作督办机制，出台《人事局工作规则》，进一步规范局内工作流程，推动重点工作做出成效；建立人事局公文文稿审核制度，明确工作职责，严格报送时限，确保文稿质量；牵头做好信息化建设工作，继续推进人事信息化系统上线使用。

中国农业科学院组织机构图

院长、党组书记

副院长、党组副书记、党组成员

院机关

- 院办公室
- 科技管理局
- 人事局
- 财务局
- 基本建设局
- 国际合作局
- 成果转化局
- 直属机关党委
- 监察局

后勤服务中心（局）

中国农业科学院研究生院

在京研究所

- 作物科学研究所
- 植物保护研究所
- 蔬菜花卉研究所
- 农业环境与可持续发展研究所
- 北京畜牧兽医研究所（中国动物卫生与流行病学中心北京分中心）
- 蜜蜂研究所
- 饲料研究所
- 原子能利用研究所（农产品加工研究所）
- 生物技术研究所
- 农业经济与发展研究所
- 农业资源与农业区划研究所
- 农业信息研究所
- 农业质量标准与检测技术研究所（农业农村部农产品质量标准研究中心）
- 农业农村部食物与营养发展研究所

中国农业科学技术出版社有限公司

京外研究所

- 农田灌溉研究所
- 中国水稻研究所
- 棉花研究所
- 油料作物研究所
- 麻类研究所
- 果树研究所
- 郑州果树研究所
- 茶叶研究所
- 哈尔滨兽医研究所（中国动物卫生与流行病学中心哈尔滨分中心）
- 兰州兽医研究所（中国动物卫生与流行病学中心兰州分中心）
- 兰州畜牧与兽药研究所
- 上海兽医研究所（中国动物卫生与流行病学中心上海分中心）
- 草原研究所
- 特产研究所
- 农业农村部环境保护科研监测所
- 农业农村部沼气科学研究所
- 农业农村部南京农业机械化研究所
- 烟草研究所
- 农业基因组研究所
- 都市农业研究所

共建单位

- 柑桔研究所
- 甜菜研究所
- 蚕业研究所
- 农业遗产研究室
- 水牛研究所
- 草原生态研究所
- 家禽研究所
- 甘薯研究所
- 长春兽医研究所
- 深圳生物育种创新研究院

中国农业科学院及院直属单位（部门）领导人员名单

截至 2020 年 12 月底

院长、党组副书记：唐华俊
党组书记：张合成
副院长：吴孔明　冯忠武　王汉中　万建民　梅旭荣　孙　坦　刘现武
党组纪律检查组组长：李杰人
党组成员：张合成　唐华俊　吴孔明　冯忠武　李杰人　王汉中　梅旭荣
　　　　　孙　坦　刘现武　陈华宁

农业农村部巡视组

组　长：张逐陈（正局级）
副组长：胡　鸿（副局级）（女）

院办公室

主　任：王晓举
副主任：王济民　高　雷　张庆忠

科技管理局

局　长：任天志
副局长：周国民　熊明民

人事局

局　长：陈华宁（兼）
副局长：吴京凯　李巨光　季　勇

财务局

局　长：陈金强
副局长：韩小玲（女）　张士安

基本建设局

副局长：夏耀西　王　欣（女）　于　辉

国际合作局

局　长：张亚辉
副局长：郝卫平　柯小华（女）

成果转化局

局　长：王述民
副局长：文　学　冯艳秋（女）
王宇鸿（“西老革”挂职）（女）　刘　洁（女）

直属机关党委

书　记：吴孔明（兼）
常务副书记：姜梅林（女）
副书记、纪委书记：赵红梅（女）
副书记：韩　进

监察局

局　长：舒文华
副局长：李延青　吴限忠（女）

后勤服务中心（局）

主　任、党委副书记：吕春生

党委书记：孙君茂
党委副书记、纪委书记：李滋睿
副主任：王　勇　张树清

研究生院

院　长：唐华俊（兼）
党委书记：方　军（女）
副院长：方海洋　张应禄　李哲敏（女）
党委副书记、纪委书记、副院长：陈万权（正所级）

作物科学研究所

所　长：钱　前
党委书记、副所长：范　静（女）
副所长：张春义（海南挂职）　刘录祥　周文彬　马有志
党委副书记、纪委书记：马秀勇

植物保护研究所

所长、党委副书记：周雪平
党委书记、副所长：罗长富
副所长、纪委书记：郑永权
副所长：张　杰　沈银书　陆宴辉　刘蓉蓉（女）

蔬菜花卉研究所

所长、党委副书记：张友军
党委书记、副所长：周　霞（女）
副所长：张圣平
副所长、纪委书记：卢林纲

农业环境与可持续发展研究所

所　长：赵立欣（女）
党委书记、副所长：郝志强

副所长：董红敏（女） 朱昌雄
党委副书记、纪委书记：郝先荣（女）

北京畜牧兽医研究所
（中国动物卫生与流行病学中心北京分中心）

所长（主任）、党委副书记：秦玉昌
党委书记、副所长（副主任）：马 莹（女）
副所长（副主任）、党委副书记、纪委书记：文 杰
副所长（副主任）：张军民 卓俊成 李俊雅

蜜蜂研究所

所长、党委副书记：彭文君
党委书记：谢双红（甘肃挂职）（女）
副所长：徐 欢
党委副书记、纪委书记：严定春

饲料研究所

所长、党委副书记：戴小枫
党委副书记、纪委书记：项伯纯
副所长：吴子林 杨培龙

原子能利用研究所（农产品加工研究所）

所长、党委副书记：王凤忠
党委书记、副所长：康 威
副所长：王 强 张德权 王春霞（女）
党委副书记、纪委书记：邓红亮

生物技术研究所

所长、党委副书记：李新海
党委书记、副所长：李红康（女）
副所长、党委副书记、纪委书记：路铁刚

副所长：谷晓峰

农业经济与发展研究所

所长、党委副书记：袁龙江
党委书记、副所长：李思经（女）
副所长、纪委书记：孙东升
副所长：毛世平　朱铁辉

农业资源与农业区划研究所

所长、党委副书记：杨　鹏
党委书记、副所长：郭同军
副所长：王秀芳（女）　周　卫　吴文斌
党委副书记、纪委书记：李文才

农业信息研究所

所长、党委副书记：周清波
党委书记、副所长：刘继芳
党委副书记、纪委书记：张蕙杰（女）
副所长：聂凤英（女）　赵瑞雪（女）

农业质量标准与检测技术研究所（农业农村部农产品质量标准研究中心）

所长（主任）、党委副书记：钱永忠
党委书记、副所长（副主任）：汪飞杰
副所长（副主任）：苏晓鸥　杜清海

农业农村部食物与营养发展研究所

所长、党委副书记：王加启
党委书记、副所长：柳　正
副所长：付静彬（正局级）　吴胜军
副所长、纪委书记：王晓红

中国农业科学技术出版社有限公司

党委书记、执行董事、经理、社长：李祥洲（副所级）
总编辑：周 亮（副所级）
党委副书记、纪委书记、专职监事：李志平（副所级）（女）

农田灌溉研究所

所长、党委副书记：黄修桥
党委书记、副所长：陆建中
副所长：齐学斌
党委副书记、纪委书记：邓 祥

中国水稻研究所

所长：胡培松
党委书记、副所长：高士军
党委副书记、纪委书记：方 向
副所长：钱 前（兼） 李国荣

棉花研究所

所长、党委副书记：李付广
党委书记、副所长：潘燕荣
党委副书记、纪委书记：宋国立
副所长：张西岭 马雄风 彭 军

油料作物研究所

所长、党委副书记：黄凤洪
党委书记、副所长：赵长军
副所长、党委副书记、纪委书记：廖 星
副所长：张 毅 张银波

麻类研究所

所长、党委副书记：杨永坤
党委书记、副所长：邱化蛟
副所长：李德芳　吕江南　朱爱国

果树研究所

所长、党委副书记：曹永生
党委书记、副所长：丛佩华
副所长：程存刚
党委副书记、纪委书记：李建才

郑州果树研究所

所长、党委副书记：方金豹
党委书记、副所长：赵玉林
副所长：王力荣（女）　刘崇怀　曹　珂
党委副书记、纪委书记：高养杰

茶叶研究所

所长、党委书记：姜仁华
副所长、党委副书记、纪委书记：江用文
副所长：阮建云

哈尔滨兽医研究所
（中国动物卫生与流行病学中心哈尔滨分中心）

所长（主任）、党委副书记：步志高
党委书记、副所长（副主任）：王笑梅（女）
副所长（副主任）：赵国辉　刘胜旺　冯　力　孙百明
党委副书记、纪委书记：夏长友

兰州兽医研究所
(中国动物卫生与流行病学中心兰州分中心)

所长（主任）、党委副书记：郑海学
党委书记、副所长（副主任）：孙 研
副所长（副主任）：罗建勋 刘湘涛

兰州畜牧与兽药研究所

所长、党委副书记：张永光
副所长、纪委书记：张继瑜
副所长：阎 萍（女） 李建喜
党委副书记：杨振刚

上海兽医研究所
(中国动物卫生与流行病学中心上海分中心)

所长（主任）、党委副书记：马志永
党委书记、副所长（副主任）：韩雪松
党委副书记、纪委书记：王香平（女）
副所长（副主任）：李泽君

草原研究所

所长、党委副书记：金 轲
党委书记、副所长：王育青
副所长、纪委书记：李志勇
副所长：林克剑 彭 卓

特产研究所

所长、党委副书记：孙长伟
党委书记、副所长：梁 波
党委副书记、纪委书记：田 欣
副所长：孔繁涛

农业农村部环境保护科研监测所

所　长：刘荣乐
党委书记、副所长：张国良
副所长：周其文　张克强
党委副书记、纪委书记：胡　梅（女）

农业农村部成都沼气科学研究所

所长、党委副书记：王登山
党委书记、副所长：李韶民（援藏）
副所长、纪委书记：胡国全
副所长：邓　宇　王　超

农业农村部南京农业机械化研究所

所长、党委副书记：陈巧敏
党委书记、副所长：胡志超
副所长：曹光乔
党委副书记、纪委书记：肖体琼（女）

烟草研究所

所长、党委副书记：王元英
党委书记、副所长：崔泽民
副所长：张忠锋
党委副书记、纪委书记：吴　洁

农业基因组研究所

所长、党委副书记：黄三文
副所长：梁富昌　钱万强
副所长、纪委书记：饶敏杰

都市农业研究所

所　长：梅旭荣（兼）
副所长：杨其长　孙长伟（兼）　段成立　胡永松　甘炳成

院资产经营公司

董事长：陈　昶（副所级）

中国农业科学院2020年院属各单位（部门）人员情况统计表

（单位：人）

序号	单位	从业人员	编制内职工总计	专业技术人员					管理人员							工勤技能人员					编制外职工	直属企业职工
				小计	正高级	副高级	中级	初级及以下	小计	相当副部	正司局级	副司局级	正处级	副处级	科级及以下	小计	技工一级	技工二级	技工三级	技工四级及以下		
	全院合计	11 422	6 903	5 501	1 337	1 902	1 894	368	737	3	33	28	182	170	321	665	13	153	430	69		
	京内合计	4 987	2 985	2 445	734	876	722	113	425	3	20	13	113	91	185	115	11	56	36	12		
	京外合计	6 435	3 918	3 056	603	1 026	1 172	255	312		13	15	69	79	136	550	2	97	394	57		
1	院机关	184	184	46	28	18			138	3	8	5	39	27	56							
2	后勤中心	328	124	34	3	2	27	2	50			1	10	9	30	40	2	25	9	4	204	
3	研究生院	129	80	42	14	18	9	1	38		2		4	7	25						49	
4	作科所	729	359	320	105	123	75	17	26			1	6	7	12	13	3	4	6		370	
5	植保所	354	246	222	78	99	42	3	16				4	1	11	8	1	5	2		108	
6	蔬菜所	389	207	188	51	71	59	7	9				5	3	1	10	2	4	3	1	182	
7	环发所	298	188	172	55	56	53	8	13		1		6	5	1	3		1		2	110	

（续表）

序号	单位	从业人员	编制内职工总计	专业技术人员					管理人员							工勤技能人员					编制外职工	直属企业职工
				小计	正高级	副高级	中级	初级及以下	小计	相当副部	正司局级	副司局级	正处级	副处级	科级及以下	小计	技工一级	技工二级	技工三级	技工四级及以下		
8	牧医所	394	224	194	58	63	65	8	23			2	5	6	10	7		4	3		170	
9	蜜蜂所	144	112	100	28	30	37	5	6		1		2		3	6	1	4		1	32	
10	饲料所	172	109	97	27	40	28	2	9		1	1	4	1	2	3			2	1	63	
11	加工所	282	170	139	25	38	59	17	28		1		6	5	16	3		1	2		112	
12	生物所	209	144	126	52	41	29	4	17			1	5	5	6	1			1		65	
13	农经所	132	121	116	39	42	29	6	5		1		1		3						11	
14	资划所	497	284	256	93	104	50	9	23			1	9	7	6	5	1	1	2	1	213	
15	信息所	478	310	281	49	81	130	21	14		1		4	6	3	15	1	6	6	2	168	
16	质标所	145	86	82	19	38	23	2	3		1		2			1		1			59	
17	营养所	54	37	30	10	12	7	1	7		3	1	1	2							17	
18	出版社	69																				69
19	灌溉所	279	158	117	21	36	51	9	27			1	4	3	19	14		2	11	1	121	
20	水稻所	565	348	230	53	88	80	9	29		2	1	6	8	12	89		13	76		217	

（续表）

序号	单位	从业人员	编制内职工总计	专业技术人员					管理人员							工勤技能人员					编制外职工	直属企业职工
				小计	正高级	副高级	中级	初级及以下	小计	相当副部	正司局级	副司局级	正处级	副处级	科级及以下	小计	技工一级	技工二级	技工三级	技工四级及以下		
21	棉花所	735	425	304	50	69	125	60	15			1	6	2	6	106		8	98		310	
22	油料所	409	250	195	42	63	80	10	22		1	1	5	6	9	33	1	4	21	7	159	
23	麻类所	180	163	114	22	44	38	10	8		2			2	4	41		2	37	2	17	
24	果树所	359	189	101	18	29	41	13	34			1	6	10	17	54		4	48	2	170	
25	郑果所	311	193	162	29	56	63	14	19		1		4	3	11	12		7	4	1	118	
26	茶叶所	240	167	140	30	59	45	6	13		1		4	5	3	14		5	6	3	73	
27	哈兽研	588	342	283	60	111	103	9	18			3	6	7	2	41			40	1	246	
28	兰兽研	491	188	161	51	67	42	1	6		1		1		4	21		14	4	3	303	
29	兰牧药	282	169	141	26	53	52	10	11			1	3	5	2	17		15		2	113	
30	上兽研	152	96	88	33	38	17		7			1	2	3	1	1				1	56	
31	草原所	166	152	121	20	42	37	22	9		2	1		6		22		14	3	5	14	
32	特产所	415	309	227	22	51	112	42	28		1	1	9	6	11	54		2	25	27	106	
33	环保所	228	128	122	24	50	44	4	6		1		2	2	1						100	

（续表）

序号	单位	从业人员	编制内职工总计	专业技术人员					管理人员							工勤技能人员					编制外职工	直属企业职工
				小计	正高级	副高级	中级	初级及以下	小计	相当副部	正司局级	副司局级	正处级	副处级	科级及以下	小计	技工一级	技工二级	技工三级	技工四级及以下		
34	沼科所	109	109	99	16	30	43	10	5				2	2	1	5		1	2	2		
35	农机化所	258	254	234	32	66	122	14	10				3	3	4	10	1	6	3		4	
36	烟草所	279	199	158	33	68	49	8	25		1		3	3	18	16			16		80	
37	基因组所	341	31	22	16	3	3		9			1	2	1	5						310	
38	都市所	48	48	37	5	3	25	4	11			2	1	2	6							

注：① 编制内职工以工资统计口径为准，即以本人实际执行的岗位工资类别进行分类统计。

②从业人员包含编制内职工和编制外职工。

中国农业科学院 2020 年院属各单位专业技术人员情况统计表

（单位：人）

序号	单位	科技人员总数	职称情况				学历情况			学位情况		年龄情况						专家情况				
			正高级	副高级	中级	初级及以下	研究生	大学	大专及以下	博士	硕士	35 岁及以下	36~40 岁	41~45 岁	46~50 岁	51~54 岁	55 岁及以上	两院院士	国家级专家	部级专家	政府特贴	百千万人才
	全院总计	6 127	1 376	2 046	2 337	368	4 819	1 080	228	3 111	1 708	1 751	1 375	946	717	529	809	17	333	215	124	71
	京内合计	2 813	756	960	974	123	2 379	369	65	1 742	637	734	638	426	350	249	416	12	227	144	86	49
	京外合计	3 314	620	1 086	1 363	245	2 440	711	163	1 369	1 071	1 017	737	520	367	280	393	5	106	71	38	22
	机关小计	181	44	49	77	11	135	44	2	53	82	49	40	21	18	13	40	6	24	10	8	4
1	院办公室	32	18	4	7	3	27	5		14	13	10	2	2	2	3	13	6	24	10	8	4
2	科技局	23	4	8	11		19	3	1	14	5	5	6	5	3	1	3					
3	人事局	21	3	5	12	1	16	5		5	11	6	8		3	1	3					
4	财务局	29	3	10	14	2	17	12		2	15	11	5	3	1	3	6					
5	基建局	14	2	3	7	2	11	3		2	9	6	4	1	2		1					
6	国合局	20	4	5	10	1	18	2		9	9	3	6	5	1	2	3					
7	转化局	17	6	5	5	1	9	8		4	5	2	2	2	4		7					
8	机关党委	10	2	4	4		8	1	1	2	6	1	3	2	2		2					
9	监察局	15	2	5	7	1	10	5		1	9	5	4	1		3	2					
10	后勤中心	70	4	8	45	13	23	31	16	7	16	13	11	2	17	21	6					

（续表）

序号	单位	科技人员总数	职称情况				学历情况			学位情况		年龄情况						专家情况				
			正高级	副高级	中级	初级及以下	研究生	大学	大专及以下	博士	硕士	35岁及以下	36~40岁	41~45岁	46~50岁	51~54岁	55岁及以上	两院院士	国家级专家	部级专家	政府特贴	百千万人才
11	研究生院	67	14	21	29	3	47	18	2	18	29	19	13	10	8	7	10		2	2	2	
12	作科所	344	107	128	89	20	303	31	10	247	56	74	76	42	41	34	77	2	44	30	20	10
13	植保所	234	78	102	50	4	217	15	2	194	23	45	62	36	39	14	38		35	19	8	4
14	蔬菜所	195	51	75	65	4	157	33	5	120	37	57	30	32	33	18	25	1	23	13	10	5
15	环发所	183	55	60	64	4	162	16	5	133	29	47	58	29	12	15	22		14	9	5	5
16	牧医所	214	59	67	80	8	202	10	2	163	39	64	49	39	23	13	26	2	27	16	10	6
17	蜜蜂所	106	28	32	40	6	78	27	1	55	23	31	27	21	9	5	13		2	1	1	
18	饲料所	104	28	43	30	3	89	10	5	65	24	12	19	16	25	17	15		8	5	5	2
19	加工所	166	26	41	86	13	144	21	1	94	50	79	37	17	14	5	14		5	5	2	1
20	生物所	142	53	43	42	4	124	13	5	107	17	28	30	25	23	12	24	1	18	10	6	6
21	农经所	120	40	42	34	4	109	10	1	92	17	35	34	11	13	9	18		1		1	
22	资划所	274	88	108	70	8	232	39	3	192	40	38	47	65	40	36	48		21	18	5	5
23	信息所	292	49	86	140	17	255	34	3	132	123	113	73	34	24	22	26		1	2	1	
24	质标所	85	20	40	25		71	12	2	46	25	20	21	20	10	5	9		1	2	1	
25	营养所	36	12	15	8	1	31	5		24	7	10	11	6	1	3	5		1	2	1	1
26	灌溉所	136	22	38	67	9	94	30	12	50	44	49	26	19	12	7	23		1			
27	水稻所	250	55	90	93	12	192	46	12	139	53	63	47	39	30	21	50	1	12	9	3	3
28	棉花所	318	53	73	134	58	199	105	14	84	115	157	44	24	25	35	33	1	18	12	7	5
29	油料所	217	42	66	107	2	181	34	2	114	67	57	65	34	17	9	35	1	8	8	2	2

（续表）

序号	单位	科技人员总数	职称情况				学历情况			学位情况		年龄情况						专家情况				
			正高级	副高级	中级	初级及以下	研究生	大学	大专及以下	博士	硕士	35岁及以下	36～40岁	41～45岁	46～50岁	51～54岁	55岁及以上	两院院士	国家级专家	部级专家	政府特贴	百千万人才
30	麻类所	116	23	45	40	8	83	29	4	51	32	44	24	18	8	5	17			2		
31	果树所	127	18	35	55	19	107	13	7	32	75	52	28	16	13	7	11		1		1	
32	郑果所	181	30	58	82	11	131	44	6	60	71	61	31	34	18	13	24		3	2	1	1
33	茶叶所	150	31	62	53	4	89	53	8	66	23	43	29	26	18	18	16	1	2	1		
34	哈兽研	301	63	117	113	8	232	58	11	175	57	30	88	76	53	38	16	1	19	10	5	3
35	兰兽研	166	50	70	44	2	123	35	8	97	26	19	21	45	36	20	25		4	2	2	
36	兰牧药	152	27	57	60	8	112	28	12	55	57	35	32	24	21	12	28		8	6	6	3
37	上兽研	94	34	40	19	1	75	15	4	58	17	7	27	20	18	14	8		4	4	2	1
38	草原所	129	22	44	46	17	98	28	3	66	32	45	34	21	5	4	20					
39	特产所	255	25	59	124	47	157	75	23	56	101	71	80	24	27	31	22		2	2	1	1
40	环保所	127	23	53	50	1	105	20	2	79	26	36	42	22	11	7	9		4	2	2	
41	沼科所	99	16	30	44	9	66	28	5	24	42	35	28	12	10	6	8			2		
42	农机化所	243	32	69	128	14	179	48	16	30	149	121	35	26	20	17	24		2		2	
43	烟草所	183	32	70	70	11	153	16	14	84	69	62	34	33	20	14	20		1		1	
44	基因组所	30	17	5	8		27	3		18	9	4	15	4	4		3		15	7	2	2
45	都市所	40	5	5	26	4	37	3		31	6	26	7	3	1	2	1		2	2	1	1

注：①本表数据以人员统计口径为准，即具有专业技术职务的全部人员。

②本表数据不含出版社。

中国农业科学院 2001—2020 年离退休人员变化情况统计表

（单位：人）

年份	离退休人员数							中共党员	高级专业技术职务	
	小计	离休干部	退休干部	工人	退养	退职	街道代管		正高级	副高级
2001	5 567	436	3 062	1 878	84	53	63			
2002	5 653	416	3 123	1 907	85	62	60	2 021	823	1 230
2003	5 728	400	3 201	1 933	73	61	60	2 080	871	1 276
2004	5 866	389	3 299	1 980	72	73	53	2 079	873	1 285
2005	5 901	375	3 314	2 034	73	64	41	2 228	870	1 279
2006	5 363	331	3 054	1 810	71	56	41	2 028	771	1 164
2007	5 453	318	3 104	1 872	66	55	38	1 937	770	1 169
2008	5 486	300	3 141	1 879	65	64	37	1 875	821	1 221
2009	5 563	282	3 209	1 915	66	57	34	1 919	830	1 200
2010	5 647	268	3 281	1 955	56	56	31	2 084	829	1 225
2011	5 729	250	3 359	1 969	54	62	35	2 121	839	1 249

（续表）

年份	离退休人员数							中共党员	高级专业技术职务	
	小计	离休干部	退休干部	工人	退养	退职	街道代管		正高级	副高级
2012	5 813	232	3 437	1 989	60	61	34	2 159	834	1 263
2013	5 970	222	3 532	2 067	53	61	35	2 183	839	1 281
2014	6 036	198	3 608	2 080	51	58	41	2 242	830	1 296
2015	6 131	177	3 690	2 117	48	55	44	2 247	859	1 306
2016	6 189	162	3 723	2 186	42	35	41	2 202	882	1 336
2017	6 298	143	3 816	2 230	37	36	36	2 235	886	1 318
2018	6 365	120	3 872	2 266	37	32	38	2 256	916	1 298
2019	6 413	98	3 904	2 310	32	32	37	2 345	926	1 270
2020	6 480	86	3 926	2 399	27	30	12	2 347	929	1 272

中国农业科学院2020年院属各单位离退休人员情况统计表

序号	单位	离退休人员数（人）							高级职称人数（人）		支部情况	
		合计	离休	退干	工人	退养	退职	街道代管	正高级	副高级	党员数（人）	支部数（个）
	全院总计	6 480	86	3 926	2 399	27	30	12	929	1 272	2 347	69
	京内合计	2 425	51	1 869	464	27	3	11	534	644	1 085	39
	京外合计	4 055	35	2 057	1 935	0	27	1	395	628	1 262	30
1	院机关	469	15	304	130	14	2	4	57	85	267	10
2	作科所	383	10	297	74	1		1	93	121	156	6
3	资划所	214	7	191	12	4			53	80	79	4
4	信息所	226	3	177	45	1			46	71	97	2
5	蔬菜所	186	5	132	48			1	46	43	82	2
6	环发所	88	1	84	3				21	30	39	2
7	农经所	69		66	3				28	20	37	1
8	质标所	28		26	2				12	8	16	1
9	饲料所	25		24	1				9	4	10	1
10	生物所	37		30	7				10	5	17	1

（续表）

序号	单位	离退休人员数（人）							高级职称人数（人）		支部情况	
		合计	离休	退干	工人	退养	退职	街道代管	正高级	副高级	党员数（人）	支部数（个）
11	研究生院	57	3	44	9	1			17	8	35	1
12	植保所	164	2	133	24	2		3	42	43	52	2
13	畜牧所	176	3	136	32	4		1	40	47	66	2
14	加工所	143	2	109	31		1		27	47	70	1
15	蜜蜂所	95	0	73	21			1	20	25	40	2
16	出版社	21		20	1				11	3	10	1
17	德祁两站	23		19	4				2	4	9	
18	廊坊基地	21		4	17						3	
	京内合计	2 425	51	1 869	464	27	3	11	534	644	1 085	39

中国农业科学院专家2020年获得各种奖项、荣誉称号

国家高层次人才特殊计划入选者

作科所：李学勇	植保所：刘新刚	蔬菜所：崔　霞
棉花所：邢朝柱	油料所：张　奇	哈兽研：安同庆
作科所：周美亮	植保所：曹立冬	生物所：梁成真
牧医所：黄火清	资划所：段四波	水稻所：王克剑
水稻所：王跃星	油料所：张良晓	哈兽研：赵东明

科技创新领军人才

作科所：李学勇	植保所：刘新刚	蔬菜所：崔　霞
棉花所：邢朝柱	油料所：张　奇	哈兽所：安同庆

青年拔尖人才

作科所：周美亮	植保所：曹立冬	生物所：梁成真
牧医所：黄火清	资划所：段四波	水稻所：王克剑
水稻所：王跃星	油料所：张良晓	哈兽所：赵东明

国务院政府特贴专家

作科所：黄长玲	作科所：李　培	植保所：王锡锋
蔬菜所：尚庆茂	环发所：严昌荣	环发所：魏灵玲
牧医所：熊本海	生物所：徐玉泉	农经所：李先德
棉花所：杜雄明	上兽研：丁　铲	

国家自然科学基金委杰出青年科学基金获得者

牧医所：王彦芳　　水稻所：王克剑

国家自然科学基金委优秀青年科学基金获得者

作科所：李慧慧　　蔬菜所：郭兆将　　生物所：王宝宝
基因组所：程时锋　　基因组所：张春芝

国家有突出贡献中青年专家

作科所：张　勇　　蔬菜所：崔　霞　　环发所：高清竹
特产所：李光玉

人社部“百千万人才工程”国家级人选

作科所：张　勇　　蔬菜所：崔　霞　　环发所：高清竹
特产所：李光玉

专业技术二级岗位专家

研究生院：李哲敏　　作科所：张卫建　　作科所：黄长玲
作科所：刘录祥　　植保所：王振营　　植保所：王桂荣
蔬菜所：李锡香　　蔬菜所：杨丽梅　　蔬菜所：金黎平
蜜蜂所：石　巍　　加工所：张德权　　农经所：夏　英
资划所：赵秉强　　资划所：罗其友　　资划所：辛晓平
资划所：张　斌　　信息所：聂凤英　　质标所：杨曙明
营养所：王东阳　　水稻所：唐绍清　　水稻所：章秀福
棉花所：杜雄明　　棉花所：杨兆生　　麻类所：粟建光
果树所：曹永生　　郑果所：方金豹　　茶叶所：鲁成银
哈兽研：冯　力　　兰兽研：刘在新　　兰牧药：张继瑜
上兽研：马志永　　草原所：刘桂香　　特产所：李光玉
特产所：王　峰　　环保所：张克强　　沼科所：邓良伟
农机化所：陈巧敏　　农机化所：薛新宇　　烟草所：王树声

"农科英才"特殊支持人选（339人）

院机关

顶端人才 唐华俊 吴孔明 万建民 王汉中 刘 旭
领军人才 B类：梅旭荣 任天志
C类：王济民 孙 坦

作物科学研究所

顶端人才 庄巧生 钱 前
领军人才 A类：何中虎 李少昆 徐云碧 吴传银 李立会
B类：景蕊莲 贾冠清 童红宁 刘 斌 杨庆文 邱丽娟 李文学 李英慧 王文生 黄长玲 李慧慧 李学勇 周美亮
C类：王天宇 孔秀英 王国英 毛 龙 王建康 张学勇 马有志 韩天富 夏先春 傅彬英 黎 裕 刘录祥 张春义 夏兰琴 孙君明 张 勇
青年英才 付俊杰 杨 平 任玉龙 金秀良
支撑英才 方 沩

植物保护研究所

领军人才 A类：周雪平 王国梁 向文胜 杨 青 王桂荣
B类：郑永权 陆宴辉 刘文德 周忠实 李云河 董丰收 宋福平 高 利 周焕斌 宁约瑟 李方方 刘新刚 曹立冬
C类：张 杰
青年英才 刘 杨 李广跃 陈捷胤
转化英才 陈 昶

蔬菜花卉研究所

顶端人才 方智远
领军人才 A类：张友军
B类：程 锋 金黎平 顾兴芳 杨学勇 崔 霞 郭兆将

C 类：李宝聚　王晓武　尚庆茂　李君明　张圣平
青年英才　张扬勇　徐东辉　薄凯亮　李　彦
支撑英才　陈　洁

农业环境与可持续发展研究所

领军人才　A 类：董红敏
B 类：朱昌雄　曾希柏　曾章华　张西美　姚宗路　赵立欣
C 类：严昌荣　高清竹　魏灵玲
青年英才　刘恩科　杨建军　王耀生　王　琰　苏世鸣　张　亮　王建东
刘家磊

北京畜牧兽医研究所

顶端人才　张子仪　姚　斌
领军人才　A 类：文　杰　王彦芳
B 类：张宏福　侯水生　卜登攀　储明星　孙　鹏　赵桂苹　周正奎
熊本海　黄火清
C 类：马月辉　杨青川　高会江　李俊雅
青年英才　赵学明　赵　峰　徐凌洋　庞永珍　张　杰

蜜蜂研究所

领军人才　B 类：吴黎明
C 类：彭文君
青年英才　郝　悦　孙　成　李继莲　薛晓峰　刘永军　侯春生
转化英才　高凌宇

饲料研究所

领军人才　A 类：周志刚
C 类：王建华　李秀波　戴小枫
青年英才　刘义明　李习龙

农产品加工研究所

领军人才 B 类：王　强　张德权　张春晖
C 类：毕金峰
青年英才 刘红芝　邢福国
转化英才 王凤忠

生物技术研究所

顶端人才 范云六
领军人才 A 类：林　敏　黄荣峰
B 类：谷晓峰　李新海　林　浩　王宝宝　梁成真
C 类：路铁刚　张志芳　张　锐
青年英才 燕永亮　张治国　王　欢
支撑英才 韩莉姐

农业经济与发展研究所

领军人才 C 类：王明利
青年英才 陈秧分　钟　钰　胡向东

农业资源与农业区划研究所

领军人才 A 类：李召良　周　卫
B 类：易可可　何　萍　张瑞福　辛晓平　张文菊　吴文斌　段四波
C 类：曹卫东　刘宏斌　陈仲新　赵秉强　尹昌斌
青年英才 艾　超　冯文婷　魏海雷　袁　亮　庾　强　邵长亮　孙　亮
吴红慧　吴庆钰

农业信息研究所

领军人才 C 类：许世卫　周清波
青年英才 徐　磊　柴秀娟

农业质量标准与检测技术研究所

领军人才 C 类：钱永忠　杨曙明　王　静
青年英才 邱　静　金　芬　王培龙

研究生院

领军人才 A 类：陈万权
C 类：李哲敏

农田灌溉研究所

青年英才 李中阳

水稻研究所

领军人才 A 类：胡培松　程式华　王克剑
B 类：曾大力　王跃星
C 类：魏兴华　唐绍清　曹立勇　方福平
青年英才 吴玮勋　寇艳君　王　春

棉花研究所

顶端人才 喻树迅
领军人才 A 类：李付广
B 类：宋国立　范术丽　邢朝柱　严根土
C 类：张永山
青年英才 商海红　杨作仁　马雄风　王　智

油料作物研究所

领军人才 A 类：李培武　黄凤洪
B 类：张兆威　廖伯寿　华　玮　郑明明　邓乾春　张　奇　张良晓
青年英才 王林海　魏　芳　刘　军　王　欣
支撑英才 姜　俊

麻类研究所

领军人才 C类：彭源德　梅时勇
青年英才 刘头明　谭志坚

郑州果树研究所

领军人才 B类：王力荣
C类：王志强
青年英才 曹　珂　曾文芳

茶叶研究所

顶端人才 陈宗懋
领军人才 C类：阮建云　林　智
青年英才 吕海鹏　许勇泉　叶　萌

哈尔滨兽医研究所

顶端人才 陈化兰
领军人才 B类：蔡雪辉　王晓钧　李呈军　安同庆　冯　力　高玉龙　赵东明
C类：王笑梅　王云峰　邓国华　仇华吉
青年英才 祁小乐　孟凡丹　钟功勋
支撑英才 李昌文

兰州兽医研究所

领军人才 B类：郑海学　郭慧琛
C类：刘在新
青年英才 朱启运　孙跃峰　朱紫祥
转化英才 刘学荣

兰州畜牧与兽药研究所

领军人才 C类：张永光　李剑勇　张继瑜　杨博辉

青年英才　丁学智　郭　宪

上海兽医研究所

领军人才　B 类：童光志　李泽君
　　　　　　C 类：刘光清
青年英才　谷　峰
转化英才　李国新

草原研究所

青年英才　李　平

特产研究所

领军人才　C 类：李光玉　邢秀梅
青年英才　彭英华　许保增　白　雪

农业部环境保护科研监测所

领军人才　B 类：王瑞刚
　　　　　　C 类：徐应明　张克强　郑向群
青年英才　孙约兵

沼气科学研究所

领军人才　C 类：邓　宇　邓良伟
青年英才　何明雄　承　磊　白丽萍　黄钢锋

农业部南京农业机械化研究所

领军人才　B 类：胡志超
　　　　　　C 类：薛新宇

烟草研究所

领军人才 C 类：郭永峰
青年英才 张洪博　杨金广

农业基因组研究所

领军人才 A 类：黄三文　李　奎
B 类：唐中林　张玉波　阮　珏　萧玉涛　左二伟　张春芝　程时锋
青年英才 汪　泉　高　飞　常玉晓　向　勇　崔　鹏　闫建斌

中共中国农业科学院党组关于印发《中国农业科学院党组关于适应“三个面向”要求　大力发现培养选拔优秀年轻干部的实施意见（试行）》的通知

农科院党组发〔2020〕6 号

院机关各部门、院属各单位：

《中国农业科学院党组关于适应“三个面向”要求　大力发现培养选拔优秀年轻干部的实施意见（试行）》已经中共中国农业科学院党组 2020 年第 1 次会议审议通过，现印发给你们，请结合实际认真贯彻执行。

中共中国农业科学院党组

2020 年 1 月 22 日

中国农业科学院党组关于适应“三个面向”要求大力发现培养选拔优秀年轻干部的实施意见（试行）

为深入贯彻习近平新时代中国特色社会主义思想，全面贯彻党的十九大和十九届二中、三中、四中全会精神，以及全国组织工作会议、农业农村部组织人事工作会议精神，大力发现培养选拔一大批适应“三个面向”要求的优秀年轻干部，奋力推进“两个一流”建设，更好担起习近平总书记赋予中国农业科学院的使命和责任，根据《中共中央办公厅印发〈关于适应新时代要求　大力发现培养选拔优秀年轻干部的意见〉的通知》《中共农业农村部党组印发〈关于适应新时代要求　大力发现培养选拔优秀年轻干部的实施意见〉的通知》《中共中国农业科学院党组关于印发〈中国农业科学院关于进一步推进人才队伍建设的若干意见〉的通知》精神，结合中国农业科学院实际，现提出如下实施意见。

一、充分认识大力发现培养选拔优秀年轻干部的重大意义

发现培养选拔优秀年轻干部，是加强领导班子和干部队伍建设的一项基础性、战略性工程，是保证党的事业薪火相传、代代兴旺，一茬接一茬、一棒接一棒的重大政治任务。当前，我国农业农村现代化建设进入新时代，乡村振兴、农业科技发展进入新阶段，中国农业科学院事业发展也进入贯彻落实习近平总书记“三个面向”“两个一流”重要指示精神新的历史时期，推动新时代农业科技整体跃升、院所事业跨越发展，关键在于建设一支信念过硬、政治过硬、责任过硬、能力过硬、作风过硬的高素质专业化干部队伍，归根到底在于培养造就一代又一代可靠的农业科技事业接班人。

院党组历来高度重视年轻干部发现培养选拔工作，围绕不同时期农业科技事业发展需要，遵循农业科技创新发展规律和人才成长规律，加强优秀年轻干部选拔培养，为党和国家事业发展输送了一大批优秀党政管理人才和农业科技领军人物，在年轻干部工作方面也探索形成了很多好经验、好做法。同时也要看到，干部的新老合作和交替，是一个永无完结的过程。近年来，中国农业科学院年轻干部工作虽然取得了良好进展，但与新形势、新任务的要求相比还有不小差距。主要是：数量方面，干部队伍、高层次人才队伍都存在一定程度老化，50 岁以下正所级干部、45 岁以下副所级干部、40 岁以下正处级干部还比较少，成熟的党政“一把手”人选储备相对不足；中青年骨干人才比例偏低，不少创新团队面临首席“无人接班”问题。质量方面，补充了一大批“70 后”“80 后”“90 后”年轻干部和科技人才，涌现出一批有潜质的好苗子，但多数经历单薄、经验单一，尤其缺乏基层一线锻炼、关键岗位历练、艰苦环境磨炼。机制方面，亟

待建立符合中央精神、体现科研单位特点、符合人才成长规律、能上能下能进能出的干部工作制度体系。有些单位对年轻干部工作重视不够，思想不够解放，论资排辈、平衡照顾现象比较突出。

全院各级党组织、各级领导班子和领导干部都要站在战略和全局的高度，充分认识培养选拔优秀年轻干部的极端重要性和紧迫性，着眼于“三个面向”要求、“两个一流”目标，把推年轻作为中国农业科学院干部、人才工作最优先任务，以更长远的眼光、更有效的举措，及早发现、加强培养、源源不断选拔使用优秀年轻干部，为全院事业发展注入新的生机和活力。

二、总体要求、目标任务和工作原则

1. 总体要求

坚持以习近平新时代中国特色社会主义思想为指导，全面贯彻新时代党的组织路线，坚持党管干部、党管人才，落实好干部标准，体现农业科研国家队特色，遵循干部人才成长规律，总结运用近年来干部工作新经验、新做法，坚持目标导向和问题导向，按照拓宽来源、优化结构、改进方式、提高质量的要求，着力健全完善年轻干部“选、育、管、用”环环相扣又统筹推进的全链条机制，形成国际顶尖科学家、高水平战略科学家、一流管理人才脱颖而出、不断涌现的生动局面，为坚定不移沿着“三个面向”指引的方向走下去，加快推进“两个一流”建设提供充足干部储备和人才保证。

2. 目标任务

着眼高水平谱写“三个面向”“两个一流”农科篇章，着眼事业薪火相传、后继有人，重视发现培养，统筹选育管用，分类精准施策，努力打造一支忠实贯彻习近平新时代中国特色社会主义思想，适应农业科技创新新使命新任务新要求，忠诚干净担当、充满活力的高素质专业化年轻干部队伍。

——培养造就对党忠诚、堪当重任、勇立潮头的优秀年轻干部队伍。对党忠诚，就是要坚决贯彻落实习近平新时代中国特色社会主义思想，全面贯彻执行党的各项方针政策，增强“四个意识”、坚定“四个自信”、做到“两个维护”，严守政治纪律和政治规矩，热爱“三农”事业，奉献“三农”事业。堪当重任，就是要适应新时代农业科技事业发展要求，适应“三个面向”“两个一流”需要，具有斗争精神和斗争本领，具有专业能力和专业精神，经过基层历练、艰苦地方磨炼、吃劲岗位锻炼，工作业绩突出。勇立潮头，就是要有情怀、有担当、有奉献精神，充满创新创造创业激情，敢闯敢试、敢为人先，勇攀高峰、追求卓越，善于破解改革发展难题，自觉服务国家重大需求和现代农业建设主战场，勇于抢占世界农业科技竞争制高点。

——培养造就着眼长远、数量充足、常态配备的优秀年轻干部队伍。既要满足今后5年领导班子和干部队伍建设需要、事业发展需要，又要考虑今后10年到20年乃至更长远发展需要，统筹抓好年轻干部培养选拔工作。院系统所级、处级、研究员等各个层次的优秀年轻干部都应占一定比例，数量规模更加科学合理，建立起一支1 000人左右规模的优秀年轻中坚力量。其中，机关部门、院属单位领导班子中，50岁以下的党政正职要达到总数的30%；逐步实现每个领导班子中，45岁以下副职、40岁以下副职各配有一名；各单位40岁左右的处长、35岁左右的副处长要分别达到处级干部总数的15%。科研人员中40岁左右的正高级职称人员、35岁左右的副高级职称人员要分别达到相应层级人员总数的15%。院党组直接掌握500名左右优秀年轻干部。

——培养造就来源广泛、结构完备、充满活力的优秀年轻干部队伍。来源更加广泛，拓宽视野，放眼国内外、院内外、所内外，放眼科研、管理、转化、支撑四支队伍，注重从各个领域、各个层面、各类人才中发现选拔优秀年轻干部。结构更加完备，要有大批适应“三个面向”“两个一流”需要的各类优秀年轻干部，要有一定数量的女干部、少数民族干部和党外干部。活力更加迸发，注重发展潜力，看本质、看主流、看长远、看担当，源源不断选拔使用经过实践考验的优秀年轻干部；正确处理培养选拔年轻干部和用好其他年龄段干部的关系，充分调动整个干部队伍积极性。

3. 工作原则

农业科研国家队的特殊性质决定了中国农业科学院年轻干部工作既有别于党政机关，又不等同于一般事业单位、科研单位。中国农业科学院发现培养选拔优秀年轻干部，必须坚决落实“三个面向”重要指示要求，必须坚决贯彻执行党的路线方针政策并将其在中国农业科学院具体化，必须遵循农业科技创新规律和人才成长规律，必须坚持“科研为本、一线为先、分类施策”原则，树立正确的选人用人导向。科研为本，就是坚持年轻干部工作服从服务于科技创新和成果转化需要，注意发现培养选拔熟悉科研和转化业务、遵循农业科研规律、弘扬新时代科学家精神、业界声誉好的优秀年轻干部。一线为先，就是坚持基层和实践导向，把火热的基层一线当做大课堂、大学校、大舞台，注重工作实绩，切实做到优秀年轻干部从一线中来、到一线中去。分类施策，就是要区别科研、管理、转化、支撑等不同类型人才，区别业务管理、行政管理、党务监察等不同类型干部，分级分类、有针对性地抓好培养锻炼，因人施教、“精准滴灌”。

三、拓宽选人视野渠道，大力发现优秀年轻干部

1. 全面拓宽来源渠道

进一步解放思想，从各个领域、各个层面发现优秀年轻干部。加强源头建设，完善公开招聘制度，科学设置资格条件，从严把好入口关，有效提升新进人员质量。实施机关干部“选苗育苗工程”和机关与研究所处级干部“一对一互挂”制度，建立健全院机关与研究所之间年轻干部顺畅有序流动的良性工作机制。科学规划管理人才职业发展，完善激励机制，拓宽晋升通道，建设一支相对稳定的党政管理干部队伍。加大从青年科研骨干中培养选拔优秀年轻干部力度，把业务基础好、管理能力强的优秀科研人员及时选拔到团队首席、业务中层、支部书记、业务副所长等岗位上来。

2. 改进人选产生方式

坚持组织主导，受院党组委托，人事局要加强对全院年轻干部工作宏观指导和统筹比选，实行面上调研和重点调研、分级考察和直接考察相结合，掌握第一手情况，对重点人选可打破层级直接考察了解。院属各单位要对本单位年轻干部深入开展调研，综合研判，建立本级掌握的优秀年轻干部名单，同时择优向上推荐。广泛听取干部职工意见，用多双眼睛看人选人，坚持“八二分”原则，把功夫下在平时，建立健全结合日常工作发现识别优秀年轻干部的常态化机制。强化党组织的领导和把关作用，严格标准条件，注重分析一贯表现和全部工作，真正把好苗子选拔出来。

3. 建立优秀年轻干部名单

院党组定期部署开展优秀年轻干部调研，动态掌握“50 岁以下提拔正所级干部、45 岁以下提拔副所级干部、40 岁以下提拔正处级干部以及 45 岁以下提拔团队首席”四个优秀年轻干部名单，总量保持在 500 人左右，保证使用时有资源、选择上有空间。优秀年轻干部人选名单由组织掌握，不公示、不公开，防止标签化、特殊化。分类别、分层次建立信息库，加强定期分析，健全年度考核、专项考核、任职考察与平时了解相结合的跟踪考核机制，优胜劣汰，动态管理，把新的优秀人选及时补充进来，把工作中相形见绌的干部及时调整出去，始终保持“一池活水”。建立完善优秀年轻干部成长档案，按照“提拔使用一批、交流任职一批、实践锻炼一批、重点培训一批、分类储备一批”五个一批思路，逐人提出培养使用方向，实施精准培养措施。

四、注重递进式培养锻炼，全面提升能力素质

1. 强化教育培训

始终把坚定理想信念、学习贯彻习近平新时代中国特色社会主义思想作为培养年轻干部的重中之重，积极争取中组部①、中央党校、农业农村部等调训名额，优先选派有较大培养潜力的正、副所级优秀年轻干部人选。坚持干什么学什么、缺什么补什么，分类开展专业化培训，帮助年轻干部改善知识结构，提升专业素养和专业能力。积极拓宽培训渠道，围绕“三个面向”要求，举办所级、处级干部任职培训班以及青年干部能力建设专题培训班，着力提高理论素养、工作本领和履职能力；举办团队首席科学家专题研修班、青年科研骨干培训班等班次，提升青年科研骨干对国家农业发展战略、农业科技前沿、产业行业重大需求的了解和掌握；定期举办针对转化人才、支撑人才的专题培训班和支撑人才技能竞赛，培养有较强专业本领的内行人才；围绕“两个一流”建设，办好“现代农业科研院所建设与发展培训”，帮助年轻干部拓宽国际视野，提升参与国际合作与竞争的能力水平。

---

① 中国共产党中央委员会组织部，全书简称中组部。

2. 强化墩苗磨炼

实施“百名年轻干部挂职锻炼计划”，重点围绕服务保障乡村振兴等国家重大战略部署，鼓励广大优秀年轻干部人才，在乡村振兴、脱贫攻坚等一线地区经受锻炼、施展才华、练就本领。对表现突出且符合任职资格条件的，统筹把握，合理使用，树立干得好用得好的导向，在职数上予以支持，在职称上予以倾斜，在评奖上予以优先，在待遇上予以保障。对在艰苦地区、关键时刻或者急难险重任务中经受住考验、表现特别优秀、作出重大贡献的挂职干部，可破格提拔。到新疆、西藏、青海挂职 1 年及以上的，在挂职地取得职称，无须派出单位确认直接有效；挂职 3 年及以上的，期满后可提前一年申报高一级别职称，并在相应渠道优先申报，院统筹保障。对组织选定，个人无正当理由不参加锻炼的干部，当批锻炼期内不得提拔或者重用。

3. 强化递进培养

坚持阶梯式培养和递进式历练，注意早给位子、早搭台阶，将院机关、研究所管理部门优秀年轻处长安排到院属单位党委副书记、纪委书记等吃劲岗位培养锻炼，将有培养潜质的青年科研骨干尽早安排到科研和管理部门负责人、支部书记等岗位上历练。把所长助理岗位作为培养年轻干部的重要阵地、加速年轻干部成长的快速通道，按照干部管理权限，统筹考虑工作需要和干部培养需要，为院属各单位选配 1 至 2 名所长助理，采取原任职务继续担任、在所长助理岗位“跟班学习”做法，积累领导经验和管理能力，使其尽快“崭露头角”，条件成熟的适时增补进入班子。强化优秀青年人才院所两级培养模式，坚持“一人一策”培养方式。建立执行首席制度，让青年人才在创新引领和项目实践中历练成长，保持团队科研工作延续性和科技创新连续性。

4. 强化交流轮岗

健全完善干部交流制度，明确交流年限要求。对于所级干部，在同一职位任职满 5 年的，有计划地交流；任职满两届或 10 年的，如果工作需要继续任职的应当交流或在班子内调整职务。对于处级干部，在同一岗位任职连续满 5 年的，有计划地交流；任职连续满 10 年的，应当交流、轮岗或退出处级岗位。坚持院机关部门、院属单位干部“一盘棋”，更广范围、更深层次、更大力度推动干部交流。积极推进分管党务、纪检、行政的所级干部和专业相近的院属单位之间所级干部交流；建立院机关干部常态化交流机制，根据工作需要随时安排部门内、部门间干部交流，打破干部部门化、干部使用内循环，为优秀年轻干部成长创造有利条件。

五、科学把握成长规律，不拘一格选拔使用

1. 鲜明树立用人导向

坚持德才兼备、以德为先、任人唯贤，突出事业为上、以事择人、人事相宜，大力选拔信念过硬、政治过硬、责任过硬、能力过硬、作风过硬的优秀年轻干部。突出政治标准，看干部是否能够坚决贯彻“三个面向”指示精神，是否能把中共中央决策部署

第一时间传达贯彻、久久为功、落到实处，是否能把部、院党组工作部署第一时间迅速执行、见人见事见效；突出道德标准，看干部既要看政治道德、思想品格，又要看职业操守、做人品格；突出能力标准，看干部关键看是否有见地、有本事、敢担当、能干事，特别是有没有较强的科研和管理能力，有没有解决重大难题的真本事；突出业绩标准，看干部最终看是否干成事，干好多少事，是否改变了单位面貌、推进了科技创新、发挥了重要作用。牢固树立“对干部最大的激励是正确用人导向”理念，选拔任用一批敢于担当、奋发有为、实绩突出的优秀年轻干部，营造用好一个人、激励一大片的良好氛围。

2. 严格落实配备要求

加强对院属单位领导班子任期情况、进退情况、配备需求和优秀年轻干部储备情况分析研判，对有发展潜力、需要递进培养的抓紧放到合适岗位历练。结合领导班子换届、届中调整等需要，充分运用院党组优秀年轻干部调研成果，按照年轻干部配备目标要求，抓紧选配各年龄段的年轻干部。领导班子换届或届中调整，未达到年轻干部配备要求的，须优先补充年轻干部；本单位一时难以产生适当人选的，通过交流选配。合理界定领导干部职数，援藏援疆援青的干部，挂职期间可不占职数；探索优化院属单位下设研究室等研究机构设置管理，逐步淡化研究室等研究机构处级建制，同步探索推进职能部门管理人员职员制。

3. 适时大胆提拔使用

树立“使用就是最好的培养”理念，尊重干部人才成长规律，把握干部使用“黄金期”，对各方面条件比较成熟的优秀年轻干部及时选拔使用，使“用人所长、用当其时”成为新常态。大力选拔在落实“三个面向”、建设“两个一流”、实施科技创新工程、推进新机构筹建、“三创一体”改革等院党组重点工作部署中大胆闯、大胆试、大胆改的干部，在执行急难险重任务、面对困难矛盾时敢啃硬骨头、敢于动真碰硬的干部，把一心扑在工作上、重实干有实绩出实效的干部及时起用起来，真正做到用当其时。对特别优秀的干部，打破常规、大胆使用，用好专技人员直接提任领导干部、破格提拔等方式，破除隐性台阶，破除论资排辈，破除求全责备，鲜明树立选人用人风向标。要辩证把握快与慢的关系，提高干部成长质量，对需要重点培养的优秀年轻干部，在使用上不简单看任职先后。要防止拔苗助长，不能单纯为干部补经历而频繁调整其工作岗位。

4. 选好配强“一把手”

党政“一把手”在院属单位事业发展中处于核心地位，是深化改革、跨越发展的领头雁和主心骨。必须把“一把手”队伍放在优先建设的重要位置，把有“一把手”培养潜质的优秀年轻干部作为稀缺资源。建立有别于一般领导干部的选拔标准，更加突出“一把手”的特质要求，重在国际视野、战略思维、学术声望、领导能力、掌控能力、创新精神、人格修养等综合能力素质的考量。树立实践导向，善于把那些在大所强所和院机关工作时间长、在艰苦环境锻炼时间长、在困难研究所磨炼时间长，能力突出、业绩突出的优秀年轻副职优先选拔到“一把手”岗位。增强前瞻思维和人选储备，大胆重用那些有理想追求、有专业特长、有担当精神、有自律意识，素质全面、潜力较大的优秀年轻干部。

5. 建立脱颖而出机制

根据中央关于科研事业单位领导干部选拔任用有关要求，立足中国农业科学院实际，进一步细化完善各层级领导干部任职资格条件，努力实现“三个打通”。打通专业技术人员提任领导干部通道，具有正高级职称的符合提拔所级干部基本资格条件；具有正高级职称，或副高级职称满两年的符合提拔正处级干部基本资格条件。打通团队首席提任所级领导干部通道，从专业技术人员中提拔所级领导干部的，应优先考虑具有团队首席、支部书记等一定管理岗位工作经历的干部。打通处级干部提任所级领导干部任职年限通道，担任正处级满两年的符合提拔副所级干部基本资格条件。探索完善组织主导与竞争机制相结合的选拔方式，对表现特别优秀或者工作特殊需要的年轻干部，可以按照规定破格提拔。深化职称制度改革，构建优秀青年人才成长快车道，对于35岁以下优秀青年人才评审副高职称、40岁以下优秀青年人才评审正高职称，开设优先通道；对于“青年英才”计划院级入选者，开设职称直评、博导遴选绿色通道，促进优秀青年人才脱颖而出。

6. 推进干部能下能出

下决心解决干部任职“只能上、不能下”的问题，为选拔优秀年轻干部创造条件。强化任期管理，形成以任期为调节点的领导班子、领导干部新老正常交替机制。严格执行任期、连任限制和最高任职年限等规定，明确规定院属单位领导班子、领导干部任期一般为5年，在同一岗位连续任职一般不超过两届或10年，任职期满后距法定退休年龄不足3年的，原则上不再担任领导职务。院属单位原则上实行职能部门处级干部、研究部门负责人聘期制，聘期一般为5年，与单位领导班子任期同步，在同一岗位连续任职一般不超过两个聘期或10年，探索建立“非升即走”“非升即转”机制。建立健全所级领导干部离任颁发荣誉证书制度、后续职业发展制度，对由于年龄原因、任期到限原因退出领导班子的，由院党组颁发荣誉证书，肯定在所领导岗位为院、所发展做出的贡献；对任期结束后未达到退休年龄界限适合继续从事科研工作的，在科研经费安排、学术交流培训等方面给予必要支持。

六、注重从严管理监督，促进干部健康成长

1. 切实加强教育引导

强化日常跟踪了解，注意分析思想状况。教育引导年轻干部正确认识自己，摆正位置，知敬畏、懂规矩、守纪律，在本职岗位上踏实工作、自觉奉献，做到个人发展服从工作需要、组织决定，不搞自我设计和预设晋升路线。建立健全与优秀年轻干部谈心谈话制度，常态化开展“向组织说说心里话”活动，院属单位主要负责同志每年至少与

本单位优秀年轻干部谈心谈话一次。对年轻干部的苗头性倾向性问题，及时告诫提醒，防止小毛病演变成大问题。

2. 落实从严管理措施

坚持把从严管理干部的要求贯穿发现培养选拔全过程，将年轻干部作为干部监督的重点对象，严格落实个人有关事项报告、提醒、函询、诫勉等制度，充分发挥纪检监察、巡视、审计、信访等工作的作用。强化任前审核，坚持“凡提四必”，对拟提任所局级干部考察对象党风廉政情况，严格履行听取纪检监察机关意见制度；考察对象所在单位党委必须就干部廉洁自律情况提出结论性意见，并由党委书记、纪委书记签字。强化优秀年轻干部监督信息档案建设工作，一人一档，对优秀年轻干部的廉政表现做到心中有数。

3. 旗帜鲜明撑腰鼓劲

坚持严管和厚爱结合，强化一级为一级担当，敢于替个性鲜明、坚持原则、敢抓敢管、不怕得罪人的优秀年轻干部说公道话。完善和落实容错纠错机制，把握“四严四宽”原则，正确对待干部在工作中出现失误错误的性质和影响，切实保护年轻干部干事创业积极性。对干部选拔任用等关键节点收到的信访举报，建立快查快办“绿色通道”，及时调查核实，对于不实举报要迅速澄清。严肃查处诬告陷害他人的行为，让诬告陷害者付出代价，营造良好政治生态。

七、强化组织领导，构建有力保障机制

1. 层层压实政治责任

加强年轻干部发现培养选拔，既是当务之急，又是一项长期的战略任务，是全院各级党组织的重大政治责任，要在院党组统一领导下，坚持分级负责，层层抓落实。院党组重点抓好所级年轻干部培养选拔，院属单位重点抓好处级和团队首席年轻干部培养选拔。院属各单位要切实加强领导，把年轻干部工作纳入重要议事日程，把科研、管理、转化、支撑四支队伍年轻化放在同等重要地位。要把年轻干部工作情况纳入党建工作责任制，作为党建工作述职、评议、考核的重要内容；在干部选拔任用工作“一报告两评议”时，要把优秀年轻干部培养选拔工作情况作为报告的重要内容，对此项工作重视不够或开展不到位的，要作专门说明。

2. 健全完善工作机制

人事局要切实发挥职能作用，加强工作力量，完善工作机制，对院系统优秀年轻干部选配和培养锻炼情况进行动态分析，统筹优秀年轻干部选拔、培育、管理、使用，促进年轻干部工作有机融入领导班子和干部队伍建设。建立健全年轻干部选配预审制度，对院属单位处级年轻干部配备没有达到要求的，每次动议提拔干部时，须有 1/2 的岗位面向 40 岁左右处长或 35 岁左右副处长，并应事先将方案报人事局审核把关；暂时无合适人选的，可由人事局统筹考虑、交流配备。

3. 营造健康成长环境

发现培养选拔年轻干部，要坚持公道正派，坚决纠正工作中的不正之风，严肃处理违规违纪行为，为年轻干部健康成长创造有利条件。满怀真情关心关爱年轻干部，健全完善正向激励机制，加大青年职工薪酬保障力度，完善异地交流任职干部有关保障、年度考核优秀等次奖励等政策，保障年轻干部心无旁骛干事创业。加强党对群团、统战和妇女工作的领导，利用多种渠道创造条件、搭建平台，培养和举荐优秀年轻党外干部、女干部和少数民族干部。完善异地交流任职干部待遇管理办法，落实援派挂职干部有关政策，体现组织关心关爱，让干部安心、安身、安业，更好地履职奉献。加强舆论引导，注意选树优秀年轻干部人才先进典型，强化正面宣传，营造良好氛围。

中共中国农业科学院党组关于印发《中国农业科学院所长助理管理暂行办法（试行）》的通知

农科院党组发〔2020〕7 号

院机关各部门、院属各单位：

《中国农业科学院所长助理管理暂行办法（试行）》已经中共中国农业科学院党组 2020 年第 1 次会议审议通过，现印发给你们，请结合实际认真贯彻执行。

中共中国农业科学院党组

2020 年 1 月 22 日

中国农业科学院所长助理管理暂行办法（试行）

第一条 为进一步贯彻落实党中央和部、院党组关于大力发现培养选拔优秀年轻干部工作部署，建立健全优秀年轻干部培养使用平台，规范所长助理选拔任用和日常管理，根据《党政领导干部选拔任用工作条例》《科研事业单位领导人员管理暂行办法》以及部、院有关规定，结合中国农业科学院实际，制定本办法。

第二条 本办法适用于选拔任用院属研究所所长助理。

第三条 所长助理主要职责是协助研究所领导班子开展工作，应参与班子分工、参加班子会议、参与班子决策，分管或协助分管的工作领域一般不少于2个。党员所长助理一般应担任党委委员。

第四条 所长助理岗位设置主要根据研究所领导班子结构和人员规模确定，结合事业发展和干部培养需要，原则上每个研究所可配备1名所长助理。对于确有工作需要，实有在编人员超过200名的研究所，经批准可配备2名所长助理。

第五条 所长助理为正处长级岗位，一般从研究所内部产生。研究所内部没有合适人选，并且确有配备需求的，可由人事局统筹考虑、交流配备。

第六条 所长助理人选须具备《党政领导干部选拔任用工作条例》《科研事业单位领导人员管理暂行办法》规定的基本条件。坚持德才兼备、以德为先，坚持信念坚定、为民服务、勤政务实、敢于担当、清正廉洁的新时期好干部标准，突出强调以下条件：①政治过硬，大局意识强；②公道正派，作风扎实；③敢于担当，实绩突出；④群众基础好，年富力强。

第七条 提拔担任所长助理的，应当具备《党政领导干部选拔任用工作条例》《科研事业单位领导人员管理暂行办法》规定的基本资格。

（一）应当具有大学本科以上文化程度。

（二）一般应当具有5年以上工龄。

（三）一般应当在副处级岗位工作两年以上，或者已担任正高级专业技术职务或两年以上副高级专业技术职务。

从专业技术人员直接提任所长助理的，应当具有较高的专业水平，一般应当是研究室负责人、团队首席或支部书记。

（四）一般不超过45周岁，重点考虑40岁左右优秀年轻干部。

（五）具有正常履行职责的身体条件。

（六）符合有关制度规定的其他任职资格要求。

第八条 所长助理选拔任用工作程序如下。

（一）分析研判和动议。研究所党委根据工作需要和干部队伍建设实际，结合综合分析研判情况，提出启动所长助理选拔任用工作意见，并就选拔任用条件、范围、方式、程序等形成工作方案，报人事局审定。启动所长助理选拔任用工作意见，也可由人事局统筹考虑研究所事业发展和干部队伍建设实际后研究提出，与研究所党委沟通形成一致意见后，由研究所人事部门形成工作方案，报人事局审定。

（二）民主推荐。提任所长助理的，须经过民主推荐。民主推荐包括谈话调研推荐和会议推荐，推荐结果作为选拔任用的重要参考，在 1 年内有效。根据实际情况，可以先进行谈话调研推荐，再进行会议推荐。综合考虑谈话调研推荐情况以及人选条件、岗位要求等，由研究所党委研究提出会议推荐参考人选，参考人选应当差额提出。必要时也可以先进行会议推荐，再进行谈话调研推荐。

（三）组织考察。提任或者平级担任所长助理的，都应当进行严格考察。通过个别谈话、发放征求意见表、民主测评、核查个人有关事项报告、查阅干部人事档案和工作资料、同人选面谈等方法，全面考察人选德、能、勤、绩、廉，严把政治关、品行关、能力关、作风关、廉洁关。

考察所长助理拟任人选，应当就其廉洁自律情况征求所在单位纪检监察部门意见。所在单位纪检监察部门必须就人选廉洁自律情况提出结论性意见，并由党委书记、纪委书记签字。

（四）讨论决定。研究所党委会议研究提出所长助理任免建议，报人事局。报送材料应包括干部任免审批表、考察材料（或现实表现材料）、选拔任用纪实材料及党委会议纪要等。人事局适时召开局务会议，研究决定任免事宜。

（五）任职。提任所长助理的，在研究所范围内进行公示，公示期不少于 5 个工作日。公示结果不影响任职的，由人事局印发任职文件，研究所人事部门办理有关任职手续。

实行试用期制度，对于提任所长助理的，试用期为 1 年。试用期满后，经考核胜任所长助理岗位的，正式任职；不胜任的，免去试任职务，一般按照试任前职级安排工作。

实行任职谈话制度，对于决定任职的所长助理，由研究所党政主要负责同志同干部本人谈话，肯定成绩，指出不足，提出要求和需要注意的问题。谈话记录应当及时反馈人事局。

第九条 实行所长助理聘期制，聘期一般为 5 年，原则上与领导班子任期一致。所长助理任职一般不超过一个聘期或者 5 年。

第十条 研究所要将所长助理岗位作为对优秀年轻干部成长的特殊支持，持续加强培养锻炼。采取原任职务继续担任、在所长助理岗位“跟班学习”做法，不断提升领导能力和管理水平；按照缺什么补什么的原则，有计划地安排参加教育培训、挂职锻炼，不断提升业务素质和处理复杂问题能力。

第十一条 对于各方面表现比较突出的所长助理人选，结合领导班子建设和实际工作需要，适时提拔进入领导班子，确保用当其时。

第十二条 坚持严管厚爱结合，从严要求、从严管理所长助理。建立所长助理年度考核“双重述职”制度，既要参加研究所中层干部年度考核述职并进行测评，也要参加领导班子年度考核述职，加强对所长助理履职尽责情况的监督。年度考核结果确定以参加中层干部年度考核测评情况为主要依据。

第十三条 积极落实谈心谈话制度，研究所党政主要负责同志每半年至少与所长助理谈心谈话1次，深入了解其思想动态和工作、生活情况，帮助解决思想困惑或实际难题。

第十四条 后勤服务中心、研究生院可参照本办法执行。

第十五条 本办法由院人事局负责解释，自印发之日起施行。

中共中国农业科学院党组关于印发《中国农业科学院党组关于进一步鼓励支持优秀年轻干部人才踊跃投身乡村振兴一线挂职锻炼的意见（试行）》的通知

农科院党组发〔2020〕8 号

院机关各部门、院属各单位：

《中国农业科学院党组关于进一步鼓励、支持优秀年轻干部人才踊跃投身乡村振兴一线挂职锻炼的意见（试行）》已经中共中国农业科学院党组 2020 年第 1 次会议审议通过，现印发给你们，请结合实际认真贯彻执行。

中共中国农业科学院党组

2020 年 1 月 22 日

中国农业科学院党组关于进一步鼓励支持优秀年轻干部人才踊跃投身乡村振兴一线挂职锻炼的意见（试行）

为贯彻落实乡村振兴等国家重大战略部署，着眼于中国农业科学院干部人才队伍长远建设，大力推进全院年轻干部人才踊跃投身乡村振兴一线，发现、培养、选拔一批讲大局、敢担当、有本事、肯吃苦的优秀年轻干部人才，根据《中共中央办公厅印发〈关于适应新时代要求　大力发现培养选拔优秀年轻干部的意见〉的通知》《中共农业农村部党组印发〈关于进一步激励农业农村部系统广大干部新时代新担当新作为的实施意见〉的通知》《农业农村部干部挂职锻炼管理办法》精神，结合中国农业科学院实际，现提出如下意见。

一、把握政治方向，明确挂职锻炼工作总体要求

1. 指导思想

高举中国特色社会主义伟大旗帜，以习近平新时代中国特色社会主义思想为指导，全面贯彻党的十九大和十九届二中、三中、四中全会精神，坚决贯彻习近平总书记“三个面向”重要指示精神，着眼于推进乡村振兴等国家重大战略部署贯彻落实，着眼于推进全院干部人才队伍素质不断提升，大力培养锻炼年轻干部人才，促进干部人才解放思想、转变作风、砥砺品质、增长才干，为加快推进“两个一流”建设提供坚强组织保证。

2. 基本原则

坚持围绕中心、服务大局，把为乡村振兴等国家重大战略部署提供强有力的科技和人才支撑，作为农业科研国家队的重要政治任务。坚持统筹安排、突出重点，院层面统筹事业发展、干部人才队伍建设需要和挂职岗位需求，有重点、有目标地选派挂职干部人才，持续提高干部人才素质能力。坚持加强管理、注重实效，建立健全挂职干部人才激励保障、管理监督机制，确保选派工作有效管用、科学规范。坚持明确责任、强化落实，按照“谁派出、谁培养、谁使用”原则，院、所两级按照干部管理权限，及时把党性作风好、能力素质过硬的优秀挂职干部人才使用起来。

3. 主要目标

鼓励干部人才深入实际、深入基层、深入群众，主动担当作为，涵养“三农”情怀，大力弘扬新时代科学家精神，把实践一线作为发现、培养、锻炼干部人才的重要平台，形成干部人才积极主动投身乡村振兴一线的良好氛围。力争院、所两级每年在乡村

振兴一线地区挂职锻炼的人员达到 100 名左右。

二、健全选派机制，实现推动中心工作与培养锻炼优秀年轻干部人才紧密结合

1. 严格掌握选派标准

挂职干部人才选派对象，主要是政治素质好，有培养前途和发展潜力，有一定管理工作经验和实际工作能力的优秀年轻干部人才，年龄一般在 45 周岁以下。重点从中国农业科学院优秀年轻干部人才中选派，把参加挂职锻炼的态度作为衡量干部人才政治素质的重要内容。

2. 明确选派重点方向

重点围绕服务保障乡村振兴、脱贫攻坚、西部大开发、东北振兴、原中央苏区振兴发展等重大战略，服务保障“一带一路”建设、雄安新区建设、海南自由贸易区（港）建设等重大工程、重大项目、重点任务，服务保障中国农业科学院乡村振兴与科技扶贫示范县建设、中国农业科学院战略合作与协同攻关地区，服务保障国家成都农业科技中心、西部农业研究中心、国家南繁研究院等中国农业科学院新机构筹建，积极选派优秀年轻干部人才挂职。按照中组部、人社部、农业农村部统一部署，精心组织做好援疆援藏援青干部人才选派工作。

3. 健全完善选派程序

按照干部管理权限，院属各单位每年年初研究推荐 3～5 名挂职意向人选，按照科研、管理、转化、支撑四支队伍分类纳入院“挂职人员储备库”。挂职干部人才原则上由院层面统筹选派，需全脱产、挂职时间 1 年（含）以上；院属单位自行选派的，报人事局备案。

三、强化激励保障，推动形成干部人才踊跃投身挂职锻炼工作的生动局面

1. 加大工作支持保障

探索建立院所联动的协调保障机制，帮助挂职干部人才协调解决挂职地发展中的科技攻关和人才培养等问题。按照每人每年 10 万元标准配备科研工作经费，由院属各单位从相关经费渠道中予以统筹保障。因工作需要往返挂职地和派出单位所产生的差旅费等费用，如因特殊情况在挂职地无法报销的，由派出单位按财务管理规定在有关经费中予以报销。

2. 优先考虑提拔使用

表现突出、符合任职条件的挂职干部人才，应及时予以提拔或进一步使用。挂职满 1 年（含）且仍在挂职期内的，经派出单位与挂职单位双方协商一致，可择优提拔使用。

在艰苦地区、关键时刻或者急难险重任务中经受住考验、表现特别优秀、作出重大贡献的挂职干部，可破格提拔。中组部、人社部援疆援藏援青干部，挂职期间不占本单位领导职数。对组织选定，个人无正当理由不参加挂职的，当批挂职期内不得提拔或者重用。

3. 职称评审予以倾斜

在职称评审时，安排相应渠道申报，同等条件下可优先考虑。对外语能力、计算机应用能力、继续教育学分不作要求；对挂职期间论文、科研成果产出不作硬性要求，工作总结、技术推广总结和调研报告等可替代论文要求。到新疆、西藏、青海挂职的，可选择在挂职单位或派出单位参加职称评审，在挂职地评审的，申报材料经派出单位审核同意，按有关规定办理；挂职期 1 年（含）以上的，在挂职地取得的职称，挂职期满回来后继续有效，不需重新确认；挂职期满经考核合格的，返回派出单位后，可结合单位空岗情况优先聘用专业技术岗位。在新疆、西藏、青海挂职 3 年（含）以上的，挂职期满后，可提前一年申报高一级别职称，并在相应渠道优先申报，院统筹保障。

4. 优先推荐评优评先

挂职干部人才在个人评优评先中予以优先。为中国农业科学院在站博士后的，可优先评为中国农业科学院优秀博士后，不占研究所推荐指标。所在团队及部门参评青年文明号、巾帼文明岗等集体评优评先的，予以优先。挂职期间所在团队及部门硕士、博士研究生招收指标给予倾斜。所在研究所在当年研究所评价中，给予额外加分。

5. 切实提高福利待遇

挂职干部人才挂职期间除享受派出单位同类同级人员各项福利待遇以外，享受挂职干部人才生活补助和行前补助；对于纳入院统筹选派的挂职干部，院属单位可按照 1：1 比例配套生活补助。中组部、人社部援疆援藏援青干部人才按规定享受艰苦边远地区津贴，并由挂职地按照当地同级别人员工资标准（含补贴）计发差额。挂职干部人才按照挂职地有关规定享受探亲、休假，挂职期满返回派出单位，按挂职年限享受假期，挂职期为 1 年的 10 天、2 年的 20 天、3 年的 30 天，在新疆、西藏、青海挂职满 3 年的 90 天。按年度为挂职干部人才办理人身意外伤害等保险，挂职干部人才在挂职地因病因伤发生的医疗费用，按本人医疗（医保）关系和有关规定办理。

6. 树立典型加大宣传

派出单位应高度重视挂职干部人才先进典型的发现、挖掘和宣传，把工作有思路、有实招、有成效的优秀挂职干部人才挖掘出来，发挥先进典型的引路和示范作用，增强挂职干部人才的荣誉感和成就感，激发全院干部职工的进取精神，在全院营造向榜样学习的良好氛围。

四、从严管理监督，确保挂职锻炼工作扎实有效开展

1. 完善日常管理机制

建立行前培训制度，对于集中选派的挂职人员，由院层面统一安排行前培训；院属

各单位选派的，自行负责行前培训。干部人才挂职期间由挂职单位和派出单位共同管理，以挂职单位为主。鼓励挂职单位和派出单位通过所地合作、支部共建等多种方式加强联系，在推动项目合作和成果转化工作的同时，加强对挂职干部人才的跟踪了解。派出单位主要负责同志或分管负责同志在干部人才挂职期间须每年到挂职单位走访一次，看望慰问挂职干部人才，关心工作生活，解除后顾之忧，指导推动挂职工作。

2. 完善考察考核工作

在一个考核年度内，干部人才挂职时间超过半年的，由挂职单位进行年度考核；挂职时间不足半年的，由挂职单位提供挂职期间的现实表现，派出单位负责年度考核。派出单位应主动加强与挂职单位的联系，把考察干部的功夫下在平时，深入全面了解挂职表现和群众口碑。干部人才挂职期满，由派出单位会同挂职单位围绕挂职干部政治表现、能力作风、工作业绩、廉洁自律等方面进行考察，重点考察挂职干部在促进科技创新、加强产业合作、推动乡村振兴等方面的工作实绩。要强化考察考核结果应用，年度考核和挂职期满考察材料归入本人档案，对于挂职期间长期不在岗的，混经历混资历的，年度考核、挂职期满考察为基本合格（基本称职）、不合格（不称职）的，不得享受本意见规定的各项政策。

3. 严格执行纪律要求

挂职干部人才要珍惜机遇、扎实工作，恪尽职守、甘于奉献。挂职期间，应严格遵守部、院及挂职地有关纪律要求，要自觉服从挂职单位的管理，不再承担派出单位安排的会议、培训、出国等各项事务性工作；不得无故离开挂职地，确需离开的，要严格执行请销假制度，不得离开挂职地后再补办请假手续。派出单位不能随意要求挂职干部人才离开挂职地，不能向挂职干部人才安排挂职岗位以外的工作任务，确保挂职干部人才全身心投入挂职地工作，一挂到底。返回派出单位后，挂职干部人才要充分运用挂职锻炼成果，创造性地开展工作，为推动中国农业科学院事业发展作出新的更大贡献。

中共中国农业科学院党组关于印发《中国农业科学院支撑英才特殊支持实施方案（试行）》的通知

农科院党组发〔2020〕9号

院机关各部门、院属各单位：

《中国农业科学院转化英才特殊支持实施方案（试行）》已经中共中国农业科学院党组2020年第1次会议审议通过，现印发给你们，请结合实际认真贯彻执行。

中共中国农业科学院党组

2020年1月22日

中国农业科学院支撑英才特殊支持实施方案（试行）

为贯彻落实“三个面向”重要指示精神，加快推进“两个一流”建设，深入实施人才强院战略，建立健全人才培养体系，强化对科技创新的人才支撑保障作用，结合中国农业科学院实际，实施支撑英才特殊支持政策，着力培养一批优秀的科技支撑人才，为科技创新持续快速发展提供人才保障，制定本方案。

一、目标任务

通过实施特殊支持政策，院所两级有计划有重点地选拔一批技术精湛、服务高效的支撑英才，给予特殊支持。计划未来 5 年，院、所两级分别遴选一定数量的支撑英才，通过示范引领，打造一支规模适度、人员稳定、作用突出的高水平支撑人才队伍，提升对科技创新工作的支撑、服务、保障作用。

二、实施原则

（一）需求导向

围绕中国农业科学院科技创新和成果转化需求，聚焦重要、急需的支撑岗位，选拔优秀支撑人才，促进支撑人才队伍的规模、结构和质量与科技创新工作要求相适应、相协调。

（二）分级选育

支撑英才分为院级入选者和所级入选者两个层次。所级入选者由研究所遴选产生，自行制定政策，优先支持；院级入选者由院属单位原则上在所级入选者基础上择优推荐，经院遴选产生，院层面制定专门政策，重点支持。

（三）分类评价

突出品德、能力、业绩和贡献评价导向，在遴选中实行分类评价，对不同类型支撑人才采取不同的评价标准，克服唯论文、唯职称、唯学历、唯奖励等倾向，注重考察各类人才的技术水平、支撑能力、服务质量和实绩贡献等。

（四）科学管理

实行任务目标管理，根据支撑英才从事工作的性质与特点，按照“一人一策”的特殊支持方式，与入选者签订管理协议。在支持期内，对入选者工作情况跟踪评估，实行动态管理，建立能进能出的考核机制，确保支持效果。

三、遴选条件

热爱祖国，遵纪守法，恪守职业道德，具备良好的敬业奉献精神和服务科研意识。

身体健康，年龄原则上在50周岁以下（西部和偏远地区单位或具有特殊技能的人员，年龄可适度放宽）。

全职在岗（含聘用人员），主要从事支撑工作，包括大型仪器、专用设施设备等操作与维护、野外基地等平台运行与保障、质量监督检验与评估、动植物试验与管理、种质资源收集与保存等技术支撑人才，以及编辑出版、网络信息、教育教学等公共支撑人才。且应具备以下条件之一。

（1）有特殊技术能力或技术专长，业务操作规范、标准、专业，技术能力和水平在本单位、本领域得到广泛认可，操作精度高、工作效率高、服务质量好，有传授经验和传承技能意愿，对科技创新发展具有明显的支撑作用。

（2）有较强的技术创新和技术服务能力，在解决关键技术问题、服务科技创新等方面取得较好成果。具有技术或仪器设备研发的能力，能对仪器设备做出重要的技术改造及升级；或在大型仪器、设施设备、专业实验平台（基地）、公共技术服务平台等建设、运行、维护中作出突出贡献。

四、遴选程序

（一）工作部署

院人才工作领导小组（以下简称领导小组）部署遴选工作，确定院级入选者遴选指标、工作安排和有关要求。原则上每年组织一次遴选，每次遴选不多于20名院级入选者，所级入选者遴选数量由院属单位自主确定。院人才工作领导小组办公室（以下简称领导小组办公室）负责组织实施，明确院级入选者推荐指标、工作程序和有关要求。

（二）个人申报

符合条件的申报人员向所在单位提出申请，提交申报材料及证明材料等。

（三）单位遴选和推荐

院属单位组织同行专家评审，遴选产生所级入选者和院级入选者推荐人选，遴选结果在本单位内公示 5 个工作日无异议后，将院级入选者推荐人选报送领导小组办公室。在院级及以上等级技能大赛中获奖者，优先作为院级推荐人选。

（四）院级遴选

领导小组办公室对院级推荐人选进行资格审查，制订评审方案，报分管院领导审定后，组织同行专家进行评审，评审程序包括申请人答辩、评审组评议、无记名投票表决。评审组由至少 11 名相关领域高级专家组成，院外专家比例不低于 50%，表决同意票数超过 2/3 的方可通过评审，成为院级入选者建议人选。未通过院级评审的，按所级入选者管理。

（五）公示审定

领导小组办公室负责公示院级入选者建议人选名单，公示期为 5 个工作日，公示无异议的，报送领导小组审定。

（六）公布名单

建议人选名单经领导小组审定后，由领导小组办公室公布，并颁发证书。

（七）签订协议

院属单位与入选者签订管理协议，明确工作目标、支持措施、评估考核、违约责任等，报领导小组办公室备案。

五、支持周期

支持期为 5 年，从通过遴选当月起计算。支持期内，支撑英才在院属单位之间流动的，流动前所在单位应将变动情况报领导小组办公室备案；如发生办理退休、终止或解除聘用（劳动）合同等情况的，用人单位及时停止支持经费和岗位补助发放，向领导小组办公室报告有关情况，终止相应待遇。

六、支持措施

支持期内，对院级入选者在能力提升、职称晋升、激励保障、项目支持、人文关怀等方面给予特殊支持。所级入选者特殊支持措施由院属单位自行研究制定并组织实施。

（一）能力提升

组织院级支撑英才到有关科研机构或高校开展访学交流，举办业务能力培训，学习新技术、新方法、新理念。聘请高级技术专家担任业务指导，量身定制发展规划并跟踪指导，提高支撑科技创新能力。鼓励各类支撑人才参加专业技术考试、资格认证和技能竞赛等活动。此项由人事局、科技管理局、国际合作局和院属有关单位组织实施。

（二）职称晋升

在高级职称评审中，符合条件的院级支撑英才可不占下达职数，由所在单位按权限评审或推荐。对长期在一线开展支撑服务业绩突出的，可适当放宽学历资历要求。此项由人事局组织实施。

（三）岗位补助

支持期内，院级入选者除享受所在岗位的工资、福利等待遇外，可再享受每年10万元左右的岗位补助，具体补助额度由院属单位结合实际确定；对所级入选者，院属单位也应给予一定额度的岗位补助。此项由人事局和院属有关单位组织实施。

（四）项目支持

院里设置专项经费，院级入选者在支持期内根据实际工作需要，可以项目的方式向院里申请工作经费，经专家评审论证后，由院支持。有条件的院属单位，也可根据工作需要，为所级入选者提供一定工作经费支持。此项由科技管理局、财务局和院属有关单位组织实施。

（五）人文关怀

院所两级要加大对支撑英才工作生活的保障力度，加强人文关怀，积极帮助解决子女入托等问题。对于聘用人员，符合条件的可优先入编和参加职称评审。

七、评估考核

（一）考评方式与内容

（1）采取中期评估、期满考核的方式。

（2）中期评估内容包括工作进展、工作业绩、人才培养、项目执行等情况。

（3）期满考核内容包括综合表现、业绩贡献、人才培养、项目实施等情况。

（4）评估考核结果分为优秀、合格、基本合格和不合格 4 个等次。

（二）具体实施

（1）院所两级入选者的中期评估和期满考核均由入选者所在单位组织开展。支持满 3 年后开展中期评估，支持期满前 3 个月进行期满考核。

（2）院级入选者的中期评估和期满考核结果报领导小组办公室备案。

（三）结果运用

（1）中期评估结果为合格及以上者，继续支持。评估为基本合格的，岗位补助暂缓发放，若期满考核结果为合格及以上的，再集中发放剩余岗位补助；若期满考核结果为基本合格或不合格的，不再发放剩余岗位补助。评估为不合格的，要分析查找原因，因院属单位支持不力导致入选者不能达到目标要求的，院将督促相关单位整改落实；因个人原因未达到目标要求的，取消入选者资格，并视情况收回岗位补助和支持经费。

（2）期满考核合格及以上等次的入选者，纳入院属单位在职职工正常管理，对基本合格和不合格的入选者，院属单位提交情况说明报告，可提出处理意见。院所两级入选者期满考核结果在本单位内部通报。

（3）支持期内，由于个人能力、水平等原因取消入选者资格的，3 年内不能申报同类评审。

（4）对违反政治纪律政治规矩和中央八项规定精神、学术不端、师德失范、假公济私等行为者，由所在单位提出意见并报领导小组审定，取消入选者资格，并追回岗位补助和支持经费。

八、组织实施

（一）强化组织保障

院所两级加强协同联动，扎实做好遴选支持工作。领导小组负责总体指导，统筹决策支撑人才队伍建设事项。院人事局会同机关有关部门落实具体政策措施。院属各单位要发挥用人单位的主体作用，确保各项工作措施和要求执行到位。

（二）加强资金保障

建立院为政策引导、院属单位为保障主体的分级负责机制，院所两级入选者的岗位补助由院属单位保障，按月发放；对于签订聘用合同的入选者，岗位补助可从科研经费列支。院级入选者工作经费，院里从相关经费渠道统筹保障，所级入选者工作经费由所在单位保障。

（三）健全管理制度

院里将支撑英才队伍建设成效纳入研究所评价指标进行考核。院属单位结合实际，制定本单位支撑英才所级入选者遴选、支持措施、评估考核等办法，报领导小组办公室备案。

（四）加大宣传力度

积极宣传支撑英才政策，激发支撑人才服务保障科技创新工作的活力。各单位要深入挖掘支撑英才在技术创新和技术服务方面的先进事迹，并开展形式多样的宣传，发挥支撑英才的示范带动作用，提升农科英才品牌影响力。

中共中国农业科学院党组关于印发《中国农业科学院转化英才特殊支持实施方案（试行）》的通知

农科院党组发〔2020〕10 号

院机关各部门、院属各单位：

《中国农业科学院转化英才特殊支持实施方案（试行）》已经中共中国农业科学院党组 2020 年第 1 次会议审议通过，现印发给你们，请结合实际认真贯彻执行。

中共中国农业科学院党组

2020 年 1 月 22 日

中国农业科学院转化英才特殊支持实施方案（试行）

为贯彻落实“三个面向”重要指示精神，加快推进“两个一流”建设，深入实施人才强院战略，建立健全人才培养体系，打造创新创造创业协同发展的“三创”团队，进一步促进科技成果转化工作，结合中国农业科学院实际，实施转化英才特殊支持政策，着力培养一批优秀的科技成果转化人才，为中国农业科学院科技成果转化工作跨越发展提供人才保障，制定本方案。

一、目标任务

通过实施特殊支持政策，院所两级有计划有重点地选拔一批熟悉产业和市场需求，在成果示范推广、脱贫攻坚、乡村振兴、产权管理、企业运营等方面能力突出、效益显著的转化英才，给予特殊支持。计划未来 5 年，院所两级分别遴选一定数量的转化英才，通过示范引领，打造一支规模适度、结构合理、业务过硬的高水平转化人才队伍，为促进科技成果转化和“三创一体”协同发展提供强有力的人才支撑。

二、实施原则

（一）需求导向

围绕服务现代农业主战场，聚焦科技扶贫和乡村振兴重点工作，结合中国农业科学院科技成果转化工作不同领域特点，多维度选拔优秀转化人才，促进转化人才队伍的规模、结构、质量与科技成果转化工作要求相适应、相协调。

（二）遵循规律

农业科技成果转化人才的成长规律与产业特性紧密相关，具有培养周期较长、工作经验及综合素质要求高、公益性强、业绩难量化等特点，院所两级需创新培养模式，完善评价体系，健全激励机制，促使转化人才的价值得到充分实现。

（三）分级选育

转化英才分院级入选者和所级入选者两个层次。所级入选者由院属单位遴选产生，自行制定政策，优先支持。院级入选者由院属单位原则上在所级入选者基础上择优推荐，经院遴选产生，院层面制定专门政策，重点支持。

（四）分类实施

在遴选中实行分类评价，对从事技术转移、科技推广和企业经营等不同类型工作的转化人才采取不同评价标准，实施与之相应的培养、激励和考核措施，最大限度激发和释放转化人才创新创造创业活力。

（五）科学管理

实行任务目标管理，根据转化英才从事工作的性质与特点，按照“一人一策”的特殊支持方式，与入选者签订管理协议。在支持期内，对入选者工作情况跟踪评估，实行动态管理，建立能进能出的考核机制，确保支持效果。

三、遴选条件

热爱祖国，遵纪守法，恪守职业道德，热爱成果转化事业，踏实肯干，品行端正。

全职在岗 3 年及以上（含聘用人员），在院主要从事成果转化工作，身体健康，年龄原则上在 50 周岁以下（西部和偏远地区单位或业绩特别优秀者，年龄可适当放宽）。

同时应具备以下条件之一。

（1）在科技成果转移转化和“三创”团队中承担成果转化工作并取得显著成效；或在成果转化顶层设计、项目策划、商务谈判、组织实施和具体执行中发挥了重要作用；或在政府决策咨询、智库建设、规划编制等方面取得重要成果；或在知识产权管理和运用中作出了重要贡献。

（2）在科技推广与服务、科技帮扶、试验示范等工作中取得突出成效，产生了明显的经济、社会、生态和民生效益。

（3）在院属科技型企业（院、所控股或实际控制企业）分管或承担管理、研发、营销等工作，并取得显著成绩，产生明显的经济效益。

四、遴选程序

（一）工作部署

院人才工作领导小组（以下简称领导小组）部署遴选工作，确定院级入选者遴选指标、工作安排和有关要求。原则上每年组织一次遴选，每次遴选不多于10名院级入选者，所级入选者遴选数量由院属单位自主确定。院人才工作领导小组办公室（以下简称领导小组办公室）负责组织实施，明确院级入选者推荐指标、工作程序和有关要求。

（二）个人申报

符合条件的申报人员向所在单位提出申请，提交申报材料及证明材料等。

（三）单位遴选和推荐

院属单位组织评同行专家评审，遴选产生所级入选者和院级入选者推荐人选，遴选结果在本单位公示5个工作日无异议后，将院级入选者推荐人选报送领导小组办公室。

（四）院级遴选

领导小组办公室对院级推荐人选进行资格审查，制定评审方案，报分管院领导审定后，组织同行专家进行评审，评审程序包括申请人答辩、评审组评议、无记名投票表决。评审组由至少11名相关领域企事业单位高级专家组成，院外专家比例不低于50%，表决同意票数超过2/3的方可通过评审，成为院级入选者建议人选。未通过院级评审的，按所级入选者管理。

（五）公示审定

领导小组办公室负责公示院级入选者建议人选名单，公示期为5个工作日，公示无异议的，报送领导小组审定。

（六）公布名单

建议人选名单经领导小组审定后，由领导小组办公室公布，并颁发证书。

（七）签订协议

院属单位与入选者签订管理协议，明确工作目标、支持措施、评估考核、违约责任等，报领导小组办公室备案。

五、支持周期

支持期为 5 年，从通过遴选当月起计算。支持期内，转化英才在院属单位之间流动的，流动前所在单位应将变动情况报领导小组办公室备案；如发生办理退休、终止或解除聘用合同等情况，用人单位及时停止支持经费和岗位补助发放，向领导小组办公室报告有关情况，终止相应待遇。

六、支持措施

支持期内，对院级入选者在技能提升、项目支持、职称晋升、人才举荐、工作生活保障等方面给予支持。所级入选者特殊支持措施由院属单位自行研究制定并组织实施。

（一）知识技能提升

有针对性地开展法律法规、知识产权、经营管理、市场营销、投资融资等方面的专业培训。有计划地选派一定数量的院级入选者到国内外高校、科研机构的技术转移部门或知名企业开展交流访学、培训进修等，学习国内外先进经验，拓展工作视野。此项由成果转化局、国际合作局和院属有关单位组织实施。

（二）成果孵化项目

依托全国农业科技成果转移服务中心、国家种业科技成果产权交易中心，以及中国农业科学院其他孵化平台，优先支持院级入选者开展有望达到批量生产和应用的新品种、新技术和新产品转移转化，尽可能实现更大的经济、社会、生态和民生效益。此项由成果转化局组织实施。

（三）职称晋升

在高级职称评审中，符合条件的院级入选者可不占下达职数，由所在单位按权限评审或推荐。对于长期在一线开展科技推广、成果转化工作业绩突出的，可适当放宽学历资历要求。此项由人事局组织实施。

（四）人才举荐

实施中国农业科学院科技成果转化贡献奖励，定期开展先进集体和先进个人评选，优先对院级入选者进行表彰奖励，在国家和省部级成果转化评优表彰中优先推荐。此项由成果转化局、科技管理局组织实施。

（五）实践锻炼

支持转化英才积极投身科技服务、脱贫攻坚和乡村振兴事业。鼓励转化英才主持成果转化项目或横向委托项目，担任科技特派员，参加专家联县（乡、村）工作，到基层或企业兼职、挂职锻炼。创造机会让转化人才在实践中锻炼成长，促进优秀转化人才脱颖而出。此项由人事局、成果转化局组织实施。

（六）岗位补助

支持期内，对从事技术转移和科技推广的院级入选者除享受所在岗位的工资、福利等待遇外，可再享受每年 10 万元左右的岗位补助，具体补助额度由院属单位结合实际确定；对所级入选者，院属单位也应给予一定额度的岗位补助。此项由人事局和院属有关单位组织实施。

（七）薪酬激励

对院所两级转化英才中的企业经营人才，院属单位可实行灵活的薪酬激励，探索执行年薪制或协议工资，将年度考核评价结果作为薪酬调整、绩效分配的重要依据，使考核评价与收入分配挂钩。此项由成果转化局和院属有关单位组织实施。

（八）项目支持

院里设置专项经费，院级入选者在支持期内根据实际工作需要，可以项目的方式向院里申请工作经费，经专家评审论证后，由院支持。有条件的院属单位，也可根据工作需要，为所级入选者提供一定工作经费支持。工作经费主要用于科技成果进入生产的前期性推广工作。此项由科技管理局、成果转化局、财务局和院属有关单位组织实施。

（九）人文关怀

院所两级要加大对转化英才工作生活的保障力度，加强人文关怀，积极帮助解决子女入托等问题。对于聘用人员，符合条件的可优先入编和参加职称评审。

七、评估考核

（一）考评内容与方式

（1）采取中期评估、期满考核的方式。

（2）中期评估内容包括工作进展、阶段性业绩、工作经费使用情况等。

（3）期满考核内容包括工作业绩、转化收入、社会效益、行业影响力、项目实施等情况。

（4）评估考核结果分为优秀、合格、基本合格和不合格 4 个等次。

（二）具体实施

（1）院所两级入选者的中期评估和期满考核均由入选者所在单位组织开展。支持满 3 年后开展中期评估，支持期满前 3 个月进行期满考核。

（2）院级入选者的中期评估和期满考核结果报院人才工作领导小组办公室备案。

（三）结果运用

（1）中期评估结果为合格及以上者，继续支持。评估为基本合格的，岗位补助暂缓发放，若期满考核结果为合格及以上的，再集中发放剩余岗位补助；若期满考核结果为基本合格或不合格的，不再发放剩余岗位补助。评估为不合格的，要分析查找原因，因院属单位支持不力导致入选者不能达到目标要求的，院将督促相关单位整改落实；因个人原因未达到目标要求的，取消入选者资格，并视情况收回岗位补助和支持经费。

（2）期满考核合格及以上等次的入选者，纳入院属单位在职职工正常管理，对基本合格和不合格的入选者，院属单位提交情况说明报告，可提出处理意见。院所两级入选者期满考核结果在本单位内部通报。

(3) 支持期内，由于个人能力、水平等原因取消入选者资格的，3 年内不能申报同类评审。

(4) 对违反政治纪律政治规矩和中央八项规定精神、学术不端、师德失范、假公济私等行为者，由所在单位提出意见并报领导小组审定，取消入选者资格，并追回岗位补助和支持经费。

八、组织实施

(一) 强化组织保障

院所两级加强协同联动，扎实做好遴选支持工作。领导小组负责总体指导，统筹决策转化人才队伍建设事项。院人事局会同机关有关部门落实具体政策措施。院属单位要发挥用人主体作用，确保各项工作措施和要求执行到位。

(二) 加强资金保障

建立院为政策引导、院属单位为保障主体的分级负责机制，院所两级入选者的岗位补助由院属单位保障，按月发放；对于签订聘用合同的入选者，岗位补助可从科研经费列支。院级入选者工作经费，院里从相关经费渠道统筹保障，所级入选者工作经费由所在单位保障。

(三) 健全管理制度

院里将转化英才队伍建设成效作为衡量成果转化工作的指标之一，纳入研究所评价指标体系。院属单位结合实际，制定本单位转化英才所级入选者遴选、支持措施、评估考核等办法，报领导小组办公室备案。

(四) 加大宣传力度

各单位结合自身实际，总结梳理并积极推广转化人才队伍建设中的好经验好做法，深入挖掘转化英才在推进农业科技成果转化、支撑农业产业发展等方面的先进事迹，发挥转化英才的示范带动作用，提升农科英才品牌影响力。

中共中国农业科学院党组关于印发《中国农业科学院关于实施“青年人才薪酬保障计划”的意见（试行）》的通知

农科院党组发〔2020〕11 号

院机关各部门、院属各单位：

《中国农业科学院关于实施“青年人才薪酬保障计划”的意见（试行）》已经中共中国农业科学院党组 2020 年第 1 次会议审议通过，现印发给你们，请结合实际认真贯彻执行。

中共中国农业科学院党组

2020 年 1 月 22 日

中国农业科学院关于实施“青年人才薪酬保障计划”的意见（试行）

为深入贯彻落实中共中央《关于深化人才发展体制机制改革的意见》《关于实行以增加知识价值为导向分配政策的若干意见》以及中国农业科学院《关于进一步推进人才队伍建设的若干意见》等文件精神，不断优化青年人才成长环境，进一步加大对青年人才薪酬保障力度，有效缓解青年人才生活压力与后顾之忧，稳定青年人才队伍，特实施“青年人才薪酬保障计划”，现提出如下指导意见。

一、总体要求

（一）指导思想

以习近平新时代中国特色社会主义思想为指导，全面贯彻党的十九大和十九届二中、三中、四中全会精神，认真落实人才优先发展战略，遵循科研活动和人才成长规律，深化收入分配制度改革，稳步提高青年人才收入水平，为保障潜心研究提供较好的生活待遇，不断激发创新创造内生动力，培养造就一支优秀青年人才队伍，为建设“两个一流”科研院所提供强有力的人才支撑和智力保障。

（二）基本原则

保障激励并重。设置青年人才薪酬待遇保障期，保障期内给予薪酬特殊支持，扶持事业起步；同时，激励青年人才通过自身努力尽快立稳脚跟、崭露头角，实现保障期满后薪酬待遇的平稳过渡。

水平合理衔接。针对部分青年人才薪酬水平偏低问题，立足增量改革，在统筹处理好青年人才与单位其他人员收入分配关系的同时，保证青年人才薪酬水平与所在地经济、物价水平的合理衔接。

多种措施并举。发挥院属单位积极性，在全院统一的制度安排外，鼓励院属单位因地制宜，通过提供临时周转住房、发放安家费补助、绩效奖励倾斜、支持参加成果转化工作等多种方式，提高青年人才薪酬待遇。

二、建立薪酬保障机制

（一）设置保障期限

对以应届博士、硕士毕业生身份入职的青年在编在岗职工（以下简称青年人才）设置薪酬待遇保障期，原则上保障期 5 年（从应届毕业参加工作起计算）。保障期内通过增设保障项目、提高津贴补贴标准、实行年度工资托底等方式予以薪酬保障。已享受“农科英才”特殊支持的青年人才不纳入保障期支持。本科毕业入职以及海外访学、编制外聘用的青年人才等薪酬保障事宜，院属单位可参照本意见精神，结合实际制定相关政策。

（二）增设保障项目

薪酬待遇保障期内，院属单位可增设“青年人才保障项目”，按月发放。其中，试用期“青年人才保障项目”标准为转正定级后所聘岗位/职务基本工资与初期工资水平的差额；转正定级后，“青年人才保障项目”标准为上一层级岗位/职务基本工资与当前所聘岗位/职务基本工资水平的差额。

（三）提高工资标准

薪酬待遇保障期内，院属单位可适当提高青年人才工资构成中体现地区经济水平、物价水平、岗位职责等因素且不直接与工作实绩、贡献挂钩的津贴补贴项目标准（包括岗位津贴等，以下简称“津贴补贴项目”）。其中，试用期此部分“津贴补贴项目”执行转正定级后所聘岗位/职务的标准。转正定级后，按照职称和职务、专业技术岗位和管理岗位、创新工程岗位层级划分此部分“津贴补贴项目”标准的，原则上提高后的标准不低于上一层级标准的 85%；按照其他方法划分此部分“津贴补贴项目”标准的，应体现对青年人才的保障功能，在确保收入分配规范、有序的前提下，院属单位自行确定提高方式和标准，报院人事局备案通过后执行。

（四）实行工资托底

确保青年人才工资水平与所在地经济水平、物价水平的合理衔接。在增设保障项目、提高津贴补贴标准后，年度考核合格的中级职称、七级职员年工资水平（包括岗位工资、薪级工资、国家规定的津贴补贴、工改保留津补贴、改革性补贴、绩效工资或规范后的津贴补贴、成果转化收益分配奖励，下同）仍低于当年所在地城镇国有单位在岗职工年平均工资水平的（省级、地市级水平就高，下同），院属单位适时一次性补齐差额部分。院属单位要进一步规范、透明科研团队内部分配机制和分配过程，确保薪酬保障政策的有效实施。

（五）适时终止保障

薪酬待遇保障期内，青年人才工资水平已达到所在地城镇国有单位在岗职工年平均工资水平的，院属单位可不再执行本意见规定的保障政策。

三、改革相关管理方式

（一）提高青年人才缴费基数

薪酬待遇保障期内，住房公积金、社会保险等与薪酬水平相关联的项目，按提高后的薪酬水平核定，切实保障青年人才相关福利待遇。

（二）定期发布属地工资水平

为确保院属单位获取所在地工资水平的规范、准确，国家统计局公布相关数据后，院人事局统一汇总并发布上年度院属各单位所在地城镇国有单位在岗职工平均工资水平，作为青年人才年度工资托底线使用。

（三）稳定增量经费支持渠道

青年人才薪酬保障所需经费由院属单位通过现有渠道解决，各单位要统筹好单位和团队两方面资源，加大经费保障力度。执行青年人才薪酬保障政策超出绩效总量的部分，通过成果转化收益分配解决。

（四）鼓励多种方式提高待遇

鼓励院属单位通过提供周转住房、发放安家费补助、在成果转化收益分配奖励或科技成果奖励时予以倾斜等直接方式提高青年人才的薪酬水平。鼓励院属单位、科研团队为青年人才创造条件参加技术开发、技术转让、技术咨询、技术服务以及兼职兼薪工作等间接方式，支持他们通过自身努力提高薪酬水平。

四、确保政策落地见效

（一）加强组织领导

院属各单位务必高度重视此项工作，充分认识实施“青年人才薪酬保障计划”的重要意义，切实加强领导，精心组织，统筹协调，规范管理，人事、财务、科技等部门以及科研团队要密切配合，妥善处理好遇到的问题，稳步推进青年人才薪酬保障工作实施落地。鼓励院属单位继续延伸，出台保障期后持续支持措施，提高青年人才薪酬市场竞争力，稳定优秀青年人才队伍。

（二）落实主体责任

院属各单位党政主要领导是本单位抓落实的第一责任人，要强化责任担当，抓好组织实施。各单位须根据本意见精神并结合单位实际，制订青年人才薪酬保障办法，报院备案审核通过后执行。院属各单位如已出台青年人才薪酬保障相关政策，可继续执行，其中，“津贴补贴项目”已有类似操作且标准高于本意见规定的，报院人事局备案通过后，可按原办法执行。

（三）实施有效指导

加强对青年人才薪酬保障政策精神的宣传解读，对涉及政策性较强的管理问题有针对性地开展专题培训，加强政策指导，确保实施效果。同时，对院属各单位在青年人才薪酬保障方面的好做法、好经验，及时进行总结归纳，做好宣传推广。

本意见适用于院属各单位、院机关各部门。本意见自 2020 年 1 月 1 日起执行。现行规定与本意见不一致的，以本意见为准。

中共中国农业科学院党组关于新型冠状病毒肺炎疫情期间进一步关心关爱一线编外聘用人员的意见

农科院党组发〔2020〕12号

院机关各部门、院属各单位：

新冠肺炎疫情发生以来，全院编外聘用人员以对中国农业科学院科研事业发展、广大职工生命安全高度负责的精神，积极投身疫情防控工作，坚守试验基地、野外台站、实验室等岗位，为推进疫情有效防控、稳步恢复科研生产，作出了重要贡献。当前疫情防控进入关键时期，在疫情防控一线和疫情期间坚守试验基地、野外台站、实验室等岗位的编外聘用人员（以下简称一线编外聘用人员）工作任务重、工作压力大，为进一步加大对他们关心关爱和支持保障力度，解除他们的后顾之忧，激励他们始终保持昂扬斗志投入到疫情防控和科研工作，提出以下意见。

一、各级党组织、工会组织要主动关心关爱一线编外聘用人员，明确专人负责，及时了解他们的工作进展、身体状况、家庭情况，及时指导做好自我防护，全面保障防控物资，妥善解决他们的生活问题。

二、对一线编外聘用人员以及在疫情期间患新冠肺炎而遇到生活困难的编外聘用人员，可使用专项党费、工会经费等多种渠道给予帮扶和慰问。

三、鼓励有条件的单位，对作出突出成绩的一线编外聘用人员，在现行工资待遇基础上，进一步加大绩效奖励力度。奖励标准由各单位按照“按劳分配、多劳多得”的原则，综合考虑实际工作量、业绩贡献等因素自行确定。

四、在不影响疫情防控正常工作前提下，有条件的单位，要合理安排工作时间，采取轮休、调休等方式，保证一线编外聘用人员及时得到必要休息，对较长时间超负荷工作的人员要安排强制休息和疫情过后的健康体检。

五、及时发现、深入挖掘一线编外聘用人员中的先进个人和感人事迹，会同有关方面对表现特别突出的先进典型，及时进行宣传、奖励、表彰。

六、落实有关措施所需经费支出科目和渠道，严格按照有关经费管理办法执行。

七、院机关各部门、院属各单位要按照院党组的决策部署，以高度负责的态度、务实到位的举措，切实关心关爱一线编外聘用人员，为坚决打赢疫情防控阻击战、推动科研工作有序开展提供有力保障。

中共中国农业科学院党组

2020年2月28日

中共中国农业科学院党组印发《中国农业科学院关于高级专家延迟退休的指导意见》的通知

农科院党组发〔2020〕44 号

《中国农业科学院关于高级专家延迟退休的指导意见》已经中共中国农业科学院党组 2020 年第 17 次会议审议通过，现印发给你们，请认真贯彻执行。院属各单位应结合实际，研究制定相应管理办法。

中共中国农业科学院党组

2020 年 9 月 27 日

中国农业科学院
关于高级专家延迟退休的指导意见

贯彻落实“三个面向”重要指示精神，加快推进“两个一流”建设，深入实施人才强院战略，充分发挥高级专家在创新引领、人才培养、智力支撑等方面的关键作用，进一步规范高级专家延迟退休（以下简称延退）管理，保障中国农业科学院科技创新工作持续健康发展，现就高级专家延退工作提出以下意见。

一、总体思路和基本原则

（一）总体思路

根据国家和上级部门关于高级专家延退的有关精神，结合中国农业科学院学科发展、团队建设和人才培养等工作需要，以发挥重要作用、论贡献不搞待遇为前提，构建院所统一、以所为主的高级专家延退管理机制，引导延退专家树立表率领航、创新引路和识才育才意识，让有能力、有情怀、讲奉献的高级专家在延退期间发挥更大作用，为中国农业科学院科技创新发展提供有力的智力支撑。

（二）基本原则

坚持服务发展。围绕院所中心工作，贯彻落实人才强院战略，服务世界一流学科和一流科研院所建设，提升中国农业科学院高层次人才队伍对科技创新、成果转化等中心工作的支撑能力，保证全院事业快速健康、可持续发展。

坚持发挥作用。以任务目标为导向，充分发挥延退专家在把握学科发展方向、解决重大科技问题、培养优秀人才、拓展科技创新资源等方面的积极作用。

坚持优化结构。针对当前科技人才队伍存在的结构性问题，统筹考虑院所人才队伍发展需要，保证老、中、青科技人才合理交替，有效促进青年人才健康成长，达到科技人才队伍结构优化、梯次配备的目的。

坚持放管结合。保障和落实用人主体自主权，适度下放高级专家延退审批、管理和考核等权限。坚持从严管理，严格延退条件，严把审批程序，严格评价考核，确保延退政策稳妥有序实施。

二、高级专家延退条件与时间

身体健康，品行端正，能够胜任本职工作，具有正高级专业技术职务，且符合下列条件之一者，其退休年龄可适当延长，原则上不超过 65 周岁。院士退休按国家有关规定执行。

（1）主持国家级重大科技项目（第一主持人或首席科学家）尚未结束的，如国家科技重大专项项目（课题）、国家重点研发计划项目、国家自然（社会）科学基金重点重大类项目、国家自然科学基金创新群体项目、国家国际合作重大项目；作为现代农业产业技术体系首席科学家；主持院级重大科研攻关任务等。延退时间不超过项目（课题）结束时间。

（2）在学科发展、重大平台建设、创新团队建设中发挥至关重要作用，或在支撑国家决策、服务产业发展中发挥高端智库作用等。延退年龄不超过 63 周岁。

（3）担任全国人大代表、全国政协委员、国务院参事、各民主党派中央委员以及省（自治区、直辖市）人大、政协常委职务者。延退至任期届满。

（4）经中共中央和部、院选派在脱贫攻坚、乡村振兴一线挂职，开展重要科技服务的人员。延退至挂职期满。

（5）院属单位有关人员符合所在省（自治区、直辖市）延退政策的。延退时间按当地政策执行。

三、高级专家延退管理

（1）审批权限。延退至 65 周岁（含）以内，院属单位自主审批，每次审批延退时间为 1～2 年。确因工作需要，延退至 65 周岁以上的，经所在单位及院人事局研究同意，报院人才工作领导小组审批。

（2）任务管理。延退期间院属单位应明确延退专家工作任务、工作目标等，可签订管理协议。各单位自行组织考核，考核结果作为专家是否继续延退的重要依据。

（3）日常管理。专家延退期间不得担任团队首席或课题组长等，所在单位要保障其科研及办公等条件。延退期间符合国家免征个人所得税政策的专家，所在单位要按规定，及时为其办理免税。

四、高级专家延退审批程序

（1）个人申请。达到法定退休年龄或批准延退期满前 3 个月，向所在单位提出延退申请，填写《高级专家延迟退休审批表》，提供相关证明材料。

（2）条件审核。所在单位人事部门会同有关部门进行条件审核。

（3）单位研究。按照审批权限，由单位研究决定是否同意延退或提出延退建议。

（4）院级备案与审批。院属单位具有审批权限的，审批后 1 周内，将审批表报院人事局备案。不具有审批权限且建议继续延长退休时间的，将审批表、证明材料报院人事局。由院人事局呈报院人才工作领导小组审批。

五、组织实施

（一）提高认识，谋划长远

高级专家延退工作与中国农业科学院科技创新发展、创新团队建设和青年人才成长等密切相关，各单位要充分认识到此项工作的必要性和重要性，要从大局出发、着眼长远、统筹考虑，确保院所延退政策保持一致。

（二）加强领导，明确责任

各单位要坚持党管人才原则，加强组织领导，负起主体责任，精心组织实施，做好政策解读，确保中国农业科学院延退政策平稳实施。院人事局要加强监督指导，跟踪政策执行情况，及时解决有关问题。

（三）健全制度，创新机制

各单位要结合本意见，制定本单位的延退管理办法，进一步明确延退条件和要求，报院人事局备案。要创新管理机制，充分运用好返聘、短期咨询等形式，更好地发挥高层次专家的作用。

本意见适用于从事专业技术工作的高级专家，对于担任行政职务的领导干部，应严格执行干部退休制度，到达退休年龄界限的，应按照有关规定办理退休手续。

本意见自印发之日起执行。《关于高级专家延长退休时间问题的规定》（农科院党组发〔2013〕27 号）同时废止。

中国农业科学院关于印发农科英才住房保障补充规定的通知

农科院人〔2020〕102 号

院机关各部门、院属各单位：

为进一步规范农科英才住房保障有关制度，经院常务会研究同意，现对《中国农业科学院农科英才住房租售暂行办法》（农科院党组发〔2017〕45 号，下称《办法》）作如下补充规定。

一、关于农科英才住房保障原则

农科英才住房保障实行优先保障、租售相辅、京内单位以租为主、实物配置与货币补贴相结合的原则，有效利用现有房源和住房改革政策，充分发挥房屋租赁市场的辅助作用，分层次、分类型、多渠道地解决农科英才住房问题。

二、关于农科英才住房保障措施

（一）领取租房补助

农科英才及其配偶在用人单位所在地无住房、未购买院所政策性住房、未租住院所人才周转住房、未享受安家费补助的，支持期内可向用人单位申请租房补助，通过房屋租赁市场解决住房。租房补助标准，按照人才对应的住房面积标准，根据用人单位附近区域房屋租赁市场指导价格与人才周转住房租金的差额测算，由用人单位确定，所需经费由用人单位保障。农科英才住房面积标准发生变动的，自变动次月起，按对应的新住房面积标准发放租房补助。房屋租赁市场价格发生变化，可按年度调整租房补助标准。

（二）租住人才周转住房

引进的农科英才及其配偶在用人单位所在地无住房、未购买院所政策性住房、未享受安家费补助、未领取租房补助的，支持期内可向用人单位申请院所人才周转住房。申请人才周转住房需在用人单位公示，申请院人才周转住房还需在院公示，公示期为 3 个工作日。支持期满后，用人单位须退还院人才周转住房，可通过房屋租赁市场或发放租房补助等方式保障其住房。

（三）领取安家费补助

引进的农科英才及其配偶未租住院所人才周转住房、未领取租房补助、未购买政策性住房且承诺今后自愿放弃院所政策性住房配售资格的，支持期内可按规定申请安家费补助，专款用于补助在用人单位所在城市购买住房。安家费补助标准，按照人才对应的住房面积标准，以用人单位所在城市上一年度商品房销售均价（以当地房管部门公布的价格为准）测算，最高不超过 100 万元。安家费补助申请须在用人单位公示 3 个工作日，补助经费由院所两级按照 4∶6 的比例分担。

（四）购买院所政策性住房

对于符合购房条件且未领取安家费补助的农科英才，在房源有保障的前提下，视需要实行。

三、关于院机关有关部门职责

在《办法》原有分工基础上，调整人事局职责，增加基建局职责。人事局负责审核农科英才信息，受理农科英才住房保障申请。基建局负责争取农科英才住房保障房源。

以上规定自印发之日起施行。《办法》继续施行，与本规定不一致的，以本规定为准。

附件：住房保障措施申请要求

附件

住房保障措施申请要求

为进一步规范农科英才住房保障申请程序，做到公开、公平、公正，现对 4 项措施的申请要求明确如下。

一、领取租房补助

农科英才在符合申请条件的前提下，申请程序由农科英才所在单位自主确定。

二、租住人才周转房

（一）租住院人才周转房

（1）个人申请。符合条件的农科英才填写《中国农业科学院农科英才周转住房申请表》（下称《周转房申请表》），并提供本人及配偶在京无住房、未购买院所政策性住房、未享受安家费补助、未领取租房补助的证明（说明），报所在单位审核。

（2）所在单位审核。农科英才所在单位根据人才提供材料，重点审核本人及其配偶在京有无住房等情况。

（3）所在单位公示。材料审核无误后，农科英才所在单位需将其相关申请材料在本单位公示 3 个工作日。

（4）院级审核。农科英才所在单位公示无异议后，向人事局行文报送包括《周转房申请表》等材料在内的申请材料，人事局对农科英才租房资格进一步审核。审核无误后，商院后勤服务中心根据院周转房源情况，初步确定拟出租房源。

（5）院级公示。人事局对农科英才所在单位报送的申请材料和拟租其房源在院公示 3 个工作日。

（6）办理租住手续。院级公示无异议后，院后勤服务中心为农科英才办理租住手续，签订租住协议，明确租住要求。

（7）房源退回。农科英才支持期满后，所在单位督促其在两个月内交回院周转房。

（二）租住所人才周转房

农科英才所在单位可参照租住院人才周转房要求，自主确定申请程序。

三、领取安家费补助

（1）个人申请。符合条件的农科英才填写《中国农业科学院农科英才安家费补助申请表》（下称《安家费补助申请表》），提供本人及配偶未购买过政策性住房、未领取租房补助、未租住院所人才周转房的证明（说明），并附以本人名义购房发票、购房合同等材料报所在单位审核。

（2）所在单位审核。农科英才所在单位根据人才提供材料，重点审核本人及其配偶未购买过政策性住房、承诺今后自愿放弃院所政策性住房配售资格等情况，并初步核定安家费补助额度。

（3）所在单位公示。材料审核无误后，农科英才所在单位需将其相关申请材料在本单位公示 3 个工作日。

（4）院级审核。农科英才所在单位公示无异议后，向人事局行文报送包括《安家费补助申请表》等材料在内的申请材料，人事局对农科英才的申请资格进一步审核，院后勤服务中心核定京内单位申请人购买院所自建政策性住房情况，基本建设局核定其补助标准和金额。

（5）院级公示与审定。人事局对农科英才所在单位报送的申请材料和拟补助额度在院公示 3 个工作日。公示无异议后，人事局报院人才工作领导小组审定。

（6）安家费补助拨付。经院人才工作领导小组审定后，用人单位与农科英才签订协议，约定最低服务期限，先行垫付安家费补助，每年 9 月底前向院人事局提出院承担部分经费需求。院承担部分补助经费按有关规定拨付农科英才所在单位，委托所在单位发放。

四、购买院所政策性住房

按照院所有关规定执行。

中国农业科学院办公室关于新型冠状病毒肺炎疫情防控期间有关工资待遇问题的通知

农科办人〔2020〕13 号

院机关各部门、院属各单位：

为认真贯彻落实人力资源社会保障部、财政部《关于新型冠状病毒肺炎疫情防控期间事业单位人员有关工资待遇问题的通知》（人社部发〔2020〕9 号）精神，保障打赢疫情防控阻击战，现将疫情防控期间中国农业科学院工作人员有关工资待遇问题通知如下。

一、为促进有效实施隔离和医学观察等预防控制措施，根据《中华人民共和国传染病防治法》有关规定，对新型冠状病毒肺炎患者、疑似病人、密切接触者在其隔离治疗期间或医学观察期间以及因政府实施隔离措施或采取其他紧急措施导致不能提供正常劳动的工作人员，在此期间按出勤对待，全额发放所有工资（包括绩效工资）、福利待遇。

二、院属各单位在内部分配时，可在核定的绩效总量内，向敢于担当、勇挑重担、加班加点参加疫情防控的工作人员特别是作出突出成绩的人员倾斜。

三、院属各单位要高度重视疫情防控期间人员工资待遇问题，确保政策落实到位，强化政策效果，全力支持疫情防控，促进打赢这场疫情防控阻击战。

中国农业科学院办公室

2020 年 2 月 17 日

中国农业科学院办公室关于新型冠状病毒肺炎疫情防控期间进一步关心关爱一线值守人员的通知

农科办人〔2020〕20号

院机关各部门、院属各单位：

为认真贯彻落实中共中央应对新冠肺炎疫情工作领导小组印发的《关于全面落实疫情防控一线城乡社区工作者关心关爱措施的通知》（以下简称《通知》）精神，激励院所两级保安、保洁、志愿者等一线值守人员不畏艰险、勇往直前，保障打赢疫情防控阻击战，现就疫情防控期间进一步关心关爱一线值守人员提出以下措施。

一是落实好工作待遇。按照《通知》精神，在落实好院所两级一线值守人员现有报酬保障政策的基础上，按照“按劳分配、多劳多得”的原则，对工作在疫情防控一线的保安、保洁、志愿者等工作人员发放适当工作补助，补助标准由各单位综合考虑实际工作量、业绩贡献等因素自行确定。除发放补贴外，要进一步做好一线值守人员的职业伤害保障，疫情防控期间发生事故伤害或患病，符合《工伤保险条例》认定情形的，应依法及时申请工伤认定，切实保障相关待遇落实。

二是统筹好防护保障。院所两级要为一线值守工作人员及时足量配发口罩、防护服等防护用品，统筹测温仪、消毒用品等防控物资，扎实做好就餐、值班、交通等联防联控后勤保障。对于疫情防控期间连续工作的一线值守人员要强制休息，因疫情防控不能正常休假的一线工作者，要合理安排调休和补休。院所两级相关部门要深入一线走访慰问前线工作者，对有特殊困难的一线值守人员或其家庭，可使用专项党费、工会经费等多种渠道及时给予帮扶。加强对一线值守人员的心理援助和疏导，待疫情结束后，适当安排免费体检。

三是开展好典型宣传。号召全院各单位各部门做好疫情防控工作的同时，积极下沉一线，及时发现、深入挖掘广大干部职工和社区工作者开展联防联控，在服务居民群众、积极参与疫情防治宣传，提供便民服务、加强疫情监管，甘做最美“逆行者”的先进典型和感人事迹，尤其要加大对防疫一线工作者先进典型的宣传报道力度，会同有关部门进行广泛宣传、表彰，弘扬正能量，提振精气神，凝聚起打赢疫情防控阻击战的强大合力。对其中特别突出的典型，积极向上级有关部门进行推荐宣传。

中国农业科学院办公室

2020年3月16日

中国农业科学院博士后管理委员会关于印发《中国农业科学院博士后“优农计划”实施细则》的通知

农科博管会〔2020〕1 号

院属各单位：

为贯彻落实《中国农业科学院关于加强博士后队伍建设的实施意见》（农科院党组发〔2020〕30 号），制定了《中国农业科学院博士后“优农计划”实施细则》，现印发给你们，请遵照执行。

中国农业科学院博士后管理委员会

2020 年 7 月 24 日

中国农业科学院
博士后“优农计划”实施细则

第一条 为深入实施人才强院战略，推动博士后队伍跨越发展，吸引优秀博士毕业生来院从事博士后研究工作，进而扩大博士后在站规模，提高博士后培养质量，强化博士后人才储备库功能，发挥科技创新生力军作用，根据《中国农业科学院关于加强博士后队伍建设的实施意见》，制定本细则。

第二条 “优农计划”是对来院从事博士后研究工作的优秀博士毕业生的专项资助计划。在考虑科学研究能力和发展潜力的基础上，通过择优评审，按照不同的资助类别和标准，以生活补贴的方式进行资助，提高优秀博士后在站待遇，激发创新活力，进而吸引更多优质博士毕业生进站工作。

第三条 “优农计划”由院所两级共同组织实施。院博士后管理委员会（以下简称院博管会）负责全面指导、政策决策和经费保障。院博士后管理委员会办公室（以下简称院博管办）负责具体组织实施、落实院级资助政策、指导院属单位执行计划。院属单位负责本单位内推荐、对资助对象进行日常管理和评估考核。

第四条 “优农计划”院层面资助经费从院博士后专项经费列支，包括特别资助项目、重点资助项目、专门资助项目三个类型，资助标准分别为每年 10 万元、8 万元和 6 万元，资助期两年。资助经费由院博管办划拨至院属单位，其中 70%资助经费由院属单位按月发放，自进站当月起计发，30%资助经费视期满考核结果决定是否发放。对于“优农计划”入选者的合作导师，给予每月 500~1 000元的岗位补助，发放时长与博士后资助期一致，经费由院属单位统筹保障。

第五条 “优农计划”每年资助 20%左右的新进站博士后。特别资助项目支持对象为能力、业绩、潜力特别突出的优秀博士毕业生，重点资助项目支持对象为能力、业绩、潜力比较突出的优秀博士毕业生，专门资助项目支持对象为到中国农业科学院西部及偏远地区、科研基础相对薄弱的研究所从事博士后研究工作的优秀博士毕业生。

第六条 申报人须符合以下条件：

（1）年龄不超过 32 周岁（以提交进站申请时间计算）；

（2）取得博士学位且毕业时间不超过 3 年，应届博士毕业生优先；

（3）进站时间一般不超过半年（以评审通知截止时间计算，每半年组织申报 1 次）；

（4）具有良好的科学道德品质和科学研究能力，科研业绩突出，表现出良好的发展潜质；

（5）博士后期间研究计划清晰，研究任务与所在创新团队的目标任务相匹配，团队协作能力强，预期有突出成果；

（6）人事关系转入院属单位，全职到岗工作。

已入选国家博士后人才计划不再重复支持。

第七条　“优农计划”评选坚持择优评审、分类评价的原则，实行“个人申请—导师审核—院属单位推荐—院博管办组织评审—院博管会审批”的工作流程。申报人向所在单位提出申请，填写《中国农业科学院博士后优农计划评审表》（附件 1）。合作导师和院属单位对博士后申报材料进行审核把关，院属单位组织专家评审并确定推荐人选，推荐人选名单须公示 5 个工作日，公示无异议提交院博管办。院博管办组织专家评审，确定资助候选人，候选人名单须公示 5 个工作日。院博管会对公示无异议的资助候选人名单进行审定。

第八条　院博管办负责对院属单位报送的推荐材料进行审核，有下列情况之一的审核不予通过：

（1）未按规定时间报送或未按要求填写的；

（2）不符合“优农计划”申报范围的；

（3）存在知识产权争议的；

（4）存在学术不端的；

（5）存在其他影响审核工作的情况。

第九条　凡弄虚作假、剽窃他人成果，或者以其他不正当手段获选“优农计划”的，由院博管会撤销资助，收回已拨经费，院属单位视情况可作出退站处理。

第十条　“优农计划”资助对象的考核管理由院博管办负责监督指导，由院属单位具体实施。院属单位应与资助对象签订《中国农业科学院博士后优农计划管理协议》（附件 2），明确资助期内的支持措施、目标任务、考核指标、考核方式等，考核指标应高于所在单位博士后出站标准，管理协议在签署一周内报院博管办备案。

第十一条　对资助对象实行中期评估和期满考核，评估考核结果分为优秀、合格、基本合格和不合格 4 个档次。中期评估为合格及以上的，继续给予资助；基本合格的，资助经费暂缓发放，期满考核结果为合格及以上，再集中发放剩余资助经费；不合格的，终止资助。期满考核结果为基本合格或不合格的，不予发放剩余资助经费。对于期满考核不合格人员，院属单位应视情况提出退站或延期处理意见，报院博管会审定。对资助对象的中期评估和期满考核可结合博士后中期考核和出站考核一并进行。

第十二条　院属单位应加强博士后资助期内的日常管理，原则上资助期内不得提前出站，博士后在资助期内如发生提前出站、退站、出国逾期未归等情况，应及时停止经费发放，取消资助资格，报院博管办备案。博士后在资助期内出现违法违纪、学术不端、不良诚信等行为，按终止或撤销资助处理，博士后须退回已拨经费。

第十三条　院属单位可参照本细则制定配套管理制度，鼓励实施与本细则支持范围相衔接的、覆盖更广的优秀博士后培养措施。

第十四条 本细则由院博管办负责解释。

第十五条 本细则自印发之日起实施。

附件：1. 中国农业科学院博士后“优农计划”申请表（略）

2. 中国农业科学院博士后“优农计划”管理协议（略）

中国农业科学院
优秀博士后评审奖励实施细则

农科博管会〔2020〕2 号

第一条　为激励博士后在站期间努力提升科研能力和学术水平，对表现优异、业绩突出的博士后，经择优评审后给予一定奖励，发挥示范带动作用，激发博士后人员创新创造活力，促进优秀青年人才脱颖而出，根据《中国农业科学院关于加强博士后队伍建设的实施意见》，制定本细则。

第二条　优秀博士后评审坚持德才兼备、以德为先、公开公平、竞争择优的原则，树立注重品德、能力、业绩、贡献的评审导向，坚持分类，注重科研进展和代表性成果。

第三条　优秀博士后评审由院所两级共同组织实施。院博士后管理委员会（以下简称院博管会）负责宏观管理评审奖励工作，审定优秀博士后奖励人选。院博士后管理委员会办公室（以下简称院博管办）负责组织实施优秀博士后评审和奖励。院属单位负责遴选推荐优秀博士后候选人，给予配套奖励。

第四条　优秀博士后每年评选两次，每年奖励数量为在站博士后总数的 10%左右，具体名额根据当年度实际情况确定。对已获“优农计划”资助且获评优秀博士后的，只颁发证书，不予奖励，不占评选指标。

第五条　申报优秀博士后须具备以下条件：

（1）热爱祖国，遵纪守法，严守国家博士后相关管理规定以及中国农业科学院各项规章制度；

（2）崇尚科学，具有良好的科研素养，秉持端正的职业道德与从业操守；

（3）进入科研流动站工作满 1 年，且全职在岗；

（4）从事基础和应用基础研究，具备提出和解决农业科学问题的原创能力，在关键机理、重要规律、核心方法等方面取得原创性成果。从事应用研究，具备核心技术、关键技术的创新与集成能力，在品种与产品、关键技术与装备、综合技术方案等方面取得突破性成果。从事软科学研究，具备对宏观战略研究和管理部门决策的支撑服务能力，形成高质量的战略研究报告、技术咨询报告、政策建议等；

（5）主要研究成果应为博士后在站期间取得的研究成果，须以中国农业科学院为第一完成单位，本人为第一作者；

（6）主持至少 1 项国家自然基金、国家社科基金、中国博士后科学基金或其他省部级以上项目。

第六条 优秀博士后评审坚持竞争择优、分类评价的原则，实行“个人申请—导师审核—院属单位推荐—院博管办评审—院博管会审批”的工作流程。申报人向所在单位提出申请，填写《中国农业科学院优秀博士后申请表》（见附件）。合作导师和院属单位对博士后申报材料进行审核把关，院属单位组织专家评审并确定推荐人选，推荐人选名单须公示 5 个工作日，公示无异议提交院博管办。院博管办组织专家评审优秀博士后候选人，候选人名单须公示 5 个工作日。院博管会对公示无异议的候选人名单进行审定。

第七条 院博管办负责对院属单位报送的推荐材料进行审核，有下列情况之一的审核不予通过：

（1）未按规定时间报送或未按要求填写的；

（2）不符合优秀博士后申报范围的；

（3）存在知识产权争议的；

（4）存在学术不端的；

（5）存在其他影响审核工作的情况。

第八条 院博管会向优秀博士后颁发证书和奖励经费，奖励每人 3 万元；院属单位配套奖励每人 2 万元，给予合作导师一次性奖励 1 万元，对已获得招收高质量博士后岗位补助的合作导师不再重复奖励，所需经费由院属单位统筹保障。

第九条 凡弄虚作假、剽窃他人成果，或者以其他不正当手段获选优秀博士后的，由院博管会撤销奖励，收回奖金，院属单位视情况可作出退站处理。

第十条 本细则自发布之日起施行，原《中国农业科学院优秀博士后奖励规定》（农科院人〔2012〕175 号）同时废止，《中国农业科学院博士后工作补充规定》（农科院人〔2014〕43 号）中与本细则不一致的，以本细则为准。

第十一条 本细则由院博管办负责解释。

附件：中国农业科学院优秀博士后申请表（略）

构筑人才高地　优化创新生态
努力开创“十四五”人才强院新局面

——唐华俊院长在中国农业科学院第四次人才工作会议上的讲话

2020 年 11 月 25 日

同志们：

在收官“十三五”、谋划“十四五”的重要节点上，我们召开中国农业科学院第四次人才工作会，主要任务是学习贯彻落实党的十九届五中全会精神和新时代党的组织路线，深入贯彻落实总书记“四个面向”“两个一流”指示精神，按照“抓落实、谋发展、促改革”的总体部署，全面推进三次人才工作会议落实，分析“十四五”时期中国农业科学院人才工作面临的新形势新任务，找准存在的差距和短板，围绕“推年轻、强领军、补短板、优环境”的目标，系统谋划实施人才强院战略新思路、新举措，持续深化人才发展体制机制改革，努力营造更具吸引力、竞争力的良好创新生态，为加快建设“两个一流”、全力打造国家农业战略科技力量提供坚强的组织保障和人才支撑。下面，我讲四点意见。

一、解放思想、积极探索，人才工作取得显著成效

3 年多来，在总书记贺信精神的指引下，在农业农村部、人社部、科技部等上级主管部门的指导支持下，在其他单位的合作支持下，中国农业科学院牢牢抓住跨越发展的战略机遇期，全面贯彻习近平新时代中国特色社会主义思想，以组织体系建设为重点，坚持德才兼备、以德为先、任人唯贤，着力培养忠诚干净担当的高素质干部队伍，着力凝聚各方面优秀人才，为大力实施人才强院和人才优先发展战略，有力支撑农业科技事业发展和乡村振兴战略实施提供坚强的组织保障和人才支撑。

（一）人才优先发展的理念深入人心

全院深入贯彻落实总书记贺信精神，认真学习贯彻新时代党的组织路线以及习近平总书记一系列新思想、新论断、新部署、新要求，树牢“人才是第一资源”的理念，强化“国家科技创新力的根本源泉在于人”的意识，切实将新时代党的组织路线作为全院干部人才队伍建设的根本遵循。3 年多来，中国农业科学院持续深化人才发展体制

机制改革，完善人才培养机制、改进人才评价机制、健全人才激励机制，努力建设一支矢志爱国奉献、勇于创新创造的优秀人才队伍。做好干部培育、选拔、管理、使用工作，大力选拔信念过硬、政治过硬、责任过硬、能力过硬、作风过硬的优秀干部，着力打造讲政治、善作为的干部队伍。院属各单位坚决贯彻院党组关于人才工作的各项部署，紧密结合自身实际，努力构建促进人才发展的制度体系，在科研经费、实验条件、研究生招收、工资待遇等方面向优秀人才倾斜，努力激发各类人才的创新活力。院机关各部门以常态化、长效化的人才工作专项督导、研究所评价、班子考核等作为重要手段，确保人才工作会议精神和各项政策落实落地，营造了尊重人才、依靠人才、关爱人才、成就人才的良好创新氛围，人才优先发展理念在中国农业科学院深入人心，呈现各类人才竞相涌现、活力不断迸发的新局面。

（二）具有农科特色的人才政策体系初步建成

院所两级统一思想、积极探索、深入谋划，院层面相继出台“30 条”“新 30 条”两个纲领性文件和 17 项配套制度，院属单位结合自身实际出台了 337 项配套制度，促进人才队伍全面发展的“四梁八柱”已基本建成，涵盖顶端人才、领军人才、支撑转化英才、青年英才的“农科英才”体系已初步成型，为深入实施人才强院战略提供了坚实的制度保障。一是引才育才政策更加积极、开放、有效。坚持需求导向，定期发布高层次引进人才需求目录，不断提升引才精准性；采取“研究所先期引进，院里择优遴选”的方式着力提高选才质量，3 年多来共引进海内外高层次人才 225 人，其中，近 40%来自世界排名前 100 名的高校。坚持引进人才与自有人才同等对待，不唯“帽子”、更看“里子”，对于业绩突出的领军人才和青年英才，“一视同仁”纳入农科英才给予特殊支持，3 年多来自主培养院级人才 257 人，所级人才 318 人。二是激励政策更加健全有力。用好国家促进科技成果转化的好政策，健全成果转化相关制度，实行以增加知识价值为导向的分配政策，2019 年全院成果转化收入超过 10 亿元，较 2016 年增长约 50%，同步增强了科研人员的获得感。实施青年人才薪酬保障计划，每年努力筹措自有资金，通过增设保障项目、实行工资托底等方式，稳定保障 1 000名左右的优秀青年人才，缓解生活压力，帮助他们安居乐业、潜心科研。推进团队首席年薪制，通过动态浮动、超额奖励等方式，强化绩效考核结果应用，把收入与业绩贡献、团队发展更加紧密地关联起来。鼓励有条件的研究所试行“同工同酬”机制，充分发挥编外人才对科技创新的支撑作用。三是服务保障政策更加周到细致。给予科研工作经费持续稳定支持，为农科英才每年提供 60 万~200 万元的经费保障，创造安心工作的环境，让他们能将更多的精力放在承担高水平科研任务和产出高质量成果上。提供更有竞争力的收入待遇，农科英才除享受现岗位的工资待遇外，再给予每人每年 10 万~50 万元的岗位补助，稳定了一大批高层次人才，3 年多来，院所两级就上述两项经费累计支持 13. 5 亿元。助推优秀青年人才脱颖而出，破除“论资排辈”和“四唯”倾向，建立 40 岁以下研究员和 35 岁以下副研究员晋升绿色通道，3 年多来，176 名 40 岁以下青年人才晋升研究员，361 名 35 岁以下青年人才晋升副研究员。尽最大可能缓解生活压力、解除后顾之忧，将“安居”作为加强对人才关心关爱的重要措施，积极帮助解决住房，院层面已为 50 余位农科英才提供了周转住房，为 23 名农科英才发放安家费补助，支出自有资金近 2 000万元；研究所层面，已有 24 个研究所为人才提供了住房保障；院所还积极协助解决子女入托入学等问题，有效缓解人才的后顾之忧。

（三）人才队伍结构优化、量质双升

一是优秀人才竞相涌现，初步形成一支引领科技创新发展的高层次领军人才群体。三年多来，新当选 6 名两院院士，其中 2019 年有 4 人当选，创改革开放以来单年度增选数量和在院院士总数两项新高；杰青、优青等国家级人才达 252 人，比“十二五”末增长了 51%，中国农业科学院国家级人才数量在同领域高校和科研机构中比较靠前。二是干部人才队伍质量进一步提高，与事业快速发展的需求更加适应。全院职工总数 1. 1 万人，科技人员占到职工总数的 80%以上，形成一支“万人”规模、“金字塔”结构的干部人才队伍；“推年轻”效果明显，45 岁以下青年人才比例达到全院总人数的 59%、占到高级职称人员的一半以上，成为中国农业科学院科技创新的中坚力量；高素质、专业化干部队伍建设取得新进展，三年多来，共提拔 11 名“70 后”正所级干部，21 名“75 后”副所级干部，全院 45 岁以下处级干部占比达到 43%，一批业务能力强、民主作风好、管理水平高的干部充实到管理干部队伍中。积极补齐支撑、转化队伍短板，院所两级遴选首批支撑和转化英才，以关键少数带动绝大多数，很好地发挥了示范引领作用。三是关注青年人才成长，中国农业科学院持续、健康发展的后备力量得到进一步夯实。开展优秀年轻干部人才专题调研，发现了一批“底色好、品行优、潜力大”的“好苗子”。加大对博士后特殊支持力度，实施优秀博士后奖助计划，每年遴选 20% 的新进站优秀博士后给予专项资助，对在站期间表现优异的博士后给予专门奖励。通过这些措施，博士后在站规模和培养质量不断提升，仅 2020 年前 10 个月，招收博士后数和在站博士后数均创院历史新高，进站人数首次突破 200 人，在站人数首次突破 600 人，居全国农业高校和科研机构前列。

（四）人才在科技创新中的引领作用更加凸显

全院科技人员紧紧围绕农业农村发展中的公益性、基础性、全局性、战略性、前瞻性重大科技问题，持续攻坚克难，取得了一系列重大科研成果，为保障国家粮食安全、助力脱贫攻坚、推动乡村振兴和农业农村现代化提供了重要的人才支撑，尤其是作为中国农业科学院核心力量的农科英才，以仅占全院科技人员 5%左右的规模，主持了全院 51%的国家级重大科研项目，获得了全院 91%的国家奖，发表了 71%的 CNS 等高水平

论文，申请了37%的专利，培育了25%的农作物、畜禽新品种，创新引领和示范带动作用显著。3年多来，在面向世界科技前沿方面，取得多项领跑国际的重大原创性科学发现，例如，在农作物基因组学研究、农作物强杂交优势利用与新品种创制、绿色超级稻培育、动物重大疫病流行机制与疫苗研制等方向已达到世界前列甚至领先地位。在保障国家重大需求方面，强化对原创性前沿技术、共性关键技术、产业瓶颈技术领域的人才布局与培养，持续开展科研攻关，在家禽疫苗免疫、非洲猪瘟防治、草地贪夜蛾防控、藏粮于技等方面取得了重要突破，为解决农业农村现代化发展中的一些紧迫问题提供了有效支撑。在服务现代农业主战场方面，积极投身脱贫攻坚和乡村振兴，3年多来，共派出788个团队、4 792位专家，帮扶贫困地区生产经营主体增收58亿元，推广新产品739个、新技术285个、畜禽新品种5.7亿头（羽），培训人员92万人次，为推动地方经济发展发挥了重要作用，涌现出以金黎平、张金霞为代表的一大批优秀科学家，为乡村振兴和脱贫攻坚作出贡献。在提升国际影响力方面，发起国际农业科学计划，正式加入“国际小麦研究计划”等7项国际农业领域知名研究计划，6名科学家入选外籍院士，200余名专家在联合国粮食及农业组织、国际农业磋商组织等国际机构中担任职务，极大提升了中国农业科学院在国际机构和相关学术领域的影响力。

以上这些成绩，是在新时代党的组织路线和总书记贺信精神指引下，在农业农村部、人社部、科技部等上级部门的关心支持下取得的，是在座的各位同志以及全院广大职工共同努力的结果。在此，我代表中国农业科学院，向长期关心支持中国农业科学院发展的各级领导、各界朋友、尤其是新闻媒体的朋友们，以及付出辛勤汗水的全院广大干部职工，表示衷心的感谢和崇高的敬意！

二、认清形势、找准差距，增强做好人才工作的责任感和紧迫感

“十四五”是中国农业科学院持续深入贯彻落实总书记贺信重要指示精神，加快推进“两个一流”建设，着力推动农业科技水平整体跃升的关键时期，创新工程也同期进入全面跨越发展阶段。面对国际农业科技发展新态势和国内农业农村发展新需求，未来5年，中国农业科学院作为农业科研国家队，必须要坚定“创新是第一动力，人才是第一资源”理念，勇于扛起国家赋予的职责使命，强化“改革排头兵、创新国家队、决策智囊团”的责任担当，继续深化管理机制改革，营造有利于人才发展的制度和政策环境，培养造就一支与世界一流院所地位相匹配的，具有国际水平的战略科技人才、科技领军人才、青年科技人才和创新团队。

面对新形势、新任务、新要求，尽管中国农业科学院人才工作取得了很好成效，但与中共中央赋予的职责使命相比，与“两个一流”建设目标相比，仍然存在一些短板和差距，还不能完全满足中国农业科学院科技创新和成果转化各项事业快速发展的需要。

一是人才队伍建设与创新发展布局的协同配合还不够紧密。学科间人才结构尚不平

衡，目前66%的领军人才集中在作物、畜牧、植保、资源与环境4个优势学科中，农业机械、农业工程、经济信息等传统学科高层次人才数量明显不足，人工智能、合成生物学等新兴交叉学科人才布局存在明显短板。重大平台建设与人才队伍建设的匹配性、配套性需要进一步加强，平台对人才的集聚效应不明显，人才对平台的支撑作用不显著，以上一轮国家重点实验室评估为例，通过对6个国家重点实验室人才队伍情况和评估结果进行分析发现，评估排名与人才队伍实力表现出极强的正相关性。建设高质量人才队伍尚未形成普遍的行动自觉，通过分析2017—2019年研究所评价结果发现，研究所发展实力与人才队伍质量也呈显著的正相关性，有85%的研究所两个指标排名相差不超过5位，例如，基因组所近3年发展速度排名全院第二，该所的人才队伍实力增长也是排名全院第二。通过连续召开3次人才工作会议，人才优先发展理念已得到广泛共识，但仍有些研究所对人才是第一资源的理念认识不深，在抓人才工作方面重视不够、思路不宽、办法不多，落实"30条""新30条"执行进度有很大差距，截至2020年9月底，全院总体落实进度为90%，只有4个研究所全面落实了相关措施，有5个研究所的落实进度在80%以下，还有个别研究所落实进度一直偏慢。没有优秀的人才，就不可能有高质量的创新。但是我们在思想认识上、措施上、办法上确实还有很大的差距。我在这里特别强调一下推进落实各项任务中存在一些共性问题：一是认识不到位、工作不主动，存在"推、拖、等"问题，总是希望院里给点支持；二是政策结合自身实际不够、不接地气，对院里相关政策研究不透，导致有些方面没法落实；三是不敢担当、不敢碰硬，比如在解决团队首席接续和处级干部聘期制等一些难点问题上力度不大、劲头不足。

二是人才供给质量与"四个面向""两个一流"需求还存在差距。国家级人才的总规模还不够大，通过这几年的引进培养，中国农业科学院人才队伍不断发展壮大，但从数量上看，国家级人才还是偏少，农科英才顶端、领军人才仅有225名，占全院专业技术人员总数的3.7%；从布局上看，有针对性的前瞻性引育不够，全院300多个创新团队中近1/3的团队首席未达到遴选标准"硬条件"。队伍年龄梯次仍需进一步优化，"推年轻"的任务十分艰巨，全院210名所局级干部平均年龄53岁，45岁以下仅占10%，其中，未来5年，院机关部门、院属单位有42名党政一把手达到法定退休年龄，占一把手总数的58.3%；411名正处级干部平均51岁，40岁以下仅占4%。307名团队首席平均年龄52岁，40岁以下不足4%，未来5年有130名首席退休，占首席总数的42%；科研人员中，55岁以上研究员占37%，40岁以下研究员仅占6%，35岁以下副研究员仅占8%。科研、管理、支撑和转化四支队伍发展不均衡，与科研、管理队伍相比，支撑和转化队伍规模偏小，专业素质能力偏弱，整体发展滞后，职业发展通道较窄，对中国农业科学院科技创新和成果转化的保障力度不足。农业高端智库战略研究力量还需进一步加强，着眼于农业农村经济、农业政策和农业科技发展战略等重大问题，开展高层次决策咨询研究，推出高质量的研究成果，为中共中央及有关部门的科学决策提供智力支持的作用还没得到充分发挥。国际化人才队伍建设滞后，人才国际化程度普遍偏低，全院在海外获得学位或从事博士后研究的科研人员仅占8%；国际化管理人员严重不足，有涉农国际组织、国际农业研究机构任职经历的人员屈指可数。

三是依靠机制改革优化科技创新生态还有很大空间。以岗位管理为核心的人才聘用机制还不完善，长期以来形成的“平均主义”“论资排辈”等现象在一定程度上仍然存在，“能上能下”“能进能出”的流动机制还未形成常态化。有利于人才潜心研究的评价机制还需进一步健全，分类评价机制仍在探索之中，人才评价标准、内容、方法等诸多方面还需进一步完善，以创新能力、质量、实效、贡献为导向的分类评价体系尚未完全形成。人才经费投入渠道单一，多元化的投入机制尚未建立，人才经费以中国农业科学院自筹为主，缺少国家层面的专项支持，在吸引多元化社会资本方面还有很大潜力。院、所、团队三级投入机制还不完善，以农科英才为例，截至目前，院里承担了100%的安家费和50%以上的岗位补助，有40%的研究所没有全额承担本应所里支付的岗位补助，其中有一半的研究所全部由团队或课题组解决。

以上这些问题，既有我们运行机制不顺、能动性发挥不足的主观原因，也有所处发展阶段、政策制度制约的客观现实。院机关各部门、院属各单位要高度重视，切实扛起责任，认真谋划，在今后的工作中尤其是在“十四五”下功夫加以解决。

三、系统谋划、创新实干，努力开创“十四五”人才强院新局面

新形势需要新思路，新问题需要新机制，新要求需要新举措。“十四五”人才工作，要以习近平新时代中国特色社会主义思想为指引，全面贯彻党的十九大和十九届二中、三中、四中、五中全会精神，坚定不移贯彻落实新时代党的组织路线“五个抓好”的要求，深入落实“四个面向”“两个一流”指示精神，坚持问题导向、目标导向和结果导向相统一，持续实施人才强院和人才优先发展战略，按照“服务发展、创新机制、注重效能、整体推进”的总体思路，深入推进人才发展体制机制改革，破除束缚人才发展的思想观念和体制机制障碍，不断激发人才创新活力，努力开创优秀人才辈出、各类人才协同发展的良好局面，为全面实施乡村振兴战略、助力推动农业农村现代化提供有力的人才支撑。

（一）对标“四个面向”“两个一流”发展需要，建立完备的干部人才队伍体系，打造一支引领农业科技发展的国家战略科技力量

2019年人才工作会提出统筹科研、管理、支撑、转化队伍建设，就是要将四支队伍同谋划、同部署、同推进，抓好协同发展、均衡发展。对于科研人才队伍，要聚焦未来农业发展基础和应用基础研究的前沿领域，尤其要聚焦粮棉油、肉蛋奶等重要农产品全产业链共性关键技术和“卡脖子”技术，明确人才引进培养的重点方向、重点岗位和重点对象，不断优化科研力量布局，强化人才对科技创新、产业发展的支撑和引领。

要整合优化项目、平台、经费、岗位等优质资源，在实施重大科研任务、攻克核心关键技术的同时，造就一批能够把握世界科技大势、善于统筹协调的世界级科学家和领军人才，发现一批创新思维活跃、敢闯“无人区”的青年才俊和顶尖人才。对于管理人才队伍，要着重加强各单位领导班子建设，围绕事业发展需要选优配强党政正职，科学互补搭好班子，提高治理能力与水平；坚持全院干部资源“一盘棋”，推动领导班子实现来源渠道广泛、专业优势互补、整体功能提升；加强班子政治建设，推动政治生态持续向好发展。要优中选优，大力发现培养选拔优秀年轻干部，加强所局级年轻干部选拔配备，重点抓好 50 岁左右党政正职和 45 岁左右班子副职选配；加快推进中层干部队伍年轻化，着力配备 40 岁左右处长和 35 岁左右副处长；加强干部教育培训，坚持分类开展专业化培训，提升专业素养和专业能力。对于支撑人才队伍，要不断强化在科技创新活动和创新体系中的重要基础保障地位，聚焦科技发展和重大科研任务需要，着重加强质量监督检测、大型仪器设备运维、种质资源收集保存、科技成果推广服务等技术支撑人才的培养；聚焦科技服务平台、网络支撑平台等建设需要，着重加强编辑出版、信息化服务和科普宣传等公共支撑人才的培养。要根据支撑人才的不同特点，确定不同的职业发展目标，构建符合其特点的、科学完善的分类培养体系，通过一个时期的特殊、稳定支持，建成一支掌握核心技能、重要技艺，扎根一线、服务高效的支撑人才队伍。对于转化人才队伍，要围绕“三创”团队建设，培育一批既具有一定专业知识背景，又熟悉市场需求，从事科技成果孵化、转移、转化的复合型技术转移人才；着力解决科技与生产、市场衔接不够紧密问题，发现、培养、引进一批从事产业对接、项目策划、谈判合作、企业经营等工作的、促进成果转移的企业经营人才，组建专业化科技成果市场推广团队，切实推动中国农业科学院科技成果转化工作跨越式发展。

（二）构建与高质量科技创新相匹配的人才供给体系，推动人才链与创新链、产业链有机融合、协同发展，强化人才对科技发展的核心支撑作用

聚焦人才供给质量还不能完全满足“四个面向”“两个一流”需要的矛盾，建立以需求研判、精准引育、能力提升、新老交替为核心的人才供给体系，努力提升人才供给质量，保持院所创新活力。

一是建立人才需求清单。做到两个研判：一要根据创新链、产业链布局研判人才需求，实现按需精准引才、育才。定期开展院所科技创新发展和人才需求分析，确定院所重点支持学科领域，盘点人才存量和缺口。二要根据人才成长规律研判政策需求，实现按需高效培才、用才。遵循农业科研和人才成长规律，定期开展人才政策需求调查，准确把握各类人才、不同成长阶段的政策需求，实现人才的精准培养和科技资源的高效配置。

二是进一步优化人才支持措施。完善农科英才特殊支持政策，优化人才层次，调整遴选条件，不简单“以帽选人”；改进投入机制，加强与国家人才政策衔接，健全院所

两级分级负责的特殊支持机制，院所两级、以所为主，研究所要发挥更大作用，院里也会尽最大努力给予支持；优化评估考核方式，强化结果应用，健全农科英才中期、期满评估考核机制，对考核结果不好的，要建立退出机制；对表现优异的，可继续追加支持。

三是实行人才能力提升工程。要强化对人才的政治引领和吸纳，发挥党委政治核心作用、党支部战斗堡垒作用、党员先锋模范作用，不断提高人才的思想水平和政治能力；要强化榜样教育，通过农科精神学习、先进典型宣传，塑造人才科研报国为民情怀；要进一步强化研修培训，建立专家研修制度，提升人才对国情社情院情、科技前沿和产业需求的认知能力，提高战略思维能力，实现从领域专家到复合型战略专家的转变。

四是实施国际化人才培养计划。要选派重点领域科研和管理人员到世界一流科研院所、大学开展合作研究和学习交流，进一步加快提升国际化水平；要抓住海外人才加快回流的窗口期，分层次、有重点地吸引和资助海外优秀学者和科学家来院工作和讲学；要进一步推进国际人才有效支撑中国农业科学院重大任务研究和高水平学术交流，选派不同领域专家和管理人员到驻外使馆（团）和国际组织工作，强化国际视野，深入了解国际农业科技发展趋势和规划。

五是探索实施有温度的能下能出机制。一方面，要强化任期聘期管理，建立新老正常交替机制。坚持和完善所局级干部任期制、处级干部聘期制，严格执行任期、连任年限和最高任职年限等规定，不断优化领导班子和干部队伍结构，推动形成干部能上能下良好氛围。坚持和完善干部交流制，推进全院干部“一盘棋”，进一步打破干部使用部门化、内循环，激发队伍活力，提升干部队伍整体素质和能力。坚持和完善首席接续机制，明确资深首席、首席、执行首席岗位职责，明确资深首席有关待遇，切实解决首席老龄化问题，保证创新团队方向稳定和可持续发展。另一方面，要强化人文关怀，建立退出保障制度。建立退出谈话机制，院所领导关心了解有关诉求，帮助解决他们的后顾之忧。院所要为退出领导岗位的所局级干部和资深首席颁发荣誉纪念牌，肯定他们为院所改革发展做出的贡献。根据实际情况，对退出后仍适合继续从事科研工作的干部人才，实行后续职业发展和特约顾问政策，为他们发挥作用创造条件、提供平台。

（三）深化人才发展机制改革，营造有利于优秀人才聚集、成长的良好生态环境，充分激发创新活力、有效释放内在潜能

聚焦人才工作中的问题与短板，持续深化人才发展机制改革，通过机制创新把各类人才干事创业潜能有效激发出来。

一是推进全员聘用制改革。中国农业科学院在人员聘用上，仍然存在岗位数量不足、发展通道较窄、人员活力不够、绩效激励不充分等问题，为解决这些问题，我

们提出探索全员聘用制改革，核心是聚焦以岗位管理为核心的聘用制和以绩效管理为核心的分配制两大任务。在岗位管理上，要建立规范灵活的聘用机制，根据四支队伍发展需要，用好用足国家岗位管理政策，拓宽职业发展通道，为促进人才健康发展、合理流动创造条件。淡化编制要求，对全体职工逐步做到一视同仁，实行合同聘期管理，增强编外职工归属感，打破人员聘用“终身制”“铁饭碗”。在绩效管理上，要建立能上能下的考核机制，坚持“干什么、考什么”的原则，实行聘期任务目标管理，把考核结果与晋升晋级结合起来，实现人员的“能上能下”，打破岗位聘用“终身制”。建立与岗位类型、业绩贡献直接挂钩的薪酬激励机制，切实激发各类人员创新创造创业活力。

二是健全人才评价机制。要抓紧健全以创新能力、质量、实效、贡献为导向人才分类评价体系，根据学科方向和研究领域的不同分别制定评价标准，对从事基础研究的人员，着重评价提出和解决重大科学问题、开展原创性科技创新的能力，着重评价成果的科学价值、学术水平和影响力；对从事应用研究的人员，重点评价对前沿技术、共性关键技术、产业瓶颈技术的创新能力和在重大新产品创制方面取得的创新成果；对从事软科学研究的人员，重点评价对国家农业发展提出战略规划、政策建议、标准规范等方面的能力和业绩。

三是建立物质与精神并重的激励机制。注重内部驱动与外部驱动同向发力，引导人才将个人发展融入院所事业发展，营造单位与个人“共创共赢”的环境氛围。强化精神引领的内在驱动。院所两级要规划凝练发展愿景，提出更高的目标追求，营造崇尚使命、担当作为、无私奉献的创新生态，激发干部人才开拓进取的使命感。此外，利用好发展机会对优秀干部人才，尤其是青年干部人才的激励、牵引作用，将每一次科技创新、每一项管理改革、每一个空缺岗位配备，都作为对优秀干部人才进行激励的有效措施。同时，把握“四严四宽”原则，建立纪律严明、环境宽松的农业科研特色监督体系和容错纠错机制，营造基于信任的管理文化，充分释放团队和人才开拓创新的积极性与主动性。强化物质保障的外部驱动。公平公正的薪酬分配是调动积极性的重要措施之一。院属单位要充分利用深化科技体制改革的政策红利，打破“大锅饭”式的收入分配方式，建立以绩效为核心的分配机制，推行编内编外“同工同酬”，让有能力、做贡献、肯付出的人才有获得感。一方面，要继续深化绩效工资制度改革，在实施好“青年人才薪酬保障计划”的同时，谋划高层次人才绩效工资总量单列机制，加快推进绩效总量统筹使用。推进建立特殊岗位津贴制度，对长期在艰苦边远地区以及“急难险重”岗位工作的人员给予特殊待遇。另一方面，要健全成果转化收入分配机制，院里对成果转化活动作出了界定，内涵比较丰富，研究所和团队要充分利用好现有政策，立足本职和主业拓展成果转化收入来源，公正、公平、合规分配转化收入。研究所要发挥统筹作用，对于因为学科性质导致转化能力不强的个人或团队，例如从事基础研究的人员，应当给予倾斜。

四、加强领导、协同联动，确保各项措施层层落实落地

（一）强化一把手责任制，切实扛起主责、当好主角

院属各单位领导班子特别是主要负责同志，要履行好人才工作第一责任人的职责，树牢人才优先发展的思想认识，把新时代党的组织路线落实到人才队伍建设中，更加解放思想、更加突出重点、更加敢于担当，强化对院党组关于人才工作各项部署的落实，切实把加强人才队伍建设摆在各项工作的重中之重。当前中国农业科学院正处于谋划“十四五”的关键时期，这次人才工作会后，各单位要根据会议精神，组织精干力量，加快谋划“十四五”人才工作，明确发展思路、发展目标和具体措施，构建院所两级、协调统一的人才发展规划体系。要坚持严格落实人才工作目标责任制，将政策落实效果与领导班子和干部队伍建设结合起来，继续把人才工作列为领导班子年终述职述廉的重要内容，院里要全面督导检查。

（二）拓展多元投入渠道，确保资源配置稳定可持续

加强国家、院、所人才政策有效衔接，在人才的类别、层次和支持方式上错位设置。明确院所两级职责定位，院层面重点加强政策设计和机制创新，选拔支持核心关键人才；院属单位作为用人主体，要加大人才队伍建设力度和人才工作投入力度，拓展人才经费来源和渠道，吸纳社会、企业、个人资本投入，着力构建层次分明、内外结合、多元并存、支持有力的投入保障体系。

（三）向深化改革要红利，依靠改革激发创新活力

当前，中国农业科学院正处在事业快速发展的关键时期，在这个时期、这个节点上，要坚持深化体制机制改革，通过改革把人才队伍蕴藏着的巨大创新潜能有效释放出来。2020 年是深化改革年，各部门、各单位要聚焦用人机制、分配机制、评价机制、企业兼职机制、“放管服”等改革，开展调查研究摸清家底，坚持问题导向、需求导向和结果导向，明确改革方向和路径，把广大职工的所思所想、热切诉求反映出来，把各类人员的创新活力激发起来。

（四）厚植创新发展沃土，打造有利于人才辈出的良好环境

要营造事业育人的环境，发挥国家队的平台和项目优势，把优秀科技人才凝聚培养

与重大科研布局、重大科技任务、重大创新平台建设有机结合起来，为人才成长搭平台、给机会，让人才在科研实践中增长才干、砥砺品质。要充分信任、放手使用，特别是青年人才，让他们领衔、承担重大科研项目，营造鼓励创新、宽容失败的工作环境。要营造感情暖人的环境，将院所打造为“人才之家”，切实关心人才的学习、工作与生活，努力改善人才在教育培训、医疗保健、居住环境等方面的条件，多为人才办实事、做好事、解难事，构建尊才、敬才、爱才的软环境。要营造精神励人的环境，大力弘扬爱国、创新、求实、奉献、协同、育人新时代科学家精神，广泛宣传科技工作者勇于探索、献身科学的生动事迹，发扬严谨治学、注重诚信、勇担责任等优良学风，加大对学术不端等行为的查处力度。

同志们，“十四五”是中国农业科学院深入实施人才强院战略和人才优先发展战略，实现跨越发展的重要机遇期。全院上下要持续深入贯彻“四个面向”重要指示精神，对标“两个一流”建设要求，认真践行新时代党的组织路线，深化人才发展体制机制改革，着力打造国家农业战略科技力量，为推动我国农业科技整体跃升，支撑引领现代农业发展，助力实现“两个一百年”奋斗目标和中华民族伟大复兴的中国梦作出新的更大的贡献。

深化体制机制改革　激发创新创造活力
加快推进现代科研院所建设与发展

——唐华俊院长在深化现代院所改革交流研讨会上的讲话

2020 年 1 月 8 日

同志们：

今天上午，我们对全院 2019 年的工作进行了总结，围绕“强创新、壮队伍、优机制、促振兴”的总体要求，部署了 2020 年七项重点工作，并提出将 2020 年作为中国农业科学院的深化改革年。下午，我们召开深化现代院所改革交流研讨会，邀请院内外领导、专家、学者畅谈改革经验、共话改革愿景，重点围绕“深化体制机制改革，激发创新创造活力”的主题，对中国农业科学院加快建设世界一流学科和一流院所进行再动员、再部署、再推进。刚刚科技部、中国科学院、北京生命科学研究所的几位领导专家从不同层面、不同角度阐述了对深化科技体制改革的认识、理解和实践，对于中国农业科学院有很好的指导和借鉴作用；基因组所、哈兽研、果树所介绍了各自改革的思路、做法和成效，大家讲得很好，我很受启发，我都赞同。

中国农业科学院党组高度重视现代院所的改革与发展，坚决贯彻落实习近平总书记作出的“三个面向”“两个一流”重要指示精神，始终坚持把深化体制机制改革，作为激发院所发展内生动力和科研人员创新活力的核心关键。特别是 2019 年以来，为加快推进世界一流院所建设，中国农业科学院成立了由我和合成书记担任组长的深化改革工作领导小组，组建了由院领导带队的 3 个调研组，通过广泛调研，全面了解院所基层的改革诉求以及兄弟单位的改革经验；有关机关部门和单位，根据相关领域改革的最新要求，积极开展专题研究；召开长沙改革座谈会，聚焦改革问题开展深入研讨交流；这一系列举措为我们进一步深化院所体制机制改革奠定了很好的基础。下面，结合会议主题，我讲四点意见。

一、充分肯定中国农业科学院在现代院所改革中取得的阶段性成效

党的十八大以来，院党组坚决贯彻落实中央决策部署，坚持创新驱动发展，深入推进科技体制改革、事业单位分类改革、干部人事制度改革、人才发展体制机制改革、科技评价改革、科技成果转化改革，促进科研领域“放管服”、不断扩大用人单位自主

权，院所两级上下联动、互促互进、形成合力，在现代院所制度创设和机制创新上取得了积极进展。

从院级层面看，院党组全面加强对各项改革工作的领导，院机关各部门统筹谋划、协调配合、综合施策，各项改革工作稳步推进。一是以实施科技创新工程为抓手，探索科研组织新机制。构建以团队为基本单元的创新主体，改变“小作坊、夫妻店”的组织模式；建立以“双总制、大协同、长周期”为特点的科研方式，形成“集中力量”办大事的创新模式；建立以“稳定+竞争”的科研经费资助模式，有效解决现行科研投入体制与农业科研公益性、长期性之间的矛盾。二是以破除人才发展桎梏为突破口，探索激发人才活力新机制。构建青年、领军和顶端三层级、阶梯式，以及可考核、可晋升、可退出的农科英才特殊支持模式，让“永久牌”变成“流动牌”；初步建立以学科领域和科研活动类型为基础的人才分类评价机制，解决评价内容“一把尺子量到底”的问题；强化职称评审激励导向作用，开辟 40 岁以下正高职称、35 岁以下副高职称和“不拘一格”特殊通道，破除论资排辈。三是以打造“三创一体”团队为核心，探索加快科技成果转化新机制。在创新工程经费支持下，着力打造“创新、创造、创业”协同发展团队，围绕国家需求、产业需求和市场需求深入开展研究，构建从科研立项到成果转化“全链条”发展新模式；持续深化科研成果权益改革，在以增加知识价值为导向的收入分配制度上积极尝试，让作出贡献的人才实现“名利双收”；构建全国农业科技成果转移服务体系和综合性成果转化基地体系。四是以优化区域布局为手段，探索院所持续发展新机制。围绕雄安新区、海南自贸区等国家重大战略，开展重点布局，积极谋划和推进雄安创新中心和国家南繁研究院建设；围绕棉花、水稻主产区调整变化，进行扩展布局，在新疆和黑龙江分别建立西部中心和北方水稻研究中心；围绕成都国家级现代农业产业科技创新中心、深圳“可持续发展全球创新城市”的整体建设需要，进行前瞻布局，与地方政府共建国家成都农业科技中心和深圳国际农业食品科学中心。

从所级层面看，部分院属单位能够结合自身定位和发展实际，充分发挥主体作用和首创精神，在现代院所改革进程中收获了实实在在的成效。一是对标“三个面向”找到了自身定位，明确了发展方向。从调研情况看，部分研究所能够深刻把握“三个面向”内涵，紧紧围绕农业科技前沿和我国农业农村发展中的重大问题开展研究，彻底摆脱了职责定位不清、主业不明等问题，在抢占科技竞争制高点取得了重大突破，在解决“卡脖子”关键技术方面取得了重要进展。二是优化内部管理机制，营造了良好创新氛围。一些单位在改革中，能够遵循农业科技公益性、长期性和基础性的特点，尊重科技人才成长成才规律，在科研管理中，突出中长期目标导向和重大成果导向，强化稳定支持；在人才队伍建设上，分类设置创新岗位，探索实施分类评价，鼓励持续研究和长期积累，营造出潜心科研、十年磨一剑的创新环境。三是坚持双轮驱动，提高了成果转化效率。一些研究所坚持把科技创新和成果转化作为院所发展的两大基石，加快由“研学产”向“产学研”转变。有的单位与企业共建联合实验室、在企业建立研发转化综合基地，通过订单式研发推动科企融合发展；有的单位通过交叉专利集成，形成专利群，整体转让，实现了科技成果转化的高质高效。四是放权松绑减负，释放了科技创新活力。部分单位深入推进“放管服”改革，加强科研财务信息化建设，探索全员聘任制改革，推行研究部门去“行政化”，赋予团队首席更大的决策权和经费使用权，不断释放研究所的内生动力和科技人员的创新活力。从调研情况看，有10个研究所的科研人员对本单位“放管服”改革的满意度在80%以上。

同志们，近年来我们在深化体制机制改革方面取得了一些进展和成效，但中国农业科学院的学科和区域布局还不完善、科研项目管理有待优化、“四支队伍”发展不平衡、分类评价体系不健全、决策自主权仍不充分、院所和人才活力有待提高，我们在体制机制创新上还有很大的提升空间。改革只有进行时，没有完成时，我们要站在新的起点，系统谋划、加快推进现代科研院所改革发展。

二、充分认识进一步深化现代科研院所改革的紧迫性

面向2035年，当前国家正在制定新一轮中长期科技发展规划，作为国家农业科技的战略力量，我们要认真分析中国农业科学院科技创新发展面临的新形势、新机遇、新要求、新挑战，深入思考我们为什么要进一步完善科技创新体制机制，为什么要进一步全面深化现代院所改革，我理解主要有三个方面。

一是深入贯彻落实党的十九届四中全会的具体体现。十九届四中全会将科技创新的体制机制建设，作为国家治理体系建设的重要内容，强调要完善科技人才发现、培养、激励机制，健全符合科研规律的科技管理体制和政策体系，改进科技评价体系，并对加强关键核心技术攻关、鼓励支持基础研究和原始创新、建立产学研深度融合的技术创新体系等作出重要部署。这充分说明了中央对实施科技强国战略、推进科技创新体制机制改革的高度重视，为新时代科技改革发展指明了方向。前不久，张桃林副部长主持召开“推进农业科技体制改革”专题座谈会，要求中国农业科学院深入贯彻落实习近平总书记“三个面向”“两个一流”的重要指示精神，在深化现代科研院所改革中走在前作表率。对此，我们必须深刻领会、全面贯彻十九届四中全会精神，充分认识新时期推进科技体制机制改革、建立现代院所治理体系的重要性和紧迫性，按照中共中央国务院和农业农村部党组的部署，扎实推进、狠抓落实，着力推动以满足国家农业战略需求为核心目标的科技体制机制建设，引领全国农业科技创新体系改革发展。

二是推进农业供给侧结构性改革、实施乡村振兴战略的迫切需要。实施乡村振兴战略，关键在于推动农业产业转型升级，动力源于农业科技资源的有效供给和高效利用。近年来，随着农业供给侧结构性改革的加快推进，符合国情的农业生产布局持续优化、农业生产经营方式不断转变、要素资源优势持续整合，但资源环境约束趋紧与发展方式粗放、发展动力转换与科技创新成果供给不足等困境和挑战也愈发凸显。习近平总书记多次强调，推进农业供给侧结构性改革，提高农业综合效益和竞争力，要以科技为支撑，走内涵式现代农业发展道路。作为农业科研国家队，为乡村振兴战略加快推进提供

坚强有力的科技支撑，是我们的重大职责和紧迫任务。对标国家战略和现代农业建设主战场的需求，我们还面临着农业科技投入总体偏低，国立科研机构公益性定位未充分显示，农业科技创新体系中还存在着同质化发展和同领域竞争，以及“上下一般粗、左右皆兄弟”等诸多体制层面的问题，但这些不足以成为我们发挥国家战略科技力量作用的羁绊，要通过进一步深化院所内部体制机制改革，尽快走出“脱钩、断奶、转企”的影响，不断优化政策环境，完善运行机制，提高管理效能，激发院所活力，为促进现代农业产业转型升级注入更强动力。

三是激发院所创新活力、加快“两个一流”建设的必然要求。近年来，国家对科技资源配置、科技计划组织方式、人才发展体制机制等改革力度不断加大，对科研项目管理、科研经费使用、科技评价制度、科技成果转化等改革也在持续推进，尤其是2019年科技部等6部门联合下发的“260号文”、国家自然基金委员会等3部委出台的“71号文”，对于加快破除制约科技创新的体制机制障碍，营造了良好的政策环境。然而从调研的情况看，一些改革的政策还没有真正落地，中国农业科学院仍有接近40%的科研人员对“放管服”工作没有给出“满意”的评价；青年科技人员对“保基本生活、给发展空间、稳研究支持”等有利于潜心科研的诉求反映仍非常强烈；还有相当一部分研究所与创新团队聚焦“三个面向”不够，“追着项目跑”和“躺在创新工程上”的现象并存。这些都说明我们现行的管理方式、评价模式、激励机制等与科研人员的期盼还有较大差距，很多激发创新活力的改革政策还没有真正落地落实，我们在构建现代院所管理制度体系和加大运行机制创新方面还有很长的路要走。世界一流科研院所意味着一流的管理、一流的科研、一流的成果和一流的人才。加快推进“两个一流”建设，我们必须按照“三个面向”的总要求，进一步深化现代院所改革，构建符合农业科研单位特色的现代管理体制，营造有利于科技创新的制度和政策环境，全面提升院所治理体系的现代化水平。

三、强化顶层设计，厘清深化现代院所改革的思路

习近平总书记指出，新时代的改革更多面对的是深层次体制机制问题，对改革顶层设计的要求更高，对改革的系统性、整体性、协同性要求更强。因此，中国农业科学院进一步深化现代院所改革，必须要明确从哪方面改、怎么改，必须要深入系统研究、厘清改革思路、明确方向目标，必须要统筹设计谋划、探寻改革路径、确定实施步骤，确保各项举措符合农业科技创新规律、符合现代院所发展规律、符合人才成长成才规律。

（一）改革发展的方向和目标

深入贯彻落实党的十九届四中全会精神，坚持以习近平总书记“三个面向”重要指示精神为指引，强化农业科研国家队的战略科技力量定位，以建立现代院所治理体系

为目标，探索农业科研组织模式、运行模式、管理模式、用人机制、激励机制和评价机制创新，不断激发和释放科研人员的创新活力，加快建设世界一流学科和一流院所，引领我国农业科技整体跃升。

通过全面深化现代院所改革，逐步构建起“权责清晰、管理科学、治理完善、运行高效、监督有力”的现代院所治理模式。建设一批世界一流学科，在战略必争领域、基础前沿领域和新兴交叉领域培植培强优势学科；大幅提升科技自主创新能力，取得一批基础研究原创性成果与重大科学发现，抢占国际农业科技竞争制高点；面向国家战略和主战场，优化科技资源区域布局，持续增强对农业产业的科技保障；建成国家农业科技创新人才高地，形成具有国际影响力的一批顶尖研究团队和一流人才队伍，培养一批引领农业科技发展方向的顶级大师和战略科学家；构建农业科技成果转化新模式，形成以支撑和引领新兴产业发展壮大为目标的科技成果转移转化体系；推动全球农业科技发展合作，积极参与、发起国际大科学计划和工程，加大中国农业科学院科技资源全球布局，提高国际学术领域话语权和领导力。

（二）改革发展的思路和原则

面对国家科技体制改革、事业单位分类改革等一系列新的形势和要求，结合中国农业科学院发展实际，在推进现代院所机制创新中务必要做到三个遵循、处理好三个关系、坚守住三个底线。

一是坚持三个遵循。遵循中共中央大政方针，坚决贯彻落实中共中央关于全面深化改革的部署和要求，充分用好用活国家改革政策，不踩红线、不越底线、不碰高压线；遵循农业科研规律，要建立起符合农业科研规律的管理体制和政策体系；遵循人才发展规律，要建立以人为本的科技创新激励机制，把人、财、物更多地向科技创新一线倾斜，激发科技人员的活力和创造力。

二是把握三个关系。把握好顶层设计与基层首创的关系，院机关作为改革发展的中枢，要统筹做好顶层设计，研究所作为改革发展的主体，要大胆探索、勇于实践；把握好主要矛盾和次要矛盾的关系，在现行体制下，中国农业科学院深化改革的重点应放在自身“有权限改、有能力改”的机制创新上；把握好改革、发展与稳定的关系，充分认识改革是发展的动力，发展是改革的目的，稳定则是改革发展的前提。

三是坚守三个底线。守好国家战略科技力量的定位，深刻把握中国农业科学院作为农业科研国家队在实施创新驱动发展战略、乡村振兴战略和推动农业农村现代化发展中的使命和定位；守好稳定发展的最好局面，事业发展的势头不能改慢，科技成果的数量不能改少，职工收入的水平不能改低；守好 60 年来中国农业科学院形成的学科优势，不能把优势学科改成弱势学科，要巩固优势、培强弱势，加快从跟跑、并跑向领跑跨越。

（三）改革发展的路径和步骤

第一，要积极研究，大胆探索。加强对改革重点问题的调查研究，提高全面深化改革决策的科学性，下大功夫把握好中国农业科学院事业发展对科技改革的客观要求，下大功夫总结和运用先进院所的成功经验，下大功夫了解广大科技人员的意见建议，解放思想、大胆探索、勇于创新，为深化现代院所改革发展打好坚实基础。

第二，要不立不破，先试再推。现代院所机制创新要符合国家深化改革精神要求，要与中国农业科学院现行制度有机融合，确保新旧制度平稳过渡、有序衔接。不急功近利、急于求成，不搞急转弯、急刹车，成熟一点启动一点，优先选取部分研究所，先行试点推进，为全院深化现代院所改革投石问路、积累经验。

第三，要因地制宜，分类改革。结合研究所不同功能定位、不同区域特征、不同发展阶段，明确不同性质科技创新活动的特点和规律，实行分类改革，实施区别化管理。不搞一刀切，不一蹴而就，因地制宜、分类施策，循序渐进、量力而行，切实激发出研究所创新创造的内生动力。

（四）改革发展的主要任务

一是建立重大任务联合攻关机制。要面向国家重大需求，以创新工程为抓手，围绕中国农业科学院重点任务，进一步凝练科学问题，适应世界科技发展的新态势和农业科技创新的新挑战。要构建重大任务联合攻关机制，建立大团队协同作战模式，加快创新工程优化升级，稳定支持一批面向基础前沿科学、重大关键技术和产业需求的重大任务，整合院所内外优势科技资源，集中力量办大事，彻底改变“小而散”“作坊式”的科研组织模式。

二是打造高水平科技创新队伍。全面落实“新 30 条”举措，统筹推进四支人才队伍建设。坚持引育并举、坚持“引进”“自有”一视同仁，对有国际影响力的紧缺型领军人才精准引进，对已经崭露头角的优秀青年人才重点培养。形成良好的评价与激励机制，实行“一人一策”，精准引进、精准培养，量身定制支持政策清单。实施分类评价，根据人才类型、承担任务制定评价标准。利用体制机制改革的政策红利，让各类人才干事有劲头、发展有盼头、收入有彩头。

三是构建科技成果转化新机制。进一步完善成果转化激励机制，提高科技成果转化效率。深入实施以建设“三创一体”创新团队为核心的科技成果转化新战略，成立科企融合发展联盟，搭建科企融合基金平台，推进“政产学研资（本）”深度融合，推动“研学产”向“产学研”转变。充分利用国家及地方现代农业产业园、科技创新示范区，打造现代农业产业孵化基地。提升全国农业科技成果转移服务中心的成果展示、推介和交易能力，推进“北京总部—区域分中心—专业工作站”的孵化平台体系建设。

四是建立科研“放管服”新模式。深入研究自主权改革，加快推进对研究所赋能授权，逐步形成以所为主、院所联动的科技创新“放管服”新格局。强化院所信息化平台体系建设，规范科研过程管理，优化科技创新环境，提高科技创新效率和质量。强化科技财政政策研究，探索建立科研项目经费使用“包干制”和用途信息公开制，提升项目资金利用效能。加快推进全员岗位聘任制改革，深化职称评审等自主权改革，完善薪酬分配激励机制。建立健全内控防范机制，确保现代院所改革平稳推进。

四、明确2020年的工作重点，稳步推进现代院所改革

重点围绕机制创新和激发活力，加强研究探索，夯实改革基础，强化科研导向、全员聘任、全成本核算、职称评审、收入分配和信息化管理等制度体系建设，不断优化完善院所两级管理体制和运行机制，营造良好创新环境。

一是探索科研导向改革。树立业绩、能力、贡献导向，加快推进研究所评价、团队评价、项目评价、人才评价的科研导向改革研究。坚持破除“四唯”，体现科研产出基础地位，体现重大成果导向，体现分类评价基本原则，在院所两级建立科研计划制度、科研进展报告制度、科研评价制度，构建既能准确反映科研发展水平，又能反映科技支撑和服务能力的科研综合评价体系。

二是探索全员岗位聘任改革。这是全院人事制度改革的重大举措，要统筹编内编外两种资源，完善“以岗位设置为基础、以聘用考核为核心”的岗位管理机制。研究探索专业技术岗位“能下能出”机制，解决职称评审与岗位聘用之间的矛盾；研究设立专技特设岗位，探索“限期聘用”“非升即转”机制。在现行干部管理和机构编制管理体制下，探索管理人员岗位聘用与职务职级并行的新型管理机制，探索建立专技与管理人员之间的流动和交互晋升机制等。

三是探索全成本核算改革。探索建立“导向明确、科学合理、简便易行”的农业科研单位全成本核算模式，按照“权责发生制”原则，划清费用的承担期限、费用界限和受益对象，进一步理顺科研投资主体、研究主体、成果使用主体之间的经济利益关系，提高科技成果投入产出比，提升科技创新绩效水平。要大胆探索，可选择部分具有一定基础、需求强烈的试验基地、科研平台、野外台站或政府购买服务项目，开展全成本核算试点。

四是深化职称评审制度改革。坚持分类评价，建立科学的评价标准，注重考察各类人员的业务素质和综合能力，把成果质量、原创价值等实际贡献作为评审核心。对实践性、操作性强的职称系列，淡化或不作论文要求。不拘一格选拔人才，对作出突出贡献的人才，探索不受学历资历等条件限制。全面实行代表性成果评价，树立注重科研产出质量的工作导向，探索制定兼顾个人对团队建设、学科发展实际贡献的评价标准。

五是深化收入分配制度改革。试点高层次人才、急需紧缺人才年薪制、协议工资制、项目工资制等灵活多样的薪酬分配方式。加快推进骨干编内外人员“同工同酬”

机制，实现同考核、同收入、同待遇。拓展“青年人才薪酬保障计划”，加快推进建立符合中国农业科学院实际的特殊岗位津贴制度。完善绩效总量核定机制，对高层次人才以及急需紧缺人才实行绩效总量单列。扩大院属单位工资管理自主权。积极研究建立工资调查比较机制。

六是推进全院信息化建设。根据全院科研事业发展需求，持续开展信息化发展战略研究，夯实以信息技术为核心的院区基础设施建设，以“科研资源智慧管理”为抓手，全面建设“科研—人事—财务”一体化智慧管理平台。积极搭建农业数字科研协同创新平台 2.0，推进农业科研范式的数字化转型。通过建立信息化管理新模式，“让信息多跑路、人才少跑腿”，切实为人才松绑减负。

同志们，进一步深化现代院所改革势在必行、任重道远。这次会议既是中国农业科学院全面深化改革的交流会、研讨会，也是一次动员会和部署会，全院上下要更加紧密地团结在以习近平同志为核心的党中央周围，深入贯彻“三个面向”重要指示精神，进一步解放思想、凝聚共识，以刀刃向内的勇气，敢于担当的魄力，善作善成的智慧，齐心协力、稳扎稳打，不断夯实改革基础，强化体制机制创新，为加快建设世界一流学科和一流院所，推动我国农业科技实现整体跃升作出新的更大的贡献。

张合成书记在中国农业科学院第四次人才工作会议上的总结讲话

2020 年 11 月 25 日

同志们：

在全党、全国上下深入学习党的十九届五中全会精神，院内系统谋划“十四五”发展、加快推进“两个一流”的关键阶段，我们召开第四次人才工作会，意义重大、影响深远。会上，农业农村部、人社部、科技部有关领导到会并作了重要讲话，对中国农业科学院工作给予了充分肯定，也对中国农业科学院进一步加强人才队伍建设提出了要求，表达了继续支持中国农业科学院人才工作的意见。会议还隆重通报表彰了获得“全国文明单位”“全国先进工作者”荣誉称号的单位和个人，为新晋院士颁发纪念牌，为首批院级支撑英才、转化英才颁发了证书，通过表扬先进、鼓励先进，大力营造学习先进典型、创先争优的良好风尚，意义非常重大。与会代表听取了华俊院长的主旨报告，报告系统总结了中国农业科学院人才强院战略实施的情况、存在的问题，明确了“十四五”工作任务、思路与举措。此外，我们还组织了院内、外单位经验交流，研讨了现代院所改革发展措施。会议期间，我参加了分组讨论，与多位同志进行了交流，大家普遍反映，这次会议在新冠肺炎疫情防控常态化的情况下召开，会期虽短，但准备充分、主题明确、重点突出，达到了预期目的。

下面，我从三个方面对本次会议做总结。

一、会议取得的主要成效

主要体现在四个方面。

（一）总结了人才强院取得的历史性成绩

上午，华俊院长的主旨报告系统总结了 3 年多来人才工作取得的成绩，概括起来，主要表现为人才队伍年轻化程度高了，领军人才多了，短板开始补上了，环境有所改善了，这四方面是院第三次人才工作会议确定的“推年轻、强领军、补短板、优环境”工作目标，是当前全院人才工作的主要任务，通过院所两级一年的努力，都取得了较好的成效。

（二）明晰了新发展时期的新形势新任务

创新在我国现代化建设全局中处于核心地位，科技自立自强是国家发展的战略支撑。“十四五”是我国开启全面建设社会主义现代化国家新征程的第一个五年，国家进入新的发展阶段、构建新的发展格局，对我们人才强院战略的实施、对全院人才工作提出了新的、明确的要求，同志们必须进一步增强做好人才工作的紧迫感、使命感和责任感，抢抓机遇、把握机会，深化改革、创新机制，坚定不移地大力推进人才强院战略实施。

（三）交流了人才工作的好经验好做法

中国科学院遗传与发育生物学研究所介绍了宝贵经验，作科所、蔬菜所分享了开展人才工作的好做法，资划所吴文斌、水稻所王克剑交流了个人成长经历和体会，为各研究所下一步谋划和推进人才工作提供了借鉴和参考。本次会议提供的人才发展报告和院属单位提供的书面交流材料非常具有可读性，建议所长、书记、分管人事的所领导要好好读一读。与会代表分组讨论时也交流了各单位的做法，提出了很多建设性意见，有关部门要认真研究，积极采纳。

（四）聚焦了新时期人才强院的重点任务

华俊院长的主旨报告坚持问题导向和目标导向，从建立完备的干部人才队伍、构建高质量的人才供给体系、深化人才发展机制改革三个方面，提出了“十四五”中国农业科学院人才工作的思路和具体措施，方向很明确，任务很具体，为全院推进新时期人才工作提供了根本遵循和行动指南，也是院里开展后续督导检查的根本依据。

二、认真抓好会议精神落实

同志们，华俊院长的主旨报告对当前和未来一个时期全院人才工作进行了重要部署。这次人才工作会主题是“抓落实”，会后，各单位的中心任务仍然是“抓落实”，要聚焦主旨报告各项部署，重点在以下三个方面抓好落实工作。

（一）提高思想认识、坚定信心抓落实

抓好本次会议精神的落实，首先要进一步强化做好人才工作的责任感、使命感、紧迫感。“十四五”是中国农业科学院持续深入贯彻落实“四个面向”重要指示精神，全

面推进“两个一流”建设的关键时期，中国农业科学院要在推进农业前沿技术研究，提高农业科技自主创新、成果转化水平，解决“卡脖子”问题，保障人民生命健康上有更大作为，就必须造就一批能够把握世界科技大势、善于统筹谋划的世界级科学家和领军人才，发现一批创新思维活跃、敢闯“无人区”的青年才俊和顶尖人才。院属各单位领导班子特别是党政主要负责同志，要进一步提高认识抓落实，树牢人才是第一资源的意识，抓好人才队伍建设这个“一把手工程”，不等不靠不拖，积极推动院党组决策部署的组织实施；要进一步坚定信心抓落实，3 年多来，通过院所共同努力，人才工作取得了历史性好成绩，如“十三五”期间有 6 位科学家当选两院院士，2020 年有 4 位科学家当选全国劳模，等等，我们不断强化抓落实，人才工作取得了实实在在的好成绩，同志们一定要坚定信心，把院党组关于人才工作的各项部署落实落地。

（二）聚焦突出问题抓落实

虽然中国农业科学院人才工作取得了阶段性成效，但我们也要看到，在人才队伍建设方面还存在一些突出问题，归纳起来六个字：“老、少、短，弱、缺、虚”。前三个字是表现，后三个字是原因。第一“老”，现在的正处级干部 50 多岁，上午院长的讲话中也有提到，我们的问题是队伍过于老化。第二“少”，主要是领军人才少，全院 307 个创新团队仅有 250 多名领军人才，一个团队平均不到一个。第三“短”，主要是支撑、转化和管理队伍没有破题，支撑和转化队伍院层面破题了，所层面有些单位还没有破题，管理队伍还没破题。第四“弱”，主要是影响力弱，表现在两个方面：一方面是本身吸引力还比较弱，吸引人才的措施还不够；另一方面是宣传力度弱，对现有优势的宣传还不充分，中国农业科学院年轻科学家所作出的巨大成绩没有让清华大学、北京大学、中国科学院的博士生们了解到，各单位要学习中国科学院遗传与发育生物学研究所的做法，到各个大学，包括国外的高级科研机构去宣讲。第五“缺”，缺少对党政干部、科技人员、首席专家培养、培训的机制和措施，2019 年院里组织了首席科学家研修班，效果非常好，但针对党政干部工作中一些基本、常见的问题没有专门培训。第六“虚”，对于运用党的科学理论武装头脑的措施还不够实，适合农科特色的思想教育体系、教育方法还不够完善。

贯彻落实本次会议精神要聚焦四个方面的问题。

一是不平衡。各研究所在抓落实方面表现得参差不齐，有的研究所 2019 年就实现处级干部的平均年龄降低 10 岁，而有的研究所还没有行动；有的研究所对“30 条”“新 30 条”的落实进度达到 100%，而有的研究所进度还不到 80%。会后，要重点抓落实进度尚未达到 100%，尤其是要盯住落实进度一直偏慢的研究所。

二是不主动。有的研究所将受疫情影响、班子调整、分管领导挂职等当作落实进度滞后的主要原因，有的研究所等着看看，指望院里替研究所拿意见、拿方案，等到了意见和方案，还要等实施细则、等经费支持、等全额保障，而对如何主动开拓解决问题不去想、不去做。会后，各研究所都要对照监察局督查报告，看本单位有没有类似问题，如果有，务必加以解决。

三是不接地气。院里制订的“30 条”“新 30 条”，每条措施都很实、很有针对性，但有的研究所在落实过程中，会没少开，态没少表，文件写得也挺长，但缺乏一些切合实际的举措和办法，不能反映广大职工的所思所想、所盼所需，科研人员没有获得感。今后在抓落实中，各单位务必注重实效，要将广大科研人员是否有获得感作为检验政策成效的最终标准。

四是不解渴。有的研究所对院里出台的措施研究不透、对本单位实际情况掌握不多，简单照搬院里的政策，上下一般粗，解决不了实际问题；有的研究所缺乏对人才工作的顶层设计，破解问题的思路不多，推进落实的目标不清晰。会后，要切实把院长的主旨报告、“30 条”“新 30 条”以及配套制度学深悟透，在准确把握广大职工需求中抓落实，在系统谋划研究所和人才发展、形成一揽子人才强所的制度办法中抓落实。

（三）强化重点任务抓落实

重点围绕解决“老、少、短，弱、缺、虚”问题来抓落实。

一是认真落实新时代党的组织路线。这是实施人才强院战略的基本指导思想。一要组织开展专题学习。我注意到有的院属单位党委还没有组织学习，要安排一次专题的理论中心组会议学习新时代党的组织路线，准确理解新时代党的组织路线的科学内涵和实践要求。二要明确干部人才工作的主责主业。突出一个重点，即建好组织体系，抓好两个着力点，即建设德才兼备的干部队伍和勇于创新创造的人才队伍。中国农业科学院的组织体系建设体现在支部建在团队上，每个研究所都要落实到位。三要贯彻落实好“五抓”的要求。抓好党管干部、党管人才；抓好党的科学理论武装，解决虚的问题；抓好党的组织体系建设，包括党委、支部、社团组织建设；抓好领导干部队伍和人才队伍建设；抓好党的组织制度建设，也就是领导班子民主集中制建设。

二是认真抓好十九届五中全会精神的学习和落实。昨天我在院科技工作会议上讲，院里围绕五中全会精神组织了十个方面的研究，总书记在科学家座谈会上提出了六条：坚持需求导向和问题导向，整合优化科技资源配置，持之以恒加强基础研究，加强创新人才教育培养，依靠改革激发科技创新活力，加强国际科技合作，特别是国际合作，不是只有国内大循环引进人才，在国际大循环上引进国际人才大家也要讨论。

三是认真落实贺信重要指示精神。人才强院战略要紧密围绕“四个面向”来实施、来抓落实，把“四个面向”中每一个面向具体化，贯穿到具体的人才工作中，做到按照“四个面向”进行人才布局和供给，按照“四个面向”激励人才发挥作用，按照“四个面向”树立人才评价导向。

四是认真推进人才发展机制改革。要按照十九届五中全会精神来研究推进人才改革，着重解决人才强院过程中遇到的实际问题，深入推进破“四唯”的科研导向改革，逐步建立以重大任务制、创新团队制、进展报告制、绩效评价制为主体的科研导向新机制；研究构建“农科职级”体系，借鉴中国科学院等单位经验，探索设置符合中国农业科学院实际的职业发展通道，可以在个别院属单位先行试点；积极推进人才评价制度和收益分配制度改革。努力破解兼职创业的政策堵点，针对科研人员“兼职怕查”“办企业怕亏”“与企业合作怕骗”的“三怕”问题，完善科技人员创业政策体系，明确边界红线，打消思想顾虑，变“捂着掖着式”创业为“安安心心科研，合合理理赚钱”。

五是深入学习贯彻民主集中制。贯彻落实新时代党的组织路线要“抓好党的组织制度建设”，对于中国农业科学院来说，就是要抓好领导班子党的民主集中制建设。中国农业科学院2020年对党的民主集中制学习活动进行了认真部署，目前的实施情况总体不错，但也存在进度的不平衡，有的单位一布置了事，一转发了事，要进一步往实里抓，认认真真加强学习，特别是主要领导。

六是认真提高领导干部和科研人员能力。定期举办所局级干部任职培训班，优先选派有较大培养潜力的优秀年轻干部参加上级部门调训，不断提升政治素养、领导水平和专业能力。多渠道推动干部赴基层锻炼，选派优秀干部执行援疆援藏、科技副职、博士服务团等挂职任务，在乡村振兴一线磨炼意志、增长才干。近距离观察了解干部落实部、院党组部署，处理复杂矛盾和问题的现实表现，把管理能力强的优秀干部选出来、用起来，充分发挥选人用人的导向作用。

七是不断强化领军人才队伍建设。要持续实行首席科学家接续政策，有些研究所首席退出保障机制还没有建立起来，个别专家顾虑较多，下一步要进一步营造人才队伍年轻化的大环境，妥善解决“推年轻”进程中的各种问题。要建立高层次专家研修制度，以首席科学家、农科英才、优秀青年人才等为主体，重点围绕国情社情院情、国家农业战略、农业科技前沿、产业重大需求等组织学习研讨。要建立“事业留人”的长效机制，发挥中国农业科学院在项目、平台、发展空间等方面的优势，用“事业留人”把生活待遇的短板补上，把那些有理想、有抱负、不一味追求物质待遇的优秀人才留下来，给他们提供施展才华、干事创业、实现价值的舞台和空间。

三、扎实做好年底前三件大事

（一）抓好五中全会精神学习

自觉把贯彻落实党的十九届五中全会精神作为当前的首要政治任务，认真学习辅导材料，涉及科技、农业、经济的政策和文章都要学习，把全会精神原原本本地学深悟透，把握核心要义，切实把思想和行动统一到十九届五中全会精神上来，不断增强贯彻落实的自觉性坚定性，为“十四五”农业科技创新支撑农业农村高质量发展提供政治保证。

（二）谋划好“十四五”规划

通过学习党的十九届五中全会精神，按照院党组理论中心组学习提出的“两个一流”建设目标，对标美国农业局、法国农科院、德国马普学会、英国洛桑研究所、荷兰瓦赫宁根大学以及中国科学院、北京大学、清华大学等国内外机构，编制“十四五”发展规划，制定 2035 年目标，进一步加快科研院所治理体系和治理能力现代化建设，努力打造国家倚重的农业战略科技力量。

（三）高标准完成全年重点工作任务

临近年末，各部门、各单位要再梳理年初院工作会议部署的七方面重点任务落实情况，要狠抓工作落实，努力做到“七个不能”，即科研产出目标不能降，特别是成果转化目标不能降；重点任务推进速度不能慢，要确保工作质量；科技扶贫拼劲不能松，实现决战决胜、完美收官；改革措施力度不能减，2020 年的几项改革任务，还有改革试验田，要提出可供参考的经验；党的建设不能靠，特别是学习五中全会精神、新时代党的组织路线、政治建设等不能靠；国家战略科技力量建设不能等，要抓紧时间干起来；院所作风建设不能拖，院党组要专题研究即知即改、立行立改的相关措施，建立长效机制，真正把院所两级干部作风提高到一个新的水平。

同志们，“十四五”是开启全面建设社会主义现代化国家新征程的第一个五年，是全面实施创新驱动发展战略和乡村振兴战略、推动实现农业农村现代化的关键时期，也是中国农业科学院再上新台阶、跨越发展的关键时期，机遇难得，人才难得。我们要紧密团结在以习近平同志为核心的党中央周围，坚持“四个面向”“两个一流”，以改革创新的精神、求真务实的作风，扎实工作、开拓进取，奋力抓好人才这个科技创新的第一资源，努力开创“十四五”中国农业科学院人才强院新局面！

六、计划财务管理与条件建设

中国农业科学院2020年财务管理工作概况

2020年，中国农业科学院各级财务部门围绕部、院党组中心工作，自觉巩固“不忘初心、牢记使命”主题教育学习成果，深入落实“放管服”“过紧日子”等要求，一手抓争取资金保发展，一手抓规范管理保安全，大力推动预算执行，认真落实财会资产管理、审计绩效监督等工作要求，有力支撑保障了全院各项工作顺利开展。

一、认真落实疫情防控各项措施，为疫情防控提供支撑保障

按照院《关于认真学习贯彻习近平总书记重要指示精神 推动全院基层党组织和党员干部在打赢疫情防控阻击战中充分发挥作用的通知》要求，严格执行中共中央、部院党组和北京市疫情防控措施，中国农业科学院财务部门一手抓疫情防控，一手抓重点工作。将原定的决算集中会审改为线上审核，主动做好各项工作衔接，按时高效完成全院决算审核汇总上报和预算调整工作的同时，还承担了农业农村部部分决算审核任务。克服困难保障全院预算资金到账、防疫经费拨付，院机关工资、退休费和公积金及时发放缴存到位。简化工作流程，提高急需疫情防控资产紧急配置、调拨、捐赠等工作效率。根据中共中央应对新冠肺炎疫情有关精神，召开京区单位座谈会，研究提出中国农业科学院《中小微企业房租减免政策实施指导意见》，指导各单位落实相关政策。

二、加强沟通协调，统筹资源保障重点工作

2020年受疫情影响和政府购买服务政策的实施，在中央部门财政拨款预算压减25%的情况下，年初批复全院财政拨款规模为35.31亿元，比2019年减少15.26%，创新工程维持9.5亿元的水平，有力保障了中国农业科学院科技创新工作。组织指导24家公益二类单位积极对接农业农村部相关司局，承接政府购买服务事项超过200项，承接金额2亿多元，拓展了收入保障渠道。统筹中国农业科学院自有资金用于解决人才经费、海外中心建设等重点任务，积极协调落实1 500万元支持特产所解困发展。

积极谋划申报2021年项目经费，与评审组加强汇报沟通，争取财政资金规模及重点项目落地。提前谋划2022—2025年修购专项需求调研，将修购专项规划与“十四五”基本建设规划整合。大力推进修购项目验收扫尾，完成46个项目验收，涉及资金2.88亿元，解决了少数研究所2011—2017年长期积压的项目验收扫尾工作，为下一步争取修购项目奠定了基础。2021年部门预算重点任务落实情况较好，与2020年相比，

部门预算科学技术专项 184 042.56万元，增加 5 904.60万元，增幅 3.31%，其中创新工程增量 5 000万元、修购专项增量 2 720万元、基本科研业务费增量 870 万元、国家重点实验室基本科研和开放运行经费增加 1 231.10 万元。

三、深入推进政府会计制度、养老保险制度等各项改革

一是扎实完成 2019 年决算和政府财报编报。2020 年政府会计制度实施后第一次编制决算和政府财报，中国农业科学院财务部门提前谋划，组织编写了《报表编制和审核要点》《2019 年政府财报编制要点》，逐表、逐条明确编报注意事项，及时做好问题解答、加强远程沟通交流，召集业务骨干开展集中会审，部门决算报表、住房改革支出决算报表、政府财务报告等顺利上报。同时，通过举办财务沙龙，对较为普遍和集中的问题进行交流探讨，讲解政府会计制度实施过程中的难点、疑点和易错点，为做好以后年度决算和政府财报编报工作打下了坚实基础。

二是组织开展全院养老保险改革资金测算和经费落实工作。组织开展了准备期养老保险缴费需求、2021 年养老保险改革经费需求测算和 2020 年养老保险和职业年金预算调整申报等工作，按政策落实各单位养老保险相关经费。对在养老保险改革方面遇到困难的农机化所、农经所、研究生院等单位加强调研了解，积极向上级部门反映困难和问题。

三是推进全成本核算试点改革。成立全成本核算领导小组和办公室，组织开展调研座谈及试点研究所遴选等，制订全院全成本改革试点方案，指导 11 个试点所制订完善试点方案，开展基础数据整理及核算标准测算等试点准备工作。

四是加强制度建设。整理编写了现行财务制度汇编，启动创新工程经费管理办法修订，研究制定中国农业科学院科研副产品管理等办法。

五是推进全面预算绩效管理。组织院属单位对承担的 2019 年中央部门项目支出共 28 个一级项目、611 个具体二级项目完成绩效自评；对承担的 2020 年中央部门项目支出共 514 个二级项目及 28 个非财政拨款项目完成项目执行绩效监控。组织开展项目支出绩效评价学习培训。会同科技局开展 2017—2019 年基本科研业务费中期绩效评价，对“农业技术试验示范与服务支持”“农业品种改良提升专项经费”两项司局主管项目和 2019 年基本科研业务费开展绩效自评结果抽查验证。

四、落实“过紧日子”要求，切实抓好预算执行

认真落实财政部和农业农村部关于过紧日子的要求，先后两次印发通知，要求牢固树立过紧日子思想，提出厉行节约、抓好预算执行、安全规范使用资金的具体措施，并贯穿落实到全年工作中。

一是按季度认真组织落实“过紧日子”要求有关情况评估。全面评价中国农业

科学院在制度机制建设、预算编制与执行、结转结余资金管理、预算绩效管理和资产资金管理等方面落实“过紧日子”要求情况，促进各单位形成自觉形成“过紧日子”的工作习惯。

二是扎实抓好预算执行。2020 年 4 月起按月做好预算执行进度统计报告，把握全院预算执行情况，重点关注关键时间节点执行情况，对执行偏慢的单位和重点项目加强督导，组织召开基建修购项目执行督导会议，全力推进预算执行。截至 2020 年 12 月底，全院预算总体执行进度再创新高，达到 92.47%，位列部系统第二十五名。

五、进一步加强资产管理和房产出租出借管理，提高国有资产使用效率

一是组织开展国有资产管理绩效考核。组织开展了 2019 年度财务会计工作监督检查暨国有资产管理绩效考核的自查考核工作，重点开展了 5 个院属单位财务会计工作监督检查暨国有资产管理绩效考核重点检查，督促相关单位对自查发现的问题和重点检查反馈的问题进行整改。针对重点检查发现的共性问题，组织院属各单位对照整改，以评促建落实资产管理责任，提升国有资产管理绩效。

二是进一步加强房产出租出借管理。印发《中国农业科学院办公室关于进一步加强出租房产管理防范法律风险的通知》，进一步规范房产出租管理，防范承租户不当冠名、违规经营给中国农业科学院带来法律责任和风险，更好地保护中国农业科学院名称权及相关知识产权。

三是进一步规范本级资产管理。部署升级院资产信息管理系统，进一步规范资产基础数据信息。积极协调天作盛唐公司，合理确定天作国际中心 2019—2020 租赁年度房产租金上浮 15%（280.5 万元），维护国有资产收益。

四是强化政府采购，提高科研仪器设备配置效率。印发《中国农业科学院科研仪器设备采购管理办法》，进一步简化仪器设备采购流程。组织开展 2021 年大型仪器设备配置申报和评议，协调院属单位和院机关有关项目管理部门联动配合申报，与评审机构密切沟通，确保拟新购置仪器应报尽报。协调有关部门，办理环保所等 3 个机构改革名称变更单位和研究生院的进口设备免税资格。协助基因组研究所申请追加 2020 年新增资产配置预算，助力院地合作重大项目实施顺利落地。落实作科所等单位引进人才急需仪器设备采购，保障引进人才科研工作顺利开展。

六、积极配合做好中央巡视相关工作，扎实开展内部审计，推动院所强化内控机制建设

一是积极配合做好中央巡视相关工作。及时梳理 2016 年以来巡视、审计整改落实

情况，及时提供中国农业科学院经责审计、房屋出租出借等相关情况，对几个研究所提前列支水电费问题及时进行整改，就创新工程使用管理等问题向纪检监察部门说明情况。

二是积极开展经济责任审计工作。统筹院内外专家、中介机构等各种人员力量，克服中国农业科学院财务部门人手少、任务重、时间紧等各种困难，先后完成草原所等 9 家单位审计报告印发、中固安公司等 5 个实体延伸审计、环发所等 7 家单位现场审计等经济责任审计工作任务。审计工作方式由以往“全部委托、全程委托”变为“以我为主、全程跟进”，改进审计报告审核把关机制，审计工作质量效果得到较大提升。

三是强化审计结果运用，推动审计发现问题整改。在正式印发经济责任审计报告的基础上，增加出具经济责任审计结果报告 8 份，分别送交中国农业科学院监察局、人事局和农业农村部计财司、驻部纪检组，加强审计结果的共用共享，进一步提高审计结果运用范围。全面梳理 2016 年以来印发的 27 家单位经济责任审计报告发现问题情况及整改情况，及时更新、完善问题台账和整改台账，并把以往审计发现问题整改情况列为经济责任审计、巡视专项审计重点关注内容，进一步巩固审计整改成效。落实审计发现重大问题整改约谈机制，先后对 10 个单位经济责任审计中发现的重大问题和隐患开展集体约谈或专项约谈，压实审计整改责任，明确整改要求和时限，确保问题及时整改到位。

四是推动院所强化内控机制建设。开展院机关内控全面评价，组织修订院机关内控流程，组织院机关各部门及时完善细化管理制度，进一步强化院机关内控建设及执行的针对性和有效性。结合经济责任审计发现的问题，推动相关单位及时完善内控，规范工作程序。会同人事局研究制定了《工资支出业务内部控制操作指南》，进一步强化内部控制，防范管理风险。

五是组织开展科研经费专项检查。聚焦 2018—2019 年创新工程经费和基本科研业务费，分别选取 6 个有一定代表性的研究所，对项目立项、预算分配、资金使用等情况开展全链条式综合检查，全面了解创新工程经费和基本科研业务费研究所管理使用情况，及时指出两类项目经费管理使用中的问题或隐患。

七、基金会各项工作走向正轨，助力人才建设

中国农业科学院农业发展基金会获得了公益性捐赠税前扣除资格，所有捐赠人都可以享受免税政策；得到了非营利组织免税资格认定，接受的捐款都可以免税。制定了涉及人、财、物、决策、项目和办公等 11 项工作制度，确保各项工作有章可循、有制可依。通过了 2019 年年检，制度建设、财务管理、募捐资助、信息公开等各项工作均符合要求。设计开发了官方网站、公众号，制作了宣传彩页。总体来看，基金会具备了开展业务的各项条件。签订募捐协议金额 9 800万元，目前已经到账 4 072万元。设立了“青年英才计划”“勤学励志助学金”“国际交流与合作奖学金” 3 个资助项目，共支出

140 万元。

八、加强财务队伍建设

积极组织院属单位财务资产审计人员参加财务处长、会计人员继续教育、资产管理、政府采购、基建财务、国库支付、内部审计等各类业务培训班，同时，转变培训方式，组织院属单位财务处长和财务骨干参加北京国家会计学院财务资产业务培训，组织院属单位政府采购人员参加政府采购信息报举办的线上政府采购培训，拓宽财务人员眼界和思路，不断提高全院财务资产人员业务水平。在 2017—2019 年度全国内部审计先进集体和先进工作者表彰大会上，中国农业科学院孙聪同志经过层层选拔，获得“全国内部审计先进工作者”荣誉称号。与此同时，院机关财务信息化建设也不断加强，上线了项目管理、收入管理、费用报销、工资发放、自动制单、银行对账、报表查询、手机 App、银企直连九大模块，全面实现线上报销，进一步提升了院机关财务支撑服务能力和质量。

中国农业科学院2020年公共预算财政拨款收入支出决算表

（单位：万元）

项目		年初结转和结余	本年收入			本年支出			年末结转和结余
支出功能分类科目编码	科目名称		合计	基本支出	项目支出	合计	基本支出小计	项目支出小计	
类 款 项	合计	44 003.60	358 315.99	121 701.30	236 614.69	372 001.33	122 353.06	249 648.26	30 318.27
202	外交支出	0.00	373.00	0.00	373.00	368.36	0.00	368.36	4.64
20299	其他外交支出	0.00	185.00	0.00	185.00	185.00	0.00	185.00	0.00
2029901	其他外交支出	0.00	185.00	0.00	185.00	185.00	0.00	185.00	0.00
205	教育支出	0.00	188.00	0.00	188.00	183.36	0.00	183.36	4.64
20508	进修及培训	0.00	188.00	0.00	188.00	183.36	0.00	183.36	4.64
2050803	培训支出	47.97	92.00	0.00	92.00	133.42	0.00	133.42	6.54
206	科学技术支出	47.97	92.00	0.00	92.00	133.42	0.00	133.42	6.54
20602	基础研究	47.97	92.00	0.00	92.00	133.42	0.00	133.42	6.54
2060201	机构运行	26 512.49	279 246.40	84 247.19	194 999.21	293 141.84	85 645.80	207 496.04	12 617.05
2060204	重点实验室及相关设施	11 950.16	26 017.82	896.86	25 120.96	33 338.20	896.86	32 441.34	4 629.77
2060299	其他基础研究支出	134.64	896.86	896.86	0.00	896.86	896.86	0.00	134.64
20603	应用研究	11 815.52	14 988.90	0.00	14 988.90	22 309.28	0.00	22 309.28	4 495.13

（续表）

项目		年初结转和结余	本年收入			本年支出			年末结转和结余
支出功能分类科目编码	科目名称		合计	基本支出	项目支出	合计	基本支出小计	项目支出小计	
类 款 项	合计	44 003.60	358 315.99	121 701.30	236 614.69	372 001.33	122 353.06	249 648.26	30 318.27
2060301	机构运行	0.00	10 132.06	0.00	10 132.06	10 132.06	0.00	10 132.06	0.00
2060302	社会公益研究	6 074.73	230 273.58	83 350.33	146 923.25	232 993.30	84 748.94	148 244.36	3 355.02
20605	科技条件与服务	1 810.62	83 350.33	83 350.33	0.00	84 748.94	84 748.94	0.00	412.02
2060503	科技条件专项	4 264.11	146 923.25	0.00	146 923.25	148 244.36	0.00	148 244.36	2 943.00
20609	科技重大项目	8 196.71	22 955.00	0.00	22 955.00	26 552.04	0.00	26 552.04	4 599.66
2060901	科技重大专项	8 196.71	22 955.00	0.00	22 955.00	26 552.04	0.00	26 552.04	4 599.66
20699	其他科学技术支出	49.91	0.00	0.00	0.00	49.91	0.00	49.91	0.00
2069999	其他科学技术支出	49.91	0.00	0.00	0.00	49.91	0.00	49.91	0.00
207	文化旅游体育与传媒支出	240.98	0.00	0.00	0.00	208.38	0.00	208.38	32.60
20701	文化和旅游	240.98	0.00	0.00	0.00	208.38	0.00	208.38	32.60
2070104	图书馆	59.86	106.05	106.05	0.00	106.05	106.05	0.00	59.86
20706	新闻出版电影	59.86	0.00	0.00	0.00	0.00	0.00	0.00	59.86
2070605	出版发行	59.86	0.00	0.00	0.00	0.00	0.00	0.00	59.86
20799	其他文化体育与传媒支出	0.00	106.05	106.05	0.00	106.05	106.05	0.00	0.00
2079903	文化产业发展专项支出	0.00	106.05	106.05	0.00	106.05	106.05	0.00	0.00
208	社会保障和就业支出	698.80	11 459.68	11 459.68	0.00	10 817.65	10 817.65	0.00	1 340.83
20805	行政事业单位离退休	698.80	11 459.68	11 459.68	0.00	10 817.65	10 817.65	0.00	1 340.83

（续表）

项目		年初结转和结余	本年收入			本年支出			年末结转和结余
支出功能分类科目编码	科目名称		合计	基本支出	项目支出	合计	基本支出小计	项目支出小计	
类 款 项	合计	44 003.60	358 315.99	121 701.30	236 614.69	372 001.33	122 353.06	249 648.26	30 318.27
2080502	事业单位离退休	0.00	2 023.18	2 023.18	0.00	1 935.58	1 935.58	0.00	87.60
2080505	机关事业单位基本养老保险缴费支出	621.92	7 095.70	7 095.70	0.00	6 478.92	6 478.92	0.00	1 238.71
2080506	机关事业单位职业年金缴费支出	76.88	2 340.80	2 340.80	0.00	2 403.16	2 403.16	0.00	14.52
211	节能环保支出	945.02	660.24	0.00	660.24	1 556.71	0.00	1 556.71	48.55
21103	污染防治	541.89	240.00	0.00	240.00	733.34	0.00	733.34	48.55
2110399	其他污染防治支出	541.89	240.00	0.00	240.00	733.34	0.00	733.34	48.55
21104	自然生态保护	403.13	420.24	0.00	420.24	823.37	0.00	823.37	0.00
2110402	农村环境保护	403.13	420.24	0.00	420.24	823.37	0.00	823.37	0.00
213	农林水支出	15 607.49	47 396.81	6 906.57	40 490.24	47 016.64	6 922.92	40 093.72	15 987.66
21301	农业	15 607.49	47 396.81	6 906.57	40 490.24	47 016.64	6 922.92	40 093.72	15 987.66
2130104	事业运行	39.00	9 795.57	6 906.57	2 889.00	9 828.85	6 906.57	2 922.28	5.71
2130106	科技转化与推广服务	6 670.01	5 703.00	0.00	5 703.00	9 321.93	0.00	9 321.93	3 051.08
2130108	病虫害控制	1 580.18	388.52	0.00	388.52	1 438.56	0.00	1 438.56	530.14
2130109	农产品质量安全	833.74	4 564.80	0.00	4 564.80	5 241.17	0.00	5 241.17	157.38
2130111	统计监测与信息服务	183.91	95.00	0.00	95.00	278.91	0.00	278.91	0.00
2130112	农业行业业务管理	25.58	387.00	0.00	387.00	395.96	0.00	395.96	16.62

（续表）

项目		年初结转和结余	本年收入			本年支出			年末结转和结余
支出功能分类科目编码	科目名称		合计	基本支出	项目支出	合计	基本支出小计	项目支出小计	
类 款 项	合计	44 003.60	358 315.99	121 701.30	236 614.69	372 001.33	122 353.06	249 648.26	30 318.27
2130114	对外交流与合作	672.72	270.00	0.00	270.00	942.72	0.00	942.72	0.00
2130126	农村公益事业	1.46	0.00	0.00	0.00	1.46	0.00	1.46	0.00
2130135	农业资源保护修复与利用	3 805.98	13 296.92	0.00	13 296.92	9 405.27	0.00	9 405.27	7 697.63
2130199	其他农业支出	1 794.92	12 896.00	0.00	12 896.00	10 161.81	16.35	10 145.46	4 529.11
221	住房保障支出	131.96	18 981.81	18 981.81	0.00	18 860.65	18 860.65	0.00	253.13
22102	住房改革支出	131.96	18 981.81	18 981.81	0.00	18 860.65	18 860.65	0.00	253.13
2210201	住房公积金	112.39	13 778.84	13 778.84	0.00	13 656.75	13 656.75	0.00	234.48
2210202	提租补贴	19.57	580.53	580.53	0.00	584.80	584.80	0.00	15.30
2210203	购房补贴	0.00	4 622.44	4 622.44	0.00	4 619.10	4 619.10	0.00	3.34

中国农业科学院 2020 年项目收入支出决算表

（单位：万元）

项目		资金来源					支出金额			年末结转和结余	
支出功能分类科目编码	科目名称（项目）	合计	年初结转和结余		财政拨款	其他资金	合计	财政拨款	其他资金	合计	其中：财政拨款结转和结余
			小计	其中：财政拨款结转和结余							
类 款 项	合计	769 919.74	331 331.33	41 178.22	236 614.69	201 973.72	417 408.25	249 648.26	167 759.99	345 456.18	28 144.64
202	外交支出	373.00	0.00	0.00	373.00	0.00	368.36	368.36	0.00	4.64	4.64
20203	对外援助	185.00	0.00	0.00	185.00	0.00	185.00	185.00	0.00	0.00	0.00
2020306	对外援助	185.00	0.00	0.00	185.00	0.00	185.00	185.00	0.00	0.00	0.00
20299	其他外交支出	188.00	0.00	0.00	188.00	0.00	183.36	183.36	0.00	4.64	4.64
2029901	其他外交支出	188.00	0.00	0.00	188.00	0.00	183.36	183.36	0.00	4.64	4.64
205	教育支出	139.97	47.97	47.97	92.00	0.00	133.42	133.42	0.00	6.54	6.54
20508	进修及培训	139.97	47.97	47.97	92.00	0.00	133.42	133.42	0.00	6.54	6.54
2050803	培训支出	139.97	47.97	47.97	92.00	0.00	133.42	133.42	0.00	6.54	6.54
206	科学技术支出	694 407.64	307 396.68	24 567.23	194 999.21	192 011.75	366 231.50	207 496.04	158 735.46	320 309.36	12 070.40
20602	基础研究	111 096.94	60 882.85	11 815.52	25 120.96	25 093.13	50 575.92	32 441.34	18 134.58	59 401.43	4 495.13

（续表）

项目		资金来源					支出金额			年末结转和结余	
支出功能分类科目编码	科目名称（项目）	合计	年初结转和结余		财政拨款	其他资金	合计	财政拨款	其他资金	合计	其中：财政拨款结转和结余
			小计	其中：财政拨款结转和结余							
类 款 项	合计	769 919.74	331 331.33	41 178.22	236 614.69	201 973.72	417 408.25	249 648.26	167 759.99	345 456.18	28 144.64
2060203	自然科学基金	63 486.14	41 980.40	0.00	0.00	21 505.74	17 197.69	0.00	17 197.69	45 168.86	0.00
2060204	重点实验室及相关设施	27 535.69	12 546.79	11 815.52	14 988.90	0.00	22 404.12	22 309.28	94.84	5 131.57	4 495.13
2060299	其他基础研究支出	20 075.11	6 355.66	0.00	10 132.06	3 587.39	10 974.11	10 132.06	842.05	9 101.00	0.00
20603	应用研究	447 556.39	181 224.95	4 264.11	146 923.25	119 408.20	231 164.00	148 244.36	82 919.64	211 481.81	2 943.00
2060302	社会公益研究	447 556.39	181 224.95	4 264.11	146 923.25	119 408.20	231 164.00	148 244.36	82 919.64	211 481.81	2 943.00
20605	科技条件与服务	31 236.71	8 196.71	8 196.71	22 955.00	85.00	26 552.04	26 552.04	0.00	4 684.66	4 599.66
2060503	科技条件专项	31 151.71	8 196.71	8 196.71	22 955.00	0.00	26 552.04	26 552.04	0.00	4 599.66	4 599.66
2060599	其他科技条件与服务支出	85.00	0.00	0.00	0.00	85.00	0.00	0.00	0.00	85.00	0.00
20609	科技重大项目	104 208.47	56 783.04	49.91	0.00	47 425.42	57 708.98	49.91	57 659.06	44 662.88	0.00
2060901	科技重大专项	25 387.98	14 151.32	49.91	0.00	11 236.65	19 424.01	49.91	19 374.09	5 474.75	0.00
2060902	重点研发计划	78 820.49	42 631.72	0.00	0.00	36 188.77	38 284.97	0.00	38 284.97	39 188.14	0.00
20699	其他科学技术支出	309.13	309.13	240.98	0.00	0.00	230.56	208.38	22.18	78.57	32.60
2069999	其他科学技术支出	309.13	309.13	240.98	0.00	0.00	230.56	208.38	22.18	78.57	32.60
207	文化旅游体育与传媒支出	59.86	59.86	59.86	0.00	0.00	0.00	0.00	0.00	59.86	59.86
20701	文化和旅游	59.86	59.86	59.86	0.00	0.00	0.00	0.00	0.00	59.86	59.86

（续表）

项目		资金来源					支出金额			年末结转和结余	
支出功能分类科目编码	科目名称（项目）	合计	年初结转和结余		财政拨款	其他资金	合计	财政拨款	其他资金	合计	其中：财政拨款结转和结余
			小计	其中：财政拨款结转和结余							
类 款 项	合计	769 919.74	331 331.33	41 178.22	236 614.69	201 973.72	417 408.25	249 648.26	167 759.99	345 456.18	28 144.64
2070104	图书馆	59.86	59.86	59.86	0.00	0.00	0.00	0.00	0.00	59.86	59.86
211	节能环保支出	1 605.26	945.02	945.02	660.24	0.00	1 556.71	1 556.71	0.00	48.55	48.55
21103	污染防治	781.89	541.89	541.89	240.00	0.00	733.34	733.34	0.00	48.55	48.55
2110399	其他污染防治支出	781.89	541.89	541.89	240.00	0.00	733.34	733.34	0.00	48.55	48.55
21104	自然生态保护	823.37	403.13	403.13	420.24	0.00	823.37	823.37	0.00	0.00	0.00
2110402	农村环境保护	823.37	403.13	403.13	420.24	0.00	823.37	823.37	0.00	0.00	0.00
213	农林水支出	68 398.54	18 320.35	15 558.13	40 490.24	9 587.96	48 946.45	40 093.72	8 852.73	20 263.56	15 954.65
21301	农业	68 398.54	18 320.35	15 558.13	40 490.24	9 587.96	48 946.45	40 093.72	8 852.73	20 263.56	15 954.65
2130104	事业运行	6 691.45	169.00	39.00	2 889.00	3 633.45	4 503.01	2 922.28	1 580.73	2 188.44	5.71
2130106	科技转化与推广服务	12 373.01	6 670.01	6 670.01	5 703.00	0.00	9 321.93	9 321.93	0.00	3 051.08	3 051.08
2130108	病虫害控制	1 968.70	1 580.18	1 580.18	388.52	0.00	1 438.56	1 438.56	0.00	530.14	530.14
2130109	农产品质量安全	5 398.54	833.74	833.74	4 564.80	0.00	5 241.17	5 241.17	0.00	157.38	157.38
2130111	统计监测与信息服务	278.91	183.91	183.91	95.00	0.00	278.91	278.91	0.00	0.00	0.00
2130112	农业行业业务管理	412.58	25.58	25.58	387.00	0.00	395.96	395.96	0.00	16.62	16.62
2130114	对外交流与合作	942.72	672.72	672.72	270.00	0.00	942.72	942.72	0.00	0.00	0.00

（续表）

项目		资金来源					支出金额			年末结转和结余	
支出功能分类科目编码	科目名称（项目）	合计	年初结转和结余		财政拨款	其他资金	合计	财政拨款	其他资金	合计	其中：财政拨款结转和结余
			小计	其中：财政拨款结转和结余							
类 款 项	合计	769 919.74	331 331.33	41 178.22	236 614.69	201 973.72	417 408.25	249 648.26	167 759.99	345 456.18	28 144.64
2130126	农村公益事业	1.46	1.46	1.46	0.00	0.00	1.46	1.46	0.00	0.00	0.00
2130135	农业资源保护修复与利用	17 102.90	3 805.98	3 805.98	13 296.92	0.00	9 405.27	9 405.27	0.00	7 697.63	7 697.63
2130199	其他农业支出	23 228.28	4 377.77	1 745.56	12 896.00	5 954.51	17 417.46	10 145.46	7 272.01	6 622.29	4 496.10
221	住房保障支出	4 935.47	4 561.45	0.00	0.00	374.01	171.80	0.00	171.80	4 763.67	0.00
22102	住房改革支出	2 089.29	2 022.02	0.00	0.00	67.27	169.37	0.00	169.37	1 919.92	0.00
2210203	购房补贴	2 089.29	2 022.02	0.00	0.00	67.27	169.37	0.00	169.37	1 919.92	0.00
22103	城乡社区住宅	2 846.17	2 539.43	0.00	0.00	306.74	2.43	0.00	2.43	2 843.75	0.00
2210399	其他城乡社区住宅支出	2 846.17	2 539.43	0.00	0.00	306.74	2.43	0.00	2.43	2 843.75	0.00

中国农业科学院 2020 年度国有资产概况

根据《中国农业科学院 2020 年度行政事业单位国有资产报表》，中国农业科学院 2019 年底资产总额达到 183.20 亿元，其中，流动资产 71.35 亿元、固定资产（净值）65.51 亿元、在建工程 28.05 亿元、长期投资 14.96 亿元、无形资产（净值）2.34 亿元、其他非流动资产 0.07 亿元、受委托代理资产 0.92 亿元，分别占资产总额的 38.95%、35.76%、15.31%、8.17%、1.28%、0.04%、0.50%（图）。全院共有 25 个单位资产总量超过 2 亿元，其中 10 个单位资产总量超过 5 亿元（表），全院国有资产规模持续扩大，为中国农业科学院“三个面向、两个一流”建设提供了坚实的物质基础支撑。

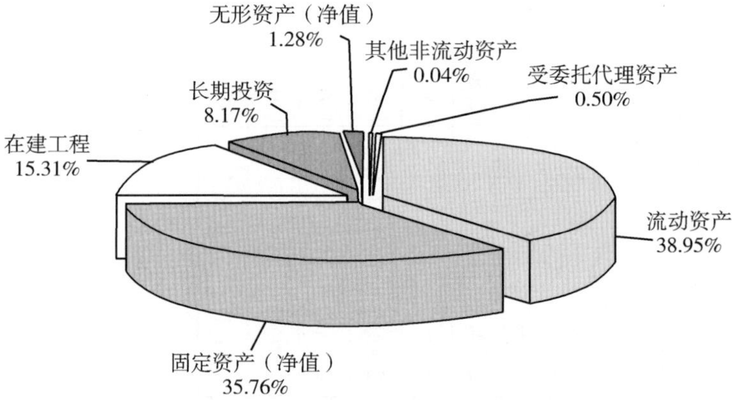

图　中国农业科学院 2020 年年末行政事业单位国有资产构成

（数据来源：中国农业科学院 2020 年度行政事业单位国有资产报表）

表　中国农业科学院2020年年末资产状况

（单位：元）

序号	单位	资产合计期末数	流动资产期末数	固定资产净值期末数	无形资产净值期末数	在建工程期末数	长期股权投资期末数
1	全院合计	18 319 990 136.48	7 135 207 538.01	6 550 649 863.65	233 810 794.82	2 805 094 989.79	1 496 451 610.06
2	中国农业科学院本级	2 118 364 100.05	560 385 693.26	442 283 306.12	33 992 767.82	903 144 045.61	89 734 675.12
3	农业农村部沼气科学研究所	124 696 325.89	57 688 639.65	53 581 605.30	6 027 326.96	4 465 521.72	2 933 232.26
4	农业农村部环境保护科研监测所	329 748 033.31	208 030 570.06	83 257 927.21	2 656 791.53	32 533 214.81	3 269 529.70
5	中国农业科学院研究生院	270 401 603.78	183 287 255.14	82 424 823.05	407 348.92	192 141.65	4 090 035.02
6	中国农业科学院农业经济与发展研究所	134 385 464.00	102 687 188.59	22 328 605.75	9 369 669.66	0.00	0.00
7	中国农业科学院农业质量标准与检测技术研究所	194 587 348.93	137 863 659.65	52 636 483.58	917 205.70	3 170 000.00	0.00
8	中国农业科学院农业信息研究所	723 508 672.23	211 416 018.99	412 149 264.40	19 841 522.48	78 635 167.83	1 466 698.53
9	中国农业科学院作物科学研究所	914 759 834.93	547 611 552.75	204 816 895.88	7 672 954.06	136 568 286.15	18 090 146.09
10	中国农业科学院蔬菜花卉研究所	420 929 035.33	225 413 860.33	121 988 684.02	411 252.40	31 073 632.78	42 041 605.80
11	中国农业科学院农业环境与可持续发展研究所	386 897 191.69	159 508 970.25	138 627 582.61	14 816 978.60	71 499 860.23	2 443 800.00

（续表）

序号	单位	资产合计期末数	流动资产期末数	固定资产净值期末数	无形资产净值期末数	在建工程期末数	长期股权投资期末数
12	中国农业科学院农业资源与农业区划研究所	674 401 512.98	328 405 326.50	207 785 738.08	13 427 946.33	116 101 502.07	8 681 000.00
13	中国农业科学院植物保护研究所	757 712 867.41	284 056 665.66	249 206 058.97	8 172 254.53	184 892 782.28	31 059 571.08
14	中国农业科学院农产品加工研究所	465 773 621.31	210 142 573.34	183 793 514.15	1 279 918.12	28 664 292.37	41 537 867.20
15	中国农业科学院棉花研究所	490 759 244.10	144 587 434.28	210 243 600.64	18 011 638.85	62 870 348.16	55 046 222.17
16	中国农业科学院油料作物研究所	568 855 880.19	140 078 069.64	334 712 197.96	29 063 395.82	34 935 110.96	30 067 105.81
17	中国农业科学院果树研究所	121 387 574.27	38 745 501.97	73 996 408.25	3 697 584.11	3 018 000.00	1 466 153.94
18	中国农业科学院郑州果树研究所	213 847 029.66	90 138 203.56	81 072 350.13	480 538.00	42 064 816.00	85 970.55
19	中国农业科学院茶叶研究所	331 449 484.55	167 190 614.13	117 838 454.36	9 017 974.12	13 572 669.12	23 829 772.82
20	中国农业科学院烟草研究所	272 232 669.38	121 211 477.18	105 646 950.15	6 800 383.17	30 188 971.00	8 384 887.88
21	中国农业科学院麻类研究所	226 908 186.64	80 799 479.55	110 307 236.82	5 524 073.30	26 829 808.81	3 447 588.16

（续表）

序号	单位	资产合计期末数	流动资产期末数	固定资产净值期末数	无形资产净值期末数	在建工程期末数	长期股权投资期末数
22	中国农业科学院农田灌溉研究所	115 199 515.92	25 522 141.94	49 996 672.08	1 139 926.78	37 770 879.21	769 895.91
23	中国农业科学院北京畜牧兽医研究所	797 064 991.66	225 251 320.41	557 133 033.66	4 293 621.50	9 395 663.54	709 000.00
24	中国农业科学院蜜蜂研究所	167 834 224.69	52 164 316.93	58 771 141.88	269 499.41	35 081 357.97	21 460 596.16
25	中国农业科学院哈尔滨兽医研究所	2 606 611 250.02	604 048 559.88	1 234 258 195.49	1 006 479.85	411 253 120.11	356 044 894.69
26	中国农业科学院兰州兽医研究所	2 204 069 566.54	1 080 206 145.82	316 424 053.56	5 547 070.92	197 096 819.00	603 594 873.65
27	中国农业科学院兰州畜牧与兽药研究所	239 882 175.76	77 335 210.44	146 631 956.32	369 285.95	13 150 000.00	2 395 723.05
28	中国农业科学院草原研究所	136 254 316.60	53 302 259.48	59 543 358.76	1 664 189.56	9 350 000.00	5 163 117.69
29	中国农业科学院特产研究所	463 570 124.19	118 416 669.34	177 738 670.69	8 147 640.23	123 785 052.22	35 482 091.71
30	中国农业科学院上海兽医研究所	295 919 419.48	121 817 859.24	126 895 786.36	3 952 011.16	26 435 120.73	16 818 641.99
31	中国水稻研究所	778 713 209.68	406 870 367.45	258 299 420.78	433 733.36	72 973 579.94	40 136 108.15

（续表）

序号	单位	资产合计期末数	流动资产期末数	固定资产净值期末数	无形资产净值期末数	在建工程期末数	长期股权投资期末数
32	农业农村部南京农业机械化研究所	246 433 946.79	101 261 279.23	112 261 522.03	13 338 026.20	0.00	19 573 119.33
33	中国农业科学院饲料研究所	124 563 636.76	45 666 232.27	73 788 634.10	304 084.79	0.00	4 804 685.60
34	中国农业科学院生物技术研究所	263 587 116.85	132 998 649.37	65 539 400.99	1 367 670.42	41 858 396.07	21 823 000.00
35	农业农村部食物与营养发展研究所	16 133 514.30	11 497 984.14	4 607 930.16	27 600.00	0.00	0.00
36	中国农业科学院农业基因组研究所	109 967 353.00	72 264 670.15	14 821 347.91	356 505.49	22 524 829.45	0.00
37	中国农业科学院都市农业研究所	12 580 093.61	7 335 117.44	5 241 051.45	3 924.72	0.00	0.00

数据来源：中国农业科学院2019年度行政事业单位国有资产报表。

注：资产合计期末数金额还包括其他非流动资产和受委托代理资产，本表中未将这两项资产金额的名细列出。

中国农业科学院2020年度政府采购情况

2020年，在农业农村部的正确领导下，在院属各单位和院机关各部门的密切配合下，中国农业科学院认真完成了政府采购预算、计划、执行情况和信息统计的填报，政府采购进口产品备案，批量转协议供货审核等各项政府采购日常管理工作。全院上下对政府采购管理工作的重视程度不断提高，院财务局通过加强报表审核、宣传培训、监督检查等强化对院属单位的业务指导和监督，各单位进一步落实采购人主体责任，加强内控建设，规范采购业务流程，进一步提升政府采购管理水平，保证了全院政府采购工作依法、合规、高效开展。

2020年中国农业科学院进一步深化落实2016年中办发50号文件关于科研“放管服”政策要求，修订了《中国农业科学院科研仪器设备采购管理办法》，优化和规范全院科研仪器设备政府采购。同时，进一步加强政府采购队伍能力建设，组织举办了《政府采购各级采购人线上培训班》，提升政府采购人员对政府采购政策和制度的理解和掌握，提升日常业务水平。

政府采购执行情况分析

（一）政府采购预算、计划、执行总体情况

2020年，中国农业科学院按照无预算不采购、无计划不执行采购和厉行节约的要求，强化预算约束，严格按程序执行政府采购，认真编制了政府采购预算、计划和执行情况报表，确保了全院计划不超预算，执行不超计划。经统计，全院2020年政府采购计划金额63 801万元，实际采购金额58 717.49万元，较2019年（62 514.01万元）减少3 796.52万元，降幅5.95%。实际采购相对计划节约资金总额5 083.51万元，总节约率8.66%。

（二）按采购资金构成分析

2020年实际采购金额中，货物类采购金额36 047.75万元，工程类采购金额15 106.06万元，服务类采购金额7 564.68万元，分别占采购总金额的61.39%、25.73%和12.88%。其中，工程类采购金额较上年同期减少10 127.14万元，减幅为

67.04%，采购金额减少的主要原因：一是当年基建项目较上年压减，二是因受疫情影响，部分基建项目实施进度延后。

（三）按组织形式分析

2020 年，全院实际采购金额中，集中采购金额 6 925.54 万元，分散采购金额 51 791.94万元，分别占总采购金额的 11.79%和 88.21%。

（四）按采购方式分析

2020 年全院实际采购金额中，公开招标采购金额 51 558.76万元，邀请招标采购金额 5 055.68万元，竞争性谈判采购金额 55.93 万元，竞争性磋商采购金额 723.31 万元，询价采购金额 52.15 万元，协议供货采购金额 301.69 万元，定点采购金额 464.57 万元，电子卖场采购金额 505.4 万元，分别占采购总金额的 87.81%、8.61%、0.10%、1.23%、0.09%、0.51%、0.79%、0.86%。从以上数据来看，公开招标是中国农业科学院政府采购的主要采购方式，与《中华人民共和国政府采购法》的管理要求相吻合。

（五）合同授予情况

2020 年中国农业科学院实际采购金额中，授予国内厂商 44 622.13万元，授予国外厂商 14 095.36万元，分别占总采购总额的 75.99%和 24.01%。其中，授予国外厂商的全部为货物类采购。

（六）按政府采购品目分析

货物类采购方面，2020 年中国农业科学院共采购通用设备 1 711台（套）、金额 13 193.07万元（含汽车 3 辆，89.08 万元），专用设备 565 台（套）、金额 17 542.16万元，家具用具 178 台（套）、金额 73.799 万元；工程类采购金额 15 106.06万元；服务类采购金额 7 564.68万元。

（七）节能节水和环保产品分析

2020 年中国农业科学院实际采购节能节水产品 587.27 万元，占同类产品采购总金额的 77.65%；实际采购环保产品 834.1 万元，占同类产品采购总金额的 76.51%。

中国农业科学院2020年基本建设工作概况

2020年，中国农业科学院基本建设工作坚持以习近平新时代中国特色社会主义思想为指引，深入贯彻十九届五中全会和总书记贺信指示精神，统筹谋划条件平台布局，狠抓重大建设任务落实，全力确保“十三五”完美收官。

一、2020年重点工作完成情况

2020年，争取中央投资立项规模10.7亿元，落实中央预算内建设资金3.7亿元，基建预算执行率65.4%，50个施工现场新冠肺炎疫情零感染。

（一）突出规划引领全院条件平台建设

一是高质量编制全院“十四五”条件建设规划。规划有效整合了中央预算内基本建设投资与修购专项资金，聚焦农业科技重大前沿领域，紧扣粮食安全、生物安全等重大需求，强化作物、畜牧、兽医、资源环境等领域重大科研设施体系化布局，统筹建设全院科技条件平台体系。同时，进一步拓展地方投资增量，更有力支撑烟台中心、苏州中心、深圳国际食品科学中心等重大区域布局。

二是高起点推进重点区域总体规划。积极探求解决京区发展空间的新路径，配合中国生产力学会撰写《关于建设国家未来农业中心的研究与建议》，获得李克强总理重要批示。系统研究中关村院区东门试验田发展建设，拜访了32位老领导老专家、两院院士等，并向部领导报送专题报告，完成了《中关村院区东门地块规划方案》，获得北京市规划部门认可。坚决贯彻全院“一盘棋”要求，开展京区土地功能定位和科研用房统筹方案研究，编制京区土地利用总体概念性规划，推动京区土地、房屋等资源优化配置。围绕重点区域、重点学科，指导编制《油料作物研究所国家健康油谷概念性规划》、兰州牧药所和郑州果树所所区规划等，为高质量建设院所区发挥重要示范作用。

（二）积极推进区域创新中心谋划和建设

一是成都中心、北方水稻研究中心、南繁研究院进入实体化建设。成都中心一期科研楼、综合服务设施等投入使用，有力保障都市农业、智慧农业、食物营养与健康等科研团队入驻，科学编制成都中心二期建设规划，推进二期项目申报和土地划拨。北方水稻研究中心 6 月开工建设，已完成实验楼、辅助用房主体及二次结构，成为中国农业科学院在北方布局的第一个国家级重大科研平台。南繁研究院国家作物表型研究设施即将开工，总投资达 5.36 亿元，是中国农业科学院支持“南繁硅谷”建设的首个重大项目，得到农业农村部刘焕鑫副部长、魏百刚总经济师的充分肯定。

二是雄安中心、烟台中心、苏州中心、平谷院区等前期工作扎实推进。与雄安新区发改局、烟台市政府、烟台市农业科学研究院加强对接，推进雄安中心、烟台中心等发展规划编制；加强与平谷区政府、北京市农业农村局等沟通对接项目选址；加强与转化局、上兽研等沟通配合，谋划生物安全三级实验室等苏州中心重大设施。

（三）着力推进重大重点工程建设

一是全力推进重大科研设施建设。国家作物种质库克服了新冠肺炎疫情对施工现场的影响，全面保障工程质量、施工安全、投资控制，完成土建工程。国家农业生物安全科学中心成立了工作专班，全力推动完成消防、环保、档案和竣工备案等收尾工作，已向农业农村部申请验收。农业基因组学研究中心立项批复国家投资 3.8 亿元，已向国家发改委①报送初步设计及概算。国家畜禽种质资源库谋划推进工作得到了农业农村部刘焕鑫副部长高度肯定。国家农业高等级实验动物创制、国家种业创新实验室完成可行性研究，为全院“十四五”重大项目申报做好储备。

二是强力推进京区重点工程实施。大力推动国家农业科技创新园开工建设，积极争取隋振江、卢彦等北京市领导调研指导，4 次向市政府及相关部门发函请求支持，与相关部门反复沟通汇报，取得了市政府支持，为国家农业科技创新园开工建设开通了“绿色通道”。全力推动海外农业研究中心建设，成立院所联动项目建设领导小组，制定实施项目建设管理办法，与北京市有关建设行政主管部门深度沟通，克服招标管理方式变化、延长招标周期的影响，顺利完成施工、监理招标，现已开工建设。

三是整体推进研究生教育培养设施建设。坚持系统谋划、有序推进，编制研究生院雄安校区建设规划，支持兰州兽医所研究生宿舍项目立项，推进基因组所研究生宿舍、马连洼研究生宿舍及配套用房完成主体结构，棉花研究所研究生公寓交付使用，不断改善研究生培养条件。

（四）全力抓好疫情防控与复工复产

一是多措并举，抓好全院基建领域疫情防控。针对全院分布在全国 29 个市县的 50 个施工现场，采取“一区域一策，一项目一策”模式，制定疫情防控工作方案和施工现场应急预案；召开疫情防控专题会议，借助信息化手段每日调度、每日报告，并根据

① 中华人民共和国国家发展和改革委员会，全书简称国家发改委。

具体情况采取针对性防控举措；开展京区项目施工现场出入管控，落实落细各项防控要求。院所合力，实现了全院基建项目新冠肺炎零感染、安全生产零事故。

二是推进复工复产，加快全院在建项目执行。克服疫情影响，分阶段恢复施工秩序。分类督导在建项目，重点突破前期审批、招标采购、建设实施、竣工验收等关键环节；依托农业建设项目管理平台和项目周报加强在线监测，做好月报分析和季度通报，及时提出工作建议，并在第三和第四季度调整监管方向和措施，重点督导结转资金超过500万元的项目、已完工迟迟不验收的项目，重点指导在建项目数超过2个的项目单位，确保全院新下达投资的9个项目全部开工，26个在建项目竣工，年度完成投资36 330万元，年度预算执行进度同比提高7个百分点，圆满完成年度预定目标。

（五）不断提高基建管理效能

一是完善规章制度。制定《基本建设项目管理岗位职责指导意见》《马连洼院区研究生宿舍及研究生辅助用房项目管理办法》《海外农业研究中心建设项目管理办法》，为进一步规范项目管理、提高管理效能提供制度保障。

二是加强基建队伍建设。结合项目检查和竣工验收，开展建设项目管理经验现场交流、基建档案管理、合同法律风险防范、验收业务交流等专题培训，利用项目管理工作群，动态宣传和交流行业部门新政策新办法，提升基建队伍业务能力。

三是加强作风建设。完成基建业务流程再造，采取视频会议等信息化手段进行工作部署，开展线上材料审核、项目验收，切实让数据“多跑路”、群众“少跑腿”，提高服务效能；开展基本建设规划指标等8项专题研究，承担部重大科研设施空间规划布局、院基本科研业务费两项研究课题，提高调查研究水平。

二、2021年工作思路与重点任务

认真贯彻中央农村工作会议精神，坚持农业科技自立自强定位，围绕“两个一流”建设目标，以更高的站位、更强的作风、更实的举措，推动全院“十四五”条件建设开好局、起好步，落实好重大重点建设任务，为全院各项事业提供更有力的条件保障。

一是加强战略研究与资源统筹。深入学习贯彻国家关于“十四五”发展建设的相关规划、投资政策、区域布局等，提高工作的前瞻性、科学性和可行性；认真落实院党组关于改革发展、加强统筹等决策部署，研究中央预算内基本建设投资、修购专项资金等有效整合方式，研究推进土地、项目、存量资源等优化配置的联动机制；为进一步强化国家战略科技力量，探索开辟新投资渠道、高效利用存量资源的新途径。

二是加强“十四五”规划衔接与重大项目谋划立项。以全院“十四五”条件建设规划为依据，积极对接农业农村部“十四五”相关建设规划，引导和争取更多建设需求获得支持；紧扣国家重大需求，加快国家小麦设计重大设施、国家种业创新实验室、国家农业微生物资源库、国家农业高等级实验动物创制、生物安全实验室等一批重大项目熟化；全方位沟通衔接，推动国家畜禽种质资源库立项审批。同步做好重大区域布局规划编制和前期工作，实现一张蓝图绘到底。

三是加强重大重点建设项目指导。积极指导成都中心、南繁研究院、西部中心等重大区域布局建设，抓好成都中心收尾和交付使用，启动二期土地征用、重大项目申报等；协调国家发改委加快农业基因组学研究中心初步设计审批，协调推进国家南繁作物表型研究设施、北方水稻研究中心等建设。推进国家作物种质库、海外农业研究中心、马连洼研究生宿舍、国家农业科技创新园等京区重点工程建设。

四是加强履职能力建设。加强全院土地、房屋、试验基地等主要基础条件资源的统计分析，夯实基本建设基础性工作；建立基本建设运行监测指标及项目管理信息系统，及时掌握院所基本建设动态、开展研判预警和督促指导；持续推进中国农业科学院基建制度、管理队伍、廉政作风等建设，为“十四五”基本建设迈上新台阶筑牢基石。

中国农业科学院2020年基本建设项目立项和投资情况

2020年批复立项的基本建设项目共7个，批复总投资49 487万元，全部为中央预算内投资。

受新冠肺炎疫情以及国家财政紧缩影响，在中央本级支出安排负增长、非急需非刚性支出压减50%以上背景下，2020年中国农业科学院中央预算内基本建设投资累计落实36 881万元。

中国农业科学院2020年基本建设项目立项清单

序号	项目名称	建设年限（年）	项目单位	总投资（万元）
1	中国农业科学院农业基因组研究所农业基因组学研究中心建设项目	3	农业基因组研究所	37 559
2	中国农业科学院农业信息研究所国家数字种植业创新中心建设项目	2	农业信息研究所	1 373
3	中国农业科学院农业信息研究所农业农村数据汇聚治理和分析决策平台建设项目	2	农业信息研究所	2 857
4	中国水稻研究所水稻全产业链大数据建设项目	2	中国水稻研究所	1 323
5	中国农业科学院北京畜牧兽医研究所国家数字农业奶牛专业创新分中心建设项目	2	北京畜牧兽医研究所	1 074
6	中国农业科学院农业资源与农业区划研究所全国农田建设综合监测监管平台建设项目	2	农业资源与农业区划研究所	2 951
7	中国农业科学院作物科学研究所国家农作物国外引种隔离检疫基地改扩建项目	2	作物科学研究所	2 350

中国农业科学院 2020 年建成项目简介

2020 年，在院所共同努力下，中国农业科学院全年完成 15 个项目竣工验收，包括 1 个国家重大科技基础设施项目、7 个试验基地项目、2 个仪器设备购置项目、2 个观测试验站项目、1 个综合实验室项目、1 个畜禽种质资源保护利用能力提升项目、1 个农作物品种测试评价能力提升项目。新建、改造科研及辅助用房 6 万平方米、温网室 3. 3 万平方米，购置仪器设备 485 台（套），形成固定资产 4. 22 亿元。通过这些项目的建设，不断完善科研设施条件，更好地满足科研需求，为实现“三个面向”“两个一流”建设提供了有力的条件支撑。

中国农业科学院2020年建成项目一览表

序号	项目名称	建设单位	实际完成总投资（万元）	完成建设内容	产生的效益
			42 234. 62		
1	饲料药物添加剂识别与评价平台仪器设备购置建设项目	质标所	1 850. 77	购置了仪器设备14台（套），轨道离子阱高分辨质谱仪、超高效液相色谱—串联质谱仪、全二维气相色谱—飞行时间质谱仪、基质辅助激光解吸附飞行时间质谱仪、实时荧光定量PCR、多标记细胞毒性标志物筛查系统、倒式荧光显微镜、光谱检测系统、高速离心机、拉曼光谱仪等仪器设备各1台（套），高效液相色谱仪、高压二元超高效液相色谱仪各2台（套）	提升了饲料质量安全风险监测、未知物筛查、以及毒性物评价的能力，增强了对新饲料产品质量控制和评价能力。饲料质量安全检测灵敏度可达1×10^{-9}水平，提高了5~10倍；检测精度提高了10%~30%；一次性样品筛查能力增强，同时能检出饲料药物添加剂及高风险危害物污染物等2 000种以上。项目建设效果明显，达到了项目建设预期目标

（续表）

序号	项目名称	建设单位	实际完成总投资（万元）	完成建设内容	产生的效益
2	烟草研究所西南烟草试验基地	烟草所	2 424	新建科研用房 3 588.73平方米，科研辅助用房 1 113.66平方米，智能温室 768 平方米；室外配套工程包括场区绿化 6 047.2平方米、生态停车场 178.75 平方米、晒种厂 2 041.3平方米、围墙 328 米、挡土墙 2 361.81 立方米、道路 1 540.5平方米、甬路 63.25 平方米、路沿石 1 387.27米、室外排水、给水消防、供电、污水处理系统、监控系统等；购置实验台、中央实验台、超净工作台、药品柜及样品架、恒温恒湿机组等 5 套设备；购置 954 拖拉机 1 台、554 拖拉机 1 台、装载机 2 台、叉车 2 台、玉米播种机 1 台、秸秆还田机 1 台等农机具共计 15 台/套；购置分体式空调 60 台	改善了试验基地基础设施条件，为科技创新和成果转化等工作提供了保障。烟草遗传育种、栽培与调制等 8 个创新团队入驻开展科技创新和技术推广工作。开展绿色防控模式、全生物降解地膜、农作物秸秆资源化利用、减量化施肥、农药残留控制等示范推广，有力促进研究所成果转化工作。开展了“增收惠农多元种植模式研究”等研究，筛选了特色谷物等一批与烟草轮作的特种作物，形成了一套科技引领、促农增收的模式，科技支撑乡村振兴能力进一步增强。常年有 20 余名专家推广普及科学技术及先进种植理念，农业科技人才培训与实践创新功能突出

（续表）

序号	项目名称	建设单位	实际完成总投资（万元）	完成建设内容	产生的效益
3	马铃薯主粮化加工技术集成仪器设备购置项目	加工所	1 150	定制（创制）安装马铃薯原料处理、发酵熟化、成型整形、蒸煮烘焙、新型包装等设备50台（套），并进行系统集成，形成一条100千克/批的马铃薯主粮化加工中试生产线。其中，国产仪器设备48台（套），进口仪器设备2台（套），刷喷淋清洗机和切片机已报备进口	建成了1条从原料加工到产品创制的马铃薯主粮化加工中试生产线，具有马铃薯全粉、马铃薯馒头、马铃薯面包、马铃薯面条和马铃薯米粉5种加工工艺功能，具备连续工业化生产能力，产量可达100千克/批，为马铃薯加工中试研究提供了试验条件。项目单位能按照“边建设、边示范、边应用、边推广”的原则，对项目建设过程中形成的马铃薯高纤营养粉加工、马铃薯全粉发酵、马铃薯馒头加工等成熟工艺方案和设备方案，向多家企业示范推广，为马铃薯主食化加工提供了科技支持
4	油料作物研究所综合实验室建设项目	油料所	2 983	新建综合实验室一栋，建筑面积8 554.61平方米，框架结构，地上9层，地下1层（局部）；安装实验台柜409.5延米、电梯2部（一客一货，BRAND，9层9站）；配套室外道路及场地1 234平方米	建成了布局合理、信息化程度高、水电气等配套设施完善的综合性实验楼，能够满足130～150名科研人员及研究生科研工作需要。为现有精密仪器的使用提供了标准化的条件和环境，为进一步引进种质资源保存与利用、转基因安全评价、油料高效加工等高科技人才创造良好的科研条件，促进我国油料作物科技创新能力与产业发展，对保障食用油供给安全具有重要的战略意义

（续表）

序号	项目名称	建设单位	实际完成总投资（万元）	完成建设内容	产生的效益
5	国家蜜蜂基因库建设项目	蜜蜂所	2 985	新建国家蜜蜂基因库6 041.47平方米；建设室外道路1 220.98平方米，绿化1 569平方米，室外供暖管线126米，电缆管线452米，室外给排水工程（含消防水池350立方米、酸碱中和池30立方米、雨水调蓄池131立方米、给水管道172.5米、消防管道83.8米、雨污管道579.7米）；购置液氮罐等仪器设备6台（套）	改善了蜜蜂研究所科研条件和科研环境，建成了蜜蜂种质资源保存综合性基因库，蜜蜂种质资源保存容量可达95万份，是我国蜜蜂及其近缘蜂种种质资源长期保存的重要战略基础设施，同时也是国家蜜蜂种质资源中心
6	中国水稻研究所富阳试验基地建设项目	水稻所	2 890	通用大温室3 299.16平方米，配套环境调控系统，可实现光温环境调控等；水稻表型鉴定温室321.18平方米；稻曲病专用温室202.87平方米，分成10个小区，对环境进行调控，满足试验的高温高湿条件；温室准备间590.79平方米；防鸟网863亩，由钢结构支撑系统与网面系统构成	进一步完善了富阳试验基地的基础设施条件，提升了试验基地功能，为研究所提供一个田间科研试验平台和基础科研平台。项目表型鉴定温室具备了表型鉴定设施与稻曲病设施安装与鉴定的特殊需要，丰富了研究所温室的类型，形成了常规温室、研究型温室（小区可控试验条件）和科研设施配套专用特殊温室的3种类型。特别是稻曲病专用温室，已完成稻曲病抗性鉴定30余批次，鉴定水稻材料约200余份，防鸟网的建设基本消除了田间的鸟害，保护了科研成果，保证了试验数据的精准度，提升了科研效率

（续表）

序号	项目名称	建设单位	实际完成总投资（万元）	完成建设内容	产生的效益
7	锡林郭勒草原有害生物防治野外观测试验站建设项目	植保所	2 893	新建综合实验用房 2 542.8平方米，挂藏室、库房及食堂 710.42 平方米，门卫及水泵房 116.95 平方米，污水处理站 1 座，消防水池 500 立方米，水井 2 眼，沉淀池 1 285立方米，场区给排水管道铺设，新建化粪池和隔油池，敷设高压电缆 1 040米及 500 千伏安变压器 2 台，敷设低压电缆，安装场区照明及弱电系统；新建科研温室 2 757.1平方米（准备间 194.6 平方米），科研网室（一）2 304平方米，网室准备间 261.36 平方米，科研网室（二）480 平方米，苜蓿病害试验池 30 座，土地平整及农田灌溉 142.55 亩，场区混凝土硬化 1 313平方米，场区混凝土道路 2 816平方米，场区砂石道路 873 平方米；购置仪器设备 9 台（套/批）	有效改善了试验站的设施条件，基本满足现代农业科研试验的需求，有力支撑了精准表型鉴定生物资源的收集、牧草和病虫鼠害数据的连续观测及调查；实现对有害生物的实时、远程监控，确保生物灾害预警的时效性和准确性，提升了试验站在草原有害生物监测、预警和防控方面的整体实力。目前，已有草地植保、鼠害生物学和牧草病害 3 个科研团队入驻并开展工作。一年来，收集了精准表型鉴定生物资源 10 份，连续观测土壤、气象、牧草、病虫鼠害调查数据 10 组，连续调查 30 个样点，形成监测和调查报告 3 份并提交农业农村部等有关部门
8	国家区域试验抗性鉴定站（河南省安阳市）建设项目	棉花所	415	建设旱棚 408 平方米，棉花病害鉴定大病圃 10 248平方米，小病圃 768 平方米，简易储藏间 112 平方米；建设混凝土道路硬化 1 400平方米，地面硬化 558 平方米，供水系统 308 米，视频安防监控系统 1 项；购置仪器设备及农机具 30 台（套）	完善了我国棉花抗性鉴定的平台，提高了棉花材料抗性鉴定能力，推动了棉花抗病育种的进程

（续表）

序号	项目名称	建设单位	实际完成总投资（万元）	完成建设内容	产生的效益
9	农业农村部作物基因资源与种质创制河南观测实验站建设项目	郑果所	391	新建连栋温室 830.25 平方米（文洛式轻钢结构），购置自动气象站、高精度植物冠层测温仪等实验仪器设备 10 台（套），购置联合整地车等田间农机具 5 台（套）	改善了农业农村部作物基因资源与种质创制河南观测实验站的科研条件，完善了作物基因资源挖掘与种质创制的技术平台
10	沅江试验基地建设项目	麻类所	2 592	新建智能温室 2 112平方米、人工气候室 330 平方米、农机具库 125 平方米、挂藏室 477 平方米、暗室 219 平方米、传达室及大门 104 平方米、水泵房消防水池 133 平方米、道路 4 900平方米，改造科研用房 4 706平方米、研究生宿舍 536 平方米、机械试制车间 464 平方米、晒场 3 400平方米、围墙 1 089米；地面恢复改造 12 600平方米、危房拆除 10 475平方米、场区绿化 28 000 平方米、水塘清淤 1 项；场区的变配电系统，弱电系统；场区给水系统，场区排水，污水处理站 1 座；购置农机具 5 台（套）	通过该项目的实施，麻类研究所沅江试验基地科研基础设施条件得到了明显的提升，为科研人员开展南方经济作物研究等提供基本保障。目前南方经济作物资源创新与利用、一年生麻类遗传改良、南方农田绿色发展、麻产品加工等科研团队已开展科研工作

（续表）

序号	项目名称	建设单位	实际完成总投资（万元）	完成建设内容	产生的效益
11	特产研究所左家试验基地建设项目	特产所	2 954	貂舍Ⅰ 1 721.25平方米，貂舍Ⅱ 6 540.75平方米，狐狸舍Ⅰ 1 190.75平方米，狐狸舍Ⅱ 7 471.20平方米，隔离貂舍729.00平方米，实验室及皮板加工间1 942.80平方米，饲料加工车间406.16平方米，门卫及锅炉房（含大门、消毒通道）151.80平方米，消防水池及泵房（含水井房）204.71平方米，粪便降解池312.6平方米，污水处理池27.09平方米；道路及广场18 220.53平方米，场区给排水工程1项，场区供暖工程1项，场区电气工程1项，土方工程30 000立方米，栏杆围墙1 405米，镀锌铁皮围墙1 445米，镀锌铁皮围墙大门15樘，排水沟274米，涵管45.5米；购置仪器设备48台（套），其中进口仪器设备7台（套），国产仪器设备41台（套）	项目建成并投入使用以来，已经成为我国专门从事毛皮动物（水貂、狐狸）营养需要量标准研究的试验基地，并相继开展了水貂、狐狸各生长阶段对能量、蛋白质及氨基酸、脂肪、矿物元素及维生素等的营养需要量标准的相关研究工作。建立了毛皮动物疾病诊断和预防体系，研制了快速诊断试剂盒3个，收集并保存毛皮动物优良品种种质资源500份

（续表）

序号	项目名称	建设单位	实际完成总投资（万元）	完成建设内容	产生的效益
12	棉花研究所安阳试验基地	棉花所	1 700	基地管理与科研设施区50亩，包括旱棚1 477.68平方米、移动旱棚1 757.63平方米、移动防雨棚599.21平方米、根系观察室350.67平方米、防虫网室1 975.30平方米、自然生态池15个、全生育期盐池20个、盐碱鉴定池20个、配套建设道路2 524平方米及场区电气工程；现代农业科学试验区850亩，包括凉棚472.5平方米、过路涵管67米、混凝土主干道路901米、田间观察路4 172米、主排渠922米，次排渠648米、试验田铁丝网围栏1 338米、铁艺围墙3 040米，以及田间灌溉系统、稳压供水灌溉系统、机井灌溉供水系统；购置拖拉机、机载喷雾器、撒肥机、皮卡车等农机具设备28台（套）	完善了中国农业科学院棉花研究所新东场的各项基础设施，提升了试验基地的机械化、轻简化和智能化水平，提高了水分利用效率，降低了土壤养分污染，减少了残膜污染，提升了改善棉田生产环境质量的能力

（续表）

序号	项目名称	建设单位	实际完成总投资（万元）	完成建设内容	产生的效益
13	广西兴安试验基地建设项目	植保所	2 382.61	新建综合试验用房2 527.39平方米，食堂及库房435.2平方米，传达室34.27平方米，泵房及发电机房159.22平方米；新建科研温室263.74平方米，水稻隔离网室526.5平方米，旱田隔离网室587.58平方米；改造标准化试验水田30亩、标准化试验旱田6亩、标准化葡萄种植区8.11亩、柑橘种植区7.5亩；新建场区道路3 198.48平方米、过路桥涵1座长30米、围墙817.31米、场区电气工程（铺设电缆4 936.4米、路灯56套、草坪灯12套）、供配电工程（200千伏安箱式变压器1台、高压线120米及配电装置等）、场区给排水工程（中和池63.4立方米、铺设给排水管道等）、蓄水池1座、污水处理系统（地下混凝土水池215.6立方米、污水处理设备1套）；购置农机具6台（套），实验台1批	有效改善了163亩试验基地设施条件，提升了试验基地对科技的支撑能力，基本满足现代农业科研试验的需求，为引导和带动我国南方作物有害生物监测预警和防控关键技术的发展和创新提供了保障

（续表）

序号	项目名称	建设单位	实际完成总投资（万元）	完成建设内容	产生的效益
14	中国农业科学院南京农业机械化研究所农业机械化技术创新试验基地建设项目	农机化所	2 966.5	实际完成新建试验室 1 887平方米（3层，框架结构）、机修车间 1 042平方米、机具库 1 042平方来、配电房 47 平方米、地下消防泵房及水池 1 座；新建围栏 1 422米、供电管线 1 610米（高压电缆 290 米、低压电缆 1 320米），新建道路 11 467平方米、桥涵（涵管）2 座、灌溉渠 1 774米、排水沟 1 916米、晒场 900 平方米、试验温室 457 平方米、蓄水塘 1 座、土地平整 42 397平方米；购置农机具及设备 15 台（套），包括数控铣床、万能工具铣床、液压牛头刨床、立式钻床、台式钻床、直流焊接机、氩弧焊机、检测平板、检测检修工具、立式油压机各 1 台、数控车床 2 台、拖拉机 3 台等；征地 200 亩，已取得建设用地 28.16 亩的国有土地使用证，试验农业用地 171.84 亩土地证仍在办理中	初步解决了项目单位作为农业机械领域国家级科研机构，长期以来缺乏自有农业机械科研、试验、示范基地的问题，加强了项目单位基础设施条件和科研装备建设，对完善科研创新、试验条件和手段，大幅提升新技术、新工艺、新产品的研发水平和效率，促进农业机械化的快速发展，加快我国农业现代化进程具有积极意义

（续表）

序号	项目名称	建设单位	实际完成总投资（万元）	完成建设内容	产生的效益
15	国家农业生物安全科学中心	植保所	11 657.74	实际完成建筑面积 16 762.12平方米，地上建筑面积 11 118.64平方米，地下建筑 5 643.48平方米，其中人防工程 2 859.91平方米。建筑形式为 6 层框架剪力墙结构，地上 4 层，地下 2 层。层高为地下二层 4.8 米，地下一层 4 米，一、二、三层 3.9 米，四层 4.8 米。四层为中高危实验室（1 139平方米）及配套仪器设备用房；一、二、三层为科学研究实验室、网络用房；地下一层为人工气候室、标本库、纯水机房、配电室和发电机房；地下二层为人防工程。实际购置办公及会议家具和设备 1 批，标本柜和密集柜 1 批。购置科研仪器 7 台套，紫外灯 15 台，实验台 187 台（731 延米），通风柜 23 台，生物安全柜 7 台，合计 239 台套	国家农业生物安全科学中心自 2014 年建成运行以来，实现了引领农业生物安全领域科学研究与创新的目标，在监测预警与咨询、技术交流平台的开放与共享以及人才培养方面取得了重要成就，出色地完成了科学研究方面的预定目标

七、研究生教育与管理

中国农业科学院2020年度研究生教育概况

2020年是“十三五”的收官之年，研究生院坚持以习近平新时代中国特色社会主义思想为指导，深入学习贯彻习近平总书记对研究生教育工作重要指示和党的十九届五中全会、全国研究生教育会议等精神，按照“四个面向”“两个一流”的总要求，在部、院党组的坚强领导和全体教职工的共同努力下，强化教育管理，深化教育改革，不断提升培养质量，顺利完成各项重点工作任务，推动研究生教育事业实现了新的发展。

一、抗击疫情与复工复产两手抓、两不误

面对突如其来的新冠肺炎疫情，院党委高度重视、及时部署，成立了党委书记为组长的应急工作领导小组，严格按照中共中央、部院党组有关疫情防控的要求，全力做好研究生院疫情防控工作。

提高政治站位，强化责任担当。疫情以来，各级领导干部及党员职工充分认识到做好疫情防控的极端重要性、紧迫性和严峻性，情系广大师生安危，坚守在防疫第一线，夜以继日投入防控工作，发挥了党员先锋模范作用，为有效防控疫情、为尽快复工复产奠定了坚实的基础。

及时响应要求，传达上级精神。疫情初期，第一时间印发了《研究生院新型冠状病毒感染肺炎疫情学生工作应急方案》《关于进一步加强寒假期间学生安全管理工作的紧急通知》《关于严格落实寒假期间学生安全管理工作的紧急通知》《中国农业科学院研究生院关于2020年春季学期延期开学的紧急通知》《关于要求研究生严格遵守返校时间的通知》等文件，将中央精神在第一时间传达落实。加强疫情防控知识宣传，稳定学生情绪，把控防疫大局。

掌握准确信息，第一时间上报。及时统计途经、滞留疫区或高风险地区的学生（含留学生、客座学生）、职工（含离退休）情况，准确掌握每一位学生职工的健康动态，如有异常第一时间上报中国农业科学院及北京市主管部门，在“研究生管理信息系统”中开设“防疫填报”板块，建立学生健康台账。精准及时的数据信息为疫情防控工作的部署落实提供了强有力的支撑。

开展人文关怀，妥善应急处理。充分发挥党团组织作用，通过微信公众号等媒体，组织开展“线上读书打卡”“线上心理辅导”等活动，号召引导学生明辨信息，理性思考，听从指挥，科学防范。对湖北及武汉学生给予关怀鼓励，建立了湖北临时学生支部群，密切关注思想动态，在科研学习、防疫物资等方面提供支持帮助。与研究所密切合

作，妥善做好个别学生发烧发热的应急处置及相关驻华使馆的撤侨工作，为隔离学生提供生活保障，通过视频与学生交流谈心，安抚学生情绪。为疫情期间无法回京办理离校手续的毕业生开展“双证”邮寄、政审考察、毕业派遣和行李打包邮寄服务，关心爱护学生。

加强物资储备，严格巡查管理。通过多方努力采购防疫物资，为在岗人员、留校学生、湖北学生提供物资保障。加强巡逻检查，外来人员严格履行登记、测温、查健康码，杜绝外来隐患。每日做好各楼宇公共区域消毒消杀工作，确保环境安全卫生。疫情防控常态化后，按照中共中央及上级部门的统一部署，积极配合全院不误农时、不误科研的要求，制订详细返所返基地的安全防护方案，及时准确掌握高年级研究生返所返基地情况，为京区研究所科研助理提供住宿，密切关注健康动态；分步骤、分阶段加快复工复产复学，积极推进研究生招生复试、线上教学、线上团学、线上就业指导及在线继续教育培训等工作，将疫情对业务工作的影响降到最低。研究生院疫情防控工作受到了中国农业科学院的高度评价，获评疫情防控工作先进单位。

二、强化体制机制建设，谋划“十四五”科学发展

制定《中国农业科学院研究生院章程》，为建立现代院校治理体系，完善科研单位办教育体制机制提供依据和保障。系统梳理总结“十三五”研究生教育发展成绩，结合中共中央有关“十四五”发展战略，牵头制定《中国农业科学院“十四五”研究生教育发展规划（2021—2025）》，科学研判新时期农业科技创新对高层次人才的需求，系统谋划研究生教育长远发展。立足实际、谋求突破，编制《中国农业科学院研究生院雄安校区建设规划》及《研究生院北院区建设及运行方案》，提前谋划发展布局。

三、深入推进教育管理改革，强化主体责任落实

深圳研究生院正式挂牌成立，实现首批新生在深圳入学，成为充分利用地方优质政策和科教资源推进研究生教育管理体制改革的重要实践。印发实施《中国农业科学院关于进一步加强研究生教育管理工作的若干意见（试行）》，统筹院所共同办研究生教育，强化两段式培养不同阶段的主体责任。起草《中国农业科学院客座学生管理办法》，将客座学生纳入统一管理，明确管理责任。

四、积极争取招生指标，招生计划大幅增加

以服务科研、育人需求为导向，积极争取增加招生指标。2020年增加全日制专业硕士指标200名，增加博士自有基数35名，增幅创历史新高。招收各类研究生1 668人，其中博士研究生575人（国内博士研究生429人，留学博士研究生94人，中外合

作办学项目博士研究生 52 人），硕士研究生 1 093人（全日制硕士研究生 1 054人，非全日制硕士研究生 22 人，留学硕士研究生 17 人），实际招生规模保持稳定。现有在校研究生 5 559人，其中硕士研究生 3 401人，博士研究生 2 158人。

五、推进工作创新，教育质量稳步提升

1. 全面推进招考制度改革，加大优秀生源选拔力度

在前期兽医学科试点的基础上，开展畜牧学科博士生招生“申请—考核制”试点并顺利实施。创新工作方式，指导培养单位举办云端夏令营，扩大招生宣传；加大推免生和直博生招收力度，招收推免生 117 人、直博生 12 人，直博生数量翻一番。通过上述多个渠道，加大优秀生源选拔力度，把好教育“入口关”。

2. 创新教学方式，不断提升培养质量

疫情期间，顺利完成 79 门课程在线教学任务，将疫情影响降到最低。完成 31 门精品课程建设，将 13 门自有课程及 5 门校外在线课程上传至“研究生教育管理系统”，供学生免费自学，丰富课程教育资源。服务学科发展及招考制度改革，首次制定生态学、草学 2 个一级学科博士生培养方案、生物化学与分子生物学等 6 个学科专业直博生、兽医博士、渔业发展领域专业学位培养方案。全年组织开设课程 170 门，选课 1.6 万余人次，研讨实践类课程比例不断增加。

3. 加强思政教育，注重学生身心健康

贯彻落实有关课程思政的要求，将“乡村振兴理论与实践”课程列入研究生培养方案学位课目录。首次召开“2019—2020 学年研究生院思政课程师生研讨会”，积极推进书记院长进思政课堂，张合成书记走进博士新生思政课堂做专题讲座。将社会主义核心价值观、农业科学家精神、院史院风、科研诚信、心理健康等主题教育作为新生入学及学术活动的重要内容。利用“中国大学生心理健康测评系统”对新生开展心理筛查，对重点人员给予心理干预和跟踪关注。积极探索疫情防控期间育人新模式，成功举办第三届研究生三分钟论文演讲比赛、校园风采大赛、学风建设及科学道德教育等系列活动。加强奖助力度，设立研究生“勤学励志助学金”及“国际交流奖学金”并完成首批奖（助）学金评选工作。

4. 强化师德师风建设，落实立德树人职责

以“加强师德师风建设、落实立德树人职责”为主题，采取线上线下相结合的方式，对 153 名新任导师开展岗前培训，院党组书记张合成对新任导师进行集体政治谈话，党委书记讲授思政专题内容。贯彻落实《教育部关于加强博士生导师岗位管理的若干意见》，严把博士研究生导师遴选、硕士研究生导师备案及年度招生资格审核入口关，突出师德师风首要考核内容，实行师德失范“一票否决”，促进招生导师队伍质量提升。完成对全院 2 104名导师立德树人职责落实情况的考核。

开展教师教学培训，提高授课水平和能力。组织任课教师参加“在线教学暑期线

上研修班”，举办第四期教师教学培训，200 余名教师参加培训。全年授课教师 533 人，本院教师 340 人，占 63.8%；主讲教师共 189 人，本院教师 120 人，占 63.5%，“以我为主”的师资队伍建设稳步推进。

5. 充分利用院所资源，推进一流学科建设

组织完成“食品科学与工程”博士一级学科及“资源与环境”硕士专业学位授权类别申报工作，均已通过北京市学位委员会评审。积极适应人才培养和就业需要，撤销自主设置的 5 个二级学科，增设“乡村振兴理论与政策”研究方向，为培养乡村振兴高层次研究人才搭建学科平台。“新农科”建设获得阶段性成果，“农业合成生物学”交叉学科将于 2022 年招生。积极调动全院资源，展现中国农业科学院办学特色和优势，全面开展全国第五轮学科评估迎评工作，有序推进首次全国专业学位水平评估工作。

6. 严把出口关，提升就业服务水平

在不减程序、不降质量的前提下，采取线上线下相结合的方式，分两批顺利完成夏季学位论文答辩及学位授予工作，共授予 264 人博士学位、994 人硕士学位。严格管控关键环节，学位授予质量不断提高，国家博士学位论文抽检及北京市硕士学位论文抽检全部合格。2020 届毕业生以第一作者发表 SCI 论文 581 篇，增加 121 篇，增长 26%。1 篇论文获“第八届全国兽医专业学位研究生优秀学位论文”。研究生院荣获 2018/2019 学年北京地区学位授予信息报送工作先进单位。

坚持服务需求为导向，提升就业水平。下大力气解决了中国农业科学院毕业生在部分省市报考选调生招聘受阻的困难，与地方政府联手发布中国农业科学院毕业生专场就业岗位，将推动中国农业科学院毕业生服务地方发展写入院地合作协议，举办 2 场线上双选会和 7 场就业政策辅导课，精准推送优质就业岗位，有力保证了 2020 届毕业生高质量就业。毕业生 1 197人（博士生 252 人，硕士生 945 人），就业率 90%。大力加强校友工作，开展“村官校友大地繁星”及校友“战疫”故事系列宣传，组织首届青年兽医校友论坛，增强校友归属感。

7. 服务科教外交战略，国际教育质量稳步提升

坚持服务需求提质增效，促进留学生教育新发展。在教育部和北京市普遍削减项目经费的背景下，实现了年度项目经费稳中有增，共获得教育部和北京市留学生奖学金 2 930.64万元。在校留学生规模 486 人，其中，中国政府奖学金学生占 67.5%、学历生占 99%、博士生占 86.8%，来自全球 59 个国家。新生生源来自 38 个国家，新增巴西和澳大利亚 2 个国别，生源国别结构和学缘结构进一步改善，生源质量稳中有升。

根据疫情防控常态化要求和留学生特点，科学制定疫情防控工作预案，组织实施留学生汉语课程教学改革，完成滞留境外留学生的春季学期学业考核工作，做好在校留学生的培养管理。创新留学生文化社会实践活动内涵，组织留学生参与社区志愿服务，相关事迹被北京日报和北京电视台新闻频道等媒体报道，留学生抗疫作品入选国家留学基金委员会《感知中国——我们的抗疫故事》征文集，是北京市入选的 5 篇之一。组织留学生参加第二十届国际友人环昆明湖长走及“我与北京”主题征文比赛，分获友好

合作奖、二等奖和最佳组织奖。

毕业留学生146人，其中博士138人、硕士8人，毕业人数比2019年增加46%。毕业留学生以第一作者发表SCI论文186篇（生均1.27篇），论文平均影响因子2.93，单篇最高影响因子14.416，创历史新高。1名2020届布隆迪籍毕业生荣获2019年度中国政府优秀来华留学生奖学金，并于2020年8月任布隆迪国立农业科学院院长。

六、中外合作项目积极推进，国内外交流不断深化

经过不懈努力，成功签署中荷项目第二期合作协议。2020年招收中外合作项目博士生52人，其中，中比（中国—比利时）项目30人、中荷（中国—荷兰）项目22人，数量与生源质量双提升。制定了《中国农业科学院研究生院中外合作办学项目学生管理办法（试行）》。完成中比项目和中荷项目年度报告并提交教育部和北京市教育委员会审核备案。中荷项目一期评估报告顺利通过北京市教育委员会和教育部主管部门的评估。与埃塞俄比亚、柬埔寨的科教机构签订了3份合作谅解备忘。首次申报并获批国家留学基金委乡村振兴人才培养专项（2020—2022），每年资助10名硕士生出国学习。

加强国内交流合作。与浙江大学、北京大学在院校战略框架下积极探索联合培养新模式。制定与中国农业大学联合培养博士研究生管理办法，进一步完善了联合培养博士生项目的合作机制。

七、发挥平台优势，助力科技扶贫与乡村振兴

充分发挥“一个基地”“一个中心”优势，创新培训方式，服务科技扶贫与乡村振兴。组织完成“西部之光”访问学者、乡村振兴专题培训等21期培训任务，线下培训1 060人次，线上培训28.1万人次。积极拓展培训项目，新增部委及地方项目6个，累计培训经费193.6万元。创新培训方式，全面开展网络培训，搭建“中国农业科学院在线学习平台”，并特别推出“抗疫情助脱贫公益课堂”，上传30门农业课程供免费学习；开设“乡村振兴—田间课堂”专题网页，组织中国农业科学院专家录制农业科技课程71门，其中3门网课入选“学习强国”在线学习平台。积极推动乡村振兴学院建设工作。

拓展培训渠道，扩大社会影响。联合人社部共同策划创设了《农业农村技术技能人才职业技能证书》。院培训中心成为首批中国知识产权研究会知识产权定向合作培训机构，是系统外唯一一家入选单位。与国家广播电视总局教育培训基地联合开展以“全媒体+乡村振兴”为核心的专项能力培训。加快培训基地建设布局，新增郑果所沂南试验站、潍坊国家农业开放发展综合试验区、隆平高科国际培训学院3个培训基地，截至2020年年底，共有培训基地18个。

八、规范内部管理，服务教育大局

强化日常管理，提升管理效率。改进完善现有办公系统，提升公文运转效率，做到当日文件当日流转，全年发文 163 份，运转来文 300 份。进一步规范会议管理，加强会前审批、材料格式审核、会议纪律等，提高会议效果，印发会议纪要 89 期。加强信息宣传，对中文网站进行调整改版，栏目设置更加简洁、更加符合教育宣传需要；开展宣传培训，邀请院办宣传处、《中国教育报》专家围绕新闻稿件写作、新闻动态走出中国农业科学院开展培训指导。

加强人事管理，提供队伍保障。认真贯彻中国农业科学院人才工作会精神，落实到具体干部人才工作中。加强管理队伍建设，调入干部职工 8 人，调出 3 人，退休 5 人，招聘编外人员 4 人，现有在编职工 80 人，编外聘用人员 49 人，总计 129 人。完成 2019 年度职称评审，评审推荐并通过正高职称 1 人，评审通过副高职称 1 人、代评中级职称 2 人。规范聘用人员管理，开展线上培训，提升聘用人员履职能力。反复调研，研究制定了《研究生院退休“中人”退休养老金过渡方案》，保障研究生院 10 年过渡期内退休“中人”利益。做好离退休工作，疫情期间每天发送慰问提示信息，稳定离退休人员情绪。

严格财务管理，提高资金使用效率。按要求做好预决算工作，统筹安排资金使用，加快推进预算执行，总体进度 98%，在中国农业科学院位居前列。落实“过紧日子”的精神，厉行节约反对浪费，按照要求压缩会议费、培训费、“三公”经费、公务接待费及修购专项等支出预算。加强固定资产管理。规范合同管理，加强对合同律师函、印章申请单、合同签订日期的审核，确保合同编号与财务报账合同一致。开发了研究生院财务信息化系统，提升财务管理信息化水平。严格执行“三重一大”实施细则及内控规程，加强事前审批，有效防控廉政风险和财务风险。

九、加强条件建设，狠抓安全生产

积极争取经费支持，完善条件建设。经过多方努力，争取到享受购买进口仪器设备免税的资格，顺利完成“基础生物学实验室及兽医学院分子生物学实验室教学设备购置项目”，执行经费 110 万元，其中进口仪器设备 90 万元，为研究生院节约了项目经费。完成了各楼设备设施维修维护，为教学楼（2~4 层）加装热水器，为研究生公寓 2 号楼加装残疾人坡道，改善院区基础设施建设。积极配合推进马连洼研究生公寓楼项目建设。

高度重视安全生产及保密工作。召开专题会部署安全生产及保密工作，及时签订安全生产责任书，明确任务分工，层层落实责任。加强网络安全，更新网络设备规则库，开展网络全面巡检，发现隐患及时整改。强化措施统一处理实验废弃物，保证实验废弃物处理安全规范。将安全教育作为学生入学教育的重要内容，邀请专家开展消防安全教育培训和实地演练，做到安全教育全覆盖，增强自防自救能力。重大节假日及时印发安全生产通知，强化师生人身财产安全。定期开展安全生产大检查，加强值班值守及日常巡查，隐患整改率100%。加强保密自查，规范机要文件管理，严格按要求做好英语四六级及硕士生入学考试保密工作。研究生院安全生产工作得到了中国农业科学院安全生产督导组的高度评价，被评为院“平安建设”先进单位。

十、全面加强党的领导和党的建设，为加快实现“两个一流”建设目标提供坚强保证

坚持把政治建设摆在首位，坚决做到“两个维护”。通过理论学习中心组（扩大）学习会、党支部“三会一课”、党课报告等多种形式，深入贯彻习近平总书记的重要讲话精神，把政治建设落实落细，确保研究生教育事业发展的政治方向，确保把树牢“四个意识”、坚定“四个自信”、做到“两个维护”体现在履职尽责和日常言行上。强化政治意识教育，组织党员深入学习贯彻习近平总书记《论坚持党对一切工作的领导》，党委书记、教工党支部书记、委员围绕强化政治意识讲专题党课，把旗帜鲜明讲政治贯穿业务工作全过程。

认真落实意识形态工作责任制，坚持用习近平新时代中国特色社会主义思想武装师生头脑。制定《中共中国农业科学院研究生院委员会关于贯彻落实〈党委（党组）意识形态工作责任制实施办法〉的实施细则》，把意识形态工作作为党的建设的重要内容，牢牢掌握意识形态工作的领导权、管理权、话语权。研究制定《研究生院贯彻落实习近平总书记有关思政教育的重要讲话精神工作方案》，提升研究生思想政治工作水平，筑牢意识形态前沿阵地。通过理论中心组学习等多种形式，组织师生党员、青年职工深入学习习近平总书记关于“三农”、研究生教育等重要指示和党的十九届五中全会精神，切实用习近平新时代中国特色社会主义思想武装头脑、指导实践、推动工作。

健全完善制度机制，充分发挥党委领导核心作用。认真贯彻落实院党组会议有关精神，制（修）订了《中国共产党中国农业科学院研究生院委员会贯彻落实“党委领导下的行政领导人负责制”实施细则》《中国共产党中国农业科学院研究生院委员会工作规则》《中国共产党中国农业科学院研究生院委员会会议制度及议事规则》《中国农业科学院研究生院院长办公会议制度及议事规则》《中国农业科学院研究生院“三重一大”决策制度实施细则》等制度，完善议事决策程序，建立健全院党委统一领导、党政分工合作、协调运行的工作机制，确保党委领导下的行政领导人负责制得到有效落实。制定实施方案，扎实开展“党的民主集中制学习活动”，组织处级以上干部聆听院党组书记专题党课报告，邀请中共中央党校教授作“坚持和发展民主集中制”专题辅导报告，增强党员干部贯彻执行民主集中制的自觉性和坚定性。

加强组织建设，打造坚强战斗堡垒。严格按程序完成“两委”换届选举工作，选

优配强“两委”班子。严格落实“三会一课”、主题党日、组织生活会等制度。加强教育培训，邀请中国人民大学专家围绕“双一流建设与内涵发展”作专题辅导报告，各党支部组织开展了“共克时艰，抗击疫情”“不忘初心，弘扬优良家风”等丰富多彩的主题党日活动。参与起草《关于加强新时代研究生党员教育管理工作的意见》，进一步规范了研究生党员教育管理工作。严格按程序发展党员 74 人。研究生院党委被评为中国农业科学院 2018—2019 年度先进基层党组织。

坚持抓常抓细抓长，强化作风纪律建设。认真贯彻中国农业科学院全面从严治党工作会议精神，制定贯彻落实方案，逐项明确牵头领导、责任处室，狠抓落实。组织党员干部深入学习贯彻《习近平关于力戒形式主义官僚主义重要论述选编》，进一步改进工作作风，提升服务水平。建立院领导班子成员、党委委员联系班级和学生支部制度，召开座谈会，及时了解解决学生思想、学习等实际问题。加强廉政案例教育，在节假日等关键节点，提前发布廉政预警监督通知，要求党员干部严守八项规定、严防四风反弹。组织上报“学习《条例》，遵规守纪”主题征文并获奖。

深入推进精神文明建设，营造良好校园氛围。充分发挥工青妇、研究生会等群团组织在精神文明创建中的主体作用。工会组织职工参加健步走、“院歌大家唱”活动，青委会开展“提升青年职工解决实际问题能力”主题学习活动，妇委会组织开展“疫情在前　责任在肩”女职工摄影展，研究生会组织“新生杯”篮球赛、“校园风采大赛”等校园文化活动。通过精神文明建设，为“两个一流”建设凝聚人心汇聚力量。

关于公布2020年研究所研究生教育考核评价结果的通知

院属各研究生培养单位：

为进一步规范和加强研究所研究生教育管理工作，强化考核监督、促进质量提升，根据《中国农业科学院办公室关于印发2020年研究所评价方案的通知》（农科办办〔2020〕73号）等文件要求，研究生院组织开展了2020年研究所研究生教育考核评价工作，现将评价结果予以公布（见附件）。

请各研究所对照评价结果，认真查找研究生教育管理中存在的薄弱环节，进一步健全规章制度，切实压实导师的研究生培养第一责任人责任，不断强化培养过程管理，着力加强关键环节审核，充分发挥研究所学位评定委员会的学术把关作用，全面落实立德树人根本任务，推动研究生教育高质量发展。

附件：1. 2020年研究所研究生教育考核评价综合得分
2. 2020年研究所研究生教育考核评价综合得分
3. 2020年研究所研究生教育考核评价一级指标得分

中国农业科学院研究生院
2021年1月22日

附件 1

2020 年研究所研究生教育考核评价综合得分

排名	研究所	得分	排名变化	排名	研究所	得分	排名变化
1	牧医所	95.68	↑1	18	作科所	72.56	↓2
2	哈兽研	91.87	↓1	19	基因组所	72.23	↑12
3	加工所	87.60	无变化	20	茶叶所	71.93	↓10
4	烟草所	86.29	↑4	21	蔬菜所	71.66	↑1
5	蜜蜂所	84.70	↑8	22	农经所	70.13	↓3
6	植保所	79.88	↑1	23	果树所	69.55	↓9
7	郑果所	79.70	↑10	24	信息所	69.32	↑6
8	资划所	79.52	↑24	25	麻类所	68.45	↓2
9	饲料所	79.08	↓4	26	生物所	68.13	↓5
10	质标所	78.98	↓6	27	沼科所	67.78	↓12
11	水稻所	78.39	↓2	28	草原所	64.94	↑1
12	环发所	77.61	↑14	29	油料所	63.93	↓5
13	上兽研	77.16	↓7	30	农机化所	63.28	↓2
14	兰兽研	75.18	↑4	31	特产所	61.03	↓6
15	棉花所	73.60	↑5	32	营养所	59.22	↑1
16	兰牧药	73.04	↓5	33	灌溉所	58.83	↓6
17	环保所	72.68	↓5				

附件 2

2020 年研究所研究生教育考核评价综合得分（不计加减分项）

排名	研究所	得分	排名	研究所	得分
1	牧医所	89.48	18	果树所	68.55
2	烟草所	85.19	19	灌溉所	67.43
3	蜜蜂所	82.80	20	资划所	67.32
4	加工所	82.20	21	麻类所	67.15
5	郑果所	77.30	22	蔬菜所	66.86
6	植保所	76.98	23	沼科所	66.68
7	饲料所	76.88	24	作科所	64.96
8	质标所	76.58	25	草原所	64.94
9	上兽研	75.86	26	农经所	64.63
10	水稻所	75.39	27	基因组所	64.53
11	哈兽研	74.47	28	生物所	64.13
12	兰兽研	72.98	29	农机化所	62.88
13	环保所	72.68	30	信息所	62.72
14	环发所	72.51	31	油料所	62.23
15	兰牧药	71.74	32	特产所	61.03
16	棉花所	71.10	33	营养所	59.22
17	茶叶所	70.33			

附件3-1

2020年研究所研究生教育考核评价一级指标得分（培养条件）

排名	研究所	得分	排名	研究所	得分
1	基因组所	8.57	18	茶叶所	4.60
2	植保所	6.45	19	郑果所	4.52
3	作科所	5.85	20	资划所	4.51
4	水稻所	5.83	21	沼科所	4.45
5	草原所	5.74	22	生物所	4.43
6	油料所	5.36	23	烟草所	4.39
7	牧医所	5.26	24	特产所	4.34
8	哈兽研	5.22	25	果树所	4.14
9	棉花所	4.94	25	灌溉所	4.14
10	蜜蜂所	4.93	27	蔬菜所	3.99
11	兰兽研	4.90	28	农机化所	3.87
12	加工所	4.89	29	质标所	3.86
13	兰牧药	4.87	30	麻类所	3.70
14	环发所	4.78	31	信息所	3.68
15	上兽研	4.75	32	农经所	3.52
16	环保所	4.63	33	营养所	3.28
17	饲料所	4.61			

附件 3-2

2020 年研究所研究生教育考核评价一级指标得分（业务管理）

排名	研究所	得分	排名	研究所	得分
1	牧医所	36. 75	18	饲料所	30. 09
2	烟草所	36. 60	19	棉花所	30. 05
3	郑果所	35. 33	20	加工所	29. 79
4	质标所	35. 12	21	麻类所	29. 68
5	上兽研	34. 28	22	环保所	29. 66
6	兰兽研	33. 63	23	信息所	29. 33
7	水稻所	33. 30	24	生物所	28. 87
8	蜜蜂所	33. 14	25	果树所	28. 85
9	哈兽研	32. 77	26	农机化所	28. 66
10	环发所	32. 49	27	特产所	28. 27
11	植保所	32. 45	28	基因组所	27. 95
12	茶叶所	31. 80	29	资划所	27. 78
13	农经所	31. 46	30	草原所	26. 50
14	蔬菜所	31. 34	31	营养所	26. 02
15	兰牧药	30. 65	32	作科所	24. 65
16	沼科所	30. 43	33	油料所	23. 84
17	灌溉所	30. 26			

附件 3-3

2020 年研究所研究生教育考核评价一级指标得分（综合管理）

排名	研究所	得分	排名	研究所	得分
1	牧医所	10.00	10	质标所	9.72
1	哈兽研	10.00	19	作科所	9.66
1	加工所	10.00	20	茶叶所	9.56
4	资划所	9.86	21	郑果所	9.52
5	基因组所	9.85	22	麻类所	9.50
6	兰兽研	9.80	23	营养所	9.22
6	棉花所	9.80	24	特产所	9.08
6	蔬菜所	9.80	25	果树所	9.04
6	沼科所	9.80	26	饲料所	8.80
10	环保所	9.72	27	蜜蜂所	8.74
10	环发所	9.72	28	生物所	8.72
10	兰牧药	9.72	29	植保所	8.42
10	农经所	9.72	30	草原所	8.39
10	上兽研	9.72	31	油料所	8.24
10	水稻所	9.72	32	灌溉所	8.22
10	信息所	9.72	33	农机化所	7.94
10	烟草所	9.72			

附件 3-4

2020 年研究所研究生教育考核评价一级指标得分
（人才培养质量）

排名	研究所	得分	排名	研究所	得分
1	加工所	37.53	18	作科所	24.81
2	牧医所	37.47	19	灌溉所	24.80
3	蜜蜂所	35.99	20	油料所	24.80
4	烟草所	34.48	21	兰兽研	24.64
5	饲料所	33.38	22	茶叶所	24.38
6	植保所	29.65	23	草原所	24.31
7	环保所	28.67	24	麻类所	24.27
8	郑果所	27.93	25	农机化所	22.40
9	质标所	27.87	26	生物所	22.10
10	上兽研	27.10	27	沼科所	22.00
11	水稻所	26.54	28	蔬菜所	21.73
12	果树所	26.52	29	营养所	20.70
13	兰牧药	26.50	30	信息所	19.99
14	哈兽研	26.48	31	农经所	19.94
15	棉花所	26.31	32	特产所	19.35
16	环发所	25.52	33	基因组所	18.17
17	资划所	25.17			

关于印发《中国农业科学院研究生院教学委员会章程》的通知

院属各研究生培养单位：

为进一步规范研究生院教学委员会的各项工作，研究生院制订了《中国农业科学院研究生院教学委员会章程》（附件），经征求第四届教学委员会委员意见，经院相关会议审议通过，现予以印发。

附件：中国农业科学院研究生院教学委员会章程

中国农业科学院研究生院
2020 年 11 月 30 日

附件

中国农业科学院研究生院教学委员会章程

第一章 总 则

第一条 为深入贯彻党的教育方针，提高人才培养质量，提升教学管理水平，进一步规范中国农业科学院研究生院教学委员会工作（以下简称教学委员会），特制定本章程。

第二条 教学委员会是对中国农业科学院研究生院（以下简称研究生院）教学工作进行研究、咨询、指导、评估、审议、服务的专家组织。教学委员会对研究生院教学改革与教学管理的重大问题进行研究，并对研究生院有关教学的重大决策提供咨询。

第二章 组 织

第三条 教学委员会设主任委员 1 名、副主任委员 2~3 名，秘书长 1 名，委员若干名。主任委员由中国农业科学院相关院领导担任，副主任委员一般由院士、研究生院执行院长担任，秘书长一般由研究生院分管研究生培养的院领导担任。教学委员会秘书处设在研究生院培养处，负责教学委员会的日常工作。副主任委员由主任委员提名，委员人选由院属研究生培养单位推荐，经研究生院院长办公会议和院党委会议审议决定。

第四条 教学委员会委员应具备以下条件。

（一）政治立场坚定，遵纪守法，师德高尚，学风端正，责任心强，办事公正。

（二）学术造诣高，具有高级专业技术职务，工作在研究生培养、教学或管理一线，熟悉研究生教育教学规律和人才培养工作，具有丰富的教育教学经验。

（三）热心研究生教育工作，身心健康，有参与教学委员会相关工作的精力。

（四）研究生院规定的其他条件。

第五条 教学委员会实行任期制，每届任期 4 年。因特殊情况需要缩短或者延长任期时，须经研究生院院长办公会议和院党委会议审议决定，延长时间最多不得超过 1 年。

第六条 教学委员会委员在任期内有以下情形之一者，经教学委员会研究，并报研究生院院长办公会议和院党委会议审议决定，不再担任委员职务。

（一）本人书面提出申请辞去委员职务。

（二）被依法追究法律责任。

（三）违反教师职业道德。

（四）怠于履行委员职责。

（五）工作调离、职务变动或其他原因不能履行职责。

第七条 任期内教学委员会因工作需要增补新委员时，须按委员产生程序及时增补，增补的委员任期至本届教学委员会任期届满止。因工作需要调整委员职务时，秘书处需报请主任委员同意后，提交研究生院院长办公会议和院党委会议审议决定进行调整。

第八条 教学委员会根据工作需要，可设置学科（专业学位类别）分委员会、专门委员会。

第三章 职 责

第九条 教学委员会对以下涉及研究生院教育教学、师资队伍建设等事项开展研究、咨询、指导、评估、审议。

（一）人才培养规划和重大教学改革政策、措施的制定和修订。

（二）研究生培养方案、课程体系和课程教学大纲的制定和修订。

（三）课程建设、教材建设、教学改革等项目的评审和推荐。

（四）教学质量评估与监控体系建设。

（五）实习实践及联合培养基地建设。

（六）师资队伍建设。

（七）教风、学风建设及重大教学事故认定和处理意见。

（八）其他有关研究生培养与教学工作的重大事宜。

第十条 除因疾病或其他特殊原因请假以外，教学委员会委员须按时参加教学委员会会议和相关活动。

第十一条 对于教学委员会会议上讨论的涉密事项，与会人员应按相关保密制度要求，严格保密。

第四章 议事规则

第十二条 教学委员会一般每学年至少召开一次全体会议，会议由主任委员或主任委员委托的副主任委员主持。仅涉及部分学科（专业学位类别）的议题或专门议题，经主任委员或副主任委员授权，可召开相关分委员会会议或专门委员会会议，讨论后提交教学委员会审议。

第十三条 教学委员会需要做出决议时，须不少于2/3的委员到会，且经不少于到会委员人数的2/3同意，决议方为有效。根据需表决事项性质，表决可采用无记名投票、实名投票以及举手表决等形式进行。

第十四条 根据会议议题，教学委员会主任委员、副主任委员或秘书长可邀请相关人员列席。列席人员有旁听权和陈述权，但没有表决权，其意见可供教学委员会决策时参考。

第十五条 教学委员会实行回避制度。在讨论、审议或评议与委员本人及其配偶和直系亲属有关的事项时，相关委员必须回避。

第十六条 对于教学委员会做出的决议，相关单位或当事人如有异议，须在 7 个工作日内向秘书处提出书面复议请求，经 1/3 以上委员同意后方可进行复议。经复议做出的结论为最终结论。

第五章 附 则

第十七条 本章程自印发之日起施行，由教学委员会秘书处负责解释，《中国农业科学院研究生院教学委员会暂行条例》（2004 年）同时废止。

关于印发《中国农业科学院研究生院课程建设实施办法（修订）》的通知

院属各研究生培养单位：

修订后的《中国农业科学院研究生院课程建设实施办法》（附件）经研究生院 2020 年 6 月 28 日党政联席会讨论通过，现予以印发。

附件：中国农业科学院研究生院课程建设实施办法

中国农业科学院研究生院

2020 年 7 月 17 日

附件

中国农业科学院研究生院课程建设实施办法

（2014 年 11 月 15 日制订，2020 年 6 月 28 日修订）

第一章　总　则

第一条　为全面推进研究生教学改革，根据《中国农业科学院关于深化研究生教育改革的若干意见》（农科院研生〔2012〕103 号）精神，在总结研究生课程建设经验的基础上，继续开展以“三有（讲义、课件和教师队伍）”为目标的研究生课程建设。为保证研究生课程建设的顺利实施，特制订本办法。

第二条　研究生课程建设坚持“总体规划、分期实施、科学规范、先进适用”的原则，不断优化课程体系，跟踪学科前沿，促进课程教学的科学化、规范化和信息化，重点建设一批与培养创新能力和实践能力相适应、具有创新特色和示范效应的课程，培养一批学术造诣高深、梯次结构合理的高水平研究生教学骨干团队，构建“教师—讲义—课件”三位一体的研究生教学体系。

第三条　研究生院负责制定课程建设计划，编制课程建设经费预算，全面组织实施。

第四条　研究生课程建设以项目的形式组织实施。研究生院负责组织项目申报、检查、评审验收等管理工作。研究所和教研室协助做好项目组织实施和日常管理工作。

第二章　课程建设标准

第五条　课程建设要体现先进性、科学性和示范性，总体上达到国内一流大学同类课程相当的水平，具体标准如下。

（一）教学大纲科学规范，体现研究生课程的系统性、层次性和前沿性。

（二）课程教材或讲义编写规范，图文并茂，有特色和独创性。教材或讲义字数一般不低于每学时4 000字（含图表）。

（三）教学课件科学规范、内容完整、形式生动，可视性强，适应多媒体教学和网络教学需要。

（四）具有结构合理、人员稳定、教学水平高的教学团队，保障课程教学的可持续性。

（五）开展教学改革，教学方法多元化，实行研讨式、参与式、启发式教学，强化创新能力和实践能力培养。

（六）在教学评估和检查中表现突出，总体达到优秀水平。

第三章　项目申报和评审

第六条　课程建设项目分为新建课程与修订课程两类。修订课程是指课程验收 3 年后有必要修订的课程。项目采取个人申请、教研室和研究所推荐、研究生院组织评审的方式。

第七条　项目申报必须具备以下条件。

（一）所申报课程应在中国农业科学院研究生院经过一轮以上的教学实践检验，教学评估优秀，并将继续开设。

（二）项目申请人一般应为中国农业科学院正式职工，具有高级专业技术职称和教学经验，已组建结构合理的教学团队。

（三）有规范的课程教学大纲、教学课件和丰富的教学参考资料，教学内容兼顾基础理论、应用研究和学科前沿，能做到理论联系实际，反映本学科领域科技水平和教学成果。

（四）优先安排使用国外原版教材或自编讲义的课程、选课人数较多的课程、开展双语教学的课程。

第八条　项目评审程序。

（一）研究生院年初发布课程建设项目申报通知和项目申报要求。

（二）申请人填写《中国农业科学院研究生院课程建设项目申报书》，提供其他相关材料到相关教研室或研究所相关部门。

（三）教研室对申报课程建设项目进行综合评审，提出推荐意见报研究生院。

（四）研究生院组织院教学委员会对推荐项目进行最终评审，评审结果网上公示 3 个工作日。

（五）公示后，研究生院审定并发布当年立项通知和项目清单。

（六）获批项目申请人与研究生院签订《中国农业科学院研究生院课程建设项目任务合同书》。

第四章　项目组织管理

第九条　课程建设项目实行项目申请人负责制，严格按照项目任务合同书执行。

第十条　新建课程项目按 1 学分 2.5 万元、2 学分 4 万元、3 学分 6 万元的标准资助；修订课程项目按照新建课程项目的 40%资助。签订项目任务合同书后首次支付 80%资助额度，执行情况检查通过后支付其余 20%经费。课程建设经费用于调查研究、资料收集、课件制作、讲义编写及劳务费等方面。

第十一条　课程建设项目完成期限周期原则为 1 年，因特殊原因可延期 1 年。

第十二条 课程建设项目执行期间，研究生院组织执行情况检查，并提出具体改进意见。

第十三条 课程建设项目完成后，项目负责人提交《中国农业科学院研究生院课程建设项目验收表》、教材或讲义、课件、教学大纲等验收材料，研究生院组织教学委员会相关专家会议验收。验收中问题较大或验收不通过的，退回整改。

第十四条 课程建设成果包括教材或讲义、课件等教学资料，著作权归中国农业科学院研究生院所有，项目完成人依法享有署名权。课程建设成果在研究生院网站或内部管理系统供中国农业科学院研究生无偿使用。研究生院对课程建设成果择优资助出版。

第五章 附 则

第十五条 本办法由研究生院培养处负责解释，自 2020 年 6 月 28 日起施行，之前相关规定同时废止。

关于印发《中国农业科学院研究生院中外合作办学项目学生管理办法（试行）》的通知

院属各研究生培养单位：

为规范中国农业科学院中外合作办学项目管理，根据《中华人民共和国中外合作办学条例》和《中华人民共和国中外合作办学条例实施办法》等有关规定，结合中国农业科学院实际情况，特制定《中国农业科学院研究生院中外合作办学项目学生管理办法（试行）》，已于 6 月 1 日经研究生院 2020 年第 23 次党政联席会会议讨论通过，现予发布实施。

附件：中国农业科学院研究生院中外合作办学项目学生管理办法（试行）

中国农业科学院研究生院

2020 年 6 月 10 日

中国农业科学院研究生院
中外合作办学项目学生管理办法（试行）

第一章　总　则

第一条　为规范中国农业科学院中外合作办学活动，加强中外合作办学项目管理，根据《中华人民共和国中外合作办学条例》和《中华人民共和国中外合作办学条例实施办法》等有关规定，结合中国农业科学院实际情况，制定本办法。

第二条　本办法适用于中国农业科学院招录的中外合作办学项目的学生，以下简称项目学生。

第二章　招生、报到与注册

第三条　项目学生按照中国农业科学院与外方院校正式签署的协议的相关规定和项目招生简章进行招生录取。

第四条　项目学生参照《中国农业科学院研究生院研究生注册管理办法》和《中国农业科学院研究生院学生管理规定》有关管理规定执行，按要求完成入学报到并按学期进行注册，同时按规定完成在国外合作院校的注册。

第五条　项目学生完成缴费和注册后，方可正常享受项目学生待遇。

第六条　项目学生在读期间不调档案、不转户口，按照有关规定办理党团组织关系。

第七条　项目学生在报到和入学后进行入学资格初审和复审。新生入学材料信息存在伪造做假或存在违纪违法行为的，经核实后取消其入学资格。

第三章　学制与培养方式

第八条　项目学生基本学制为 4 年，采取“院所结合，两段式培养”、中外双导师联合指导的模式，具体学习年限根据中外合作项目协议及相关规定执行。

第九条　经中外双方导师同意，项目学生的课程学习、培养环节和论文答辩等工作可在国内或外方合作院校完成，由研究生院国际教育处进行审核备案。

第十条　项目学生办理转专业、更换导师、休学、复学、退学等手续，须提出书面申请并经导师（更换导师须经原导师、拟接收导师同意）及所在培养单位同意后，由研究生院国际教育处审核，报研究生院审批后办理。

第四章 课程学习

第十一条 项目学生的课程设置和学习要求按照中外双方共同制订的培养方案实施，课程及学分管理按照中国农业科学院《研究生课程管理暂行规定》和外方合作院校的有关规定执行。

第十二条 项目学生根据培养方案要求，制订课程学习计划，并于入学后 1 周内登录“研究生教育管理系统”（以下简称系统）提交《课程学习计划表》，由中方导师审核。

第十三条 项目学生须按照项目培养方案完成课程学习和学分，可在中外双方院校完成（含引进外方院校课程）。项目学生在国外合作院校所修课程及学分，须于课程结束后 30 日内，将课程学习相关材料提交研究生院国际教育处，经审核通过后方可获得相应学分。

第五章 培养环节

第十四条 项目学生入学后，在中外双方导师的指导下确定论文选题，并在回培养单位 30 日内登录系统提交《论文研究计划表》，经中方导师和研究所依次审核后，提交研究生院国际教育处审核。

第十五条 项目学生可根据实际学习和工作需要，在中国农业科学院培养单位或国外合作院校完成论文开题或中期考核。项目学生在中国农业科学院培养单位进行论文开题或中期考核，须按照《研究生开题报告暂行规定》和《研究生中期考核暂行规定》执行，并及时登录系统提交开题报告或中期考核等有关材料，由中方导师、培养单位依次审核后，提交研究生院国际教育处审核。

第十六条 项目学生在国外合作院校进行论文开题或中期考核，无须在中国农业科学院重复进行论文开题或中期考核，但须符合中国农业科学院有关规定，并于完成后的 15 日内登录系统提交开题报告或中期考核等有关材料，由中方导师、培养单位依次审核后，提交研究生院国际教育处审核。

第十七条 项目学生学术活动、科研记录等其他培养环节按照中国农业科学院和外方合作院校的有关规定执行。

第十八条 项目学生在申请学位前须以第一作者发表 2 篇以上（含 2 篇）与学位论文相关的学术论文，具体标准和要求根据双方学校发表论文的规定执行。

第十九条 项目学生应自觉维护中方利益，遵守双方知识产权和保密管理有关规定。

第六章　党团活动管理

第二十条　研究生院统筹管理项目学生活动，按规定成立党支部、班委和群团组织。

第二十一条　按照“院所结合，两段式培养”的要求和属地化管理原则，项目学生在研究生院上课期间参加研究生院组织的活动，回培养单位后参加所在单位的组织活动。

第二十二条　依法依规保障项目学生权利，支持和保障学生依法参与研究生院和培养单位民主管理，维护正常的学习生活秩序。

第七章　论文答辩与学位授予

第二十三条　项目学生完成项目培养方案规定的培养环节和学位论文工作，经中外双方导师同意并提交系统进行备案管理，可申请进行学位论文答辩。学位论文答辩由学位授予院校负责组织实施。达到学位授予条件者，授予外方合作院校学位。

第二十四条　项目学生未完成培养方案规定的课程学习与培养环节及学位论文者（包括未进行学位论文答辩者），学习满 1 学年以上，作肄业处理，颁发中国农业科学院研究生院肄业证书；学习不满 1 学年者，发给学习经历证明。

第二十五条　项目学生获得外方合作院校学位证书后，须登录系统提交外方学位证书扫描件（或复印件）、学位论文（PDF）和论文摘要中方翻译件等相关材料进行归档管理。

第八章　出国（境）管理

第二十六条　项目学生在读期间根据导师安排出国（境）执行课程学习、学术交流、项目合作等任务，参照《中国农业科学院研究生出国（境）管理办法》有关规定进行备案管理，出国国际旅费由中方导师项目经费等渠道列支。

第二十七条　项目学生出国（境）前须经所在培养单位向研究生院提交出国（境）备案表，由所在培养单位主管部门对项目学生做好出国（境）纪律和安全教育；项目学生回国后 15 日内，须经所在培养单位向研究生院国际教育处提交出国（境）总结报告。

第二十八条　项目学生在国（境）外期间，按项目成立临时班委会。项目学生须自觉维护祖国尊严和中方利益及声誉，遵守所在国家和地区的法律法规及外方合作院校的校规校纪。

第二十九条　项目学生出国（境）学习期间，应经常或定期与中方导师和所在培养单位保持联系，自觉参加党团活动，及时汇报个人的思想动态、学习和生活情况等，并提交系统进行备案管理。

第九章　奖（助）学金

第三十条　项目学生在学期间的助研津贴按全日制统招研究生的标准执行，由项目学生中方导师从所承担的科研项目经费渠道列支。已获得国外或中国政府奖学金资助且高于研究生院项目学生助研津贴标准者，中方导师可停发其相应的助研津贴。若获得资助额度低于助研津贴标准，中方导师应按标准补足发放学生的助研津贴。项目学生的其他有关费用，按照相关协议规定执行。

第三十一条　除国家和研究生院另有规定外，项目学生享受中国农业科学院计划内全日制统招生同等待遇。

第十章　违纪处分

第三十二条　项目学生应自觉遵守中外双方国家法律法规和校规校纪。项目学生违纪处分参照《中国农业科学院研究生院研究生违纪处分条例（试行）》执行。凡有下列情节者，给予退学处理。

（1）做出有损祖国尊严和民族立场，或做出有损我方利益或声誉并造成恶劣影响的。

（2）触犯我国法律法规被处以拘留以上处罚的，或违反中国农业科学院校规校纪经批评教育后拒不改正的。

（3）在外方合作院校学习期间，有触犯所在国家和地区法律法规行为，或严重违反外方合作院校校规校纪的。

（4）未经双方学校共同批准私自退学的。

（5）根据项目培养方案达到退学条件的。

（6）超过最长学习期限规定的。

（7）经中外合作办学项目联合管理委员会认定须给予退学处理的。

第十一章　附　则

第三十三条　本办法未尽事宜，参照研究生院有关规定执行。研究生院与外方院校另有约定，按约定条款执行。

第三十四条　本办法自发布之日起实施，由研究生院国际教育处负责解释。

关于印发《中国农业科学院研究生勤学励志助学金管理办法（试行）》的通知

院属各研究生培养单位：

为鼓励和支持中国农业科学院品学兼优且家庭经济困难的学生勤奋学习、刻苦钻研、成长成才，做好北京中国农业科学院农业发展基金会有关研究生勤学励志助学金管理工作，特制定《中国农业科学院研究生勤学励志助学金管理办法（试行）》，经2020年研究生院第8次院长办公会审议和第30次党委会审定通过，现予以印发执行。

特此通知。

附件：中国农业科学院研究生勤学励志助学金管理办法（试行）

中国农业科学院研究生院

2020年12月2日

附件

中国农业科学院研究生勤学励志助学金管理办法（试行）

第一章 总 则

第一条 为鼓励和支持中国农业科学院品学兼优且家庭经济困难的学生勤奋学习、刻苦钻研、成长成才，北京中国农业科学院农业发展基金会（以下简称农业发展基金会）设立“中国农业科学院研究生勤学励志助学金”（以下简称勤学励志助学金）。为做好勤学励志助学金的管理，制定本办法。

第二条 勤学励志助学金是研究生奖助学金的重要组成部分，用于支持和资助中国农业科学院品学兼优且经济困难的研究生顺利完成学业。

第二章 组织管理

第三条 勤学励志助学金由农业发展基金会统筹管理。受农业发展基金会委托，由研究生院组织实施。研究生院提交勤学励志助学金项目总结报告，接受农业发展基金会、社会和个人的监督。

第四条 研究生院研究生工作处牵头负责勤学励志助学金的具体实施和日常管理。

第三章 资助设置与标准

第五条 勤学励志助学金资助设置两个等次，分别为一等 20 000元人民币/（人·年）、二等 8 000元人民币/（人·年）。

第六条 每年根据农业发展基金会的资助总额设置当年勤学励志助学金评选名额。助学金直接汇入受资助学生个人银行账户。

第四章 资助对象与申请条件

第七条 勤学励志助学金的资助对象为中国农业科学院中国籍在读研究生。

第八条 基本条件。

（1）热爱祖国，坚持四项基本原则，遵守国家法律和学校规章制度，政治思想表现良好，行为规范，品行端正，无任何违法违纪记录。

（2）学习目的明确，学习态度端正，学习成绩优良。

（3）热爱“三农”事业，恪守科学精神，积极投身科研工作，无学术不端行为。

（4）热爱集体，尊敬师长，团结同学，积极参加院所组织的各项有益活动，身心健康，生活俭朴。

（5）品学兼优且经济困难。

第九条 一等勤学励志助学金申请条件为申请者本人罹患重大疾病或遭受严重意外伤害，治病及生活急需一定的贴补，但家庭经济无力承担，符合研究生院家庭经济困难学生认定标准中的相关困难档次。二等勤学励志助学金申请条件为申请者所在家庭生活负担重，家庭人均收入低于当地最低生活保障线，使其学习和生活所必需的基本费用得不到保障者。

第十条 有下列情况之一者不能申请勤学励志助学金。

（1）在校期间有考试成绩不及格者。

（2）在学期间受过通报批评、警告及以上处分者。

（3）在学期间中有不诚信表现记录者。

（4）生活铺张浪费者。

第五章 申报材料

第十一条 符合条件的申请人须提供以下申报材料。

1.《中国农业科学院研究生勤学励志助学金申请表》（通过中国农业科学院研究生院教育管理信息系统申报生成）。

2. 在校期间成绩单、发表文章及其他学术成果材料。

3. 家庭经济状况证明材料。已经研究生院研究生工作处完成经济困难学生认定备案的材料不用重复提交，未经研究生工作处经济困难认定的申报者需要提供以下材料之一。

（1）家长所在单位或居委会、村委会开具关于家庭收入情况的证明。

（2）家中父母为残疾人或有重病在身的，开具相关福利单位和医疗单位证明。

（3）重病治疗巨额花销的，提供医院出具的医疗费收据、诊断证明书及医疗费的明细表。

（4）其他能证明家庭经济困难的材料。证明及相关单据必须有提供者的签名和公章方为有效。

第十二条 申请者提交的申报材料需真实有效，一经发现有弄虚作假、违法违纪行为，取消其评选资格，已完成助学金发放的按原发放渠道全部退回农业发展基金会，并取消其此后申请中国农业科学院各类奖（助）学金资格。

第六章 评选程序

第十三条 按照“公开、公平、公正、择优”的原则，采取个人申报、导师及研究所推荐、资格审查、集中评审、结果公示及名单上报的评选程序，具体程序如下。

（1）个人申报。学生本人根据申报条件，通过研究生教育管理信息系统进行个人申报，并提供相应证明材料。

（2）导师及研究所推荐。导师、研究所审核后同意推荐，通过研究生教育管理信息系统生成《勤学励志助学金申请表》（以下简称《申请表》）。由研究所研究生管理部门将学生《申请表》及相关证明材料报至研究生院研究生工作处。

（3）资格审查。研究生院研究生工作处联合其他相关处室对申请者进行资格审查。

（4）集中评审。研究生院研究生工作处组织专家评审会对申报材料进行集中评审，确定拟获奖名单。

（5）结果公示及名单上报。拟获奖名单在网上公示 5 个工作日，公示无异议后经研究生院奖助工作领导小组会议、研究生院院长办公会议、研究生院党委会议通过后报农业发展基金会核准。

第七章　附　则

第十四条　本办法自发布之日起实施，由研究生院研究生工作处负责解释。

关于公布中国农业科学院2020年新增博士研究生指导教师名单的通知

院属各研究生培养单位：

根据《中国农业科学院研究生指导教师工作条例》的规定，严格按照个人申报、研究所学位评定委员会初审、研究生院组织院外同行专家通讯评议、院学科评议组复审、院学位评定委员会终审的遴选程序，经中国农业科学院第九届学位评定委员会第九次会议审议并无记名投票表决，遴选31人为2020年新增博士研究生指导教师，其中“农科英才”及“青年英才”等人员25人、国家重点研发计划项目牵头人2人、农业工程学科科研教学人员4人。新增博士研究生指导教师名单在中国农业科学院网站公示无异议，现予以公布（附件）。博士研究生指导教师资格从2020年12月31日起生效。

附件：中国农业科学院2020年新增博士研究生指导教师名单

中国农业科学院学位评定委员会

2021年1月27日

附件

中国农业科学院 2020 年新增博士研究生指导教师名单

（按人员类别—学科专业—单位—姓名排序）

序号	单位	姓名	性别	出生年月	学科专业	人员类别
1	油料所	张良晓	男	1981 年 11 月	农产品质量与食物安全	农科英才—B 类
2	蔬菜所	郭兆将	男	1985 年 3 月	农业昆虫与害虫防治	农科英才—B 类
3	生物所	梁成真	男	1983 年 11 月	生物化学与分子生物学	农科英才—B 类
4	生物所	王宝宝	男	1986 年 8 月	生物化学与分子生物学	农科英才—B 类
5	草原所	李　飞	男	1982 年 7 月	草学	青年英才引进工程所级入选者
6	都市所	甘人友	男	1985 年 5 月	农产品加工利用	青年英才引进工程所级入选者
7	资划所	张倩茹	女	1977 年 10 月	农业环境学	青年英才引进工程所级入选者
8	环发所	霍丽丽	女	1985 年 1 月	农业生物环境与能源工程	青年英才引进工程所级入选者
9	环发所	王顺利	男	1979 年 10 月	农业生物环境与能源工程	青年英才引进工程所级入选者
10	环发所	武建双	男	1983 年 8 月	生态学	青年英才引进工程所级入选者
11	环发所	赵高峰	男	1978 年 3 月	生态学	青年英才引进工程所级入选者
12	资划所	杜新忠	男	1986 年 3 月	生态学	青年英才引进工程所级入选者

（续表）

序号	单位	姓名	性别	出生年月	学科专业	人员类别
13	基因组所	李素华	女	1987 年 8 月	生物化学与分子生物学	青年英才引进工程所级入选者
14	基因组所	徐　炜	男	1987 年 10 月	生物化学与分子生物学	青年英才引进工程所级入选者
15	作科所	路则府	男	1987 年 6 月	生物化学与分子生物学	青年英才引进工程所级入选者
16	基因组所	吴　珊	女	1985 年 2 月	生物信息学	青年英才引进工程所级入选者
17	基因组所	张兴坦	男	1987 年 9 月	生物信息学	青年英才引进工程所级入选者
18	基因组所	周永锋	男	1984 年 8 月	生物信息学	青年英才引进工程所级入选者
19	哈兽研	尹　鑫	男	1988 年 11 月	预防兽医学	青年英才引进工程所级入选者
20	棉花所	胡冠菁	女	1984 年 5 月	作物遗传育种	青年英才引进工程所级入选者
21	烟草所	杨长青	男	1982 年 2 月	作物遗传育种	青年英才引进工程所级入选者
22	作科所	黎　亮	男	1981 年 10 月	作物遗传育种	青年英才引进工程所级入选者
23	油料所	魏　芳	女	1979 年 12 月	农产品加工利用	青年英才培育工程院级入选者
24	水稻所	王　春	女	1984 年 2 月	生物化学与分子生物学	青年英才培育工程院级入选者
25	特产所	白　雪	女	1982 年 12 月	预防兽医学	青年英才培育工程院级入选者
26	加工所	王振宇	男	1981 年 4 月	农产品加工利用	国家重点研发计划项目牵头人
27	棉花所	彭　军	男	1980 年 3 月	作物栽培学与耕作学	国家重点研发计划项目牵头人

（续表）

序号	单位	姓名	性别	出生年月	学科专业	人员类别
28	环发所	程瑞锋	男	1979 年 10 月	农业生物环境与能源工程	农业工程学科科研教学人员
29	沼科所	王文国	男	1982 年 2 月	农业生物环境与能源工程	农业工程学科科研教学人员
30	灌溉所	冯俊杰	男	1976 年 12 月	农业水土工程	农业工程学科科研教学人员
31	灌溉所	高　阳	男	1978 年 5 月	农业水土工程	农业工程学科科研教学人员

关于授予喻定威等168人博士学位、罗文蓉等791人硕士学位的决定

院属各研究生培养单位：

中国农业科学院第九届学位评定委员会第七次会议于2020年6月30日召开，根据《中国农业科学院学位授予工作实施细则》的规定，决定授予喻定威等168人博士学位（含留学生48人）；授予罗文蓉等791人硕士学位，其中，全日制学术学位硕士375人（含留学生3人），全日制专业学位硕士213人，统招非全日制专业学位硕士179人，在职攻读专业学位硕士24人，授予学位日期为2020年6月30日。具体名单见附件。

附件：中国农业科学院2020年夏季（第一批次）授予学位人员名单

中国农业科学院学位评定委员会

2020年6月30日

附件

中国农业科学院 2020 年夏季（第一批次）授予学位人员名单

一、授予博士学位人员名单（168 人）

喻定威　王影　李业　张晓媛　杨莉　张超　张重阳　张成省　曾娟
李先军　李鑫　杨鑫　姚圣黎　邹林源　董建新　耿飙　刘文祥　刁田田
李晓爽　王毅　王君瑞　陈磊　黄桂荣　梁小娟　龚谨　闫志宇　于大力
高丽华　焦健　范超　赵娟　常乃杰　王惟帅　王娜娜　查凌雁　张玉琪
王楠　赫磊　赵璐瑶　李强强　唐晓倩　任显凤　杨洋　常维霞　潘海珠
周俊　王丹　曾阳　杨龙　李鹏飞　冯宇隆　高亚男　钟伟　任善会
王亚楠　潘巧　张继凯　徐洪雨　陈凡　李兵　王晓璐　刘会云　刘宏元
陆红飞　史素娟　任昂彦　耿雷跃　黄坤勇　郝宇琼　陈鸽　刘平香　延莎
赵志浩　刘欢　陈利娜　袁高鹏　邢苗苗　姚利娜　邓迎璇　周国朋　张佳佳
薛卫杰　林丽娜　郑涵　刘小宁　何超　吴长才　李如男　王平平　马超
刘炳花　贺小云　王菲　潘建飞　马晓明　刘璐　鞠妍　张吉丽　张玲玲
刘盼娆　李晨曦　夏德利　陈思　曾艳　刘伟　解颖颖　向雁　秦诗乐
谭琳元　武玉环　张驰　刘莉　刘建平　王翠　栗欣如　雷洁　李晓曼
高海秀　王月琴　Ahmed Mabrouk Abdelfadeel Abdelghany
Md Rabiul Islam
Niyokwishimira Alfred
Sobhi Faid Lamlom Abdelhamid
Aman Ullah
Adam Abdallha Hamid Abied
Mohammad Hasanuzzaman Rani
Muhammad Asim
Zaheer Ahmad
Nusseiba Noureldeen Abdalla Esmaeel
Leonard Ntakirutimana
Yosri Nasr Ahmed Mohamed
Solomon Zewdu Altaye
Haileslassie Gebremeskel Kidanemariam
Alia Anwar
Ahmed Raza
Mohsin Ali
May Oo Khine
Haris Ahmed
Rayyan Khan
Nehaz Muhammad
Abdulkareem Raheem
Ebrahim Ahmed Ebrahim Shehata
Usman Elahi
Eman Saad Ragab Abdelghaney
Tessema Aynalem Abejew
Asif Iqbal

Workie Anley Zegeye
Adel Aly Esmail Aly Eltoukhy
Melani Purnika Mudugamuwa Arachchige
Naveed Iqbal
Khaled Sobhy Nassar Nassar
John Ohiolei
Shoaib Ahmed Pirzado
Joy Ujiroghene Obaroakpo
Muhammad Qaswar
Zulqarnain Haider Khan
Muawuz Ijaz
Saheed Olaide Jimoh
Abdulwahab Saliu Shaibu
Hanif Ullah
Farhad Bordbar
Ripon Kumar Sikder
Meera Prajapati
Md Anowerul Islam
Qudratullah Kalwar
Rajesh Kumar
Amara Cisse

二、授予全日制学术学位硕士人员名单（375人）

罗文蓉	黄婉秋	黄丽玲	陈　腾	马晓兰	刘平奇	刘文媛	昝亚楠	王　莹
冯祎宇	苏静萱	熊偲皓	乐　姣	乌吉斯古楞		李　岩	张玥滢	陈敬师
段应策	郭鹤宝	侯占山	侯志浩	王鹏辉	蒋　肖	于心蕊	陈晓楠	刘一超
王珊珊	杨　华	郝夏晖	王亚惠	刘思慧	谭　琼	吴伟东	牟永莹	高　媛
李　静	苗凌峰	孙宏达	徐伟亚	杨　静	窦方敏	刘　鹤	李昊澍	马　硕
张旭欢	陈　冰	郭位军	何　杉	马旭辉	蒲伟军	宋亚亚	谭景胜	邢利娟
姚兴兰	张香香	赵官涛	赵亚楠	成　旭	马龙雪	杨　兰	刁阳阳	胡　伟
钟　雪	曾　铮	李曙凡	何　燕	仇大成	董潞娜	李志勇	秦雪超	徐　驰
张晓丽	杨　森	胡金钊	罗强军	罗伟文	冉军辉	田志伟	杨腾祥	姚　森
屠　俊	刘自畅	刘　见	刘俊明	马岩川	刘　洋	尚世龙	忠智博	李　列
展正朋	张　晨	邹　茸	宋姿蓉	钱晓燕	谢　厦	张晓林	王　虹	曹起涛
余　鑫	巴士迪	狄雪荣	肖友乾	杨　含	田丹丹	张鹏博	曹　静	石晓妮
苏美丞	王之莹	张　琳	陈炳宇	耿栋辉	李瑞理	罗　丹	张　帆	田　雨
杨小雪	贺媛媛	马晓驰	郭娜娜	孙　腾	覃佐剑	黄笑非	宋　悦	于　坤
高　尚	孙桂兰	胡国辉	黄　洁	季　璇	刘　冰	刘雅娴	周　蕾	李於亭
周昱婕	柳波娟	卢晓环	杨　静	张腾飞	荆慧娟	马雯玉	张书亚	卞英杰
李建国	李良鉴	房国楠	曹　妮	邓陈威	张　淼	陈　彪	徐方正	何斌彬
刘志文	黄宇宁	卢一鹏	杨　蕾	王　恒	徐思亮	温小霞	李　莹	黄　鑫
万正瑞	魏　晓	徐月清	倪妍霞	孙钰清	赵　雪	褚　程	徐晓玲	武小亮
王　琪	左湘熙	李慎昌	王　莎	谢苏燕	卞书迅	张　佳	王　鹏	武亚红
蔡和序	侯　乾	胡志程	李宏博	牛雨萌	申　琪	魏　凯	闫龙祥	郑佳仪
刘宇曦	徐竞成	雷　蕾	苏静静	王君雅	杨　梅	牛司耘	代金霞	王梦琪

张铭铭　程　浩　槐圣昌　曹小霞　杨小东　郭贞慧　郭乾坤　路　轲　童佳峰
吴　玥　高海河　刘　杨　杨　潇　张舒婷　王　朵　曹永森　付玉梅　韩　雪
李　浩　梁　欢　刘　雨　柳　浪　王冬雪　徐　哲　杨　雯　张明振　张茜茜
朱秀梅　徐默然　席凯飞　张雪翠　解昆仑　贾海燕　黄瑞环　李苗苗　张广雨
徐　杰　徐海峰　田　珂　李　彬　李晓峰　于　洁　牛琳琳　李仔博　闫蒙蒙
李琴瑆　颜晓蕊　马·妍　刘孝贺　杨付来　刘　洁　吴秀明　冀顺霞　陈广梅
刘亦然　蔡　霓　曹蓓蓓　刘新露　黄　佩　刘　影　倪爱心　欧阳峰正
王亚慧　张　瑞　张壮彪　王晶晶　许慧韬　李　想　王　煜　赵　莹　李　晨
蔡　龙　戴　东　张封东　黄文琴　邢亚欣　赵丹阳　柳青秀　马雪莲　苗启翔
孙培新　文晓宾　杨云峰　张　博　阿拉腾珠拉　单　强　杜春梅　张震宇
刘美娟　徐伟林　唐丽昕　秦　涛　姜兴粲　路晓荣　王召阳　任　肖　柏　玲
卜　研　周玉成　尹　伊　韩冬梅　江　珊　戚睿斌　谭祥梅　王　桦　朱豪杰
王海霞　王青杰　狄　荻　李凯迪　张曼玉　艾　惠　闫娜娜　杨月麟　臧鑫鑫
白博文　黄佳培　李明蔚　王　晗　吴寒光　邢立晓　闫文卓　于　芳　张纪文
朱红振　宋帅杰　尹灵丹　张　璐　李　娜　武珊珊　王聪聪　韦严丽　韩立闯
王国蒨　赵东红　周亚花　李　茜　李秀荣　王立群　吴开开　李雪雁　韩菲菲
宫瑞泽　高　茜　崔苗苗　梁　欢　刘文文　董海宾　张　杰　张　娜　赵勇智
陈芙蓉　樊琴琴　李金锴　王　赟　罗尔呷　张田野　王　丹　王笑男　傅　磊
磨恒中　陈　杨　张　敏　宋林鹏　杨菲菲　潘　尧　吕纯阳　肖顺夫　杨国峰
伦闰琪　汪美红　孙　倩　李慧泉　葛章明　曾海娇
Sasivimol Jitbanterngpan　Patience Afseglah　Abdoul Kader Mounkailahamani

三、授予全日制专业学位硕士人员名单（213 人）

朱瑶瑶　刘金炜　黄胜广　杨芳琴　季一山　路　璐　任丙新　石慧敏　田　宝
王艳艳　谢自艳　于春美　张　浩　冯娟娟　宋吉坤　孙金秋　汪苏洁　王　娜
朱伟东　李　素　师立松　王　超　魏梦园　吴　姗　吕　阳　涂燃冉　王世林
杨琴琴　叶　昌　安璐璐　曾　佳　李　冉　刘洪泰　刘　辉　孙志伟　杨　琼
邹文莉　刘亚苓　赵路宽　崔亚楠　范丽娜　刘　蓉　吕立军　马　玮　王　聪
张　斌　崔　雯　樊美丽　刘扩展　任艺慈　陈升龙　李　红　王家勤　杨　洁
张伟富　温　欣　刘佰霖　孙海高　焦江华　任科宇　童　帅　杨艳颖　张美娟
周吉祥　李崇瑞　梁立江　牛晓光　张玉彬　窦韦强　鄂　倩　韩　廿　何丽质
李厚禹　梁　雨　王雅梅　智燕彩　崔成武　甄月月　周　卓　何艳艳　郑晓斌
曹晶晶　单永潘　贾　芳　贾浩康　贾路瑶　贾爽爽　李一梅　李　政　满孝明
秦丹丹　唐艺婷　王留洋　吴文龙　张大琪　张德政　张向月　陈　茜　朱晓明
张梦妍　李　琳　刘云龙　魏洪城　夏　锐　闫　伟　丁洋洋　郭健康　李京徽

刘大鹏　刘晓静　司雪阳　王欣悦　邢　爽　张　锦　李　凯　杨　扬　张丽翠
张新宇　付东海　乔国艳　商丽荣　崔乐乐　王丹阳　杜为研　刘二阳　于金宽
安晓宁　董　渤　韩　振　刘　春　王　亮　张宁宁　张诗靓　刘　静　刘鹏举
任亚林　王　琦　杨浩森　张　崴　赵民娟　甜　甜　杨媛丽　摆玉蔷　丁莹颖
巩艳菲　李佳笑　李　楠　全　蕊　王梦莉　魏相茹　张瑛毓　张毓瑜　蔡雨娇
仵白敏　上官慧娟　卫海莲　余　旭　张炜奇　赵新楠　陈　潘　连家威
刘占悝　吴艳虹　于　莹　陈　程　何　静　李　雪　刘玲俐　罗　莉　石梦雨
玛依努尔·吐尔迪　史馨瑾　徐欣欣　易正飞　朱世强　陈合凤　范林进
郭　奎　郝文君　黄萌萌　李彤彤　刘秋歌　乔　宏　宋文平　佟相慧　王　宁
王婷婷　徐　菱　许　秋　杨凯越　于正浩　张海琳　车永军　侯石桐　柳海云
穆素雨　倪　军　彭俊杰　钱　榜　王志林　相权珈　许肖枫　闫鸣昊　燕苗苗
张　敬　张辛铭　张忠辉　周莎莎　陈柯源　宋朋杰　孙继超　张　行　张雪婧

四、授予统招非全日制专业学位硕士人员名单（179人）

曾伟伟　陈海强　王宝宝　赵兴震　贾婷婷　刘盈飞　孙巨龙　刘　毅　欧文静
陈冬东　方亮兵　胡　萍　李盼盼　李　婷　刘少文　王昌健　吴毅博　易子豪
张植宏　鞠馥竹　王启明　郑梅迎　黄　振　柳志勇　王　昆　王小平　徐亚萍
徐　远　杨孟霞　周　琪　周　震　敬　丹　荣　涵　丁武汉　贾晓彤　景明慧
李　珺　刘　晓　申　哲　王恩召　王　乐　王　转　闫志浩　尹彦舒　朱国龙
车艳丽　封　富　何久兴　纪冰祎　田　雨　王丽娟　邢换丽　张良东　郑　莉
周凤琴　庄　姗　单志军　付　莉　郭琪琪　赖睿特　涂　棋　汪　洋　王苗苗
王　琦　吴晓斐　闫仁俊　闫秀秀　杨晓荣　陈　锐　赵昆炀　李亚会　黄　洋
孔　琳　全海源　苏双丽　孙超飞　闫　甲　原万玲　张洪涛　李玲玉　王晋伟
周若男　何青云　王耀晨　俞芳菲　张晓莲　赵　倩　蒋玲玉　孔凡林　孔海洋
刘杜娟　崔立欣　范士杰　刘思佳　刘文慧　马峰涛　石田培　张培培　蔡熙姮
赵　佩　蒋　旭　支旭欣　刘　敏　杨伟男　张琦峰　邹婉依　韩晨雪　裴　璐
唐　莉　杨钰莹　蒲刚伟　刘宏超　牛欣宁　赵　阳　温凯欣　武晨清　代美瑶
丁　岚　范海茹　付　励　侯皓男　刘莉丹　屈彤彤　任　雪　王博伦　肖　芳
张　嘉　张艺萱　李　信　王明艳　由欣月　翟志安　朱翔宇　陈　宇　韩文龙
何宇婷　焦亚娟　李　慧　林晓幸　刘宇婷　孙佳卉　汤傲星　郗淑敏　杨珊珊
姚佳玲　姚　云　余水兰　张丽荣　赵雄伟　常方方　段盈伊　郭珊珊　韩玉莹
姜利英　刘燕飞　罗　毅　汤筱艳　王　宁　王　岩　王　宇　王长珍　魏　潇
尹　航　张昕杨　丁晓攀　高利利　郭梦楠　郝军红　李璐莹　李露露　刘垠鞠
孙晶晶　孙黎秀　孙振文　王　蕊　魏德陇　吴娅琴　姚　飞　杨　敏

五、授予在职攻读专业学位硕士人员名单（24 人）

安银立　刘　婷　徐成元　周　旸　付冰羽　李　楠　黄静雅　毕瑞金　王宏伟
王婧朏　刘　奇　李　莹　闵继征　唐仕光　林建坤　邹晓磊　马宝玲　陈广宇
陈　琦　张　多　康昕彤　闫　东　尹丽婷　吴　佳

关于授予安肖等96人博士学位、张伟业等203人硕士学位的决定

院属各研究生培养单位：

中国农业科学院第九届学位评定委员会第八次会议于2020年8月31日召开，根据《中国农业科学院学位授予工作实施细则》的规定，决定授予安肖等96人博士学位（含留学生29人）；授予张伟业等203人硕士学位，其中，全日制学术学位硕士89人（含留学生4人），同等学力硕士1人，全日制专业学位硕士43人，统招非全日制专业学位硕士50人，在职攻读专业学位硕士20人，授予学位日期为2020年8月31日。具体名单见附件。

附件：中国农业科学院2020年夏季（第二批）授予学位人员名单

中国农业科学院学位评定委员会

2020年8月31日

附件

中国农业科学院 2020 年夏季（第二批）授予学位人员名单

一、授予博士学位人员名单（96 人）

安　肖　杜建斌　姚金玲　汤　彬　丰永红　马长路　张玉胜　黄麟淇　张天豹
赵凤利　盛　坤　黄　涌　张　浩　周　曼　贾慧茹　李　淦　张旭凤　李　聪
张鑫鑫　贾　阳　冯　虎　龚　琼　刘　欢　朱展望　付路平　张　梦　刘　松
曾廷儒　张郑伟　喻博伦　赵少杰　从艳霞　孙　帅　张微微　幸泽峰　杨红男
王潇博　郑光来　孙　楠　刘　果　任亭亭　朱晓昱　蔡红英　李少雅　马晓慧
贺　彦　王安琪　智　亨　范　伟　李　娜　张　羽　吴红宝　赵　波　冯亚运
白金瑞　解东超　戴相林　陈　实　周　斌　黄　斌　李　阳　房立春　鲁荣光
刘文铭　谢利豹　井福荣　满　芮　Sutar Suhas Bharat

Muhiuddin Faruquee
Maqsood Ahmed
Muhammad Mohsin Abrar
Abhisek Karn
Shafeeq Ur Rahman
Mian Faisal Nazir
Rachana Chiv
Azhar Uddin Keerio
Himali Tharangani Rathnayaka Mudiyanselage
Md Hafizur Rahman
Khadija Javed
Sary Sar
Sana Ullah
Peter David Kulyakwave
Peiman Zandi
Muhammad Naveed Anwar
Muhammad Nadeem Ashraf
Muhammad Awais
Mushtaque Ali
Nalun Panpluem
Trinh Duy Nam
Solomon Gebreyowhans Gebreabezgi
Khandaker Md Sharif Uddin Imam
Jawad Ashraf
Muhammad Zain
Md Hasan Waliullah
Muhammad Farooque
Samson Hailemariam Bekele

二、授予全日制学术学位硕士人员名单（89 人）

张伟业　刘海洋　韩耀杰　马　娉　杜梦潭　程起灿　王　昕　黄坤龙　张冰玉
董　杰　严江涛　王　森　朱华新　代文双　方　婷　罗系之　李　君　高奇奇
邹露阳　李晓虹　刘腾鹏　薛佳俐　任文博　王丽莎　乌云坦满达　付明雪

王　悦　武玉莹　闫文秀　杨　丽　薛羽君　袁　黎　刘　上　郑潇潇　黄　贺
张　娅　白晓雪　郭　静　宋　佳　张　鑫　赵加欣　张豪杰　钟　青　祁先宇
任宏飞　殷　楠　龙佳薇　胡　培　池　鹏　陈奕坤　李欣华　潘云飞　余文华
朱佳红　焦　斌　谢仲秋　江　娜　韩建刚　张艳丽　张仁森　郭宝珠　刘　娇
刘宏亮　靳　爽　李　文　李鲁兆　杨晓凤　吴　琼　侯玉杰　胡　薇　李玉磊
刘　琳　邢　鑫　康　力　孔凡迪　倪子欣　王　倩　陈晓涵　孙慧敏　王　翌
于晓菲　何雪阳　朱良隆　张志博　王　恒
Diego Fernando García Castillo　Mhd Adanan Purba
Nividita Varun Chand　Muhammad Ridwan

三、授予同等学力硕士学位人员名单（1人）

杨海杰

四、授予全日制专业学位硕士人员名单（43人）

刘　礼　阿卜来提·阿力木　常　颖　陈　贞　马正波　尚江源　王　洁　牛豆豆
荣梦杰　邱孝军　李舒欣　张晓蕊　张园园　宋　盼　陈　昂　孙　政　王　彬
王若清　刘　锐　陈　燕　冯彦姣　荆玉玲　乔妍婷　苏冬辉　张理航　朱晓颖
邓天宇　郝若诗　李晓琳　马遇伯　姚治榛　叶磊磊　葛倩倩　齐　鑫　陆晨阳
陈赫明　陈瑞红　史家宝　许程志　钟　秋　朱　冰　刘　星　徐敬潇

五、授予统招非全日制专业学位硕士人员名单（50人）

李传宗　李　露　赵雪芳　苟浩琦　张　浪　姜　宁　李　瑞　梁青铎　吴明月
郁平慧　邹其珍　毕文停　常立春　尚国强　侯路路　唐治喜　周　伟　崔建霞
梁　婷　田　艳　王　然　常一明　史文炯　袁梦蕾　查　娜　魏子曦　赵志达
贺华鹏　王牧野　周　珂　高艳蕾　陈　苗　庞淑婕　吴　政　薛　雁　赵双庆
周帅帅　郭顺悦　石晓娜　刘学敏　苏文强　王　波　王　静　王永琦　温　霞
许曾焜　许智强　王　恒　周亚伟　王瑶瑶

六、授予在职攻读专业学位硕士人员名单（20人）

张辰路　周俊辰　赵　健　华震宇　范　潇　雷秋园　刘　敬　吕　哲　佟一博
李俊冲　边光亚　郭明亮　李　璇　陈　亮　蔺子英　吕晓鑫　张帆航　杨　莉
庞锦龙　汪斯旻

关于授予姬荣桓等 72 人博士学位、唐嫒瑒等 11 人硕士学位的决定

院属各研究生培养单位：

中国农业科学院第九届学位评定委员会第九次会议于 2020 年 12 月 31 日召开，根据《中国农业科学院学位授予工作实施细则》的规定，决定授予姬荣桓等 72 人博士学位（含留学生 29 人）；授予唐嫒瑒等 11 人硕士学位，其中，全日制学术学位硕士 2 人，全日制专业学位硕士 2 人，统招非全日制专业学位硕士 1 人，在职攻读专业学位硕士 6 人，授予学位日期为 2020 年 12 月 31 日。具体名单见附件。

附件：中国农业科学院 2020 年冬季授予学位人员名单

中国农业科学院学位评定委员会
2020 年 12 月 31 日

附件

中国农业科学院2020年冬季授予学位人员名单

一、授予博士学位人员名单（72人）

姬荣桓 吕向光 赵永平 王崇楠 沈丰菊 张文博 胡积祥 毕研丽 高 丽
李蕾蕾 刘赟青 甘 敏 陈 震 吴 娟 万红兵 周 倩 夏天奇 乔洋洋
杨宗举 叶 姜 杨瑞楠 李 帅 张 君 徐 奎 刘 杏 敬文宪 袁 红
王卿梅 韩 帅 司转运 曹 华 张付贵 徐 馨 张 霞 刘元望 刘正群
徐晶晶 杜鹏飞 张彦兵 任会玲 李福夺 程晓宇 陈 思 Aamir Riaz
Tesfay Teklehaymanot Gebremicheal
Muhammad Uzair
Shareif Hammad Hussin Sharei
Syed Atizaz Ali Shah
Zia Ullah
Muhammad Umar Zafar Khan
Muhammad Azam
Martial Amou
Sara Ilahi
Faiza Ali
Adnan Mustafa
Muhammad Jawad Umer
Muhammad Azhar Hussain
Saqib Umer
Myint Thidar
Takele Tesgera Hurisa
Hamid Ur Rahman
Teshale Teklue Araya
Romesh Eric Romy Kimbembe
Mohsin Nawaz
Hesham Abdo Ahmed Ali
Muyobozi Sikalubya
Aurele Ayemele Kenfack Gnetegha
Mughees Aizaz Alvi
Taofeek Olatunbosun Muraina
Adamu Mani Isa
Tanvir Ahmad
Ahmed Ali Ahmed Shalapy

二、授予全日制学术学位硕士人员名单（2人）

唐媛瑒 蔺志远

三、授予全日制专业学位硕士人员名单（2人）

牛艳斌 郭 晋

四、授予统招非全日制专业学位硕士人员名单（1 人）

李巧伟

五、授予在职攻读专业学位硕士人员名单（6 人）

李理惠择　王微琪　梁　昕　王　宇　张　莉　袁　超

关于准予2020届研究生夏季毕业的决定

院属各研究生培养单位：

根据《中国农业科学院研究生院学生管理规定》（2017年7月修订）第四十一条“学生在学校规定最长学习年限内，修完培养计划规定内容，成绩合格，德、智、体、美达到毕业要求，完成毕业论文且通过答辩者，准予毕业，学校发给毕业证书”的规定，2020年7月7日研究生院召开党政联席会，对中国农业科学院2020年夏季35个研究生培养单位共计979名研究生进行了毕业资格审查。经会议审议，李业等210名博士研究生具备博士毕业资格，其中具有中国国籍的博士研究生158人，来华留学博士研究生52人，准予毕业，颁发博士研究生毕业证书；罗文蓉等769名硕士研究生具备硕士毕业资格，其中具有中国国籍的硕士研究生766人，来华留学硕士研究生3人，准予毕业，颁发硕士研究生毕业证书。毕业时间为2020年6月30日（国内联合培养博士研究生毕业时间以联培高校为准）。

附件：中国农业科学院研究生院2020年夏季毕业生名单（第一批次）

中国农业科学院研究生院
2020年7月8日

附件

中国农业科学院研究生院 2020 年夏季毕业生名单（第一批次）

博士研究生（210 人）

李　业	张晓媛	张　超	张重阳	张成省	曾　娟	刘福江	李先军	李　鑫
姚圣黎	董建新	刘文祥	刁田田	李晓爽	王　毅	王君瑞	惠志明	陈　磊
黄桂荣	梁小娟	龚　谨	殷鹏程	何　峰	崔永涛	王晓阳	李黎贝	桑世飞
代丽萍	关利平	闫志宇	于大力	高丽华	焦　健	范　超	夏木斯亚·卡坎	
赵　娟	常乃杰	王惟帅	王娜娜	查凌雁	张玉琪	王　楠	杨宗举	赫　磊
赵璐瑶	李强强	唐晓倩	任显凤	杨　洋	常维霞	潘海珠	周　俊	张　君
王　丹	曾　阳	杨　龙	冯宇隆	高亚男	钟　伟	高　波	任善会	王亚楠
潘　巧	张继凯	刘　杏	徐洪雨	陈　凡	王静怡	高　飞	栾好安	丁文成
张　恺	曹　松	任小云	王　坤	张立华	郭　剑	赵艳艳	谭筱玉	王晓歌
吕育松	孙　磊	郑　雷	贾聪俊	刘　存	刘文阁	李　兵	王晓璐	刘会云
刘宏元	陆红飞	史素娟	苏豫梅	任昂彦	耿雷跃	黄坤勇	郝宇琼	陈　鸽
张　霞	刘平香	延　莎	赵志浩	刘　欢	陈利娜	袁高鹏	邢苗苗	姚利娜
邓迎璇	周国朋	张佳佳	薛卫杰	林丽娜	陈　实	郑　涵	刘小宁	何　超
吴长才	李如男	王平平	马　超	刘炳花	贺小云	王　菲	潘建飞	马晓明
刘　璐	鞠　妍	张吉丽	张玲玲	刘盼娆	宿　鑫	徐晶晶	杜鹏飞	李晨曦
夏德利	赵　冉	陈　思	曾　艳	刘　伟	解颖颖	向　雁	秦诗乐	谭琳元
武玉环	张　驰	刘　莉	刘建平	王　翠	栗欣如	雷　洁	李晓曼	高海秀
王月琴	高鸿飞	李玉阔	权素玉	尹丽娟	陈　月			

Ahmed Mabrouk Abdelfadeel Abdelghany	Md Rabiul Islam
Alia Anwar	Zia Ullah
Niyokwishimira Alfred	Sobhi Faid Lamlom Abdelhamid
Mohsin Ali	Adam Abdallha Hamid Abied
Haris Ahmed	Rayyan Khan
Muhammad Asim	Nehaz Muhammad
Zaheer Ahmad	Abdulkareem Raheem
Nusseiba Noureldeen Abdalla Esmaeel	Ebrahim Ahmed Ebrahim Shehata
Leonard Ntakirutimana	Usman Elahi

Yosri Nasr Ahmed Mohamed
Himali Tharangani Rathnayaka Mudiyanselage
Solomon Zewdu Altaye
Haileslassie Gebremeskel Kidanemariam
Workie Anley Zegeye
Saheed Olaide Jimoh
Abdulwahab Saliu Shaibu
Hanif Ullah
Naseer Ahmed
Khaled Sobhy Nassar Nassar
John Ohiolei
Shoaib Ahmed Pirzado
Md Anowerul Islam
Qudratullah Kalwar
Muhammad Qaswar
Zulqarnain Haider Khan
Amara Cisse
Batdorj Lkhagvasuren
Eman Saad Ragab Abdelghaney
Tessema Aynalem Abejew
Asif Iqbal
Muhammad Imran Safder
Adel Aly Esmail Aly Eltoukhy
Melani Purnika Mudugamuwa Arachchige
Naveed Iqbal
Farhad Bordbar
Ripon Kumar Sikder
Meera Prajapati
Md Hasan Waliullah
Joy Ujiroghene Obaroakpo
Samson Hailemariam Bekele
Rajesh Kumar
Sabi'U Hussaini Adamu
Muawuz Ijaz

硕士研究生（769 人）

罗文蓉 黄婉秋 黄丽玲 陈 腾 马晓兰 刘平奇 刘文媛 昝亚楠 王 莹
冯祎宇 苏静萱 熊偲皓 乐 姣 乌吉斯古楞 刘金炜 黄胜广 杨芳琴
李 岩 张玥滢 陈敬师 段应策 郭鹤宝 侯占山 侯志浩 王鹏辉 蒋 肖
于心蕊 陈晓楠 刘一超 王珊珊 杨 华 郝夏晖 王亚惠 刘思慧 谭 琼
吴伟东 牟永莹 高 媛 李 静 苗凌峰 孙宏达 徐伟亚 杨 静 窦方敏
刘 鹤 李昊澍 马 硕 张旭欢 陈 冰 郭位军 何 杉 马旭辉 蒲伟军
宋亚亚 谭景胜 邢利娟 姚兴兰 张香香 赵官涛 赵亚楠 成 旭 马龙雪
杨 兰 刁阳阳 胡 伟 钟 雪 曾 铮 李曙凡 何 燕 仇大成 董潞娜
李志勇 秦雪超 徐 驰 张晓丽 杨 森 胡金钊 罗强军 罗伟文 冉军辉
田志伟 杨腾祥 姚 森 屠 俊 刘自畅 刘 见 刘俊明 马岩川 刘 洋
尚世龙 忠智博 李 列 展正朋 张 晨 邹 茸 宋姿蓉 钱晓燕 谢 厦
张晓林 王 虹 曹起涛 余 鑫 巴士迪 狄雪荣 肖友乾 杨 含 田丹丹
张鹏博 曹 静 石晓妮 苏美丞 王之莹 张 琳 陈炳宇 耿栋辉 李瑞琨
罗 丹 张 帆 田 雨 杨小雪 贺媛媛 马晓驰 郭娜娜 孙 腾 覃佐剑
黄笑非 宋 悦 于 坤 高 尚 孙桂兰 胡国辉 黄 洁 季 璇 刘 冰
刘雅娴 周 蕾 李於亭 周昱婕 柳波娟 卢晓环 杨 静 张腾飞 荆慧娟

马雯玉	张书亚	卞英杰	李建国	李良鉴	房国楠	曹　妮	邓陈威	张　淼
陈　彪	徐方正	何斌彬	刘志文	黄宇宁	卢一鹏	杨　蕾	王　恒	徐思亮
温小霞	李　莹	黄　鑫	万正瑞	魏　晓	徐月清	倪妍霞	孙钰清	赵　雪
褚　程	徐晓玲	武小亮	王　琪	左湘熙	李慎昌	王　莎	谢苏燕	卞书迅
张　佳	王　鹏	武亚红	蔡和序	侯　乾	胡志程	李宏博	牛雨萌	申　琪
魏　凯	闫龙祥	郑佳仪	刘宇曦	徐竞成	雷　蕾	苏静静	王君雅	杨　梅
牛司耘	代金霞	王梦琪	张铭铭	程　浩	槐圣昌	曹小霞	杨小东	郭贞慧
郭乾坤	路　轲	童佳峰	吴　玥	高海河	刘　杨	杨　潇	张舒婷	王　朵
曹永森	付玉梅	韩　雪	李　浩	梁　欢	刘　雨	柳　浪	王冬雪	徐　哲
杨　雯	张明振	张茜茜	朱秀梅	徐默然	席凯飞	张雪翠	解昆仑	贾海燕
黄瑞环	李苗苗	张广雨	徐　杰	徐海峰	田　珂	李　彬	李晓峰	于　洁
牛琳琳	李仔博	闫蒙蒙	李琴珵	颜晓蕊	马　妍	刘孝贺	杨付来	刘　洁
吴秀明	冀顺霞	陈广梅	刘亦然	蔡　霓	曹蓓蓓	刘新露	黄　佩	刘　影
倪爱心	欧阳峰正		王亚慧	张　瑞	张壮彪	王晶晶	许慧韬	李　想
王　煜	赵　莹	李　晨	蔡　龙	戴　东	张封东	黄文琴	邢亚欣	赵丹阳
柳青秀	马雪莲	苗启翔	孙培新	文晓宾	杨云峰	张　博	阿拉腾珠拉	
单　强	杜春梅	张震宇	刘美娟	徐伟林	唐丽昕	秦　涛	姜兴粲	路晓荣
王召阳	任　肖	柏　玲	卜　研	周玉成	尹　伊	韩冬梅	江　珊	戚睿斌
谭祥梅	王　桦	朱豪杰	王海霞	王青杰	狄　荻	李凯迪	张曼玉	艾　惠
闫娜娜	杨月麟	臧鑫鑫	白博文	黄佳培	李明蔚	王　晗	吴寒光	邢立晓
闫文卓	于　芳	张纪文	朱红振	宋帅杰	尹灵丹	张　璐	李　娜	武珊珊
王聪聪	韦严丽	韩立闯	王国蒨	赵东红	周亚花	李　茜	李秀荣	王立群
吴开开	李雪雁	韩菲菲	宫瑞泽	高　茜	崔苗苗	梁　欢	刘文文	董海宾
张　杰	张　娜	赵勇智	陈芙蓉	樊琴琴	李金锴	王　赟	罗尔呷	张田野
王　丹	王笑男	傅　磊	磨恒中	陈　杨	张　敏	宋林鹏	杨菲菲	潘　尧
吕纯阳	肖顺夫	杨国峰	伦闰琪	汪美红	孙　倩	李慧泉	葛章明	曾海娇
季一山	路　璐	马正波	任丙新	石慧敏	田　宝	王艳艳	谢自艳	于春美
张　浩	冯娟娟	宋吉坤	孙金秋	汪苏洁	王　娜	朱伟东	李　素	师立松
王　超	魏梦园	吴　姗	吕　阳	涂燃冉	王世林	杨琴琴	叶　昌	安璐璐
曾　佳	李　冉	刘洪泰	刘　辉	孙志伟	杨　琼	邹文莉	刘亚苓	赵路宽
崔亚楠	范丽娜	刘　蓉	吕立军	马　玮	王　聪	张　斌	崔　雯	樊美丽
刘扩展	任艺慈	陈升龙	李　红	王家勤	杨　洁	张伟富	温　欣	刘佰霖
孙海高	焦江华	任科宇	童　帅	杨艳颖	张美娟	周吉祥	李崇瑞	梁立江
牛晓光	张玉彬	窦韦强	鄂　倩	韩　廿	何丽质	李厚禹	梁　雨	王雅梅
智燕彩	崔成武	甄月月	周　卓	何艳艳	郑晓斌	曹晶晶	单永潘	贾　芳
贾浩康	贾路瑶	贾爽爽	李一梅	李　政	满孝明	秦丹丹	唐艺婷	王留洋

吴文龙	张大琪	张德政	张向月	陈　茜	朱晓明	张梦妍	李　琳	刘云龙
魏洪城	夏　锐	闫　伟	丁洋洋	郭健康	郭　晋	李京徽	刘大鹏	刘晓静
司雪阳	王欣悦	邢　爽	张　锦	李　凯	杨　扬	张丽翠	张新宇	付东海
乔国艳	商丽荣	崔乐乐	王丹阳	杜为研	刘二阳	于金宽	安晓宁	董　渤
韩　振	刘　春	王　亮	张宁宁	张诗靓	刘　静	刘鹏举	任亚林	王　琦
杨浩森	张　崴	赵民娟	甜　甜	杨媛丽	摆玉蔷	丁莹颖	巩艳菲	李佳笑
李　楠	仝　蕊	王梦莉	魏相茹	张瑛毓	张毓瑜	蔡雨娇	仵白敏	上官慧娟
卫海莲	余　旭	张炜奇	赵新楠	陈　潘	连家威	刘占悝	吴艳虹	于　莹
陈　程	何　静	李　雪	刘玲俐	罗　莉	玛依努尔·吐尔迪			石梦雨
史馨瑾	徐欣欣	易正飞	朱世强	陈合凤	范林进	郭　奎	郝文君	黄萌萌
李彤彤	刘秋歌	乔　宏	宋文平	佟相慧	王　宁	王婷婷	徐　菱	许　秋
杨凯越	于正浩	张海琳	车永军	侯石桐	柳海云	穆素雨	倪　军	彭俊杰
钱　榜	王志林	相权珈	许肖枫	闫鸣昊	燕苗苗	张　敬	张辛铭	张忠辉
周莎莎	陈柯源	宋朋杰	孙继超	张　行	张雪婧	曾伟伟	陈海强	王宝宝
赵兴震	贾婷婷	刘盈飞	孙巨龙	刘　毅	欧文静	陈冬东	方亮兵	胡　萍
李盼盼	李　婷	刘少文	王昌健	吴毅博	易子豪	张植宏	鞠馥竹	王启明
郑梅迎	黄　振	柳志勇	王　昆	王小平	徐亚萍	徐　远	杨孟霞	周　琪
周　震	敬　丹	荣　涵	丁武汉	贾晓彤	景明慧	李　珺	刘　晓	申　哲
王恩召	王　乐	王　转	闫志浩	尹彦舒	朱国龙	车艳丽	封　富	何久兴
纪冰祎	田　雨	王丽娟	邢换丽	张良东	郑　莉	周凤琴	庄　姗	单志军
付　莉	郭琪琪	赖睿特	涂　棋	汪　洋	王苗苗	王　琦	吴晓斐	闫仁俊
闫秀秀	杨晓荣	陈　锐	赵昆炀	李亚会	黄　洋	孔　琳	仝海源	苏双丽
孙超飞	闫　甲	原万玲	张洪涛	李玲玉	王晋伟	周若男	何青云	王耀晨
俞芳菲	张晓莲	赵　倩	蒋玲玉	孔凡林	孔海洋	刘杜娟	崔立欣	范士杰
李巧伟	刘思佳	刘文慧	马峰涛	石田培	张培培	蔡熙姮	赵　佩	蒋　旭
支旭欣	刘　敏	杨伟男	张琦峰	邹婉侬	韩晨雪	裴　璐	唐　莉	杨钰莹
蒲刚伟	刘宏超	牛欣宁	赵　阳	温凯欣	武晨清	代美瑶	丁　岚	范海茹
付　劢	侯皓男	刘莉丹	屈彤彤	任　雪	王博伦	肖　芳	张　嘉	张艺萱
李　信	王明艳	由欣月	翟志安	朱翔宇	陈　宇	韩文龙	何宇婷	焦亚娟
李　慧	林晓幸	刘宇婷	孙佳卉	汤傲星	郗淑敏	杨珊珊	姚佳玲	姚　云
余水兰	张丽荣	赵雄伟	常方方	段盈伊	郭珊珊	韩玉莹	姜利英	刘燕飞
罗　毅	汤筱艳	王　宁	王　岩	王　宇	王长珍	魏　潇	尹　航	张昕杨
丁晓攀	高利利	郭梦楠	郝军红	李璐莹	李露露	刘垠鞠	孙晶晶	孙黎秀
孙振文	王　蕊	魏德陇	吴娅琴	姚　飞	杨　敏			

Sasivimol Jitbanterngpan　　Patience Afi Seglah　　Mounkaila Hamani Abdoul Kader

关于表彰中国农业科学院2019年度研究生管理工作先进集体和先进个人的决定

院属各研究生培养单位：

按照《关于评选中国农业科学院2019年度研究生管理工作先进集体和先进个人的通知》（农科研生〔2020〕3号）文件精神，在各研究生培养单位和个人申报的基础上，根据《中国农业科学院研究生院研究生管理工作先进集体和先进个人评选办法》，结合2019年度中国农业科学院各研究所研究生教育考核指标体系考核评价结果，综合考虑各研究生培养单位和个人2019年度研究生教育管理工作表现，经研究生院2020年4月13日党政联席会研究决定，表彰哈尔滨兽医研究所等10个研究所为2019年度研究生管理工作先进集体（附件1）；表彰董梅等21位同志为2019年度研究生管理工作先进个人（附件2）；授予在研究生管理岗位工作10年以上的彭军（棉花研究所）、吴斯洋（郑州果树研究所）2位同志研究生管理工作特别荣誉奖。

附件：1. 中国农业科学院2019年度研究生管理工作先进集体名单

2. 中国农业科学院2019年度研究生管理工作先进个人名单

中国农业科学院研究生院

2020年4月16日

附件 1

中国农业科学院 2019 年度
研究生管理工作先进集体名单

哈尔滨兽医研究所
北京畜牧兽医研究所
农产品加工研究所
农业质量标准与检测技术研究所
饲料研究所
上海兽医研究所
烟草研究所
水稻研究所
茶叶研究所
兰州畜牧与兽药研究所

附件 2

中国农业科学院 2019 年度 研究生管理工作先进个人名单

董　梅　哈尔滨兽医研究所
王皓宇　北京畜牧兽医研究所
戚亚梅　农业质量标准与检测技术研究所
吴万灵　饲料研究所
顾惠明　上海兽医研究所
孟　鹤　烟草研究所
孙逸钊　茶叶研究所
周　磊　兰州畜牧与兽药研究所
杨　磊　蜜蜂研究所
程少丽　果树研究所
邱　坤　沼气科学研究所
孟　培　作物科学研究所
吴斯洋　郑州果树研究所
彭　军　棉花研究所
霍伶艳　蔬菜花卉研究所
吕　拓　麻类研究所
周　玛　南京农业机械化研究所
胡海红　草原研究所
许怡然　农业信息研究所
李小杰　深圳农业基因组研究所
李　曦　兽医学院

关于表彰 2019—2020 学年教学名师的决定

院属各研究生培养单位：

为加强中国农业科学院教师队伍建设，提高教学质量，表彰在中国农业科学院教学工作中做出突出成绩的优秀教师，进一步发挥优秀教师的表率作用，按照《中国农业科学院关于深化研究生教育改革的若干意见》（农科院研生〔2012〕103 号）的精神，根据课程教学质量评估结果和教师履行聘用协议情况，经研究决定，授予张礼生等 14 名教师 2019—2020 学年“教学名师”称号，颁发荣誉证书，并按照《中国农业科学院研究生院兼职教师教学津贴暂行规定》（农科研生〔2013〕132 号）给予奖励，以资鼓励。希望全院教师以他们为榜样，深入开展教学改革，全面提高教学质量，教书育人，为中国农业科学院农业高层次人才培养做出更大的贡献。

附件：中国农业科学院研究生院 2019—2020 学年教学名师名单及奖励金额

中国农业科学院研究生院

2020 年 9 月 9 日

附件

中国农业科学院研究生院 2019—2020 学年教学名师名单及奖励金额

序号	授课教师	职称	工作单位	讲授课程	教师最高评估得分	讲授学时	奖励金额
1	张礼生	研究员	植物保护研究所	昆虫生理学	99.27	24 学时	2 400 元
2	王铁利	副教授	中国社会科学院	博士生英语（11 班、12 班）	99.18	44 学时	4 400 元
3	辛凤姣	研究员	农产品加工研究所	食品营养组学与生物制造	98.72	24 学时	2 400 元
4	胡英考	教授	首都师范大学	细胞遗传学	98.57	52 学时	5 200 元
5	罗静初	教授	北京大学	实用生物信息技术（硕士 1~4 班、博士班）	98.55	178 学时	17 800 元
6	王　静	研究员	农业质量标准与检测技术研究所	食品检测技术	98.42	24 学时	2 400 元
7	王锡锋	研究员	植物保护研究所	高级植物病毒学	98.24	36 学时	3 600 元
8	蔡典雄	研究员	农业资源与农业区划研究所	现代土壤耕作学、农业水资源利用、土壤物理学	98.18	80 学时	8 000 元
9	诸叶平	研究员	农业信息研究所	农业信息技术概论	98.18	36 学时	3 600 元

（续表）

序号	授课教师	职称	工作单位	讲授课程	教师最高评估得分	讲授学时	奖励金额
10	赵　明	研究员	作物科学研究所	作物高产高效理论与实践	97.86	20 学时	2 000 元
11	刘维全	教授	中国农业大学	高级动物生物化学	97.56	52 学时	5 200 元
12	郑彩霞	教授	北京林业大学	高级植物生理学	97.27	52 学时	5 200 元
13	李　桦	教授	中国农业大学	中国特色社会主义理论与实践研究（1~4 班）、中国马克思主义与当代	97.02	124 学时	12 400 元
14	王玉娥	研究员	哈尔滨兽医研究所	分子生物学实验设计与技术	96.59	36 学时	3 600 元

关于表彰 2019—2020 学年优秀教师的决定

院属各研究生培养单位：

为加强中国农业科学院教师队伍建设，提高研究生教学质量和水平，表彰爱岗敬业、为人师表、无私奉献的专（兼）职教师，按照《中国农业科学院研究生院优秀教师评选及奖励办法》（农科研生〔2008〕16 号）的规定，根据教学质量评估情况，经研究生院 2020 年第四次院长办公会议研究决定，授予李香菊等 156 名教师 2019—2020 学年“优秀教师”称号，颁发荣誉证书，以资鼓励。

附件：中国农业科学院研究生院 2019—2020 学年优秀教师名单

中国农业科学院研究生院

2020 年 11 月 3 日

附件

中国农业科学院研究生院
2019—2020 学年优秀教师名单

序号	授课教师	职称	工作单位	讲授课程
1	李香菊	研究员	植物保护研究所	高级杂草学
2	卢　鹿	副研究员	研究生院	硕士生英语、博士生英语
3	陈福良	研究员	植物保护研究所	农药制剂学
4	孙忠富	研究员	农业环境与可持续发展研究所	生物环境测试与控制技术
5	王　超	教授	中国农业大学	高级动物生理学
6	崔海信	教授	农业环境与可持续发展研究所	纳米生物技术概论
7	康友敏	副教授	中国农业大学	高级动物生理学
8	谢家建	研究员	植物保护研究所	转基因生物安全研究进展
9	曹坳程	研究员	植物保护研究所	农药学
10	程　锋	研究员	蔬菜花卉研究所	高级蔬菜基因组学
11	夏恩君	教授	北京理工大学	中级宏观经济学
12	贾文学	讲师	中国矿业大学（北京）	硕士生英语
13	雷秋良	研究员	农业资源与农业区划研究所	农业工程与信息技术案例
14	张文菊	研究员	农业资源与农业区划研究所	农业资源利用技术进展
15	Thomas Owen Chudyk	其他	研究生院	博士生英语

（续表）

序号	授课教师	职称	工作单位	讲授课程
16	王立刚	研究员	农业资源与农业区划研究所	生态学专题
17	彭红斌	副教授	北京理工大学	国际贸易
18	罗其友	研究员	农业资源与农业区划研究所	农业区域发展专题
19	齐孟文	副教授	中国农业大学	同位素示踪技术
20	赵福平	副研究员	北京畜牧兽医研究所	高级动物育种学
21	董丰收	研究员	植物保护研究所	农药残留与毒理学
22	张桂芬	研究员	植物保护研究所	入侵生物学
23	郑大玮	教授	中国农业大学	高级生物气象学
24	郑　行	教授	中国农业大学	高级动物生殖生理学
25	明　军	研究员	蔬菜花卉研究所	高级观赏植物育种学
26	张淑香	研究员	农业资源与农业区划研究所	土壤生物学
27	徐凌洋	研究员	北京畜牧兽医研究所	高级动物育种学
28	高会江	研究员	北京畜牧兽医研究所	高级动物育种学
29	方智远	研究员	蔬菜花卉研究所	高级蔬菜育种学
30	李先柏	副教授	北京理工大学	中级微观经济学
31	贺超兴	研究员	蔬菜花卉研究所	现代植物生产理论与技术
32	汪　洪	研究员	农业资源与农业区划研究所	高级植物与营养肥料学
33	李菊梅	研究员	农业资源与农业区划研究所	土壤学研究进展
34	张凌翔	副教授	北京理工大学	中级计量经济学
35	张　勤	教授	中国农业大学	动物数量遗传学
36	王　蓬	副教授	中央财经大学	硕士生英语

（续表）

序号	授课教师	职称	工作单位	讲授课程
37	王陆英	讲师	中央财经大学	硕士生英语
38	王明利	研究员	农业经济与发展研究所	产业经济学
39	范　虹	讲师	北京科技大学	硕士生英语
40	钟　钰	研究员	农业经济与发展研究所	外国农业经济
41	黄啟良	研究员	植物保护研究所	农药制剂学
42	柴秀娟	副研究员	农业信息研究所	多媒体与虚拟农业技术
43	孙景生	研究员	农田灌溉研究所	灌溉原理与技术
44	邱德文	教授	植物保护研究所	蛋白质组学与分析技术
45	李久生	研究员	中国水利水电科学研究院	灌溉原理与技术
46	刘兰芝	研究员	研究生院	硕士生英语、博士生英语
47	张蓉斌	副研究员	研究生院	硕士生英语
48	郑世军	教授	中国农业大学	高级免疫学
49	肖　阳	研究员	研究生院	运筹学、应用数理统计、应用多元统计分析
50	王　桦	副研究员	研究生院	硕士生英语
51	王耀生	研究员	农业环境与可持续发展研究所	环境学概论
52	鲁显生	教授	军事医学科学院	硕士生英语
53	赵轶洁	副研究员	研究生院	硕士生英语
54	毛晓霞	研究员	研究生院	硕士生英语、博士生英语、中国概况
55	于向鸿	副研究员	研究生院	统计分析与 SAS 软件、高级试验设计与统计

（续表）

序号	授课教师	职称	工作单位	讲授课程
56	刘红梅	副教授	军事医学科学院	硕士生英语
57	吴升扣	副教授	中国人民大学	健身运动
58	熊汉忠	其他	北京青年压力管理服务中心	健康心理学
59	钱永忠	研究员	质量标准与检测技术研究所	农产品质量安全研究进展
60	赵廷昌	研究员	植物保护研究所	植物病原细菌学
61	王秋海	教授	首都师范大学	博士生英语
62	陈世宝	研究员	农业资源与农业区划研究所	环境化学、农产品安全生产技术与应用
63	刘杏忠	研究员	中国科学院	植物病原真菌学
64	张春晖	研究员	农产品加工研究所	高级食品化学
65	李婉君	其他	北京心舟咨询有限公司	民族文化博览、社会心理学
66	彭德良	研究员	植物保护研究所	植物病原线虫学
67	任建强	研究员	农业资源与农业区划研究所	农业遥感科学进展
68	冀文涛	副教授	北京经济管理学院	硕士生英语
69	于　莉	教授	北京服装学院	硕士生英语
70	周忠实	研究员	植物保护研究所	昆虫生态学、农业资源及有害生物调查与评价
71	韩　军	教授	中国农业大学	高级病毒学
72	卜登攀	研究员	北京畜牧兽医研究所	高级动物营养学
73	张学杰	副研究员	蔬菜花卉研究所	农产品贮藏专题
74	娄辛悦	副教授	首都师范大学	硕士生英语
75	刘世洪	研究员	农业经济与发展研究所	农业农村信息化专题

（续表）

序号	授课教师	职称	工作单位	讲授课程
76	陈　锋	副教授	黑龙江大学	健康心理学
77	陈雨松	副教授	中央财经大学	硕士生英语
78	徐　晋	教授	哈尔滨医科大学	高级细胞生物学
79	董红敏	研究员	农业环境与可持续发展研究所	畜禽养殖环境工程进展
80	刘　旭	研究员	中国工程院	农业科技进展专题、作物种质资源学、农业科技与政策、作物种质资源学专题
81	杨建军	研究员	农业环境与可持续发展研究所	分子环境土壤学
82	赵百锁	研究员	研究生院	环境微生物学、分子微生物学实验理论与操作技术
83	周素梅	研究员	北京工商大学	高级食品化学
84	浦善宾	其他	中国电力科学研究院	博士生英语
85	闵顺耕	教授	中国农业大学	现代仪器分析
86	刘文德	研究员	植物保护研究所	高级植物病理学
87	施建忠	研究员	哈尔滨兽医研究所	兽医学研究进展
88	韩凌霞	副研究员	哈尔滨兽医研究所	实验动物与实验动物学
89	杨其长	研究员	农业环境与可持续发展研究所	设施农业工程学
90	李　霞	教授	哈尔滨医科大学	实用生物信息
91	马士奎	教授	中央民族大学	硕士生英语
92	闫艳春	教授	研究生院	分子生物学、现代基因工程
93	王　强	研究员	农产品加工研究所	农产品加工与食品科学专题

（续表）

序号	授课教师	职称	工作单位	讲授课程
94	李典谟	教授	中国科学院	理论生态学与生态学方法
95	李少昆	研究员	作物科学研究所	作物栽培学与耕作学专题
96	杨从科	研究员	研究生院	论文写作
97	杨正礼	研究员	农业环境与可持续发展研究所	高级农业生态学
98	蒋建科	其他	人民日报社	农业科技新闻写作
99	戎晓燕	讲师	首都师范大学	硕士生英语
100	赵桂苹	研究员	北京畜牧兽医研究所	动物遗传原理与育种方法
101	王　磊	研究员	生物技术研究所	现代基因工程
102	张德权	研究员	农产品加工研究所	高级食品化学
103	韩海棠	副教授	中国农业大学	高级生物化学
104	王海胜	研究员	研究生院	发酵工程、微生物代谢与调控
105	程瑞锋	研究员	农业环境与可持续发展研究所	农业工程与信息技术案例
106	宋　颖	讲师	北京外国语大学	硕士生英语
107	侯茂林	研究员	植物保护研究所	植物有害生物综合防控
108	王　奎	讲师	中央财经大学	自然辩证法概论
109	王建康	研究员	作物科学研究所	数量遗传学（植物）
110	桑建利	副教授	北京师范大学	分子细胞生物学
111	王国英	研究员	作物科学研究所	现代基因工程
112	朱化彬	研究员	北京畜牧兽医研究所	动物繁殖理论与生物技术

（续表）

序号	授课教师	职称	工作单位	讲授课程
113	江　宁	研究员	中国科学院微生物技术研究所	应用微生物学
114	赵瑞雪	研究员	农业信息研究所	管理信息系统、数据库原理与应用
115	李新海	研究员	作物科学研究所	现代农业发展与实践案例
116	申　业	研究员	中国中医科学院	高级生物化学
117	张克诚	研究员	植物保护研究所	农产品安全生产技术与应用
118	王孟卿	副研究员	植物保护研究所	昆虫分类学
119	杨静华	副研究员	中国科学院微生物技术研究所	高级生物化学
120	董良杰	讲师	中央财经大学	自然辩证法概论
121	宋建农	教授	中国农业大学	高等农业机械学
122	刘新刚	研究员	植物保护研究所	波谱学与色谱学
123	吴　玮	副教授	中国农业大学	高级生物化学
124	袁会珠	研究员	植物保护研究所	农用化学品高效利用与管理（案例）
125	张　毅	助理研究员	农业信息研究所	信息检索专题
126	郝树国	讲师	哈尔滨师范大学	现代实用摄影
127	阮　畅	副教授	中国人民大学	汉语会话
128	折冬梅	副研究员	植物保护研究所	波谱学与色谱学
129	陈　松	副研究员	质量标准与检测技术研究所	食品安全管理体系、食品安全案例
130	路铁刚	研究员	生物技术研究所	现代基因工程、分子遗传学
131	易小燕	副研究员	农业资源与农业区划研究所	农业资源及有害生物调查与评价

（续表）

序号	授课教师	职称	工作单位	讲授课程
132	李建科	教授	蜜蜂研究所	学术写作
133	李燕婷	研究员	农业资源与农业区划研究所	农用化学品高效利用与管理（案例）
134	吴　巍	其他	研究生院	代谢组学
135	许　雷	研究员	研究生院	生物化学实验理论与操作技术、分子生物学实验理论与操作技术、高级生物化学研究技术
136	刘录祥	研究员	作物科学研究所	作物育种学专题
137	孙红烨	讲师	哈尔滨工业大学	博士生英语
138	潘东芳	研究员	研究生院	综合汉语
139	刘布春	研究员	农业环境与可持续发展研究所	气象学研究进展
140	陈家伟	副教授	北京师范大学	系统科学与工程
141	许世卫	研究员	农业信息研究所	农业信息分析学
142	李　聪	研究员	北京畜牧兽医研究所	牧草、草坪草育种学
143	郭仰东	教授	中国农业大学	植物生物技术
144	李　康	副教授	哈尔滨师范大学	国学
145	李向林	研究员	北京畜牧兽医研究所	放牧管理学
146	姚艳敏	研究员	农业资源与农业区划研究所	农业遥感原理与应用
147	白由路	研究员	农业资源与农业区划研究所	地理信息系统
148	李军国	研究员	饲料研究所	饲料加工及检测技术
149	章　欣	讲师	中国人民大学	综合汉语
150	吴小梅	讲师	研究生院	综合汉语

（续表）

序号	授课教师	职称	工作单位	讲授课程
151	杜维平	教授	首都师范大学	硕士生英语
152	李楠明	教授	黑龙江大学	中国特色社会主义理论与实践研究
153	徐吉臣	教授	北京林业大学	高级微生物遗传学
154	熊玉坤	副教授	哈尔滨师范大学	现代礼仪
155	张本祥	教授	黑龙江大学	自然辩证法
156	高洪文	研究员	北京畜牧兽医研究所	草地资源学

关于公布中国农业科学院 2020 年度优秀学位论文名单的通知

院属各研究生培养单位：

根据《中国农业科学院优秀学位论文评选及奖励办法》的规定，严格按照个人申请、研究所学位评定委员会推荐、研究生院资格审查、学科评议组初审、院学位评定委员会审议确定候选论文、候选论文院外同行专家通讯评议、学科评议组复审、院学位评定委员会终审的评选程序，经中国农业科学院第九届学位评定委员会第九次会议审议并无记名投票表决，评选出中国农业科学院 2020 年度优秀博士学位论文 7 篇、优秀硕士学位论文 18 篇。优秀学位论文名单在中国农业科学院网站公示无异议，现予以公布（附件）。表彰事宜另行通知。

附件：1. 中国农业科学院 2020 年度优秀博士学位论文名单
　　　2. 中国农业科学院 2020 年度优秀硕士学位论文名单

中国农业科学院学位评定委员会
2021 年 3 月 23 日

附件 1

中国农业科学院 2020 年度优秀博士学位论文名单
（按专业代码—培养单位—姓名排序）

序号	姓名	学位类别	培养单位	专业代码及名称	导师	学位论文题目
1	李少雅	理学博士	作科所	071010 生物化学与分子生物学	夏兰琴	CRISPR/Cas12a 系统介导的水稻基因编辑和定点基因替换体系的构建及优化
2	唐晓倩	农学博士	油料所	0901Z2 农产品质量与食物安全	张　奇	农产品典型真菌毒素生物识别材料与快速检测方法研究
3	周　倩	农学博士	基因组所	090202 蔬菜学	黄三文	马铃薯杂合基因组组装和分析
4	周国朋	农学博士	资划所	090302 植物营养学	曹卫东	紫云英—稻草共同还田的协同效应及机制
5	李鹏飞	农学博士	植保所	0904Z4 生物防治学	邱德文	禾谷镰刀菌 DNA 病毒 FgGMTV1 序列分析及生物学特性研究
6	梁小娟	农学博士	牧医所	090501 动物遗传育种与繁殖	王彦芳	RNF20 在小鼠脂肪组织发育中的功能研究
7	孙　楠	农学博士	哈兽研	090602 预防兽医学	李呈军	TRIM35 蛋白抗流感病毒分子机制研究

附件 2

中国农业科学院 2020 年度优秀硕士学位论文名单
（按专业/领域代码—培养单位—姓名排序）

序号	姓名	学位类别	培养单位	专业/领域代码及名称	导师	学位论文题目
1	郝夏晖	理学硕士	油料所	071005 微生物学	龚阳敏	三角褐指藻 LACS 酶在脂肪酸代谢中功能的初步研究
2	高　媛	理学硕士	作科所	071010 生物化学与分子生物学	徐兆师	小麦和大豆抗非生物胁迫基因 *TaWNK* 与 *GmEF4* 的功能鉴定
3	张晓林	工学硕士	环保所	083001 环境科学	翁莉萍	土壤生物电场强化烃类降解耦联氮转化研究
4	宋　佳	农学硕士	蔬菜所	090202 蔬菜学	崔　霞	番茄开花时间调控基因的克隆与功能分析
5	代金霞	农学硕士	茶叶所	090203 茶学	刘　新	茶叶中杀螟丹及代谢产物的降解行为研究
6	柳　浪	农学硕士	植保所	090401 植物病理学	周焕斌	基因组编辑技术创制水稻抗除草剂新种质和 JAZ 基因家族突变体
7	尹灵丹	农学硕士	哈兽研	090602 预防兽医学	刘平黄	PDCoV 感染猪肠类器官模型的建立及肠道组织嗜性的分子机制研究
8	于　芳	农学硕士	哈兽研	090602 预防兽医学	安同庆	基于部分 PRRSV 全基因组的遗传进化及重组热点分析

（续表）

序号	姓名	学位类别	培养单位	专业/领域代码及名称	导师	学位论文题目
9	韦严丽	农学硕士	兰兽研	090602 预防兽医学	朱启运	H7N9 流感病毒 NP 蛋白正调控 I 型干扰素信号通路的机制研究
10	姜　宁	农业硕士	水稻所	095101 作物	陶龙兴	早籼稻开花期耐热性机理及调控措施研究
11	陈海强	农业硕士	作科所	095101 作物	叶兴国	高大山羊草 1Slx 2.3* 及 1Sly16* 和小麦 1Dy12 亚基面粉加工品质效应分析
12	李厚禹	农业硕士	环保所	095103 农业资源利用	郑向群	好-厌氧联合堆肥对农业废弃物中抗生素耐药基因的消减研究
13	单永潘	农业硕士	植保所	095104 植物保护	曹立冬	金属—有机骨架材料的制备及其农药负载性能研究
14	张大琪	农业硕士	植保所	095104 植物保护	曹坳程	氯化苦与生物熏蒸轮用对草莓土传病害防控效果和对土壤微生物群落结构的影响
15	杨　扬	农业硕士	蜜蜂所	095105 养殖	代平礼	啶虫脒对西方蜜蜂幼虫的毒性作用机制及风险评估
16	韩　振	农业硕士	农经所	095110 农村与区域发展	杨　春	中国畜牧业环境全要素生产率研究
17	摆玉蔷	农业硕士	加工所	095113 食品加工与安全	张德权	蛋白质磷酸化对肉羊宰后糖原磷酸化酶活性的调节机制

（续表）

序号	姓名	学位类别	培养单位	专业/领域代码及名称	导师	学位论文题目
18	杨浩森	农业硕士	质标所	095113 食品加工与安全	王培龙	金属有机框架材料合成及对典型持久性有机污染物吸附与传感研究

关于表彰 2020 年度优秀毕业生的决定

院属各研究生培养单位：

为表彰在校期间表现突出，德智体美劳全面发展的学生，根据《中国农业科学院研究生院学生奖励条例》的有关规定，经各研究生培养单位初审，研究生院复审及公示，确定潘建飞等 65 名研究生为 2020 年度优秀毕业生，其中，博士研究生 26 人（含来华留学生 8 人），硕士研究生 39 人（含来华留学生 1 人）。经 2020 年 7 月 7 日研究生院党政联席会审议通过，授予潘建飞等 65 名研究生 2020 年度优秀毕业生荣誉称号，以上中国学生同时获得北京市优秀毕业生荣誉称号。

特此通报表彰，并颁发荣誉证书。

附件：中国农业科学院 2020 年度优秀毕业生名单

中国农业科学院研究生院
2020 年 7 月 8 日

附件

中国农业科学院 2020 年度优秀毕业生名单

序号	姓名	专业	研究所	层次
1	潘建飞	动物遗传育种与繁殖	北京畜牧兽医研究所	博士
2	邓迎璇	土壤学	环境保护科研监测所	博士
3	张吉丽	基础兽医学	兰州畜牧与兽药研究所	博士
4	赵晨晨	农业昆虫与害虫防治	棉花研究所	博士
5	刘　欢	农产品加工利用	农产品加工研究所	博士
6	刘平香	农产品质量与食物安全	农业质量标准与检测技术研究所	博士
7	周国朋	植物营养学	农业资源与农业区划研究所	博士
8	张佳佳	植物营养学	农业资源与农业区划研究所	博士
9	任善会	预防兽医学	上海兽医研究所	博士
10	焦　健	微生物学	生物技术研究所	博士
11	王晓璐	生物化学与分子生物学	饲料研究所	博士
12	姚圣黎	生物化学与分子生物学	油料作物研究所	博士
13	杨红男	农业环境学	沼气科学研究所	博士
14	李玉阔	果树学	郑州果树研究所	博士
15	杨　龙	农业昆虫与害虫防治	植物保护研究所	博士
16	李如男	农药学	植物保护研究所	博士
17	贺　彦	生物化学与分子生物学	中国水稻研究所	博士
18	李　聪	生物化学与分子生物学	作物科学研究所	博士
19	任　肖	预防兽医学	北京畜牧兽医研究所	硕士
20	单　强	动物营养与饲料科学	北京畜牧兽医研究所	硕士

（续表）

序号	姓名	专业	研究所	层次
21	张壮彪	动物遗传育种与繁殖	北京畜牧兽医研究所	硕士
22	倪爱心	动物遗传育种与繁殖	北京畜牧兽医研究所	硕士
23	代金霞	茶学	茶叶研究所	硕士
24	徐　杰	植物病理学	果树研究所	硕士
25	张　璐	预防兽医学	哈尔滨兽医研究所	硕士
26	闫娜娜	预防兽医学	哈尔滨兽医研究所	硕士
27	杨月麟	预防兽医学	哈尔滨兽医研究所	硕士
28	韩玉莹	兽医	哈尔滨兽医研究所	硕士
29	邢立晓	预防兽医学	哈尔滨兽医研究所	硕士
30	王若清	农业资源利用	环境保护科研监测所	硕士
31	王立群	预防兽医学	兰州兽医研究所	硕士
32	燕苗苗	兽医	兰州兽医研究所	硕士
33	郭娜娜	食品科学	蜜蜂研究所	硕士
34	罗伟文	农业机械化工程	南京农业机械化研究所	硕士
35	耿栋辉	食品科学	农产品加工研究所	硕士
36	尚世龙	农业水土工程	农田灌溉研究所	硕士
37	高海河	农业水资源与环境	农业环境与可持续发展研究所	硕士
38	张玥滢	气象学	农业环境与可持续发展研究所	硕士
39	侯志浩	微生物学	农业资源与农业区划研究所	硕士
40	李晓虹	环境科学	农业资源与农业区划研究所	硕士
41	周　珂	农村与区域发展	农业资源与农业区划研究所	硕士

（续表）

序号	姓名	专业	研究所	层次
42	戚睿斌	预防兽医学	上海兽医研究所	硕士
43	刘一超	微生物学	生物技术研究所	硕士
44	张　敏	农业经济管理	食物与营养发展研究所	硕士
45	刘　娇	动物营养与饲料科学	饲料研究所	硕士
46	宫瑞泽	野生动植物保护与利用	特产研究所	硕士
47	曾　佳	作物	烟草研究所	硕士
48	褚　程	农产品质量与食物安全	烟草研究所	硕士
49	郝夏晖	微生物学	油料作物研究所	硕士
50	何　燕	生物化学与分子生物学	沼气科学研究所	硕士
51	曹蓓蓓	生物防治学	植物保护研究所	硕士
52	颜晓蕊	农业昆虫与害虫防治	植物保护研究所	硕士
53	姜　宁	作物	中国水稻研究所	硕士
54	任丙新	作物	作物科学研究所	硕士
55	高　媛	生物化学与分子生物学	作物科学研究所	硕士
56	李志勇	生物信息学	作物科学研究所	硕士
57	Joy Ujiroghene Obaroakpo	农产品加工利用	农产品加工研究所	博士
58	Syed Adeel Zafar	作物遗传育种	作物科学研究所	博士
59	Asif Iqbal	作物栽培学与耕作学	棉花研究所	博士
60	John Ohiolei	预防兽医学	兰州兽医研究所	博士
61	Muhammad Qaswar	土壤学	农业资源与农业区划研究所	博士

（续表）

序号	姓名	专业	研究所	层次
62	Muddassar Hameed	预防兽医学	上海兽医研究所	博士
63	Zulqarnain Haider Khan	植物营养学	环境保护科研监测所	博士
64	Peiman Zandi	土壤学	农业环境与可持续发展研究所	博士
65	Patience Afi Seglah	区域发展	农业资源与农业区划研究所	硕士

关于表彰 2020 年“优秀推免生”的决定

院属各研究生培养单位：

为加大优秀生源选拔力度，进一步提高生源质量，根据《中国农业科学院接收优秀应届本科毕业生免试攻读研究生（含直博生）工作管理办法》规定，并经研究生院招生工作领导小组会议讨论通过，决定对 2021 年中国农业科学院录取的 128 名推免生（含 12 名直博生）通报表彰，并给予免除第一年学费的奖励；对田冰等 6 名“优秀推免生”颁发证书并给予免除三年学费的奖励，名单附后。

附件：2021 年“优秀推免生”表彰名单

中国农业科学院研究生院

2021 年 9 月 3 日

附件

2021 年“优秀推免生”表彰名单

序号	姓名	性别	录取研究所	录取专业代码	录取专业	毕业院校
1	田　冰	女	作科所	071010	生物化学与分子生物学	华中农业大学
2	周奕扬	男	作科所	071010	生物化学与分子生物学	南京农业大学
3	林俐群	女	基因组所	0710Z1	生物信息学	华中农业大学
4	赵　聪	男	作科所	090102	作物遗传育种	中国农业大学
5	张倩倩	女	资划所	090302	植物营养学	华中农业大学
6	常　彤	男	哈兽研	090602	预防兽医学	华中农业大学

关于表彰和奖励 2020 年第一批西部地区、艰苦边远地区和基层单位就业毕业生的决定

院属各研究生培养单位：

为了进一步做好中国农业科学院研究生就业工作，鼓励和引导中国农业科学院毕业生面向西部地区、艰苦边远地区和基层单位就业，到祖国最需要的地方建功立业，根据《中国农业科学院研究生院关于对西部地区、艰苦边远地区和基层单位就业毕业生的奖励办法》的规定，决定对冉军辉等 13 名志愿到西部地区、艰苦边远地区和基层单位就业的 2020 届夏季第一批毕业生同学给予表彰和奖励，名单见附件。

附件：2020 年夏季第一批西部地区、艰苦边远地区和基层单位就业毕业生名单

中国农业科学院研究生院

2020 年 7 月 7 日

附件

2020年夏季第一批西部地区、艰苦边远地区和基层单位就业毕业生名单

序号	姓名	性别	专业	学历	就业单位名称	生源地	奖励金额（元）	就业单位类型
1	柳海云	女	兽医	硕士研究生	天康生物股份有限公司	新疆乌鲁木齐市	2 000	西部就业
2	何　燕	女	生物化学与分子生物学	硕士研究生	四川科伦药物研究院有限公司	四川省达州市渠县	2 000	西部就业
3	仇大成	男	生物化学与分子生物学	硕士研究生	中铁建重庆投资集团有限公司	山西省临汾市襄汾县	2 000	西部就业
4	罗伟文	男	农业机械化工程	硕士研究生	成都农业科技中心	四川省资阳市乐至县	2 000	西部就业
5	冉军辉	男	农业机械化工程	硕士研究生	塔里木大学	甘肃省陇南市宕昌县	2 000	西部就业
6	田志伟	男	农业机械化工程	硕士研究生	成都农业科技中心	陕西省宝鸡市麟游县	2 000	西部就业
7	杨　含	女	环境工程	硕士研究生	成都市兴蓉环境股份有限公司	四川省绵阳市涪城区	2 000	西部就业
8	王　丹	女	农业经济管理	硕士研究生	中国建设银行股份有限公司陕西省分行	陕西省榆林市府谷县	2 000	西部就业

（续表）

序号	姓名	性别	专业	学历	就业单位名称	生源地	奖励金额（元）	就业单位类型
9	刘洪泰	男	作物	硕士研究生	云南省烟草公司保山市公司	山东省聊城市莘县	2 000	西部就业
10	李一梅	女	植物保护	硕士研究生	甘肃省建设投资（控股）集团总公司	甘肃省天水市秦州区	2 000	西部就业
11	李佳笑	女	食品加工与安全	硕士研究生	陕西省土地工程建设集团责任有限公司	吉林省通化市东昌区	2 000	西部就业
12	刘　毅	女	作物	硕士研究生	成都农业科技中心	四川省遂宁市射洪县	2 000	西部就业
13	杨晓荣	女	农业资源利用	硕士研究生	中核四〇四有限公司	山西省大同市广灵县	2 000	西部就业

关于表彰和奖励 2020 年夏季第二批西部地区、艰苦边远地区和基层单位就业毕业生的决定

院属各研究生培养单位：

为了进一步做好中国农业科学院研究生就业工作，鼓励和引导中国农业科学院毕业生面向西部地区、艰苦边远地区和基层单位就业，到祖国最需要的地方建功立业，根据《中国农业科学院研究生院关于对西部地区、艰苦边远地区和基层单位就业毕业生的奖励办法》的规定，决定对王君瑞等 13 名志愿到西部地区、艰苦边远地区和基层单位就业的 2020 届夏季第二批毕业生同学给予表彰和奖励，名单见附件。

附件：2020 年夏季第二批西部地区、艰苦边远地区和基层单位就业毕业生名单

中国农业科学院研究生院

2020 年 10 月 16 日

附件

2020 年夏季第二批西部地区、艰苦边远地区和基层单位就业毕业生名单

序号	姓名	性别	专业	学历	就业单位名称	生源地	奖励金额（元）	就业单位类型
1	王君瑞	女	作物种质资源学	博士研究生	广西民族大学	河南省	3 000	西部就业
2	潘海珠	男	农业遥感	博士研究生	宁夏大学	山东省	3 000	西部就业
3	张彦兵	男	预防兽医学	博士研究生	石河子大学	甘肃省	3 000	西部就业
4	王　菲	女	动物遗传育种与繁殖	博士研究生	西北农林科技大学	河南省	3 000	西部就业
5	王　怡	女	农业昆虫与害虫防治	博士研究生	重庆工商大学	河南省	3 000	西部就业
6	杨　琼	女	作物	硕士研究生	安康职业技术学院	陕西省	2 000	西部就业
7	赵官涛	男	生物化学与分子生物学	硕士研究生	甘肃亚盛农业研究院有限公司	甘肃省	2 000	西部就业
8	黄瑞环	男	植物病理学	硕士研究生	广西中烟工业有限责任公司南宁卷烟厂	江西省	2 000	西部就业
9	郑梅迎	女	作物	硕士研究生	汉中市烟草专卖局	河南省	2 000	西部就业
10	张晓丽	女	生态学	硕士研究生	河套学院	宁夏回族自治区	2 000	西部就业
11	钱晓燕	女	环境科学	硕士研究生	塔里木大学	内蒙古自治区	2 000	西部就业
12	陈　彪	男	作物遗传育种	硕士研究生	云南省烟草公司曲靖市公司	河南省	2 000	西部就业
13	王丹阳	女	草业	硕士研究生	中国林业科学研究院沙漠林业实验中心	内蒙古自治区	2 000	西部就业

中国农业科学院2020年国家奖学金获奖名单

中国农业科学院2020年博士研究生国家奖学金获奖名单

序号	姓名	性别	民族	基层单位	专业	入学年份
1	钱浩宇	男	汉族	作物科学研究所	作物栽培学与耕作学	2018
2	唐华丽	女	汉族	作物科学研究所	作物遗传育种	2018
3	李慧芳	女	汉族	作物科学研究所	生物化学与分子生物学	2018
4	范玲玲	女	汉族	农业资源与农业区划研究所	农业遥感	2018
5	宋大利	男	汉族	农业资源与农业区划研究所	植物营养学	2018
6	旷永洁	女	汉族	植物保护研究所	植物病理学	2018
7	许春丽	女	汉族	植物保护研究所	农药学	2018
8	刘　美	女	汉族	郑州果树研究所	植物病理学	2019
9	徐淑玲	女	汉族	油料作物研究所	农产品质量与食物安全	2018
10	徐小轻	女	汉族	饲料研究所	农产品质量与食物安全	2017
11	徐乾坤	男	汉族	中国水稻研究所	作物遗传育种	2018
12	刘小萍	男	汉族	蔬菜花卉研究所	蔬菜学	2018
13	蔡　旭	男	汉族	蔬菜花卉研究所	蔬菜学	2018
14	张平贤	男	汉族	生物技术研究所	生物化学与分子生物学	2017

（续表）

序号	姓名	性别	民族	基层单位	专业	入学年份
15	李妍妍	女	汉族	生物技术研究所	生物化学与分子生物学	2017
16	包旦奇	男	蒙古族	上海兽医研究所	预防兽医学	2018
17	马红坤	男	汉族	农业经济与发展研究所	产业经济	2018
18	徐　奎	男	汉族	北京畜牧兽医研究所	动物遗传育种与繁殖	2016
19	刘宇宁	男	蒙古族	北京畜牧兽医研究所	农产品质量与食物安全	2017
20	张　琪	女	汉族	棉花研究所	作物遗传育种	2019
21	张向乐	女	汉族	兰州兽医研究所	预防兽医学	2017
22	崔洁芬	女	汉族	农产品加工研究所	农产品加工利用	2018
23	唐　蝶	女	汉族	农业基因组研究所	生物信息学	2019
24	夏　星	男	汉族	农业环境与可持续发展研究所	土壤学	2019
25	董又铭	男	汉族	环境保护科研监测所	植物营养学	2018
26	王同云	女	汉族	哈尔滨兽医研究所	预防兽医学	2018
27	王志涛	男	汉族	哈尔滨兽医研究所	预防兽医学	2018
28	王昕璐	女	汉族	农业质量标准与检测技术研究所	农产品质量与食物安全	2018
29	许贝贝	女	汉族	农业信息研究所	信息技术与数字农业	2018
30	马欢欢	女	汉族	农田灌溉研究所	农业水土工程	2018
31	陈　琳	男	汉族	茶叶研究所	茶学	2017

中国农业科学院2020年硕士研究生国家奖学金获奖名单

序号	姓名	性别	民族	基层单位	专业	入学年份
1	高广奇	男	汉族	作物科学研究所	农艺与种业	2018
2	骆旭梅	女	汉族	作物科学研究所	作物遗传育种	2019
3	贾子苗	女	汉族	作物科学研究所	农艺与种业	2018
4	王　丽	女	彝族	农业资源与农业区划研究所	环境科学	2018
5	蔡育蓉	女	汉族	农业资源与农业区划研究所	生态学	2018
6	王　涵	女	汉族	农业资源与农业区划研究所	农业遥感	2019
7	岳　宁	女	汉族	农业质量标准与检测技术研究所	食品科学	2018
8	许铜硕	女	汉族	植物保护研究所	植物病理学	2018
9	向　超	男	汉族	植物保护研究所	植物病理学	2018
10	程鸿燕	女	汉族	植物保护研究所	农药学专业	2018
11	陈　俊	男	汉族	植物保护研究所	资源利用与植物保护	2018
12	韦秋合	女	壮族	植物保护研究所	资源利用与植物保护	2018
13	王富强	男	汉族	郑州果树研究所	农艺与种业	2018
14	杨　清	女	汉族	沼气科学研究所	资源利用与植物保护	2018
15	周　鑫	女	汉族	油料作物研究所	食品加工与安全	2018
16	吴邦富	男	汉族	油料作物研究所	食品加工与安全	2018
17	刘亚磊	女	汉族	烟草研究所	植物病理学	2018
18	李秀琦	女	汉族	烟草研究所	食品加工与安全	2018
19	郭昕竺	女	土家族	农业信息研究所	农业经济管理	2018
20	撒　旭	女	汉族	农业信息研究所	管理科学与工程	2018

（续表）

序号	姓名	性别	民族	基层单位	专业	入学年份
21	施鹏飞	男	汉族	特产研究所	预防兽医学	2018
22	庄一民	男	汉族	饲料研究所	动物营养	2018
23	王晓丹	女	汉族	中国水稻研究所	作物栽培学与耕作学	2018
24	殷　敏	女	汉族	中国水稻研究所	农艺与种业	2018
25	任文静	女	汉族	蔬菜花卉研究所	蔬菜学	2018
26	高宇航	男	汉族	蔬菜花卉研究所	农艺与种业	2018
27	曹文雪	女	汉族	蔬菜花卉研究所	农艺与种业	2018
28	李泽宇	女	汉族	生物技术研究所	生物化学与分子生物学	2018
29	李家磊	男	汉族	生物技术研究所	微生物学	2019
30	郭宏元	女	汉族	上海兽医研究所	兽医	2018
31	白渊哲	男	汉族	上海兽医研究所	预防兽医学	2018
32	赵馨馨	女	汉族	农业经济与发展研究所	农村发展	2018
33	蔡泽宇	男	汉族	南京农业机械化研究所	农业机械化工程	2018
34	王亚品	女	汉族	北京畜牧兽医研究所	动物营养与饲料科学	2018
35	陶　林	男	汉族	北京畜牧兽医研究所	动物遗传育种与繁殖	2018
36	杨　雪	女	汉族	北京畜牧兽医研究所	农产品质量与食物安全	2018
37	王传龙	男	汉族	北京畜牧兽医研究所	动物营养与饲料科学	2018
38	边盈盈	女	汉族	棉花研究所	农艺与种业	2018
39	褚　钰	女	汉族	棉花研究所	生物化学与分子生物学	2018

（续表）

序号	姓名	性别	民族	基层单位	专业	入学年份
40	王玉涵	女	汉族	蜜蜂研究所	食品科学	2019
41	石亚亮	男	汉族	麻类研究所	作物种质资源学	2018
42	葛志毅	男	汉族	兰州兽医研究所	预防兽医学	2018
43	王丽娟	女	汉族	兰州兽医研究所	兽医	2018
44	凡　媛	女	汉族	兰州畜牧与兽药研究所	兽医	2018
45	李伟勋	男	汉族	农产品加工研究所	生物化学与分子生物学	2018
46	高雅鑫	女	汉族	农产品加工研究所	食品科学	2018
47	李丽娟	女	汉族	农业环境与可持续发展研究所	土壤学	2018
48	连天境	男	汉族	农业环境与可持续发展研究所	环境工程	2018
49	李丹妮	女	汉族	环境保护科研监测所	环境工程	2018
50	吴　宪	男	汉族	环境保护科研监测所	资源利用与植物保护	2018
51	张记宇	女	汉族	哈尔滨兽医研究所	预防兽医学	2018
52	祁寒松	男	汉族	哈尔滨兽医研究所	兽医	2018
53	王雨龙	男	汉族	哈尔滨兽医研究所	预防兽医学	2018
54	盛　洁	女	汉族	哈尔滨兽医研究所	兽医	2018
55	杜思琦	女	汉族	农田灌溉研究所	农业水土工程	2018
56	黎洪霞	女	汉族	茶叶研究所	食品加工与安全	2018
57	王华杰	女	汉族	茶叶研究所	农艺与种业	2018

（续表）

序号	姓名	性别	民族	基层单位	专业	入学年份
58	张　博	女	汉族	草原研究所	农业昆虫与害虫防治	2018
59	肖湘怡	女	汉族	食物与营养发展研究所	农业管理	2018
60	张英杰	女	汉族	研究生院	生物化学与分子生物学	2018
61	何闪闪	女	汉族	果树研究所	果树学	2018

关于发放2020年度先正达研究生奖学金的通知

院属各研究生培养单位：

根据《中国农业科学院研究生院先正达研究生奖学金评选办法》的有关规定，在个人申请、导师推荐、研究所审核、专家评审、公示的基础上，经研究生院研究确定李鹏程等5人获2020年度先正达研究生奖学金，奖励金额5 000元/人。

特此通知。

附件：2020年度先正达研究生奖学金获选名单

中国农业科学院研究生院

2021年1月20日

附件

2020 年度先正达研究生奖学金获选名单

姓名	培养单位	专业	攻读学位
李鹏程	农经所	产业经济	博士
唐秀军	植保所	农药学	博士
尚宪超	烟草所	植物病理学	博士
沈友明	果树所	果树学	博士
方雅冰	资划所	农村发展	硕士

关于发放 2020 年度勤学励志助学金的决定

院属各研究生培养单位：

根据《中国农业科学院研究生勤学励志助学金管理办法（试行）》的有关规定，经个人申请、培养单位初审推荐、研究生院奖助工作领导小组审议并公示无异议，最终确定龚颖等 5 人获一等勤学励志助学金，严圣吉等 50 人获二等勤学励志助学金。

希望获得资助的同学潜心向学、奋发进取，积极践行社会主义核心价值观，努力争做德智体美劳全面发展的社会主义建设者和接班人。

附件：2020 年度勤学励志助学金获选人员名单

中国农业科学院研究生院

2020 年 12 月 29 日

附件

2020 年度勤学励志助学金获选人员名单

序号	姓名	培养单位	类别	资助等次
1	龚　颖	牧医所	博士	一等
2	吕翻洋	生物所	博士	一等
3	张志雄	兰兽研	博士	一等
4	黄秉娜	环发所	硕士	一等
5	范前进	哈兽研	硕士	一等
6	严圣吉	作科所	博士	二等
7	张晓星	作科所	博士	二等
8	王园美	牧医所	博士	二等
9	赵　彤	蜜蜂所	博士	二等
10	戴　东	饲料所	博士	二等
11	吴正可	饲料所	博士	二等
12	刘肖静	生物所	博士	二等
13	李　格	资划所	博士	二等
14	余映军	灌溉所	博士	二等
15	崔元江	水稻所	博士	二等
16	徐乾坤	水稻所	博士	二等
17	李凤娟	兰兽研	博士	二等
18	李　茜	兰兽研	博士	二等
19	郭紫晶	兰兽研	博士	二等
20	朱国强	兰兽研	博士	二等
21	张丽雅	作科所	硕士	二等
22	刘　丹	作科所	硕士	二等

（续表）

序号	姓名	培养单位	类别	资助等次
23	马晓宇	植保所	硕士	二等
24	韦秋合	植保所	硕士	二等
25	杨露露	植保所	硕士	二等
26	平星星	蔬菜所	硕士	二等
27	张雨函	环发所	硕士	二等
28	王子微	牧医所	硕士	二等
29	王晓庆	牧医所	硕士	二等
30	于海男	牧医所	硕士	二等
31	张顺芬	牧医所	硕士	二等
32	张爱馨	蜜蜂所	硕士	二等
33	邵之晓	加工所	硕士	二等
34	魏汝君	加工所	硕士	二等
35	王菲菲	农经所	硕士	二等
36	王　杰	资划所	硕士	二等
37	王　丽	资划所	硕士	二等
38	晁亚茹	资划所	硕士	二等
39	赵丽芳	资划所	硕士	二等
40	蒯磊鑫	资划所	硕士	二等
41	苏　恒	郑果所	硕士	二等
42	李炫烨	茶叶所	硕士	二等
43	刘庆帅	茶叶所	硕士	二等
44	张慧桐	哈兽研	硕士	二等
45	张　媛	哈兽研	硕士	二等
46	张文英	哈兽研	硕士	二等

（续表）

序号	姓名	培养单位	类别	资助等次
47	刘　翔	哈兽研	硕士	二等
48	王武斌	兰兽研	硕士	二等
49	刘银光	兰兽研	硕士	二等
50	殷娟斌	兰兽研	硕士	二等
51	柯群华	兰牧药	硕士	二等
52	王曼茱	上兽研	硕士	二等
53	赵永强	特产所	硕士	二等
54	朱书豪	环保所	硕士	二等
55	刘岗微	农机化所	硕士	二等

中国农业科学院唐华俊院长在2020届研究生毕业典礼上的讲话

尊敬的各位来宾、各位老师，亲爱的同学们：

大家上午好！疫情犹在，毕业如期。今天我们相聚“云端”，以这种特殊的方式，举行2020届研究生毕业典礼。首先，我代表中国农业科学院全院师生员工，向圆满完成学业的毕业生们，致以热烈的祝贺！向所有为你们的成长付出心血的师长、亲人和朋友们，致以崇高的敬意和衷心的感谢！

同学们，2020年，是不平凡的一年。新冠肺炎疫情肆虐，为全国及全世界提出了巨大的挑战。在中共中央坚强领导下，全国人民万众一心，众志成城，齐心协力，共渡难关。在此次抗击疫情中，我们共同见证了祖国的强大实力、中国共产党强大的凝聚力和向心力，以及全民团结一致的战斗力，切身地感受到了社会主义制度的优越性。突如其来的疫情，带来的无疑是一场灾难，但同时也让我们开始重新审视和思考艰难困苦所蕴含的伟大意义。

“艰难困苦，玉汝于成。”习近平总书记曾多次引用这样一句话，形容中国不畏艰险走过的不平凡历程，强调发扬艰苦奋斗精神对于中国人民和中华民族的特殊意义。“忧劳可以兴国，逸豫可以亡身。”无论对国家、集体还是个人，在艰难困苦中经受住考验，才能取得长远发展和进步。疫情大灾，砥砺民族；人生之困，奋斗不息！同学们，疫情带来的困难终将结束，人生困境不可避免地还会出现。此刻，我想与你们分享一些感悟，希望能在你们遇到困境时有所启迪。

第一，艰难困苦于国家，是检验兴国安邦的试金石。自古以来，多难兴邦。对灾难的态度，体现了一个国家和民族的情怀和担当；应对灾难的能力，体现了一个国家的综合实力。中华民族的发展，从来不是一帆风顺的，无数次遭遇自然灾害、外敌入侵和战乱的苦难。中华人民共和国成立70多年来，洪涝灾害、非典疫情、汶川地震以及今年的新冠肺炎疫情，一次又一次严峻考验摆在我们面前。在历次灾难中，党和国家始终把人民的生命和利益放在首位，集中力量动员全社会资源对抗灾难，使身临险境的人民群众转危为安，也增强了应对突发事件和灾害的能力，推动了国家治理能力的提升，彰显了中国特色社会主义的制度优势。中华民族历经磨难而不衰，在千锤百炼中锻造出百折不挠的民族性格，培育出自强不息的民族精神。这场抗击疫情的人民战争，再一次刷新了中国速度、中国力度与中国温度，充分展示了中国能力、中国实力与中国魅力，也使自强不息的中华民族传统文化精神得到全新阐释与完美升华。

第二，艰难困苦于集体，是成就伟大事业的强心剂。任何一个集体的发展壮大、一项伟大事业的成功，都离不开艰苦奋斗。中国农业科学院建院 60 多年来，在一代代农科人的不懈奋斗下，走出了一条艰辛与辉煌交织的发展之路，取得了一大批国内外领先的科技成果，涌现出一大批两院院士、知名科学家。中国农业科学院创立之初，正值共和国成立不久，百废待兴，举步维艰。在经济条件极度缺乏、技术基础非常薄弱、工作条件十分艰苦的环境下，老一辈科学家不畏艰苦、甘于寂寞，以顽强拼搏、勇于奉献的精神，成功取得第一批国家级重大科研成果，为我国农业自给自足以及农业科研发展奠定了根基。同学们，农业科研离不开我们脚下的土地，今天，中国农业科学院仍有一大批科研人员坚守科研一线、默默耕耘、甘守清贫，取得了一个又一个原创性突破，为脱贫攻坚与乡村振兴提供了有力的科技支撑，孕育形成了“执著奋斗，求实创新，情系三农，服务人民”的祁阳站精神，“艰苦奋斗、甘于奉献、勤于实践、勇于创新”的中棉所精神。这些农科人将青春和汗水无怨无悔地挥洒在这片土地上，为我国农业农村现代化贡献着力量。

第三，艰难困苦于自我，是实现人生价值的助推器。逆境使人成长，困苦使人进步。富贵安逸可以使生活舒适，但艰难困苦却能磨砺意志，提升心性，使人像经过打磨的玉石一样坚韧。习近平总书记指出：“只有奋斗的人生才称得上幸福的人生。我们要勇于在艰苦奋斗中净化灵魂、磨砺意志、坚定信念。”各位 2020 届的同学，你们能够圆满完成学业，取得博士、硕士学位，今天的成绩一定离不开平日的努力奋斗。几年来，为了采集数据，同学们不惧骄阳、挥汗如雨；为了攻克难题，同学们废寝忘食、冥思苦想；为了撰写论文，同学们挑灯夜战、奋力拼搏。这些年你们为了学业而奋斗，那些挥洒过的汗水甚至泪水，都将化为永久的记忆，镌刻在心中。同学们，这次疫情给大家的毕业和就业带来了诸多不便，但是你们带着青春的朝气，在逆境挑战中磨砺前行。你们所取得的成绩，离不开走过的艰辛之路；你们所经历的磨炼，是通往未来成就的必经之路。我相信，这些艰难困苦带给你们的感悟和锤炼，将是一生的宝贵财富。

“海阔凭鱼跃，天高任鸟飞。”同学们，从今天起，你们将要开启新的人生旅程。作为母校，既感到欣慰，又万分不舍。希望同学们在新的人生阶段，能够始终秉承“明德格物、博学笃行”的院训和在中国农业科学院积淀下来的奋斗之风，以坚强豁达的心态，面对生活、成就未来、实现自我，继续书写人生的精彩篇章，为全面建成小康社会、实施乡村振兴战略贡献自己的青春力量，为中华民族的伟大复兴奉献更多的汗水与智慧。

同学们，受疫情影响，我们不能亲手为你们拨正流苏，也无法和你们在现场合影，我们只能以这样一种特殊的方式，见证你们毕业的难忘时刻。虽有遗憾，但请大家相信：暂时分离，是为了更好地重逢。无论将来你们身在何方，母校都永远惦记你们、支持你们、祝福你们，中国农业科学院永远是你们坚强的后盾和温暖的港湾！祝你们身体健康，事业有成，生活幸福，前程似锦！

谢谢大家！

中国农业科学院唐华俊院长在2020级研究生开学典礼上的讲话

各位来宾、各位老师、同学们：

大家上午好！今天，我们通过线上线下结合的方式举行一场特别的研究生开学典礼。2020年是不平凡的一年，新冠肺炎疫情给人类社会带来了巨大冲击，在中共中央的坚强领导下，我国取得了疫情防控的重大战略成果，复工复产复学稳步推进，同学们也由此经历了难忘的抗“疫”一课，在错综复杂的世界中深刻感受到了中国力量，见证了社会主义制度的强大优势，并用实际行动诠释了青年的责任担当。由于疫情原因，个别同学暂时还不能来到校园，但无论身在何处，你们都同步开启了农科学子的人生新篇章。首先，我代表中国农业科学院全体教职工，向2020级429名博士研究生、1 076名硕士研究生同学表示热烈的欢迎和衷心的祝贺！

中国农业科学院成立于1957年，是全国规模最大、学科最全、综合研究实力最强的国家级综合性农业科研机构，担负着全国农业基础与应用基础研究、应用研究和高新技术研究的任务，致力于解决全国农业及农村经济发展中公益性、基础性、全局性、战略性、前瞻性的重大科技问题。2017年5月26日，在建院60周年之际，习近平总书记专门致信祝贺，强调中国农业科学院作为农业科研国家队，要面向世界农业科技前沿、面向国家重大需求、面向现代农业建设主战场，加快建设世界一流学科和一流科研院所，勇攀高峰，率先跨越，推动我国农业科技整体跃升，为实现“两个一百年”奋斗目标、实现中华民族伟大复兴的中国梦作出新的更大的贡献。3年来，在习近平总书记贺信精神指引下，全院牢记科技报国为民兴农的初心使命，努力抢占全球农业科技制高点，聚力突破农业“卡脖子”技术，大力推动产学研深度融合，探索构建世界一流学科体系和治理体系，各项工作都取得了可喜进展。全院共获科技奖励成果300余项，其中国家科学技术奖22项，占全国农业领域国家奖授奖数量的26%；以第一单位发表论文1.7万篇，其中SCI论文8 000余篇，一批学科、成果进入世界领先行列；新培养6位两院院士和一大批学科带头人；推进种质资源发掘、技术研发、商业化育种、产业应用一体化，研发推出了一大批农作物新品种、新兽药、新技术；创制了有望产业化应用的非洲猪瘟疫苗，构建了草地贪夜蛾综合防控技术体系，为保障国家粮食安全、公共卫生安全、农业绿色发展提供了有力支撑。

中国农业科学院研究生院成立于1979年，是我国第一批具有博士学位与硕士学位授予权的单位之一。成立40多年来，坚持“立足科研，质量为本，科教兴农”的办学理念，以“院所结合，两段式培养”为特色，不断深化教育改革，创新管理机制，建立了适合科研单位的科学、严谨、完善的研究生培养体系。在 2019 年全球 ESI 学科排名中，中国农业科学院共有 9 个学科进入 ESI 全球前 1%，总数位列全国科研院所第三位。在 2017 年全国第四轮学科评估中，中国农业科学院 4 个学科被评为 A+、2 个学科被评为 A-，A+学科数与全国高校相比居于并列第十二位。近年来，中国农业科学院国际交流与合作不断拓展深化，目前已经与全球 60 多个国家或地区的农业科研机构、大学建立了合作关系，与荷兰瓦赫宁根大学、比利时列日大学等高校开展合作培养博士生项目，为在读研究生提供了国际化的科研平台，提升研究生的培养管理水平。

同学们，作为新时代的青年学子，你们肩负着时代赋予的使命和责任，选择来到中国农业科学院继续深造，意味着在未来几年，你们将会与农业科技工作结缘，中国农业科学院高水平的科研平台和高层次专业化的导师队伍，将为你们的学习成长提供强大的支持。回首过去，一代代农科人在奋斗中传承，矢志不渝，辛勤耕耘，铸就了今日的农科辉煌。他们严谨求实的科学精神、潜心科研的执着精神、勇攀高峰的创新精神和爱国为民的奉献精神，指引着后来人前行的步伐。展望未来，站在新征程的起点，希望同学们牢记农科人“以科技兴农为己任”的宗旨，以“建成世界一流农业科研院所”为目标，以奋斗书写青春，心怀责任，追逐梦想。在此，我向同学们提三点希望。

一是树立家国情怀，坚守“三农”使命，争做“一懂两爱”的农科学子。家国天下是中华民族传统的精神信仰，是中华优秀传统文化的宝贵财富。当今世界正经历着百年未有之大变局，世界多级格局在大国博弈中日益凸显，新一轮科技革命和产业变革快速兴起，2020 年伴随着中美经贸摩擦持续升级、新冠肺炎疫情在全球爆发，给未来我国社会经济发展带来了诸多不稳定性与不确定性。面对复杂的国际形势，习近平总书记多次强调“我们要集中力量做好自己的事情”，努力构建以国内大循环为主体，国内国际双循环的新发展格局，这也给加强农业科技创新、推进农业农村现代化提出了新的要求。这次我国在新冠肺炎疫情防控中取得显著成效，更加凸显了农业的压舱石作用，确保国家粮食安全和主要农产品供给，是建设现代化强国的最大底气，“三农”问题关系经济发展、社会稳定，关系国家富强、民族复兴，作为一名农业领域的研究生，同学们要积极培育和践行社会主义核心价值观，牢固树立家国情怀，坚守“三农”使命，在农业现代化建设主战场寻找推进“三个面向”的原动力，争做有理想、有本领、有担当，懂农业、爱农村、爱农民的新时代农科学子。

二是勇于求实创新，助力科技兴农，为实现乡村振兴贡献青春力量。2020 年 7 月，在全国研究生教育工作会议召开之际，习近平总书记对研究生教育工作作出重要指示，他强调：“研究生教育在培养创新人才、提高创新能力、服务经济社会发展、推进国家治理体系和治理能力现代化方面具有重要作用。”总书记的指示，充分体现了中共中央对研究生教育的高度重视，为新时期研究生培养工作指明了方向。中国农业科学院作为农业科研国家队，要实现“三个面向”“两个一流”的目标和任务，科技创新是重中之重。创新是科研工作的灵魂，青年是创新的重要力量，青年时期是人一生中最富活力、最具创造力的阶段，希望你们在以后的学习中能够拥有锐意创新的勇气、敢为人先的锐气、蓬勃向上的朝气，树立创新观念、培养创新思维、提升创新能力，在实现乡村振兴和农业农村现代化的进程中贡献智慧力量。

三是完善自我品格，促进个人成长，做德智体美劳全面发展的社会主义建设者和接班人。德才兼备是新时代人才培养的重要标准。同学们，在未来几年研究生生活中，科研学习固然十分重要，品格的培养和完善也同等重要。习近平总书记曾在纪念五四运动100周年大会上指出："新时代中国青年要锤炼品德修为。人无德不立，品德是为人之本。止于至善，是中华民族始终不变的人格追求。"研究生阶段的学习生活，同时也是不断完善和健全人格的过程。希望你们学会团队精神与团结合作，科研工作大多以创新团队和课题组的单元来开展，团队的分工协作对科研产出具有直接的影响，要注重培养与人为善、团结互助的优良品格，学会沟通与包容，将"小我"融入集体的"大我"之中。要注重培养健康的身心素质，在未来的生活中，希望同学们能够规律作息、坚持锻炼，保持积极乐观的心理状态，既有拼搏进取的锐气，又有直面挫败的勇气。把这些看似平常的小事做好，自然就具备了成就大事的基础。

强国伟业呼唤青春担当，伟大理想需要接续奋斗。同学们，你们有幸身处中国特色社会主义新时代的浪潮之下，这是一个充满机遇与挑战的时代，时代的发展正在呼唤创新与人才。习近平总书记说，我国青年一代必将大有可为，也必将大有作为。希望你们以强农兴邦为己任，开拓创新，让青春在实现中华民族伟大复兴的征程中焕发出更加绚丽的光彩！

谢谢大家！

八、综合政务管理

唐华俊院长在中国农业科学院2020年机关工作会议上的讲话

2020年2月14日

同志们：

2020年我们过了一个特殊的春节。自新冠肺炎疫情发生以来，中央政治局常委会连续3次召开会议，研究部署疫情防控工作。在2020年2月12日中央政治局常委会会议上，习近平总书记指出，经过艰苦努力，疫情形势出现积极变化，防控工作取得积极成效。总书记强调，“疫情防控工作到了最吃劲的关键阶段”，要按照中共中央决策部署，突出重点、统筹兼顾，分类指导、分区施策，切实把各项工作抓实、抓细、抓落地，坚决打赢疫情防控的人民战争、总体战、阻击战，努力实现2020年经济社会发展目标任务。针对疫情形势，我们全院上下坚决贯彻落实中共中央、国务院决策部署和部党组工作要求，全力开展疫情应对工作，同时充分利用信息化手段，通过云视频会议系统、智慧农科系统在线办公等方式，部署推动重点业务工作，确保了广大干部职工的生命安全和身体健康，确保了全院工作有序运转。截至目前，全院整体工作推进顺利，局面良好。

今天，我们召开院机关工作会议，就是要深入贯彻落实中央决策部署，推动落实2020年院工作会议布置的重点任务，检查各部门的工作安排是否到位、工作方法是否创新、工作责任是否压实，实现疫情防控和科研工作“两手抓、两推进、两不误”。根据安排，10个部门、5个专项工作机构对今年重点工作作了汇报。大家讲得都很好，总体上体现了三方面特点。一是目标明确。聚焦习近平总书记贺信“三个面向、两个一流”重要指示精神，聚焦部党组决策部署和“保供给保增收保小康”目标要求，突出自主创新、人才培育和产学研用结合，服务脱贫攻坚和乡村振兴。二是思路清晰。紧紧围绕中国农业科学院发展方向和各部门职责任务，谋划工作思路，既突出了重大应急工作、重大科研任务、重大项目建设等重点工作，又保持了任务的连续性，实现了“常规工作抓规范、制度化，重点工作抓突破、见实效”。三是措施具体。针对院工作会议部署的重点任务，细化成具体工作，分别明确了分管院领导、责任部门、责任处室、工作目标、主要措施和完成时限，安排全面，措施务实。各部门、各机构的工作思路和重点安排我都同意，下一步要按计划扎实推进。

关于如何抓好2020年全院重点工作落实，结合当前形势，我再提四点要求。

第一，进一步加强学习，提高政治站位。院机关全体干部要加强学习，学习中央大政方针，学习相关业务知识。尤其是党员领导干部，要当好领头羊、排头兵，切实改善学风，提升能力。要通过学习，做到“五讲”。一要讲政治。时刻保持政治敏锐性，不折不扣落实好党中央国务院和部党组的决策部署，落实好院党组工作安排。二要讲大局。机关的一切工作都要从全院大局出发，自觉把岗位职责放到全院乃至农业科研国家队使命担当的大格局中，去思考、去推进、去把握。三要讲团结。各部门工作各有特色、互有交叉，要讲配合、重合作，互相支持，凝聚合力。四要讲效率。机关工作事务繁杂，要突出重点、强化执行，重点提升服务研究所、服务科研人员、服务群众的效率，落实首问责任制，杜绝“推拖等”。五要讲廉洁。牢固树立规矩意识，从小事做起，严格要求自己，严格遵守廉政纪律。

第二，进一步增强责任感，主动担当作为。前不久印发的中央一号文件，就强化科技支撑作用做出重要部署。当前新冠肺炎疫情仍很严峻，可能对农业农村发展造成较大影响，突出体现在粮食生产、畜牧业、渔业、农民收入等多方面。作为农业科研国家队，要进一步增强责任感使命感，主动担当作为，既要抓疫情防控，也要充分发挥农业科研机构的重要作用，做好农业生产保供的科技支撑。特别是要积极申报和承担国家重大项目，实施好创新工程，加快推进非洲猪瘟和草地贪夜蛾防控等重大任务攻关；在评估疫情影响、疫后恢复生产、疫病基础理论等方面提前布局，及时为国家提供决策依据；要抓好 5 个部定点扶贫县、8 个院科技扶贫和乡村振兴示范县的工作。院机关的同志要勇于担当，遇事不推、不躲，落实好牵头主责制，对院党组或其他领导交办的事情，要及时反馈结果，确保事事有回音。

第三，进一步优化整合资源，集中力量办大事。受疫病影响，财政收入面临着很大压力，相应支出预计增加。我们要更加牢固树立“过紧日子”的思想，按照年初提出的公用经费压减 15%的要求，取消不必要的会议和支出，整合盘活存量资金，集中力量办大事，把有限的资金用在刀刃上。要发挥好牵头统筹作用，紧盯重点任务，聚集优势力量，抓住工作落实的关键节点，把团队的力量充分调动起来，同向发力。要加强组织领导，落实责任，完善协同机制，实现重大关键技术突破，决胜脱贫攻坚。分管领导、各部门要针对大事要事，制定更加明确的时间表和路线图，建立定期汇报机制，确保任务到位、责任到位、督导到位。

第四，进一步深化体制机制改革，务求改革见到实效。要强化顶层设计，以“十四五”发展规划编制为契机，充分总结以往院所工作中的好经验好做法，结合新时期全院中心任务，把体制机制改革的理念贯穿到规划编制中，做好下一阶段工作的谋篇布局。要狠抓改革措施落地，重点抓好科研导向改革、全员岗位聘任、全成本核算和收入分配制度改革等研究和试点，实施一批切实可行的改革举措，全面推进院所深化改革。要狠抓效率提升，把重大决策部署的推动落实作为中心任务，建立行为规范、运转高效的工作机制，着力解决制度不执行、任务不落实，责任意识弱、执行力不强，不敢担当、不愿担当等问题，实现作风建设有新突破、管理水平有新提升、服务科研有新成效。

最后，我特别强调一下，疫情防控仍然是当前的重中之重，我们要在抓好疫情防控的基础上推进重点业务工作，既要保证毫不放松抓好疫情防控，也要努力把疫情对科研业务的影响降低到最低程度。

张合成书记在中国农业科学院2020年机关工作会议上的总结讲话

2020年2月14日

同志们：

刚才院长提纲挈领、简明扼要地对院机关工作任务提出要求，对同志们的工作作风和效率提出要求，对疫情防控和业务工作“两手抓、两不误”提出要求，特别是要求大家学习习近平新时代中国特色社会主义思想，学习中共中央的决策部署，不断增强农业科研国家队的责任担当，集中力量办大事。我们一定要认真学习和贯彻院长讲话精神，各部门各单位一定要按照院长的点评要求进一步完善工作思路和重点举措，下面，就落实此次会议精神，提四个方面要求。

第一，毫不放松地抓好疫情防控，坚决打赢疫情防控阻击战。首先向大家告知下周中国农业科学院工作安排：2月23日前，院机关各部门、院属各单位继续执行全面上班、在线办公的工作模式。各部门各单位至少保证1名班子成员现场处理政务和疫情应急防控等相关工作，机关各处室以在线办公为主，若一间办公室工作人员需要超过1名的，必须是处理紧急重大事务的需要，并经局办主要领导批准，同时要采取严密防护措施，各所科研团队，确需2人以上（包含2人）在实验室集中工作的，必须经所长批准，并采取严密防护措施。继续坚持“三不动”，即涉及湖北武汉地区人员不能动，住集体宿舍和合租房屋的人以及外地学生不能动，聚集性会议和集体聚餐不能动。未经院新冠肺炎防控应急指挥中心批准，不得召开多人现场会议，不得安排出差。严格按照属地规定要求，继续监管辖区内企业开工复工等相关工作。当前疫情防控到了最吃紧的阶段，要进一步分析研判当前形势，领导班子成员切实负起责任，看好人、管好门，全体干部都要管好自己，做好防护，坚决杜绝聚集性活动。要抓实抓细重点人群防疫、重点部位防控、重点措施落实，全力保障防疫物资供应。要充分认识特殊时期遵守国家应急管理法律法规的重要性，监察局已启动纪律检查，坚决查处各类违规违纪行为。

第二，切实降低疫情对科研业务的影响，努力实现全年奋斗目标。2020年院工作会部署的重点任务，各部门都有很好的行动和安排，要确保落实到位。我提三点要求：一是尽快完善15个部门（机构）的工作要点。要按照今天会议精神，经局务会集体研究、报请分管院领导审核后下周印发院属各单位。工作要点要确保做到突出重点、突破难点、提出挑战性目标以及明确时间节点。二是全面体现防疫工作和业务工作“两手抓、两不误”。要充分用好在线办公模式，充分发挥在线办公优势，保持良好工作状态。尽快推进院常务会、党组会布置的重大科研任务，特别是近期抓紧研判疫情对农业农村经济社会发展的影响并提出应对建议，实时跟进非洲猪瘟和草地贪夜蛾防控技术攻关，为保障“菜篮子”供给、夏粮增收等“三农”领域重点工作提供科技支撑。三是要抓好中长期工作谋划。开展疫情对南繁育种、重大工程建设、研究生招生与就业、试验基地建设与生产等工作影响的短期和中长期研判，做好预案、积极应对。

第三，以效率建设为重点，推动机关的政治建设和作风建设。效率建设是“两个一流”建设的重要内容，2019 年机关工作会上我就强调了效率和作风，“不忘初心、牢记使命”主题教育期间就解决“拖推等”问题、提升工作效率也提出了明确要求，这一年大家的精神状态有了很大改善。我们要持之以恒地抓好效率建设、作风建设，力争院机关的效率建设早日达到总书记“两个一流”的要求。一是机关每一名同志都要把服务一线科研人员、服务研究所发展作为讲政治的具体要求来落实好。二是要把“马上就办、由我来办”作为效率建设的目标，做到件件有回音、事事有答复。三是从提高效率出发推进院机关工作的流程再造、规范运行、能力提升。对过去冗长不高效的流程进行再造，对工作规范做到人人知悉。对院机关有些同志提出没去过研究所，不了解研究所在干什么；有些同志是非“三农”专业毕业，对“三农”重大问题、重大趋势、重大科研问题不太了解，希望培训；有些处长提出晋升副处长以来没有参加过培训，管理能力方面有待提高等问题，要尽快提出具体改进办法。四是把信息化建设作为效率建设的手段，没有信息化就没有“两个一流”，要加快推进数字农科院建设，确保 2020 年年底上线运行。五是相关部门要承担效率建设的主责，院办负牵头责任，人事局、机关党委、监察局要主动担责、共同来抓，各局都要抓好自身业务的流程再造。2020 年效率建设要有具体行动，要有具体做法。

第四，高度重视院机关建设的重要性，在实现“两个一流”上走在前作表率。要充分认识院机关是全院的指挥中枢、政治机关、学术殿堂，打造一支“中国女排”式的农业科研国家队。院机关全体干部都要带头做示范，重点在五个方面走在前作表率：一要坚持“五个过硬”。要按照习近平总书记的要求，努力做到“信念过硬、政治过硬、责任过硬、能力过硬、作风过硬”。二要坚持纪律严明与环境宽松同在。纪律要严明，确保做到公私分明、先公后私，力争做到大公无私。要把握好亲清关系，机关同志对待研究所、科研团队、科研人员要做到服务亲切，关系清楚，形成亲而又清、底线明晰的健康关系。同时，学术上要活泼，鼓励发表不同意见；作风上要活跃，不要“一支笔”“一言堂”；文体活动要活跃，工会、俱乐部要充分发挥作用。三要坚持作风扎实与追求高远共存。踏踏实实地从一点一滴的具体工作做起，努力做高级管理员、做战略研究员、做农业科技管理的高级专家。四要坚持服务意识与学术素质并重。服务好一线科学家，杜绝“门难进、脸难看、事难办”，同时要在学术上听到院机关的声音。要将团队精神根植于心，全面优化机关运行管理机制。各部门领导班子要提升决策支撑能力，加强集体领导，完善民主集中制，落实好局长负责制，将集体决策能力提升到新的水平。要把处室打造成机关业务工作最基本的战斗单元，充分体现专业性和凝聚力，从处长到业务骨干，都要扮好自己的角色，负好自己的责任。每位同志都要为院机关形象负责任，营造良好氛围，团结一心、战胜困难。人事局、财务局、机关党委、监察局、后勤中心等要专题研究如何保障院机关的发展，确保院机关作为独立的法人单位，时时刻刻有人管、不掉队、做示范。

同志们，今天的视频会议准备很充分、要点很突出、内容很丰富、安排很紧凑，效率很高、会风很好，达到了预期效果，是一次成功的探索和实践。2020 年院机关的任务很明确，要求很具体，大家一起努力，相信一定能够打赢疫情防控阻击战，一定能够实现全年发展的总目标。

中国农业科学院关于表彰 2020 年度平安建设先进单位及先进个人的决定

农科院办〔2021〕9 号

院机关各部门、院属各单位：

2020 年，在院党组坚强领导下，全院各单位扎实推进平安建设工作，涌现出一批先进单位和先进个人。为充分发挥先进典型的模范带头作用，根据《中国农业科学院平安建设管理办法》和《中国农业科学院开展“平安单位”创建活动实施细则》，院安委会组织对院属各单位 2020 年平安建设工作进行了考核，经现场检查、会商评审、院常务会审议通过，评选出 2020 年度平安建设先进单位 15 个、平安建设先进个人 18 名。

希望受到表彰的单位及个人珍惜荣誉、发扬成绩、再接再厉。全院各单位要以受到表彰的先进为榜样，牢固树立安全发展理念，更加扎实有效地推进平安建设工作，为中国农业科学院科研创新工作营造安全稳定的环境。

附件：2020 年度平安建设先进单位及先进个人名单

中国农业科学院
2021 年 1 月 18 日

附件

2020年度平安建设先进单位及先进个人名单

一、平安建设先进单位（15个）

后勤中心、研究生院、作科所、牧医所、加工所、信息所、质标所、水稻所、棉花所、油料所、哈兽研、草原所、环保所、烟草所、基因组所

二、平安建设先进个人（18名）

院办公室　刘治岐
科技局　刘　涛
后勤中心　李海芬
研究生院　陈　玅
作科所　刘海江
牧医所　王涌鑫
加工所　雍振国
信息所　程海鹏
质标所　吴　伟
水稻所　李德高
棉花所　冯文娟
油料所　余　波
哈兽研　魏传革
草原所　李　鹏
环保所　梁军锋
烟草所　宋　贺
基因组所　范　琳
中国公司　王　军

九、党的建设、思想政治和党风廉政工作

中国农业科学院2020年党建工作要点

2020年中国农业科学院党建工作的总体要求是：坚持以习近平新时代中国特色社会主义思想为指导，深入贯彻党的十九大和十九届二中、三中、四中全会以及十九届中央纪委四次全会精神，按照新时代党的建设总要求和习近平总书记致中国农业科学院贺信精神，以政治建设为统领，在“强创新、壮队伍、优机制、促振兴”中全面加强党的政治、思想、组织、作风和纪律建设，突出方向引领、精神塑造、服务保障，推动全院党建工作全面从严、规范运行、创新发展、务求实效，为科技支撑乡村振兴战略实施、打赢脱贫攻坚战、全面建成小康社会提供坚强保证。

一、坚持把党的政治建设摆在首位，坚决做到“两个维护”

（一）带头做到“两个维护”

深入贯彻习近平总书记在中央和国家机关党的建设工作会议上的重要讲话精神及《中共中央关于加强党的政治建设的意见》，坚持以政治建设统领党的建设，坚决做到“两个维护”，增强维护自觉、坚定维护行动、提高维护能力。落实坚定维护中共中央权威和集中统一领导的各项制度，全面落实《党委（党组）落实全面从严治党主体责任规定》，认真贯彻农业农村部党组《关于坚持以政治建设为统领进一步加强部系统党的建设的意见》，出台中国农业科学院《关于加强和改进院属单位党的建设的意见》，把政治建设落实落细，确保科研国家队的政治方向，确保把树牢“四个意识”、坚定“四个自信”、做到“两个维护”体现在履职尽责和日常言行上。强化政治意识教育，认真学习贯彻习近平总书记《论坚持党对一切工作的领导》，“七一”前组织围绕强化政治意识等主题讲专题党课。

（二）坚决贯彻落实党中央决策部署

紧扣建设创新型国家、实施乡村振兴战略、打赢脱贫攻坚战、全面建成小康社会的目标任务，坚决贯彻落实中共中央各项决策部署和习近平总书记重要指示批示，认真总结中国农业科学院贯彻落实习近平总书记贺信精神的成效与进展，加快科技创新与改革发展步伐，谋划“十四五”规划。围绕“决胜小康、岗位建功”主题，立足于服务保障“三个面向、两个一流”和“保供给、保增收、保小康”的要求推进党的建设，发挥领导干部骨干带头作用、基层党组织战斗堡垒作用和党员先锋模范作用，提升科技自主创新能力、农业农村发展科技支撑能力和院所治理能力。认真履行脱贫攻坚政治责任，加强对重点贫困县科技帮扶，持续推进科技扶贫、乡村振兴示范县建设和援疆援藏工作，积极开展技术服务。推动全院基层党组织和党员干部充分发挥作用，坚决执行疫情防控各项安排，落实联防联控机制，组建临时党支部，加强湖北休假人员、试验基地等重点人群和部位的工作，坚决打赢新型冠状病毒肺炎疫情防控阻击战。

（三）严明党的政治纪律和政治规矩

深入开展党的政治纪律和政治规矩学习教育，把党章党规党纪纳入理论学习中心组、党支部、青年理论学习小组学习的重要内容，引导党员干部强化政治责任，自觉遵守、贯彻、维护党章。严格执行《中国共产党重大事项请示报告条例》，认真落实下级党组织向上级党组织，党员、领导干部向党组织请示报告重大事项的规定，严格执行研究所、创新团队重要科研进展报告制度，及时报告中央重大决策部署和重大工作落实情况。培育积极健康的党内政治文化，营造风清气正的良好政治生态，严肃查处违反党的政治纪律和政治规矩问题。

（四）严格党内政治生活

认真贯彻《中央和国家机关严格党的组织生活制度的若干规定（试行）》，严格落实“三会一课”等制度，切实抓好民主生活会、组织生活会、民主评议党员、谈心谈话等制度落实，保证频次，提升质量。充分利用部、院光荣历史和红色资源，开展对党忠诚教育，指导基层党组织进一步创新党的活动方式，深入开展“不忘初心、牢记使命”“不忘初心、弘扬优良家风”等主题党日，增强党员党的意识、党员意识。定期检查、通报党员参加组织生活情况，了解党员领导干部参加双重组织生活的情况。

二、深入学习贯彻习近平新时代中国特色社会主义思想，巩固深化“不忘初心、牢记使命”主题教育成果

（一）坚持用习近平新时代中国特色社会主义思想教育、武装全院干部职工、科技人员

持续认真读原著、学原文、悟原理，深入学习习近平总书记关于“三农”、科技创

新、扶贫、乡村振兴及全面从严治党的重要论述，及时跟进学习习近平总书记最新重要讲话和指示精神，不断提高理论和政治素养，提升把方向、谋大局、定政策、促改革的综合能力。在习近平总书记致中国农业科学院贺信三周年之际，举办贯彻落实贺信精神系列主题活动，激励全院干部职工，加快“两个一流”建设步伐。突出科研单位特点，加强专家群体学习教育，严格党支部书记和团队首席学习要求，强化高级职称人员、高层次人才、研究生导师和党外领导干部学习教育。充分发挥理论学习中心组示范引领作用和“三会一课”作用，推动院、所、基层党支部三级党组织围绕落实“三个面向”、推动农业科技创新和院所改革发展进行研讨，把解决实际问题和解决思想问题相结合。充分发挥青年理论学习小组作用，以征文展示、主题演讲、学术沙龙、论坛讲座等多种方式开展学习，注重对青年群体尤其是青年骨干和科技人才的思想引领，加强青年学习体会和各学习小组工作经验交流。

（二）推动理想信念教育常态化制度化

坚持“思想建党”，把“不忘初心、牢记使命”作为加强党的建设的永恒课题和全体党员、干部的终身课题常抓不懈，贯彻守初心、担使命、找差距、抓落实的总要求，总结提炼运用好经验好做法，对检视出的有关问题再回顾再落实，引导党员在工作中思考理想信念问题，提高运用党的基本理论解决实际问题的能力。持续推进“两学一做”学习教育常态化制度化，组织党员深入学习党的创新理论，认真贯彻《新时代爱国主义教育实施纲要》，深化党史、新中国史、改革开放史、院史、所史等宣传教育。加强制度自信教育，采取专家报告、专题党课、交流体会等方式，推动院所两级同步学习宣讲好十九届四中全会精神和中央最新决策部署。

（三）加强和改进宣传思想工作

严格落实意识形态工作责任制，积极稳妥做好重大突发事件和热点敏感问题的舆论引导。增强用科研人员的思维方式和语言来组织开展学习教育和宣传活动的能力，让科研人员愿意听、愿意记、愿意学、愿意信。把凝聚力量推动院所改革发展作为宣传思想工作的重要内容，通过“请进来讲”“走出去学”和总结推广改革“试点做”的经验等方式，推动深化改革各项措施落地落实。继续提升支部工作 App 和“学习强国”平台的学习效果，充分利用各级党校（行政学院）资源，结合中国农业科学院实际和党员干部需求，探索建立中国农业科学院党校。加大党建宣传工作力度，积极探索运用新媒体开展党建宣传方法途径，大力推广基层党组织的有效做法。

三、加强组织体系建设，不断提升组织力

（一）选树“红旗党支部”标杆

把“红旗党支部”创建作为贯彻落实基层党组织建设质量提升三年行动计划的重要举措，坚持任务目标导向，对科研、管理、学生、离退等不同类型的党支部，通过分类指导、业务培训和培育提升等措施，打造落实“三个面向”成绩突出的红旗党支部。以庆祝建党 99 周年为契机，开展全院“两优一先”评选，评选表彰首批院级“红旗党支部”，教育引导各级党组织和广大党员奋发进取、创先争优。加强对创建工作的检查督导，及时研究解决问题，提炼典型案例，总结推广“党支部工作法”，探索“党小组工作法”，不断健全完善党支部工作制度体系，建设思想引领力强、安全保障力强、工作落实力强、组织凝聚力强的“四强党支部”，把党建工作优势转化为推动中心工作的成效。

（二）完善各类型基层党组织管理方式

加强分类指导，针对院机关和各单位管理部门，认真贯彻创建“让党中央放心、让人民群众满意的模范机关”要求，坚持围绕中心、建设队伍、服务群众，提升党员干部综合能力素质、责任意识和规范化程序化信息化水平，打造高效工作队伍、工作机制、工作平台和高效运行的示范机关。针对院所办企业、试验基地、研究生党组织设置和作用发挥等薄弱环节，开展专题调查研究，提出改进党组织设置和党建工作的意见建议。推进新乡基地功能型党组织建设，及时总结经验做法，适时在全院试验基地普及推广。研究推进加强和改进研究生党建工作的制度，确保对在校和客座研究生党员学习教育监督的全覆盖，充分发挥学生党支部、学生党员的特点和优势，做好对学生群体的思想引领和服务带动。

（三）扎实做好抓基层、打基础工作

深入贯彻落实《中国共产党支部工作条例（试行）》《中国共产党党和国家机关基层组织工作条例》，建强基层组织体系，加强党支部标准化规范化建设，实现支部建在创新团队全覆盖。落实《中国共产党党员教育管理条例》《2019—2023 年全国党员教育培训规划》要求，有计划分层次高质量开展党员教育培训，坚持集中轮训制度，指导各单位党组织分期分批组织实施，确保到 2023 年年底前把全体党员普遍轮训一遍。坚持把政治标准放在首位，严格发展党员，加大在科研人员中发展党员的力度。认真做好

党费收缴、使用和管理，关心帮扶生活困难党员和老党员。

四、切实加强党对科研工作的领导，以信念引领科研以党建促进创新

（一）强化党建引领作用

树立一切工作到支部的鲜明导向，突出党支部政治引领，为团队把好科研方向，紧紧围绕贯彻落实党中央和上级党组织决策部署推进工作，切实承担起科技创新国家队的使命。选优配强党支部书记，推动党员团队首席担任支部书记，进一步明确支委会职能作用，参与团队科研方向和选题设置的讨论，确保符合“三个面向”指示要求；参与团队岗位设置方案、人员聘用条件、绩效分配原则、评优推荐人选的讨论，确保正确选人用人导向，营造良好团队文化氛围；参与团队科研经费支出审核和使用情况监督，加强纪律宣传教育，营造心无旁骛的创新环境。把党的领导落实到科研方向和创新任务上，把抓“三个面向”落实到科研成果上，一体化推进科技攻关、扶贫攻坚和乡村振兴，真正解决“三不两没有”问题，保证中心任务落地落实。

（二）创新基层党组织活动方式

对基层党组织工作进行全面评估，发现先进典型、总结先进经验，形成若干模式，实现有效带动，发挥基层党组织战斗堡垒作用、党员先锋模范作用和党的群众工作优势，在推进创新工程、促进成果转化，支撑乡村振兴和脱贫攻坚中，带领党员群众树目标、定任务、压担子、做贡献。推广支部结对帮扶、助力脱贫攻坚的“桦川模式”，研究鼓励支持科技人员到脱贫攻坚、乡村振兴主战场的工作机制和政策措施，整合优势资源和科技力量，为决胜脱贫攻坚和服务乡村振兴做贡献。

（三）促进党建和业务工作深度融合

坚持问题导向，把业务工作中的“热点”“难点”“痛点”作为党建工作的切入点，深入查找党员干部在思想观念、工作作风和执行效率上的问题，通过党建工作有效解决。积极探索新时代新形势下农业科研单位党建工作规律，组织开展有针对性的调查研究和理论学习研究，开展领导干部理论学习论文评选，形成一批对党建工作有指导意义的成果和举措，促进党建与业务工作理念融合、计划融合、措施融合、载体融合、机制融合、实绩融合，推动构建农业科研特色党建工作体系。

（四）广泛团结凝聚科技力量

推动成立中国农业科学院科技协会，加强中国农业科学院各研究所之间，院所与全国其他科研机构、大学、企业之间的交流合作。充分发挥科协的桥梁纽带作用，大力举荐人才、服务科学研究、服务科技人员，将全院科技工作者紧密团结凝聚在党的周围，调动全院乃至全国农业科技工作者的积极性和创造性，主动参与、群策群力，服务科技创新和产业需求，推动农业高质量发展，为全国农业科技整体跃升和农业农村现代化贡献力量。

五、抓班子带队伍，打造讲原则、业务精、重品行的国家战略科技力量

（一）强化民主集中制贯彻落实

加强领导班子建设与管理，在院机关各部门、院属单位领导班子成员以及党委委员、处级干部、团队首席、支部书记、支部委员等范围，组织开展党的民主集中制学习活动，促进各级领导干部熟知规矩、掌握方法，不断增强领导班子特别是党政“一把手”贯彻执行民主集中制的意识和能力，推动形成发扬民主、善于集中、敢于担责的良好局面。综合运用巡视审计、党建考核、干部考察、日常调研等多种形式，对各单位领导班子执行民主集中制情况进行监督检查。督促落实院《“三重一大”决策制度实施办法》，指导各单位结合实际完善“三重一大”决策机制，加强对“一把手”的监督制约，促进民主决策、科学决策、依法决策。

（二）加强领导班子和干部队伍建设

加强领导班子建设，突出抓好党政“一把手”选配，贯彻院第三次人才工作会议“推年轻”部署要求，落实年轻干部配备目标，注重选拔配备 45 岁以下或 40 岁以下领导干部进入班子，不断优化班子结构、增强整体功能。抓好干部培训锻炼“补短板”，积极争取调训名额，优先选派新任职所局级干部、有培养潜力年轻干部参训，积极稳妥办好青年干部能力建设培训班等自主培训，不断提升干部专业能力和专业素养；实施“百名年轻干部挂职锻炼计划”，适时组织选派干部执行中组部第十批援疆、科技扶贫、地方挂职以及中国农业科学院区域性中心建设等任务，让干部在实践一线锤炼本领、施展才华。强化制度建设，研究出台“十四五”领导班子和干部队伍建设规划，加快制修订干部选拔任用、管理、考核等制度，强化所局级领导干部任期制、处级干部聘期

制、干部交流制，完善脱颖而出机制，推动干部能上能下，进一步健全完善“选育管用”全链条机制。

（三）做好科技人才的教育培训和精神塑造

围绕“推年轻、强领军”的要求，着力培养造就思想好、技术精、作风硬的人才队伍，在重点领域和关键岗位引进一批领军型人才；在团队首席、执行首席、科研骨干等重要科研岗位选聘时，着力选拔一批年富力强、发展潜力较大的优秀青年科研人员；组织遴选全院首批支撑和转化英才；聚焦扩大规模和提升质量两项主要任务，着力推进博士后队伍建设。在“选育管用”全链条中强化政治理论、思想道德、学风作风教育；积极推荐并组织培训、锻炼和挂职等活动，在艰苦环境、重要岗位、重大工作中历练和提升，打造一支头脑有武装、胸中有梦想、肩上有担当、手上有作为、脚跟有立场的高质量农业科技人才队伍。

（四）彰显科研国家队的战略作用

紧紧围绕国家重大需求，凝练重大关键问题，推动实施重大联合攻关任务，加快突破共性关键核心技术，持续推进“藏粮于技”、非洲猪瘟疫苗研发、草地贪夜蛾防控和农业绿色发展等科研攻关，服务保障国家粮食安全和农业高质量发展。做到疫情防控与科研工作两不误，注重协同配合，抓好重点业务，不误农时农事，最大限度降低疫情对科研生产的影响。加强疫情对农业农村经济影响的战略研究，积极建言献策，谋划应对措施，确保“三农”领域重点工作顺利推进。依托中国农业科学院专业优势，加大科研攻关力度，为重大疫病防控和公共卫生安全提供有力支撑。突出重大任务和特殊时期的政治要求，教育动员广大党员切实守初心担使命、走在前做表率，全力保证目标任务如期完成，奋力推动全院科技创新事业再上新台阶。

六、强化作风纪律建设，坚持和完善农科特色监督体系

（一）持续改进作风

认真贯彻落实习近平总书记重要指示批示和中共中央各项决策部署，持续纠治形式主义、官僚主义。坚持不懈贯彻中央八项规定及其实施细则精神，持之以恒抓早抓小抓苗头，形成长效机制，坚决纠治隐形变异“四风”问题。弘扬和践行忠诚老实、公道正派、实事求是、清正廉洁等价值观，坚持勤俭节约，反对铺张浪费，带头过紧日子。院机关和各单位管理部门要牢固树立服务一线、服务科研人员的理念，进一步改进工作

作风、提升工作效率、主动担当作为，不断优化运行管理机制，强化督查督办抓落实，杜绝“推拖等”，确保政令畅通、工作高效，确保每一项举措都能落到位、见实效。

（二）不折不扣落实全面从严治党责任

认真学习贯彻中纪委[①]四次全会精神，落实全面从严治党主体责任，把党的政治建设摆在首位，强化守土有责、守土担责、守土尽责的政治担当，扭住责任制这个“牛鼻子”，强化党委书记第一责任人职责和班子成员“一岗双责”，认真履行全面从严治党责任。制定全面从严治党任务分工意见，落实《全面从严治党工作约谈暂行办法》，推动院、所、团队三级主体责任落实，发挥好党组纪检组、纪委、纪检小组三级监督作用，全面从严治党与业务工作同谋划、同部署、同推进、同考核。坚守政治巡视定位，加强巡视整改监督，做好巡视“后半篇文章”，发现问题、形成震慑、推动改革、促进发展。持续抓好《中国共产党纪律处分条例》《中国共产党问责条例》学习贯彻，强化对权力运行的制约和监督，把“严”的主基调长期坚持下去，一以贯之推进全面从严治党，确保中央、部院党组重大决策部署贯彻落实、令行禁止。

（三）抓实抓细日常教育管理监督

把纪律教育放在突出重要位置，以宣传《科研人员重点纪律红线》为重点，充分利用《党风廉政警示教育案例选编》，强化干部职工纪律教育，引导党员干部和科研人员知敬畏、存戒惧、守底线。各级党组织要切实负起总责，党组织书记自觉履行第一责任人职责，抓住新提拔交流干部任职前、晋升高级职称前、研究生导师任职前、新职工入职前、新生入学前等关键时机，采取廉政党课、集体谈话的形式，系好“第一粒扣子”，深化纪律教育效果。纪检组织要从严从实抓好经常性纪律教育和监督检查，善于从“早”抓起，在重要节日到来前、重点工程项目启动前、重点专项资金使用前、重点物资设备采购、重大科技成果转化前，强化廉政风险教育，有效履行监督职责；善于从“小”入手，瞪大眼睛、拉长耳朵，从迟到早退、开会打电话、上班玩手机、小抄小写、公物私用、师生关系处理不当等表象中分析党员干部、科研人员在进取意识、担当精神、作风学风方面的薄弱环节，谈心谈话勤提醒，让咬耳扯袖、红脸出汗成为常态。支部纪检小组要加强对本支部党员的日常监督管理，当好政治安全员、纪律宣传员和作风监督员，确保党员干部、科研人员有人爱护、有人监督、有人提醒。强化重点领域风险防控，以落实《三大领域十四个方面风险防控指南》为抓手，推动院、所、团队三级廉政风险防控责任落实。强化院所办企业监管，加强企业党的建设，建立完善内控机制，强管理、严监督，堵漏洞、防风险，促进企业健康发展。强化监督保障执行，

① 中国共产党中央纪律检查委员会，全书简称中纪委。

加强对科研管理“放管服”、院人才工作会议精神、新冠肺炎疫情防控、藏粮于技、生猪生产、脱贫攻坚与乡村振兴等重点工作落实的监督，为“三个面向”提供纪律保障。

(四) 营造纪律严明环境宽松的创新氛围

落实中央建立完善以信任为前提的科研管理机制的要求，信任与监督相统一，激励与约束并重，坚持“三个区分开来”，落实“四严四宽”，全面客观分析问题，精准把握政策，区分不同情形，作出恰当处理，激励干部担当，推动形成“当干部必作为、让干部敢作为、促干部想作为”的良好氛围。贯通运用“四种形态”，用好用足第一种形态，采取工作约谈、谈话提醒、约谈函询、批评教育、责令检查、诫勉谈话等多种形式，对苗头性问题早发现、早提醒、早纠正，防止小毛病变成大毛病、小问题变成大问题。同时，坚持“二三四种形态”不放松，对违反政治纪律政治规矩和中央八项规定精神、学术不端、师德失范、假公济私等行为，发现一起、查处一起、通报一起，强化纪律规矩的刚性约束。认真组织学习贯彻《中国共产党纪律检查机关监督执纪工作规则》，牢固树立法治意识、程序意识、证据意识，严格按照权限、规则、程序开展监督执纪问责工作。加强纪检干部队伍建设，增强监督执纪本领，为推动全面从严治党向纵深发展、保障“三个面向”落实提供强有力保证。

七、进一步锻造新时代“农科精神”，增强全院职工投身科技创新的“精气神”

(一) 大力弘扬新时代科学家精神

认真贯彻《关于进一步弘扬科学家精神加强作风和学风建设的意见》，大力弘扬“爱国、创新、求实、奉献、协同、育人”的新时代科学家精神，加强正面宣传和舆论引导，引导全院科技工作者自觉践行。坚持崇尚学术，坚守诚信底线，反对浮夸浮躁、投机取巧、“圈子”文化，克服唯论文、唯职称、唯学历、唯奖项的“四唯”倾向，尊重科学研究灵感瞬间性和农业科研长期性等特点，广泛开展学术活动，鼓励高层次专家发挥传帮带作用，发现、培养青年科研人员，引领优良学术风气。

(二) 进一步锻造新时代“农科精神”

开展党史、国史、改革开放史、院史所史、农业发展史、科技发展史教育，以丁颖、金善宝等老一辈科学家为代表，通过举办学术思想研讨会、出版学术著作等方式，打造特色鲜明、主题突出、务实管用的“农科精神”基石，营造弘扬新时代“农科精神”的良好氛围，引导全院职工积极践行“求实笃行、敬农致用”的院训。结合国家重大科研攻关任务，抓住关键事件，通过优秀创新团队、优秀科学家评选等各类评选表彰活动，挖掘选树一批新时期科技人员和科研团队典范，做长期宣传培育计划安排，积极争取推出有重大影响的先进典型，打造有广泛影响力的战略科学家群体。

（三）积极拓展“农科精神”宣传载体

建立一批院级实体化教育培训实践基地，突出抓好院情展览室和新乡科学家精神教育基地建设，以祁阳站精神、中棉所精神等为基础，将党性教育、爱国奉献传承和科学发展历程相结合，建设弘扬科学家精神的重要窗口。结合重要时间节点和重大活动，以专题报告会等形式，分专题、多方位、多角度，采取易于接受的方式和内容对新入职员工、青年人才、新入学研究生和新晋升职称人员、新提拔的领导干部等开展“农科精神”宣讲活动。以创新团队、青年骨干为重点，深度挖掘和推出不同层次、不同类型、不同岗位、有学可比的各类典型，以身边人、身边事教育和激励科研人员，弘扬学习先进、争当先进的良好风尚，为推动科技创新、助力乡村振兴凝聚人心、贡献力量。

八、加强群团和统战工作，积极发挥桥梁纽带作用

（一）加强群团组织自身建设

坚持和完善党建带群建工作机制，增强群团组织政治性、先进性、群众性，唱响“建功新时代　岗位作贡献”的主旋律。工会组织坚持“职工之家”定位，继续做好职工体检、节日慰问和送温暖活动等，开展院先进集体和先进工作者评选，引导激励广大职工在推动科技创新和成果转化、服务脱贫攻坚和乡村振兴中贡献力量。团组织加强组织和工作覆盖，对回研究所学习的学生团员，探索将其纳入研究所团支部进行管理，逐步规范完善教育管理服务措施，推动有条件的研究所成立团委，积极举办青年主题教育活动。妇女组织注重家庭、家教、家风，开展“比学习比贡献”“最美家书”征集展示和“恒爱行动”公益活动，组织女专家深入定点扶贫县开展科技帮扶，深入开展“巾帼建功”评选表彰活动。

（二）认真做好统战工作

强化党对统战工作的集中统一领导和对党外知识分子的思想政治引领，开展多种形式的学习交流培训，争取资源、搭建平台，多渠道举荐党外人士。加强民主党派组织建设和无党派人士认证工作，建立全院统一战线人才信息管理系统，对统战对象进行分层

分类规范管理。坚持向党外干部通报情况制度，多渠道听取民主党派和无党派人士意见建议，引导党外干部在党的领导下更好地施展才华、发挥作用。

（三）营造团结进取的良好氛围

认真做好职工思想政治工作，继续扎实开展职工思想状况调查，加强人文关怀和心理疏导，增强思想政治工作的针对性和实效性，利用多种渠道、多种方式把工作做活做细做实。充分发挥职工文体俱乐部作用，组织开展积极健康、形式多样的群众文化体育活动，举办篮球赛、健步走等，活跃职工文化生活，增加正能量，增强集体凝聚力特别是促进科技创新、成果转化和推动发展的凝聚力。深化精神文明建设，教育引导广大干部职工深入践行社会主义核心价值观，培育良好道德风尚。开展院级文明单位评选，积极推荐参加上级组织的文明单位创建评选，力争取得新突破。

九、突出责任落实和能力建设，不断提高党建工作质量

（一）压紧压实主体责任

切实履行管党治党主体责任，坚持书记抓、抓书记，建立党组织书记抓党建责任清单和年度任务清单，强化一把手的责任担当，督促党委委员履行好“一岗双责”，管好班子、带好队伍，形成抓落实的合力。各级党组织通过党委会、支委会、中心组学习等形式，定期研究分析责任落实情况，及时安排推进；做好责任传导，让责任和压力传导到基层党组织末梢，对基层党支部和党支部书记的责任进行具体细化，加强对基层党支部书记的监督考核，确保责任层层压实、力度不减。

（二）加强党务干部队伍建设

坚持把提高党务干部政治素质放在首位，注重选拔政治强、业务精、作风好的干部从事党务工作，加强党务干部和业务干部的交流，配强专职、激活兼职，将专兼职党务工作经历纳入干部履历，建设高素质专业化党务干部队伍。统筹抓好党务干部培训，举办党办主任、党支部书记和群团干部培训班，进一步提升党务干部能力水平，切实把党务干部培养成为政治上的明白人、党建工作的内行人、干部职工的贴心人。

（三）强化督查考核

增强制度意识，严格制度执行，进一步完善支部工作、“红旗党支部”评选等相关

工作制度。研究制定党建工作责任清单，明确各级党组织和纪检组织“两个责任”、党组织书记“第一责任人”职责和班子成员“一岗双责”。结合党建综合督查、巡视、调研等，开展重要党内法规制度执行情况、党建重点工作落实情况检查，加强督促通报，推动落地落实。深入贯彻中组部《党委（党组）书记抓基层党建工作述职评议考核办法（试行）》，充分发挥考核“指挥棒”作用，进一步完善党建述职评议考核工作机制，注重考核结果运用，推动党建工作与业务工作深度融合、互相促进，提升党建工作科学化水平。

（四）深化党建研究

认真完成全国党建研究会科研院所专委会轮值工作，做好重点课题研究。深入调查院所改革发展中党建工作面临的新情况、新问题，针对完善基层党组织设置和职能作用、充分发挥党组织和党员作用、促进党建和业务工作深度融合等重要命题，扎实组织年度党建课题研究，认真总结实践中的宝贵经验，研究提出解决问题的对策建议，努力推出一批有分量有价值的调研成果，注重成果运用，更好指导实践，为加强中国农业科学院党的建设、提升党建工作质量提供理论和实践支撑。

中国农业科学院直属机关党委 2020年度工作总结和2021年工作计划

2020年12月31日

2020年，中国农业科学院直属机关党委在院党组和农业农村部直属机关党委的坚强领导下，认真学习贯彻习近平新时代中国特色社会主义思想，深入学习贯彻党的十九大和十九届二中、三中、四中、五中全会精神，以党的政治建设为统领，全面加强党对各项工作的领导，全面推进党的各项建设，顺利完成全年各项工作任务，为推动落实“四个面向”“两个一流”重要指示精神、全面推进科技创新工程、支撑乡村振兴和脱贫攻坚提供坚强保证，以优异成绩迎接建党100周年。

一、2020年度工作总结

（一）坚持把党的政治建设摆在首位，坚决做到“两个维护”

一是带头做到“两个维护”。深入贯彻习近平总书记在中央和国家机关党的建设工作会议上的重要讲话精神及《中共中央关于加强党的政治建设的意见》，坚持以政治建设统领党的各项建设，坚决做到“两个维护”。认真贯彻农业农村部党组《关于坚持以政治建设为统领进一步加强部系统党的建设的意见》，印发中国农业科学院《关于加强和改进院属单位党的建设的意见》，全面加强党对农业科研工作的领导，把政治建设落实落细，确保将树牢“四个意识”、坚定“四个自信”、做到“两个维护”体现在围绕国家重大需求、确立科研方向、制定发展规划等重大事项中，体现在履职尽责和日常言行上，确保农业科研国家队的政治方向。二是坚决贯彻落实中共中央各项决策部署和习近平总书记重要指示批示精神。把全面贯彻落实总书记贺信精神作为中国农业科学院首要的政治任务，坚持以贺信精神为指引、以服务国家战略为己任。紧紧围绕党中央关于脱贫攻坚决策部署，在脱贫一线体现国家队的责任担当，通过扎实推进基层党建和科技扶贫工作深度融合，强引领、建机制，派专家、送技术，出主意、做示范，引导带动全院各级党组织和广大党员主动出击，着力打造以“桦川模式”“临潭模式”“安康模式”等为代表的，可复制、可推广、可借鉴的典型样板，以点带面推动脱贫攻坚和乡村振兴。三是扎实开展政治机关意识教育和模范机关创建工作。结合中国农业科学院实际，迅速印发并落实《开展强化政治机关意识教育工作方案》。深入学习贯彻《论坚持党对一切工作的领导》的指示精神，指导全院基层党组织深入学习贯彻习近平总书记关于牢固树立政治机关意识、加强中央和国家机关党的政治建设重要论述的核心要义。各级党组织书记扛起第一责任人责任，围绕“强化政治机关意识”讲党课，讲清了树牢政治机关意识的重大意义，明确了强化政治机关意识的实践要求，努力使政治机关意识教育的过程成为提升党建质量、破解发展难题、推动事业发展的过程。以模范机关创建为抓手，深入推进基层党建与科研深度融合，构建良好科技创新氛围，以农业科研工作的高质量推进彰显模范机关创建成效，努力建设让党中央放心、人民群众满意的农业科研国家队。按照《农业农村部直属机关党委关于印发〈中央和国家机关工委机关党建专项督查反馈问题整改方案〉的通知》要求，进一步提高政治站位，坚持把自己摆进去、把工作摆进去，认真对照检查、对应部署研究，制定整改落实方案和台账，坚持立行立改和长期坚持相结合，以高度的政治责任感做好党建综合督查工作。

（二）深入学习贯彻习近平新时代中国特色社会主义思想，党的创新理论武装持续深化

一是党的十九届五中全会精神学习贯彻工作深入推进。院党组第一时间专题学习、作出部署、系统安排、提出要求，紧密联系科技创新和“三农”工作实际，制定印发学习贯彻通知和工作方案，各级党组织通过参加农业农村部学习贯彻党的十九届五中全会精神宣讲会、专题培训班、理论学习中心组、“三会一课”等方式，通过宣传展板、新媒体等宣传方式，坚持集体学习和个人自学相结合，确保学习贯彻全会精神覆盖到每个党支部、每名党员，不断把学习贯彻推向深入；对标对表习近平总书记重要讲话和全会有关文件的决策部署，抓好“十四五”规划编制，发挥农业科研国家队的引领作用。二是理论武装持续强化。院党组建立完善第一时间第一议题学习传达习近平总书记重要讲话重要指示批示精神的“两个第一”学习贯彻落实机制，抓好《习近平谈治国理政（第三卷）》《论党的宣传思想工作》等读本的学习贯彻。制定印发《中共中国农业科学院党组贯彻落实〈中国共产党党委（党组）理论学习中心组学习规则〉实施细则》，抓好“关键少数”的学习，发挥示范引领作用。高质量、高标准推进党的民主集中制学习宣传，共制作 6 期院党组书记民主集中制党课报告的专题微视频，编辑发布 4 期共 20 多位学习人员谈体会、谈思路、谈举措的《民主集中制大家谈》和 3 期各级党组织的学习方式、经验成效的《学习动态》，推送到各级党政领导班子、每个党支部、每位党员干部，以丰富载体、广泛传播、便于学习的形式推动民主集中制学习入脑入心、走深走实。院青工委、团委充分发挥青年理论学习小组作用，以征文展示、主题演讲、学术沙龙、论坛讲座等多种方式开展学习，加强青年学习体会和各学习小组工作经验交流，注重对青年群体尤其是青年骨干和科技人才的思想引导。三是宣传思想工作更加有力。严格落实意识形态工作责任制，积极稳妥做好重大突发事件和热点敏感问题的舆论引导，开展职工思想状况分析研判工作，针对性做好思想政治工作。打造系列专题的宣

传高地，开展了“抗疫科研两不误”“农科先锋”“2020年度全国重大先进典型”“两优一先”等一系列专题宣传，通过在院网刊发布先进典型事迹，制作宣传展板、微视频等多种方式，弘扬主旋律、传播正能量。制定印发《中共中国农业科学院党组关于贯彻落实〈新时代爱国主义教育实施纲要〉的通知》，通过党员领导干部讲党课和青年理论小组等方式，深化党史、新中国史、改革开放史、院史、所史等宣传教育。

（三）加强组织体系建设，不断提升组织力

一是持续提升党建工作质量。贯彻落实基层党组织建设质量提升三年行动计划，坚持任务目标导向，对科研、管理、学生、离退等不同类型的党支部，通过分类指导、业务培训和培育提升等措施，加强党支部标准化规范化建设，打造落实“三个面向”成绩突出的先进党组织。以庆祝建党99周年为契机，开展全院“两优一先”评选，教育引导各级党组织和广大党员奋发进取、创先争优，建设政治功能强、支部班子强、党员队伍强、作用发挥强的“四强党支部”，把党建工作优势转化为推动中心工作的成效。二是完善各类型基层党组织管理方式。推进支部建在创新团队，对未完成单位开展分析研判，推动实现全覆盖。加强对院所办企业、社团（学会/协会）、试验基地、期刊党建工作和聘用人员、研究生党员的管理，对社团（学会/协会）、试验基地、期刊和聘用人员进行书面党建工作调研。召开院所办企业和研究生党员管理的专项调研和汇报交流会，加强工作的针对性和指导性，基本摸清院所办企业和研究生党建情况，解决院所办企业党建“空白化”问题、补齐研究生党建短板和漏洞。根据调研情况，参与完成《中国农业科学院关于推进企业发展加强企业监管的指导意见》，出台《关于加强新时代研究生党员教育管理工作的意见》，做好对学生群体的思想引领和服务带动，推动党建工作到边到角。开展试验基地功能型党支部试点工作，推进新乡综合试验基地功能型党组织建设和发挥作用。三是扎实做好抓基层、打基础工作。开展“灯下黑”问题专项整治，制定印发工作方案，组织制定工作台账，认真开展自查和检查评估。对“三会一课”执行情况，院属单位党委委员参加双重组织生活、落实“一岗双责”情况，党费收缴、使用和管理，在科研骨干中发展党员情况等进行调度推进，掌握突出问题，开展抽查督促，对从严落实组织生活制度进一步提出明确要求。组织开展“不忘初心、弘扬优良家风”主题党日活动，积极开展入党宣誓、党员过“政治生日”、讲述家风故事、走访慰问困难党员等活动，提高主题党日的吸引力和针对性。加大在科研人员中发展党员的力度，组织参加农业农村部直属机关党委举办的发展对象培训班，坚持发展党员标准和程序，保证新发展党员质量，全年发展党员169名。

（四）强化党对科研工作的领导，推动党建和业务工作互融互促

一是强化党建引领作用。开展从科技创新和成果转化看研究所党委、党支部的战斗

堡垒作用和党员的先锋模范作用发挥系列专题调研，交流思路做法，总结经验不足，完成 8 个研究所的典型调研工作，有针对性研究并提出具体举措，进而推动全院各级党组织围绕科研和转化两大基石充分发挥“三个作用”。认真贯彻《关于破解“两张皮”问题推动中央和国家机关党建和业务工作深度融合的意见》，树立机关党建和业务工作融合发展的理念，把讲政治的要求落实到业务工作中，推动完善党建和业务工作融合发展机制，把党的领导落实到科研方向和创新任务上，强化支委会职能作用，把抓“三个面向”落实到创新方向和科研产出上，一体化推进科技攻关、扶贫攻坚和乡村振兴，保证中心任务落地落实。二是创新基层党组织活动方式。对基层党组织工作进行全面评估，实现有效带动。召开中国农业科学院田间课堂启动暨桦川科技帮扶现场会，总结推广桦川“田间课堂”模式，推动“一团队一课堂、一所一样板”，引导创新团队党支部通过联学共建、结对帮扶，促进科研人员扎根乡村，更好地服务农业主战场。持续推进转化局党支部与河北阜平县白家峪村、蜜蜂所科研二党支部与北京密云区郝家台村的支部结对帮扶工作，坚持“不脱贫不松劲，脱贫不脱钩”，指导认真制订计划、及时总结工作，稳步推进科技帮扶，做好脱贫攻坚与乡村振兴的衔接。三是促进党建和业务工作深度融合。坚持问题导向，深入查找党员干部在思想观念、工作作风和执行效率上的问题，积极探索新时代新形势下农业科研单位党建工作规律，组织开展有针对性的调查研究和理论学习研究，促进党建与业务工作理念融合、计划融合、措施融合、载体融合、机制融合、实绩融合。成立中国农业科学院科技协会，广泛团结凝聚科技力量，充分发挥桥梁纽带作用，将全院科技工作者紧密团结凝聚在党的周围，为服务科技创新和产业需求，推动农业农村高质量发展，尽快实现农业农村现代化贡献力量。

（五）深化作风纪律建设，坚持和完善农科特色监督体系

一是抓实抓细日常教育监督。深入贯彻落实中央八项规定及其实施细则精神，紧盯和防止隐形变异“四风”问题。在元旦、春节、五一、端午、中秋、国庆等关键节点，充分利用信息化平台常提醒、早预警，督促提醒各部门、各单位党组织切实履行责任，自觉接受监督，杜绝“节日腐败”，并通过典型案例通报、警示教育等方式廉洁提醒，防范违规违纪问题发生。认真负责处理举报件，实事求是核实反映的问题，保障党员权利，做好思想疏导工作。对 2016 年以来的信访举报件进行梳理归档，要求各单位对违纪人员做好回访，及时做好谈心谈话、跟踪掌握思想动态，并按规定要求保障党员权利。二是强化直属机关纪委工作体系。制定《中共中国农业科学院直属机关纪律检查委员会纪委委员工作职责及分工（试行）》，推动构建纪委书记牵头主抓、纪委委员分工负责、纪检小组具体落实的监督工作格局，切实发挥纪检监察小组“政治安全员”“纪律宣传员”“作风监督员”的作用，支持纪检小组参与团队科研经费支出审核和使用情况监督，加强纪律宣传教育，营造心无旁骛的创新环境。督促院机关各部门、院属各单位党组织、纪检组织负责人带头讲纪律党课，强化作风建设和纪律教育，积极参与

构建农科特色监督体系。组织开展“学习《条例》遵规守纪”主题征文评选活动，共收到文稿 87 篇，评选出获奖文稿 53 篇，向农业农村部直属机关纪委推荐 5 篇，获奖 2 篇，中国农业科学院获优秀组织奖。

（六）大力弘扬科学家精神，新时代农科精神的氛围更加浓厚

一是弘扬科学家精神主题活动蓬勃开展。在新乡基地举办“深化院地合作　弘扬科学家精神”、在祁阳站举办“传承祁阳站精神”主题活动，为中国农业科学院进一步弘扬科学家精神、锻造新时代农科精神指明方向、明确任务。二是先进典型引领硕果累累。2020 年中国农业科学院哈兽研荣获“全国文明单位”称号，作科所何中虎、水稻所程式华、环保所张克强、都市所苗保何 4 位同志荣获“全国先进工作者”，蔬菜所金黎平同志荣获“全国三八红旗手”称号，院党组部署号召全院各级党组织和广大干部职工利用各种形式，学习中国农业科学院全国先进典型的先进事迹和精神品质，第一时间在院网、宣传展板刊发先进典型事迹的宣传报道，开展全方位宣传。三是宣传宣讲活动成效显著。院长、党组书记以及院领导班子成员带头讲农科精神、讲农科故事，通过“七一”主题大会、党课报告、新晋升高级职称人员集体约谈会、新入职职工培训班、新提拔干部约谈等各种契机，开展多层级、多方位、多角度的宣讲；院属各单位利用各种契机开展弘扬新时代农科精神主题活动，老中青共同交流研讨，使之成为深植于心的精神价值和共同追求。四是平台建设扎实推进。全力推进院情展览室和新乡基地科学家精神展览馆建设，作为中国农业科学院第一批弘扬新时代农科精神的教育实践基地，以此为契机梳理凝练了以丁颖、金善宝、齐兆生、王守纯、贾大林等为代表的一批老一辈农业科学家的先进典型事迹，开展遗存资料采集；推荐农业农村节目中心《大地讲堂》栏目的主讲嘉宾，先后推荐了 15 期中国农业科学院专家参加节目，对扩大中国农业科学院农业科学家影响力、感召力，促进科普知识传播，履行社会责任发挥了积极作用。

（七）加强群团统战工作，提升思想引领和组织带动作用

在新冠肺炎疫情防控中，群团组织发挥密切联系群众的优势，团结带领广大职工，坚决执行疫情防控各项安排，为打赢新冠肺炎疫情防控阻击战贡献力量。院工会举办“院歌大家唱”等活动，推动增强院所凝聚力。院青工委完成换届，加强对青年的联系和服务；举办“青春国家队　筑梦主战场”主题活动，展示疫情期间农科青年坚守科研生产一线的良好状态，激励青年科研人员积极投身一线，更加敬业乐业。2020 年三八妇女节，院领导班子成员看望慰问坚守在抗疫和科研一线的女干部职工，送上党组织的关怀和温暖；院妇工委在三八妇女节前通过开展“最美家书”征集和朗读视频展示、给全院女干部职工发送 H5 版本倡议书、集中宣传奋战在防控和科研一线农科巾帼的先进事迹和崇高精神。充分落实好联系统战对象、走访慰问等制度，组织召开院党组

2020 年迎新春党外人士座谈会，通报情况，听取意见。强化政治引领，选派 65 人参加农业农村部等上级组织举办的培训班。支持各民主党派围绕疫情防控、“四个面向”、创新工程、乡村振兴和脱贫攻坚等主题开展调查研究，持续发挥参政议政和建言献策作用。

（八）持续推进效率建设，不断提升履职能力和水平

一是加强效率建设。以效率提升为主题，以政治机关、学术机关、服务机关、法治机关、模范机关为标准，制定《机关党委关于进一步加强和改进工作作风的实施方案》，统筹推进工作效率提升，切实从责任落实、流程优化、制度规范等多方面出实招、办实事、求实效，有效激发全体党员干部进一步增强担当意识和责任意识。对照 2020 年党建工作要点和院领导有关部署要求，逐条梳理工作任务并抓好督办落实，在指挥中枢、政治机关、服务机关、学术殿堂建设中走在前、作表率。二是提升党支部建设质量。党支部不断创新学习形式、丰富活动内容，共开展主题党日 12 次，持续提升“党味”。通过党员领导干部带头讲“微党课”，邀请青年专家开展农业科研进展专题讲座，开展党的十八大以来党内法规制度系列讲解，开展党史、新中国史、院史和科技史学习，进行“学思悟行”分享交流等方式，主题党日等活动紧扣科研和转化两大基石，紧密结合党建工作，进一步提高了党员干部的思想政治素质和战略思维能力，使党员干部真正做到学而懂、学而信、学而用，有效推进党建与业务深度融合。

二、2020 年亮点工作

（一）强化政治建设，确保农业科研国家队的政治方向

一是建立“两个第一时间、两个第一议题”学习贯彻落实机制，学习传达并贯彻落实习近平总书记重要讲话重要指示批示精神和党中央重要工作部署，坚持党组带头、院所同步，着力在学懂弄通做实上下功夫。深入贯彻习近平总书记在中央和国家机关党的建设工作会议上的重要讲话精神及《中共中央关于加强党的政治建设的意见》，坚持以政治建设统领党的建设，坚决做到“两个维护”，增强维护自觉、坚定维护行动、提高维护能力。二是全面加强党对农业科研工作的领导，把政治标准和政治要求贯穿党的建设和中心工作全过程，确保农业科研国家队的政治方向。把全面贯彻落实总书记贺信精神作为中国农业科学院首要的政治任务，牢牢坚持以贺信精神为指引、以服务国家战略为己任，立足自立自强，勇闯“无人区”，积极构建更加适应国情农情和农业科研规律的科研管理机制。三是出台并严格执行院党组《关于加强和改进院属单位党的建设的意见》，把政治建设摆在首位、落实落细，确保将树牢“四个意识”、坚定“四个自

信”、做到“两个维护”体现在面向国家需求、确立科研方向、制定发展规划等重大事项中，体现在履职尽责和日常言行上。四是积极开展强化政治机关意识教育活动，院直属各级党组织认真组织开展党员领导干部讲党课。党组书记张合成同志以普通党员身份参加蔬菜花卉研究所第二党支部活动，并以《做“讲政治”的农业科学家》为题讲党课。通过党课报告，党员干部进一步理解了习近平总书记关于树牢政治机关意识、加强政治建设重要论述的重大意义，清楚了政治机关意识淡漠具体表现和严重危害，明确了强化政治机关意识、走好第一方阵的实践要求。

（二）以党组织为坚强引领，打赢疫情防控阻击战

一是坚决贯彻落实有关决策部署，组织动员全院各级党组织把打赢疫情防控阻击战作为2020年重大政治任务，切实发挥党组织战斗堡垒作用和党员先锋模范作用，使党旗在抗击疫情一线高高飘扬。二是组织广大党员自愿捐款以及直属机关党委划拨专项党费总金额高达400余万元，为国家及中国农业科学院全力抗击疫情提供资金保障。三是以建立居留湖北地区职工临时党支部为载体，充分发挥战斗堡垒作用，凝聚党员和群众坚决服从指挥，投入到疫情防控各项工作中；通过知识普及、信息交流、读书分享、物资保障等多种方式，确保在鄂职工思想稳定；制定在鄂人员返岗预案，加强管理服务，协助做好在鄂职工返工返岗工作。四是培育营造良好舆论氛围，通过各种媒体平台广泛宣传党组织和党员干部在保障疫情防控和农业科技创新中践行初心使命的先进事迹，在旗帜网、部党建网、交流与参考等重点媒体发布20余篇。五是群团组织开展“最美家书”征集展示、“抗疫情　共奋进”线上诗歌朗诵会、“青春国家队　筑梦主战场”演讲等主题活动，统战对象充分发挥智力密集优势，针对疫情防控和恢复生产生活积极建言献策。各类抗疫主题活动充分展示了疫情期间全院广大干部职工坚持投身科研生产一线的工作情况和良好精神风貌，为打赢疫情防控阻击战注入强大精神动力。

（三）强化理论武装，构建符合农科特色的思想教育工作机制

一是深入推进党的十九届五中全会精神学习贯彻工作。院党组第一时间专题学习、作出部署，制定印发学习贯彻通知和工作方案。各级党组织通过参加宣讲会、专题培训班、理论学习中心组、三会一课等方式，确保学习贯彻全会精神覆盖到每个党支部、每名党员，不断把学习贯彻推向深入。二是制定印发《中共中国农业科学院党组贯彻落实〈中国共产党党委（党组）理论学习中心组学习规则〉实施细则》，抓好“关键少数”的学习，发挥示范引领作用。三是紧扣“四个面向”要求，综合运用专题研讨、工作交流、调查研究等方式，建立符合农业科研特色的重大专题理论中心组学习机制，使中心组学习真正成为研究问题、服务决策的智库，成为提高领导班子思想政治素质和领导水平、工作能力的重要载体。四是积极拓展运用新媒体形式，探索党建宣传方法途

径，有效提升贯彻落实民主集中制等重点工作的宣传质量。共制作 6 期院党组书记民主集中制党课报告的专题微视频，编辑发布 4 期《民主集中制大家谈》和 3 期《学习动态》，推送到各级党政领导班子、每个党支部、每位党员干部，以丰富载体、广泛传播、便于学习的形式推动民主集中制学习入脑入心、走深走实。

（四）强化"三个作用"发挥，促进党的建设和科研创新深度融合

一是全面实现支部建在创新团队，推动党员团队首席担任支部书记。加强支部委员业务能力建设和职能作用发挥，确保符合"四个面向"指示要求以及正确选人用人导向，有效参与团队科研经费支出审核和使用情况监督。确保中心工作开展到哪里，党建工作就跟进到哪里，切实把党的领导落实到科研团队。二是以"解剖麻雀"的方式对 8 个研究所开展了"研究所党组织和党员作用发挥情况"专题调研，研究探索如何在科技创新和成果转化中积极发挥"党委政治核心作用、党支部战斗堡垒作用、党员先锋模范作用"，解决"两张皮"问题。三是加强院所办企业、社团（学会协会）、期刊杂志、试验基地、聘用人员、客座研究生等 6 个领域党组织设置和党建工作，解决党建弱化、虚化、边缘化问题，实现党的领导到边到角。召开加强和改进院所办企业党建工作专题调研会，提出解决企业党建弱化虚化边缘化问题的举措；召开研究生党建工作汇报交流会，进一步规范和提高研究生党员教育管理工作，扎实研究和改进研究生教育管理中"五多五少"的问题，补齐研究生教育短板。四是召开中国农业科学院田间课堂启动暨桦川科技帮扶现场会，深入总结推广"田间课堂"模式，推动"一团队一课堂、一所一样板"。引导创新团队党支部通过联学共建、结对帮扶，扎实推进基层党建和科技扶贫、乡村振兴工作深度融合，促进科研人员扎根乡村，在脱贫攻坚和乡村振兴一线体现国家战略科技力量的责任担当。

（五）发挥先进典型模范带动作用，引领弘扬新时代农科精神

一是开展了"抗疫科研两不误""农科先锋""2020 年度全国重大先进典型""两优一先"等一系列专题宣传，通过在院网刊发布先进典型事迹，制作宣传展板、微视频等多种方式，大力弘扬新时代科学家精神，传播正能量。二是完善深化"祁阳站精神""中棉所精神"，梳理提炼"七里营精神""哈兽研精神"，深度挖掘丁颖、金善宝等老一辈科学家故事，分专题、多方位、多角度开展专题宣传。三是群团组织动员广大职工积极投身重大任务，为推动科技创新、助力乡村振兴和院所改革发展贡献力量。一年来，哈尔滨兽医所首次荣获"全国文明单位"称号，作科所何中虎、水稻所程式华、环保所张克强、都市所苗保河 4 位同志荣获"全国先进工作者"，蔬菜所金黎平同志荣获"全国三八红旗手"称号。以先进典型为引领，号召广大党员守初心担使命、走在前做表率，带动全院干部职工树目标、定任务、压担子、做贡献，为彰显农业科研国家

队的战略地位持续发挥先锋模范作用。

（六）强化制度建设，推进中国农业科学院党的建设高质量发展

一是加强党内法规制度建设，推动新时期中国农业科学院全面从严治党工作向纵深发展。党的十八大以来，先后制定修订了190多部中央党内法规，根据近年来新出台或修订的有关重要党内法规，今年中国农业科学院共及时修制订了5项重要制度，内容主要涉及政治建设、思想建设、组织建设等方面，如《中共中国农业科学院党组关于加强和改进院属单位党的建设的意见》《中共中国农业科学院党组贯彻落实〈中国共产党党务公开条例（试行）〉实施细则（试行）》《关于进一步加强和改进研究生党员教育和管理工作的意见》《关于院属单位党委委员增补及退出相关问题的答复》等。新修制定的党建制度具有规范性、针对性、系统性，强调了院属党组织要坚持和加强党的全面领导，要以党的政治建设为统领，同时更好地指导院属党组织如何全面落实新时代党的建设总要求和新时代党的组织路线，解答了新时期中国农业科学院党建工作中的热点和难点问题，对全面加强和改进院属单位党的建设具有十分重要意义。二是进一步强化制度意识，增加执行力度，充分发挥制度管根本、管长远的作用，把党建制度优势真正转化为党建的治理效能，转化为推动科技创新和成果转化的坚强保障，转化为引领支撑农业农村现代化的强大动力。

三、2021年重点工作计划

全面加强党的建设，强化党对科研工作的领导，持续推动党建与科研工作的互融互促，以优异的成绩迎接建党100周年。

（一）坚持以党的政治建设为统领，全面加强党对科研和转化工作的领导

通过开展理论学习、主题党日、专题党课、专项督查等多种方式，推动各级党组织持续深入学习并贯彻落实习关于加强政治建设的重要指示精神或党内规章制度。每年要专题研究科研、转化工作，加强党对科研、转化的领导，确保科研、转化两大基石坚实牢固。建立健全推进政治建设工作责任制，不断强化各级各类党组织的政治属性和政治功能，切实提高党员干部政治本领。

（二）坚持学思用贯通、知信行统一，着力提高理论学习实效

深入推进十九届五中全会精神的学习贯彻，按照院党组工作部署，围绕科技创新和

农业农村发展邀请有关部委、科研院所专家领导，举办专题辅导报告会，切实增强干部职工的政治自觉和思想自觉。系统谋划中国农业科学院理论武装工作，抓好全院理论学习中心组学习工作，探索结合科研人员实际做好党的创新理论学习宣传贯彻模式，制定印发“十四五”党员教育培训规划，建强青年理论学习小组，坚持开展所局级干部理论文章征集，针对性开展全院党建研究。

（三）强化组织体系，不断提升基层党组织建设质量

以提升组织力为重点，加强基层党组织建设，全面推进支部建在创新团队上，推动党员团队首席担任支部书记。进一步明确并充分发挥支委会职能作用，加强纪律宣传教育，营造心无旁骛的创新环境。以支部建在创新团队和“红旗党支部”建设为抓手，深化推进党支部标准化规范化建设。完善各类型基层党组织管理方式，加强科研、管理、学生、离退休等党支部的分类指导，强化六个领域等薄弱环节党组织设置和党建工作；推进新乡基地功能型党组织建设，及时总结经验做法，在全院试验基地普及推广。

（四）强化融合发展，完善党建和科研工作相互促进工作机制

探索农科特色组织生活有效方式。通过优秀主题党日典型案例评选表彰等方式，促进总结提炼“党支部工作法”，凝练“党小组工作法”。对基层党组织工作进行全面评估，发现先进典型、总结先进经验，形成若干模式，推广支部结对帮扶、助力脱贫攻坚的“桦川模式”，研究鼓励支持科技人员到乡村振兴主战场的工作机制和政策措施，为服务乡村振兴做贡献。积极探索“互联网+”的支部工作载体和方式。发挥中国农业科学院科学技术协会引领汇聚作用，加快“两个一流”建设，推动我国农业科技整体跃升。

（五）打造新时代农科精神体系，多途径弘扬科学家精神

做好新时代弘扬科学家精神工作，完善工作体系，制定印发《中共中国农业科学院党组关于进一步弘扬新时代农科精神的实施意见》，组织召开中国农业科学院弘扬新时代农科精神工作会议，建成院情展览室和新乡科学家精神展览馆。开展老一辈著名农业科学家精神、优秀共产党员先进事迹的系列宣传，打造 1～2 个重大先进典型宣传，通过举办“故事汇”和“三微一端”发布事迹等各种方式，营造新时代农科精神的浓厚氛围。开展精神文明创建活动，重点做好 2018—2020 年度院文明单位评选表彰工作，参加上级部门组织的文明单位评选活动，不断提升中国农业科学院精神文明创建水平。

（六）强化制度建设与执行，进一步完善中国农业科学院党建工作制度体系

强化制度刚性执行，加大对制度落实情况的监督检查力度，形成用制度管人、管事、管权的良好局面。紧跟中央出台或修订的法规制度，建立健全相关配套实施办法。深化制度改革，抓好基层党建工作制度的立改废释工作，使基层党建工作跟上时代发展步伐。尊重基层首创，总结提炼基层实践经验，把实践证明切实可行的做法提炼固化为制度成果，构建务实管用、符合农科特点的基层党建工作制度体系。

（七）围绕建党100周年开展系列活动，将爱党爱国的巨大热情转化成干事创业的强大动力

在“十四五”的开局之年，紧密围绕党建工作目标，启动各类座谈、调研等活动，开展表彰先模人物、弘扬农科精神、研讨交流工作、讲授主题党课等系列庆祝活动，以高质量党建推动农业科技高质量发展，以科技创新和成果转化的优异答卷迎接党的百年华诞。围绕建党100周年，开展系列群团活动，讴歌党的辉煌历程和丰功伟绩，做好党史、新中国史、改革开放史、社会主义发展史、院史、“农科精神”的讲解员，进一步弘扬革命传统和优良作风，组织动员广大干部职工更加紧密地团结在党的周围，更加积极投身科技创新和院所改革发展，为推动科技创新及助力乡村振兴凝聚人心、贡献力量。

关于印发《开展强化政治机关意识教育工作方案》的通知

直党字〔2020〕20 号

为深入贯彻落实习近平总书记在中央和国家机关党的建设工作会议上的重要讲话精神，以党的政治建设为统领，推动中国农业科学院党的建设高质量发展，建设让党中央放心、让人民群众满意的模范机关，按照中央和国家机关工委《关于在中央和国家机关开展强化政治机关意识教育工作方案》和农业农村部直属机关党委《开展强化政治机关意识教育工作方案》要求，现就中国农业科学院开展强化政治机关意识教育制定如下工作方案。

一、总体要求

深入学习贯彻习近平总书记关于牢固树立政治机关意识、加强中央和国家机关党的政治建设重要论述的核心要义，自觉对标对表、认真纠正偏差，把思想教育、检视剖析、整改落实结合起来，教育引导院属各级党组织和广大党员干部强化政治机关意识，进一步增强带头践行“两个维护”的思想自觉、政治自觉、行动自觉，锤炼忠诚干净担当的政治品格，始终同以习近平同志为核心的党中央保持高度一致。

二、工作安排

（一）组织学习研讨（6—9 月）

坚持个人自学和集体研讨相结合，重点研读习近平总书记《论坚持党对一切工作的领导》、习近平总书记在中央和国家机关党的建设工作会议上的重要讲话、《中共中央关于加强党的政治建设的意见》《关于加强和改进中央和国家机关党的建设的意见》《党委（党组）落实全面从严治党主体责任规定》和《中央和国家机关党员工作时间之外政治言行若干规定（试行）》，认真组织学习工委编发的《中央和国家机关党员干部应知应会党内法规文件选编》和部直属机关党委编发的《机关党的建设工作文件选编》，积极组织参加上级党组织开展的党章党规党纪知识竞赛和效果测试。充分发挥理论学习中心组领学促学作用，以党支部为单位开展集中学习研讨，青年理论学习小组开展专题学习。学习研讨要紧密联系本单位中心工作和个人思想工作实际，引导党员干部正确把握政治和业务的辩证关系，理解领会“中央和国家机关首先是政治机关”的深刻内涵，切实提高政治站位，把旗帜鲜明讲政治贯穿业务工作全过程和事业发展各方面。

（二）党员领导干部讲党课（6—7月）

各党组织书记围绕“强化政治机关意识、走好第一方阵”为本单位党员干部讲专题党课，紧扣党中央和部党组全面从严治党部署要求，讲清楚习近平总书记关于牢固树立政治机关意识、加强中央和国家机关党的政治建设重要论述的重大意义和核心要义，讲清楚政治机关意识淡漠的具体表现和严重危害，讲清楚强化政治机关意识、走好第一方阵的实践要求。各基层党支部书记可结合实际为所在党组织的党员讲专题党课。

（三）开展主题党日（“七一”前后）

以党支部（党小组）为基本单位，开展“不忘初心、弘扬优良家风”主题党日，组织党员干部深刻领会习近平总书记关于家庭家教家风建设的重要论述，看齐老一辈革命家和先进模范人物修身齐家风范，梳理讲述党员本人亲闻亲历的家风故事，把对党忠诚教育纳入家庭家教家风建设，引导亲属子女坚决听党话、跟党走，传承红色基因，弘扬新风正气，坚决做中国特色社会主义建设者和接班人。

（四）选树先进典型（年底前）

注重培育、选树先进典型，充分发挥示范引领作用。把开展强化政治机关意识教育作为创建模范机关的重要内容，积极开展“两优一先”和创建模范机关先进单位评选表彰工作，引导各级党组织和党员干部围绕“决胜小康、岗位建功”担当作为，坚决贯彻落实党中央和部、院党组决策部署，高质量完成本单位工作任务，不断创造一流工作业绩。

三、组织领导

（一）压实领导责任

各党组织要把强化政治机关意识教育作为履行全面从严治党主体责任的重要任务，作为推进党的政治建设的重要举措，结合实际作出安排部署，精心组织实施，加强指导督促。党员领导干部要把自己摆进去，做到以上率下。党组织书记要认真履职尽责，切实抓好所在党组织的学习教育工作。

（二）坚持问题导向

着力校正在讲政治上存在的温差、落差、偏差，重点解决以“业务部门”的“业务干部”自居、重业务轻政治，把政治和业务割裂开来甚至对立起来，以及贯彻党中央和部党组决策部署不认真不扎实等政治意识淡化、党的领导弱化问题，增强学习教育的针对性实效性，力戒形式主义。

（三）做好结合文章

坚持两手抓、两促进，把开展强化政治机关意识教育同推动落实习近平总书记重要指示批示、党中央和部、院党组决策部署结合起来，同创建让党中央放心、让人民群众满意的模范机关结合起来，同落实全面从严治党主体责任、扎实开展“灯下黑”问题专项整治结合起来，以良好的教育成果助推本单位各项工作上新台阶。

请各党组织于 2020 年 12 月 1 日前向直属机关党委报送开展强化政治机关意识教育情况。

中共中国农业科学院直属机关委员会

2020 年 6 月 16 日

中共中国农业科学院党组关于贯彻落实《新时代爱国主义教育实施纲要》的通知

农科院党组发〔2020〕15号

根据《中共农业农村部党组关于印发〈新时代爱国主义教育实施纲要〉的通知》（农党组发〔2020〕9号）有关要求，结合中国农业科学院工作实际，现就在全院扎实开展新时代爱国主义教育相关工作通知如下。

一、总体要求

坚持以马克思列宁主义、毛泽东思想、邓小平理论、“三个代表”重要思想、科学发展观、习近平新时代中国特色社会主义思想为指导，增强“四个意识”、坚定“四个自信”、做到“两个维护”。着眼培养担当民族复兴大任的时代新人，始终高扬爱国主义旗帜，积极践行社会主义核心价值观，着力培养爱国之情、砥砺强国之志、实践报国之行，使爱国主义成为全体干部职工的坚定信念、精神力量和自觉行动。坚持把实现中华民族伟大复兴的中国梦作为鲜明主题，引导干部职工坚持中国道路、弘扬中国精神、凝聚中国力量，把国家富强、民族振兴、人民幸福作为不懈追求，厚植家国情怀，培养精神家园。坚持爱党爱国爱社会主义相统一，引导干部职工深刻认识党的领导是中国特色社会主义最本质特征和最大制度优势，不断增强干部职工对伟大祖国、中华民族、中华文化、中国共产党、中国特色社会主义的认同，坚决维护国家主权、安全、发展利益，筑牢国家统一、民族团结、社会稳定的铜墙铁壁。坚持以立为本、重在建设，着眼固本培元、凝心铸魂，突出思想内涵，强化思想引领，做到润物无声，把基本要求和具体实际结合起来，把全面覆盖和突出重点结合起来，注重落细落小落实、日常经常平常，强化教育引导、实践养成、制度保障，推动爱国主义教育融入贯穿提升科技创新能力和成果转化水平、推动院所改革发展和弘扬新时代“农科精神”全过程。

二、基本内容

(一) 坚持用习近平新时代中国特色社会主义思想武装头脑、教育干部职工

要深刻理解习近平新时代中国特色社会主义思想的核心要义、精神实质、丰富内涵、实践要求，不断增强政治意识、大局意识、核心意识、看齐意识，坚决维护习近平总书记党中央的核心、全党的核心地位，坚决维护党中央权威和集中统一领导。要紧密结合实际，推动习近平新时代中国特色社会主义思想进机关、进支部、进团队、进课堂，真正使党的创新理论落地生根、开花结果。要在知行合一、学以致用上下功夫，引导干部职工坚持以习近平新时代中国特色社会主义思想为指导，展现新气象、激发新作为，把学习教育成果转化为落实“三个面向”的实际行动。

(二) 深入开展中国特色社会主义和中国梦教育

紧密结合新中国成立特别是改革开放以来我国农业农村改革发展成就，广泛开展理想信念教育，用党领导人民进行伟大社会革命的成果说话，用改革开放以来社会主义现代化建设的伟大成就说话，用新时代坚持和发展中国特色社会主义的生动实践说话，用中国特色社会主义制度的优势说话，引导广大干部职工深刻认识中国共产党为什么“能”、马克思主义为什么“行”、中国特色社会主义为什么“好”，倍加珍惜我们党开创的中国特色社会主义，不断增强“四个自信”。要深入开展中国梦教育，引导干部职工深刻认识乡村振兴是中华民族伟大复兴中国梦的重要组成部分，要付出更为艰巨、更为艰苦的努力，争做新时代的奋斗者、追梦人。要聚焦培养担当民族复兴大任的时代新人，弘扬以爱国主义为核心的民族精神和以改革创新为核心的时代精神，培育和践行社会主义核心价值观，广泛开展爱国主义、集体主义、社会主义教育和遵纪守法教育，普遍提高广大干部职工的思想觉悟、法治观念、道德水准和文明素养。要大力弘扬中国人民在长期奋斗中形成的伟大创造精神、伟大奋斗精神、伟大团结精神、伟大梦想精神，生动展示广大农业科技工作者在新时代的新实践、新业绩、新作为。

(三) 广泛开展党史、国史、改革开放史、农业科技史教育

结合中华民族从站起来、富起来到强起来的伟大飞跃，引导干部职工深刻认识历史和人民选择中国共产党、选择马克思主义、选择社会主义道路、选择改革开放的

历史必然性。要继承革命传统，弘扬革命精神，传承红色基因，结合新的时代特点赋予新的内涵，使之转化为激励干部职工投身伟大斗争的强大动力。加强改革开放教育，引导干部职工深刻认识改革开放是党和人民大踏步赶上时代的重要法宝，是坚持和发展中国特色社会主义的必由之路，是决定当代中国命运的关键一招，也是决定实现“两个一百年”奋斗目标、实现中华民族伟大复兴的关键一招，凝聚起将改革开放进行到底的强大力量。深入开展国情教育，帮助干部职工了解我国发展新的历史方位、社会主要矛盾的变化，引导大家始终准确把握基本国情，既不落后于时代，也不脱离实际、超越阶段。深入开展形势政策教育，帮助大家树立正确的历史观、大局观、角色观，了解世界正经历百年未有之大变局，我国仍处于发展的重要战略机遇期，要清醒认识国际国内形势发展变化，做好自己的事情。开展农业科技史教育，帮助干部职工了解掌握农业科学技术的起源、演变、发展规律和主要成就，引导大家认识祖国丰富的农业遗产，继承发扬优良传统，宣扬中国人民在农业科技方面的发明创造，振奋爱国主义精神。要立足我国国情，遵循农业科技规律，加快创新步伐，努力抢占世界农业科技竞争制高点，牢牢掌握我国农业科技发展主动权，为我国由农业大国走向农业强国提供坚实科技支撑。

（四）加强祖国统一和民族团结进步教育

加强祖国统一教育，与分裂祖国的言行开展坚决斗争。深化民族团结进步教育，牢固树立“三个离不开”思想，不断增强“五个认同”，推动各民族交往交流交融。加强国防教育和国家安全教育，深入学习宣传总体国家安全观，增强干部职工国家安全意识，自觉维护政治安全、国土安全、经济安全、社会安全、网络安全和外部安全。深入开展增强忧患意识、防范化解重大风险的宣传教育，引导广大干部职工强化风险意识，科学辨识风险、有效应对风险，做到居安思危、防患未然。

（五）传承和弘扬中华优秀传统文化

引导广大干部职工深入了解中华民族的悠久历史和灿烂文化，特别是农耕文明文化，从历史中汲取营养和智慧，自觉延续文化基因，增强民族自尊心、自信心和自豪感。引导树立和坚持正确的历史观、民族观、国家观、文化观，坚守正道，弘扬大道，反对文化虚无主义。要不忘本来，推陈出新，积极推动中华优秀传统文化创造性转化、创新性发展。要重视家庭建设，注重家庭、注重家教、注重家风。干部职工特别是领导干部要把家风建设作为自身作风建设的重要内容，党员干部要大力弘扬中华民族传统美德，“弘扬真善美、抑制假恶丑”，在“营造崇德向善、见贤思齐的社会氛围”中发挥应有作用。

三、实施载体与教育形式

（一）注重运用仪式礼仪，组织开展重大纪念及主题实践活动

认真贯彻执行国旗法、国徽法、国歌法，学习宣传基本知识和国旗升挂、国徽使用、国歌奏唱礼仪。广泛开展“同升国旗、同唱国歌”活动，让干部职工充分表达爱国情感。国庆期间，院机关、院属各单位组织升国旗仪式并悬挂国旗。充分运用“七一”党的生日等时间节点，广泛深入组织开展各种纪念活动，唱响共产党好的主旋律。认真组织入党仪式等，通过公开宣誓、重温誓词等形式，强化国家意识和集体观念。把爱国主义内容融入党日团日各类主题教育活动之中。以老一辈科学家为代表，通过举办学术思想研讨会、出版学术著作等方式，打造特色鲜明、主题突出、务实管用的“农科精神”基石。结合科研领域特点、重要时间节点和重大活动，分专题、多方位、多角度开展“农科精神”宣讲活动。通过组织党员领导干部讲主题党课，请老领导老同志为干部职工特别是青年骨干和学生讲述中国农业科学院和本单位光荣历史、优良传统和作风，讲述亲身经历，弘扬爱国爱院传统，营造弘扬新时代科学家精神的良好氛围。要把爱国主义教育作为青年理论学习小组的必修主题，纳入“三会一课”、主题党日和院所各类学习培训的重要内容。充分利用院所网站、微信公众号、微信群等多媒体平台，全方位开展爱国主义教育。组织参观展览等形式，培育“一懂两爱”农业科技工作队伍，以高度的政治责任感，时不我待的紧迫感和历史担当精神，抢占世界农业科技竞争制高点，牢牢掌握我国农业科技发展主动权，为加快推进农业农村现代化贡献力量。在中国人民抗日战争胜利纪念日、烈士纪念日、南京大屠杀死难者国家公祭日期间，精心组织参加瞻仰纪念碑、祭扫烈士墓等，引导干部职工牢记历史、不忘过去，缅怀先烈、面向未来，激发爱国热情、凝聚奋进力量。

（二）发挥传统和现代节日的涵育功能

利用春节、元宵、端午、中秋等重要传统节日，开展丰富多彩、积极健康、富有价值内涵的民俗文化活动，引导干部职工感悟中华文化和农耕文化；利用开展“春节回乡调研”等，感受家乡变化，讴歌祖国发展，增进干部职工家国情怀。结合国庆、雷锋纪念日、“三八”国际妇女节、“五一”国际劳动节、“五四”青年节、中国农民丰收节等，开展各具特色的庆祝活动，通过主题宣讲、农科开放日，志愿者服务、文艺演出、故事汇、快闪等形式，激发干部职工的爱国主义和集体主义精神，展示农业科技对促进农村改革发展取得的巨大成就，汇聚脱贫攻坚、全面建成小康社会、实施乡村振兴战略、加快推进农业农村现代化的磅礴力量。

（三）弘扬爱国奋斗精神，发挥先进典型的引领作用

深入开展“弘扬爱国奋斗精神、建功立业新时代”主题活动，引导广大干部职工把个人理想同祖国前途、把自己人生同民族命运紧密联系一起，立足本职、拼搏奋斗、创新创造，以国际视野和国际站位，加快“两个一流”建设。广泛动员和组织干部职工深入改革开放前沿、农业生产一线和革命老区、民族地区、边疆地区、贫困地区，开展调研和科技服务，深入了解国情，体察农情，坚定爱国追求，增强服务“三农”的奋斗热情。开展优秀创新团队、优秀科学家等各类评选表彰活动，抓住关键事件，挖掘选树一批中国农业科学院紧盯世界农业科技前沿、对标国家重大需求、服务现代农业建设主战场方面做出突出贡献、取得重大突破的科研人员和创新团队的典范，大力宣传为农业科技创新发展，为实施乡村振兴、推动脱贫攻坚、全面建成小康社会作出贡献的先进事迹和崇高精神，打造有广泛影响力的战略科学家群体，激励新时代农科人为农业科技创新事业不懈奋斗。广泛开展向先进典型学习活动，把敬仰和感动转化为干事创业、科技强国的实际行动，以榜样的力量激励人、鼓舞人，引领广大干部职工在实施创新驱动发展和脱贫攻坚等国家重大发展战略中坚定报国为民初心，贡献智慧和力量。继续办好“农科讲坛”，通过举办科技成果发布会、农业农村发展形势报告会、重大科技成果展、评选年度十大科技进展等，加大中国农业科学院重大科技成果宣传和推广展示力度，打造农科特色品牌活动，展示中国农业科技的蓬勃发展。

（四）依托教育基地、自然人文景观和重大工程，综合利用新媒体唱响爱国主义主旋律

充分发挥农业展览馆、农业博物馆和中国重要农业文化遗产等资源优势，强化以农业发展史、科技发展史为内容的文化传播和教育功能。建立院级实体化教育培训基地，完成院情展览室和新乡科学家精神教育基地建设，以祁阳站精神、中棉所精神为基础，将党性教育、爱国奉献传承和科学发展历程相结合，建设弘扬科学家精神的重要窗口，为全院及上级领导、有关单位来访参观学习提供场所。继续倡导在领略祖国壮美河山、红色旅游经典景区中强化爱国主义教育，积极投身美丽中国建设。积极探索依托国家现代农业科技示范园等有关农业重大建设工程、科学工程等，展现新时代农业科技发展新风采。聚焦爱国主义主题，创新方法手段，广泛开展网上主题教育活动，创新传播载体手段，加强网上舆论引导，自觉抵制损害国家荣誉、否定中华优秀传统文化的错误言行，汇聚网上正能量。

（五）涵养积极进取开放包容理性平和心态，强化制度和法治保障

加强宣传教育，引导干部职工正确把握中国与世界的发展势，正确认识中国与世界的关系，既不妄自尊大也不妄自菲薄，做到自尊自信、理性平和。弘扬爱国主义精神，培养海纳百川、开放包容的胸襟，倡导知行合一，推动爱国之情转化为实际行动，使大家理性表达爱国情感，反对极端行为。根据全面推进依法治国的要求，以法治精神推进各项改革创新发展的举措。强化法律和制度保障，把爱国主义精神融入院所各项规章制度。根据中国农业科学院全面深化改革要求，积极构建“学法、用法、守法”的法治环境，把法治教育纳入本单位创新文化建设和精神文明创建工作中，推进治理体系建设，提高依法治理能力。

（六）加强校园和院区文化建设，将爱国主义精神贯穿于教育全过程

加强校园思想文化阵地建设。用习近平新时代中国特色社会主义思想铸魂育人，不断加强爱国主义理论学习和阐释，将课堂教学、校园活动、社会实践、校园网络文化形成合力，从“明理、共情、弘文、力行”四个方面全面构建爱国主义教育体系，多层次、全维度培育学生爱国主义情怀。着力挖掘校园文化中蕴含的爱国主义教育元素和承载的丰厚道德资源，按照政治强、情怀深、思维新、视野广、自律严、人格正的要求，加强教师队伍建设，让有信仰的人讲信仰，让有爱国情怀的人讲爱国。充分发挥学生主体作用，不断深化各类品牌团学活动爱国主义教育成效，继续组织好纪念“一二·九”运动红歌合唱比赛、雷锋志愿服务月、校园无偿献血、“我和我的祖国”快闪、“青春告白祖国”等系列品牌团学活动，不断加强爱国主义教育鲜明主题，增加活动思想性、针对性、吸引力和号召力，引导学生树立国家意识、增进爱国情感，把爱国情、强国志、报国行自觉融入实现农业农村现代化的奋斗中，成长为“一懂两爱”新型人才，争做新时代的奋斗者追梦人。打造和谐美好的科研大院文化，倡导文明、和谐、有序风尚，破除陈规陋习，转变生活观念，建设环境优美、和谐宁静、信息畅通、服务便捷的优美园区，为科研人员提供良好的工作环境和交流场所，激发创新热情。

四、切实加强领导

（一）各级党组织要承担起主体责任

全院各级党组织要切实加强对本部门本单位干部职工新时代爱国主义教育工作的领导，把这一工作列入重要议事日程，纳入意识形态责任制和单位精神文明建设重要内

容，认真研究解决工作中有关事项和存在问题，抓好各项任务落实。各部门各单位党组织书记要进一步增强责任感使命感，认真履行抓爱国主义教育第一责任人的职责。

（二）调动广大干部职工的积极性主动性

党员干部要坚持以身作则，走在前、做表率，牢记初心使命，勇于担当作为，发挥模范带头作用，做爱国主义的坚定弘扬者和实践者，影响并带动广大职工群众积极投身新时代爱国主义教育之中。院直属机关工会、团委、妇工委和机关各部门、院属各单位群团组织要发挥各自优势，结合各自工作特点，通过开展喜闻乐见的活动，面向所联系群体广泛开展爱国主义教育，营造人人参与、人人提高、人人受教育的社会氛围。

（三）以新时代爱国主义教育促进农业科技创新事业发展

爱国主义教育是思想的洗礼、精神的熏陶，关键在于求真务实、取得实效。全院广大干部职工要在具象化、细微处下功夫，在深化、转化上下功夫，将爱国主义教育成效转化到提升思想观念，增强群众意识，改进工作作风和提高工作水平上来。要坚持以强农兴农为己任，不忘初心、牢记使命，勇于担当、甘于奉献，勇作走在时代前列的奋斗者、开拓者、奉献者，为加快建成世界一流学科和一流科研院所，深入实施乡村振兴战略、实现中华民族伟大复兴“中国梦”贡献更大力量。

中共中国农业科学院党组关于印发《中共中国农业科学院党组贯彻落实〈中国共产党党委（党组）理论学习中心组学习规则〉实施细则》的通知

农科院党组发〔2020〕47 号

院机关各部门、院属各单位：

《中共中国农业科学院党组贯彻落实〈中国共产党党委（党组）理论学习中心组学习规则〉实施细则》已经中共中国农业科学院党组 2020 年第 17 次会议审议通过，现印发给你们，请结合实际认真贯彻执行。

中共中国农业科学院党组

2020 年 10 月 20 日

中共中国农业科学院党组贯彻落实《中国共产党党委（党组）理论学习中心组学习规则》实施细则

第一章　总　则

第一条　为规范和加强中国农业科学院党组、院机关各部门和院属各单位党组织理论学习中心组学习，根据《中国共产党党委（党组）理论学习中心组学习规则》（中办发〔2017〕9号）《中央和国家机关贯彻落实〈中国共产党党委（党组）理论学习中心组学习规则〉实施办法》（中工委发〔2018〕7号）《农业农村部直属机关理论学习中心组学习实施细则》（农党委〔2020〕33号）等有关规定，结合中国农业科学院实际，制定本细则。

第二条　理论学习中心组学习是各级党组织领导班子和领导干部在职理论学习的重要组织形式，是严肃党内政治生活、强化党性修养的重要内容，是贯彻落实党的民主集中制、加强领导班子思想政治建设的重要制度，是建设学习型服务型创新型党组织、提高领导干部执政能力和领导水平的重要途径。全院各级党组织应当把中心组学习纳入党建工作责任制和意识形态工作责任制，认真抓好贯彻落实。

第三条　理论学习中心组学习以政治学习为根本，以深入学习贯彻习近平新时代中国特色社会主义思想为首要任务，以学习贯彻《习近平谈治国理政》《论坚持党对一切工作的领导》，习近平总书记关于“三农”工作、科技创新和全面从严治党等重要论述以及致中国农业科学院建院60周年贺信精神为重点，努力掌握和运用马克思主义立场、观点、方法，坚持围绕中心、建设队伍、服务群众，坚持知行合一、学以致用，把学习理论同科技创新支撑服务乡村振兴和脱贫攻坚、大力推进创新工程、促进成果转化等重要工作结合起来，同院所改革发展、党员干部思想实际以及领导班子思想政治建设现实需要结合起来，坚持问题导向、注重实效，坚持依规管理、从严治学，着力在学懂弄通做实上下功夫，切实在理论学习和推动学习成果转化上走在前、作表率。

第二章　组织与职责

第四条　院党组理论学习中心组主要由党组成员组成，院机关各部门党组织理论学习中心组主要由党员领导班子成员组成，可适当吸收内设机构主要负责人参加学习，可邀请非中共党员的领导班子成员和上级部门、有关单位的主要负责同志列席。

第五条　院属各单位党委理论学习中心组主要由党员领导班子成员、党委委员组成，可适当吸收支部书记、职能部门主要负责人、团队首席等参加学习，可邀请非中共党员的领导班子成员等列席。

第六条　各级党组织对本级理论学习中心组学习负主体责任。院党组对院机关各部门、院属各单位党组织的理论学习中心组学习负领导责任。

党组织书记是理论学习中心组学习第一责任人，主要职责是：审定学习计划、确定学习主题和研讨专题、提出学习要求、主持集体学习研讨、进行学习讲评、指导和督促理论学习中心组成员学习、完善学习制度等。书记不能参加学习时，由主持党组织工作的负责人代行职责。

分管党建工作的班子成员是理论学习中心组学习直接责任人，主要职责是配合党组织书记做好学习的组织工作。

理论学习中心组其他成员应当充分发挥“关键少数”示范表率作用，自觉遵守理论学习中心组学习制度，按照学习安排或者受委派承担相应职责。

第七条　理论学习中心组应当配备学习秘书。院党组理论学习中心组学习秘书由院办公室负责人担任，院机关各部门应当协助学习秘书共同做好学习服务工作。院机关各部门、院属各单位党组织理论学习中心组学习秘书由党委办公室、综合处（办公室）或人事处负责人担任。

学习秘书的主要职责是：拟制学习计划和方案；准备学习参考资料和书目，选请辅导专家，设计调研选题和调研方案；协调学习事务，负责学习通知、考勤和记录，及时向上级党组织报告学习情况，督促理论学习中心组成员提交重点发言书面材料、调研报告、理论文章等；统计学习情况，起草年度学习情况报告和阶段性工作总结；管理学习档案等。

第三章　学习内容、形式与要求

第八条　理论学习中心组学习主要内容包括：

（一）马克思列宁主义、毛泽东思想、邓小平理论、“三个代表”重要思想、科学发展观、习近平新时代中国特色社会主义思想。习近平总书记关于“三农”工作和科技创新的重要论述和重要指示批示精神、致中国农业科学院建院60周年贺信精神等。

（二）党章党规党纪和党的基本知识，党的路线、方针、政策和决议，国家宪法和法律法规。

（三）社会主义核心价值观、创新文化、科学家精神和农科精神。

（四）党的历史、中国历史、世界历史、科学社会主义发展史、农业科技史和院（所）史。

（五）推进中国特色社会主义事业所需要的经济、政治、文化、社会、法律、生态、科技、军事、外交、民族、宗教等方面知识。

（六）改革发展实践中的重点、难点问题。

（七）党的建设和全面从严治党的重要问题。

（八）党中央和上级党组织要求学习的其他重要内容。

第九条 集体学习研讨是理论学习中心组的主要形式，要把重点发言和集体研讨、专题学习和系统学习结合起来，深入开展学习讨论和互动交流。要保证学习时间和质量，每季度集中学习研讨不少于1次，年度学习研讨（含会前自学）时间不少于12天，每次学习研讨至少有2名以上中心组成员作重点发言，每位中心组成员每年重点发言不少于2次，每次重点发言均要提交书面材料；每年至少举办1期读书班，列出专题，集中学习研讨；每年安排1次党章集体学习。

第十条 理论学习中心组成员应当认真进行个人自学，根据年度学习安排和形势任务的要求，结合工作需要和本人实际，明确学习重点，研读必要书目，读原著、学原文、悟原理，做好学习笔记，撰写学习心得。可通过参加学习讲坛、报告会等学习活动，积极运用网络学习平台、新媒体等手段，拓宽学习渠道，不断增强学习的针对性和实效性。

第十一条 理论学习中心组成员要把理论学习与专题调研、基层联系点调研结合起来，与研究农业科技创新和院所改革发展中的热点难点问题结合起来，深入基层、深入群众，扎实开展调查研究，切实把学习成果转化为解决问题、推动工作的思路举措。理论学习中心组成员每年应至少撰写1篇高质量的理论学习文章或调研报告，并参与部、院每年开展的所局级干部理论学习论文（调研报告）评选。

第十二条 理论学习中心组要不断创新和丰富学习方式，以中心组成员自己学、自己讲为主，适当组织专题讲座、辅导报告，并对讲课人选、内容事先进行严格把关；探索开展主题联学等增强学习效果的方式，邀请相关部门或单位共同探讨解决问题。

第十三条 各级党组织应根据上级党组织安排部署和任务要求，结合本单位工作实际，制订理论学习中心组年度学习计划，明确学习次数、主题和内容、形式和要求。年度学习计划应当于年初在上级党组织部署理论学习中心组学习工作两周内制定，经党组织书记审定后实施，并报送院党建领导小组办公室（直属机关党委）。要及时将习近平总书记的重要指示批示、中央重要文件及有关会议精神等列入学习计划、跟进学习。

第四章 学习管理、考核与问责

第十四条 各级党组织在每次理论学习中心组学习后应通过宣传报道、报送党建信息等多种形式，及时向上级党组织以及干部职工通报中心组学习的情况和成果。

第十五条 理论学习中心组应当建立健全并严格执行学习考勤制度和学习档案制度。理论学习中心组成员全年集中学习的出席率不低于80%，每次参加集体学习研讨的成员出席人数不少于2/3。学习期间一般不得请假，确因特殊情况需请假的，应提前履行请假手续，并及时补学。考勤情况定期在理论学习中心组内部通报。

学习档案主要包括：学习制度，理论学习中心组负责人、成员及学习秘书名单（附件 1)，年度学习计划（附件 2)，考勤记录和学习记录（附件 3)，年度学习情况总结报告及统计表（附件 4)，理论学习中心组成员重点发言材料、调研报告和理论文章等。

第十六条　院党组理论学习中心组学习相关材料按照农业农村部直属机关党委有关要求报送。院机关各部门、院属各单位党组织理论学习中心组在每年 12 月底前向院党建领导小组办公室（直属机关党委）报送本年度学习情况总结、统计表、中心组成员历次重点发言书面材料，以及下一年度理论学习中心组负责人、成员和学习秘书名单。

第十七条　院党建领导小组办公室（直属机关党委）负责理论学习中心组学习情况的督查考核。督查主要采取自查、抽查、纳入巡视及党建综合督查等方式进行。

督查的主要内容为：理论学习中心组年度学习计划落实情况，包括执行各项学习制度情况、理论学习中心组负责人履行职责情况、理论学习中心组成员参加学习情况、学习档案建立和管理情况、学习秘书履行职责情况等；理论学习中心组成员运用理论指导实践情况，包括把学习成果转化为有效的制度措施情况、研究解决院所改革发展中重大问题的情况、推动党的建设和全面从严治党情况等。

第十八条　院党建领导小组办公室（直属机关党委）对院机关各部门、院属各单位党组织理论学习中心组做好针对性的指导和服务工作，视情况派员列席旁听有关单位理论学习中心组学习；汇编所局级领导干部理论论文、调研报告，加强学习经验交流，拓展工作思路举措，推动理论学习中心组学习提质增效、走深走实。

第十九条　院党建领导小组办公室（直属机关党委）每年 1 月底对院机关各部门、院属各单位党组织理论学习中心组上年度学习情况进行书面通报，学习情况和督查考核结果纳入党建述职评议考核和领导班子考核的重要内容。

第二十条　对理论学习中心组学习开展不力、出现错误倾向产生恶劣影响的，按照有关规定问责。

第二十一条　本细则适用于中国农业科学院党组、院机关各部门和院属各单位党组织的理论学习中心组，院属京外单位党组织须同时执行属地上级党组织的有关规定。

第五章　附　则

第二十二条　本细则由中国农业科学院党的建设领导小组办公室（直属机关党委）负责解释。

第二十三条　本细则自发布之日起实施。《中共中国农业科学院党组关于进一步加强和改进党组织中心组学习的实施意见》（农科院党组发〔2014〕50 号）同时废止。

附件：1. 理论学习中心组负责人、成员和学习秘书名单（略）
2. 理论学习中心组年度学习计划表（略）
3. 理论学习中心组学习记录（略）
4. 理论学习中心组年度学习情况统计表（示例）（略）

中国农业科学院基层党组织按期换届提醒督促办法

第一章 总 则

第一条 基层党组织按期换届，是严肃党内政治生活、增强基层党组织政治功能、保障党员民主权利的一项基本制度，是推动全面从严治党向基层延伸的必然要求。为进一步规范基层党组织换届工作，夯实党的基层基础，根据《中国共产党章程》《中共中央办公厅关于党的基层组织任期的意见》《中共农业农村部党组关于贯彻落实〈中国共产党和国家机关基层组织工作条例〉的实施意见》《农业农村部直属机关党委关于建立健全基层党组织按期换届提醒督促机制的通知》《中国农业科学院院属单位党委、纪委换届审批工作规定（试行）》等精神制定本办法。

第二条 党的基层组织设立的委员会任期届满要按期进行换届选举。院属单位党的委员会每届任期 5 年，党的总支部委员会、支部委员会和不设支部委员会的支部书记、副书记每届任期 3 年。

第三条 各级党组织任期届满前，要主动与上级党组织沟通换届情况，基层党委一般提前 4 个月书面报送换届请示，党总支、支部一般提前 2 个月报送。未经上级党组织批准，不得延期或提前换届。如需延期或提前进行换届选举，应报上级党组织批准，延长或提前期限一般不超过 1 年。对各级党组织延期或提前换届的情形，上级党组织要认真审核把关、从严掌握。

第四条 本办法适用于院机关各部门、院属各单位党组织及院机关离退休党总支。地方上级党组织对此有相关要求的，院属京外单位党组织一并执行。

第二章 提醒督促机制

第五条 根据党组织隶属关系，按照分级负责原则，上一级党组织负责提醒督促下级党组织换届，坚持一级管一级，一级督促一级，层层压实责任。院机关各部门、院属各单位党组织及院机关离退休党总支，由直属机关党委负责提醒督促；院属各单位下属党总支、党支部及院机关离退休党总支下属的支部换届，分别由院属各单位党委、院机关离退休党总支负责提醒督促。

第六条 上级党组织每年年初要对所属基层党组织换届情况进行梳理。对任期将满的下级党组织，要以书面通知（模板见附件）的形式，提醒做好换届准备工作。

第七条　上级党组织对任期将满的基层党委一般应提前 6 个月，对任期将满的党总支、支部一般应提前 3 个月进行书面通知提醒。

第八条　上级党组织要按照直属党组织换届选举工作流程，指导下级党组织严格按照规定程序和要求，做好委员候选人预备人选产生、报告起草和会议筹备等各项准备工作。

第九条　对任期届满、应当换届的基层党组织，上级党组织要提前深入了解情况、逐一分析研判，重点分析掌握班子结构及配备情况、班子成员思想状况及履职情况、党组织设置方式和党员队伍状况等。对软弱涣散基层党组织，要先整顿再换届；对党组织设置不合适或隶属关系不顺的基层党组织，要先行作出适当调整；对暂无党组织书记合适人选或班子不健全的基层党组织，按照干部管理权限，协调推动或提前把班子调整配备好；对党员分散或流动党员较多、达不到换届选举规定人数的基层党组织，要指导做好思想发动和组织引导工作，为按期进行换届创造条件。

第十条　各单位党组织要切实履行职责，加强组织领导和工作指导，每年结合开展基层党建述职评议考核，对下级党组织按期换届情况进行督促检查。下级党组织换届时，上级党组织要派人现场监督指导。

第十一条　要把换届选举工作作为培养党务干部的重要平台，加强对支部书记和党务骨干的换届业务培训，积极报名参加农业农村部直属机关党委每年举办的支部书记培训班，以及院直属机关党委、地方上级党组织举办的有关培训，帮助掌握基层党组织任期规定、换届操作流程和纪律要求等内容，提高做好换届工作的能力。

第十二条　要严肃工作纪律和换届纪律，对工作指导不力、不按期换届党组织数量较多或一些党组织长期不换届的，视情节轻重严肃追究相关党组织及其负责人的责任。

第十三条　党组织负责人、委员会委员在任期内空缺，各单位党组织要及时做好届中调整党组织负责人、增补委员工作。每年 12 月中旬前，各单位党组织要将换届选举和届中调整增补工作情况报院直属机关党委。

第三章　附　则

第十四条　本办法自下发之日起施行，由中国农业科学院党建工作领导小组办公室负责解释。

附件：关于做好换届选举工作的通知（模板）

附件

关于做好换届选举工作的通知（模板）

××××党委（党总支、支部）：

按照《中国共产党章程》《中国共产党党和国家机关基层组织工作条例》等有关规定，你党委（党总支、支部）将于××××年×月任期届满，需进行换届。请提前做好换届选举准备工作，并于××××年×月底前将换届选举请示报送院直属机关党委。

联系人：×××，联系电话：××××××××。

中共中国农业科学院直属机关党委

××××年×月×日

关于 2019 年度民主评议党员工作情况的报告

直党函〔2020〕2 号

农业农村部直属机关党委：

根据《关于开展 2019 年度民主评议党员的通知》要求，中国农业科学院直属机关党委高度重视，结合单位实际作出具体安排，向各直属党委、总支、支部印发《关于开展 2019 年度民主评议党员工作的通知》（直党字〔2019〕73 号），指导各直属党组织做好有关工作。中国农业科学院各级党组织按照有关规定要求，结合工作实际，有序组织实施，截至 2020 年 2 月下旬，中国农业科学院京区党支部全部认真开展了民主评议党员工作。现将有关情况报告如下。

一、主要做法

（一）组织集中学习，提高政治站位

在开展民主评议党员前，各党支部普遍采取适当方式组织党员集中学习、相互交流，结合工作实际和职能职责，深入学习领会习近平新时代中国特色社会主义思想，重点学习领会习近平总书记在十九届中央纪委四次全会上重要讲话精神、在“不忘初心、牢记使命”主题教育总结大会上的讲话精神等最新重要讲话精神，学习《中国共产党纪律处分条例》《中国共产党支部工作条例（试行）》《中国共产党党员教育管理工作条例》等党内规章制度。通过学习交流，各党支部和广大党员进一步提高政治站位，明确党支部职责和合格党员标准，打牢了开展民主评议党员工作的思想基础。

（二）开展谈心谈话，沟通思想认识

为开展好评议工作，多数党支部开展谈心谈话，诚恳听取党员对支部工作和班子成员的意见建议，了解党员工作生活情况、思想状况和心理状态，肯定成绩、指出不足，沟通思想、交换意见、凝聚共识。

（三）严格程序要求，认真开展评议

各党支部召开党员大会，组织开展民主评议党员工作。会上，党员对照党员标准、对照入党誓词，联系工作实际进行党性分析，查找差距和不足，采取个人自评、党员互评的方式开展批评和自我批评。院长唐华俊同志、党组书记张合成同志以及其他院党组成员均以普通党员身份参加了所在党支部民主评议党员会议，开展了批评与自我批评，各直属单位党员领导干部也分别参加了所在党支部民主评议党员工作。

（四）客观公正评定，做好结果运用

党支部根据民主评议情况和党员日常表现，经支委会集体讨论研究，按照“优秀”“合格”“基本合格”“不合格”四个等次实事求是地对每名党员提出评定意见。中国农业科学院京区共3 345名党员参加本次民主评议工作，997 名党员评议为优秀，占比29. 81%，2 207名党员评议为合格，占比 65. 98%，另有 1 名同志因办理休学未参加民主评议，占比 0. 03%，140 名预备党员参加了民主评议，未评定等次，占比 4. 18%。没有党员被评定为“基本合格”或“不合格”等次。党委（支部）对评定结果以适当方式进行了公示，并报上级党组织进行备案。民主评议评出的优秀党员，党委（支部）将作为评选“两优一先”的重要依据，并以适当方式表扬奖励。

（五）加强组织指导，层层传导压力

在开展民主评议党员工作中，院直属机关党委派员对直属党支部进行了列席指导，同时要求各直属党委按要求列席指导下属党支部组织生活会和民主评议党员工作，坚决防止形式主义、官僚主义和平衡照顾等行为，切实保证民主评议工作质量。各党组织还结合实际，注意加强对院所办企业党支部、学生党支部民主评议党员工作的指导，从严抓好落实；注意加强对离退休干部职工党支部、社会组织党支部的指导，帮助他们按照要求采取简便灵活方式进行。

二、取得成效

一是理想信念进一步坚定。为开展好民主评议党员工作，各党支部组织党员深入学习领会习近平新时代中国特色社会主义思想，特别是习近平总书记最新重要讲话精神，广大党员对照党章党规、对照党员标准、对照入党誓词，自觉联系个人思想实际，查找在理想信念上的差距和不足，经历了一个深入学习、全面总结、深刻反思、不断提升的过程，进一步提升了党性修养，进一步坚定了理想信念，更加牢固树立了“四个意

识”，增强了“四个自信”，坚定了“两个维护”的自觉和决心。

二是责任担当进一步强化。通过谈心谈话、对照检视、互相评议等环节，广大党员结合科研业务工作，重点剖析了在牢记初心使命、担当作为、真抓实干等方面存在的差距，深刻认识到在扎实落实“三个面向”指示要求、充分发挥党支部战斗堡垒作用和党员先锋模范作用方面的不足，增强了加快农业科技创新和成果转化的紧迫感和使命感，提振了担当尽责、奋发进取的精气神。

三是作风建设进一步加强。民主评议党员工作中，大家坦诚开展批评与自我批评，严肃认真提意见，满腔热情帮同志，达到了“红脸”“出汗”的效果，经历了一次严格的党内政治生活锻炼。各位党员进一步发现了自身存在的问题和不足，明确了今后的整改措施和努力方向，良好的组织生活氛围也进一步增进了同志之间、上下级之间的了解，激发了党员奋发向上的工作热情，增强了党支部的凝聚力和战斗力，为更好开展各项工作打下了坚实基础。

三、存在不足及意见建议

在本次民主评议党员工作中，各党支部都按要求认真开展评议、客观公正评定，有序做好各环节工作。但还存在有的党支部学习不够系统深入、有的支委业务知识不够熟悉、个别党员自我检视剖析不够深刻具体的情况。

开展好民主评议党员工作是严肃党内政治生活的重要环节，也是提升基层党的建设质量的重要内容。下一步，中国农业科学院直属机关党委将指导各直属党组织继续深入学习贯彻《中国共产党支部工作条例（试行）》，贯彻落实部系统基层党组织建设质量提升三年行动计划，深入推进“红旗党支部”创建行动，推进支部建在创新团队全覆盖，进一步加强支委能力建设，进一步夯实支部从严教育管理监督党员、组织宣传凝聚群众的作用，教育引导党员干部学习贯彻习近平新时代中国特色社会主义思想往深里走、心里走、实里走，不断提升基层党组织建设质量，推动党建工作与业务工作深度融合、相互促进，以高质量党建引领高质量发展，为扎实落实“三个面向”指示精神，大力推进农业科技创新和成果转化、支撑服务脱贫攻坚和乡村振兴提供坚强保证。

中共中国农业科学院直属机关委员会

2020 年 2 月 24 日

关于印发《讨论、决定和审批直属机关发展党员工作流程》的通知

直党字〔2020〕12 号

各有关单位党组织：

根据《中国共产党章程》《中国共产党党组工作条例》《中国共产党党和国家机关基层组织工作条例》《中国共产党发展党员工作细则》等有关规定以及农业农村部直属机关党委要求，院直属机关党委审批预备党员或者预备党员转正，应报请院党组讨论决定。结合中国农业科学院实际，院直属机关党委制定了《讨论、决定和审批直属机关发展党员工作流程》，现予以印发，请遵照执行。

中共中国农业科学院直属机关党委

2020 年 4 月 26 日

讨论、决定和审批直属机关发展党员工作流程

根据《中国共产党章程》《中国共产党党组工作条例》《中国共产党党和国家机关基层组织工作条例》《中国共产党发展党员工作细则》等有关规定以及农业农村部直属机关党委要求，院直属机关党委审批预备党员或者预备党员转正，应报请院党组讨论决定。结合中国农业科学院实际，现就讨论、决定和审批直属机关发展党员工作流程规定如下。

一、院机关各党支部、机关离退休党总支讨论、决定接收预备党员（或预备党员转正）事项后，向院直属机关党委报告。

二、院直属机关党委组织召开直属机关党委常委会，进行审议，形成审议意见，并将发展对象（或拟转正对象）基本情况连同审议意见向院党组报告。

三、院党组收到情况报告后，列入党组会议题，讨论研究，决定是否同意接收预备党员（或预备党员转正）。

四、院直属机关党委根据院党组研究决定情况，履行具体工作程序。如若接收预备党员（或预备党员转正）的动议被否决，则函告发展对象（或拟转正对象）所在党支部，继续加强教育培养。如若通过，则按程序进行审批，审批模板建议如下：

（一）接收预备党员

经××××年×月×日院直属机关党委常委会审议，并报××××年×月×日院党组第×次会议讨论，决定同意批准×××同志为中共预备党员，预备期从××××年×月×日算起。

（二）预备党员转正

经××××年×月×日院直属机关党委常委会审议，并报××××年×月×日院党组第×次会议讨论，决定同意×××同志按期转为中共正式党员，党龄从××××年×月×日算起。

五、对于尚未正式组建、成立党委的京区单位（如中国农业科学技术出版社有限公司、食物与营养发展研究所），党员发展工作参照该流程，讨论、研究和审批。

六、各直属党委应按照《中国共产党发展党员工作细则》有关规定要求，履行对接收预备党员（或预备党员转正）事项的审批程序，并向院直属机关党委定期报告发展党员工作情况。院直属机关党委应定期向院党组汇报直属党组织发展党员工作情况。

关于表彰中国农业科学院 2018—2019年度优秀共产党员 优秀党务工作者 先进基层党组织的决定

直党字〔2020〕23号

院机关各部门、院属各单位党组织：

2018年以来，中国农业科学院各级党组织和广大党员坚持以习近平新时代中国特色社会主义思想为指导，深入贯彻落实党的十九大和十九届二中、三中、四中全会精神以及习近平总书记致中国农业科学院建院60周年贺信精神，围绕“三个面向、两个一流”目标要求，深入推进创新工程、服务支撑脱贫攻坚和乡村振兴，扎实开展和巩固深化“不忘初心、牢记使命”主题教育，不断提升基层党的建设质量，基层党组织的战斗堡垒作用和党员先锋模范作用进一步发挥，涌现出一批优秀共产党员、优秀党务工作者和先进基层党组织。

为充分发挥先进典型的引领、示范和带动作用，在建党99周年之际，根据院2018—2019年度“优秀共产党员、优秀党务工作者和先进基层党组织”评选表彰工作总体安排，在各单位申报、评委会评审的基础上，经直属机关党委常委会研究，院党建工作领导小组审议，并报院党组同意，决定授予丁小霞等42名同志“优秀共产党员”荣誉称号、王磊等31名同志“优秀党务工作者”荣誉称号、研究生院党委等20个基层党组织“先进基层党组织”荣誉称号。

希望受表彰的组织和个人珍惜荣誉，再接再厉，再创佳绩。各级党组织、广大共产党员和党务工作者要向受表彰的组织和个人学习，以此次评选表彰为契机，持续深入学习贯彻习近平新时代中国特色社会主义思想、党的十九大精神，以及十九届二中、三中、四中全会精神，以政治建设为统领，全面加强党的政治、思想、组织、作风和纪律建设，不断巩固深化“不忘初心、牢记使命”主题教育成果，奋发进取、创先争优、勇攀高峰，在科技创新和支撑乡村振兴战略实施中作出新的更大贡献。

附件：1. 中国农业科学院2018—2019年度优秀共产党员名单
2. 中国农业科学院2018—2019年度优秀党务工作者名单
3. 中国农业科学院2018—2019年度先进基层党组织名单

附件 1

中国农业科学院 2018—2019 年度优秀共产党员名单

（42 名，按姓氏笔画为序排列）

丁小霞	油料作物研究所财务处处长，研究员
刁现民	作物科学研究所国家谷子高粱产业技术体系首席、杂粮资源党支部书记，研究员
王凤忠	农产品加工研究所所长、党委副书记，研究员
王克剑	水稻研究所水稻生物学国家重点实验室副主任，研究员
王振营	植物保护研究所粮食作物虫害监测与控制创新团队首席，院草地贪夜蛾联合攻关重大科技任务首席，研究员
牛丽芳	生物技术研究所第二党支部组织委员，研究员
方　松	基本建设局投资计划处处长，副研究员
白　雪	特产研究所特种动物疫病防控科技创新团队首席，副研究员
冯文娟	棉花研究所办公室主任、党支部书记，副研究员
毕祥远	后勤服务中心京区物业管理中心副主任
任红艳	财务局预算处处长，副研究员
刘　洁	成果转化局副局长，副研究员
刘治岐	院办公室综合处（秘书处）七级职员，助理研究员
刘慧娟	草原研究所干部，助理研究员
杜臻杰	农田灌溉研究所干部，副研究员
李先德	农业经济与发展研究所研究室主任，研究员
李红娜	农业环境与可持续发展研究所干部，副研究员
李雪松	上海兽医研究所第八党支部副书记，助理研究员
杨金广	烟草研究所植物保护研究中心干部，研究员
吴端钦	麻类研究所南方蛋白植物饲料资源开发与利用团队首席助理、党支部书记，副研究员
佘永新	农业质量标准与检测技术研究所干部，研究员
沈　孚	南京农业机械化研究所办公室干部，助理研究员
张友军	蔬菜花卉研究所所长、党委副书记，研究员
陆宴辉	植物保护研究所副所长、植物病虫害生物学国家重点实验室常务副主任，研究员
苗水清	科技管理局综合处处长，副研究员

尚小飞	兰州畜牧与兽药研究所兽药创新与耐药性创新团队青年助理首席，副研究员
金勇刚	都市农业研究所保障处副处长，农艺师
周　利	茶叶研究所干部，副研究员
周志刚	饲料研究所水产动物饲料创新团队首席，研究员
郑海学	兰州兽医研究所家畜疫病病原生物学国家重点实验室副主任、口蹄疫和新发病流行病学创新团队首席、党支部书记，研究员
赵建宁	环境保护科研监测所生物多样性与生态农业创新团队首席助理、党支部书记，副研究员
赵瑞雪	农业信息研究所副所长，研究员
柯小华	国际合作局副局长，副研究员
柳金雄	哈尔滨兽医研究所管理与国际合作处副处长、机关第二党支部书记，研究员
贾晓辉	果树研究所果品贮藏加工研究中心科研骨干、科研第六党支部副书记，副研究员
夏　晨	院团委副书记，研究生院研究生工作处副处长、研究生党总支副书记，助理研究员
唐中林	农业基因组研究所动物基因组研究中心主任、猪基因组设计育种创新团队首席，研究员
韩　进	直属机关党委副书记，副研究员
韩　娟	食物与营养发展研究所第一党支部组织委员，副研究员
曾文芳	郑州果树研究所第一党支部书记，副研究员
蒲小东	沼气科学研究所成果转化服务中心副主任，高级工程师
熊本海	北京畜牧兽医研究所智慧畜牧业创新团队首席、第三党支部书记，研究员

附件 2

中国农业科学院 2018—2019 年度优秀党务工作者名单

（31 名，按姓氏笔画为序排列）

王　磊	农业资源与农业区划研究所科研第二党支部书记，副研究员
王立霞	植物保护研究所纪委委员、党委办公室主任
孔德男	蔬菜花卉研究所党委办公室副主任、党支部委员
左　旭	院办公室党支部组织委员、综合处正处长级机要员，副研究员
申拥军	院机关离退休党总支副书记
任小平	油料作物研究所创新促进中心党支部书记，副研究员
刘合光	农业经济与发展研究所党委委员、党委办公室主任，研究员
李　鹏	草原研究所党委办公室副主任、第八党支部组织委员，助理研究员
李延青	直属机关纪委副书记、监察局党支部副书记，副研究员
李志平	中国农业科学技术出版社党委副书记、纪委书记、监事，研究员
肖　强	茶叶研究所纪委委员、茶树生态栽培团队党支部书记，研究员
邱化蛟	麻类研究所党委书记、副所长，副研究员
何希君	哈尔滨兽医研究所高级别生物安全实验室党支部书记，研究员
迟立鹏	烟草研究所纪委委员、党委办公室主任，副研究员
张　莉	人事局党支部纪检监察小组成员，助理研究员
张　婷	蜜蜂研究所人事处（党办）负责人，助理研究员
张蕙杰	农业信息研究所党委副书记、纪委书记，研究员
武书庚	饲料研究所纪委委员、第四党支部书记，研究员
范　静	作物科学研究所党委书记、副所长，研究员
尚　辰	生物技术研究所党办人事处干部，助理研究员
宗　洁	农田灌溉研究所党办人事处副处长，党务与人事管理党支部组织委员
赵玉林	郑州果树研究所党委书记、副所长，研究员
赵红梅	直属机关党委副书记、纪委书记，研究员
胡　梅	环境保护科研监测所党委副书记、纪委书记、党办主任、工会副主席，研究员
荔　霞	兰州畜牧与兽药研究所工会副主席、纪委委员、党办人事处处长、党支部书记，副研究员
姜淑苓	果树研究所党委委员、党委办公室主任、行政第一党支部书记，研究员

姚庆磊	农业基因组研究所党办人事处副处长，助理研究员
耿明生	特产研究所离退休职工管理科党支部书记，实验师
徐亲阳	水稻研究所党委委员、党办人事处党支部书记，研究员
梁　升	后勤服务中心生活服务处党支部书记，助理研究员
董　维	农产品加工研究所工会副主席、第八党支部书记，副研究员

附件 3

中国农业科学院 2018—2019 年度先进基层党组织名单

（20 个）

研究生院党委
北京畜牧兽医研究所党委
农业经济与发展研究所党委
郑州果树研究所党委
茶叶研究所党委
兰州畜牧与兽药研究所党委
烟草研究所党委
院办公室党支部
人事局党支部
监察局党支部
院机关离退休党总支
作物科学研究所作物耕作与生态创新团队党支部
植物保护研究所科研第七党支部
农业资源与农业区划研究所科研第十二党支部
农业信息研究所第三党支部
油料作物研究所质量标准与食品安全研究室党支部
麻类研究所种质资源研究室党支部
哈尔滨兽医研究所高级别实验室党支部
兰州兽医研究所行政第一党支部
环境保护科研监测所环境危害因子风险评估创新团队党支部

中共中国农业科学院党组
关于加强和改进院属单位党的建设的意见

为深入贯彻习近平新时代中国特色社会主义思想和党的十九大精神，坚持和加强党的全面领导，以党的政治建设为统领，全面落实新时代党的建设总要求和新时代党的组织路线，推进全面从严治党向纵深发展，切实履行农业科研国家队使命，推动科技创新和成果转化应用，引领支撑农业农村现代化，根据《中国共产党章程》《中共中央关于加强党的政治建设的意见》《关于加强和改进中央和国家机关党的建设的意见》等有关党内法规，现就进一步加强和改进院属单位党的建设提出如下意见。

一、持续加强政治建设，扎实落实习近平总书记“四个面向”重要指示要求

（一）把党的政治建设摆在首位落到实处

坚持用习近平新时代中国特色社会主义思想武装头脑，加强思想政治教育，坚定理想信念和政治信仰，牢固树立“四个意识”，坚定“四个自信”，做到“四个服从”，站稳政治立场，在思想上、政治上、行动上同以习近平同志为核心的党中央保持高度一致，坚决做到“两个维护”，努力做到“三个表率”，第一时间学习贯彻习近平总书记最新指示精神，传达部署中共中央、国务院重大决策，确保各项部署得到迅速贯彻，见人见事见效。把全面贯彻落实习近平总书记贺信精神作为当前和今后一个时期最大的政治任务，作为新时期全院改革发展的总方向、总目标、总任务、总要求、总抓手，强化政治担当，牢记初心使命，面向世界农业科技前沿、面向国家重大需求、面向现代农业建设主战场、面向人民生命健康，努力解决我国农业及农村经济发展中公益性、基础性、全局性、战略性、前瞻性重大科学与技术问题，加快建设世界一流学科和一流科研院所。

（二）认真贯彻党的民主集中制

加强班子建设，强化党组织政治功能，凝聚团队智慧，按照参与决策、推动发展、监督保障的要求充分发挥作用，加强对重大问题、重要事项的政治把关，发动党员团结带领职工保证决策事项顺利实施，确保所长负责制全面落实，建设“信念过硬、政治

过硬、责任过硬、能力过硬、作风过硬”，朝气蓬勃、团结一心的领导集体。坚持和完善院属单位党委工作规则与“三重一大”决策制度，细化明确“三重一大”事项范围、决策主体、决策程序、监督保障、责任追究等，加强制度执行的监督检查。坚持集体领导和个人分工负责相结合，党政主要领导对“三重一大”事项充分酝酿、沟通协调，党组织及时召开会议研究讨论，形成集体意见后再提交行政会议研究决定。

（三）严守党的政治纪律和政治规矩

深入开展党的政治纪律和政治规矩学习教育，强化党员干部政治责任，提高政治站位，自觉遵守党章、贯彻党章、维护党章，坚决防止“七个有之”，切实做到“五个必须”。牢固树立政治机关意识，防止“灯下黑”。培育积极健康的党内政治文化，坚持“三严三实”，弘扬和践行忠诚老实、公道正派、实事求是、清正廉洁等价值观，营造风清气正的政治生态，坚决抵制庸俗腐朽的政治文化。贯彻落实《中央和国家机关党员工作时间之外政治言行若干规定（试行）》，教育督促党员干部强化自我约束，特别要自觉规范工作时间之外的政治言行。对违反党的政治纪律和政治规矩问题严肃查处。

（四）坚持重大事项请示报告

严格执行《中国共产党重大事项请示报告条例》，严格落实下级党组织向上级党组织、党员和领导干部向党组织请示报告重大事项规定，严格执行重要工作、重大成果、重点科研进展报告制度，及时向上级党组织报告创新工程、乡村振兴、脱贫攻坚等中央重大决策部署和重要工作落实情况。

二、坚持强化理论武装，持续推动习近平新时代中国特色社会主义思想入脑入心

（一）强化理论武装

坚持读原著、学原文、悟原理，在学懂弄通做实上下功夫，用党的科学理论“铸魂”。深入学习贯彻习近平总书记贺信精神，习近平总书记关于科技创新、“三农”工作和全面从严治党等重要论述，落实《2019—2023 年全国党员教育培训工作规划》要求，开展大学习大培训，推动学用结合，切实用习近平新时代中国特色社会主义思想武装头脑、指导实践、推动工作。扎实推进“两学一做”学习教育常态化制度化，发挥理论学习中心组学习龙头作用和领导干部领学促学作用，抓紧抓实党支部学习，持续开展所局级干部理论文章征集评选。加强党建研究，强化成果交流和推广，注重研究成果

的转化和运用。充分利用网络平台载体开展学习教育，加大政策宣传、成就宣传和形势教育力度，强化中国特色社会主义和中国梦宣传教育。认真贯彻《新时代爱国主义教育实施纲要》，深化党史、国史、改革开放史、社会主义发展史教育。加强宪法、法治宣传教育和道德建设，培育践行社会主义核心价值观。深入推进创新文化建设，大力弘扬新时代科学家精神，锻造新时代“农科精神”，引导践行“求真笃行、敬农致用”的院训，打造富有农科精神内涵的党员教育实践基地，定期组织开展全院文明单位评选表彰，形成制度完善、学风优良、宽容失败、环境和谐的创新文化氛围。

（二）贯彻落实新时代党的组织路线

突出政治标准选人用人，强化政治把关，对政治不合格的干部实行“一票否决”。加强思想淬炼、政治历练、实践锻炼、专业训练，在贯彻落实中共中央和部院党组决策部署、应对重大斗争和突发事件、完成急难险重任务中提高政治能力和政治本领。从政治上认识和处理问题，在党和国家工作大局下想问题、做工作，提高辨别政治是非、保持政治定力、防范政治风险的能力，建设忠诚干净担当的高素质干部队伍。建立优秀年轻干部脱颖而出的选拔机制，培养一批 50 岁以下的正所级优秀年轻干部，45 岁以下的副所级优秀年轻干部，35 岁以下的处级优秀年轻干部，通过挂职扶贫、轮岗交流、党校培训等方式，增强才干，锤炼党性，积累经验。做好科研、管理、支撑、转化、研究生等各类人才的培养规划，构建合理人才梯队。认真实施农科英才特殊支持政策，加强创新团队执行首席配备和接班人培养，培养一批 45 岁左右的团队首席、40 岁左右的正高级人才、35 岁左右的副高级人才，推动优秀青年人才脱颖而出。

（三）加强和改进思想政治工作

认真学习贯彻《中国共产党宣传工作条例》和全国宣传思想工作会议精神，突出科研单位特点，加强对专家群体的教育引导，严格对党支部书记和团队首席的学习要求，强化对高级职称人员、高层次人次、研究生导师和党外人士中领导干部的学习教育。加强对青年群体的思想引领，发挥青年理论学习小组作用，提升青年理论学习质量。强化对意识形态工作的领导，加强意识形态阵地建设和管理，增强意识形态领域的主导权和话语权，做好重大突发事件和热点敏感问题的舆论引导。认真落实思想政治定期分析报告制度，加强对干部职工和研究生思想动态的分析研判，健全完善重大情况党内通报制度，开展经常性谈心谈话，岗位变动必谈、组织处理必谈、发生家庭变故必谈、发现苗头性问题必谈。提高思想政治工作水平，防止简单以政治学习和集体谈话代替“一对一”思想政治工作。

（四）加强群团和统战工作

加强党对群团和统战工作的领导，推动院科学技术协会、工会、共青团、妇女组织等群团组织增强政治性、先进性、群众性，打牢高举旗帜、维护核心、紧跟党走的思想政治根基。完善党建带群建制度机制，把群团建设纳入党建工作总体部署，每年至少专题研究部署一次群团工作。做好群团组织换届，支持群团组织依法依章程创造性开展工作，充分发挥桥梁纽带作用，引导激励干部职工围绕创新工程、乡村振兴等重大任务立足岗位、建功立业。广泛开展群众性文体活动，倡导优良院风、所风、家风，增强干部群众的组织归属感和幸福感。深入贯彻院党组《关于进一步加强新时期统一战线工作的意见》，加强统战工作，利用多种渠道创造条件、搭建平台，培养举荐党外人士，发挥专业特长和优势，履行参政议政、服务社会、民主监督的职能。

三、全面实现党支部建在创新团队上，充分发挥党组织战斗堡垒作用和党员先锋模范作用

（一）深化支部建在创新团队

坚持大抓基层的鲜明导向，打通全面从严治党的“最后一公里”。坚持中心工作开展到哪里，党的建设就跟进到哪里；乡村振兴、脱贫攻坚主战场在哪里，中国农业科学院专家团队就到哪里。把科研党支部建在创新团队，一个创新团队建立一个党支部，党支部书记原则上由创新团队党员首席科学家担任，根据工作需要可设一名副书记，协助书记工作。党支部突出政治功能，认真履行职责，发挥支委会职能作用，落实支部重点任务，参与团队科研方向和选题设置的讨论，确保符合“四个面向”指示要求；参与团队岗位设置方案、人员聘用条件、绩效分配原则、评优推荐人选的讨论，确保正确选人用人导向；参与团队科研经费支出审核和使用情况监督，加强纪律宣传教育，做科研人员的政治安全员和纪律宣传员。没有担任党支部书记的团队首席科学家，可列席支委会，参与重要事项讨论。

（二）补齐基层党组织建设短板

统筹在职、学生、离退休党组织建设和党的工作，加强分类指导。每年至少专题研究一次党支部工作，经常对党支部建设情况进行分析研判，按照“先进”“中间”“后进”进行分类评估，抓两头带中间，精准施策，扩大先进支部增量，提升中间支部水平，整顿后进支部。按照“应建尽建、应转尽转、应派尽派”原则，加强院所办企业、

试验基地、学会协会及期刊等领域的党建工作，有效实现党的组织和党的工作全覆盖。

（三）严肃党内政治生活

严格执行《关于新形势下党内政治生活的若干准则》，严格落实党的组织生活制度，坚决防止和克服党内政治生活忽视政治、淡化政治、不讲政治的倾向。提高民主生活会、组织生活会质量，落实民主生活会督导把关、整改通报等机制。提高“三会一课”质量和效果，落实组织生活会、民主评议党员、谈心谈话和主题党日等制度，坚持和完善重温入党誓词、党员过“政治生日”等政治仪式，使党内政治生活庄重、严肃、规范。领导干部自觉过好双重组织生活，党组织负责人每年为党员干部至少讲一次党课。创新支部活动方式，支部学习突出政治建设、创新强国、乡村振兴、高质量发展、绿色发展等重大战略的专题学习研讨，支部工作聚焦“四个面向”，围绕创新工程、乡村振兴等重点工作，充分发挥党支部战斗堡垒作用和党员先锋模范作用，切实把党建工作优势转化为推动中心工作的成效。

（四）严格落实基层党组织任期制度

院属单位党的委员会每届任期 5 年，党的总支部委员会、支部委员会每届任期 3 年，任期届满进行换届选举，未经上级党组织批准，不得延期或提前换届。根据《中国农业科学院基层党组织按期换届提醒督促办法》，建立换届提醒督促指导机制。基层党组织任期届满前，提前书面报送召开党员大会或党员代表大会进行换届选举的请示、换届工作方案，与上级党组织沟通党委、纪委候选人预备人选事宜，按照《中国共产党基层组织选举工作条例》要求，严格依规完成换届选举。委员出缺，应及时召开党员大会或党员代表大会采取差额选举的办法补选。

（五）加强党支部带头人队伍建设

健全党支部委员履职培训制度，将支部书记的培养和任用作为干部队伍建设的重要内容，新任党支部书记须在 6 个月内接受集中培训，确保支部书记政治和本领过硬。党委书记要支持支部书记工作，定期与支部书记交流谈心，及时了解和解决支部工作中存在的问题与困难。认真贯彻《中央和国家机关党小组工作规则》，调动党小组组长积极性，发挥党小组作用。

（六）发挥共产党员先锋模范作用

认真贯彻落实《中国共产党党员教育管理工作条例》，坚持把政治标准放在首位，提高党员发展质量，加强在高知识群体特别是科研骨干和青年职工中党员发展工作，强化对入党积极分子的培训教育。通过佩戴党员徽章、设立党费集中交纳日、创建党员先锋岗、党员民主评议等措施，引导党员增强党员意识。加强党员日常教育管理和监督，做好组织关系转接，落实党内激励关怀帮扶制度，稳妥处置不合格党员。深入贯彻落实中共中央办公厅《关于巩固深化“不忘初心、牢记使命”主题教育成果的意见》，把“不忘初心、牢记使命”作为党员干部的终身课题常抓不懈，教育党员围绕院所发展目标及团队创新任务，发挥先锋模范作用。

（七）抓好抓实“红旗党支部”创建

把“红旗党支部”创建作为推进“两学一做”学习教育常态化制度化和落实农业农村部系统基层党组织建设质量提升三年行动计划（2019—2021 年）的重要举措，建设政治功能强、支部班子强、党员队伍强、作用发挥强的“四强”党支部。按照创建行动方案，坚持任务目标导向，加强对科研、管理、学生、离退休等不同类型党支部的分类指导和业务培训，不断深化创建目标、创建任务和落实措施，扎实开展创建工作。发挥考评指挥棒作用，把党支部建在创新团队、组织生活规范、党支部战斗堡垒作用和党员先锋模范作用发挥充分、落实“四个面向”成效显著作为“红旗党支部”重要考评指标，把创建工作纳入基层党组织书记抓党建工作述职评议考核内容，加强检查督导。以创建为契机进一步完善党支部工作制度体系，积极挖掘提炼、推广普及典型案例和品牌支部工作法、党小组工作法，加强示范引领带动，及时研究解决创建工作中存在的问题，推动创建工作取得实效。

四、构建农业科研特色监督体系，营造纪律严明、环境宽松的创新氛围

（一）坚决纠正形式主义、官僚主义

深入学习习近平总书记关于力戒形式主义、官僚主义的重要论述，夯实全心全意为人民服务的思想基础，坚持实事求是的思想路线，彰显党领导科研工作的政治优势。认真贯彻执行中央八项规定及其实施细则精神，紧盯元旦、春节、五一、端午、中秋、国庆等重要节点，聚焦公车私用、私车公养、公款吃喝、公款旅游等突出问题，采取多种形式，强化监督检查，抓出习惯、化风成俗。把整治形式主义、官僚主义作为重要政治任务，对照《关于进一步改进院部机关工作作风的实施意见》，进一步查找文风会风、调查研究、督查考核等方面问题表现，持续整治“推”“拖”等”作风顽疾，大力营造干事创业的新风正气。党员领导干部要发挥头雁效应，以身作则、率先垂范，当好作风

建设的引领者、先行者、示范者。坚决反对特权思想和特权现象，大兴调查研究之风，建立党员领导干部深入创新团队、试验基地等基层联系点制度，了解一线情况，听取意见建议，推动解决问题，切实提升广大干部职工的满意度和获得感。

（二）加强日常教育管理监督

坚持将党规党纪作为理论学习中心组学习、党支部学习的重要内容，创新方式方法，加强经常性纪律教育。广泛宣传《中国农业科学院科研人员重点纪律红线》《党风廉政警示教育案例选编》，及时通报查结的违纪违法案件，召开警示教育大会，以案为鉴，使党员干部知敬畏、存戒惧、守底线。上好新入职职工、新晋升高级职称人员、新晋升导师、新任职领导干部的“廉政第一课”，督促系好职称职务晋升后的“第一粒扣子”。做好巡视、审计、纪检监察工作的深度融合，做实做细日常监督。突出“关键少数”，灵活运用工作约谈、谈话函询、受理信访、回复廉政意见、个人事项核查、民主生活会等方式，抓早抓小，防微杜渐。紧盯思想政治、科研学术、财务资产三大重点领域十七个方面，建立风险防控体系，强化党风廉政监督。

（三）建立健全四级监督体系

坚持把政治标准放在第一位，选优配齐配强纪委书记、纪委委员和党支部纪检委员、纪检监察小组成员。以述职考核为抓手，督促纪委书记提高政治站位，将足够的精力投入到纪检监察工作中，敢于担当、履职尽责。实行纪委委员分工负责制，强化纪委委员履职意识。积极推进党支部设立纪检监察小组，纪检委员与纪检监察小组组长“一肩挑”，按党员比例合理确定小组成员人数，充实纪检监察工作力量。建立纪委、纪委委员、纪检委员、纪检监察小组成员四级教育监督体系，推动纪委委员结合自身岗位和专业优势参与纪律检查和巡视工作，推动纪检委员、纪检监察小组成员在日常教育监督中发挥更大作用。

（四）把握“四严四宽”的基本原则

正确处理信任与监督、教育与惩处的关系，在全面从严治党严紧硬基础上，掌握好纪律严明与宽松环境的辩证统一，把握好“四严四宽”：对私要严，对公要宽；对党员领导干部要严，对专家学者要宽；对作风建设要严，对学术氛围要宽；对重点人重点事要严，对一般性工作要宽，用严明的纪律确保秩序井然、工作高效，用宽松的环境激发科研人员创造力、心无旁骛搞科研。充分运用“四种形态”，特别是用好用足第一种形态，咬耳扯袖、红脸出汗，抓早抓小、防微杜渐，既团结紧张又严肃活泼，营造纪律严明、宽松环境的创新氛围。

（五）建立党纪刚性与科研特性相统一基础上的担当机制

坚持“三个区分开来”，把握好党纪刚性与科研特性的关系，既坚持党纪刚性不动摇，纪律底线不能破；又充分考虑农业科研的未知性、不确定性、多样性、自然属性、社会属性等特性，以高度的责任感和担当精神，在落实“放管服”政策上担当作为，在体制机制创新上担当作为，在科研管理提质增效上担当作为，在为干部和科研人员撑腰鼓劲上担当作为。

（六）建立高效监督的技术体系、监督结果全方位运用的管理体系

充分利用现代信息手段，全面排查财务管理、科研管理、办公平台、物资采购、招投标管理等信息系统中存在的各类问题，打通信息“断路”，提高监督效率。充分利用大数据分析手段，及时预警，提示风险，精准监督，使科研经费更加阳光透明、廉洁高效。将监督结果全方位运用到各类人员评奖评优、职务晋升、职称评审、年度考核、项目申报、招生资格中，实现监督工作一盘棋。把党内党外、在职聘用、职工群众、科研人员、研究生导师等各类人员纳入监督对象范围，确保监督无死角无空白。

五、落实党建工作责任，强化组织领导和工作保障

（一）落实党建工作责任制

各级党组织严格贯彻落实《党委（党组）落实全面从严治党主体责任规定》，强化守土有责、守土担责、守土尽责的政治担当，认真履行全面从严治党主体责任，树牢“抓好党建是本职、不抓党建是失职、抓不好党建是渎职”的理念，经常研究党建工作，严格按照有关规定，保障党建工作和活动经费，纳入本单位年度经费预算，落实中国农业科学院党组织党建工作责任清单要求，实现党建工作和中心工作一起谋划、一起部署、一起落实、一起检查，定期向上级党组织报告履职情况。各级纪检组织强化监督专责机关的定位，落实中国农业科学院纪检组织监督责任清单要求，全面监督执纪问责。院属各单位党组织书记自觉扛起抓党建第一责任人职责，明责、履责、尽责。其他班子成员落实“一岗双责”，抓好职责范围内的党建工作。健全完善院党建工作领导小组工作机制，发挥好统筹协调作用。院直属机关党委切实履行对院机关各部门和院属京区各单位党组织工作的领导职责，充分发挥院党的建设工作领导小组办公室职责，加强对院属京外各单位党组织工作的指导。

（二）完善党建工作督促推进机制

充分利用政治巡视、党建综合督查、基层党建述职评议考核及绩效考核等措施和成果，推进巡视督查考核有效衔接，强化结果运用，推动党建问题整改和任务落实。找准党建与业务工作的结合点，切实推动党建与业务工作深度融合、互相促进。坚持“科学合理、实事求是、严格标准、务求实效”原则，加强基层党组织书记述职评议考核工作，压紧压实党建工作责任，推动全面从严治党向基层延伸。依据基层党组织书记抓党建工作述职评议考核办法，对基层党组织履行主体责任进行考核评价；各单位党组织结合实际研究制定实施细则，对党支部工作情况进行述评考核，督促党组织书记切实履行抓党建第一责任人职责，班子成员履行“一岗双责”。抓基层党建综合评价为“好”的党组织书记，个人年度考核才能评为“优秀”。

（三）加强党建工作力量

按照有关规定和要求统筹设立党务、人事、纪检、监察等机构，选优配强党务干部，确保党建工作有人抓、有人干、能干好。职工人数 200 人以上的单位，一般应当设置独立的党务工作机构。新任党组织书记、纪检组织负责人年龄一般应能任满一届，连续任职一般不超过两届。加强业务培训和培养锻炼，把党务干部培养成政治上的明白人、党建工作的内行人、干部职工的贴心人。有计划地安排党务干部同行政、业务干部之间的交流，保持党务干部队伍活力，专兼职党务工作经历纳入干部履历。

关于印发《关于院属单位党委委员增补及退出相关问题的答复》的通知

直党字〔2020〕48 号

院机关各部门、院属各单位党组织：

根据工作需要，为进一步明确院属单位党委委员增补及退出的要求和程序，经中国农业科学院 2020 年第 23 次党组会议审议通过，现将《关于院属单位党委委员增补及退出相关问题的答复》印发给你们，请严格按照要求，认真贯彻执行。

中共中国农业科学院直属机关党委

2020 年 12 月 5 日

关于院属单位党委委员增补及退出相关问题的答复

党委班子健全、委员履职尽责，是院属单位党委发挥作用的前提。针对院属单位因领导班子调整，党委委员增补及退出的时效和程序等问题，做如下答复。

一、关于院属单位党委委员增补程序的问题

党委委员在本届党委任期内出缺，应及时召开党员大会或党员代表大会补选。在条件成熟的情况下，院属单位党委应在10个工作日内提出增补党委委员的动议，并向上级党组织报送请示。

参照《中国农业科学院院属单位党委、纪委换届审批工作规定（试行）》（农科院党组发〔2016〕45号），党委委员增补须有两次请示、一次报告。

拟增补党委委员的请示报院党组，抄送直属机关党委、人事局，由直属机关党委负责按有关规定办文批复；关于党委委员候选人预备人选的请示报院党组，抄送人事局、直属机关党委，由人事局负责按有关规定办文批复。院属京外单位党委增补党委委员，还应按照所在地方上级党组织规定和要求，履行相关审批报告程序。

院属京内单位党委委员增补选举结果的报告报直属机关党委备案，抄送人事局。院属京外单位党委委员增补选举结果的报告报地方上级党组织备案，抄送直属机关党委、人事局。

二、关于院属单位党委委员退出程序的问题

党委委员因工作调离、组织关系转出本单位的，委员职务自动终止。因单位领导班子调整，出现不适宜继续担任委员情况的，院属单位党委应在1个月内研究提出意见，报经院党组同意后，提交党员大会或党员代表大会讨论决定，并按照增补党委委员的程序和规定要求，补选出缺额的委员。院属京外单位党委还应按照所在地方上级党组织规定和要求，履行相关审批报告程序。

三、关于院属单位调整党委委员职数的问题

原则上，院属单位党委委员职数在届内不变动。在党委委员满额的情况下，如确因工作需要增补党委委员的，院属单位党委应慎重研究，向上级党组织提出申请。

调整党委委员职数的请示，可在事先酝酿、沟通后，与增补党委委员的请示合并报送。调整党委委员职数的请示报院党组，抄送直属机关党委、人事局，由直属机关党委研究后，履行批复程序。院属京外单位党委调整党委委员职数，应按照所在地方上级党组织规定和要求进行沟通，再向院党组报送请示，同时向地方上级党组织履行相关审批报告程序。

院各直属党支部支部委员、院属单位纪委委员的增补及退出程序参照执行。

中国农业科学院获评2018—2019年度农业农村部直属机关优秀共产党员、优秀党务工作者和先进基层党组织名单

一、优秀共产党员

王振营　　植物保护研究所党委委员
王凤忠　　农产品加工研究所所长
刘　洁（女）　　成果转化局副局长

二、优秀党务工作者

范　静（女）　　作物科学研究所党委书记、副所长
赵红梅（女）　　院直属机关党委副书记、纪委书记
李延青　　监察局党支部副书记、院直属机关纪委副书记
尚　辰（女）　　生物技术研究所党办（人事处）干部

三、先进基层党组织

院直属机关党委
北京畜牧兽医研究所党委
农业信息研究所党委第三党支部

关于印发《关于加强新时代研究生党员教育管理工作的意见》的通知

直党字〔2020〕45 号

院机关各部门、院属各单位党组织：

《关于加强新时代研究生党员教育管理工作的意见》（简称《意见》）已经 2020 年第 20 次院党组会议审议通过。现印发给你们，请结合实际，认真贯彻执行。

中共中国农业科学院直属机关委员会

2020 年 11 月 10 日

关于加强新时代研究生党员教育管理工作的意见

研究生是中国农业科学院科技创新工作的重要力量，在中国农业科学院科技创新中具有独特的作用。近年来，随着中国农业科学院研究生招生规模不断扩大，研究生党员数量也快速增长，发挥好研究生党员的先锋模范作用，对于落实“四个面向”重要指示精神，加快建设世界一流学科和一流科研院所具有重要意义。为进一步加强和改进研究生党员的教育管理工作，根据《中国共产党章程》《中国共产党党员教育管理条例》等党内有关规定，提出以下意见。

一、指导思想和工作原则

（一）指导思想

以习近平新时代中国特色社会主义思想为指导，深入贯彻习近平总书记关于高等教育、高校思想政治工作、研究生教育工作、思政课建设等系列重要指示精神，落实《中国教育现代化2035》《关于加快新时代研究生教育改革发展的意见》等重大部署要求，全面贯彻党的教育方针，坚持社会主义办学方向，坚守为党育人、为国育才，把立德树人作为根本任务，从规范研究生党员教育管理、发挥研究生党员作用出发，创新教育方式，落实管理责任，进一步加强中国农业科学院新时代研究生党员教育管理工作，始终保持研究生党员先进性。

（二）工作原则

坚持突出思想政治教育。充分发挥基层党组织在研究生党建和思想政治建设中的主体作用，教育引导研究生党员坚定理想信念，自觉用党的创新理论武装头脑，树牢“四个意识”，坚定“四个自信”，坚决做到“两个维护”。深化党史、新中国史、改革开放史、院史所史、“三农”发展史等宣传教育，强化科学家精神教育，引导研究生党员增强党性观念，在爱党爱国、爱院爱所上作表率，在知农爱农、强农兴农中勇担当。

坚持与科研创新相结合。坚持“围绕中心抓党建 抓好党建促科研”的理念，将研究生党员教育管理与科研创新结合起来，发挥研究生党员所在创新团队党支部及导师作用，教育引导研究生党员将自身学术科研方向与经济社会发展需求相结合，将报效祖国的壮志情怀与刻苦钻研的科学精神相结合，在课程学习和科研活动中发挥先锋模范作用。

坚持区别情况动态管理。根据研究生党员的学习阶段、研究工作特点、分布状况等实际，采取研究生院和研究所两段式管理模式，做到研究生学习科研到哪里，研究生党的组织和党的工作就跟进到哪里，研究生党员作用就发挥到哪里。探索加强客座研究生党员的教育管理工作。

二、重点工作任务

（一）压实研究生党员教育管理责任

中国农业科学院党的建设工作领导小组是研究生党建工作的领导机构，负责对全院研究生党建工作的统筹、指导和监督，将研究生党建工作纳入年度党建工作重点和党建述职评议考核重要内容。研究生院党委和各研究所党委对研究生党员教育管理工作负总责，明确管理机构和人员明确工作思路和措施，认真抓好落实。

导师是研究生论文研究阶段培养教育第一责任人，要充分发挥导师在研究生教育管理中的作用。导师应言传身教、率先垂范，做好研究生思想政治工作，对研究生党员教育管理给予必要支持，推动研究生党建工作和科研、学习任务深度融合、相互促进。

（二）提升思想政治教育水平

加强思想政治工作，坚守研究生教育意识形态阵地，推进习近平新时代中国特色社会主义思想进课堂、进头脑，开好研究生思想政治理论课。发挥教育在培育和践行社会主义核心价值观中的重要作用，将科学精神、学术诚信、学术规范和伦理道德作为培养的重要内容，加强心理健康教育、职业规划和就业创业服务。

（三）加强研究生党支部建设

在研究生院集中学习期间，以班级为单位，硕士研究生设立党支部，博士研究生设立临时党支部；回所后，根据研究生培养教育情况设立党支部。根据党员人数和工作需要科学设置党小组。

单独设立研究生党支部的研究所党委，应选优配强研究生党支部班子。研究生正式党员 7 人以上的党支部，应当设立党支部委员会，党支部委员会由 3～5 人组成，一般不超过 7 人。研究生正式党员不足 7 人的党支部，设 1 名书记，必要时可以设 1 名副书记。党支部书记可由辅导员（研究生管理人员）或职工党员担任，党支部委员原则上应由品学兼优的研究生党员担任，纳入学生干部管理。

将研究生党员编入导师所在科研团队党支部的研究所党委，要注重加强关心激励和帮扶，在召开党员大会（或党员代表大会）进行议事决策、组织开展评优评先、开展组织生活会及民主评议党员等工作和环节中要充分考虑研究生党员的意见，保障研究生党员权利。

（四）严格组织生活制度落实

指导、督促研究生党支部严格落实“三会一课”、主题党日、组织生活会和民主评议党员等党内组织生活制度。为研究生党支部开展工作提供必要条件，给予经费保障，促进研究生党员自我教育、自我管理、自我提升，强化组织归属感和党员意识。研究生院党委和各研究所党委应派人列席指导所属研究生党支部组织生活会。

突出围绕理想信念教育、科研学术交流、个人成长发展、就业升学指导等内容开展研究生党建工作，鼓励支持利用新媒体开展学习教育。注重调动研究生党员的积极性、创造性，在党支部标准化规范化建设中，打造和推选研究生党支部学习品牌和支部工作法。

督促研究生党员按时足额交纳党费。研究生党员按照学生党员标准交纳党费，党费数额依据《关于中国共产党党费收缴、使用和管理的规定》《关于进一步规范党费工作的通知》等有关规定执行。对于尚未落实就业去向，按照有关规定将党员组织关系保留在原单位党组织的学生党员，仍向原单位党组织交纳党费，其交纳党费数额按在校学生党员党费交纳标准执行。

（五）规范做好党员发展工作

各单位党组织要高度重视在研究生中发展党员，严格落实《中国共产党发展党员工作细则》，始终把政治标准放在首位，把综合素质作为发展研究生党员的重要考察内容。坚持入党自愿原则和个别吸收原则，成熟一个发展一个，有领导、有计划地进行，严禁突击发展。

做好研究生入党积极分子的接续培养教育。入学时已是入党积极分子的研究生，在入党材料齐全、手续完备的情况下，研究生院或研究所党委应指定培养联系人，继续加强培养教育和考察。研究生回所时，研究生院党委应将入党积极分子相关材料及时移交研究所党委，并做好交接记录；研究所党委应指定培养联系人，继续加强培养教育和考察。接续培养教育和考察的入党积极分子，培养教育时间可连续计算。

做好重点发展对象的确定、考察。对于入党积极分子培养教育和考察，材料不齐全、手续不完备或不满一年的，不能确立为重点发展对象。已确定为重点发展对象的研究生，除进行政治审查外，研究生院或各研究所党委还必须适时安排其参加不少于 24 学时的短期集中培训。研究生院和京内研究所的研究生重点发展对象短期集中培训，由直属机关党委统筹安排；京外研究所由所党委向地方上级党组织申请和安排。

做好预备党员的接收及转正。研究生院和京内研究所研究生党员发展计划，由直属机关党委根据农业农村部直属机关党委下拨发展计划以及各单位研究生入党积极分子和重点发展对象情况进行统筹调配。京外研究所党委在充分了解本单位研究生入党积极分子和重点发展对象情况的基础上，要积极向上级党组织申请发展计划。重点发展对象未来 3 个月内将毕业离开学习单位的，一般不办理接收预备党员的手续。

研究生预备党员预备期满，党组织应及时讨论研究和审批能否转为正式党员。对于因未落实工作单位、申请延期派遣（户档封存）党组织关系保留在所在单位的预备党员，所在单位党组织应加强跟踪，继续培养、教育和考察，预备期满及时讨论研究和审批转正事宜。对于因出国（境）留学党组织关系保留在所在单位的预备党员，在出国（境）前，所在单位党委应要求党员本人提交保留组织关系的书面申请，回国后本人书面向党组织提出恢复预备期的申请，并如实汇报在国（境）外期间的情况，自向党组织提出书面申请之日起，经过一年时间的考察，符合党员条件的，可以办理转正手续。

（六）突出经常性学习教育

加强研究生党员经常性学习教育，以思想政治理论教育、党性党风党纪教育、科研能力与综合素质教育为主要内容，通过培训、报告会、专题党课、参观学习等多种形式，开展研究生专题学习教育，建立健全研究生党员“长期受教育、永葆先进性”的长效机制。院属各单位党委书记要带头给研究生党员讲党课、作报告，加强形势政策教育和舆情引导，教育引导研究生强化自我约束、自觉规范政治言行。

以党建带团建，发挥研究生党建工作的引领作用。通过党课与团课、主题党日与主题团日相结合等方式，培育建设红旗团支部、文明社团、文明班级、文明宿舍等，促进研究生教育管理整体水平提升。

（七）加强研究生党员的流动管理

研究生党员赴驻地外开展党建团学活动，研究生院党委或研究所党委应委派专人加强联系，跟进做好管理服务，督促研究生党员发挥模范带头作用，带领非党员研究生加强自我教育管理。在院属试验基地开展科研学习工作的，基地党组织或管理部门应协助做好研究生党员日常管理工作。

对于客座研究生党员，各单位党组织应按照组织关系一方隶属、参加多重组织生活的方式加强教育管理。条件成熟的，督促其将组织关系转入客座单位党组织。研究生院党委和各研究所党委应每半年调度、研究一次客座研究生党员学习教育情况。

对于出国（境）学习研究、组织关系保留在原单位的研究生党员，所在单位党组织应加强出国（境）期间的定期联系和教育管理工作，至少每半年与其联系一次，开展网络送学等。出国（境）学习研究生党员返回后按照规定恢复组织生活。

（八）做好研究生党员档案及组织关系接转

研究生院党委和各研究所党委应加强配合，在研究生入学、回所、毕业等关键节点，共同做好对研究生党员档案的核查、交接和归档。贯彻落实《中共中央组织部关于做好高校毕业生党员组织关系管理工作的通知》（组通字〔2015〕33 号）等规定要求，稳妥做好毕业生党员组织关系接转工作。

（1）研究生入学后，由研究生院党委负责对研究生党员档案进行必要的核查，审查入党材料是否齐全、手续是否完备，对于档案核查清楚的研究生入党积极分子、预备党员以及正式党员，分类加强教育管理。

（2）硕士研究生党员在北京校区集中学习时，组织关系在新生入学时转入研究生院，在兽医学院等京外学院集中学习的，在入学时转入京外学院；完成集中学习回所时，研究生院及京外学院将硕士研究生党员的组织关系转到各培养单位。博士研究生党员的组织关系在新生入学时直接转到各培养单位进行管理。

（3）研究生回所后，研究所党委应主动与研究生院党委对接，了解本单位本届研究生入党积极分子、预备党员以及正式党员情况，对于入党积极分子、预备党员应专门建档，按要求加强继续培养教育和考察；及时将党员编入相应党支部，并反馈组织关系介绍信回执。

（4）研究生毕业前 3 个月，研究所应将入党积极分子、重点发展对象、预备党员在研究所党组织接受继续培养教育和考察的相关档案及正式党员的奖惩材料转回研究生院，归入本人人事档案。归档或转出时需检查材料是否完备，并履行登记手续。

（5）研究生毕业时，研究生党员的党组织关系由各研究所党委直接转至学生毕业去向单位。对于已落实工作单位或升学的毕业生党员，应将组织关系及时转移到工作单位或升学单位的党组织；工作单位未建立党组织的，本着便于就近参加党组织生活的原则，可将组织关系转移到单位所在地或居住地的街道、乡镇党组织，也可同档案转移到县以上政府所属公共就业和人才服务机构党组织。对组织关系转出但尚未被接收的党员，原所在党组织仍负有管理责任。

对于未落实工作单位的毕业生党员，可将党组织关系保留在所在单位党组织，保留时间一般不超过 2 年，符合转出组织关系条件的应及时转出。申请延期派遣（户档封存）的研究生党员，组织关系可申请暂时保留在所在单位党组织，保留时间一般不超过 2 年。留学基金公派留学的研究生党员，组织关系可申请暂时留在所在单位党组织，时间一般不超过 5 年。

(6) 对于无正当理由长期不转移组织关系且不按要求缴纳党费和参加组织生活的、因出国（境）学习等原因而与组织失去联系的，党组织经研究后，可按有关规定和程序停止其党籍直至除名。

（九）加强激励关怀和服务

建立健全基层党组织负责人、党员教职工联系研究生党员制度，及时了解掌握研究生党员思想动态，听取意见建议，帮助解决学习、生活、就业等方面的实际困难。

(1) 对于科研学习遇到困难、家庭发生变故或出现困难、身心健康出现问题的研究生党员，所在党组织要给予及时必要的帮助帮扶，加强人文关怀和心理疏导，体现党组织的关心关爱。

(2) 研究生党员在就业过程中需要开具基层党组织意见及政审材料等党组织证明材料的，所在党组织应在充分了解情况的基础上，积极做好服务工作。

各单位党组织要充分发挥先进典型的引领示范带动作用，通过组织学生干部培训、交流报告会、评优评先等，培养选树一批优秀学生党员和优秀学生党务工作者，推选展示一批学生党建工作优秀案例，激励研究生党员在学习、科研和青年志愿服务等服务经济社会发展工作中发挥先锋模范作用。

三、保障措施

（一）加强组织领导

各级党组织要充分认识研究生党员教育和管理工作的重要性，将研究生党员教育和管理工作纳入党建重要工作常抓不懈。党委书记作为首要责任人要亲自抓，统筹协调党务、研究生管理等相关机构，明确责任部门和具体责任人，确保工作落实到位。

（二）提供经费保障

研究生院每年提供给各研究所的研究生管理费可用于支持回所研究生党员开展相关活动，各研究所党委应结合自身实际，为研究生党员开展活动提供必要的经费保障。

（三）加强人员保障

按照《中国农业科学院关于进一步加强研究生教育管理工作的若干意见（试行）》

（农科院研生〔2020〕112号）要求，建立专兼职结合的高水平管理队伍，由党员职工专人负责研究生党建及思想政治教育工作。

本意见自印发之日起正式执行，由中国农业科学院党建工作领导小组办公室负责解释。2016年7月印发的《关于进一步加强和改进研究生党员教育和管理工作的意见》（直党字〔2016〕53号）即行废止。

中共中国农业科学院党组关于印发《中共中国农业科学院党组贯彻落实〈中国共产党党务公开条例（试行）〉实施细则》的通知

农科院党组发〔2020〕49 号

院机关各部门、院属各单位：

《中共中国农业科学院党组贯彻落实〈中国共产党党务公开条例（试行）〉实施细则》已经中共中国农业科学院党组 2020 年第 17 次会议审议通过，现印发给你们，请结合实际认真贯彻执行。

中共中国农业科学院党组

2020 年 10 月 22 日

中共中国农业科学院党组贯彻落实《中国共产党党务公开条例（试行）》实施细则

第一章　总　则

第一条　为贯彻落实习近平新时代中国特色社会主义思想和党的十九大精神，推动全面从严治党向纵深发展，加强和规范党务公开工作，根据《中国共产党章程》《中国共产党党务公开条例（试行）》《农业农村部党组关于贯彻落实〈中国共产党党务公开条例（试行）〉实施细则（试行）》，结合中国农业科学院实际，制定本细则。

第二条　本细则所称党务公开，是指中国农业科学院党组和院机关各部门、院属各单位党组织（以下简称各级党组织）实施党的领导活动、加强党的建设工作的有关事务，按规定在党内或者向党外公开。

第三条　党务公开应当遵循以下原则。

（一）坚持正确方向。坚决维护习近平总书记党中央的核心、全党的核心地位，坚决维护以习近平同志为核心的党中央权威和集中统一领导，认真贯彻落实习近平新时代中国特色社会主义思想，牢固树立“四个意识”，坚定“四个自信”，把党务公开放到新时代中国特色社会主义的伟大实践中来谋划和推进，把坚持和完善党的领导贯彻到党务公开的全过程和各方面。

（二）坚持发扬民主。保障党员民主权利，落实党员知情权、参与权、选举权、监督权，更好调动各级党组织积极性、主动性、创造性，及时回应党员和群众关切，以公开促落实、促监督、促改进。

（三）坚持积极稳妥。注重党务公开与政务公开、办事公开等衔接联动，统筹各层级党务公开工作，一般先党内后党外，分类实施，务求实效。

（四）坚持依规依法。尊崇党章，依规治党，依法办事，科学规范党务公开的范围、内容、程序和方式，增强严肃性、公信度，不断提升党务公开工作制度化、规范化水平。

第四条　建立健全在院党组统一领导下，各级党组织分级负责，各部门各单位各负其责的党务公开工作领导体制。

院党组本级党务公开与院政务公开工作衔接联动，院机关各部门及有关单位按照“谁主办、谁公开”的原则，负责承办落实。院直属机关党委、院办公室、院人事局联合组织编制院党组党务公开目录，并督促指导全院党务公开工作。

第五条　各级党组织应当根据所承担的职责任务，建立健全党务公开的保密审查、风险评估、信息发布、政策解读、舆论引导、舆情分析、应急处置等工作机制。

第二章　公开的范围和内容

第六条　各级党组织贯彻落实党的基本理论、基本路线、基本方略情况，实施党的领导活动，落实全面从严治党责任、加强党的建设情况，以及党的组织职能、机构等情况，除涉及党和国家秘密不得公开或者依照有关规定不宜公开的事项外，一般应当公开。

加强对权力运行的制约和监督，充分调动广大职工的积极性、参与性和监督意识，让权力在阳光下运行，促进开放办院、民主办院。

党务公开不得危及政治安全特别是政权安全、制度安全，以及经济安全、军事安全、文化安全、社会安全、国土安全和国民安全等。

第七条　各级党组织应当根据党务与党员和群众的关联程度合理确定公开范围。

（一）贯彻落实“四个面向”“两个一流”重要指示精神，贯彻落实党中央、农业农村部关于“三农”与农业科技创新的方针政策，开展农业科技重大工程、重点行动、重要工作，涉及人民群众生产生活的党务，向社会公开。

（二）涉及本组织党的建设重大问题或者党员义务权利，需要全体党员普遍知悉和遵守执行的党务，在本党组织公开。

（三）本单位（部门）的党务，在本单位（部门）公开。

（四）涉及特定党的组织、党员和群众切身利益的党务，对特定党的组织、党员和群众公开。

第八条　院党组应当公开以下内容。

（一）学习贯彻党中央和上级组织决策部署，坚决维护以习近平同志为核心的党中央权威和集中统一领导情况。

（二）全院工作部署安排、重大改革事项、重要政策、重大项目等重大决策和推进落实情况，以及重大突发事件应急处置情况。

（三）落实党建工作责任制，履行全面从严治党主体责任，落实“一岗双责”，坚持贯彻民主集中制，严肃党内政治生活，领导和加强全院党的建设，贯彻落实中央八项规定及实施细则精神、防止和纠正“四风”现象等情况。

（四）党组重要会议、活动和重要人事任免情况。

（五）党组加强自身建设情况。

（六）其他应该公开的党务。

第九条　院机关各部门、院属各单位党组织应当公开以下内容。

（一）学习贯彻党中央和上级组织决策部署，坚决维护以习近平同志为核心的党中央权威和集中统一领导情况。

（二）任期工作目标、阶段性工作部署、重点工作任务及落实情况。

（三）加强思想政治工作、开展党内学习教育、组织党员教育培训、执行“三会一课”制度等情况。

（四）换届选举、党组织设立、发展党员、民主评议、召开组织生活会、保障党员权利、党费收缴使用管理以及党组织自身建设等情况。

（五）防止和纠正“四风”现象，联系服务党员和群众情况。

（六）落实管党治党政治责任，加强党风廉政建设，对党员作出组织处理和纪律处分情况。

（七）加强自身建设情况。

（八）其他应当公开的党务。

第十条 院各级纪检组织应当公开以下内容。

（一）学习贯彻党中央大政方针和重大决策部署，坚决维护以习近平同志为核心的党中央权威和集中统一领导，贯彻落实本级党委、上级纪律检察机关工作部署情况。

（二）开展纪律教育，加强纪律建设，维护党章党规党纪情况。

（三）查处违反中央八项规定精神，发生在群众身边、影响恶劣的不正之风和腐败问题情况。

（四）对党员领导干部严重违纪涉嫌违法犯罪进行立案审查、组织审查和给予开除党籍处分情况。

（五）对党员领导干部严重失职失责进行问责情况。

（六）加强自身建设情况。

（七）其他应当公开的党务。

第十一条 各级党组织应当根据本细则规定的党务公开范围和内容编制本级党务公开目录，并根据职责任务要求动态调整。在本单位内设机构设立党总支、党支部的党务公开目录，由批准其成立的党委统一编制和调整。党务公开目录应当报上一级党组织备案，并按照规定在党内或者向社会公开。院党组的党务公开目录按照农业农村部党组规定予以公开。各级党组织的党务公开目录一般在本部门本单位公开，上级党组织对公开范围另有规定的，按照规定办理。

第三章 公开的程序和方式

第十二条 凡列入党务公开目录的事项，各级党组织应当按照以下程序及时主动公开。

（一）提出。承办部门研究提出党务公开方案，拟订公开的内容、范围、时间、方式等。公开方式应与公开内容、范围相匹配。

（二）审核。由承办党务公开的部门进行保密审查，并从必要性、准确性等方面进行审核。对未定密和已解密的文件资料，公开前仍需进行保密审查，未经审查不得擅自公开。

（三）审批。党组织依照职权对党务公开方案进行审批，一般事项根据职责分工由党组织负责同志审批，凡属党组织领导班子自身建设、涉及改革发展稳定的重大决策、党员群众关心的热点、难点问题等重要事项和向本部门、本单位以外公开的重要事项，由党组织主要负责同志审批，必要时由党组织会议集体研究审批。超出职权范围的必须按程序报上一级党组织审批。

（四）实施。承办部门按照经批准的方案实施党务公开。

第十三条　各级党组织应当根据党务公开的内容和范围，选择适当的公开方式。在院内公开的，一般采取召开会议、制发文件、编发简报、在内部办公系统、内部局域网系统或院网、院报等多种媒介发布等方式。向社会公开的，一般采取发布公报、接受采访，在报刊、电视、互联网、新媒体、公开栏发布等方式，优先使用党报党刊、电台电视台、重点新闻网站等党的媒体进行发布。

第十四条　党务公开可以与政务公开、办事公开等方面的载体和平台实现资源共享的，应当统筹使用。已列入政务公开、办事公开内容的，应与政务公开、办事公开的程序、方式等有效衔接。建有单位门户网站、内部办公系统、内部局域网系统的，一般应当建立统一的党务信息公开平台。通过政务公开、办事公开发布的信息，不再通过党务公开渠道另行发布。

第十五条　注重党务公开相关信息监测反馈，对引起重大舆情反应的，应当及时报告。发现有不真实、不完整、不准确的信息，应当及时加以澄清和引导。

第十六条　建立健全党员旁听党委会议、党的代表大会代表列席党委会议、党内情况通报反映、党内事务咨询、重大决策征求意见、重大事项社会公示和社会听证等制度，发展和用好党务公开新形式，不断拓展党员和群众参与党务公开的广度和深度。

第四章　组织实施

第十七条　各级党组织应当把党务公开工作列入重要议事日程，担负起本单位党务公开的责任。党组织主要负责同志是实施党务公开的第一责任人，应当及时听取党务公开工作汇报，研究解决工作中的困难和问题，推动党务公开工作有序开展。

第十八条　各级党组织应当建立健全党务公开领导工作机构，履行谋划部署、组织推动、考评奖惩等职责，统筹协调和督促指导本单位党务公开工作。相关职能部门应结合工作职责，做好党务公开监督执纪问责、干部队伍培训、宣传引导等工作。

第五章　监督与追责

第十九条　各级党组织应当将党务公开工作情况纳入向上一级党组织报告工作、党建工作专题报告和党建述职评议考核的重要内容。

第二十条　各级党组织应当将党务公开工作情况作为履行全面从严治党政治责任的

重要内容，对下级组织及其主要负责人进行考核，每年向有关党员、党外人士和群众通报党务公开情况，并纳入党员民主评议范围，主动听取党外人士和群众意见。

第二十一条 各级党组织应当建立健全党务公开工作督查机制，开展经常性检查和专项督查，专项督查可以与党风廉政建设责任制检查考核、党建述职评议考核、各部门各单位年终考核中党建工作完成情况等相结合。督查情况应当在适当范围通报。

第二十二条 对违反本细则规定并造成不良后果的，应当依规依纪追究有关党组织、党员领导干部和工作人员的责任。

第六章 附 则

第二十三条 各级党组织应当根据本细则制订相应实施方案。

第二十四条 本细则由院直属机关党委会同院办公室、院人事局负责解释。

第二十五条 本细则自发布之日起实施。

附件：1. 中共中国农业科学院党组党务公开目录

2. 中国农业科学院直属机关党委党务公开目录

3. 中国农业科学院机关党组织党务公开目录

4. 中国农业科学院院属单位党组织党务公开目录

附件 1

中共中国农业科学院党组党务公开目录

一级目录	二级目录	公开方式	公开范围	责任部门
（一）学习贯彻党中央和上级组织决策部署，坚决维护以习近平同志为核心的党中央权威和集中统一领导情况	1. 学习贯彻习近平总书记重要指示批示精神情况	会议、文件、智慧农科协同平台、互联网等	根据实际确定公开范围	院直属机关党委、院办公室、相关单位和部门
	2. 学习贯彻党的全国代表大会、党中央重要会议决策部署情况	会议、文件、智慧农科协同平台、互联网等	根据实际确定公开范围	院直属机关党委、院办公室、相关单位和部门
	3. 贯彻执行党内法规、党中央重要文件情况	会议、文件、智慧农科协同平台、互联网等	根据实际确定公开范围	院直属机关党委、院办公室、相关单位和部门
	4. 办理落实中央领导批示和交办事项情况	会议、文件、智慧农科协同平台、互联网等	根据实际确定公开范围	院办公室、相关单位和部门
	5. 贯彻落实上级组织工作部署要求情况	会议、文件、智慧农科协同平台、互联网等	根据实际确定公开范围	院办公室、相关单位和部门
（二）农业科技工作重大部署安排，重大工程、重点行动、重要工作等的决策和推进落实情况，以及重大突发事件应急处置情况	6. 农业科技工作重大部署、重大工程、重大行动的决策和落实情况	会议、文件、智慧农科协同平台、互联网等	在全院公开向社会公开	科技局、转化局、基建局、院办公室、相关单位和部门
	7. 农业科技重大创新成果产出情况	会议、文件、智慧农科协同平台、互联网等	在全院公开向社会公开	科技局、相关单位和部门
	8. 农业科技支持服务“三农”工作情况	会议、文件、智慧农科协同平台、互联网等	在全院公开向社会公开	成果转化局、相关单位和部门
	9. 重大突发事件应急处置情况	会议、文件、智慧农科协同平台、互联网等	在全院公开向社会公开	院办公室、相关单位和部门

（续表）

一级目录	二级目录	公开方式	公开范围	责任部门
（三）落实党建工作责任制，履行全面从严治党主体责任，落实“一岗双责”，坚持贯彻民主集中制，严肃党内政治生活，领导和加强全院党的建设，贯彻落实中央八项规定及实施细则精神、防止和纠正“四风”现象等情况	10. 落实党建工作责任制，履行全面从严治党主体责任，落实“一岗双责”等情况	会议、文件、智慧农科协同平台	在党组织内公开 在全院公开	院直属机关党委
	11. 领导和加强党的政治建设情况	会议、文件、智慧农科协同平台	在党组织内公开 在全院公开	院直属机关党委、院人事局
	12. 领导和加强党的思想建设情况	会议、文件、智慧农科协同平台	在党组织内公开 在全院公开	院直属机关党委、院人事局
	13. 领导和加强党的组织建设情况	会议、文件、智慧农科协同平台	在党组织内公开 在全院公开	院直属机关党委、院人事局
	14. 领导和加强党的作风建设情况	会议、文件、智慧农科协同平台	在党组织内公开 在全院公开	院办公室、院直属机关党委、院人事局
	15. 领导和加强党的纪律建设情况	会议、文件、智慧农科协同平台	在党组织内公开 在全院公开	院监察局、院直属机关党委、院人事局
	16. 领导和加强党的制度建设情况	会议、文件、智慧农科协同平台	在党组织内公开 在全院公开	院直属机关党委、院办公室、院人事局

（续表）

一级目录	二级目录	公开方式	公开范围	责任部门
（四）党组重要会议、活动和重要人事任免情况	17. 党组重要会议情况	会议、文件、智慧农科协同平台、互联网等	在全院公开向社会公开	院办公室、相关单位和部门
	18. 党组重要活动情况	会议、文件、智慧农科协同平台、互联网等	在全院公开向社会公开	院办公室、相关单位和部门
	19. 党组重要人事任免情况	会议、文件、智慧农科协同平台、互联网等	在全院公开向社会公开	院人事局
（五）党组加强自身建设情况	20. 党组主要职责情况	会议、文件、智慧农科协同平台、互联网等	在全院公开向社会公开	院办公室
	21. 党组成员基本信息和职责分工等情况	会议、文件、智慧农科协同平台、互联网等	在全院公开向社会公开	院办公室
	22. 建立健全党组工作规则等情况	会议、文件、智慧农科协同平台、互联网等	在全院公开向社会公开	院办公室
	23. 党组理论中心组学习情况	会议、文件、智慧农科协同平台、互联网等	在全院公开向社会公开	院办公室
	24. 党组民主生活会情况	会议、文件、智慧农科协同平台、互联网等	在全院公开向社会公开	院直属机关党委

（续表）

一级目录	二级目录	公开方式	公开范围	责任部门
（六）其他应该公开的党务	25. 党内法规规定的其他需要公开的事项	按照党内法规规定确定	按照党内法规规定确定	按照“谁主办、谁公开”原则确定
	26. 上级组织要求公开的其他事项	按照上级组织要求确定	按照上级组织要求确定	按照“谁主办、谁公开”原则确定
	27. 党组研究确定的其他公开事项	根据党组决定确定	根据党组决定确定	按照“谁主办、谁公开”原则确定

附件2

中国农业科学院直属机关党委党务公开目录

一级目录	二级目录	公开方式	公开范围	公开时限	责任部门
（一）学习贯彻党中央和上级组织决策部署，坚决维护以习近平同志为核心的党中央权威和集中统一领导情况	1. 学习贯彻习近平总书记重要指示精神情况	会议、文件、智慧农科协同平台、互联网等	院内	即时	办公室
	2. 学习贯彻党的全国代表大会、党中央重要会议决策部署情况	会议、文件、智慧农科协同平台、互联网等	院内	即时	办公室
	3. 贯彻执行党内法规、党中央重要文件情况	会议、文件、智慧农科协同平台、互联网等	院内	即时	办公室
	4. 学习贯彻上级党组织决议、决定及执行情况	会议、文件、智慧农科协同平台、互联网等	院内	即时	办公室
	5. 贯彻落实院党组决议决定和工作部署情况	会议、文件、智慧农科协同平台、互联网等院内	院内	即时	办公室
（二）任期工作目标、阶段性工作部署、重点工作任务及落实情况	6. 年度工作要点情况	会议、文件、智慧农科协同平台、互联网等	院内	定期	办公室
	7. 重要工作部署和阶段性工作重点情况	会议、文件、智慧农科协同平台、互联网等	院内	即时	办公室
	8. 年度（重要）工作完成情况	会议、文件、智慧农科协同平台、互联网等	院内	即时	办公室
	9. 落实党建工作责任制情况	会议、文件、智慧农科协同平台、互联网等	院内	即时	办公室

（续表）

一级目录	二级目录	公开方式	公开范围	公开时限	责任部门
（三）加强思想政治工作、开展党内学习教育、组织党员教育培训、执行“三会一课”制度等情况	10. 学习型党组织建设有关情况	会议、文件、智慧农科协同平台、互联网等	院内	定期	宣传处
	11. 所局级领导干部理论学习论文评选情况	会议、文件、智慧农科协同平台、互联网等	院内	定期	宣传处
	12. 党员干部教育培训情况	会议、文件、智慧农科协同平台、互联网等	院内	即时	组织处
	13. 执行“三会一课”制度等情况	会议、文件、智慧农科协同平台、互联网等	院内	定期	组织处
	14. 干部职工思想政治工作情况	会议、文件、智慧农科协同平台、互联网等	院内	定期	宣传处
	15. 精神文明建设情况	会议、文件、智慧农科协同平台、互联网等	院内	定期	宣传处

（续表）

一级目录	二级目录	公开方式	公开范围	公开时限	责任部门
（四）换届选举、党组织设立、发展党员、民主评议、召开组织生活会、保障党员权利、党费收缴使用管理以及党组织自身建设等情况	16. 直属机关党委机构设置、职责分工、换届选举等情况	会议、文件、智慧农科协同平台、互联网等	院内	长期	办公室
	17. 直属机关党委民主评议党员情况	会议、文件、智慧农科协同平台、互联网等	院内	定期	办公室
	18. 直属机关党委年终考核情况	会议、文件、智慧农科协同平台、互联网等	院内	定期	办公室
	19. 直属机关党委召开组织生活会情况	会议、文件、智慧农科协同平台、互联网等	院内	定期	办公室
	20. 党员队伍建设情况（入党积极分子、党员发展等）	会议、文件、智慧农科协同平台、互联网等	院内	即时	组织处
	21. 创先争优、评选表彰情况	会议、文件、智慧农科协同平台、互联网等	院内	即时	组织处
	22. 批准基层党组织设置、换届选举、增补情况	会议、文件、智慧农科协同平台、互联网等	院内	即时	组织处
	23. 保障党员权利情况	会议、文件、智慧农科协同平台、互联网等	院内	即时	组织处
	24. 党费收缴、使用和管理情况	会议、文件、智慧农科协同平台、互联网等	院内	定期	组织处
	25. 工会、共青团、妇女组织工作情况	会议、文件、智慧农科协同平台、互联网等	院内	定期	群团组织

（续表）

一级目录	二级目录	公开方式	公开范围	公开时限	责任部门
（五）防止和纠正“四风”现象，联系服务党员和群众情况	26. 机关和直属单位党员领导干部民主生活会情况	会议、文件、智慧农科协同平台、互联网等	院内	定期	组织处
	27. 下基层调研、深入联系点情况	会议、文件、智慧农科协同平台、互联网等	院内	即时	办公室
	28. 听取、反映、采纳党员、群众意见和建议情况	会议、文件、智慧农科协同平台、互联网等	院内	即时	办公室
	29. 慰问老党员和生活困难党员情况	会议、文件、智慧农科协同平台、互联网等	院内	定期	组织处
	30. 为干部职工解决困难和办实事情况	会议、文件、智慧农科协同平台、互联网等	院内	定期	办公室

（续表）

一级目录	二级目录	公开方式	公开范围	公开时限	责任部门
（六）落实管党治党政治责任，加强党风廉政建设，对党员作出组织处理和纪律处分情况	31. 落实党风廉政建设责任制情况	会议、文件、智慧农科协同平台、互联网等	院内	长期	直属机关纪委
	32. 推进惩治和预防腐败体系建设情况	会议、文件、智慧农科协同平台、互联网等	院内	长期	直属机关纪委
	33. 反腐倡廉宣传教育和廉政文化建设情况	会议、文件、智慧农科协同平台、互联网等	院内	长期	直属机关纪委
	34. 党员领导干部执行廉洁自律规定情况	会议、文件、智慧农科协同平台、互联网等	院内	即时	直属机关纪委
	35. 落实党内监督制度情况	会议、文件、智慧农科协同平台、互联网等	院内	定期	直属机关纪委
	36. 对党员作出组织处理和纪律处分情况	会议、文件、智慧农科协同平台、互联网等	院内	即时	直属机关纪委
（七）其他应当公开的党务	37. 上级党组织确定的其他公开事项	会议、文件、智慧农科协同平台、互联网等	院内	即时	有关部门
	38. 广大党员要求公开的其他事项	会议、文件、智慧农科协同平台、互联网等	院内	即时	有关部门

附件 3

中国农业科学院机关党组织党务公开目录

一级目录	二级目录	公开方式	公开范围	公开时限	责任部门
（一）学习贯彻党中央和上级组织决策部署，坚决维护以习近平同志为核心的党中央权威和集中统一领导情况	1. 学习贯彻习近平总书记重要指示精神情况				
	2. 学习贯彻党的全国代表大会、党中央重要会议决策部署情况				
	3. 贯彻执行党内法规、党中央重要文件情况				
	4. 学习贯彻上级党组织决议、决定及执行情况				
	5. 贯彻落实院党组决议决定和工作部署情况				
（二）任期工作目标、阶段性工作部署、重点工作任务及落实情况	6. 党组织年度工作计划情况				
	7. 党组织阶段性工作重点（重要工作事项）				
	8. 党组织年度（重要）工作完成情况				

（续表）

一级目录	二级目录	公开方式	公开范围	公开时限	责任部门
（三）加强思想政治工作、开展党内学习教育、组织党员教育培训、执行“三会一课”制度等情况	9. 学习型党组织建设有关情况				
	10. 党员及中心组理论学习计划及落实情况				
	11. 党员干部教育培训计划及落实等情况				
	12. 执行“三会一课”制度等情况				
	13. 干部职工思想政治工作情况				
	14. 开展精神文明创建活动情况				
	15. 开展机关文化建设情况				
（四）换届选举、党组织设立、发展党员、民主评议、召开组织生活会、保障党员权利、党费收缴使用管理以及党组织自身建设等情况	16. 党组织机构设置、职责分工、换届选举等情况				
	17. 民主评议党员情况				
	18. 年终考核情况				
	19. 领导班子执行民主集中制情况				
	20. 入党积极分子培养、党员发展等情况				
	21. 创先争优、评选表彰情况				
	22. 开展主题党日活动情况				
	23. 保障党员权利情况				
	24. 党费收缴、使用和管理情况				

（续表）

一级目录	二级目录	公开方式	公开范围	公开时限	责任部门
（五）防止和纠正“四风”现象，联系服务党员和群众情况	25. 民主生活会会前准备（制订方案、开展谈心、征求群众意见）、会议召开及整改措施等情况				
	26. 群众对上年度整改落实情况满意度测评情况				
	27. 听取、反映、采纳党员、群众意见和建议情况				
	28. 帮助党员群众解决困难和办实事情况				
（六）落实管党治党政治责任，加强党风廉政建设，对党员作出组织处理和纪律处分情况	29. 落实党风廉政建设责任制情况				
	30. 廉政教育和廉政文化建设情况				
	31. 党员领导干部执行廉洁自律规定情况				
	32. 落实党内监督制度及廉政风险防控机制建设情况				
	33. 对党员作出组织处理和纪律处分情况				

（续表）

一级目录	二级目录	公开方式	公开范围	公开时限	责任部门
（七）其他应当公开的党务	34. 上级党组织确定的其他公开事项				
	35. 广大党员要求公开的其他事项				

说明：1. 中国农业科学院机关党组织：指中国农业科学院机关各部门党支部、机关离退休党总支。
2. 本目录供各级党组织制定党务公开目录时参考。
3. “一级目录”“二级目录”内容可由各级党组织根据实际情况进行增减。
4. “公开方式”包括会议、文件、智慧农科协同平台、互联网等。
5. “公开范围”包括所在部门、社会等。
6. “公开时限”包括长期、定期、即时等。
7. “责任部门”包括所在部门各处室等。

附件 4

中国农业科学院院属单位党组织党务公开目录

一级目录	二级目录	公开方式	公开范围	公开时限	责任部门
（一）学习贯彻党中央和上级组织决策部署，坚决维护以习近平同志为核心的党中央权威和集中统一领导情况	1. 学习贯彻习近平总书记重要指示精神情况				
	2. 学习贯彻党的全国代表大会、党中央重要会议决策部署情况				
	3. 贯彻执行党内法规、党中央重要文件情况				
	4. 学习贯彻上级党组织决议、决定及执行情况				
	5. 贯彻落实院党组决议决定和工作部署情况				
（二）任期工作目标、阶段性工作部署、重点工作任务及落实情况	6. 年度工作计划情况				
	7. 阶段性工作重点（重要工作事项）				
	8. 年度（重要）工作完成情况				
	9. 落实党建工作责任制情况				

（续表）

一级目录	二级目录	公开方式	公开范围	公开时限	责任部门
（三）加强思想政治工作、开展党内学习教育、组织党员教育培训、执行“三会一课”制度等情况	10. 学习型党组织建设有关情况				
	11. 中心组理论学习计划及落实情况				
	12. 党员干部学习教育培训计划及落实等情况				
	13. 执行“三会一课”制度等情况				
	14. 干部职工思想政治工作情况				
	15. 开展精神文明创建活动情况				
	16. 开展文化建设情况				
（四）换届选举、党组织设立、发展党员、民主评议、召开组织生活会、保障党员权利、党费收缴使用管理以及党组织自身建设等情况	17. 党组织机构设置、职责分工、换届选举等情况				
	18. 民主评议党员情况				
	19. 年终考核情况				
	20. 领导班子执行民主集中制情况				
	21. 党员队伍建设情况（入党积极分子培养、党员发展等情况）				
	22. 创先争优、评选表彰情况				
	23. 批准基层党支部设置、换届选举、增补情况				
	24. 开展主题党日活动情况				
	25. 保障党员权利情况				
	26. 党费收缴、使用和管理情况				
	27. 工会、共青团、妇女组织工作情况				

（续表）

一级目录	二级目录	公开方式	公开范围	公开时限	责任部门
（五）防止和纠正“四风”现象，联系服务党员和群众情况	28. 民主生活会会前准备（制订方案、开展谈心、征求群众意见）、会议召开及整改措施等情况				
	29. 群众对上年度整改落实情况满意度测评情况				
	30. 下基层调研、深入联系点情况				
	31. 听取、反映、采纳党员、群众意见和建议情况				
	32. 慰问老党员和生活困难党员情况				
	33. 为干部职工解决困难和办实事情况				
（六）落实管党治党政治责任，加强党风廉政建设，对党员作出组织处理和纪律处分情况	34. 落实党风廉政建设责任制情况				
	35. 推进惩治和预防腐败体系建设情况				
	36. 廉政教育和廉政文化建设情况				
	37. 党员领导干部执行廉洁自律规定情况				
	38. 落实党内监督制度及廉政风险防控机制建设情况				
	39. 对党员作出组织处理和纪律处分情况				

（续表）

一级目录	二级目录	公开方式	公开范围	公开时限	责任部门
（七）其他应当公开的党务	40. 上级党组织确定的其他公开事项				
	41. 广大党员要求公开的其他事项				

说明：1. 中国农业科学院院属单位党组织：指中国农业科学院后勤服务中心、研究生院、出版社和京内外各研究所党组织。

2. 本目录供各级党组织制定党务公开目录时参考。

3. “一级目录”“二级目录”内容可由各级党组织根据实际情况进行增减。

4. “公开方式”包括会议、文件、智慧农科协同平台、互联网等。

5. “公开范围”包括所在部门、社会等。

6. “公开时限”包括长期、定期、即时等。

7. “责任部门”包括所在部门各处室等。

中国农业科学院贯彻落实习近平总书记重要指示精神坚决制止餐饮浪费行为的行动方案

为深入贯彻落实习近平总书记制止餐饮浪费行为作出的重要指示精神，推动中国农业科学院在厉行节约、反对浪费特别是制止餐饮浪费行为上走在前、做表率，结合实际，制订方案如下。

一、带头增强厉行节约的政治自觉

（一）组织广大干部职工特别是党员领导干部深入学习贯彻习近平总书记关于厉行节约、反对浪费特别是制止餐饮浪费行为的一系列重要指示批示精神。认真落实《党政机关厉行节约反对浪费条例》《关于厉行节约反对食品浪费的意见》等制度规定。带头增强勤俭节约、反对餐饮浪费的政治自觉，带头在单位落实餐饮节约的各项措施，带头在家庭传承勤俭节约的传统美德，带头在全社会倡导健康文明节俭的餐饮消费方式。(牵头部门：机关党委；责任部门：院机关各部门、院属各单位)

（二）院机关各部门、院属各单位理论学习中心组和青年理论学习小组要围绕贯彻落实习近平总书记重要指示批示精神和中央有关规定要求，开展学习研讨，强化责任。以党支部（党小组）为单位，召开“厉行勤俭节约、反对餐饮浪费”专题组织生活会，在对标对表中提高认识，自查自纠存在问题，明确努力方向和改进措施。院属各级党组织要尽快形成以党支部带动每位党员、每位职工的良好局面，将习近平总书记的指示精神入耳入脑入心，见人见事见效。(牵头部门：直属机关党委；责任部门：院机关各部门、院属各单位)

二、坚决杜绝公务活动用餐浪费

（三）认真贯彻落实中央八项规定及其实施细则精神，以及中国农业科学院有关规定，切实加强公务接待、会议、培训等公务活动用餐管理。公务活动用餐要按照快捷、健康、节约的要求，积极推行简餐和标准化饮食，科学合理安排饭菜数量，尽量安排在院食堂就餐。从严控制公务活动数量、时间和规模，严禁以会议、培训等名义组织宴请或大吃大喝。接待用餐陪餐人员不得超过规定人数。（牵头部门：院办公室；责任部门：院机关各部门、院属各单位）

（四）严格执行公务活动用餐财务管理制度，按照相关规定合理编制经费预算，公务活动用餐开支标准严格执行接待、差旅、会议、培训管理的有关规定。公务活动用餐费支付应严格执行财务制度和公务卡管理有关规定，采用公务卡或银行转账方式结算。严禁向所属单位、企业、个人转嫁公务活动用餐费用。（牵头部门：财务局；责任部门：院机关各部门、院属各单位）

三、着力推进单位食堂节约用餐

（五）严格成本控制，提高管理水平，把节约理念贯穿食材采购、储存、配餐等各个方面。对食材人均消耗进行定量统计分析，合理确定采购数量，严格储存环境消杀，加强储存管理。倡导绿色餐饮，按照健康原则提供饮食，科学设计，合理搭配，注重膳食平衡。落实精细加工制作，提高食品原材料初加工利用率，对厨余食材深加工，充分利用食材边角料制作食品，创新搭配方式，提高原材料出成率。开展食堂用餐人员流量统计，实施餐饮供应量动态管理，避免浪费。（牵头部门：后勤服务中心；责任部门：院属各单位）

（六）优化供餐用餐方式，把厉行节约、反对浪费的要求体现在管理服务的全过程。采取按人定量、按时加量、分量烹饪等方式，依据各时间段人员取餐量，坚持少量勤炒，合理控制成品量，推行小份菜或半份菜，积极改进菜品口味，避免因口味不佳造成的浪费。在食堂和就餐区域醒目位置张贴或摆放宣传标题标语，提醒就餐人员按需、少量、多次取餐，推进“光盘行动”常态化。通过设立流动监督员或安装摄像头等措施，加强对倾倒剩余饭菜行为的监督，及时提醒纠正餐饮浪费行为。妥善处理厨余垃圾，推进资源化利用。（牵头部门：后勤服务中心；责任部门：院属各单位）

四、倡导健康文明节俭的生活方式

（七）发布厉行节约、反对餐饮浪费倡议书，引导干部职工树立健康、科学、合理的饮食理念。倡导科学点餐、文明用餐、理性消费，减少使用一次性餐具，坚决杜绝“舌尖上的浪费”。加强绿色消费教育，倡导文明节俭的消费习惯。引导家庭按实际需要采购食品，倡导婚丧喜庆事宜从简用餐，大力破除讲排场、比阔气等不良风气。（牵头部门：机关党委、院办公室；责任部门：院机关各部门、院属各单位）

（八）运用门户网站、橱窗海报以及新媒体手段加强宣传教育。引导干部职工从现在做起、从自身做起、从家庭做起，珍惜每一餐饭、节约每一粒粮、节省每一度电、爱惜每一滴水，自觉践行“光盘行动”，让勤俭节约的理念真正内化于心、外化于行。及时总结经验、宣传先进典型，倡导良好风尚。（牵头部门：院办公室、直属机关党委；责任部门：院机关各部门、院属各单位）

（九）充分发挥各级群团组织作用，引导广大职工自觉践行节约粮食、反对餐饮浪费的理念。结合青年干部回乡调研、“最美家书”征集、寻找“最美家庭”等活动，引导广大农业科技工作者进一步深刻体会“粒粒皆辛苦”的含义，认识爱粮节粮的重大意义。（牵头部门：直属机关党委；责任部门：院机关各部门、院属各单位）

五、建立健全长效机制

（十）强化党建引领，把厉行节约、反对浪费特别是制止餐饮浪费行为作为一项重要政治任务，纳入各级党组织落实全面从严治党主体责任的重要内容。把节约粮食、坚决制止餐饮浪费作为监督的一项重要任务，立足职能职责，督促各级党组织切实担起主体责任，有关部门认真履行监管职责，切实把节约粮食、制止餐饮浪费规定要求落实到位。（牵头部门：监察局、直属机关纪委；责任部门：院机关各部门、院属各单位）

（十一）把节约粮食、制止餐饮浪费作为落实中央八项规定精神、纠治“四风”的重要方面，纳入日常监督、巡视检查的重要内容。督促相关部门加强对制度执行情况的监督检查，及时发现和解决制度执行中的问题，坚决克服形式主义、官僚主义。把厉行节约、反对浪费特别是制止餐饮浪费行为工作情况，纳入模范机关创建、文明单位评选、基层党组织书记述职评议考核、年度评先评优等工作中，作为重要指标，充分发挥“风向标”和“指挥棒”作用。（牵头部门：监察局、直属机关党委；责任部门：院机关各部门、院属各单位）

（十二）紧盯违规公款吃喝、餐饮浪费行为，精准运用“四种形态”，对苗头性、倾向性问题，及时咬耳扯袖、抓早抓小、提醒纠正。同时，加大问责力度，对违规公款吃喝、餐饮浪费问题严重的单位、部门，严肃追究领导责任，并通报曝光，形成警示震慑。（牵头部门：监察局、机关纪委；责任部门：院机关各部门、院属各单位）

院机关各部门、院属各单位要以贯彻落实习近平总书记重要指示精神，坚决制止餐饮浪费行为为契机，带头过紧日子，切实增强责任感和紧迫感，将此项工作纳入重要工作日程，细化任务分解，将工作落实到具体部门和责任人，并建立长效工作机制，切实形成分头落实、责任到人、层层推进的工作体系，确保不走过场、不搞形式主义，务求取得实效。切实发挥领导干部带头作用、基层党组织战斗堡垒作用、党员先锋模范作用和党的群众工作优势，党员干部要珍惜粮食走在前、厉行节约作表率，共同推进反对餐饮浪费工作，努力使厉行节约、反对浪费在全社会蔚然成风。

北京市科学技术协会关于中国农业科学院成立科学技术协会的批复

京科协函〔2020〕70 号

中国农业科学院：

你单位报送的《关于成立中国农业科学院科学技术协会的请示》已收悉。经研究，批准成立中国农业科学院科学技术协会。

特此批复。

北京市科学技术协会

2020 年 9 月 8 日

中国农业科学院科学技术协会章程

第一章 总 则

第一条 中国农业科学院科学技术协会（以下简称院科协）是中国农业科学院科技工作者广泛参与、自愿组成的群众组织，是院党组领导下的人民团体，是院党组联系科技工作者的桥梁和纽带，是推动农业科学技术事业发展的重要力量。

第二条 院科协的宗旨是：高举中国特色社会主义伟大旗帜，坚持以马克思列宁主义、毛泽东思想、邓小平理论、“三个代表”重要思想、科学发展观、习近平新时代中国特色社会主义思想为指导，树立“四个意识”，坚定“四个自信”，做到“两个维护”，坚持科学技术是第一生产力，把创新作为引领发展的第一动力，把人才作为支撑发展的第一资源，坚持科教兴国、人才强国、创新驱动发展、乡村振兴和可持续发展战略等，立足我国国情，加快创新步伐，努力抢占世界农业科技竞争制高点，为实现农业农村现代化、建设富强民主文明和谐美丽的社会主义现代化强国贡献力量。

院科协遵守宪法、法律、法规和国家政策，践行社会主义核心价值观，弘扬爱国奋斗精神，遵守社会道德风尚，自觉加强诚信自律建设。

第三条 院科协坚持中国共产党的全面领导，根据中国共产党章程的规定，设立中国共产党的组织，开展党的活动，为党组织的活动提供必要条件。

第四条 院科协的使命是：紧密结合习近平总书记“三个面向”“两个一流”“整体跃升”的指示精神，认真履行为农业科技工作者服务、为创新驱动发展服务、为提高全民科学素质服务、为党和政府科学决策服务的职责定位，坚定不移走中国特色社会主义群团发展道路，不断增强政治性、先进性和群众性，建设开放型、枢纽型、平台型科协组织，把农业科技工作者更加紧密地团结凝聚在党的周围，弘扬优良传统、坚定创新自信、勇攀科技高峰，为我国由农业大国走向农业强国提供坚实科技支撑。

第五条 院科协是中国科学技术协会和北京市科学技术协会的基层组织，承认《中国科学技术协会章程》及《北京市科学技术协会实施“中国科学技术协会章程”细则》，接受中国科学技术协会和北京市科学技术协会的业务指导。

第六条 院科协在院党组领导下开展工作，贯彻党的科技工作方针和教育方针，坚持“百花齐放、百家争鸣”和独立自主、民主办会的原则，坚持大联合、大协作的工作方式，依法依章程独立自主开展交流合作、评选表彰、服务咨询、教育培训、行业自律、权益保障等工作，发挥提供服务、反映诉求、规范行为、参与管理等作用。

第二章 任 务

第七条 坚持和加强党对科技事业的领导，组织引导全院科技工作者以习近平新时代中国特色社会主义思想为指导，贯彻落实中央要求以及部院党组的安排部署，面向世界农业科技前沿、面向国家重大需求、面向现代农业建设主战场，加快建设世界一流学科和一流科研院所，推动我国农业科技整体跃升。

第八条 遵循农业科技规律，深化对创新发展、科技管理和人才成长规律的认识，密切联系全院科技工作者，了解、反映农业科技工作者的意见、建议和诉求，维护其合法权益，建设院科技工作者之家。

第九条 组织开展跨所、跨学科、跨领域的学术交流，活跃学术思想，启迪创新思维，促进学科发展和融合创新，推动科技人员积极投身农业科技创新实践。

第十条 组织全院科技工作者围绕国家农业发展中的关键问题和经济社会发展中的热点难点问题进行科学论证和决策咨询，不断凝练农业科技创新方向目标，研究制定农业科技发展战略和规划，调整优化科技创新布局，建设高水平的农业科技智库。

第十一条 倡导学术民主，积极组织科技工作者参与院所学术治理活动，凝练建议国家重大科技项目、联合申报重大科技项目，提升院所学术治理能力水平。

第十二条 加强科技成果转化经验交流，促进产学研结合，不断增强科技工作者的创新精神、创业意识和创造能力，服务创新发展。

第十三条 组织推动全院科技工作者开展科技推广、科技服务、科技培训、科技咨询，送专家、送技术、送成果到“三农”一线，在乡村振兴战略中发挥科技支撑和引领作用。

第十四条 开展民间国际农业科学技术交流活动，促进国际科学技术合作，发展同国（境）外科学技术团体和科学技术工作者的友好交往，为海外科技人才来华、来院创新创业提供咨询服务。

第十五条 弘扬新时代科学家精神，普及科学知识，培育创新文化，传播科学思想、科学方法和农业科技知识，提高全民科学素质。

第十六条 倡导会员自律，健全完善科研诚信和科研伦理监督机制，促进科学道德、师德师范和学风建设，践行社会主义核心价值观，营造严谨求实、勇于创新、宽容失败、开放包容的创新氛围。

第十七条 选拔、举荐优秀科技人才，挖掘、宣传先进科技典型。开展优秀成果、优秀论文的评选、推荐，开展科研和人才的绩效评价。

第十八条 加强对院内学术、科技团体的统筹协调，促进各类学术、科技团体健康发展并为院所中心工作服务。加强对会员单位出版物、学术期刊的统筹、协调和服务。

第三章 会 员

第十九条 院科协会员由团体会员和个人会员构成。

第二十条 院属各单位以整建制形式作为院科协团体会员，其建立的青年科协、研究生科协、老科协等也可作为团体会员加入。院所办全资及控股企业、与中国农业科学院开展密切合作的企业等，可申请成为团体会员。

第二十一条 中国农业科学院编内外科研、管理、支撑、转化人员，承认中国农业科学院科学技术协会章程，可成为个人会员。

第二十二条 入会程序

凡拥护党的路线方针政策，符合本章程第二十、第二十一条的团体或个人，向院科协提出申请，经委员会研究批准，可成为院科协团体或个人会员。

第二十三条 会员权利

（一）享有选举权和被选举权。

（二）享有优秀科技人才、优秀论文、优秀成果的推荐权和被推荐权。

（三）享有对院科协的工作提出批评、建议和监督的权利。

（四）享有优先参加院科协举办的各种活动和取得有关资料的权利。

（五）入会自愿，退会自由。

第二十四条 会员义务

（一）遵守院科协章程。

（二）执行院科协决议，完成院科协委托的任务。

（三）积极支持院科协组织的各项活动。

（四）按时按规定缴纳会费。

第二十五条 会员严重违反协会章程，经委员会决定，予以除名。

第四章 组织机构

第二十六条 院科协会员代表大会及其选举产生的委员会是院科协的领导机构。

第二十七条 院科协会员代表大会每5年召开一次，由院科协委员会召集。特殊情况下，可以提前或延期举行。院科协代表大会的代表名额及选举办法由院科协委员会决定，报院党组批准。

第二十八条 会员代表大会职权

（一）制定院科协的工作方针和任务。

（二）制定和修改院科协章程。

（三）审议和批准院科协委员会的工作报告和财务报告。

（四）选举产生新一届院科协委员会。

（五）决定其他重大事项。

第二十九条　院科协委员会会议一般每半年召开一次，由主席召集，也可由主席委托常务副主席或副主席召集。院科协委员会选举主席 1 人、常务副主席 1 人、副主席 5 人。

第三十条　院科协委员会职责

（一）执行院科协会员代表大会的决议。

（二）选举院科协委员会主席、常务副主席、副主席。

（三）制订院科协年度工作计划，审议年度工作报告。

（四）决定授予突出贡献的会员荣誉称号，审议上报重要建议和推荐名单。

（五）批准委员会委员的变更、增补或撤销，批准调整委员会副主席。

（六）决定其他重大事项。

第三十一条　为保证科协工作围绕并服务于全院工作大局和重点任务，院科协主席一般由院长担任，常务副主席一般由院党组书记担任，副主席一般由分管党务政务、科技管理、国际合作、成果转化的院领导和知名科学家担任。

院科协委员包括主席、常务副主席、副主席，未办理退休手续的院士，以及科技管理局、人事局、财务局、国际合作局、成果转化局、机关党委、研究生院等相关部门和单位的主要负责同志。

根据科协建设开放型组织的要求，院科协设名誉主席若干名，由院外有重要影响力的知名科学家担任。

第三十二条　院科协办事机构为秘书处，在委员会领导下开展工作。秘书处设在直属机关党委。秘书处设秘书长 1 名，主持秘书处日常工作，由 1 名副主席兼任；常务副秘书长 1 名，由直属机关党委常务副书记或副书记担任；副秘书长若干名，协助秘书长做好日常工作，一般由院办公室、科技管理局、人事局、财务局、成果转化局、研究生院各 1 位所局级领导担任。秘书长人选由主席提名，常务副秘书长、副秘书长人选由秘书长推荐，经委员会审议通过。

第三十三条　院科协根据工作需要，设立若干专门工作委员会，协助院科协做好相关专项工作。

第五章　党的建设

第三十四条　院科协坚持党的领导与依法依章程自主办会相统一，实现党的组织和工作全覆盖。

第三十五条　院科协设立功能型党委，在院党组统一领导下开展工作。党委书记为现任院党组书记，党委委员为现任院党组成员。

第三十六条　功能型党委发挥政治核心、思想引领、组织保障等作用，及时组织传达学习中央重要指示精神和重大决策部署，面向科技工作者宣传党的路线方针政策，贯彻执行中央要求和上级党组织的决议，把党建工作作为提升科协服务能力的动力和保障，增强党建工作的制度化科学化水平，规范行为、激发活力。

第三十七条 功能型党委参与院科协“三重一大”事项研究，对重要事项决策、重要业务活动、大额经费开支、接收大额捐赠、开展涉外活动等提出意见，保证科协工作的正确政治方向。

第六章 经费及资产管理

第三十八条 经费来源

（一）院拨款。

（二）政府和社会项目资助。

（三）个人或团体捐赠或资助。

（四）会费。

（五）其他收入。

第三十九条 院科协的经费、资产及国家和地方拨给院科协的不动产受法律保护，任何单位和个人不得侵占、挪用或任意调拨。

第四十条 院科协财务直接受委员会领导和管理，严格执行国家科技社团的有关财经法规和制度。

第七章 附 则

第四十一条 中国农业科学院科学技术协会，简称中国农业科学院科协。

中国农业科学院科学技术协会会址设在北京。

中国农业科学院科学技术协会的英文全称为“Association for Science and Technology of Chinese Academy of Agricultural Sciences”。

第四十二条 本章程解释权属中国农业科学院科学技术协会。

第四十三条 本章程经中国农业科学院科学技术协会会员代表大会通过实施。

中国农业科学院科学技术协会第一届委员会相关机构组成人员名单

名誉主席

李家洋　原农业部副部长，中国科学院原副院长，中国农业科学院原院长，中国科学院院士

邓秀新　中国工程院副院长，中国科协副主席，中国工程院院士

刘　旭　中国工程院原副院长，中国工程院院士

主　席

唐华俊　农业农村部党组成员，中国农业科学院院长，中国工程院院士

常务副主席

张合成　中国农业科学院党组书记

副主席

吴孔明　中国农业科学院党组副书记、副院长，中国工程院院士

王汉中　中国农业科学院副院长，中国工程院院士

万建民　中国农业科学院副院长，中国工程院院士

孙　坦　中国农业科学院副院长，研究员

陈化兰　中国科学院院士，全国妇联副主席（兼职），中国农业科学院哈尔滨兽医研究所研究员

委员（19 人）

唐华俊　农业农村部党组成员，中国农业科学院院长，中国工程院院士

张合成　中国农业科学院党组书记

吴孔明　中国农业科学院党组副书记、副院长，中国工程院院士
王汉中　中国农业科学院副院长，中国工程院院士
万建民　中国农业科学院副院长，中国工程院院士
孙　坦　中国农业科学院副院长，研究员
陈华宁　中国农业科学院党组成员、人事局局长
陈化兰　中国科学院院士，全国妇联副主席（兼职），中国农业科学院哈尔滨兽医研究所研究员
喻树迅　中国工程院院士，中国农业科学院棉花研究所研究员
钱　前　中国科学院院士，中国农业科学院作物科学研究所所长
胡培松　中国工程院院士，中国农业科学院水稻研究所所长
李培武　中国工程院院士，中国农业科学院油料作物研究所研究员
姚　斌　中国工程院院士，中国农业科学院北京畜牧兽医研究所研究员
任天志　中国农业科学院科技管理局局长
陈金强　中国农业科学院财务局局长
张亚辉　中国农业科学院国际合作局局长
王述民　中国农业科学院成果转化局局长
姜梅林　中国农业科学院直属机关党委常务副书记
方　军　中国农业科学院研究生院党委书记

中国农业科学院党组副书记、副院长、工会主席吴孔明在中国农业科学院工会全委（扩大）会上的讲话

2020 年 7 月 16 日

同志们：

今天，我们召开中国农业科学院工会十六届委员会第三次全委会。会上，改选了工会常务副主席，通报了中国农业科学院获农业农村部直属机关工会“两优一先”名单，通报了 2019 年、2020 年上半年工作及 2020 年下半年重点工作安排，部分先进典型和俱乐部代表做了经验交流。会议开得很成功。在此，我代表院工会对新当选常务副主席的姜梅林同志表示热烈欢迎！向受表彰的先进集体和个人致以热烈祝贺！

2019 年以来，全院各级工会组织在强化党对工会的领导、选树先进典型、关心困难职工、开展文体活动以及推动俱乐部发展等工作中取得了显著成绩。尤其是 2020 年，面对新冠肺炎疫情突发，各级工会组织在配合抗击新冠肺炎疫情防控、全面推进精准化复工复研、确保职工身心健康方面做了大量工作，得到职工群众的信任和欢迎。在推进院所事业发展的过程中，工会组织建设不断规范，大群团格局更加突显，重点工作有所突破，群众满意度日益提高，社会影响逐步提升。在部属单位中，获得部直属机关工会“两优一先”奖项最多，在部系统各项活动中成绩名列前茅，得到院党组和上级工会的充分肯定。

当前，我们面临着前所未有的发展形势，机遇很大，挑战也很大。下面，我就如何顺应形势发展需要、高质量做好新时代中国农业科学院工会工作谈四点意见。

一、坚持党对工会工作的集中统一领导，有效发挥工会组织的桥梁纽带作用

坚持自觉接受党的领导是做好工会工作的根本政治原则和根本政治保证。习近平总书记在同全国总工会新一届领导班子成员集体谈话时说：“在坚持党的领导这个根本问题上，工会必须旗帜鲜明、立场坚定。”工会工作是党治国理政的一项经常性、基础性工作，是党的工作重要组成部分，工会所有工作都要落实到团结引导职工群众听党话、跟党走，通过旗帜鲜明讲政治，引导广大干部群众增强“四个意识”，坚定“四个自信”，坚决维护习近平总书记党中央的核心、全党的核心地位，坚决维护党中央权威和集中统一领导。

各级工会组织要深入学习习近平总书记贺信精神，按照习近平总书记“三个面向”“两个一流”重要指示精神，牢固树立全心全意为科研服务的思想，根据中国农业科学院科技创新、成果转化等中心工作的需要，围绕科技攻关和科研人员的实际需求，以学促教增进思想认同。要积极拓展职工政治思想教育和日常学习形式，创新开展理论与实际相结合的学习等活动，与时俱进提升广大干部职工学习教育实效。通过理论宣讲、劳模事迹报告会、研讨交流、读书会等形式，引导职工群众听党话、跟党走的政治责任，推动习近平新时代中国特色社会主义思想、党的十九大和中央历次全会精神，以及习近平总书记贺信精神深入基层、深入职工群众，不断夯实科研人员为“三农”奋斗的思想基础，把“两个维护”落到实处。

要通过扎实有效的工作，让党的领导具体而深入地落实到职工群众中去，把执行党的意志的坚定性和为职工服务的实效性统一起来，把党的路线方针政策和决策部署落实到工会各项工作中去，把党的意志和主张落实到广大职工中去，增强广大干部职工对党的基本理论、基本路线、基本方略的政治认同、思想认同、情感认同，通过我们的努力，把党领导群众的桥梁铺得更平，把党联系群众的纽带结得更实。

二、突出服务科研的工作主线，促进工会工作与中心工作融合发展

各级工会组织要把服务中国农业科学院的中心工作作为推动事业发展的切入点和落脚点，努力推动工会工作与中心工作深度融合、相互促进，在服务科技创新、成果转化中发挥作用、体现价值、提升形象。

要牢固树立为科研服务的思想。为科研一线服务是中国农业科学院工会工作“讲政治”的具体体现。全心全意为科研工作服务，首要的就是为科研人员提供精准到位的服务。不仅要保障他们的正当权益和应有福利得到落实，让职工享受应有的健康体检、节日慰问和重病住院慰问等；还要关心解决他们的思想困惑和生活困难，全面了解干部职工的困难和诉求，通过深入细致的工作，春风化雨及时解除心理疙瘩；更要深化以人民为中心的理念，多向职工征求意见建议，及时吸纳好点子，为工会统筹工作找到更好着力点，形成团结干事的良好氛围，把我们变成广大科研人员的“娘家人”“贴心人”，把工会变成温馨可靠的“职工之家”。要多从组织角度关心关爱职工家庭幸福、科研工作和谐，体现人文关怀。

要围绕业务工作，开展广泛深入、形式多样符合科研规律和职工需求的主题活动，努力把科学家从“两点一线”“三点一线”的单纯科研生活中吸引出来，使他们的工作生活更加丰富，业余活动更加多彩，让更多的科学家同时成为运动健将、文艺明星和演讲达人，使我们的工作更加顺应时代、贴近生活、走进人心。职工文体俱乐部是中国农业科学院为职工搭建的特色活动平台和品牌，是“让工会活动更有职工特色、更具吸引力、更抓得住群众”的有效载体和有力抓手，我们要充分发挥俱乐部的作用，利用

这个平台，把科技人员的工作与生活、欣赏与爱好有机结合起来，为广大科研人员提升素质、展示风采提供有效服务。

三、加强文化建设，锻造弘扬新时代“农科精神”

工会活动具有形式多样、内容丰富、影响面广、参与性强的特点，是重要的文化阵地和创新载体。党的十八大以来，习近平总书记多次强调要“更加注重以文化人以文育人”。我们要强化工会工作对文化建设的促进功能，在创新和丰富农科特色文化的过程中，积极主动作为，推进工会工作和中国农业科学院事业的发展。

要强化文化的教育引导功能。院各级工会要坚持把文化建设贯穿于工作的各个方面、各个环节，注重发挥基层工会组织和各类俱乐部的作用，培养强化职工的道德修养、责任意识、创造精神和价值追求。深入开展“书香农科”、院训宣传等活动，通过微课堂、辅导讲座、事迹报告会、职工读书会、朗诵（表演）、书画摄影比赛及新媒体等多种形式，用优秀文化引导和教育职工，在创新文化、廉政文化建设中展现工会的作为，增强农科文化软实力，提升职工群众的责任感、自豪感、使命感。

要继承和弘扬“农科精神”。中国农业科学院在长期的发展历程中，逐渐形成了具有自身特色的农科文化，前些年，我们大力宣传了祁阳站精神、中棉所精神，引起了广泛的社会反响，推动这些精神文化的传播与发展，工会组织有责任，也有优势。我们要总结以往的经验，以院史院训为主线，通过多层次、多类型的宣传教育活动，进一步激发调动广大职工群众的积极性，推动文化建设与时俱进，不断赋予新时代的精神内涵。通过选树典型，举办先进事迹宣讲、事迹展览、文艺演出等方式，提炼展示农科文化，强化教育引导，使之为大家所知晓和认同，成为共有的精神财富和共同的价值追求，推动创新和培育符合新时代要求的农科文化。

四、加强工会自身建设，推动事业新发展

形势在发展变化，工会自身的建设也要不断加强。这次会议改选工会常务副主席，是中国农业科学院工会组织建设的一项重要举措。我们需要根据发展要求，全方面推进工会自身建设。

要加强队伍建设，提升干部素质。加强工会自身建设，队伍建设是根本，我们要坚持德才兼备、以德为先的原则标准，在优秀科研人员中把那些政治素质好、工作能力强、作风过硬、有奉献精神的同志选拔进工会工作队伍，努力打造政治坚定、团结务实、群众拥护的工会领导集体。同时，要采取多种形式，加强工会干部的知识培训和实践锻炼，不断强化他们的政治意识、大局意识和服务意识，有效提高政治素质、政策水平和工作能力，更好地引领和服务群众，为中国农业科学院事业的发展作出贡献。

要加强制度建设，进一步健全和完善各级工会工作制度，提高工作的规范化、标准

化水平，防范工作中可能出现的各种风险。强化已有制度的落实，结合院所实际和职工需求，加强工作调研，制修订工会各项管理制度和工作流程，确保各项工作落地落实。持续推进作风建设，工会干部要带头践行党的群众路线，深入开展工会干部联系服务基层活动。在疫情防控常态化的情况下，尤其要深入群众，做耐心细致的思想工作，舒缓大家紧张焦虑的情绪，帮助职工解决因为新冠肺炎疫情而出现的各种困难和问题。要进一步加强工会廉政建设，树立工会干部良好形象。

同志们，2020 年是全面建成小康社会关键之年，“两个一百年”奋斗目标在这里交汇，两个“五年规划”在这里衔接，希望大家珍惜这千载难逢的历史机遇，可以说是百年未有之大变局，只争朝夕、不负韶华，通过共同努力，把工会建设成为院党组满意、职工群众信赖的“职工之家”，把工会干部锤炼成为听党话、跟党走、真正服务职工的“娘家人”，让党旗在疫情防控、科研攻关、脱贫攻坚的一线高高飘扬，充分展现“国家队”的良好风貌和新时代“农科精神”的坚强力量。

关于同意中国农业科学院工会第十六届委员会改选常务副主席结果的批复

农工组〔2020〕11 号

中国农业科学院工会：

2020 年 7 月 22 日的报告已收悉。

经研究，同意姜梅林同志为中国农业科学院工会第十六届委员会常务副主席。

特此批复。

农业农村部直属机关党委

2020 年 7 月 28 日

关于印发第二届中国农业科学院直属机关党委青年工作委员会委员组成人员名单的通知

直党字〔2020〕34 号

院各直属党委、总支、支部：

根据 2020 年院直属机关党委第 7 次常委会研究，决定对中国农业科学院直属机关党委青年工作委员会组成人员进行届期调整。现将第二届中国农业科学院直属机关党委青年工作委员会组成人员名单予以印发。

中共中国农业科学院直属机关委员会

2020 年 7 月 31 日

第二届中国农业科学院直属机关党委青年工作委员会组成人员名单

主　任： 韩　进　院直属机关党委副书记
副主任： 程　锋　蔬菜花卉研究所研究员
　　　　马　骁　院团委书记
委　员： 李海芬　后勤服务中心人事处（党办）处长兼办公室主任
　　　　翟研宁　研究生院招生就业处处长兼校友办公室主任
　　　　王文生　作物科学研究所副研究员
　　　　刘新刚　植物保护研究所研究员
　　　　宋　振　农业环境与可持续发展研究所助理研究员
　　　　徐凌洋　北京畜牧兽医研究所研究员
　　　　严定春　蜜蜂研究所党委副书记、纪委书记
　　　　蒋显仁　饲料研究所副研究员
　　　　佟立涛　农产品加工研究所副研究员
　　　　张宇宏　生物技术研究所研究员
　　　　胡向东　农业经济与发展研究所科技处副处长
　　　　李文才　农业资源与农业区划研究所党委副书记、纪委书记
　　　　寇远涛　农业信息研究所信息工程研究中心主任
　　　　陈　松　农业质量标准与检测技术研究所副研究员
　　　　郭燕枝　农业部食物与营养发展研究所研究员
　　　　王　瑀　中国农业科学技术出版社综合办公室副主任

坚定不移深化全面从严治党
为持续落实“三个面向”精神提供坚强保证

中国农业科学院党组书记　张合成

同志们：

中国农业科学院2020年全面从严治党工作会议，是中国农业科学院召开的一次十分重要的会议。会议的任务是传达贯彻十九届中央纪委四次全会精神以及农业农村部全面从严治党工作会议精神，通报农业农村部和中国农业科学院党风廉政建设的典型案例，交流基层党委从严治党情况，总结2019年全面从严治党工作，部署2020年重点工作。

刚才，中央纪监委驻农业农村部纪检监察组吴清海组长的重要讲话，对中国农业科学院全面从严治党工作给予了充分肯定，指出的突出问题针对性强，切中院所班子的短板，点在领导干部的痛穴，十分中肯，语重心长。讲话突出长期坚持严的主基调、把自己摆进去的主题主线，明确要求中国农业科学院坚持全面从严治党这个自我革命的成功道路和行之有效的一套制度，引导党员干部在清醒认识形势上、在坚决做到“两个维护”上、在坚决纠正“四风”上、在严守纪律执行制度上把自己摆进去。中国农业科学院院所两级领导同志一定要认真学习、坚决整改、带头落实。下面，我就落实中纪委四次全会部署、部党组会议精神及清海同志的讲话要求，加强中国农业科学院全面从严治党工作讲三点意见。

一、将全院思想和行动统一到党中央全面从严治党的决策部署上来

在2020年1月13日召开的十九届中纪委四次全会上，习近平总书记站在实现“两个一百年”奋斗目标的历史交汇点上，深刻总结新时代全面从严治党的历史性成就，特别强调了制度建设产生的全方位、深层次的影响，回答了管党治党必须“坚持和巩固什么、完善和发展什么”的重大问题，对新时代继续推进全面从严治党提出了一系列重要要求，释放出把“严”的主基调长期坚持下去、不断巩固发展反腐败斗争压倒性胜利的重要信号。中国农业科学院各级党组织和广大干部职工要深入学习、认真贯彻，一以贯之、坚定不移推动中国农业科学院全面从严治党各项工作不断取得新成效。

一要把“严”的主基调长期坚持下去。党的十八大以来，以习近平同志为核心的党中央保持高压反腐态势，全面从严治党取得历史性、开创性成就。但是当前，滋生腐

败的土壤依然存在，反腐败斗争形势依然严峻复杂。中国农业科学院全面从严治党和党建工作中也存在着一些短板、盲区、边缘地带和薄弱环节，人、财、物、项目等重点领域和关键环节风险防控的任务还很重，中国农业科学院要持续夯实严紧硬、坚决防止宽松软，始终保持“赶考”的清醒、“永远在路上”的韧劲。

二要确保党的路线方针政策贯彻执行到位。党的十九届四中全会和中纪委四次全会一以贯之强调，强化对权力运行的制约和监督，以全面从严治党新成效推进国家治理体系和治理能力现代化。加强党的领导是做好科技创新工作以及一切工作的坚强保障。中国农业科学院要不断推进全面从严治党全方位、全覆盖，切实加强基层党组织建设，着力贯彻执行好民主集中制，把权力制约和监督作为促进院所治理能力提升的内在要求，提高领导班子领导能力和治理水平，以高质量党建保障习近平总书记“三个面向”重要指示精神、党中央重大决策部署和部党组各项重点工作部署贯彻落实、执行到位。

三要一体推进不敢腐、不能腐、不想腐。一体推进不敢腐、不能腐、不想腐，不仅是反腐败斗争的基本方针，也是新时代全面从严治党的重要方略。不敢腐、不能腐、不想腐是相互依存、相互促进的有机整体，必须统筹联动，增强总体效果。我们一定要持续深化标本兼治，强化系统集成，注重协同高效，将始终保持高压态势、健全完善制度体系和坚定理想信念宗旨有机融合，使广大党员、干部因敬畏而“不敢”，因制度而“不能”，因觉悟而“不想”。既要把“严”的主基调长期坚持下去，又要善于做到“三个区分开来”，做到严管厚爱、信任监督相统一，营造纪律严明、环境宽松的良好科研生态，为干事者担当，为担当者撑腰，激励广大党员干部担当作为、履职尽责。

二、2019 年全面从严治党工作简要回顾

2019 年，部党组和驻部纪检监察组对中国农业科学院各项工作高度重视、深切关怀。长赋部长多次到院里作报告，到所里去指导重大科研工作，清海同志也是多次，特别在一些重要节点必到院里来亲自指导。在党中央和农业农村部党组坚强领导下，在驻部纪检监察组关心指导下，中国农业科学院深入学习贯彻习近平新时代中国特色社会主义思想，扎实落实“三个面向”指示精神，各项工作成效显著。311 个项目获得中央资助，7 项成果获得国家奖励，连续两年实现三大奖全覆盖，发表高水平论文 11 篇，成果转化收入首次突破 10 亿元，4 位科学家当选两院院士，创历史新高。进入 2020 年，是习近平总书记给中国农业科学院贺信精神三周年。三年来，全院干部职工撸起袖子加油干，“藏粮于技”科研攻关取得重要突破，中麦 578 小麦新品种首次突破了高产、优质相结合难关，华浙优 261 水稻新品种大幅度提高了超级稻食味优质化率，非洲猪瘟疫苗取得突破性进展，草地贪夜蛾防控技术体系全面支撑了“虫口夺粮”战役。科学家扎根主战场见实效，3 600名科技人员主动服务于“三区三州”贫困县，一个县一个团队，涌现出“林果县长”“土豆专家”等一批深受贫困户欢迎的科学家。多个学科抢占世界科技前沿制高点，作物遗传育种、植物保护、预防兽医学等领域处于国际领跑位

置。以上这些成绩的取得，得益于全面加强党的领导、得益于基层党组织战斗堡垒作用、得益于广大党员先锋模范作用、得益于全体科技人员团结努力创新创业、得益于加强全面从严治党。中国农业科学院全面从严治党工作主要成效表现在以下五个方面。

（一）深入贯彻“三个面向”指示精神取得新进展

全院党员干部和广大科技人员牢固树立“四个意识”，坚定“四个自信”，做到“两个维护”，深入学习贯彻习近平新时代中国特色社会主义思想，以实际行动践行初心使命。

一是建立起“两个第一”学习贯彻落实制度。院党组会议建立第一时间第一议题学习传达习近平重要讲话的制度，重大专题组织中心组（扩大）学习，把全院干部职工思想统一到中央最新精神上来。

二是“不忘初心、牢记使命”主题教育收获大效果好。院所同步学习、同步推进、同样要求，确保上下同学习、同实效。全院 36 个党委、410 个党支部，8 339名党员参加了主题教育，党性修养得到了进一步锤炼，理想信念进一步坚定，干事创业的精气神进一步增强。农业农村部第一指导组对中国农业科学院主题教育活动的测评中，总体评价为“好”的占 96%。

三是对标“三个面向”补短板见行动。举办“创新工程首席科学家研修班”，400多位首席科学家专题研修国家需求和世界前沿的有关问题；举办“弘扬科学家精神先进事迹报告会”，党员干部专题学习听取了丁颖院士、金善宝院士等老一辈科学家的敬业创新精神；启动“藏粮于技”、非洲猪瘟防控、草地贪夜蛾防控、农业绿色发展、牛奶优质化、畜禽良种化等重大科研任务。

四是服务农业农村一线主战场更主动。院长亲自到河北阜平县蹲点扶贫。各所所长书记带头，对“三区三州”89 个深度贫困县开展科技帮扶。甘肃临潭县科技扶贫样板在央视《决不掉队》栏目专题报道，影响广泛。

（二）落实中央八项规定精神更细更实

一是反“四风”持续加力。开展加油卡专项审计和整改，共清退 27.63 万元，批评教育 66 人，1 名职工调离岗位、1 名职工辞退。对院属单位领导班子、企业高管等400 余人进行集体约谈。规范到驻地外开展党建活动，严禁借党建活动名义安排公款旅游等。

二是机关作风进一步好转。精简会议活动，切实改进会风，2019 年院本级会议同比减少 30%，数量减少至 19 个。出台《关于进一步加强和改进院机关工作作风的实施意见》，领导干部外出请假报告及出差、请休假、出国（境）审批制度全面建立。2019年，清海同志对这个问题提了很具体的要求，党组在这方面下了不少功夫，同志们总体上应该是意识强了，配合度高了，自觉性有了，相关的监督部门工作已经开始到位了。

三是科研诚信和学风建设有进展。把科研诚信和学风表现纳入评价体系，对科研人员严重失信行为零容忍，对 2 个科研诚信案例予以通报。

（三）密集出台风险防控新举措

一是启动院所办企业监管。形成了《关于中农威特公司部分工作人员严重违纪违法案件原因的调研报告》。院党组及有关研究所、机关部门专门召开了“吸取深刻教训，落实主体责任，加强企业监管”专题生活会。全面启动加强院所办企业监管、促进院所办企业健康发展的各项行动。目前，工作已开始启动，我们还要注意抓效果、抓落地。

二是制定《三大重点领域十四个方面风险防控指南》。聚焦“三个面向”落实、中央八项规定精神执行、“四风”问题、网站安全、学术道德、师德师风、期刊、社团（学会协会）、外事、科研经费使用、院所办企业、房屋出租出借、基建安全、试验基地十四个方面的风险点，制定了防控措施，把责任压到基层，压到领导，压到个人，促进形成院、所、团队三级防控体系。

（四）日常监督更加务实有效

一是经常性纪律教育有了新抓手。出台《科研人员重点纪律红线（试行）》，印发《党风廉政警示教育案例选编》。首次组织新晋升高级职称人员、新任研究生导师、新入职职工、新提拔干部集体谈话会，给博士新生讲授思想政治理论第一课，系好纪律教育、规矩教育的第一粒扣子。

二是监督执纪日常工作有新举措。组织开展党政纪处分决定执行情况专项检查，对处分执行不到位的 11 个单位，予以批评并纠正。组织全院 8 000余名监察对象摸底审核。

三是信访举报办理和干部监督更规范。院监察局全年登记信访件 113 件，去除重复件 38 件，实际 75 件。对于发现的问题综合运用“四种形态”，对 3 名干部提醒谈话，对 22 名干部诫勉谈话，对 5 名干部取消提拔考察资格。全年共对 13 人进行了党政纪处分，其中，党员 10 人。

（五）农科特色监督体系建设取得新进展

一是政治巡视力度加大。开展了 7 个单位的政治巡视和 16 个单位内部审计。院长、书记向被巡视单位党政主要负责人反馈巡视意见。对 2018 年巡视的 20 个单位进行巡视整改检查，对 3 家重点单位党政主要负责人专门约谈，对 2019 年巡视的 7 家巡视单位加强整改调度。

二是院、所、团队三级责任体系压实压紧。院党组扛牢抓实主体责任，重要工作亲自部署、重大事项亲自过问、重要环节亲自协调、重要问题亲自督办。整合监督资源，巡视、纪检、监察融为一体，强化监督合力。落实纪委述职制度，推行纪委委员分工负责制，发挥支部纪检监察小组的教育监督作用。在2019年度纪委书记述职考核中，信息所、环保所、水稻所、烟草所、茶叶所、牧医所、资划所、研究生院、哈兽研、质标所和生物所共11个单位被评为优秀。

三是着力营造纪律严明、环境宽松的良好科研氛围。开展“放管服”督查和科研人员满意度测评，坚持“三个区分开来”，把宽严相济、严管厚爱体现在执纪工作中，形成激励干部干事创业、担当作为的良好环境。

（六）全面从严治党工作中的主要问题分析

在看到进步和成绩的同时，院党组也清醒地意识到，对于露出的短板、存在的风险、班子的问题、干部的缺点，丝毫不能轻视。刚才清海同志讲到，十八大以来中国农业科学院首次发生的问题还有18个，党的十九大以来，这么“严紧硬”的形势下，还有4个违规违纪的问题首次发生。这充分说明，从严管党治党一刻也不能放松，要长期坚持严的主基调。从坚持严的主基调、把自己摆进去的视角看，院党组系统分析了中国农业科学院全面从严治党工作存在的主要问题。

一是落实习近平总书记重要指示对标不高、对表不严。在全球农业科技前沿领域，占据的优势不突出，高新技术、交叉学科、数字技术、生物安全领域重视不够。粮食、生猪、绿色技术等方面的卡脖子技术问题突出，科研力量统筹力度不足，有的资源还在重复配置，有的课题还在重复研究，有的团队还在小规模单打独斗。一流学科、一流院所的顶层设计滞后，跨越发展的动力不足，院部学术集成功能、科研管理功能不强、不足。科研内部管理制度还不健全，科研进展报告和评价制度尚未建立，重要科研进展在期刊杂志发表了，所领导、院长和书记才知道。科研绩效评价“四唯”倾向还比较突出，激发科学家创造活力的措施和改革的力度还不够。一些研究所落实“三个面向”口号多、行动少、措施少。

二是全面从严治党主体责任落得还不够实。有些单位党委把方向、管大局、保落实的作用发挥不够，政治核心作用没有表现出来；有的单位理论中心组只是读读文件念念报纸，有的列了十七八个议题，不交流不学习，没有学习主题，没有理论辅导，与单位的中心工作脱离甚远；个别机关部门履职尽责的基础薄弱，只能办一些领导交办的具体工作；个别单位对巡视组交办的任务拖延不办，巡视整改流于表面、畏惧困难；一些单位存在开会多、分工多、进展少、检查少的情况。

三是基层党建有死角、不规范。企业、基地、社团、期刊等一些基层单位、末梢单位党建工作没有到边到角，还存在“空白化”“弱化”“虚化”“边缘化”问题。个别所仍存在“三会一课”和党费缴纳等基础性党建工作又回到中央巡视之前不规范状态，一些主题党日形式化、无主题化，一些单位发展党员不主动，等上级下达“指标”，一些优秀的积极分子没有及时吸收到党内，企业人员、聘用人员入党问题没有得到足够的关注。一些单位基层党建工作方法还比较单一，满足于把上级的精神转发到群里，满足于开支委会宣读红头文件。

四是个别单位民主集中制落实不力。所长书记间沟通不畅。有的单位存在所长个人说了算的情况，班子副职、中层干部的意见被忽视，连下属企业聘用一名车间的班长也要经过所长的批准；也有单位存在没人说了算的情况，重大发展问题长期不拿主意，党委会、所务会一开开到深更半夜，就是没有人拍板；有的单位党委书记政治站位不高，在方向、大局问题上似是而非、模模糊糊，提不出意见，拿不出主意，主动担责意识不强，在重大原则问题上不发声、不靠前、也不主动分忧；有的班子民主生活会开展批评自我批评没有针对性，既不触及职工关心的问题，也不检讨个人存在的问题，用手电筒照别人的多，用内窥镜照自己的少。在巡视中还发现个别研究所民主生活会对照检查材料，几年同一稿、多人同一稿；有的副所长、副书记对主要领导交办的工作只当二传手，交给下面了事，不研究不检查不汇报；有的副职对分管工作不提意见不提建议。

五是风险意识普遍淡薄。一些单位对学术不端、学生安全、师德失范、生物安全、科研副产品、科研废弃物、房产管理、小额合同管理、招标采购、企业经营管理、课题费结余、劳务费发放和个人事项申报等领域的高风险估计不足。对偶发安全事件举一反三的意识不够。

六是个别党员领导干部底线意识薄弱。极个别同志在法律底线、纪律底线、规矩底线、道德底线面前没有把持住。酒驾入罪，人人皆知，但中国农业科学院一年就有了两起酒驾事件，其中一位还是领导干部。谈到底线意识，我要特别强调一下“亲清”关系。对我们科研单位讲，要认真把握领导与企业、上级与下属、导师与学生、院机关与研究所、公权力与服务对象五个“亲清”关系，既要坚持做到“亲”，防止不作为不担当，又要坚决做到“清”，防止失矩失德。在底线意识里面，还有个别领导同志，没有意识到按要求参加部党组、院党组的重大活动是一项政治规矩，仍有以各种理由请假的情况。

七是院所两级机关部门“推拖等”现象还时有发生。一些同志对下不了解科学家的诉求，对上不知道主管部门的政策要求。一些研究所甚至还存在行政人员向科研人员“跷二郎腿”、打官腔的情况和现象。一些领导干部履行领导职责的时间过少、在所里作报告的次数过少、在科研一线的时间过少、指导学生和年轻干部的精力过少。有的领导班子担当精神不够，为科研人员“松绑减负”说得多、做得少。

以上七个方面的问题虽然是极个别现象，但是我们要坚持严的主基调，举一反三，把自己摆进去。

三、2020年院全面从严治党工作的重点任务

2020年，中国农业科学院要坚持以习近平新时代中国特色社会主义思想为指导，认真贯彻落实党的十九届四中全会和中纪委四次全会精神，扎实落实韩长赋部长在部全面从严治党大会上提出的八个方面要求和刚才清海同志给中国农业科学院提出的四个方面要求，坚定不移深化全面从严治党，大力增强“两个维护”的政治自觉，推动领导干部把自己摆进去，确保严的主基调长期坚持下去。突出抓好以下九项任务。

（一）持续增强“两个维护”的政治自觉

一要在深入落实“三个面向”中体现“两个维护”。认真学习习近平总书记给袁隆平等25位科技工作者代表回信，牢牢把握国家队的历史站位，以研究制定“十四五”发展规划为契机，进一步把使命和定位向“三个面向”聚焦，强化研究所“使命清单”的制定，大胆推进改革，把任务和目标向“三个面向”对标，把资源和优势向“三个面向”转化，用实际行动保障“三个面向”落地落实。

二要在贯彻中央决策部署中体现“两个维护”。中国农业科学院各级党组织要做到第一时间传达贯彻党中央决策部署，久久为功，落到实处；第一时间迅速执行部院党组工作部署，见人见事见效。建立鼓励支持科学家到脱贫攻坚一线、乡村振兴一线去的机制，强化科技服务，指导产业发展，为保供给、保增收、保小康提供支撑。

三要在强化政治监督中体现“两个维护”。在抗击疫情中，纪检组监察局的监督时刻跟进。“三个面向”重大攻关启动之后，监督职责也全面覆盖。机关作风改进过程中，监督部门也全方位跟进。下一步，我们一定要确保党中央、部院党组重大工作部署到哪里，监督责任就跟进到哪里，党风廉政建设就覆盖到哪里。

（二）开展领导干部民主集中制学习活动

这项活动我们要进行专门部署。

一要加强学习。通过学习领袖著作、听取专家讲座、自我研讨交流，解决中国农业科学院领导干部在贯彻执行党的民主集中制中存在的原则规矩不明、观念意识不强、能力本领不足、制度机制不畅、生态氛围不浓等五大问题。

二要强化落实。推动形成既有民主又有集中，团结紧张、严肃活泼的生动局面，使党的民主集中制在中国农业科学院改革发展中展现新魅力。

三要进一步完善重大事项报告制度。要坚持重大事项报告制度，完善重大工作、重大成果、重要科研进展报告制度，严格执行领导干部请假报告制度。

（三）夯实党组织在科研转化中的政治引领作用

近期，院党组开展了“从科研转化看党委政治核心作用、支部战斗堡垒作用和党员先锋模范作用”的调研，得到的启示就是，必须夯实党组织在科研转化中的政治引领作用。

一要进一步规范和强化基层党组织生活。特别是落实好理论中心组学习、民主生活会、组织生活会、“三会一课”、主题党日、谈心谈话等各项制度，发挥党内政治生活的熔炉作用。

二要实实在在把党的领导落实到科研团队。把“三个面向”指示要求落实到创新方向和创新任务上，确保党委政治核心作用、党支部战斗堡垒作用和党员先锋模范作用在科研创新、成果转化中充分体现、充分发挥，在基础研究上多抢占制高点、在应用研究领域多解决“卡脖子”难题、在成果转化领域尽快提高成果转化率、多为脱贫攻坚做出贡献。

三要坚决推进党的领导全覆盖。调研中发现，企业、学会协会、期刊杂志、试验基地等末梢单位，有的是没有党员也没有党组织，有的是有党员没活动（党员的组织生活没有，党的关系还在原地、原籍），有的是有活动没领导，有的是有领导但没有形成战斗力，没有发挥战斗堡垒作用。因此，我们要大力加强企业、基地、社团、期刊党的领导，重点加强企业、学会协会、期刊杂志、试验基地、聘用人员、客座研究生党组织建设，确保党的建设全覆盖，确保党的领导到位，特别要对期刊加强政治导向的领导。

四要不断加强党员干部理论武装。要把初心教育常抓常新，一以贯之地加强学习，坚定理想信念，坚定宗旨意识，在农业科技创新岗位上、在脱贫攻坚一线上守初心、担使命，发挥表率作用。

（四）切实改善院所机关作风和效率

一要以敢于斗争的精神治理和杜绝“推拖等靠要”“庸懒散木推”以及文山会海、表格泛滥的问题。科学家最反感的是文山会海、表格泛滥、检查繁多、竞争过度。我们一定要采取切实可行的措施进一步压缩各种会议、压缩各种文件、压缩各种不必要检查、压缩各种不必要评审、压缩各种不必要开支，厉行节约，过紧日子。

二是在院所两级大力开展机关效率建设行动。落实限时办结制、牵头主责制、首问主办制、反馈回应制、归档追溯制。强化以科研为本、自觉为科研人员服务的意识，打造务实、服务、高效的一流作风。

三要强化重要时间节点、关键环节和特殊领域的执纪监督。严格按照中央、部党组、驻部纪检监察组的要求，紧盯重要时间节点和公车私用、私车公养、公款吃喝、公款旅游、接受服务对象吃请、接受礼品礼金等关键环节，要以严明的纪律维护制度，以有效问责强化制度执行。在此，我再提醒大家三件事：一是科研品尝活动一定要规范有序，规规矩矩，不能把科研品鉴工作变了味儿。二是出差要按规定交伙食费和交通费，如果没交，回来一定不能领补助，要形成习惯，不要不好意思去交费。三是劳务费管理一定要依法有据，在发放、领取两个环节上都要做到依法合规、有依有据，该缴税缴税，不能让科学家戴上逃税的帽子。

（五）限期完成院所办企业监管全覆盖

前不久，院党组专门召开加强企业党建工作交流会，对这项工作进行了部署，院党组专题生活会又进行了研究，清海组长又专程到院里来和院班子座谈交流了一次，对这项工作我们已经提出了限期落实的要求。有一部分工作是“七一”之前限期完成，希望大家抓紧。今后一段时期，要把企业监管作为一个重点来抓。

一要充分认识管好、办好企业重要性和必要性。努力打造“三创一体”科研链和创新团队，有效构建科企融合、科产融合新型协同发展模式。

二要落实院所办企业党的领导体制。限期解决院所办企业党建工作中存在的“空白化”“边缘化”“弱化”“虚化”的突出问题，高质量推动企业党建。实现企业经济效益、社会效益与党组织“三个作用”同步实现，企业效益和“两个责任”同步落实，企业效益和“一岗双责”同步推进。

三要限期完成企业运行监管制度建设。院党组就院所办企业系统化管理出台方案。各个部门要各司其职、各尽其责。研究所所长、书记要强化第一责任人意识，把加强企业监管的主体责任扛起来。

（六）细化实化重点领域风险防控责任

一要细化防控责任。细化十四个方面风险防控责任，做到责任落实到团队、到个人，不能光挂在墙上。

二要实化监管措施。前两天，院党组专门开了生物安全的专题会，提出生物安全是中国农业科学院生死存亡的问题，一定要严守职责。要实化生物安全、实验室安全、学生安全、试验基地、学会协会、期刊杂志监管措施。要强化科研副产品、实验废弃物处理、小额合同监管、乱挂牌子等“末梢风险”规范管理，特别要关注乱挂牌子的问题，做到风险可控、监督到位。

三要高度关注脱贫攻坚中存在的问题。防止脱贫攻坚中的形式主义现象，专家要接地气，技术要见实效，让农民听得懂、让成果用得上，承诺要可兑现。

（七）高质量完成 8 个单位的政治巡视

最近我们专门召开党组会，听取了巡视整改的情况，应该说，还有问题、还有差距，我们要再坚持再落实。

一要明确监督重点。把加强政治建设、做到“两个维护”、落实全面从严治党主体责任、落实“三个面向”、落实巡视审计整改监督作为监督重点。

二要强化巡视整改。把巡视整改作为检验“四个意识”的试金石，对中央专项巡视等巡视落实工作再检视、再落实，不断巩固巡视整改成果。

三要完善工作制度和队伍建设。落实农业农村部对院党组开展巡视工作检查反馈意见的要求，不断完善巡视工作制度，提高巡视工作水平，选优配强巡视队伍，在巡视工作中发现干部、考察干部、锻炼干部、培养干部、使用干部。

（八）打造科研特色的纪律教育方式

充分结合农业科研单位大院文化、熟人社会特点，既要正视都是熟人，抬头不见低头见，不好意思瞪着眼、挺着腰杆去批评别人、去指出别人的问题，纪检监察工作难开展，容易得罪人的现实，也要充分发挥群众的监督更直接、群体的约束更有效、道德的评价更有力度这一明显优势，把构建农业科研特色监督体系与一体推进“三不”机制紧密联系和贯通起来。

一要构建抓早抓小的工作抓手。“抓早”蕴含的是“扣紧第一粒扣子”，“抓小”彰显的是“防微杜渐”。在刚一进院、刚一提拔、刚一晋升这些重要环节上抓早；同时抓小，防微杜渐，从纪律开始，从迟到早退抓起，强化红线、底线、道德线，防病于未病。

二要构建自己人讲身边事的学习方式。所长、书记要经常在所里讲讲作风、讲讲学风、讲讲所风。班子成员、党委委员、纪委委员、支部委员、团队首席、纪检小组成员要带头讲自己的“好人好事”，从另一个角度把自己摆进去，使党员领导干部走在前，做表率。

三要构建为干事者担当的保障机制。落实“三个区分开来”，合理区分是为公还是为私，是干事担当还是谋私谋利，是无意过失还是明知故犯，是探索试验还是明令禁止，做到实事求是、客观公正，激励干部担当作为。

四要构建尊重科学规律的管理方式。在政治思想方面，要充分尊重科研人员劳动者特征、独立思考能力和富于批评精神，在管理上要树立科学家为本的理念。在科研条件保障方面，要充分尊重科研工作的灵感瞬间性、方式随意性、路径不确定性等特点，在从严的监督中，把信任落到实处。在科研产出和考核方面，要充分尊重农业的生命长周期性、自然市场环境不确定性、与人健康密切相关等特点，把农业公益性地位夯实做牢。

（九）全面履行监督职责，提升履职能力

一要带头落实监督职责。院长、书记带头发挥头雁效应，履行第一责任人职责，院领导管人、管事、管党建、管监督一体化。所长、书记履行主体责任、监督责任，支持所纪委履行监督专责。

二要把日常监督功夫下在基层。团队首席、支部书记切实负起责任，支持纪检监察小组发挥“政治安全员”“纪律宣传员”“作风监督员”的作用。

三要统筹力量协同发力。统筹纪检组、巡视、监察、纪委、干部监督、审计、科研道德、师德师风“八条线”监督资源，上下左右要形成监督合力。

四要关心关爱纪检监察干部。选调一批优秀年轻干部充实到纪检部门，有的可以兼职一段时间，接受考验，加强力量。让勤勤恳恳、履职尽责的干部在培训、培养、提拔、晋升（包括职称晋升）、奖励、经费等方面不吃亏、有奔头。

同志们，在习近平总书记亲自指挥、亲自部署下，全国疫情防控阻击战取得重大战略成果。在这场疫情防控阻击战中，中国农业科学院各级党组织和纪检组织经受住了考验，让党旗在疫情防控、科技攻关、脱贫攻坚的一线高高飘扬，充分展现了“国家队”的良好风貌和新时代“农科精神”的坚强力量。当前，北京疫情防控又出现新变化，我们一定要按照中央部署、农业农村部安排和北京市以及各所属地街道社区的统一要求，认真落实“四方责任”，共同行动，齐心抗疫，全面打赢疫情防控阻击战。

让我们紧密团结在以习近平同志为核心的党中央周围，“不忘初心、牢记使命”，把自己摆进去，长期坚持严的总基调，高质量推进全面从严治党各项工作，坚决完成全年科研和转化目标任务，为确保完成决战决胜脱贫攻坚目标任务，全面建成小康社会作出更大贡献。

中国农业科学院三大重点领域十七个方面风险防控指南

一、思想政治领域

（一）“三个面向”落实

1. 院级

主要风险：在贯彻中央和部、院党组重大工作部署，特别是学习贯彻习近平总书记“三个面向”重要指示精神上顶层设计不够，战略性规划的前瞻性、科学性和有效性不足，建立完善新形势下科技创新体制机制的调查研究不深入、不全面、没有与时俱进，在推进研究所落实上督促不力。

防控措施：①切实增强“四个意识”，做到“两个维护”，坚持以习近平新时代中国特色社会主义思想和十九大精神为指导，深刻领会、坚决贯彻“三个面向”指示，树牢农业科研国家队的使命意识，以高度的责任感和使命感认真贯彻落实中央精神和农业农村部的工作部署。组织开展落实“三个面向”精神学习培训，强化落实“三个面向”的政治意识，不断激发人才创新创造活力。②做好全院学科发展战略研究和顶层设计，定期组织研讨农业科技前沿、国家重大需求和现代农业建设主战场的关键科技问题。③创新管理体制机制，落实好“放管服”政策，建立学科评价和动态调整机制，激发科研人员创新活力，强化“两个一流”的制度保障。④加强调查研究，深入研究所和科研团队，全面掌握情况，及时发现问题，总结宣传好经验好做法，督促检查部、院党组的决策部署落到实处。

2. 研究所

主要风险：所党委把方向、管大局、保落实的作用发挥不够，所班子责任意识和担当精神不强，落实部、院党组重大决策部署不及时不到位；对本所学科领域和研究方向缺乏战略规划，对标对表“三个面向”流于形式，没有认真研究国内外农业科技发展趋势、“三个面向”的科技需求，没有针对性地开展科技布局；科研产出目标不明确、不聚焦，凝练培养重大突破性成果不够；落实“放管服”政策步伐缓慢，存在等待观望思想，相关制度建设滞后，对科研团队重点工作落实的指导和监督检查不够。

防控措施：①进一步提高政治站位，深刻学习领会“三个面向”精神实质，消除

“上热中温下凉”的现象。进一步细化行动方案，把“三个面向”的要求落实到科研选题、经费、人才、平台、成果转化、评价考核、激励机制等具体工作中。②做好全所学科发展战略研究和顶层设计，优化研究所学科体系，帮助科研团队调整科研方向，充分发挥学科体系引领作用。积极落实重大科技问题联合攻关机制，围绕最紧迫最重大的国家需求和农业农村主战场需要，及时组织所内相关科研团队开展联合攻关，加快破解技术难题，更好发挥国家战略科技力量作用。③围绕院级重大成果培育清单，加强动态跟踪和条件支持，助力全院产出大成果、实现大突破。对有潜力产出大成果的团队和个人，探索给予一定期限的稳定经费资助，同时对考核不合格的团队坚决撤销，评估不理想的要进行有针对性的整改。④认真研究“放管服”等政策在本所落实的难点堵点，进一步建立和完善制度，为科研创新创造良好的环境。树立为科研服务、为科学家服务的思想，加强对科研团队重点工作落实的帮助指导和督促落实。

3. 团队

主要风险：不了解世界农业科技前沿，不知道国家重大需求，不清楚现代农业建设主战场，研究方向不聚焦“三个面向”，交叉重复，没有凝练目标成果；团队松散拼凑，人员结构不合理，没有形成有机统一的整体。

防控措施：①科研团队要主动作为，明确所在科研领域的世界前沿水平，抓住目前我国农业科技创新亟须解决的关键性问题、亟须攻克的关键性技术，充分发挥农业科研国家队的作用。统筹规划研究进展和目标成果，制定时间表和路线图，增强科研创新的紧迫感和针对性。②团队首席要明确落实“三个面向”的具体责任，强化目标导向，提出重点任务，争取大项目、产出大成果。③各科研团队每年都要至少梳理出 1 项本团队的年度亮点工作或突出成果。④加强团队建设，形成整体合力，提升团队创新能力和创新水平。加强优秀年轻人才的引进和培育，积极创造条件，补充团队力量，优化年龄结构和学科结构，确保科研团队创新工作持续开展，取得成效。

（二）中央八项规定精神执行

1. 院级

主要风险：对贯彻落实中央八项规定精神的极端重要性认识不到位，对违反中央八项规定精神的行为认识不敏锐；对中央八项规定精神的宣传教育、政策解读不充分、不到位；有关八项规定落实和作风建设的制度不健全不完善；对八项规定精神贯彻落实的监督执纪力度不够大，措施不够具体。

防控措施：①对各级党员领导干部和科研人员加强思想教育和政策解读，深刻认识贯彻落实中央八项规定精神的极端重要性，树牢“四个意识”，坚决做到“两个维护”，确保全院以高度的政治自觉，持之以恒正风肃纪、以上率下巩固和拓展落实中央八项规定精神成果，坚持不懈改作风转作风，以钉钉子精神抓牢抓实抓成，务求以良好的作风推动和保障科技创新各项事业健康快速发展。②对标中央要求，不断细化落实中央八项规定精神具体措施，认真落实院党组《关于进一步贯彻落实中央八项规定精神加强作风建设的实施办法》，督促指导研究所在改进调查研究、会风文风、工作作风、公务接待、新闻报道、勤俭节约等方面，进一步细化和建立行之有效的配套制度。③各级党组织、纪检组织要加强对中央八项规定精神落实情况的监督检查，纳入党建考核和“两个责任”落实督促检查，将有关要求细化为绩效管理评价指标，确保抓出成效。有关部门按照职责分工，抓好专项监督检查。加强监督执纪，对违反中央八项规定精神问题，发现一起、查处一起、通报一起、教育一批，形成震慑。

2. 院本级和研究所

（1）调查研究

主要风险：调查研究走马观花、浮于表面、解剖麻雀少；对调查情况不做全面深入分析研究，提出意见建议可操作性不强，提出有效管用的工作措施少，对解决实际问题帮助不大；对“三农”问题以及对团队、学科、科研人员调查研究不够重视，开展得少，深入团队、深入科研人员少；接待上级部门调研时，不实事求是，敷衍应付、弄虚作假等。

防控措施：①领导班子要充分认识深入调查研究的重要性，掌握调查研究的方式、方法，带头深入研究所和科研一线开展调查研究，明确调研主题，增强针对性，注重解剖典型，把情况了解深透。②把科技创新和落实“三个面向”实践中出现的新情况新问题作为调研的重点，把解决问题作为调研落脚点，深入分析研究，提出可行性强、针对性强的意见建议或工作措施，形成有价值的调研成果。③经常深入科研一线、深入团队、深入科研人员和职工群众当中，全面掌握情况、倾听群众诉求、解决问题矛盾，认真分析研究，提出符合研究所实际的有效管用的工作措施，出实招、办实事，推动研究所各项工作发展。④在接待上级部门和领导调研时，不搞形式、不弄虚作假、不夸大成绩、不掩盖问题，介绍真情况、反映真问题、提出好建议。

（2）会风

主要风险：会议频次多、内容空泛，单纯以会议落实会议、以文件贯彻文件，研究和结合本单位实际情况不够，解决本单位实际问题不多。

防控措施：①认真贯彻落实中央八项规定及其实施细则精神，切实精简会议。少开会、开短会，开管用的会，注重提高会议实效，不搞照本宣科，不搞空泛表态，不刻意搞传达不过夜。②充分运用现代信息技术手段改进会议形式，一般性部署工作、经验交流、研究情况，以及没有现场考察和集中座谈的会议，采用网络视频会议等快捷方式召开。③严控会议规模，减少京外研究所派人来京频次。④需要安排讨论的会议，精心设置议题，留足讨论时间，提高讨论深度；需要安排现场考察的会议，精心选择考察点，设计好路线，安排好讲解，提高考察效果。⑤杜绝单纯以会议贯彻会议，以文件落实文件，要紧密结合本单位实际情况，在研究解决本单位存在的实际问题上下功夫，在制定务实管用的措施办法上下功夫。⑥除有明确要求和确属必要，不再制定贯彻落实意见、实施细则等。

（3）文风

主要风险：文风不实，操作性、针对性不强；文件运转效率不高；照抄照转、生搬硬套，文件质量和实效不高。

防控措施：①发扬“短实新”文风，坚决压缩篇幅，防止穿靴戴帽、冗长空洞，要突出思想性、针对性、规范性和可操作性，做到简短精练、清晰明了、实事求是、以文辅政。②严格按照《中国农业科学院公文处理办法》要求，规范文件和信息的报送程序和格式，加强综合协调，严格审核把关，进一步完善信息化建设，优化办文流程，充分运用智慧农科协同平台提升文件运转质量和效率。③着力防止文件照抄照转、生搬硬套，或者一学了之、一转了之，要吃透文件精神，研究务实举措，切实把文件精神和要求落在实处。对涉及具体工作部署的文件，要高效运转，加强研究，落实方案，务求实效，提高效率。

（4）工作作风

主要风险：责任意识、服务意识和效率意识不强；存在“推拖等”的问题，主动谋划和担当不够，钉钉子精神欠缺；责任担当不强，遇到矛盾往上交、往外推、等指示，对院党组明确部署的工作任务，缺乏主动谋划，缺乏积极作为，对院里已经颁布的政策措施，没有落实方案，没有落实措施，干事创业精气神不足；管理制度不健全。

防控措施：①进一步提高政治站位，牢固树立“四个意识”、坚决做到“两个维护”，强化纪律规矩意识，自觉把中央八项规定精神落实到位，切实加强作风建设。②深化“不忘初心　牢记使命”主题教育活动成果，结合管理效益年活动总结，进一步强化全院干部职工善于学习、敢于实践、主动作为的担当意识，重点检视“庸懒散木推”“推拖等”等问题，建立健全牵头主责制、首问主办制、重大事项报告制、重要工作即时沟通汇报制等制度，对工作作风方面存在的问题认真整改到位，切实提高中国农业科学院各级领导的服务意识和管理效率，切实提升职能部门服务科研、保障科研能力。③强化担当意识和责任落实，强化督查督办机制，提升干事创业的精神气，认真贯彻落实部、院党组各项决策部署，主动谋划、积极作为、敢于担当、勇于负责，切实做到令行禁止，以钉钉子精神推动院各项重点任务部署在研究所落地落实。④按照“三个面向、两个一流”目标要求，以院工作规则、院党组工作规则为依据，指导各部门各单位主动梳理工作职能，修制订研究所制度体系，在成果转化、人才发展、薪酬激励、考核评价、科研“放管服”等方面创新制度，为加快新时代农业科技创新和改革发展提供坚实有力的制度保障。

（5）公务接待

主要风险：超标准接待，超陪同人数接待，不按规定缴纳餐费、交通费。

防控措施：①严格执行中央、农业农村部以及院党组有关规定，坚持有利公务、务实节俭、严格标准、简化礼仪、高效透明的原则，加强公务接待的计划管理，合理统筹安排公务接待活动，严格执行有关管理规定和开支标准，在核定的年度接待费预算内安排接待活动。②强化纪律规矩意识，执行公务接待标准，加强宣传教育和监督检查，严防超标准接待、超人数陪同等问题发生。③加强自律，严格按照要求自觉主动缴纳规定的餐费、交通费用，留存收据。

（6）新闻报道

主要风险：领导干部新闻报道数量、字数、时长过多；对科技创新工作成果、成效和科研一线活动报道不充分、不及时。

防控措施：①简化和规范院领导出席会议活动新闻报道。院领导出席一般性会议、活动和调研不作报道。按照精简务实、注重效果的原则，进一步压缩报道数量、字数和时长。研究所严格遵守农业农村部及中国农业科学院有关宣传管理的规定，简化、规范所领导有关新闻报道。②严格新闻采访，院各级领导干部接受采访，严格遵守农业农村部及中国农业科学院有关宣传管理的规定。③规范新媒体报道，积极运用新闻网站、微博、微信、客户端等新媒体加强对“三农”工作、农业科技创新、院所改革发展等方面的宣传报道。④加强对科技创新工作、科研一线新闻、科研进展和成果、研究所改革发展等方面的宣传报道，大力宣传科技报国、支撑脱贫攻坚和乡村振兴、服务“三农”的先进典型。

（7）勤俭节约

主要风险：“三公”经费使用不严，公务用车和加油卡管理不严格；在一些会议、活动中违规公款吃喝、公款旅游或变相公款旅游、发放礼品；公务接待铺张浪费。

防控措施：①切实强化纪律规矩意识，不折不扣落实中央关于厉行节约的有关要求和“三公”经费管理制度和规定，确保责任到位。②规范乘机安排，严格按照规定标准乘坐交通工具。③规范公务用车和加油卡管理制度。严格按标准配备、使用公务车，不得公车私用，不得借用、占用下属单位或其他单位车辆。强化依规依纪使用和管理加油卡的意识，严格落实“一车一卡”绑定制度，认真执行公务用车使用登记、存放等管理规定，加强加油卡充值、支出、核查的日常监管，对加油卡监督检查工作中发现的问题坚决整改到位。④对科研团队及所办企业、试验基地、杂志社、学会协会等部门强化管理监督，对举办会议、论坛、参观访问、学术交流等活动加强廉政提醒，严禁发生违规发放或赠送礼品、公款吃喝、公款旅游、公车私用等问题。⑤严格控制公务接待范围，执行公务接待标准等规定，从严控制公务接待费用支出。

（三）“四风”问题

1. 院级

主要风险：对坚决反对“四风”、树立优良作风的极端重要性认识不深刻不充分；对作风建设的宣传教育不到位，监督检查、执纪问责不力；防范“四风”问题的制度不完善，措施不具体。

防控措施：①对各级党员领导干部和科研人员加强宣传教育，深刻认识一以贯之反对“四风”、树立优良作风的极端重要性，确保全院以高度的政治自觉，持之以恒正风肃纪，坚定不移改作风转作风，以上率下巩固作风建设成效，坚决杜绝形式主义、官僚主义、享乐主义、奢靡之风的各种表现，以良好的作风推动和保障科技创新各项事业健康快速发展。②对标中央要求，不断完善和落实纠“四风”、树新风的制度和举措，认真执行《关于进一步加强和改进院机关工作作风的实施意见》，发挥院机关带头表率作用，督促指导研究所在落实工作部署、改进工作作风、促进担当作为、提高工作效率等方面，进一步建立健全行之有效的配套制度，坚决克服形式主义、官僚主义现象，狠抓工作落实。③各级党组织、纪检组织要加强对“四风”问题的监督检查，加强对党员干部的宣传教育，强化监督执纪，对“四风”问题发现一起、查处一起、通报一起、教育一批，形成震慑。

2. 院本级和研究所

（1）形式主义

主要风险：贯彻中央决策部署不坚决不全面不到位，对中央精神只做机械式、上下一般粗的传达；在工作中空喊口号，表态多调门高，缺乏实际行动和具体措施；调查研究走形式、走过场，开会不研究真实情况、不解决实际问题；检查考核过多过滥，考核内容不务实，频次多、表格多、材料多，给基层单位造成负担；对研究所、科研团队和服务对象存在的困难和问题缺乏深入的了解，执行部院党组的工作部署照本宣科、生搬硬套，拿不出切实可行的具体落实办法。

防控措施：①进一步增强对形式主义、官僚主义危害性的认识，党委要切实履行主体责任，纪委要落实好监督责任，把整治形式主义、官僚主义作为一项正风肃纪、反对“四风”的首要任务、长期任务，摆在更加突出的位置，抓出实效。②以领导机关、领导干部为重点，认真分析本单位本部门形式主义的突出表现，抓好关键少数，发挥头雁作用，以上率下抓好整改落实。③确保中央政令畅通，把中央精神和本单位实际紧密结合起来，转化为本单位本部门的工作任务和实际行动，求真务实、见诸行动、落到实处。④深入实际调查研究，不搞“走秀式”调研。改进文风，精简文件。开会要有实际内容，解决实际问题。统筹检查考核，避免过度注重留痕，减轻基层单位负担。⑤所领导带头深入科研团队，把上级的要求在本单位具体化，提出具体的工作方案和办法，真抓实干，抓好落实。⑥加强理想信念教育，引导党员干部和广大科研人员树立正确的“政绩观”“事业观”，发扬求真务实的科学精神，激励党员干部和科技工作者真抓真干、脚踏实地，为实现“两个一流”、支撑乡村振兴作出实实在在贡献。

（2）官僚主义

主要风险：缺乏服务意识，办事拖拉，效率不高；脱离实际，脱离群众，对研究所和科研人员反映强烈的问题无动于衷、消极应付、推诿扯皮、拿不出具体的解决办法；不顾实际情况，主观臆断，发号施令乱指挥。

防控措施：①各级领导干部和职能部门要牢记初心、使命，扎实推动服务型机关建设，全面提升服务院属单位和一线科研人员的积极性、主动性，明晰工作职责，规范办事程序，简化工作流程，提高办事效率。②进一步提高全心全意为人民服务的宗旨意识，推动院领导、院机关各部门领导班子成员直接联系服务基层和群众常态化制度化，掌握基层真实情况，听取基层干部职工的意见建议，认真协助研究所解决科研人员反映强烈的问题，进一步增强科研人员的获得感、一线职工的归属感和幸福感。③落实好科研“放管服”各项政策，深入创新团队，倾听科研人员意见，不推不等，拿出切实可行的解决办法。④强化所务公开、党务公开，发挥好行政部门的管理、协调和沟通作用，切实为科研人员做好服务和后勤保障工作。

（3）享乐主义

主要风险：担当精神、吃苦精神、奉献精神减退，满足于现状，过小日子；工作敷衍应付，标准不高，要求不严；不担当、不作为、慢作为，存在“推掩等”问题；对影响本单位发展的重点难点问题研究不多，上推下卸责任。

防控措施：①以落实《关于进一步加强和改进院机关工作作风的实施意见》为抓手，以强化责任担当、创新管理机制、转变工作方式为重点，进一步加强学习，提高艰苦奋斗，勇于攻坚克难，担当作为的意识。②厘清院机关各部门职能责任和工作人员岗位责任，改进领导方法、工作方法，提高工作能力。③建立和完善主动担责机制，落实好牵头主责制、首问主办制、反馈回应制、限时办结制，加强对外联络汇报和内部沟通协调。④强化学习培训，提倡严谨细致、雷厉风行、求真务实的作风，强化争创一流、团结协作、甘于奉献的精神，树立克己奉公、遵纪守法、廉洁自律的意识，努力打造群众满意的机关。⑤院属单位领导班子要树立大局意识，带头担当作为，带头吃苦奉献，带头履职尽责。在推动单位发展和科技创新过程中，主动调查研究，积极解决矛盾和问题，带领全所干部职工攻坚克难，不断取得新成绩。⑥建立健全奖惩激励机制，确保担当作为、建功立业的干部职工和科研人员能够有获得感、幸福感。

（4）奢靡之风

主要风险：违规配备使用公车和公务加油卡，公车私用，私车公养；办公用房面积超标；超标准公务接待，铺张浪费，用单位食堂、内部餐厅搞宴请；向所办企业转嫁招待费用；用公款支付高消费娱乐活动；借开会、考察为名变相公款旅游。

防控措施：①进一步规范全院公务用车管理，健全公务用车管理制度，规范公务用车流程，严格审批程序，有效保障公务活动，促进党风廉政建设和节约型机关建设。院属单位要进一步提高思想认识，加强教育，建立健全并严格执行公务用车、科研用车和加油卡管理等方面的规章制度，定期进行监督检查，发现问题及时纠正处理。②严格执行中央、农业农村部和院有关规定，加强办公用房管理实地督查，推进办公用房资源合理配置和节约使用，保障正常办公，降低行政成本。③严格执行公务接待标准等规定，公务接待不提供烟酒，不得用单位食堂内部餐厅搞宴请，不得向所办企业转嫁招待费用，不安排用公款支付的高消费娱乐活动。出差活动中，按照标准缴纳交通伙食费用。④严格按批准的行程出差、开会、考察，严禁用公款旅游或者变相公款旅游。

（四）网站安全

1. 院级

主要风险：对网站的管理监督责任不明晰、落实不到位；信息公开、信息发布等管理制度建设不完善；网络安全责任不明确，相关安全培训不够；对全院网站安全和信息情况的监督管理措施不到位。

防控措施：①强化对网络安全管理监督责任，完善信息公开保密审查、门户网站信息发布管理等制度建设。②建立网络安全责任制，强化管理部门和责任人责任，加强相关人员信息安全培训和网站信息安全宣传教育。③院信息化领导小组办公室不定期对各网站安全和信息情况进行监测并通报，督促研究所落实网站安全责任。健全考核制度和重大事故问责制度，加强对全院网站隐患排查，减少突发风险。

2. 院本级和研究所

主要风险：网站管理责任人不明确，责任落实不到位；网站和信息安全内控机制不健全；网站信息的业务把关和政治审核不到位，网络安全日常自查不够。

防控措施：①落实主体责任，加大监管力度，明确责任到分管负责人，各责任主体对各网站加强业务把关和政治审核。②严格落实部、院、所的网站安全和信息安全相关制度，认真履行网络安全责任制，不断完善内控制度体系，明确流程及方法，对相关的密码管理、安全操作规定、操作人员范围等提出明确要求，营造网站与信息安全内控环境。③制定完善的信息审核流程和办法，加强业务把关和政治审核，由管理部门逐级审批和监管。加强本单位网站信息宣传抽查和风险防范，落实好网络安全防护措施。

3. 技术支持部门（网络中心）

主要风险：网站备案和安全防护措施不到位。

防控措施：完成网站域名备案、全院网站群等级保护备案及定级；加强网站安全防护，部署防病毒、防攻击、防篡改等安全防护措施，并按照《中华人民共和国网络安全法》的要求，完善网站安全防护工作。

（五）学生管理

1. 院级（研究生院）

主要风险：研究生教育发展到新阶段，面对研究生规模、类型等发展变化的新形势，“两段式”培养模式下院所管理责任不明晰，院所管理脱节；对学生思想政治教育工作认识不到位、措施不落实。

防控措施：①强化思想引领，牢牢把握意识形态领导权，着眼于提升师生思想政治素质，把理想信念教育放在首位，切实抓好马克思主义理论教育，用新时代中国特色社会主义思想铸魂育人。将有关“立德树人”的宣传教育，纳入研究所、导师和研究生管理人员教育培训计划中，并将其贯穿于研究生培养的全过程，切实发挥宣传教育的引导、规范作用。②加强责任落实，建立院所联动、责任明确、运转高效的研究生管理机制。明确“两段式培养”模式中院所两级责任，强化全院研究生教育管理工作的统筹、组织、协调、指导和监督。③加强研究生教育管理方面的体制机制建设，制定教育发展规划，建立健全教育管理机构设置，深化教育改革，积极探索管理体制创新，推进学院制改革，积极谋划推进院区及学院建设。根据教育发展实际，调整优化现有研究生教育考评指标体系，完善研究生教育工作年度考评制度，充分发挥研究生教育考评指标体系在加强和改进研究生教育管理过程中的“指挥棒”作用。④把立德树人作为中心环节，坚持思想政治理论课主导、学科专业课融合渗透、校园文化熏陶培育和实践活动感知体悟“四位一体”有机统一，推进思政育人、专业育人、文化育人、实践育人。⑤每年举办研究生导师培训班、教师培训班、党支部书记培训班、预备党员培训班、积极分子培训班、班主任培训班等专题培训，增加研究生思想政治教育方面的专题主题。⑥推进课程思政，深化协同育人。修订研究生培养方案，从培养目标、培养方式和导师责任制等多方面深入落实立德树人根本任务，将思想政治工作贯穿研究生教育教学全过程。将《研究生科学道德与学术规范》设为所有专业必修课程，并在入学教育、研究生课堂和导师指导等各个环节开展学术诚信教育。

2. 研究所

主要风险：对研究生教育管理及思想政治工作重视不够，责任落实不到位；研究生教育管理队伍与在所学生规模不匹配，管理职责不明晰；客座学生管理不规范。

防控措施：①明确责任，研究所落实好回所研究生管理主体责任；负责做好研究生回所后的日常管理、党建团学、思想政治教育、安全管理、心理健康等工作；组织研究生开题、中期、答辩等培养环节；负责本所研究生招生复试、学科建设、专业课师资队伍建设的具体实施；为回所研究生提供科研学习及生活条件保障。②将研究生教育管理、思想政治教育与科研管理工作统筹安排、有机融合、协调推进，形成“一把手亲自抓、分管领导具体抓、责任处室保落实、专职人员强管理”的工作格局。③加强研究所学生管理队伍建设，建立专兼职结合的高水平管理队伍，做好在岗导师及兼职教师定期培训、研讨和交流，压实团队职责。④制定研究所客座学生管理细则，严格做好客座学生管理。

3. 团队

主要风险：对学生重使用，轻培养，导师“第一责任人”落实不到位，对学生思想政治教育、安全教育缺乏有效的管理。

防控措施：①加强对本团队导师的教育、管理与监督，牢固树立“导师是研究生培养第一责任人”的理念，压实“导师第一责任人”职责。②加强团队研究生导师内部交流与培训。③健全团队考核，把导师立德树人职责落实作为导师工作的重要内容，引导督促导师把立德树人职责落实融入到教学、论文指导等各个环节，在日常教学指导过程中除着力提升学生科研能力外，还要把思想政治教育、安全教育贯穿始终，实现全过程育人、全方位育人，对于立德树人职责落实情况反馈好的导师，在团队考核中予以肯定。

二、科研学术领域

（一）学术道德和科研伦理

1. 院级

主要风险：对学术道德管理监督的责任不明晰、落实不到位；对科研作风学风是做好科技工作的“生命线”、加强科研诚信建设的重要性认识不足；科研诚信与信用管理的长效机制以及配套制度不健全，责任不明晰；研究所科研伦理建设指导不够，对完善科研作风学风内部监督缺乏指导督促检查，教育预防工作有欠缺，对科研诚信问题惩戒力度不够。

防控措施：①强化对全院学术道德的管理监督责任，进一步组织全院加强学习，提高对科研作风学风建设重要性的认识，大力弘扬科学家精神，严防违背科研诚信问题的发生。②完善科研诚信与信用管理制度，建立长效机制。督促研究所切实承担起科研诚信与信用管理的主体责任，加强教育预防和内部监督工作。③坚持正面引导，深化评价制度改革，建立以质量、绩效、贡献为导向的分类评价体系。深入开展“唯论文、唯职称、唯学历、唯奖项”清理行动，切实减轻科研人员负担，为加强科研作风学风建设，防止学术道德问题发生营造良好环境。④将科研伦理建设作为学风建设的重要方面，纳入院学术委员会和学术道德委员会年度重点工作，督促相关研究所加强基因编辑技术、动物营养与饲料科学、食物营养、实验动物等领域科研项目与科学实验的科研伦理审查。充分发挥学术委员会、学术道德委员会的作用，对违反学术道德行为“零容忍”，发现一起查处一起。建立科研失信行为数据库，科技局、人事局、机关党委、监察局互相配合，在项目申报、职称评审、职务晋升、评奖评优等方面实行联合惩戒。

2. 研究所

主要风险：加强科研学风作风和科研伦理建设的主体责任落实不够；职责不清晰，科研诚信与信用管理的具体实施办法没有建立起来；对违背科研诚信和科研伦理问题缺乏教育预防措施，内部监督检查不够；对学术不端行为的认定和查处敷衍了事走过场。

防控措施：①研究所领导班子要进一步加强学习、提高认识，切实担负起学风作风和科研伦理建设的主体责任。科技处要严格履行管理、指导、监督的职责。②进一步完善内部监督约束机制，研究制定具体落实办法。建立科研诚信约定制度、科研诚信承诺制度和科研过程可追溯制度，全面落实科研诚信要求。③加强科研诚信和科研伦理教育预防，在入学入职、职称晋升、参与科技计划项目等重要节点开展教育，把科研伦理的理念和要求融入科技管理工作各环节。加强研究所科研项目与科学实验的科研伦理审查，对在科研诚信和科研伦理方面存在倾向性、苗头性问题的人员，及时开展谈话提醒、批评教育。④对违反学术道德行为"零容忍"，规范认定程序，发现一起严肃处理一起，落实在项目申报、职称评审、职务晋升、评奖评优、年度考核、招生资格等方面实行联合惩戒的要求。

3. 团队

主要风险：团队首席及课题负责人、导师缺乏对科研团队科研作风学风和科研伦理建设的教育管理监督；科研诚信和信用管理各项要求不落实；对重要论文的署名、研究数据的真实性、实验可重复性、科研伦理等进行诚信审核和学术把关审核不严。

防控措施：①团队首席要加强对本团队科研作风学风和科研伦理建设的教育管理监督职责，在科研诚信建设中发挥示范带动作用，做遵守科研道德的表率。②加强对团队成员、学生的科研诚信管理，对重要论文的署名、研究数据的真实性、实验可重复性等进行诚信审核和学术把关。教育科研人员恪守科学道德，遵守科研活动规范，践行科研诚信要求。③团队中的科研人员要崇尚学术民主，鼓励不同学术观点交流碰撞，倡导严肃认真的学术讨论和评论，反对科研领域"圈子"文化。坚守底线，严格自律，恪守科学道德操守和科研伦理，遵守科研活动规范，践行科研诚信要求，不得从事损害人体健康、危害社会安全、违反伦理道德的科研活动等，反对浮夸浮躁、投机取巧。不得抄袭、剽窃他人科研成果或者伪造、篡改研究数据、研究结论；不得购买、代写、代投论文，虚构同行评议专家及评议意见；不得违反论文署名规范，擅自标注或虚假标注获得科技计划（专项、基金等）等资助；不得弄虚作假，骗取科技计划（专项、基金等）项目、科研经费以及奖励、荣誉以及有其他违背科研诚信要求的行为。

（二）师德师风

1. 院级（研究生院）

主要风险：师德建设主体责任落实不到位，对师德师风制度建设、师德考核和师德激励、日常教育监督、舆论宣传、预防工作不到位；师德失范问题调查和处理机制不健全，问题排查发现不及时，处置不力，处理决定落实不到位，师德失范行为整改不彻底。

防控措施：①强化对全院师德师风的管理监督责任，进一步提高全院对师德师风是评价教师队伍素质第一标准的认识，加强调查研究，弄清中国农业科学院师德师风的现状和存在的问题，提出有针对性的解决措施。②加强对师德建设的组织领导，严格落实师德教育主体责任，主要领导亲自负责，落实具体职能机构和人员，加强制度建设，建立健全中国农业科学院师德建设的长效机制。③创新师德教育，坚持师德宣传制度化常态化，导师入职培训必须开设师德教育专题。将师德教育作为优秀教师培育的重要内容，健全师德考核，促进教师提高自身修养。注重师德激励，完善师德表彰奖励制度，将师德表现作为评奖评优的首要条件。④建立和完善师德建设督导评估制度，不断加大督导检查力度。强化教学纪律，建立教学督导制度，特别是对在教育教学过程中发表不当言论，违反政治纪律的行为进行督察和处理。制定具体化的教师职业行为负面清单及失范行为处理办法，明确处理标准和处理程序，坚决查处师德失范行为，在招生资格、教师考核、职务晋升、职称评聘、人才评选、评奖评优过程中联合惩戒。

2. 研究所

主要风险：对师德教育、研究生管理重视不够，责任落实不力；研究生教育管理的职能不清晰，人员不到位；缺乏对师德师风建设、师德考核和师德激励的具体措施，日常教育监督、师德失范预防工作不到位；查处师德失范行为不坚决，整改措施落实不够；对研究生的思想政治、纪律、安全教育不到位。

防控措施：①进一步加强学习，强化对师德教育、研究生管理重要性的认识，严格落实师德教育主体责任，主要领导亲自负责，落实师德、研究生教育管理的处室和人员，明确具体职能和要求。②严把导师遴选、招生资格审核、教师聘任“入口关”，加强师德宣传教育，制定师德师风建设、师德考核和师德激励的具体措施，努力营造崇尚师德的良好环境和氛围，促进教师提高自身修养。③重视导师管理，加强对师德师风的督导监督，对出现师德失范苗头性问题及时提醒、纠正，避免小问题变成大错误。④严格奖惩机制，对师德失范行为严肃处理，严格落实在招生资格、教师考核、职务晋升、职称评聘、人才评选、评奖评优等方面联合惩戒。⑤做好师德失范警示教育，用身边的事教育身边的人，落实好师德失范行为的整改措施。⑥建立院所联动的研究生思想政治工作机制，坚持全员全方位全过程育人，加强研究生思想政治教育、纪律规矩引导。加强研究生课程建设，完善和强化培养过程各环节管理，提升教育质量。⑦加强研究生安全教育，健全和完善回所学生安全责任体系，确保安全工作要求落到实处，开展多种形式的安全教育，切实增强研究生的纪律观念和安全意识。

3. 团队

主要风险：对本团队导师的教育监督不到位；对师德失范苗头性问题抓早抓小，谈话提醒不够；对团队里的研究生放松思想政治教育、纪律规矩引导，教育教学质量不高，安全责任落实不到位。

防控措施：①加强对本团队导师师德师风的教育管理监督，倡导《新时代高校教师职业行为十项准则》，全面落实研究生导师立德树人的具体职责。②了解掌握本团队导师师德师风建设、研究生管理现状和问题，对师德失范苗头性问题早发现早提醒，防止小错误酿成大问题。③研究生导师要充分认识自己所承担的教书育人神圣使命，珍惜教师荣誉，捍卫职业尊严，提升师德境界，严防发生《中国农业科学院全面落实研究生导师立德树人职责实施细则》中规定的在招生、考试、推优、保研等工作中的徇私舞弊、弄虚作假，迫使学生承担导师私人事务，对学生实施猥亵、性骚扰或与学生发生任何不正当关系，利用学生和家长资源谋取私利，克扣学生助研津贴等师德失范负面行为。④加强团队中研究生的思想政治教育、纪律规矩教育、安全教育，提升教育教学质量，导师以身作则，引导学生恪守科研诚信。

（三）期刊管理

1. 院级

主要风险：期刊的管理监督责任不明晰，没有相应的管理办法或规定；业务指导监督不到位；日常监督检查不够。

防控措施：①建立健全管理制度，强化对全院期刊加强管理指导的意识，把准方向，压实责任，强化监督落实措施。②督促各单位制定或修订本单位期刊管理办法、编辑部内部管理制度，完善期刊编审、采编、公章管理以及经营业务方面的管理制度和工作流程。③督促主办单位以进一步规范期刊编辑部管理工作为目的建立健全跟踪、检查、督查机制，加强制度落实和执行力度。

2. 研究所

主要风险：监管的主体责任意识不强、责任落实不到位、政治把关意识不够；管理制度不健全；期刊重要事项未纳入集体决策；对期刊经济活动和财务收支情况监督检查不到位；人员业务培训、纪律教育不到位。

防控措施：①切实提高主体责任意识，强化责任落实，主动加强相关管理政策和业务规范学习，对期刊编辑部加强业务把关和政治审核，认真指导、监督、支持期刊按照相关政治和业务标准办好刊物。②按要求健全期刊管理规章制度，强化“管人管事管资产管导向”的内控思想认识，落实好各项工作制度，规范工作流程和用稿制度。③建立期刊工作重要事项集体决策和请示报告制度。④定期听取期刊工作汇报，督促编辑部加强对发行、印刷、广告等经营性业务管理、合同管理和公章管理。建立关于重大事项、活动开展、经费使用等情况的报告制度；从业务开展、经费管理、财务监管等方面健全配套内控制度和工作规程，实现对期刊运行监管的常态化。⑤对期刊编辑部从业人员加强廉洁自律教育和培训。

3. 期刊编辑部

主要风险：对期刊内容的政治敏感性不够，规范管理意识不强，规章制度缺失或不健全；重大事项不履行决策程序决策；收支管理不规范。

防控措施：①增强期刊编辑部的政治敏锐性，严格审查社会关注度高、敏感性强的文章，强化规范运营的意识。按要求建立健全规章管理制度，完善编审、采编、公章管理等内部工作流程；制定期刊编辑部有关经营性业务的管理办法；完善审稿费、版面费、稿费的管理办法。②涉及排版、印刷、广告、发行等对外合作与经营活动中的重要事项、制度制订等需经集体决策后实施。③规范收支行为，严格执行财务规章制度。④严禁以个人账户收支有关费用，杜绝“账外账”。⑤加强自我约束管理，对从业人员加强廉洁自律教育。

（四）社团（学会协会）管理

1. 院级

主要风险：对社团（学会协会）管理监督责任不明晰、落实不到位；监管力度不够、职责不清晰；对领导人员社团兼职管理审批不严格；社团党组织建设、管理薄弱。

防控措施：①建立健全管理制度，强化对全院社团（学会协会）加强管理指导的意识，把准方向，压实责任，强化监督落实措施。明确监管职责，明确负责日常管理事务的岗位和人员。②积极推动院属单位明确学会协会管理职能部门和工作人员，自上而下建立健全日常监管工作机制，推动建立关于重大事项、活动开展、经费使用等情况的及时报告制度，实现对学会协会运行监管的常态化。③认真执行《中国农业科学院领导人员社会团体兼职管理暂行办法》的有关规定，从严管理院管干部，督促指导社团兼职领导干部所在单位严格审批把关。④会同党建工作机构指导规范学会协会高质量开展党建工作。

2. 研究所

主要风险：履行监管责任不到位，管理制度不健全；对学会协会重大事项、经济活动、收支管理等监督检查不到位；执行处级干部在学会协会兼职审批不严格；社团党组织建设、管理较薄弱，对从业人员廉洁教育不到位。

防控措施：①切实提高主体责任意识，强化责任落实，主动加强相关管理政策和业务规范学习，对社团（学会协会）履行好对学会协会的监管职责。明确牵头管理职能部门，明确组织工作、业务活动和财务工作的对口负责人，切实提高管理能力，强化管理监督。②健全完善管理机制，研究所要定期听取学会协会工作汇报，建立关于重大事项、活动开展、经费使用等情况的报告制度；从业务开展、经费管理、财务监管等方面健全配套内控制度和工作规程，实现对学会协会运行监管的常态化。③认真执行《中国农业科学院领导人员社会团体兼职管理暂行办法》的有关规定，严格审批把关，从严管理所管干部。④切实加强学会协会党的建设，健全党的基层组织，加强对学会协会党建工作的考核、监督、检查和指导，压实党建工作责任，充分发挥战斗堡垒作用，高质量推动学会协会开展党建工作。⑤加强对社团（学会协会）从业人员的廉洁自律和遵纪守法教育。

3. 社团（学会协会）

主要风险：内部管理机构不完善，职责不明晰；管理制度不健全；政策执行不到位，理事会建设薄弱；发挥作用不足，业务开展与“三个面向”指示要求不契合，对依托单位科技工作的支撑作用不明显，学术氛围不浓，行业主导作用发挥不充分。

防控措施：①根据学会协会业务实际，在依托单位指导下建立健全内部机构设置，明确职责任务。②健全完善关于举办会议、会员管理、会费收取及使用管理等方面的规定。③加强社团管理政策的学习，强化理事会建设，发挥理事会作用。④紧密围绕

“三个面向”指示精神，支撑服务院属单位开展科技创新工作；充分发挥学会协会在所属行业领域的主导力和影响力，创新学术活动方式，营造浓厚学术氛围；发挥科学普及、决策咨询、人才举荐、承接政府转移职能、服务乡村振兴、脱贫攻坚和农业现代化建设的积极作用。

（五）外事管理

1. 院级

主要风险：外事管理责任落实不到位；因公出访管理制度不完善，申请流程不明确；对因公出国（境）团组的审查审批不严；院团组行前纪律教育不到位；外事接待和国际会议中经费使用不当；证件管理和使用不规范。

防控措施：①强化对全院外事工作的管理监督责任，认真贯彻执行党和国家的总体外交方针政策，梳理完善因公出访的相关管理制度，制定科学合理的管理办法。遵循“放管服”改革最新要求，改进科研人员因公出国（境）管理方式，优化审批流程，制作简而易懂的“明白纸”，切实有效提高工作效率。②严格按外事规定审核审批因公出访任务，履行政治审批制度和出国团组出访前公示制度。坚持因需出访、因事定人的原则，对所局级领导干部出访和学术交流合作以外的出访从严审批，坚决杜绝无实质内容的出访，杜绝因利益关系、人情关系等安排的出访。③认真落实出访行前教育，要求出访人员严格遵守外事纪律和八项规定精神。④严格执行公务接待制度，避免不必要的接待和礼品馈赠，定期对研究所监督检查，坚决遏制在外事接待和国际会议中出现公款吃喝等“四风”问题。⑤严格执行因公出国（境）证件集中管理制度，坚决按照审批流程办理证件申请手续。加强证照安全意识宣讲，督促出国（境）人员返回后及时交还证件。

2. 研究所

主要风险：对本所因公出国（境）团组的初核不严；团组行前教育不到位；因公出访成果利用不足；证件使用不当。

防控措施：①严格人员政治审查程序，审批出访行程安排，落实出国团组出访前公示制度。认真贯彻执行中央总体外交方针政策和部、院的规定，对所级领导干部出访和学术交流合作以外的出访从严初审，坚决杜绝无实质性内容的一般性、照顾性和公款出国（境）旅游现象。②加强因公出访人员行前教育，从严掌握出国（境）费用支出标准。强化规矩意识，严防变相公款出国（境）旅游和未经审批报备“出国超时”“路线拐弯”等违纪违规行为，严禁使用公款大吃大喝、聚众酗酒，严禁安排与公务无关的娱乐活动，出入赌博、色情场所和违反当地法律法规。结合典型事例，进行纪律教育，增强警示效果，严防违纪违规行为发生。确因工作需要，需临时变更出访行程安排的，要严格履行审批或报备手续。③建立出访成果跟进机制，严格执行按时提交出访报告和出访成果制度，确保各项出国（境）活动落到实处、取得实效。④严格执行公务接待制度，避免不必要的接待和礼品馈赠。严格审核外事接待计划和国际会议计划，按照有关规定制定预算并履行财务核销手续，坚决遏制在外事接待和国际会议中出现公款吃喝等“四风”问题。⑤严格按照部、院审批流程办理证件申请手续，加强对出国（境）人员的证照安全意识宣讲，督促出国（境）人员返回后及时交还证件。

3. 团组

主要风险：自律意识和安全意识不足；证照使用不规范。

防控措施：①要严格执行因公出访有关外事管理规定，在出国（境）团组行前，应参加出访行前教育，提高自律意识和安全意识。因工作和学术交流需要，需临时变更行程安排的，应按规定履行审批报备手续。严禁出访期间发生违反中央八项规定精神或其他纪律规矩的行为，严格遵守国家相关法律法规，严禁携带违规违禁品入境。②加强证照安全意识，除特殊情况外，严禁使用因私护照出国（境）执行公务，出国（境）返回后及时交还证件。出现证照遗失等情况时，积极配合相关部门进行妥善处理。

（六）生物安全

1. 院级

主要风险：生物安全内控体系尚不健全。主要表现在生物安全内控制度体系不完善；生物安全监督检查不到位；对研究所生物安全体系运行的指导不具体。

防控措施：①强化对全院生物安全管理的指导、监督职责。坚持生物安全管理的底线思维，严防生物安全事件的发生。②健全生物安全监督检查机制。组织院对研究所的生物安全管理定期和不定期检查，制定院对所生物安全管理情况的检查标准。③强化对研究所生物安全管理工作的指导。制定《中国农业科学院生物安全内控管理办法》，形成研究所制度体系、应急体系、监督体系等的参考样本。④加强生物安全管理调查研究。围绕国家生物安全相关制度与标准体系、其他单位管理情况、中国农业科学院各研究所和科研团队管理情况与问题等，开展生物安全管理调查研究，指导中国农业科学院生物安全制度建设，总结宣传好经验、好做法。

2. 研究所

主要风险：对生物安全管理重视程度不够，管理体系尚不健全。主要表现在，生物安全管理责任不明确；未建立全面的生物安全管理制度和防控措施；生物安全管理制度执行不到位；监督检查力度不够；生物安全风险防控教育培训不全面。

防控措施：①落实研究所生物安全管理主体责任。明确研究所主要责任人是生物安全第一责任人，团队首席是直接责任人。②完善生物安全内控管理制度。围绕学科布局和科研工作特点，提出本所涉及生物安全的科研领域，以生物安全实验室运行维护、动植物病原微生物、实验动物和转基因相关科研任务实施为主线，进行全链条风险评估，形成全方位控制风险的防控措施和制度体系，制定生物安全管理办法、管理手册等管理体系文件。③建立生物安全事件应急预警预案。对风险因素分级分类制定预警，对可能发生的生物安全事件，分级分类制定处理与上报方案。④强化生物安全监督。落实、落细监督检查责任，开展生物安全管理要求落实情况和日常生物安全工作的监督检查，定期向院安全生产委员会提交监督工作报告，指出隐患和整改建议。⑤开展人员培训和应急演练。组织研究所团队首席、骨干专家、研究助理、研究生等人员分期分类培训；组织相应人员针对各类可能发生的生物安全事件，进行安全生产单项和联合演练，明确应急处置职责。

3. 团队

主要风险：生物安全责任意识和防控意识不强。主要表现在，团队生物安全管理责任落实不到位，对团队涉及生物安全科研活动的监督管理不够；生物安全风险控制措施不到位，标准化操作意识不强；科研人员生物安全意识淡薄，生物安全风险控制能力和生物安全防护能力不足。

防控措施：①建立团队生物安全内控体系文件。创新团队根据研究所制度，结合科研实际情况，编制必要的标准操作规程等安全内控体系文件，明确使用权限及资格要求、潜在风险、防护措施、安全操作方法、试验记录等。②强化监督检查和管理提升。明确专人负责生物安全管理和监督，依据所生物安全管理相关制度，推动团队制修订生物安全相关标准操作规程，并落实执行，查找本团队科研工作中存在的生物安全隐患并提出整改建议。③推行安全培训。涉及生物安全活动的人员接受生物安全培训并考核合格后，进行相关实验操作。

三、财务资产领域

（一）科研经费使用

1. 院级

主要风险：科研经费监督责任不明晰、责任不落实；科研经费管理制度建设不健全；科研“放管服”政策落实不力；对研究所科研经费使用的监督检查不到位。

防控措施：①细化对全院科研经费使用的监督责任，突出重点，明确分工，强化协作，狠抓落实，建立长效监管机制。②建立健全科研经费管理制度，查漏补缺，不断补齐科研经费使用管理中的制度空白，强化内部流程控制，进一步落实科研经费信息公开制度，明确研究所和个人违反科研经费使用规定的惩戒措施。③落实“放管服”相关政策，出台符合“放管服”要求的科研经费指导性配套文件，指导研究所进一步减轻科研人员负担，增强科研人员“获得感”，提高其创新创造的积极性。④加强统筹协调，科技局、财务局、监察局等部门要适时采取日常监督与定期抽查相结合等多种形式，对研究所科研经费使用情况开展随机检查等工作，对发现的违法违规问题予以严肃处理，督促指导项目承担单位和科研人员依法合规开展科研活动。

2. 研究所

主要风险：科研经费管理制度和内部流程不健全，院、部要求落实不严；责任主体和责任人不明确；廉政风险防控教育宣传不足；重点环节监控力度不够，内部监督检查不到位。

防控措施：①认真落实部、院要求，确保“放管服”精神和要求落地，完善科研经费管理制度，建立适合本单位实际情况的内部控制体系。严格落实科研经费信息公开制度，建立和完善科研管理信息系统，除涉密的科研项目外，保证科研经费的经费详细使用情况，以及项目立项、研究过程到结题验收等关键环节的信息公开。②建立完善监管责任体系，明确职责。所长书记必须担负起主体责任，加强组织领导，强化责任担当；纪检监察部门承担监督责任，创新监督方法，提升监督质效；财会部门承担监管责任，细化监管责任，切实提升监管能力；课题组长和团队首席是科研经费管理的第一责任人，承担直接责任。③加大对科研人员的科研经费风险防控教育，及时向科研人员宣讲科研经费管理与使用相关的法律法规、制度办法等，坚持用身边事教育身边人，加强案例警示教育和提醒教育，切实增强科研人员的廉洁从业意识。④加大重点环节监控力度，认真审核科研经费支出，对经济业务真实性、票据合规合理性，支出事项与科研项目（课题）的目标相关性、政策相符性和经济合理性进行审核。规范横向经费使用办法、劳务费专家咨询费发放程序、试剂耗材和仪器设备采购管理等，认真履行科研经费报销、拨付等规定，强化项目责任人科研经费使用第一责任人职责。⑤定期分析科研经费使用中的风险，建立常态化的自查自纠机制，纪检、科研、财务等有关部门合力开展抽查工作，严肃处理本单位出现的违规行为，督促项目承担科研人员依法合规开展科研活动。

3. 团队

主要风险：项目负责人责任落实不到位，对组内经费使用的管理监督不够；科研人员责任意识淡薄，科研经费管理使用不规范。

防控措施：①项目负责人要履行第一责任人职责，强化组内成员风险意识，自觉加强组内科研经费使用的管理监督，严格执行经费使用和管理的相关规定，加强科研经费信息公开，自觉接受团队内经费使用情况的监督，开展经常性经费使用情况自查、整改等。②科研人员要强化责任意识，严格遵守部、院、所对科研项目和资金管理的各项规定。杜绝违规外拨科研经费、虚假支出套取科研经费、列支与科研事项无关的支出、横向项目成本转嫁财政项目成本、违规发放劳务费和专家咨询费、试剂耗材和仪器设备采购不规范等敏感易发行为，促进经费使用和试剂耗材采购管理规范透明。

（二）院所办企业管理

1. 院级

主要风险：管理职责不清晰，监管措施不具体、不落实；对外投资管理审批不严格；对企业财务管理、内控建设、经营活动日常监管不到位；企业党的建设薄弱；对有关从业人员廉洁教育不够。

防控措施：①建立健全全院企业的管理制度体系，明确管理监督职责和管理措施，制定院所办企业监督管理制度办法并在日常管理监督工作中注重落实。②督促院属单位履行出资人职责，既要强化管理，又要事企分开、赋予权力，支持企业合法经营、健康发展。③以多种形式组织开展对院所办企业的监督检查，督促指导健全企业内控制度，堵塞经营管理漏洞，控制经营风险。④加强企业党建工作，发挥企业党组织战斗堡垒和党员模范带头作用。⑤加强企业廉政建设，构建企业廉洁从业文化，引导规范企业依法依规经营，强化对企业高管和职工的法纪教育和廉洁从业教育。

2. 研究所

主要风险：对企业的监管责任和出资人职责履行不到位；对外投资前期论证不充分；所办企业内控制度不健全，财务管理不规范，存在监管漏洞、经营风险；党的建设薄弱；忽视企业廉政建设。

防控措施：①强化院属单位对企业监管的主体责任意识，切实履行出资人职责，加强对所办企业监管。对控股企业加大监管力度，确保公司重大事项集体决策、科学决策，确保国有资产保值增值。推进建立现代企业制度，规范企业法人治理结构。根据公司法、公司章程和股权比例，选派法人代表、董事、监事、总经理、财务总监等公司高层管理人员，加强企业经营管理，依照公司法和公司章程，行使股东权利。要求企业提交经营情况和财务报告，通过内部审计、财务检查、年度决算等方式了解企业财务情况，及时掌握所办企业发展状况。对于股权比例较小、长期没有投资回报的企业，应择机注销或者转让股权退出。②院属单位国有资产对外投资应进行可行性分析，对外投资的重大事项应由领导班子集体研究，确保对外投资决策程序规范、科学高效。对外投资、股权变化、企业改制等事项均应按照《中国农业科学院国有资产对外投资管理办法（试行）》要求，根据审批权限，履行审批程序，并妥善保存审批涉及的文件材料。对外投资、股权变化、企业改制的过程中，应聘请专业的服务机构。原则上不得出资设立三级和三级以下所办企业。③监督推动企业完善财务管理制度，定期开展审计，规范企业财务管理，建立健全所办企业各项内控制度。④加强企业党组织建设，对企业党组织工作给予支持，将企业纳入研究所党的工作、党组织各项活动的重点。对企业党的工作加强指导和监督，规范组织生活和党日活动，加强政治学习和党纪法规学习，强化对企业党员领导干部和党员职工的教育管理，发挥企业党组织战斗堡垒和党员模范带头作用。⑤进一步提高认识，深化所办企业廉政制度体系建设，严格落实中央八项规定精神，对巡视审计查找出的各类问题立行立改，整改到位。加强对企业员工特别是高管人员的廉洁教育。

3. 企业

主要风险：企业重大事项决策不民主、缺乏监督；内控制度不健全；财务管理不规范；遵纪守法经营意识欠缺，廉政制度建设薄弱；党的建设薄弱；中央八项规定精神执行不到位。

防控措施：①建立完善企业重大事项集体决策制度，确保权力有效制约。②健全企业各项内控制度，在组织结构、授权批准、会计记录、资产保护、预算控制、风险控制等方面加强内控管理。合理、有效地设置部门和岗位，遵循不相容职务分离原则，明确岗位职责，形成制衡关系，便于内部控制作用的发挥。强化物资采购、存货管理、销售管理等关键环节的监管措施，执行企业规定，落实监管责任。③认真执行企业财务管理制度，规范管理企业职工薪酬、福利待遇，制定完善合规的财务报销办法，严格管控现金和银行存款等流动资产，规范企业财务行为。进一步规范企业会计核算工作，加强对原始凭证和记账凭证的审核，确保各项收支符合规定，依据充分合理，杜绝凭证不完整、列支依据不足等问题。④加强企业党的建设，健全党组织，规范党的组织生活和党日活动，加强对党员高管人员和党员职工的教育管理，发挥其模范带头作用，带动对公司从业人员的法纪教育、规矩教育和廉洁从业教育。⑤切实强化依法依规经营的意识，增强廉洁从业意识，完善廉政制度。严防车辆及加油卡管理不规范、违规报销、侵占国有资产等现象。切实增强落实中央八项规定精神和部、院有关纪律的自觉性，坚决杜绝以“为工作”“通感情”名义及任何方式的请吃、送礼和提供消费活动。对巡视审计查找出的各类问题立行立改，整改到位。加强对企业员工特别是高管人员的廉洁教育，做到防微杜渐，警钟长鸣。

（三）房屋出租出借

1. 院级

主要风险：房屋出租出借管理监督责任落实不到位；有关房屋出租出借的制度不健全不完善；房屋资产管理和出租出借事项的监督检查不到位。

防控措施：①强化对全院房屋出租出借的管理责任。进一步完善院属房屋出租出借决策审批机制和监督机制，制定房产出租出借事项档案制度。落实管理责任，制定内部自查办法和问责措施。②进一步建立健全行之有效的房屋出租出借管理流程，对审批机制、申报程序、风险防范等内容进行调整和细化，强化房屋归属单位的资产管理主体责任，防范国有资产流失。③将房产出租出借事项纳入对院属单位国有资产管理绩效年度考核的重要内容，加强对全院房产出租出借事项的信息化监管，适时组织开展房产出租出借专项检查，促进房产出租出借规范管理。

2. 院本级和研究所

主要风险：房屋出租出借的决策机制不完善；房屋资产管理和出租出借合同管理不健全；房产招租程序不规范，信息公开不到位。

防控措施：①加强房产出租出借管理制度办法的宣传解读，建立健全房屋出租出借决策机制，按程序规范管理房产出租出借事项。落实房产出租出借事项档案制度，将出租出借决策及管理过程相关材料存档备查，同时制定内部自查办法和问责措施，防止国有资产流失。②加强房屋资产管理，必须通过资产管理信息系统办理有关流程，保证房产用途账实一致。加强出租出借合同管理，确保合同经法律专业人士或律师事务所审定。委托院后勤中心出租出借房产的，需使用院后勤中心统一制定的制式合同。明确合同签订的程序和要求，严格按程序执行，并及时上报结果。③严格执行房屋出租出借公开招租程序，遵循公开、公平、公正的原则，引入市场竞争机制，提高各单位资产使用率。京区房产出租出借事项事先报院财务局审批，根据批复意见由后勤服务中心统一组织或自行组织公开招租。强化信息公开，阳光招租，提高经济效益，防控廉政风险。

（四）基建安全

1. 院级

主要风险：管理监督责任不落实，对全院基本建设发展战略研究工作不深入，全院基本建设发展规划不适应“三个面向”的需要；基本建设管理规章制度不完善，结合重点项目对院属单位落实项目法人责任制，完善项目内控制度的督促检查不到位，对全院基建工作的业务指导和廉政宣传教育不力，全院基建干部队伍的能力水平跟不上“双一流”建设的需要；对全院土地总体规划及基础设施规划的编制、院属单位基本建设项目建议书、可行性研究报告、初步设计的审核把关不严；对院属单位在项目招投标、项目实施和竣工结算中可能出现的问题提前分析预判不够，有针对性地指导各单位制定防控措施不到位。

防控措施：①强化对全院基建工作的管理监督责任，加强工作调研，深入开展全院基本建设发展战略研究，以“三个面向”为指导，超前谋划项目，使全院基本建设发展规划适应“双一流”建设的需要。②加强全院基本建设规章制度的制定和完善，结合重点工程强化对研究所的基建业务指导和廉政宣传教育，结合项目检查督促项目法人责任制的落实，完善内控制度。③加强全院基建干部队伍的建设和业务培训。④加强对全院土地总体规划及基础设施规划的编制和指导，严格院属单位基本建设项目建议书、可行性研究报告、初步设计的审查和申报工作。⑤指导各单位严格按照国家招投标法、政府采购法和项目可行性研究报告批复文件的要求，执行批复的招标方式及组织形式。加强对招标代理机构遴选进行监督。⑥指导院属单位签订好合同，严格按批复内容实施项目。⑦指导院属单位及时整理归档过程性资料，做好竣工验收工作，严防结算纠纷。⑧后勤服务局作为院本级项目的具体实施单位，应在项目中按照规定具体落实好项目法人责任制、招标承包制、工程建设监理制和合同管理制等四大基建管理机制，保证基建安全。

2. 研究所

主要风险：规划编制不透明，重要规划制定未履行“三重一大”决策程序；项目申报不符合申报条件要求；项目法人责任制执行不到位，职责分工不合理，管理制度未能有效贯彻落实，容易导致决策失误、信息泄露、内外串通、损公肥私等风险；招投标工作不规范，招标代理机构的选择不慎重，未执行项目可行性研究批复文件对招标方式及组织形式的有关规定；项目实施管理不到位，执行项目批复不严格，擅自变更建设内容，超进度支付工程款，变更洽商签证、收集整理资料不及时，施工过程文件遗失；合同中关于工程结算的条款约定不明确，引起工程结算纠纷等。

防控措施：①规划编制工作中，要加强信息公开，严格执行城乡规划管理相关规定，履行“三重一大”决策制度。在项目申报过程中，要严格按照申报要求谋划项目，按照申报程序申请项目。②强化项目法人责任制，完善项目内控制度，重大问题集体研究。严格按照国家招投标法、政府采购法和项目可行性研究报告批复文件的要求，执行批复的招标方式及组织形式。加强招标代理机构遴选和招标组织工作。严格按批复内容实施项目。③项目管理人员、基建财务人员严格按合同约定和审批程序对工程款支付进度、变更洽商签证审核把关。及时收集整理项目资料，与项目实施同步进行。④加强合同管理，起草合同规范严谨，实时跟踪合同履行情况，严格按照合同约定履行合同义务。做好结算资料的审核签字、收集存档工作，确保结算过程可再现、重点环节可追溯，避免工程结算产生的项目风险。

（五）试验基地

1. 院级

主要风险：对试验基地管理责任不到位；试验基地审批、财务、科研副产品、物资采购等管理制度不完善；基地资产管理监督不到位。

防控措施：①强化对全院试验基地的管理责任，完善制度，加强监督。②建立健全一套行之有效的试验基地规章制度，进一步规范试验基地发展，细化和调整财务管理、资产管理、物资采购、科研副产品管理等相关制度。指导各单位结合单位基地的自身特点，建立合理的试验基地管理制度和完善的评估体系，督促基地的运行管理机制不断完善。③加强对全院财务或基地管理服务单位财务的专项抽查，确保应收尽收、收支两条线。督促院所两级按照部、院国有资产管理有关制度要求，严格规范管理试验基地房屋、土地出租等事项。充分运用中国农业科学院试验基地管理系统，做好所内、院内范围的试验基地开放共享、管理使用调整等工作。

2. 院本级和研究所

主要风险：管理责任落实不到位；新建试验基地选址不科学，存在闲置浪费或非科研用途使用风险；科研副产品存在坐收坐支、不纳入单位统一管理的风险；物资采购不执行院、所有关规定，存在采购工作不规范等风险；基地资产管理监督不到位。

防控措施：①强化责任意识，确保试验基地管理部门和人员责任落实。②编制试验基地中长期发展规划。根据发展规划，紧扣科研实际需求，严格执行新建试验基地报院统一审批制度，通过学术委员会、院务会、所务会加强新建试验基地选址论证工作形成部门合力，确保未经论证审批的新建试验基地不予科研、建设、运行等财政经费项目支持。严防基地闲置浪费或非科研用途使用现象。③制定符合本单位实际的试验基地科研副产品管理办法。加强宣传教育，在科学家、科研人员中牢固树立信任不能代替监督、严管就是厚爱的思想认识，使其自觉规范处置科研副产品。④有针对性地制定试验基地采购物资管理办法。加强对物资采购申请与审批、规范出入库登记、强化出库使用督查等工作。⑤按照部、院国有资产管理有关制度要求，严格规范管理试验基地房屋、土地出租等事项。对基地财务管理或基地管理服务单位财务管理开展不定期自查，发现漏洞，防范风险。

3. 团队

主要风险：课题自选的基地选址不科学，合同管理不规范，基地利用率不高；试验基地物资采购把关不严，存在采购工作不规范等风险；不按规定缴纳基地使用有关费用，科研副产品处置不规范。

防控措施：①紧扣科研实际需求，增强选址必要性、科学性论证，加强自选基地的合同管理。严防闲置浪费、非科研用途使用风险。②严格执行研究所采购物资的管理规定，严格物资采购申请与审批、规范出入库登记等工作。③加强教育，牢固树立信任不能代替监督、严管就是厚爱的思想认识，自觉规范处置科研副产品，自觉遵守基地管理规章制度，严格按制度办事。

（六）成果转化（知识产权保护与运营）

1. 院级

主要风险：知识产权主体责任不到位、保护目标不明确；知识产权管理制度不完善、机制不健全。

防控措施：①进一步强化中国农业科学院知识产权主体责任和意识，切实落实国家及部、院相关法律法规和制度规定，加强知识产权转化过程中的集体决策机制、公开公示等监督机制的建设和实施。②院所两级法人各自承担相应的知识产权管理职责，未经中国农业科学院书面授权或者许可，各研究所无权擅自同意第三方使用中国农业科学院的名称或标识标志等。③围绕产业发展需求，以转化为导向明确知识产权创造、保护目标，减少不具有商业价值的知识产权数量，优化使用各类资源。④完善知识产权管理制度体系，进一步完善促进知识产权创造、保护和运用的规章制度及整体规划。⑤完善知识产权等转化收入认定机制、收益分配激励机制、知识产权人才分类评价考核及培养机制等。⑥加强培训和宣传，有针对性地举办系列讲座、培训和选修课等，开展院成果转化奖评选，提高全院知识产权意识、素质和能力。

2. 研究所

主要风险：知识产权主体责任不明确、意识不到位；知识产权管理制度不完善、机制不健全；缺乏对产业及市场知识产权情况的了解和把握。

防控措施：①对本单位拥有的知识产权，包括专利权、植物新品种权、软件著作权、技术秘密和标识标志等，承担保护、管理与转化运用的主体责任，切实落实相关法律法规和制度规定的集体决策机制和公开公示等监督机制，防止知识产权转化过程中化公为私等风险发生。②按约定与主要职务发明人共同成为知识产权所有权人，探索建立责权利相统一的成果转移转化制度。③完善知识产权保护与成果转化管理机制，研究制定知识产权管理、保护和运用的规章制度及整体规划，规范审批流程，完善决策机制。④有部门或机构并设专人负责知识产权管理与科技成果转化工作。⑤建立本所相关领域的成果及知识产权评价机制，具有相对可靠的市场知识产权估值能力。

3. 团队

主要风险：知识产权保护不到位；知识产权转让未按规定程序进行。

防控措施：①团队设立掌握相应的知识产权知识和工作技能的知识产权助理，负责申请、保护和信息分析等工作，提出转化和运用建议。②以转化运用为目标，减少不具有商业价值的知识产权申请与保护，不断增加高质量知识产权的数量。③严格按照院所两级规章制度进行知识产权转让，完善决策机制，规范审批流程，防止知识产权转化过程中化公为私等风险发生。

中共中国农业科学院党组印发《中国农业科学院 2020 年全面从严治党工作要点及分工意见》的通知

农科院党组发〔2020〕32 号

《中国农业科学院 2020 年全面从严治党工作要点及分工意见》已经院党风廉政建设工作领导小组 2020 年第二次会议审议通过，现印发实施。

院党风廉政建设工作领导小组成员单位要加强学习，压实主体责任，对主要牵头负责和按照职责分工负责的任务开展调查研究，制定工作方案，明确分管领导、责任处室、时限进度和措施要求，强化组织协调和督促指导。各单位党组织和纪检组织要狠抓任务落实，保质保量按时完成全年重点任务。

各部门各单位于 2020 年 12 月 10 日前，将全年任务完成情况形成书面报告，报院党风廉政建设工作领导小组办公室。各单位纪委根据《中国农业科学院 2020 年全面从严治党工作要点及分工意见》落实纪委年度工作计划，上报纪委年度述职报告。

中国农业科学院党组

2020 年 7 月 17 日

中国农业科学院 2020 年
全面从严治党工作要点及分工意见

为全面贯彻落实党的十九届四中全会和中央纪委四次全会精神以及农业农村部、中国农业科学院 2020 年全面从严治党工作会议的部署，根据党风廉政建设责任制的规定，结合中国农业科学院实际，制定 2020 年全面从严治党工作要点及分工意见（以下简称《分工意见》）如下。

一、工作要点及分工意见

（一）持续增强“两个维护”的政治自觉

（1）在深入落实“三个面向”中体现“两个维护”。深入学习贯彻党的十九大、十九届四中全会、中央纪委四次全会精神，坚持用习近平新时代中国特色社会主义思想武装头脑，把党的政治建设摆在首位，把党的领导贯穿到科技工作全过程，提高政治站位，强化政治引领，开展政治机关意识教育，以更高标准、更实举措推进政治建设（直属机关党委牵头负责）。认真学习习近平总书记给袁隆平等 25 位科技工作者代表回信，牢牢把握国家队的历史站位，以研究制定“十四五”发展规划为契机，进一步把使命和定位向“三个面向”聚焦，大胆推进改革（院办公室牵头负责）。把任务和目标向“三个面向”对标，把资源和优势向“三个面向”转化，用实际行动保障“三个面向”落实落地（科技局主要牵头负责，人事局、财务局、基建局、成果转化局按照职责牵头负责）。（以上任务各单位党组织、纪检组织具体负责）

（2）在贯彻中央决策部署中体现“两个维护”。院各级党组织做到第一时间传达贯彻党中央决策部署，久久为功，落到实处；第一时间迅速执行部院党组工作部署，见人见事见效。建立鼓励支持科学家到脱贫攻坚一线、乡村振兴一线去的机制，强化科技服务，指导产业发展，为保供给、保增收、保小康提供支撑。（直属机关党委主要牵头负责，院办公室、科技管理局、成果转化局、监察局按照职责牵头负责，各单位党组织、纪检组织具体负责）

（3）在强化政治监督中体现“两个维护”。将监督挺在前面，补齐监督短板，突出政治监督，加强对落实习近平总书记“三个面向”、脱贫攻坚、乡村振兴重要指示批示的监督，加强对落实部、院党组重大工作部署的监督，当好中国农业科学院“啄木鸟”和“护林员”，确保党中央、部院党组重大工作部署到哪里，监督责任就跟进到哪里，

党风廉政建设就覆盖到哪里。（监察局主要牵头负责，直属机关纪委、人事局按照职责牵头负责，各单位党组织、纪检组织具体负责）

（二）开展领导干部民主集中制学习活动

（1）开展领导干部民主集中制学习活动。通过学习领袖著作、听取专家讲座、自我研讨交流，解决中国农业科学院领导干部在贯彻执行党的民主集中制中存在的原则规矩不明、观念意识不强、能力本领不足、制度机制不畅、生态氛围不浓等五大问题，推动形成既有民主又有集中，团结紧张、严肃活泼的生动局面，使党的民主集中制在中国农业科学院改革发展中展现新魅力。（人事局主要牵头负责，直属机关党委、院办公室、监察局按照职责牵头负责，各单位党组织、纪检组织具体负责）

（2）严格执行重大事项请示报告制度。认真学习贯彻《中国共产党重大事项请示报告条例》，严格落实下级党组织向上级党组织，党员、领导干部向党组织请示报告重大事项的规定，严格执行研究所、创新团队重要科研进展报告制度，及时报告中央重大决策部署和重大工作落实情况。（各部门按照职责牵头负责，各单位党组织、纪检组织具体负责）

（3）严格执行请假报告制度。强化领导干部组织纪律观念，加强对请假报告情况的抽查核实，督促落实请假和考勤制度，形成自觉接受监督的氛围。（院办公室主要牵头负责，人事局、监察局按照职责牵头负责，各单位党组织、纪检组织具体负责）

（三）夯实党组织在科技创新与成果转化中的政治引领作用

（1）进一步规范和强化基层党组织生活。认真开展“灯下黑”问题专项整治，严肃党内政治生活，落实好理论中心组学习、民主生活会、组织生活会、“三会一课”、主题党日、谈心谈话等各项制度，解决理论中心组学习中存在的只读文件只念报纸、不交流不学习、没主题没辅导、脱离中心工作等问题；解决领导班子民主生活会存在的走形式少内容，不把自己摆进去，相互批评不深刻，整改工作敷衍了事等问题；解决组织生活中存在的不严格、不规范，主题党日形式化无主题、休闲化娱乐化，发展党员不主动、等“指标”，缴纳党费不规范等问题，充分发挥党内政治生活的熔炉作用。（直属机关党委牵头负责，各单位党组织、纪检组织具体负责）

（2）实实在在把党的领导落实到科研团队，围绕中心抓党建，推动党建和业务工作互融互促，着力防范和纠正“两张皮”的问题。把“三个面向”指示要求落实到创新方向和创新任务上，确保党委政治核心作用、党支部战斗堡垒作用和党员先锋模范作用在科研创新、成果转化中充分发挥，多抢占制高点、多解决“卡脖子”难题、多提高成果转化率、多为脱贫攻坚做出贡献。（直属机关党委牵头负责，各单位党组织、纪检组织具体负责）

（3）认真学习贯彻习近平总书记《论坚持党对一切工作的领导》，坚决推进党的领导全覆盖。重点加强企业、学会协会、期刊杂志、试验基地、聘用人员、客座研究生党组织建设，确保党的建设全覆盖，确保党的领导到位。（直属机关党委牵头负责，各单位党组织、纪检组织具体负责）

（4）把"不忘初心、牢记使命"作为加强党的建设的永恒课题和党员干部的终身课题。巩固深化主题教育成果，形成长效机制。持续推进主题教育整改整治，盯住改、持续改，扎实改、出成效。推动院所两级同步学习贯彻党中央最新决策部署，认真贯彻《新时代爱国主义教育实施纲要》，深化党史、新中国史、改革开放史、院史、所史等宣传教育，引导广大党员干部在农业科技创新岗位上、在脱贫攻坚一线上守初心、担使命，发挥表率作用。（直属机关党委牵头负责，各单位党组织、纪检组织具体负责）

（5）落实农业农村部基层党组织建设质量提升三年行动计划，扎实推进"红旗党支部"创建行动，全面推进支部建在创新团队，加强党支部标准化规范化建设，重视发挥党小组作用。（直属机关党委牵头负责，各单位党组织、纪检组织具体负责）

（6）落实党员教育管理工作条例和全国党员教育培训规划，强化党员教育管理监督，有计划分层次开展高质量轮训。（直属机关党委主要牵头负责，人事局按照职责牵头负责，各单位党组织、纪检组织具体负责）

（7）注重选拔政治强、业务精、作风好的干部从事党建工作，推进党务和业务干部交流。（人事局主要牵头负责，直属机关党委按照职责牵头负责，各单位党组织、纪检组织具体负责）

（四）切实改善院所机关作风和效率

（1）认真学习贯彻习近平总书记关于力戒形式主义官僚主义重要论述选编和系列重要批示精神，把反对形式主义、官僚主义作为重要政治任务，落实到文稿起草、文件制定、会议筹办和任务完成中，督促党员领导干部认真审核把关，既要过眼过手，又要过脑过心。大兴调查研究之风，密切联系基层、联系群众。（院办公室主要牵头负责，人事局、直属机关党委按照职责牵头负责，各单位党组织、纪检组织具体负责）

（2）在坚决纠治"四风"上进一步把自己摆进去，以敢于斗争的精神治理和杜绝"推拖等靠要""庸懒散木推"以及文山会海、表格泛滥、检查繁多等问题。压缩各种会议，压缩公务开支，厉行节约，过紧日子。（院办公室主要牵头负责，财务局、科技管理局、监察局按照职责牵头负责，各单位党组织、纪检组织具体负责）

（3）在院所两级大力开展机关效率建设行动。落实限时办结制、牵头主责制、首问主办制、反馈回应制、归档追溯制。强化以科研为本、自觉为科研人员服务的意识，打造务实、服务、高效的一流作风。（院办公室主要牵头负责，人事局、直属机关党委、监察局按照职责牵头负责，各单位党组织、纪检组织具体负责）

（4）教育督促、严格管理党员干部，到地方、下属单位出差吃住行方面严格自律，注意净化朋友圈，自觉约束“八小时之外”的行为，与管理服务对象包括院系统所办企业，尽可能保持非工作上的零接触，形成清爽、健康的关系。把是否接受有隶属关系的下级干部和管理服务对象的宴请，作为民主生活会必须报告的事项。（财务局、直属机关党委按照职责牵头负责，各单位党组织、纪检组织具体负责）

（5）督促党员领导干部发挥好“头雁效应”，慎用手中掌握的各类权力，坚守纪律底线，树牢道德高线。认真贯彻落实《农业农村部领导干部插手干预重大事项记录报告有关规定（试行）》，严禁党员领导干部插手干预重大事项。（监察局主要牵头负责，直属机关党委、人事局按照职责牵头负责，各单位党组织、纪检组织具体负责）

（6）强化敏感时节、关键环节和特殊领域的执纪监督，持之以恒贯彻落实中央八项规定精神。紧盯重要时间节点和公车私用、私车公养、公款吃喝、公款旅游、接受服务对象吃请、接受礼品礼金等关键环节，以严明的纪律维护制度，以有效问责强化制度执行。（监察局主要牵头负责，直属机关纪委按照职责牵头负责，各单位党组织、纪检组织具体负责）

（五）限期完成院所办企业监管全覆盖

（1）充分认识管好办好企业重要性必要性。努力打造“三创一体”科研链和创新团队，有效构建科企融合、科产融合新型协同发展模式。（成果转化局牵头负责，各单位党组织、纪检组织具体负责）

（2）落实院所办企业党的领导体制。限期解决院所办企业党建工作中存在的“空白化”“虚化”“弱化”“边缘化”等管党治党宽松软的突出问题，高质量推动企业党建。实现企业经济效益、社会效益与党组织“三个作用”同步实现，企业效益和“两个责任”同步落实，企业效益和“一岗双责”同步推进。（直属机关党委牵头负责，各单位党组织、纪检组织具体负责）

（3）限期完成企业运行监管制度建设。有关部门各司其职、各尽其责，就院所办企业系统化管理出台方案。研究所所长、书记强化第一责任人意识，扛牢抓实加强企业监管的主体责任。（成果转化局主要牵头负责，直属机关党委、人事局、财务局、监察局按照职责牵头负责，各单位党组织、纪检组织具体负责）

（4）汲取中农威特公司深刻教训。在院党组以及有关单位和部门召开加强企业监管专题生活会基础上，进一步把院领导班子成员、院机关各部门和全院各个研究所摆进去，查摆问题、提高认识、强化措施。（监察局主要牵头负责，成果转化局、直属机关党委、人事局、财务局按照职责牵头负责，各单位党组织、纪检组织具体负责）

（六）细化实化重点领域风险防控责任

（1）细化重点领域风险防控责任。认真贯彻落实《三大重点领域十四个方面风险防控指南》，细化十四个方面风险防控责任，做到责任落实到团队、到个人。（监察局主要牵头负责，院办公室、科技管理局、人事局、财务局、基本建设局、国际合作局、成果转化局、后勤服务中心、研究生院按照职责牵头负责，各单位党组织、纪检组织具体负责）

（2）实化监管措施。实化生物安全、实验室安全、学生安全、试验基地、学会协会、期刊杂志监管措施；强化科研副产品、实验废弃物处理、小额合同监管、乱挂牌子等“末梢风险”规范管理。加强对“末梢”风险的监督管理，督促落实风险防控制度建设，强化日常监督，做到风险可控、监督到位。（科技局、研究生院、成果转化局、人事局、院办、财务局、国际合作局、后勤服务中心、监察局按照分工牵头负责，各单位党组织、纪检组织具体负责）

（3）高度关注脱贫攻坚和乡村振兴中存在的问题。防止脱贫攻坚和乡村振兴中的形式主义现象，专家要接地气，技术要见实效，让农民听得懂、让成果用得上，承诺要可兑现。（成果转化局主要牵头负责，监察局按照职责牵头负责，各单位党组织、纪检组织具体负责）

（七）高质量完成政治巡视任务

（1）明确监督重点。把加强政治建设、做到“两个维护”、落实全面从严治党主体责任、落实“三个面向”、落实巡视以及审计整改监督作为监督重点，进一步突出政治巡视定位。（监察局主要牵头负责，财务局按照职责牵头负责，各单位党组织、纪检组织具体负责）

（2）强化巡视整改。把巡视整改作为检验“四个意识”的试金石，对中央专项巡视等巡视落实工作再检视、再落实，坚决防止对巡视整改任务拖延不办、整改流于表面、畏惧困难，开会多、分工多、进展少、检查少的问题，不断巩固巡视整改成果。（监察局牵头负责，各单位党组织、纪检组织具体负责）

（3）完善工作制度和队伍建设。落实农业农村部对院党组开展巡视工作检查反馈意见的要求，不断完善巡视工作制度，提高巡视工作水平，选优配强巡视队伍，在巡视工作中发现干部、考察干部、锻炼干部、培养干部、使用干部。（监察局主要牵头负责，人事局按照职责牵头负责，各单位党组织、纪检组织具体负责）

（八）打造科研特色的纪律教育方式

（1）构建抓早抓小的工作抓手。充分结合农业科研单位大院文化、熟人社会特点，强化红线、底线、道德线，从早抓起、从小入手，加强日常监督，防病于未病，系好纪律规矩“第一粒扣子”。（监察局牵头负责，各单位党组织、纪检组织具体负责）

（2）构建自己人讲身边事的学习方式。所长、书记带头讲作风、讲学风、讲所风。

班子成员、党委委员、纪委委员、支部委员、团队首席、纪检小组成员带头讲自己的“好人好事”，把自己摆进去，走在前，做表率。（直属机关党委牵头负责，各单位党组织、纪检组织具体负责）

（3）大力弘扬新时代科学家精神，锻造新时代“农科精神”。认真贯彻《关于进一步弘扬科学家精神加强作风和学风建设的意见》，引导全院科技工作者自觉践行“爱国、创新、求实、奉献、协同、育人”的新时代科学家精神，学习祁阳站精神、中棉所精神，积极践行“求实笃行、敬农致用”的院训，加强科研作风学风建设，弘扬忠诚老实、公道正派、实事求是、清正廉洁的价值观。（直属机关党委牵头负责，各单位党组织、纪检组织具体负责）

（4）构建为干事者担当的保障机制。合理区分是为公还是为私，是干事担当还是谋私谋利，是无意过失还是明知故犯，是探索试验还是明令禁止，做到实事求是、客观公正，激励干部担当作为。（监察局主要牵头负责，人事局、直属机关党委、财务局按照职责牵头负责，各单位党组织、纪检组织具体负责）

（5）构建尊重科学规律的管理方式。在政治思想方面，充分尊重科研人员劳动者特性、独立思考能力和富于批评精神（直属机关党委牵头负责）；在科研条件保障方面，充分尊重科研工作的灵感瞬间性、方式随意性、路径不确定性等特点（科技管理局牵头负责）；在科研产出考核方面，根据新形势、新要求，对研究所评价指标体系进行修改完善，持续探索分类评价，充分尊重农业的生命长周期、自然市场环境不确定性、与人健康密切相关等特点，把农业公益性地位夯实做牢（院办公室主要牵头负责，人事局、科技管理局按照职责牵头负责）。（以上任务各单位党组织、纪检组织具体负责）

（6）贯通运用监督执纪“四种形态”，重点用好用足第一种形态。采取工作约谈、谈话提醒、约谈函询、批评教育、责令检查、诫勉谈话等多种形式，对苗头性问题早发现、早提醒、早纠正，防止小毛病变成大毛病、小问题变成大问题。落实被谈话函询对象在民主生活会或组织生活会说明情况制度。同时，坚持“二三四种形态”不放松，对违反政治纪律政治规矩和中央八项规定精神、学术不端、师德失范、假公济私等行为，发现一起、查处一起，把“严”字一贯到底。（监察局主要牵头负责，直属机关党委、人事局、科技管理局、研究生院按照职责牵头负责，各单位党组织、纪检组织具体负责）

（7）强化警示教育。对查结的党员干部违纪案件，全面开展警示教育，加大点名道姓通报曝光力度，推动遵规守纪意识入脑入心，把纪律的螺丝拧得紧而又紧。（监察局牵头负责，各单位党组织、纪检组织具体负责）

（九）全面履行监督职责，提升履职能力

（1）带头落实监督职责。院党组发挥头雁效应，院长、书记履行第一责任人职责，

院领导管人、管事、管党建、管监督一体。各单位党委履行主体责任和监督主责，所长、书记履行第一责任人职责，支持所纪委履行监督专责。各单位党委书记和纪委书记要主动担当、破除顾虑，围绕加强党的领导、落实全面从严治党，扛牢抓实职责范围内的工作；班子成员树立“党政同责、一岗双责”意识，齐抓共管，正确履行职责。（直属机关党委主要牵头负责，监察局按照职责牵头负责，各单位党组织、纪检组织具体负责）

（2）把日常监督功夫下在基层。团队首席、支部书记切实负起责任，支持纪检监察小组发挥“政治安全员”“纪律宣传员”“作风监督员”的作用。（监察局主要牵头负责，直属机关党委按照职责牵头负责，各单位党组织、纪检组织具体负责）

（3）统筹力量协同发力。统筹纪检组、巡视、监察、纪委、干部监督、审计、科研道德、师德师风“八条线”监督资源，形成监督合力。（监察局主要牵头负责，直属机关纪委、人事局、财务局、科技管理局、研究生院按照职责牵头负责，各单位党组织、纪检组织具体负责）

（4）加强选人用人和干部监督。严格贯彻执行《党政领导干部选拔任用工作条例》，落实党管干部原则，切实加强党组织领导和把关作用，确保选人用人正确导向。选优配强领导班子，重点抓好“一把手”选拔配备。充分发挥干部监督工作联席会议作用，加强选人用人监督，突出政治标准，坚持事业为上，严把选人用人政治关、品行关、能力关、作风关、廉洁关，打造坚强有力领导班子。（人事局主要牵头负责，直属机关党委、监察局按照职责牵头负责，各单位党组织、纪检组织具体负责）

（5）关心关爱纪检监察干部。选调一批优秀年轻干部充实到纪检部门兼职，接受考验，加强力量。让勤勤恳恳、履职尽责的干部在培训、培养、提拔、晋升、奖励、经费、装备等方面不吃亏、有奔头。（监察局主要牵头负责，人事局、直属机关纪委按照职责牵头负责，各单位党组织、纪检组织具体负责）

二、工作要求

（一）切实加强学习

各部门各单位要深入学习党的十九届四中全会、中央纪委四次全会精神、农业农村部全面从严治党工作会议精神和韩长赋部长在农业农村部纪念建党99周年大会上的党课报告精神，认真贯彻落实中国农业科学院全面从严治党工作会议部署和《分工意见》，力戒形式主义、官僚主义，全面提高院系统党的建设质量，长期坚持严的总基调，推动全面从严治党向纵深发展。

（二）加强组织领导

各部门要对主要牵头负责和按照职责分工负责的任务开展调查研究，制订工作方案，明确分管领导、责任处室、时限进度和措施要求，强化组织协调和督促指导。各单位党组织和纪检组织要狠抓任务落实，保质保量按时完成全年重点任务。

（三）压实主体责任

各部门各单位领导班子要扛牢抓实全面从严治党主体责任，各部门主要负责人、各单位党政一把手切实履行第一责任人职责；分管领导严格落实“一岗双责”，在分管领域做到管人、管事、管党建、管监督一体；各单位纪委要履职尽责，强化担当，协助党委落实全面从严治党任务，抓好职责范围内工作；团队首席、支部书记、纪检小组切实负起责任，确保全面从严治党工作任务在基层组织贯彻落实。

（四）强化督促检查

院办公室、人事局、监察局、直属机关党委要通过绩效考核、巡视、监督检查等，对任务分工落实情况加强督促检查，扎实推动院系统全面从严治党各项任务落地见效。

（五）及时总结报告

各部门各单位于 2020 年 12 月 10 日前，将全年任务完成情况形成书面报告，报院党风廉政建设工作领导小组办公室（监察局）。

各单位纪委根据《分工意见》落实纪委年度工作计划，上报纪委年度述职报告。

中共中国农业科学院党组纪检组关于印发《中国农业科学院关于加强新型冠状病毒感染肺炎疫情防控监督工作实施方案》的通知

农科院党组纪检组发〔2020〕3号

院机关各部门、院属各单位党组织、纪检组织：

现将经院党组审定的《中国农业科学院关于加强新型冠状病毒感染肺炎疫情防控监督工作实施方案》印发给你们。请各单位党组织、纪检组织高度重视，严格按照方案要求，聚焦“两个责任”落实，加强监督检查，为疫情防控提供坚强的作风和纪律保障。

中共中国农业科学院党组纪检组

2020年2月10日

中国农业科学院关于加强新型冠状病毒感染肺炎疫情防控监督工作实施方案

为认真贯彻习近平总书记关于新型冠状病毒感染肺炎疫情防控工作的重要指示精神，严格落实农业农村部、中国农业科学院党组工作部署，充分发挥纪检监察部门监督保障执行的作用，根据中央和部、院党组有关精神，制定中国农业科学院疫情防控监督工作实施方案。

一、组织领导

成立院疫情防控监督工作领导小组，在院党组领导下开展监督工作，负责全院落实疫情防控工作部署的监督检查、执纪问责和有关协调工作，为疫情防控提供坚强的作风和纪律保障。

组　长：李杰人

副组长：舒文华、赵红梅

成　员：监察局、直属机关纪委有关同志

领导小组办公室设在院监察局综合处。

二、监督重点

（一）党组织履行主体责任情况

重点监督各单位党委是否认识到位、组织到位，把疫情防控作为当前压倒一切的重大政治任务来抓，在第一时间将中央关于新型冠状病毒感染肺炎疫情防控工作的重大决策以及部、院党组部署要求传达到每一名干部职工；是否认真研究、靠前指挥，责任到位、措施到位，对本单位疫情防控做到底子明、数字清、情况准，把每一项防控措施抓细抓实、落实到位；是否在疫情防控工作中存在形式主义、官僚主义、不担当不作为、推诿拖拉等问题；是否树立一盘棋意识，顾全大局，服从指挥，分工负责，团结协作；是否发挥领导干部带头作用，落实领导分工负责制，一级抓一级，层层抓落实，督促要求各级党组织、纪检组织、党员干部敢于担当、真抓实干、发挥表率作用。

（二）纪检组织履行监督责任情况

重点监督在疫情防控阻击战中，各单位纪委是否在党委领导下履职尽责、分工负责、敢于斗争、监督落实；是否做好各自职责范围内的疫情防控及应急处理工作；纪委和纪检小组是否在疫情防控中积极宣传党的政策和上级精神，发挥政治安全员、纪律宣传员、作风监督员和信息员的作用，特别是纪检小组是否及时了解掌握部门、团队人员春节期间有无离开单位所在地情况、有无湖北休假或新型冠状病毒感染肺炎疫情流行病学史情况、回单位所在地情况及身体状况，发现问题及时报告等情况。

（三）党员干部履职尽责情况

重点监督党员干部，特别是领导干部，在疫情防控中，是否严格遵守政治纪律和政治规矩，不造谣、不信谣、不传谣、科学理性对待疫情；是否自觉服从指挥调度，严格执行疫情防控工作部署要求，遵守疫情防控期间各项纪律规定；是否发挥共产党员牢记初心使命，走在前、做表率的模范作用，带头勇挑重担、带头履职尽责，带头落实好防疫和科研攻关各项任务。

三、纪律要求

（一）深化思想认识，提高政治站位

全院各级党组织、纪检组织要认真学习、坚决贯彻落实习近平总书记重要指示精神，切实增强“四个意识”、坚定“四个自信”、做到“两个维护”，从维护社会大局稳定的政治高度，以对全院职工群众身体健康和生命安全高度负责的态度，切实把疫情防控工作作为当前压倒一切的重大政治任务抓实抓细，按照坚定信心、同舟共济、科学防治、精准施策的要求，找差距、补短板，切实做好各项防控工作，确保令行禁止、政令畅通。

（二）严肃工作纪律，强化责任落实

各单位、各部门要严格落实中国农业科学院关于疫情防控的各项工作部署，全面落实各项防控措施，切实做到守土有责、守土担责、守土尽责。党员干部特别是党员领导干部要发挥表率作用，坚决服从领导、服从指挥、服从调度，讲政治、顾大局、勇担当，坚守岗位职责，聚焦责任落实，靠前监督检查，发扬斗争精神，在打赢疫情防控攻坚战中主动担当作为，为坚决遏制疫情蔓延提供坚强保证。

（三）加强监督检查，严肃追责问责

纪检监察部门要通过设立举报电话、举报邮箱、检查抽查、工作报告等方式强化监督检查，对疫情防控相关问题线索快速处置，严肃执纪。特别要坚决查处疫情防控工作中政治站位不高、消极怠工、形式主义、官僚主义等突出问题，督促党员干部把更多精力投入到疫情防控第一线、抓实抓细各项防疫工作。对不服从组织安排、影响防疫措施落实、畏惧退缩的，要严肃处理。要严格实行“一案双查”，对党中央决策部署和部、院党组要求贯彻落实不力的，不服从统一指挥和调度、本位主义严重的，不担当不作为、作风漂浮、推诿扯皮，甚至弄虚作假、失职渎职的，除追究直接责任人的责任外，情节严重的还要对党政主要负责人进行问责，以最严明的纪律推动责任落实到位，为坚决做好全院疫情防控工作提供最坚强、最有力的纪律保障。

中共中国农业科学院党组纪检组关于党员干部被司法机关采取措施等有关情况报告的通知

农科院党组纪检组〔2020〕19号

院机关各部门、院属各单位党组织、纪检组织：

根据中央纪委国家监委驻农业农村部纪检监察组《关于建立中央纪委国家监委驻农业农村部纪检监察组与农业农村部、中国气象局、国务院扶贫办等单位工作联系协调机制的若干意见》（驻农纪监发〔2018〕8号）及相关规定的要求，各单位凡发生党员、干部及其近亲属被司法机关采取措施的，或者涉及本单位履行职责方面的突发或重要情况的，要及时以书面报告的形式报院监察局。

中共中国农业科学院党组纪检组

2020年6月24日

中国农业科学院党组纪检组关于开展纪检信访举报处理工作中形式主义、官僚主义问题专项整治工作情况报告

农业农村部直属机关纪委：

按照《关于在部系统开展纪检信访举报处理工作中形式主义 官僚主义问题专项整治》要求，中国农业科学院高度重视、迅速部署，结合学习贯彻《纪检监察机关处理检举控告工作规则》，在全院开展纪检信访举报处理工作中形式主义官僚主义问题专项整治自查自纠工作，现将有关情况报告如下。

一、对照检查情况

（一）受理、办理工作中的形式主义、官僚主义问题

（1）检查问题：漠视群众关切，敷衍应付、互相推诿，该受理的举报不受理。

对照情况：中国农业科学院坚持把做好信访举报受理工作的着力点放在提升服务群众水平上，通过在网站公开举报电话、举报邮箱和重要节点群发微信等方式，畅通信访渠道，回应群众关切。2019 年，院纪检监察部门受理各类信访举报共计 75 件。

（2）检查问题：工作方法简单，对不予受理事项不耐心细致做好解释说明和思想疏导工作，引发群众误解。

对照情况：院所纪检监察部门对纪检监察业务外的信访诉求，能够耐心向信访人说清政策，引导信访人向有关职能部门反映或者报经领导同意后，转送相关职能部门办理。但是，对涉及职称评定、退休待遇、劳资纠纷等诉求类信访件，向信访人讲清政策后，仍然坚持重复信访的，接访人员有时有疲于应付的心态，对信访人思想疏导不够耐心深入。

（3）检查问题：脱离群众，对待群众态度生硬。

对照情况：院所纪检监察部门在处理群众来电来访时，能够热情接待，认真听取信访举报内容，做好文字记录。但是，对于个别已经了结的信访举报件，存在举报人拒绝接受，持续举报或者上访，多次思想工作都不能很好解决问题，成为信访举报办理的老大难。比如，个别退休人员多次信访要求解决其个人待遇问题，尽管院纪检监察部门予以多次解释说明，劳资仲裁机构也已裁决，但本人拒绝接受，还是经常重复访、越级

访，带来不好影响。

(4) 检查问题：分流不及时，办理周期长，不按规定要求和时限移送、转送信访举报件。

对照情况：中国农业科学院一直坚持对信访举报件实行一号一编、完整登记、建立台账，及时分流，跟踪处置。严格审批程序，按照规定报批、处理信访举报件。2019年，按照有关规定，径送驻部纪检监察组、地方纪监委 12 件，转送有关单位纪委 37 件。

(5) 检查问题：对信访举报内容不分析不甄别，一转了之、当“二传手”。

对照情况：院所纪检监察部门能够对信访举报内容认真分析、严格甄别，对初信初访件，在认真分析基础上提出分办意见，呈领导审批后及时按程序分流转办。对于重复信访举报问题认真甄别，完全重复且予以了结的不再重复办理；未了结的，原则上转同一承办处室处置；对于其中新的信访举报线索进行分析研判，重新提出拟办意见后按程序办理，以避免一转了之，当“二传手”的问题。

(二) 处置、管理工作中的形式主义、官僚主义问题

(1) 检查问题：对问题线索类信访举报不及时分析研判、提出分办或处置意见，长期搁置不作核查，核查工作不规范。

对照情况：院纪检监察部门建立了信访举报问题线索集中分析研判制度，对所接收的信访举报问题线索分类提出初步拟办建议，并定期召开集体研判会，形成处置意见供领导决策，以避免长期搁置不作核查、核查工作不规范的问题。

(2) 检查问题：处置不精准，对反映问题严重复杂的举报“一谈了之”“一函了之”，甚至掩盖矛盾、问题。

对照情况：院纪检监察部门建立了重点问题线索集体研究制度，对反映问题线索具体、问题敏感复杂、涉及面大的重点问题线索，坚持集体研究、集体会审、集体决定，审慎提出处置意见，所有信访举报由监察局局务会研究予以了结。为防止“一函了之”问题发生，院纪检监察部门收到函询回复后，及时审核说明材料，对避重就轻或模糊不清的再次函询，责成函询对象讲清楚。例如，有一名领导干部在函询回复中，对其儿媳入所工作问题的说明不是很清楚，后经多次谈话、函询，该干部较为客观地说明了问题，院纪检监察部门对其进行提醒谈话后予以了结。

(3) 检查问题：核查工作不全面、不深入、不细致，避重就轻、避实就虚，大事化小、小事化了。

对照情况：院纪检监察部门能够坚持依纪依法严肃开展核查工作。对转各单位党委核查的信访举报加强指导力度。对核查结果进行严格审核，对核实报告不符合要求、不具备了结条件的，坚决退回补充调查。但是，工作中也发现个别单位党委、纪委对问题线索反映的问题认定不够清楚，处理不够深入、细致，报送的核实报告质量不够高、上

报不及时等。例如，有一个单位对某创新团队用科研经费租车费用过高的问题核实不准确、不细致，被院纪检监察部门多次退回补充核实，使该问题得到较为深入的了解，帮助所里从中发现了租车管理中存在的问题，既规范了管理，也使有关科研人员受到教育。

（4）检查问题：问题线索类信访举报闭环管理机制落实不到位，保密工作不严格。

对照情况：院所纪检监察部门能够严把信访件“收集、研判、交办、承办、回复”五个关口，形成闭环管理机制，严格保密制度，确保问题线索处置的每个环节有审批、有着落、有反馈、有监督。

（5）检查问题：对实名举报类问题线索不及时处置，未向举报人反馈处置情况。

对照情况：院所纪检监察部门能够对于群众实名反映的，按照“优先办理、优先处置”“谁承办、谁答复”的原则向反映人反馈办理结果，以避免应反馈未反馈的问题。

（6）检查问题：问题线索处置情况不在一定范围内说明，以及报送处置情况不及时；对经核查属实的问题责任人不能按照监督执纪“四种形态”要求进行处理。

对照情况：院纪检监察部门能够坚持按时按要求向部直属机关纪委报送问题线索处置情况。涉及反映党员干部问题线索，经核查属实的，灵活运用“四种形态”进行处理；涉及日常管理、制度建设等问题，通过下发纪检监察建议书等方式，督促有关单位予以整改落实，强化信访结果运用。2019 年，院纪检监察部门运用“第一种形态”，对院所管理的干部予以谈话函询 20 人次，谈话提醒 3 人；运用“二三四种形态”，予以党政纪处分 13 人，其中，7 人予以开除党籍，2 人予以留党察看。

（三）督查、督办工作中的形式主义、官僚主义问题

（1）检查问题：责任和压力传导不到位，举报件层层“空转”。

对照情况：院所纪检监察部门在信访举报办理中，能够扎实工作、严谨细致，知责明责、履职尽责，强化责任意识，避免举报件层层“空转”问题。但工作中发现个别单位党委对转交办信访举报件不够重视，不及时签批，不及时研究，致使交办事项迟迟得不到落实。

（2）检查问题：监督检查不深入、走过场，不能及时有效发现问题。

对照情况：院纪检监察部门建立了信访举报督办制度，对问题反映集中、群众反映强烈的问题进行重点督办，采取约谈指导、电话跟踪、发放工作提醒函等方式，督促有关单位党委在规定时间内予以办结上报，确保及时有效发现问题。2019 年，分别向兰州畜牧与兽药研究所、草原研究所、蔬菜花卉研究所、哈尔滨兽医研究所等单位发出工作提醒函，对信访件办理督促提醒、强化落实。

（3）检查问题：对信访举报处理工作中的违规违纪违法行为不处理或处理不到位，造成“破窗效应”。

对照情况：院所纪检监察部门能够在工作中坚持严明纪律，严格请示报告，坚决杜绝压信瞒报、跑风漏气、以信谋私的现象发生。截至目前，未发现信访举报处理工作中存在违规违纪违法行为。但是，院属单位纪检信访举报工作多由兼职纪检监察干部承担，个别干部对相关制度规定学习不够，缺乏时效观念和规范意识，需要上级纪检监察部门反复提醒督促。

二、下一步整改措施

一是不断提高做群众工作的能力。通过规范接待程序、礼貌耐心接待来访群众、及时回应群众关切等方式，做到工作扎实，作风朴实，提高办理效率和办理水平，防止形式主义、官僚主义，不断提高群众满意度和获得感。

二是规范信访办理流程。贯彻落实《中国共产党纪律检查机关监督执纪工作规则》《纪检监察机关处理检举控告工作规则》，结合科研单位实际，完善信访举报问题线索受理、研判、阅批、交办、转办、督办、归档工作流程和操作方法，实现信访举报工作流程化运行、规范化推进。

三是建立提醒函制度。对督办催办后，仍然重视程度不够、工作标准不高、工作措施不力、办信进展缓慢、办信质量不高的单位党委下发“信访提醒函”，对相关责任人员进行提醒约谈、诫勉约谈。对在信访初核中不认真、不细致，应发现问题而未发现、违反工作纪律、发现问题隐瞒不报的，实施责任倒查，严肃问责。

四是提高信访业务能力。通过举办培训班、专家辅导讲座、开展研讨交流等多种方式，组织深入学习《纪检监察机关处理检举控告工作规则》，着力提高政策水平。通过巡视巡察、联合办案、挂职锻炼等，在实践中提高纪检监察干部分析问题、解决问题的能力。

五是严明信访工作纪律。强化纪律部队、政治机关意识，不断加强纪检监察干部队伍的纪律建设，防止“灯下黑”，在信访举报办理、调查核查、纪律检查等各个环节严明纪律、严格要求，打造忠诚干净担当的纪检监察干部队伍。

中共中国农业科学院党组纪检组
2020 年 3 月 3 日

中国农业学院党组纪检组关于落实中央脱贫攻坚专项巡视“回头看”整改有关要求的情况报告

农业农村部直属机关纪委：

按照《关于落实中央脱贫攻坚专项巡视“回头看”整改有关要求的通知》（农纪委〔2020〕2号）精神，现将院党组纪检组围绕脱贫攻坚强化监督检查有关情况报告如下。

一、深入贯彻落实习近平总书记在决战决胜脱贫攻坚座谈会上重要讲话精神

坚持把抓好全面从严治党作为脱贫攻坚的强劲引擎，督促全院各级党组织围绕中央、农业农村部党组脱贫攻坚决策部署以及院党组科技扶贫工作要求，切实履行好脱贫攻坚政治责任。

一是强化理论武装。印发《关于学习贯彻习近平总书记在决战决胜脱贫攻坚座谈会上重要讲话精神扎实推进脱贫攻坚专项巡视“回头看”整改工作的通知》，将习近平总书记在决战决胜脱贫攻坚座谈会上重要讲话精神作为理论中心组、青年理论学习小组、“三会一课”等重点学习内容，增加院党组、院属各单位党委、基层党支部三级联学频次，不断提升学习质量和效果。

二是坚持以上率下。院党组召开党组专题（扩大）学习会，第一时间传达学习习近平总书记在决战决胜脱贫攻坚座谈会上重要讲话精神，研究制定《中国农业科学院2020年科技帮扶重点贫困县工作方案》，持续为5个农业农村部定点贫困县、4个院科技扶贫示范县、89个“三区三州”深度贫困县提供强有力的科技支撑。各单位结合各自实际制定2020年科技扶贫方案，成立帮扶工作领导小组，积极推进科技扶贫工作。

三是坚持一手抓疫情防控，一手抓科技扶贫。疫情发生以来，各单位严格遵守属地防疫要求，根据贫困县的生产实际和技术需求，开展政策咨询、产业指导等科技服务，解决生产实践中的问题。据不完全统计，全院14个研究所的64名专家，针对农业种植、病害防治、畜禽健康养殖等技术问题，组织开展网络培训103场，在线听众达206 268人次。棉花研究所积极开展棉花产业扶贫，向莎车县捐赠68吨高产优质早熟性好、纤维品质达“双30”、适合当地果棉套种的棉花品种中棉所88，可种植棉花4.4万亩，有望通过优质优价提高棉农收入。

二、聚焦科技扶贫工作更具实效，强化日常监督

坚持把开展科技扶贫工作是否及时到位、取得实效作为监督的重中之重。

一是发挥考核“指挥棒”作用。把脱贫攻坚责任落实情况作为党建述职评议、纪委书记述职的重要内容，量化考核指标，检查在派专家、送技术、出主意、做示范等具体工作中是否压实了主体责任、监督责任和一岗双责，确保脱贫攻坚各项工作任务落到实处。

二是开展实地督查。各单位纪委组织走访村干部代表和贫困户代表，详细了解帮扶团队和人员在政治言行、群众观念、生活作风、廉洁自律等方面的现实表现，一旦发现苗头性问题，及时批评教育和提出要求，不断强化对扶贫干部的日常管理和监督。郑州果树研究所先后到河南宁陵、河南兰考、贵州沿河等地对选派的 23 个专家团队扶贫工作情况进行抽查监督，推动脱贫攻坚任务落实。

三是加强警示教育。坚持以案促教，及时转载中央纪委关于扶贫领域形式主义官僚主义典型案例通报，组织开展警示教育，从典型案例中总结制度漏洞和作风建设盲点，督促各单位以案促改，推动科技扶贫工作有序健康发展。

三、聚焦脱贫攻坚政治责任落实，强化巡视监督

把脱贫攻坚落实情况纳入巡视监督重点内容，发挥巡视“利剑”作用。2019 年，在对水稻所等 7 个单位的巡视工作中，把中央脱贫攻坚方针政策落实情况、党委履行脱贫攻坚主体责任情况、纪委履行脱贫攻坚监督责任情况作为监督重点，督促各单位针对巡视发现的科技扶贫工作中存在的问题落实整改。例如，中国水稻研究所针对落实浙江省下达的新一轮结对帮扶任务聚焦问题精准发力不够、科技扶贫工作的考核激励机制尚有不足等问题，专门安排 3 名处级干部担任驻村扶贫干部，推动杨丰山大米提质增效，增加村集体和低收入农户经济收入，同时完善所内对科技扶贫工作考核激励机制，鼓励创新团队和科研人员积极参与科技扶贫工作，对相关团队和个人承担的工作任务和完成情况给予表彰奖励。

四、聚焦形式主义、官僚主义突出问题，强化作风监督

持续深入扎实开展脱贫攻坚形式主义、官僚主义问题专项治理行动，设立举报邮箱、公布举报电话，畅通扶贫领域问题信访举报渠道。组织各单位党组织、纪检组织按照《关于在脱贫攻坚工作中进一步整治形式主义官僚主义问题的通知》要求认真开展自查自纠。未发现存在形式主义、官僚主义突出问题。但是巡视和监督检查发现，中国农业科学院个别单位存在科技扶贫工作计划性不够强、科技扶贫工作对接不够主动等问

题。针对上述问题，相关单位正在积极推进整改落实。例如，农业资源与农业区划研究所研究制定 2020 年度科技扶贫工作方案，成立由所领导挂帅，团队首席、科研骨干参与的帮扶工作领导小组，定期召开会议研究部署科技帮扶工作，建立完善协同帮扶工作机制、绩效考评激励机制、多元化资金投入机制，主动谋划脱贫攻坚。沼气科学研究所通过巡视整改，进一步强化责任担当意识，主动对接邛崃乡村振兴示范县建设，成立邛崃乡村振兴示范县工作小组，落实厕所革命、乡村生活垃圾处理、秸秆与粪污资源化利用示范等具体科技支撑工作。

下一步，院党组纪检组将继续贯彻落实习近平总书记在决战决胜脱贫攻坚座谈会上重要讲话精神，在院党组的坚强领导下，按照部党组、部直属机关纪委的部署要求，积极发挥监督保障执行的重要作用，把脱贫攻坚作为 2020 年巡视工作重点，纳入领导班子述职考核重要内容，督促全院各级党组织持续弘扬“脱贫攻坚主战场在哪里，中国农业科学院专家团队就到哪里”的担当精神，扎实做好 2020 年科技扶贫工作，切实以严明的纪律、过硬的作风为脱贫攻坚提供坚强科技支撑。

专此报告。

附件：部系统党组织查摆脱贫攻坚中的形式主义、官僚主义问题及整改情况表

2020 年 4 月 15 日

附件

部系统党组织查摆脱贫攻坚中的形式主义、官僚主义问题及整改情况表

序号	单位	问题	整改措施	问题数量（个）	措施数量（个）	是否已整改到位	备注
21	中国农业科学院	个别单位存在落实结对帮扶任务聚焦问题精准发力不够、科技扶贫工作计划性不够强、科技扶贫工作对接不够主动等问题	水稻所专门安排3名处级干部担任驻村扶贫干部，推动杨丰山大米提质增效，增加村集体和低收入农户经济收入，同时完善所内对科技扶贫工作考核激励机制，鼓励创新团队和科研人员积极参与科技扶贫工作，对相关团队和个人承担的工作任务和完成情况给予表彰奖励。 资划所研究制定2020年度科技扶贫工作方案，成立由所领导挂帅，团队首席、科研骨干参与的帮扶工作领导小组，定期召开会议研究部署科技帮扶工作，建立完善协同帮扶工作机制、绩效考评激励机制、多元化资金投入机制，主动谋划脱贫攻坚。 沼科所通过巡视整改，进一步强化责任担当意识，主动对接邛崃乡村振兴示范县建设，成立邛崃乡村振兴示范县工作小组，落实厕所革命、乡村生活垃圾处理、秸秆与粪污资源化利用示范等具体科技支撑工作	3	3	是	

中共中国农业科学院党组纪检组关于《落实农业农村部党组与驻部纪检监察组研究全面从严治党工作专题会议精神工作任务及分工方案》阶段进展情况的报告

农科院党组纪检组报〔2020〕12 号

农业农村部直属机关纪委：

按照《关于调度〈落实农业农村部党组与驻部纪检监察组研究全面从严治党工作专题会精神工作任务及分工方案〉阶段进展情况的函》（以下简称《方案》）要求，结合中国农业科学院实际，对院系统落实《方案》阶段进展情况进行调度。现将落实《方案》阶段进展情况予以上报。

附件：关于《落实农业农村部党组与驻部纪检监察组研究全面从严治党工作专题会议精神工作任务及分工方案》阶段进展情况的报告

中共中国农业科学院党组纪检组

2020 年 4 月 19 日

附件

关于《落实农业农村部党组与驻部纪检监察组研究全面从严治党工作专题会议精神工作任务及分工方案》阶段进展情况的报告

根据《落实农业农村部党组与驻部纪检监察组研究全面从严治党工作专题会议精神工作任务及分工方案》，结合实际，中国农业科学院制定了贯彻部党组与驻部纪检监察组专题会议精神的落实措施，细化分解出33项落实措施并明确责任部门和单位。现根据所制订措施将进展情况汇报如下。

一、深入学习贯彻习近平总书记全面从严治党重要论述，坚决落实党中央“三农”决策部署

（一）认真学习贯彻习近平总书记全面从严治党重要论述，进一步树牢“四个意识”，坚定“四个自信”，做到“两个维护”。以政治建设为统领，用习近平新时代中国特色社会主义思想，特别是习近平总书记关于“三农”工作的重要论述武装头脑、指导实践、推动工作，不断深化全面从严治党，为实施乡村振兴战略提供坚强保障。

主要措施1：提高政治站位，强化理论武装。（直属机关党委，全院各级党组织推进落实）

落实进展：一是认真贯彻《党委（党组）落实全面从严治党主体责任规定》，强化各级党组织政治责任，守土有责、守土担责、守土尽责。深入学习习近平总书记关于“三农”、科技创新、扶贫、乡村振兴及全面从严治党的重要论述，不断提高理论和政治素养，提升把方向、谋大局、定政策、促改革的综合能力。二是结合中央有关工作部署、重大政治活动、重要时间节点、抓住关键事件，组织号召全院各级党组织和干部职工及时学习贯彻习近平总书记最新重要讲话和指示精神，确保进支部、进团队、进网络、进头脑，在学懂、弄通、做实上下功夫。三是发挥头雁效应，抓住“关键少数”、以上率下，充分发挥好理论学习中心组示范引领作用和“三会一课”作用，印发《关于通报各部门各单位党组织理论学习中心组2019年学习情况和2020年学习重点内容安排的通知》，对2020年中心组学习重点进行了安排，继续实行通报制度，加强对中心组学习、“三会一课”落实情况的督导，确保学习效果。四是评选通报表彰2019年度所局级领导干部理论学习论文61篇，将结集出版供全院各级党组织学习交流。五是开展制度体系治理能力学习教育，邀请了中国科学院、清华大学、中国人民大学知名院士、专家围绕强化国家战略科技力量、完善科技创新体制机制、创新促进科技成果转化机制等方面开展专题辅导。六是举办四中全会系列专题辅导报告会，推动院所两级贯彻落实

好四中全会精神和中央最新决策部署。

（二）把贯彻落实习近平总书记对“三农”工作的重要指示批示精神和党中央各项决策部署作为全面从严治党的重要内容，聚焦政治监督，全力以赴抓好脱贫攻坚、乡村振兴战略、非洲猪瘟防控和稳定生猪生产、农村人居环境整治等重点任务。

主要措施 2：全面贯彻中共中央、国务院的脱贫攻坚战略部署。（成果转化局，院属各单位共同推进落实）

落实进展：一是做好规划部署。为贯彻落实习近平总书记在决战决胜脱贫攻坚座谈会上的重要讲话精神，落实中央脱贫攻坚专项巡视“回头看”整改意见，根据农业农村部总体部署，组织制订《中国农业科学院 2020 年科技帮扶重点贫困县工作方案》，统筹谋划，全面安排 2020 年科技扶贫工作。同时，结合院所实际，印发《关于做好 2020 年扶贫工作的通知》，对新冠肺炎疫情防控和科技扶贫提出具体要求。二是采取网络培训、现场指导相结合的方式，强化科技扶贫工作，做到新冠肺炎疫情防控和科技扶贫“两手抓、两不误”。目前，已组织 14 个研究所的 64 名专家，针对农业种植、病害防治、畜禽健康养殖等技术问题，开展网络培训 103 场，在线听众达 20 多万人次。同时，在严格遵守当地新冠肺炎防控要求的前提下，根据贫困县的生产实际和技术需求开展驻村帮扶和技术指导工作。兰牧药、环保所驻村帮扶工作组深入帮扶贫困村，捐赠防疫物资，协调对接科技扶贫项目，指导春耕备耕与复工复产等工作。郑果所专家团队赴山东东明县、新疆皮山县等地开展林果种植栽培技术服务工作，指导产业发展。

主要措施 3：积极投入乡村振兴战略。（成果转化局，院属各单位共同推进落实）

落实进展：一是加强组织领导，做好顶层谋划。成立院乡村振兴工作领导小组及其办公室，唐华俊院长和张合成书记任双组长，院机关相关部门及相关研究所负责人为成员，加强组织领导和顶层谋划。发挥国家级综合性农业科研机构的科技支撑作用，制定印发《2020 年示范县建设重点工作通知》并督促落实。二是建立稳定投入机制，完善挂职交流制度，加强培训，提升内生发展动力。通过基本科研业务费等支持乡村振兴示范县启动试点，示范县政府根据建设需要，配套相应经费。在示范县派出挂职干部或蹲点专家，作为桥梁和纽带，同时接收示范县有关管理人员来中国农业科学院进修培训。目前，中国农业科学院先后在四个示范县及杭州、三亚等地举办了各类培训班 9 期，对来自各示范县农村局、各乡镇干部及新型经营主体等共 2 200余人次进行了培训，为示范县建设提供智力人才支撑。三是开展战略咨询，谋划发展规划。充分发挥专家学者智力优势，开展战略咨询，中国农业科学院先后组织专家编制完成《邛崃市畜禽粪污资源化利用整县推进实施方案》《兰考果莱花三产融合发展工程工作计划》《婺源县农业产业发展实施方案》《东海县实施乡村振兴战略总体规划》等，高标准高起点做好示范县顶层设计。四是加强调研指导，凝练主导产业。以产业兴旺为重点，先后组织中国农业科学院 10 余个研究所 200 余名专家学者多次赴示范县开展调研和指导，凝练主导产业与发展重点，着力提升示范县产业发展质量。五是强化示范引领，集成应用关键技术。在婺源县建立了 5 个农旅结合科普示范基地，集成 10 余项绿色高产高效技术，首次在全国乃至世界范围内成功实现亚热带低海拔区秋季景观油菜花海的打造，当年实现景区收入同比翻番，工作成效得到了江西省委省政府和上饶市委市政府的充分肯定，多家权威媒体进行报道；在兰考示范了适宜观光采摘桃、甜瓜、番茄、黄瓜新品种，集成了“一优二改三减四提高”技术模式；在邛崃示范乡村生活污水治理与厕所革命一体化技术，着力推进美丽乡村高品位建设；在东海建设智慧农业展示示范园，引进蔬菜新品种50个、观赏花卉品种6个。

主要措施4：积极主动开展非洲猪瘟防控等科技攻关。（科技管理局，院属相关单位共同推进落实）

落实进展：一是全力开展非洲猪瘟防控科研攻关。组织签订“非洲猪瘟防控与重大动物疫病新型标记疫苗创制”等联合攻关重大科研任务2020年度任务书，明确任务目标；组织召开非洲猪瘟防控科研攻关项目进展研讨会，研讨部署有序统筹推进非洲猪瘟研发各项工作措施，形成《中国农业科学院关于非洲猪瘟防控科研攻关近期进展情况的报告》报送农业农村部；组织召开中国农业科学院支撑生猪恢复生产研讨会，发布了生猪复养相关技术要点2.0版本，研讨科技支撑生猪复产工作，交流稳定恢复生猪生产发展的主要做法和经验；面向基层科研人员、一线技术推广队伍以及养猪企业，以视频直播形式，召开中国农业科学院生猪复养技术系列讲习班。目前第一期“非洲猪瘟防控与复养技术要点”、第二期“把好非洲猪瘟检测与诊断这一关”直播已经结束，第三期直播“非洲猪瘟消毒防控要点”即将开始。二是积极推进草地贪夜蛾防控科研攻关。2020年3月26日，中国农业科学院召开草地贪夜蛾联合攻关重大科技任务科研进展研讨视频会议，总结交流科研进展，研究部署了科研攻关各项任务。经过一年多的努力，中国农业科学院攻关团队取得了突破性进展，为全国草地贪夜蛾防控初战告捷提供了重要技术支撑和储备。4月9日，中国农业科学院组织召开草地贪夜蛾防控手册发布与防控技术视频报告会，面向全国各省（自治区、直辖市）植物保护总站发布草地贪夜蛾最新防控技术。

主要措施5：发挥科技创新在破解民生难点中的引领作用，系统推进农业农村人居环境整治。（科技管理局，院属相关单位共同推进落实）

落实进展：一是在科技创新方面，紧扣“因地制宜，注重实效”的原则，针对西南地区、少数民族地区等改厕经济条件受限较大的区域，重点对农村厕所除臭技术材料设备比选优化、一体化智能好氧发酵设备的优化选型、农村卫生厕所粪污无害化处理与资源化利用关键技术、无动力生活污水处理技术以及标准化厕所构建技术等进行集成。目前已申请专利10项、授权软件著作权2个、开发智慧农村改厕模式与技术集成系统1套；在传统的厌氧池的基础上，优化形成改良型生活污水净化沼气池，并集成其他相关技术，形成了类似区域改厕的核心技术。二是在应用示范方面，2019年在四川西昌与黑水、贵州剑河等地同时开展整村推进示范工作。其中，创建的“剑河模式”实现了粪污全部就地资源化利用，后期管护简单，同时极大地改善了当地农户的生产生活环境，构建了最优的农村环境物质流循环系统，得到了当地政府和农户的一致好评。在四川西昌创新“双沼分治、厕污共治、原位散治、强化精治”四个改厕环节，优化相关技术施工方案和运维方式，打通各技术在实际应用过程中的堵点，形成一套可推广、可复制、可行性高的农村改厕技术体系的“西昌模式”。2020 年，项目初步拟定在贵州剑河、四川省华蓥等地继续推广实施，规模将超过10 000余户。三是积极服务疫情防控。充分发挥专业优势，在项目实施的基础上，编制疫情期间农村厕所卫生防护技术要点，组织项目合作单位向武汉市方舱医院及各地防控一线医院捐赠可移动生物厕所 250 套、新型生态厕所 5 座，捐赠和运送口罩、防护服、酒精、消毒液等各类疫情防控紧缺物资 30 余次，累积超 100 吨，生活必需品、蔬菜总计超过 70 吨，总价值超过 300 万元。

（三）坚持和完善统筹协调、部门落实、属地负责的推进机制，合力推进乡村振兴战略各项任务的实施。加大统筹协调力度，进一步增强主动接受协调、有力支持协调的意识。强化分类指导，加强对既定政策在基层落实落地情况的监督调研，及时研究制定有针对性的制度和配套政策。加强考核评估、监督检查，明确关键的约束指标和考核标准，督促各地真正落实“四个优先”和尊重农民主体地位，在组织编制“十四五规划”过程中实现与乡村振兴战略规划的有机无缝对接。

主要措施 6：落实《中共中央国务院乡村振兴战略规划（2018—2022 年）》总体部署和《农业农村部乡村振兴科技支撑行动实施方案》。（科技管理局，院属各单位共同推进落实）

落实进展：一是根据院“十四五”规划总体部署，提出科技发展规划编制工作方案和规划战略研究提纲，正式启动《中国农业科学院“十四五”科技发展规划》编制工作。二是针对农业农村技术短板和“卡脖子”问题突出、应对贸易摩擦技术储备不足的现状，坚持“需求迫切、优势明显、团队支撑、联合攻关”的原则，集聚全院优势科技资源，聚焦学科前沿、聚焦国家战略、聚焦产业需求，加强顶层设计，建立院级重大科研任务“使命清单”。自 2020 年起，优先部署实施主要畜禽良种化科研攻关、畜禽用抗生素减替关键产品创制与应用等一批联合攻关重大科研任务，成为创新工程优化升级的核心内容之一；以重大任务为引领，设计“院—所—团队”三级任务体系，实现创新工程任务牵引。在院属单位研提并组织院内外专家研讨的基础上，梳理有重大育种价值的关键基因、农作物分子聚合育种当前农业领域亟待突破的 11 项“卡脖子”技术，上报国家有关部门，为明确自主创新重点奠定基础。

二、坚持严字当头，认真履行部系统全面从严治党政治责任

（四）部系统各级党组织负责人要牢固树立抓党建是本职、不抓党建是失职、抓不好党建是渎职的理念，特别是书记要聚焦党建这个主责主业，班子成员要认真履行“一岗双责”，切实解决好党组织书记抓党建不经常、纪检书记抓监督不经常的问题。

主要措施 7：压紧压实管党治党政治责任。（直属机关党委）

落实进展：一是做好院直属机关党委书记述职评议工作。按照部党建述职评议考核

工作统一安排，按时向部党建工作领导小组办公室提交了院直属机关党委书面述职报告，同步组织完成定量考核评分自评工作。2020年1月9日，院党组副书记、直属机关党委书记吴孔明同志面向中国农业科学院党员代表进行述职并接受民主测评。二是做好院属各单位党组织书记述职评议考核工作。按照现场述职与书面述职相结合，组织13个单位党组织书记进行现场述职评议，书面述职的单位党组织书记在本单位进行述职，并在单位全体党员或党员代表中进行民主测评。三是指导基层党支部书记党建述职评议考核工作。按照部党组要求，指导各单位党组织对236名基层党支部书记抓党建工作情况进行述职评议考核并评定等次。四是形成整改工作方案。根据部党建领导工作小组综合评价意见和各党组织书记述职报告查摆分析存在的问题，结合实际列出问题清单、制定整改措施、形成整改方案，并督导基层党组织抓好落实，进一步压紧压实“两个责任”，不断推动基层党组织全面进步、全面过硬。

（五）贯彻落实党员教育管理工作条例以及中央和国家机关工委党的组织生活制度、党小组工作规则，继续推动全面从严治党向基层延伸。各司局各单位“一把手”和各处处长，各党支部、党小组要主动扛起主体责任，落实“三会一课”、民主生活会、谈心谈话、请示报告等制度，从严从实教育管理监督党员干部，切实防范行政审批部门及相关行业领域的系统性廉政风险。

主要措施8：严格落实党内政治生活制度和党员教育管理监督。（直属机关党委，全院各级党组织共同推进落实）

落实进展：一是深入推进“红旗党支部”创建行动。以全面推进支部建在创新团队工作为契机，教育引导党支部严格落实组织生活各项制度，突出支委会职能作用发挥，把业务工作中的“热点、难点、痛点”作为党建工作的切入点，深入查找党员领导干部在思想观念、工作作风和执行能力上的问题，通过党建工作有效解决，使党建和业务工作融为一体，相互促进。二是开展2019年度“三会一课”落实情况摸底，督促各单位党组织保证“三会一课”频次、提高质量。三是制定出台《关于到驻地外开展党建活动的意见》，对党支部规范开展好主题党日活动提出了具体要求。四是指导、推荐蔬菜所第二党支部作为农业农村部典型代表，在中央和国家机关“四强”党支部论坛上做书面交流，支部“三动工作法”入选《中央和国家机关党支部工作法100例》。五是开展“优秀主题党日案例”申报工作，推荐6个主题党日案例参评农业农村部优秀案例和示范案例，1个获评示范案例，3个获评优秀案例。

（六）采取谈心谈话、批评教育、人员调整、完善制度等措施，督促有关单位严格落实民主集中制、规范执行选人用人制度和程序、规范纪委书记（纪检组长）职责分工和述职考核办法。

主要措施9：落实《中国农业科学院院属单位党委工作规则》，对院属单位党委严格执行民主集中制和“三重一大”事项决策制度提出具体要求，并通过综合督查和研究所党委考核评价工作进行检查。（直属机关党委）

落实进展：一是通过2019年年底研究所党委评价以及党建述职考核进行检查，制定《中国农业科学院 2020 年党建工作要点》，对强化民主集中制贯彻落实进行部署，要求各级党组织抓好落实。二是对各单位纪委履职提出工作要求，年初制订工作计划、明确工作任务、工作目标、工作职责、工作措施，年中有检查、有落实，年终对任务完成情况进行考核，作为单位绩效评价的重要指标，督促纪委履职尽责。

主要措施 10：规范执行选人用人制度和程序。（人事局，全院各级党组织共同推进落实）

落实进展：按照第三次人才工作会议精神，对有关干部制度做了进一步完善，印发了中国农业科学院党组《关于适应“三个面向”要求大力发现培养选拔优秀年轻干部的实施意见（试行）》《所长助理管理暂行办法（试行）》《关于进一步鼓励、支持优秀年轻干部人才踊跃投身乡村振兴一线挂职锻炼的意见（试行）》3 项制度，进一步明确了优秀年轻干部工作的主要目标、重点任务和工作举措，规范了所长助理选拔任用程序和管理机制，提出了优秀年轻干部人才挂职锻炼的选派要求、管理方式和激励措施。

主要措施 11：落实纪委述职制度，强化纪委履职尽责。（监察局，全院各级纪检组织共同推进落实）

落实进展：一是召开全院“构建农业科研特色监督体系工作交流会”。选取 9 家院属单位，就纪律红线执行情况、企业风险防控情况、纪委分工责任制情况、纪检小组工作情况以及典型案例教训等开展交流，促进符合农业科研特色监督体系建设，为营造纪律严明、环境宽松创新氛围，实现“三个面向”、建设“两个一流”提供有力保障。二是印发《中国农业科学院三大重点领域十四个方面风险防控指南》，从院级、研究所、团队三个层面分析风险点和制订防控措施。三是组织开展 2019 年度院属单位纪委书记书面述职考核工作，组织院党风廉政建设工作领导小组成员，对各单位纪委述职报告进行了书面评议，在压实“两个责任”、深入推进全面从严治党工作，纪律教育和监督执纪职责，工作效果三个方面予以考核打分。信息所等 11 家单位获 2019 年度纪委履职工作先进单位。

（七）以情况交流、通报等方式，督促有关单位高度重视巡视整改，做细做好巡视后半篇文章，提高政治巡视的严肃性和权威性。

主要措施 12：把巡视整改作为检验“四个意识”的试金石，严肃认真抓好巡视整改落实。（监察局，全院各级党组织共同推进落实）

落实进展：一是强化巡视反馈。召开院党组巡视反馈会，唐华俊院长、张合成书记出席，就水稻所、资划所等 7 个单位的政治巡视情况，向党政一把手进行反馈、通报，提出整改要求和完成时限。目前已完成第一、第二轮被巡视单位的现场巡视反馈。二是强化巡视整改监督。建立巡视整改台账，形成被巡视单位整改问题清单，对 2019 年被巡视单位巡视整改进度加强督导，对重要事项的整改进展跟踪监督，形成了阶段性整改进展报告。三是开展巡视整改约谈。对 2018 年 3 个被巡视单位党政一把手进行约谈，对巡视整改情况再检视、再部署、再监督、再落实。其他被巡视单位报送书面整改报告，不断压实责任。四是起草《中国农业科学院2020年巡视工作方案》，计划采取常规巡视、专项巡视、巡视“回头看”相结合方式，进一步强化院属单位政治巡视，做好新一年度的巡视工作准备，确保取得实效。

（八）坚决整治基层党组织软弱涣散、党员教育管理宽松软、落实全面从严治党政治责任缺失、轻党建重业务等问题，建设高素质专业化党务干部队伍，进一步提升部系统党建工作的质量。

主要措施13：加强基层党组织建设，发挥战斗堡垒作用。（直属机关党委，全院各级党组织共同推进落实）

落实进展：一是起草制定《中国农业科学院2020年党建工作要点》，对全院党组织政治与业务结合不够紧密的问题提出具体举措和要求，以高质量党建引领高质量发展作为2020年度党建工作重点任务。二是开展支部建在团队及发挥作用情况调研，在调研基础上进一步明确支委会职能作用，全面推进支部建在创新团队，目前已有18个研究所实现党支部建在创新团队上。三是举办2019年度在职、离退休党支部书记培训班（共118人参加培训），邀请京外单位党支部书记代表参加。四是组织党支部书记、委员40余人次参加农业农村部2019年度党支部书记培训班，积极参加农业农村部举办的两委书记培训班、群团干部培训班，先后推荐4人参加中央和国家机关党支部书记、党小组组长示范培训班。

三、注重管在日常、严在经常，加强党员干部日常教育监督

（九）进一步加强对党员干部全方位的教育管理监督，强化纪律教育、政德教育、家风教育，督促筑牢拒腐防变的思想防线。

主要措施14：全面加强党员干部日常教育管理监督。（直属机关党委、监察局，全院各级党组织、纪检组织共同推进落实）

落实进展：一是按照部、院党组全面从严治党部署安排，深入学习贯彻习近平总书记关于全面从严治党重要论述，认真落实部、院全面从严治党工作会议精神，召开专题纪委全委会，研究部署直属机关纪委重点工作。二是按照院党组《关于进一步贯彻落实中央八项规定精神、加强作风建设的实施办法》，严格落实中央八项规定精神，持之以恒推进作风建设。在元旦、春节等重要时间节点，聚焦公务接待、差旅、公务用车、单位食堂等节日“四风”问题，通过微信平台，编发信息，发布资讯，教育提醒，加强监督。同时转发中纪委关于违反八项规定、农业农村部警示教育大会和典型案例通报，广泛开展党纪、廉政警示教育，严格落实节日期间值班和报告制度，坚决防止“四风”问题反弹回潮。三是坚持把纪律和规矩挺在前面，大力学习宣传贯彻新修订的《中国共产党纪律处分条例》（以下简称《条例》），每周通过微信群推送电子版《条例》部分重点条款（共推送51期），严格督导纪检组织主要负责同志围绕加强纪律建设带头讲好廉政党课。根据部直属机关纪委关于在部系统开展“学习《条例》 遵规

守纪”主题征文评选活动通知要求，及时印发通知，明确评选内容、方法步骤和工作要求，在全院范围组织开展征文活动，进一步引导党员干部职工严守政治纪律和政治规矩，坚守政治红线、纪律高压线和廉洁底线。

（十）坚持多种方式开展警示教育，用身边的事教育身边人，通报近年来特别是党的十九大以来部系统发生的党员干部违纪典型案例，所在单位要教育党员干部剖析思想，触及灵魂，纠正错误意识，保持良好品德操守。

主要措施 15：加强经常性纪律教育。（监察局，全院各级党组织、纪检组织共同推进落实）

落实进展：一是制定《中国农业科学院科研人员重点纪律红线》，加强党员干部和科研人员纪律规矩教育。二是编印《中国农业科学院党风廉政教育案例选编》，用身边事教育身边人。三是编发案例转载。2020 年已转载《湖北黄石两名干部临阵脱逃被责令辞职》《北京市三起青年干部严重违纪违法案例》等案例，强化干部职工警示教育，知敬畏、存戒惧、守底线。四是利用中农威特公司部分人员违纪违法问题典型案例，采取召开专题生活会、组织生活会等方式，加强全院党员干部廉政教育，特别是强化院所办企业的全面从严治党责任，加强院所办企业监管，防范廉政风险，促进企业健康发展。

（十一）做实做细日常监督，统筹推进党内监督、政治巡视、干部监督等，形成监督合力，并坚持和完善巡视整改、督察落实情况报告制度。

主要措施 16：做实做细日常监督。（监察局，其中干部监督由人事局负责，全院各级党组织、纪检组织共同推进落实）

落实进展：一是强化重点领域风险防控监督。印发《中国农业科学院三大重点领域十四个方面风险防控指南》，起草《2020 年风险防控工作方案》，下发《关于进一步做好 2020 年风险防控工作的通知》，对各部门各单位开展风险防控工作作出系统部署，明确 2020 年任务重点和时间节点，加强工作落实的督促调度，要求各单位党委、纪委落实主体责任和监督责任，认真落实风险防控责任。二是强化疫控监督。综合运用信访举报、现场检查、电话抽查、明察暗访等方式，加强对院属单位新冠肺炎疫情防控和有序恢复科研生产“两手抓、两不误”的监督指导，对发现的问题及时处理，确保上级有关决策部署落实到位。及时调度各单位疫情防控监督情况，编发新冠肺炎防疫监督简报 28 期。对 2 个落实疫控措施不到位的班子予以通报，对 1 名干部纪律处分，4 名干部予以诫勉。三是强化院重点工作监督。发挥监督保障执行的作用，对院属单位领导班子落实藏粮于技、生猪生产、草地贪夜蛾防控、脱贫攻坚等重点工作情况进行监督，督促落实主体责任，推动各项重点工作开展。四是强化干部管理监督。①组织开展 2019 年度考核，对考核优秀的 3 个机关部门、12 个院属单位进行通报表彰；同时要求“一报告两评议”考核后 3 名单位上报整改方案。②严格开展经济责任审计，坚持做到任免宣布 1 个月内下达审计通知，做到应审尽审。③落实“凡提必审”要求，严格审核拟提任干部廉政情况，2019 年出具廉政意见函 72 人次。④组织开展 2020 年领导干部个人有关事项集中填报，切实做好个人事项填报工作。⑤按照院新冠肺炎疫情防控部署要求，加强对院属单位领导班子成员疫情防控工作有关情况调度，指导院属单位制定返岗方案，跟踪调度领导干部工作状态。截至2020年3月7日，院属36个单位170名领导班子成员，全部返回单位驻地，目前工作状态良好。五是强化作风建设监督。对2020年院机关视频工作会开展现场监督检查，印发《关于2020年院机关工作会议会风会纪的监督情况通报》，加强会风会纪监督，推进院系统改进会风会纪。

主要措施17：整合监督资源，发挥监督合力。（监察局，全院各级党组织、纪检组织共同推进落实）

落实进展：一是加强巡视工作的领导。把院巡视工作领导小组办公室职能划归监察局，由监察局局长、副局长分别任主任、副主任，巡视组办公室作为监察局职能处，统筹推进巡视工作与纪检监察工作无缝衔接，使巡视工作更加规范化、制度化。二是加强“院—所—团队”三级监督体系建设。强化院党组、党组纪检组及职能部门的监督责任，制定《中共中国农业科学院党组全面从严治党工作约谈暂行规定》，督促院属单位落实“两个责任”。三是充分发挥院党风廉政建设工作领导小组办公室、巡视工作领导小组办公室两个平台作用，统筹巡视、审计、纪委、纪检、监察、学术道德、师德师风、干部监督等部门力量，形成监督合力。四是印发《关于贯彻落实〈中共农业农村部党组关于进一步加强部系统纪律检查工作的意见〉的通知》，明确党委主责监督、纪委专责监督职责。五是在重点调研、认真分析的基础上，起草《基层党支部纪检监察小组建设指导意见（初稿）》，对全院纪检监察小组的设置、工作任务、工作机制等提出建议。

（十二）各司局各单位主要领导及班子成员都要切实加强对党员干部的日常教育监督，党支部、党小组、党员都要担负起责任，充分运用监督执纪“四种形态”，特别是第一种形态，经常咬耳扯袖、红脸出汗，防止小毛病酿成大错误。

主要措施18：强化单位领导的教育监督责任。（监察局，全院各级党组织、纪检组织共同推进落实）

落实进展：一是综合运用信访举报、巡视巡察、谈话函询、个人事项核查、参加民主生活会等方式，加强对单位领导的教育监督，对发现的问题，采取发出监察建议函等方式，指出问题，要求整改，规范管理，防范风险。2020年已对2个单位发出监察意见，督促落实教育监督责任。二是加强“四新”人员教育。院长、党组书记、纪检组组长亲自为新入职职工、新晋升高级职称人员、新任研究生导师、新提任所局级领导干部上好“廉政第一课”，同时，要求各单位所长、书记、纪委书记采取讲党课、作报告等方式，加强党员干部的廉政教育，帮助“四新”人员和党员干部系好职业职称职务晋升后“第一粒扣子”。三是完善廉政档案。建立副所局级领导干部廉政档案，推进院机关处级干部廉政档案建设。同时，结合中国农业科学院纪律处分执行自查发现问题情况，从建档对象、建档内容、档案保管等方面指导和推动研究所廉政档案建设。

主要措施19：贯通运用“四种形态”，特别是用好用足第一种形态。（监察局，全

院各级党组织、纪检组织共同推进落实）

落实进展：一是充分运用“第一种形态”，发挥谈话函询的作用。2019 年，对院所管理的干部予以谈话函询 20 人次。2020 年已对 6 名副所级干部谈话函询，对 2 名副所级干部谈话提醒。二是落实驻部纪检监察组《关于反馈谈话函询情况的函》，深化谈话函询采信了结机制，督促 9 个被函询单位、个人在民主生活会、组织生活会上对接受函询情况作出说明、整改落实，督促 2 名领导干部在班子组织生活会上作出检讨。三是坚持“二三四种形态”不放松。依据党纪政纪处理相关规定，对 2 名醉驾党员干部予以严肃党纪政纪处分。

（十三）进一步加强与驻部纪检监察组协调配合，主动开展监督执纪问责，对违纪行为发现一起查处一起，决不姑息。在专项检查或专项整治中涉及司局级干部的违规违纪问题线索，按照规定程序向驻部纪检监察组移交。

主要措施 20：进一步加强与驻部纪检监察组、部直属机关纪委协调配合。（监察局）

落实进展：一是配合驻部纪检监察组对兰兽研中农威特公司部分工作人员违纪违法问题予以查处，7 名党员受到纪律处分。二是配合内蒙古纪委监委就草原所财务重大问题进行取证调查。对草原所 2 名党员予以纪律处分。三是严肃认真落实驻部纪检监察组关于个别领导干部违规占用住房问题及在公司取酬问题、特产所整改问题、“三重一大”决策制度复审修订等问题的整改意见。四是配合驻部纪检监察组对基因组所、灌溉所、加工所等单位政治生态情况调研监督，对河北阜平、湖南郴州等地落实脱贫攻坚任务监督检查，起草相关调研报告等。五是对于涉及司局级干部违规违纪问题线索的 10 个举报件，按照规定程序及时向驻部纪检监察组移交。六是按照要求向部纪委报送月报、季报，完成部纪委交办的信访举报办理等工作任务。

四、坚决反对形式主义官僚主义，持之以恒落实中央八项规定精神

（十四）认真贯彻落实习近平总书记关于推动作风建设在新时代向纵深发展的重要指示精神，充分发挥各级领导的“头雁效应”，持之以恒落实中央八项规定精神、纠治“四风”。

主要措施 21：坚定不移贯彻落实中央八项规定精神。（院办公室、监察局，院属各单位共同推进落实）

落实进展：一是坚持把作风建设摆在突出位置。院党组第一时间传达学习十九届中央纪委四次全会精神、专题学习习近平总书记“不忘初心、牢记使命”主题教育总结大会讲话，提醒教育广大党员干部时刻绷紧作风建设这根弦，牢固树立红线意识和底线思维。唐华俊院长、张合成书记在院工作会议、机关工作会议、新晋升高级职称人员集体谈话、基层党建述职评议考核现场述职会议、直属机关第七次代表大会等全院性大会

多次对作风建设提出具体要求，多次就贯彻落实中央八项规定精神、加强作风建设的情况作出重要批示，有力推动工作落实，推动作风建设向纵深发展。以党委（党组）理论学习中心组学习示范引领全院党员干部加强政治理论学习，研究制定《中共中国农业科学院党组2020年理论学习中心组学习计划》。二是规范出访活动。严格按照上级部门和中国农业科学院因公出访管理相关规定，按照因事定人的原则，对中国农业科学院因公出访团组严格审核把关，杜绝无实质内容的出访。自疫情发生以来，严格落实农业农村部国际合作司有关要求，原则上不批准除落实重要政府间机制活动以外的出访，确有特殊任务的重要出访活动及时报国际合作司批准后执行。由于疫情影响，第一季度院因公出访团组大幅减少，所有出访团组未发现违规情况。三是改进新闻报道。严格落实中央八项规定精神，转变冗长流水的会议新闻风格，提升中国农业科学院新闻质量，出台《关于进一步规范院领导出席会议活动新闻报道的意见》，对各类新闻报道作出明确要求，简化和规范院领导出席会议活动新闻报道，进一步压缩报道数量、字数和时长。四是厉行勤俭节约。在房屋使用方面，根据中央和农业农村部的要求，严格执行办公用房、住房相关规定，确保所有党员干部不超标准。在交通方面，严格落实中央国家机关公务用车编制和配备相关要求，节约财政经费开支，保障公务活动需要，促进党风廉政建设，全年未出现超标配车或超规格乘坐交通工具的情况。五是开展中国农业科学院机关效率建设行动，制定《中国农业科学院机关效率建设行动方案》，加强机关作风建设。

（十五）紧盯节假日等重要节点，聚焦公车私用、私车公养、接受管理服务对象宴请和礼品礼金、利用名贵特产特殊资源谋取私利、在社会组织或所办企业兼职取酬等问题，经常提醒，经常排查，严肃查处违规违纪问题，特别是教育引导党员干部与管理服务对象包括部系统所办企业形成清爽健康的关系。对发现的违规兼职取酬问题，作为问题线索及时向纪检监察部门移交。

主要措施22：紧盯关键环节。（监察局，全院各级党组织、纪检组织共同推进落实）

落实进展：一是在国庆、中秋、元旦、春节等重要节点发出廉政提醒。二是召开专门会议，强化接受管理或服务对象请吃，高消费娱乐活动，收受礼金礼品，内部食堂吃请或请吃，利用名贵特产资源搞靠山吃山、假公济私、利益输送，公款吃喝、公款旅游、公车私用、私车公养、违规操办婚丧喜庆事宜等问题的教育提醒和日常监督。三是编发《关于领导干部利用名贵特产类特殊资源谋取私利问题的廉政提醒》，对中纪委网站通报的贵州茅台酒股份有限公司原董事长袁仁国利用名贵特产类特殊资源谋取私利案例进行全院通报。四是按照驻部纪检监察组要求，认真处理有关领导干部在社会组织或所办企业兼职取酬问题。目前已完成5名领导干部在参加中农威特公司董事会、监事会、股东会期间领取的咨询费共计38.5万元的退缴工作，后续相关处理正在推进中。

（十六）结合主题教育的整治任务，对各单位落实中央八项规定精神配套制度规定及执行情况，对近3年部内巡视、专项审计发现的违反中央八项规定精神问题整改落实情况开展一次“回头看”，认真检视制度建设方面存在的模糊地带、盲区盲点、执行漏洞等，不断健全完善制度和长效监督机制。

主要措施 23：加强监督检查。（监察局，全院各级党组织、纪检组织共同推进落实）

落实进展：一是严肃认真开展加油卡审计检查工作。在全院开展加油卡检查、审计工作，对违规问题采取清退、批评教育、组织处理、通报等方式予以纠正，要求相关单位建立健全制度，进一步规范加油卡管理。共清退 27. 63 万元，批评教育 66 人，1 名职工调离岗位、1 名职工辞退。二是加强主题教育整改监督。组织 10 个指导组对院属 45 个党组织主题教育整改进行了监督指导。三是对巡视中发现的个别单位党支部“三会一课”不规范、党费缴纳不规范、工资发放管理不规范、企业监督管理不到位、档案管理不完善等问题，分别要求院相关部门予以监督整改。四是在 2020 年巡视工作方案中，进一步强化政治巡视定位和政治监督，加强落实中央八项规定精神的监督，建立长效机制。

（十七）2019 年发生违规违纪问题的司局和直属单位，2020 年年底前召开领导班子专题民主生活会或组织生活会，开展对照检查、举一反三。

主要措施 24：强化对照检查、举一反三。（监察局，全院各级党组织共同推进落实）

落实进展：院后勤服务中心、饲料所、兰兽研、作科所分别按照要求召开了领导班子专题民主生活会或组织生活会，有关干部做了对照检查，班子成员举一反三、引以为鉴，有则改之、无则加勉，自觉接受教育。

（十八）持续整治形式主义、官僚主义问题，紧盯文风会风、调查研究等重点领域，以良好作风保障农业农村工作顺利推进。2019 年文件压减 1/3 以上、会议压减 30%的硬任务务必坚决完成，严格管理部属事业单位举办的会议论坛等。要进一步采取有效管理措施，切实解决“会议多”“培训多”等问题。

主要措施 25：修订完善《中国农业科学院会议管理办法》。（院办公室）

落实进展：一是修订完善《中国农业科学院会议管理办法》，从严从紧控制会议，尽量开小会、短会，尽量合并召开或套开会议。二是改进会议形式。新冠肺炎疫情发生以来，坚持“两手抓、两手硬”，在线召开 14 次党组专题会，5 次常务会和 5 次院党组会，以及院机关工作会和每周疫情防控调度会，全力推进复工复研。在线视频会议已成为各部门、各单位研讨交流，推动重点工作和科研项目的主要方式，保证了工作效率和工作质量。三是确保会议数量只减不增，2019 年院本级会议计划同比减少 30%，数量减少至 19 个，2020 年院本级四类会议计划为 19 个。

（十九）认真对照部党组书记、部长韩长赋同志指出的“四风”问题特别是形式主义、官僚主义在部系统的“十种表现”，继续盯住部系统存在的突出问题，着力在“十个注重”上下功夫，持续深化整改。

主要措施 26：加强和改进调查研究。（院办公室，院属各单位共同推进落实）

落实进展：一是加强和改进调查研究。深入加强科研导向改革研究，广泛征求科研一线科学家意见，按照中央关于深化科技体制机制改革和推进科技领域“放管服”改革的部署要求，探索构建既符合农业科研规律，又能准确反映科研发展水平、科技支撑能力和服务科技创新水平的研究所评价指标体系。二是开展院机关效率建设行动。制定《中国农业科学院机关效率建设行动方案》，拟定4个方面15项工作任务，深化机关作风建设，进一步提高机关工作效率，提升服务科研人员、服务研究所、服务职工群众质量，打造高效运行的示范机关。三是院领导以上率下、靠前指挥。院领导切实把分管工作抓在手上，把主要精力用在管理指导上、用在督促落实上，充分发挥示范引领作用。特别是新冠肺炎疫情发生以来，院领导带头靠前指挥、下沉一线，唐华俊院长、张合成书记统筹指挥全院疫情防控和恢复业务工作，其他院领导班子成员按照分工具体负责某一项工作。院党组突出抓传达、抓措施、抓支部、抓典型、抓领导带头，严格落实“一岗双责”，积极指导分管部门、单位抓好疫情防控和复工复产工作，做到重要通知亲自传达、重大问题亲自协调、重点任务亲自部署、重点措施亲自落实、重点部位亲自检查、重点人员亲自联系，把责任落到处室和支部、落到团队和个人，在全院上下形成全员抗击疫情和加快复工复产的良好局面。唐华俊院长、张合成书记等院领导多次带队到中关村院区、马连洼院区一线检查疫情防控工作，到实验室查看科研业务恢复情况，与油料所、水稻所、哈兽研等研究所以及滞留湖北的职工学生视频连线，了解情况，部署工作，帮助解决生产生活困难。四是院领导带头集中讨论研究工作。唐华俊院长、张合成书记亲自参加院办、人事局等部门工作研究部署会议，其他院领导也都参加分管部门的工作研究部署会，以普通党员身份参加所在支部的会议。张合成书记亲自带领院办公室、科技管理局的主任、局长、处长讨论撰写《落实习近平总书记贺信精神情况汇报》《创新工程进展报告》等重大材料，带头建立从处长到院领导各层级集中讨论研究工作的扁平化工作方式。

五、深入推进“放管服”改革，扎牢“不能腐”的制度笼子

（二十）进一步加大简政放权力度，继续取消下放和优化整合审批许可等事项，巩固优化审批服务活动成果，深入推进“互联网+政务服务”，继续加强审批标准化、规范化、信息化建设，最大限度利企便民高效，防范寻租行为。

主要措施27：贯彻落实“放管服”改革，建立完善以信任为前提的科研管理机制。（监察局，院属各单位共同推进落实）

落实进展：一是强化《进一步给科研人员做好服务和松绑减负的实施方案》督促落实，深入基层开展专题调研，形成“调研报告”，总结经验做法，供各单位参考借鉴。同时，下发“工作提醒函”，督促研究所强化主体责任，主动担当作为。二是开展问卷调查，了解各单位工作进展，测评科研人员满意度，征求科研人员意见建议，形成专题调研报告和督查报告，提出有关工作建议，督促研究所切实减少繁文缛节，提高管

理效率，为科研人员松绑减负。三是委托信息所研究建立信访举报信息系统，开展信访举报统计分析，以利于对苗头性问题及时预警研判，提高信访举报办理工作成效。

（二十一）聚焦财政资金、投资项目、国有资产等重点领域，建立健全制度，强化内控制和绩效管理，防止制度“牛栏关猫”，成了摆设。

主要措施 28：规范管理，加强重点领域风险防控。（财务局，院属各单位共同推进落实）

落实进展：一是修订《中国农业科学院“三重一大”决策制度实施办法》，对重大项目、大额资金使用管理、决策等进一步规范。二是在财政资金管理方面。完成全院预算“二上”草案，按程序报院常务会议审议决策；印发《关于切实做好当前预算执行管理工作的通知》，指导院属单位科学规范使用财政资金；及时组织做好全院国库资金请款、统计等工作，确保国库资金使用安全合规。根据院内审领导小组要求，对后勤服务中心管理的中固公司、中固安公司、南口基地、廊坊基地、门诊部等 5 个实体单位开展延伸审计，对草原所、出版社经济责任审计报告中指出的部分问题进行补充审计，确保审计范围、审计评价更加客观公正；认真审核 2019 年开展的第二批 10 个单位的审计取证单及经责审计报告初稿，及时向审计组、被审计单位沟通确认有关情况，并召开局务会组织相关业务处室进一步就审计报告及被审计单位反馈意见情况进行研究审议，确保审计报告中事实描述、问题定性、责任认定及处理意见等更加客观、准确，进一步提高经济责任审计报告质量。聚焦创新工程经费和基本科研业务费，谋划和制订 2020 年科研经费抽查工作方案；结合以往审计、巡视、检查等发现问题成果，梳理创新工程经费和基本科研业务费主要问题表现，为研判抽查重点提供参考。通过机关内控评价和院属单位内控报告编制汇总等工作，推动全院内控水平提升。三是在投资项目管理方面。根据 2020 年预算“一下”控制数和部科技教育司工作部署，开展 2020 年修购项目实施方案编报评审，同步组织编报审核 2020 年修购项目实施和预算执行计划，指导和督促院属单位做好预算执行，防范和降低项目资金管理风险，确保规范使用；同时研究提出 2021 年项目申报及 2022—2025 年规划预编制工作方案报经院领导同意，提前谋划和组织开展申报工作，确保充分论证项目内容和项目申报履行“三重一大”决策程序；梳理修购项目验收任务及主要问题表现和业务范本，谋划制订 2020 年组织验收任务计划，为规范后续项目实施和项目验收提供指导，结合验收同步对以前年度项目形成设施设备使用管理情况进行抽查。四是组织修订《中国农业科学院本级国有资产管理暂行办法》，制定《中国农业科学院本级政府采购管理办法》。针对房屋出租等存在风险的业务，严格审核审批程序，强化监督检查，防止国有资产流失。组织开展国有资产管理绩效考核自查工作，防控违规风险，提高国有资产使用效益。结合行政事业单位国有资产报告和中央行政事业单位国有资产决算报告编制和审核工作，纠正和规范院属单位国有资产日常管理中存在的问题。

（二十二）认真落实部党组《进一步完善机制规范管理切实发挥部属畜牧兽医事业单位作用的意见》，下大力气解决职能履行不准确不到位、重经营创收轻政府服务等问题，下决心压减权力设租寻租空间。其他行业也要举一反三，确保权力规范运行，坚决防止系统性廉政风险。

主要措施 29：强化院所办企业的监管。（成果转化局，院属各单位共同推进落实）

落实进展：一是近期组织召开中国农业科学院加强企业监管专题生活会。院所两级领导班子针对中农威特公司案例，吸取教训，举一反三，强化责任，推动各层面责任主体履职尽责，形成加强企业监管的措施体系，促进院所办企业规范健康发展。二是组织到特产所、油料所、华中农业大学和科前生物公司等院内外单位开展调研，深入分析总结研究所成果转化工作，梳理所办企业发展情况，研究新形势下所办企业发展路径。三是组织举办首次中国农业科学院所办企业管理培训班。培训班面向院属单位分管成果转化工作的所领导、院所办企业负责人，根据中国农业科学院所办企业发展实际情况和现阶段存在的主要短板，安排业内知名专家，就新时代国企改革与公司治理、混合所有制改革、员工持股和股权激励等多个专题进行针对性授课，设置现场问答和企业交流讨论等互动环节。全院 33 个单位的 80 多位代表参加。

主要措施 30：加强企业党的建设，确保党对企业的领导。（直属机关党委，全院各级党组织共同推进落实）

落实进展：把加强院所办企业党建工作作为 2020 年度党建重点工作，开展院所办企业党建工作情况线上调研及座谈会，全面了解企业党建工作现状、存在问题，探索加强和改进的思路举措。推动有条件的企业建立党支部，加强企业基层党组织建设。

（二十三）严肃处理住房方面发现的问题，认真落实国家对干部住房的政策规定，进一步清理机动房源家底，向部党组提出住房方面问题的分类处理建议和问责建议，进一步清理和规范部系统异地任职干部的住房，发现问题，纠正偏差，涉嫌违规违纪问题，依规依纪严肃处理。

主要措施 31：严格落实国家对干部住房的政策规定。（监察局，其中后勤服务中心负责清理并提供机动房源家底，院属各单位共同推进落实）

落实进展：一是清理排查全院机动房源家底。全院机动房源主要是用于中国农业科学院人才周转住房和人才配售住房。人才周转住房 49 套，其中使用 38 套、空 11 套；人才配售住房 30 套，其中配售 26 套、空 4 套。上述机动房源按照《中国农业科学院农科英才住房租售暂行办法》进行管理，由院人事局审核把关人才是否符合租住和配售条件，提交院人才工作领导小组审核，院后勤服务中心根据院人才工作领导小组的意见进行租用或配售程序。全院机动房源均是中国农业科学院人才居住。目前没有发现和收到关于住房方面反映的问题。二是组织开展清理和规范院系统异地任职干部的住房工作，形成《异地任职领导干部住房情况的调查报告》上报部纪委。没有发现中国农业科学院现任 27 名异地任职干部住房方面的问题。三是按照驻部纪检监察组要求，认真处理住房方面的历史遗留问题，形成《杨福合、喻树迅住房情况报告》，目前正在按照有关规定办理两位同志外地住房的回购手续。

（二十四）检查总结中央脱贫攻坚专项巡视和“不忘初心、牢记使命”主题教育整改落实情况，做好“回头看”工作，认真对照检查、整改到位。

主要措施 32：以高度的政治责任感落实好农业农村部党组巡视整改工作方案要求。（直属机关党委、成果转化局，全院各级党组织共同推进落实）

落实进展：一是制订《科技帮扶重点贫困县工作方案》，明确要求党支部主动跟进、主动参战，针对 4 个乡村振兴示范县、5 个农业农村部定点扶贫县和“三区三州”89 个深度贫困县开展科技帮扶，派专家、送技术、出主意、做示范，发挥党支部战斗堡垒作用和党员先锋模范作用。院党组副书记、副院长、直属机关党委书记吴孔明同志带队在黑龙江省佳木斯召开桦川科技扶贫工作现场会，采用“解剖麻雀”方式，对作科所作物栽培和生理创新团队党支部结对共建工作、对口帮扶黑龙江桦川县情况深入了解；深入湖南省永顺县，就进一步落实院领导带头、机关部门组织、相关研究所协同参与的有组织有建制的“3+N”科技帮扶体系调研指导。目前，创新团队党支部大多已采用实地调研、人员培训、技术示范等多种方式深入扶贫县开展科技帮扶工作，支部结对帮扶也成为中国农业科学院党支部创新活动方式、发挥支部战斗堡垒作用的工作亮点。二是印发《关于深入学习贯彻习近平总书记在决战决胜脱贫攻坚座谈会上重要讲话精神扎实推进脱贫攻坚专项巡视“回头看”整改工作的通知》，要求各部门各单位党组织把学习贯彻习近平总书记关于扶贫工作的重要论述，特别是在决战决胜脱贫攻坚座谈会上的重要讲话精神作为重要政治任务，作为理论学习中心组、青年理论学习小组、“三会一课”等重点学习内容，组织开展多种形式的学习研讨，教育引导党员干部深入学习领会其基本内涵、精神实质和核心要义，进一步筑牢打赢脱贫攻坚战的思想基础。三是加强履行脱贫攻坚责任情况的监督。将脱贫攻坚作为中国农业科学院巡视工作的重点和纪委书记考核的重要内容，及时指出各单位落实脱贫攻坚工作中存在的问题，督促整改提高。下发关于开展落实脱贫攻坚监督责任检查的通知，督促各单位党组织、纪检组织切实强化监督，推动脱贫攻坚责任落实。

主要措施 33：抓好主题教育整改落实和专项整治。（直属机关党委，全院各级党组织共同推进落实）

落实进展：一是召开“不忘初心、牢记使命”主题教育总结暨抓落实工作会议，公布《中国农业科学院党组关于“不忘初心、牢记使命”主题教育抓整改落实工作的意见》，对跟进做好整改整治工作提出明确要求。二是向承担院党组整改整治任务的部门和单位发出《关于进一步抓好“不忘初心、牢记使命”主题教育整改落实的提醒督促通知》，提醒并要求相关部门和单位对整改落实情况进行全面盘点分析，掌握整改落实进展、效果和存在问题，继续狠抓落实。三是院党组召开专题会议，院领导班子及班子成员按照“回头看”的主要内容、院党组专题民主生活会整改落实和专项整治工作所列任务，一项一项梳理盘点整改整治进展。在认真自查的基础上，组织相关责任部门和单位对进展情况进行研判，评估落实成效，进一步明确责任和时限，提出落实整改整治任务的具体要求。四是召开院党组“不忘初心、牢记使命”主题教育整改整治工作座谈会，向参会的各方面代表通报主题教育整改整治工作情况，听取评价和意见建议，对新发现的问题一并纳入整改，总结有效经验做法，持续深化整改整治工作，增强职工满意度和获得感。五是农业农村部主题教育“回头看”第三指导组到中国农业科学院召开“不忘初心、牢记使命”主题教育整改落实情况“回头看”工作座谈会，实地督查主题教育整改整治工作情况，对中国农业科学院工作给予充分肯定。六是建立落实台账，明确责任部门和整改时限，做到了逐条逐项推进落实，确保一件一件整治到位。

中共中国农业科学院党组纪检组关于履行监督责任情况的报告

农科院党组纪检组报〔2020〕15 号

农业农村部直属机关纪委：

按照《关于开展“部系统纪检组织履行监督责任情况”调研的通知》要求，现将中国农业科学院党组纪检组履行监督责任情况予以上报。

附件：1. 关于履行监督责任情况的报告

2. 部系统纪检组织履行监督责任情况调查问卷统计表

3. 问卷第 14 题及第 16—20 题汇总

中共中国农业科学院党组纪检组

2020 年 4 月 27 日

附件 1

关于履行监督责任情况的报告

按照《关于开展“部系统纪检组织履行监督责任情况”调研的通知》要求，现将中国农业科学院党组纪检组履行监督责任情况报告如下。

一、落实部、院党组关于进一步加强部院系统纪律检查工作意见的情况

在院党组的领导下，院党组纪检组以习近平新时代中国特色社会主义思想为指导，以“不忘初心、牢记使命”主题教育为主线，认真学习贯彻党的十九届四中全会精神、十九届中纪委三次、四次全会精神，树牢“四个意识”，坚定“四个自信”，做到“两个维护”，围绕“三个面向”，强化政治担当，忠诚履职尽责，着力构建信任与监督相统一，严管与厚爱相结合，宽严相济、激励担当的农业科研特色监督体系，推动全面从严治党在中国农业科学院落地落实，为农业科技创新、科技助力脱贫攻坚、乡村振兴提供了坚强的政治保障。

（一）以党的政治建设为统领，坚决把中央各项决策部署落到实处

坚持以党的政治建设为统领，围绕增强“四个意识”，践行“两个维护”要求，切实履行好政治责任，坚决把中央各项决策部署落到实处。一是扎实开展好“不忘初心、牢记使命”主题教育。把开展“不忘初心、牢记使命”主题教育作为重大政治任务，坚持高标准、严要求，突出党组带头、院所同步，强化问题导向，狠抓整改落实。第一时间成立院主题教育活动领导小组，组建由优秀纪检监察干部为主体的 10 个主题教育指导组，指导院属 45 个党组织开好“不忘初心、牢记使命”专题民主生活会，认真检视问题、抓牢整改落实；组织开好主题教育“回头看”，督促检查院属党组织以钉钉子精神落实各项整改任务，确保整改工作取得实实在在成效。二是把“两个维护”体现在坚决贯彻落实习近平总书记重要指示批示和中央决策部署的行动上。树牢“四个意识”，坚定“四个自信”，重点围绕贯彻落实习近平总书记“三个面向”重要指示精神和中央关于“三农”决策部署等开展重大科研活动，强化监督检查，以实际行动落实“两个维护”。制订 2020 年院重点业务工作监督方案，对院属单位领导班子落实藏粮于技、生猪生产、草地贪夜蛾防控、脱贫攻坚等重点工作情况进行监督，督促落实主体责任，推动各项重点工作开展。近期，中国农业科学院发布了生猪复养相关技术要点 2.0 版本，召开草地贪夜蛾防控手册发布与防控技术视频报告会，面向全国各省（自治区、直辖市）植物保护总站发布了草地贪夜蛾最新防控技术。三是全面监督落实科研“放

管服”政策。认真落实中共中央办公厅、国务院办公厅《关于进一步完善中央财政科研项目资金管理等政策的若干意见》、国务院《关于优化科研管理提升科研绩效若干措施的通知》和科技部等 6 部门《关于扩大高校和科研院所科研相关自主权的若干意见》精神，制定下发了《中国农业科学院进一步给科研人员做好服务和松绑减负的实施方案》，从“优化科研管理、加强人事人才工作、改进财务管理、提升国际合作工作服务质量”等方面提出 23 项 51 个“松绑减负”具体要求。四是严格党内政治生活。统筹巡视、纪委、纪检、监察、干部监督等部门力量，加强对贯彻落实新形势下党内政治生活若干准则情况的监督检查，督促党组织和党员干部落实好“三会一课”、民主生活会、谈心谈话、请示报告等制度。对院属 45 个党组织民主生活会召开情况进行了全程督导，督促被谈话函询的领导干部在民主生活会或组织生活会上作出说明，拓宽批评与自我批评渠道，让红红脸、出出汗成为常态。

（二）以学习贯彻习近平总书记贺信精神和“三农”工作论述摘编等为重点，加强党的思想建设

坚持把学习贯彻习近平新时代中国特色社会主义思想摆在首位，纳入理论中心组、党课报告、组织生活会、集中培训、在线学习等的重要内容，不断提高党员干部理论和政治素养，提升把方向、谋大局、定政策、促改革的综合能力。一是深入学习贯彻党的十九届四中全会精神。院党组第一时间召开专题学习会，带头学习贯彻十九届四中全会精神，要求全院把学习宣传和贯彻落实好四中全会精神作为当前和今后一个时期重大政治任务，切实提高政治站位，作出专项安排，采取扎实有效措施，开展调查研究，结合谋划 2020 年工作，提高学习成效。制定《中国农业科学院学习宣传贯彻党的十九届四中全会精神学习培训计划》，部署全院学习贯彻党的十九届四中全会精神的工作。举办“党的十九届四中全会精神解读”专题辅导报告会，全院通过主会场、视频分会场参加学习。近期，印发《关于认真学习贯彻十九届中央纪委四次全会精神的通知》，对全院学习贯彻十九届中央纪委四次全会精神作出具体部署。二是以学习贯彻习近平总书记贺信精神和“三农”工作论述摘编等为重点，把思想统一到“三个面向”指示精神上来。以习近平新时代中国特色社会主义思想为指导，深入学习贯彻习近平总书记关于全面从严治党、“三农”工作、科技创新重要论述等，不断深化习近平总书记致中国农业科学院建院 60 周年贺信精神的学习贯彻，时刻与习近平总书记贺信精神对标对表，强化监督检查，努力解决“三个面向”落实中存在的“三不两没有”问题，督促全院各级党组织、纪检组织把干部职工和科研人员的思想统一到“三个面向”指示精神上来，把全院智慧、力量凝聚到科技前沿、重大需求和主战场上来，确保创新工程不偏离“三个面向”方向。举办“创新工程首席科学家研修班”，进一步统一思想，提高认识，对照“三个面向”“两个一流”“整体跃升”，找差距，明方向，抓落实。

（三）加强党的作风建设，驰而不息纠“四风”、树新风

紧紧扭住贯彻落实中央八项规定及其实施细则精神和部、院党组实施办法不放松，加强党的作风建设，持之以恒纠“四风”、树新风。一是严格落实中央八项规定精神。以钉钉子精神落实中央八项规定精神，不松劲、不停歇、不偏离。大兴调查研究之风，院领导和机关部门负责人深入基层、深入一线、深入科研人员中间开展工作调研，解决实际问题，拿出调研成果。精简会议活动，切实改进会风，修订完善《中国农业科学院会议管理办法》，从严从紧控制会议，2019 年院本级会议同比减少 30%，数量减少至 19 个，2020 年院本级四类会议计划为 19 个；改变会议形式，以小会、短会为主，尽量合并召开或套开会议，特别是新冠肺炎疫情发生以来，在线视频会议已成为各部门、各单位研讨交流，推动重点工作和科研项目的主要方式，保证了工作效率和工作质量。规范出访，从严审核审批出访团组，严格控制团组人数和在国外的停留时间，坚决取消无实质性内容的考察团组和不符合规定的团组。改进新闻报道，出台《关于进一步规范院领导出席会议活动新闻报道的意见》，严格控制发文简报数量。厉行勤俭节约，严格执行办公用房、住房相关规定，严格落实中央国家机关公务用车编制和配备相关要求，节约财政经费开支，保障公务活动需要，未出现超标配车或超规格乘坐交通工具的情况。制定《关于到驻地外开展党建活动的意见》，提出“七个严禁”刚性要求，不断巩固拓展落实中央八项规定精神成果。组织开展纪检信访举报处理工作中形式主义官僚主义问题专项整治工作，认真梳理排查，重点查摆受理、办理，处置、管理及督查、督办工作中的形式主义、官僚主义问题，认真剖析原因，并结合实际制定整改措施，形成自查整改报告上报部直属机关纪委。二是强化机关和领导干部作风建设。加强机关作风建设，出台《关于进一步加强和改进院机关工作作风的实施意见》，制订《中国农业科学院机关效率建设行动方案》，启动中国农业科学院机关效率建设行动。加强干部作风建设，院长、党组书记在院工作会议、机关工作会议、新晋升高级职称人员和新提任所局级领导干部集体谈话等全院性大会上，多次对作风建设提出具体要求，多次就贯彻落实中央八项规定精神、加强作风建设的情况作出重要批示，有力推动工作落实，推动作风建设向纵深发展。

（四）加强党的纪律建设，坚持把纪律教育挺在前面

坚持把纪律教育挺在前面，严明政治纪律和政治规矩。一是突出“关键少数”。坚持“严”字当头，严格领导干部重要事项报告和请假报告、严格领导干部述职述廉，加强党政一把手的管理，突出抓好领导干部这个“关键少数”，带动“绝大多数”严起来。二是抓早抓小，坚持正面教育引导。以“不忘初心、牢记使命”主题教育为契机，加强党章党规党纪教育。出台《科研人员重点纪律红线（试行）》（简称“红八

条”），围绕科研人员常涉及的业务领域、易触及的纪律规矩，把底线、红线、高压线划出来，让科研人员一目了然，便于科研人员熟知熟记、入脑入心，知畏知止、安全科研。学习宣传《中国共产党纪律处分条例》（以下简称《条例》），每周通过微信群推送电子版《条例》部分重点条款（共推送 51 期），严格督导纪检组织主要负责同志围绕加强纪律建设带头讲好廉政党课。同时，根据部直属机关纪委关于在部系统开展“学习《条例》遵规守纪”主题征文评选活动通知要求，及时印发通知，明确评选内容、方法步骤和工作要求，在全院范围组织开展征文活动，进一步引导党员干部职工严守政治纪律和政治规矩，坚守政治红线、纪律高压线和廉洁底线。三是以案为鉴，用身边事警示身边人。梳理剖析近年来发生在中国农业科学院的违纪违法案例，印发《党风廉政警示教育案例选编》，编发中纪委网站案例转载 12 期；组织召开警示教育大会，通报草原所、兰兽研中农威特公司的两起违纪违法案件以及两名党员干部醉驾问题，以案明纪，强化知敬畏、存戒惧、明底线、守规矩。利用中农威特公司部分人员违纪违法问题典型案例，采取召开专题生活会、组织生活会等方式，加强全院党员干部廉政教育，特别是强化院所办企业的全面从严治党责任，加强院所办企业监管，防范廉政风险，促进企业健康发展。四是规范业务流程，依规办理信访举报。认真贯彻落实《中国共产党纪律检查机关监督执纪工作规则》《农业农村部直属机关纪检组织监督执纪工作实施细则》，规范业务流程，坚持问题线索了结集体决策制度，依纪依规，认真研判，分类处置。制定《党组讨论和决定党员党纪处分工作流程（试行）》，严格纪律处分程序，落实备案制度。组织开展党政纪处分决定执行情况专项检查，对涉及政纪处分解除不及时、影响期内违规评定考核等次、违规晋升工资等问题的 11 个单位，督促即刻整改、予以纠正。下发《关于进一步落实党政纪处分执行的通知》，提高纪律处分执行工作规范化水平。严肃认真做好党风廉政建设工作总结以及信访月报、季报工作，及时掌握党风廉政建设情况，强化党风廉政工作的宣传交流。

（五）严格履行监督责任，探索构建农业科研特色监督体系

1. 建立院、所、团队三级责任落实机制

一是强化院党组、党组纪检组及职能部门的监督责任。制定《中共中国农业科学院党组全面从严治党工作约谈暂行规定》，督促落实“两个责任”。用好院党风廉政建设工作领导小组办公室、巡视工作领导小组办公室平台，统筹巡视、审计、纪委、纪检、监察、学术道德、师德师风、干部监督等部门力量，形成监督合力。二是压实研究所党委、纪委的监督责任。印发《关于贯彻落实〈中共农业农村部党组关于进一步加强部系统纪律检查工作的意见〉的通知》，明确党委主责监督、纪委专责监督职责。组织开展 2019 年度院属单位纪委书记书面述职考核工作，组织院党风廉政建设工作领导小组成员，对各单位纪委述职报告进行了书面评议，在压实“两个责任”、深入推进全面从严治党工作，纪律教育和监督执纪职责，工作效果三个方面予以考核考评。信息所

等11家单位获2019年度纪委履职工作先进单位。三是发挥纪检监察小组的教育监督作用。在重点调研，认真分析的基础上，起草《基层党支部纪检监察小组建设指导意见（初稿）》，对全院纪检监察小组的设置、工作任务、工作机制等提出建议。

2. 做实做细日常监督

一是深化重点领域专项监督。在深化"五个领域"整治整改的基础上，制定《中国农业科学院三大重点领域十四个方面风险防控指南》，初步建立了以院、所、团队为主体的三级风险防控体系。开展"放管服"专项督查，通过采取实地调研、下发"工作提醒函"、问卷调查等方式，了解各单位工作进展，测评科研人员满意度，征求科研人员意见建议，形成专题调研报告和督查报告，提出有关工作建议，督促研究所切实减少繁文缛节，提高管理效率，为科研人员松绑减负。二是发挥巡视利剑作用。召开院党组巡视反馈会，唐华俊院长、张合成书记出席，就水稻所、资划所等7个单位的政治巡视情况，向党政一把手进行反馈、通报，提出整改要求和完成时限。目前已完成第一、第二轮被巡视单位的现场巡视反馈。建立巡视整改台账，形成被巡视单位整改问题清单，对2019年被巡视单位巡视整改进度加强督导，对重要事项的整改进展跟踪监督，形成了阶段性整改进展报告。对2018年三个被巡视单位党政一把手进行约谈，对巡视整改情况再检视、再部署、再监督、再落实。其他被巡视单位报送书面整改报告，不断压实责任。起草《中国农业科学院2020年巡视工作方案》，计划采取常规巡视、专项巡视、巡视"回头看"相结合方式，进一步强化院属单位政治巡视，做好新一年度的巡视工作准备，确保取得实效。三是强化疫控监督。综合运用信访举报、现场检查、电话抽查、明察暗访等方式，加强对院属单位新冠肺炎疫情防控和有序恢复科研生产"两手抓、两不误"的监督指导，对发现的问题及时处理，确保上级有关决策部署落实到位。及时调度各单位疫情防控监督情况，编发新冠肺炎防疫监督简报28期。对2个落实防疫控制措施不到位的班子予以通报，对1名干部纪律处分，4名干部予以诫勉。四是紧盯关键环节、重要时间节点。聚焦公车及加油卡使用管理监督。在全院开展加油卡检查、审计工作，对违规问题采取清退、批评教育、组织处理、通报等方式予以纠正，要求相关单位建立健全制度，进一步规范加油卡管理。共清退27.63万元，批评教育66人，1名职工调离岗位、1名职工辞退。在年节假期等重要时间节点，发放利用名贵特产类特殊资源谋取私利问题廉政提醒、中秋国庆"两节"廉政提醒，强化日常监督。召开专门会议，强化接受管理或服务对象请吃等问题的教育提醒和日常监督。五是从严加强党员领导干部日常监督。落实领导干部民主生活会、经济责任审计、选人用人"一报告两评议"等制度，对2019年度考核优秀的3个机关部门、12个院属单位进行通报表彰，同时要求"一报告两评议"考核后3名单位上报整改方案；严格开展经济责任审计，坚持做到任免宣布一个月内下达审计通知，做到应审尽审。落实"凡提必审"要求，坚决防止"带病提拔"，严格审核拟提任干部廉政情况，2019年出具廉政意见函72人次。突出"关键少数"，严把政治关，强化领导干部外出请假报告制度，严格院机关部门和院属单位党政"一把手"出差、请休假、出国（境）审批程序。开展退（离）休干部社会组织兼职专项检查，严格落实党员领导干部社会兼职规定，认真处理有关领导干部在社会组织或所办企业兼职取酬问题。目前已完成 5 名领导干部在参加中农威特公司董事会、监事会、股东会期间领取的咨询费共计 38.5 万元的退缴工作，后续相关处理正在推进中。

3. 营造纪律严明，环境宽松的氛围

将严明纪律与“放管服”改革统筹谋划、一体推进，充分运用监督执纪“四种形态”，坚持“三个区分开来”“四严四宽”，保护党员干部、科研人员干事创业的积极性。一是贯通运用“四种形态”。充分运用“第一种形态”，发挥谈话函询的作用。2019 年，对院所管理的干部予以谈话函询 20 人次，谈话提醒 3 人。2020 年已对 6 名副所级干部谈话函询，对 2 名副所级干部谈话提醒。同时，落实驻部纪检监察组《关于反馈谈话函询情况的函》，深化谈话函询采信了结机制，督促 9 个被函询单位、个人在民主生活会或组织生活会上对接受函询情况作出说明、整改落实，督促 2 名领导干部在班子组织生活会上作出检讨。坚持“二三四种形态”不放松。对违反政治纪律政治规矩和中央八项规定精神、学术不端、师德失范、假公济私等触碰红线底线问题一律从严，发现一起、查处一起、通报一起，强化纪律规矩的刚性约束。2019 年予以党政纪处分 13 人，其中，7 人予以开除党籍，2 人予以留党察看。二是建立健全廉政风险防控体系。印发《中国农业科学院三大重点领域十四个方面风险防控指南》，起草《2020 年风险防控工作方案》，下发《关于进一步做好 2020 年风险防控工作的通知》，对各部门各单位开展风险防控工作作出系统部署，明确 2020 年任务重点和时间节点，加强工作落实的督促调度，要求各单位党委、纪委落实主体责任和监督责任，认真落实风险防控责任。三是完善廉政档案。建立副所局级领导干部廉政档案，推进院机关处级干部廉政档案建设。同时，结合中国农业科学院纪律处分执行自查发现问题情况，从建档对象、建档内容、档案保管等方面指导和推动研究所廉政档案建设。四是加强对政治生态综合分析研判，坚持“一案双查”。委托信息所建立信访举报信息系统，每季度形成信访举报统计分析，对苗头性、趋势性问题及时预警研判。配合驻部纪检监察组对中国农业科学院基因组所、灌溉所、加工所等单位政治生态情况调研监督，起草相关调研报告等。针对驻部纪检监察组指出的关于中国农业科学院公司企业、房屋出租监管、领导干部监督等方面的突出问题，深入研判、提出对策、立行立改，及时查漏补缺，注重举一反三、建章立制。对中农威特公司 15 名涉案人员进行调查核实，分别予以党政纪处分和组织处理；同时，深入研究所、所办公司开展调研，从源头剖析案发原因，全面查找制度漏洞、监管盲点，提出对策建议，形成《关于中农威特公司部分工作人员严重违纪违法案件原因的调研报告》，得到驻部纪检监察组主要领导的充分肯定。

（六）加强纪检组织和干部队伍建设，不断增强履职尽责的能力

院党组重视纪检监察工作，认真履行全面从严治党主体责任，支持纪检组织履行

监督责任，加强纪检组织和干部队伍建设。一是坚持把主体责任和监督责任一贯到底，研究部署全面从严治党工作。每年组织召开全面从严治党工作会议，及时传达中央有关精神和部党组决策部署，部署年度重点工作；研究制定年度全面从严治党工作任务分工意见，明确责任，检查进展，督促落实，全面推进。目前，正在筹备召开2020年全面从严治党工作会议，组织起草《2020年全面从严治党工作要点及分工意见》。总结纪委书记述职成效和不足，实行院属单位纪委年初报备年度工作计划制度。每年年初院属单位纪委制订工作计划、明确工作任务、工作目标、工作职责、工作措施，院党组纪检组年中适时进行检查、督促落实，年终对任务完成情况进行考核，作为单位绩效评价的重要指标，督促纪委履职尽责，落实落细监督责任。督促院属单位党组织重视并支持纪检监察工作，做到每半年至少专题研究一次全面从严治党，多措并举推动主体责任落实。二是整合监督资源，发挥合力。把院巡视工作领导小组办公室职能划归监察局，由监察局局长、副局长任主任、副主任，巡视组办公室作为监察局职能处，统筹推进巡视工作与纪检监察工作无缝衔接，使巡视工作更加规范化、制度化。院属36个单位中有34个单位设有纪委（除都市所、营养所外）。全院现有专兼职纪检监察干部约110人，其中院属单位专兼职纪检干部78人，包括纪委书记（或负责纪检的副所级干部）35人，处级干部32人，其他人员11人。三是推行纪委分工负责制，团队党支部设立纪检监察小组。推行纪委委员分工负责制，充分发挥纪委委员作用，立足不同岗位、发挥专业优势、履行监督责任。结合党支部设在团队上，推进设立纪检监察小组。例如，环保所每个支部设立1个纪检小组，由支部副书记兼任纪检监察小组组长；同时将支部纪检监察小组纳入纪检工作体系，建立了纪委委员分工联系指导支部纪检监察小组的工作机制，形成研究所（所长、书记及班子成员）+部门团队（处长、首席）、党委纪委（委员）+支部及纪检监察小组（支部书记、纪检监察小组组长）共抓监督工作、落实“两个责任”的工作机制。四是加强纪检监察干部教育培训力度。召开构建农业科研特色监督体系工作交流会。有针对性地选择7个研究所和2个科研党支部围绕纪律红线执行情况、企业风险防控情况、纪委分工责任制落实情况、纪检监察小组发挥作用情况以及吸取典型案例教训等情况作了交流，确保从研究所党委、纪委到基层党支部、纪检监察小组，既有可供参考的经验借鉴，又有举一反三的警示提醒，把目标再明确，把措施再细化，把责任再夯实，打通全面从严治党“最后一公里”，营造纪律严明、环境宽松的创新氛围。统筹谋划全院纪检监察干部能力素质提升，举办院2019年度纪检监察干部培训班，邀请专家领导为90名干部授课；组织23名纪检监察干部参加上级纪检组织轮训，11人次参加驻部纪检监察组联合核查或调研，40人次参加专项巡视。3名干部参加部监督执纪问责业务知识竞赛，并荣获团体二等奖。院属单位纪检组织还积极与上级部门、驻地的党组织、纪检部门等汇报交流经验，探索提升纪检监察工作能力。

二、督促本单位落实脱贫攻坚情况

（一）深入贯彻落实习近平总书记在决战决胜脱贫攻坚座谈会上重要讲话精神

坚持把抓好全面从严治党作为脱贫攻坚的强劲引擎，督促全院各级党组织围绕中央、农业农村部党组脱贫攻坚决策部署以及院党组科技扶贫工作要求，切实履行好脱贫攻坚政治责任。一是强化理论武装。印发《关于学习贯彻习近平总书记在决战决胜脱贫攻坚座谈会上重要讲话精神　扎实推进脱贫攻坚专项巡视“回头看”整改工作的通知》，将习近平总书记在决战决胜脱贫攻坚座谈会上重要讲话精神作为理论中心组、青年理论学习小组、“三会一课”等重点学习内容，增加院党组、院属各单位党委、基层党支部三级联学频次，不断提升学习质量和效果。二是坚持以上率下。院党组召开党组专题（扩大）学习会，第一时间传达学习习近平总书记在决战决胜脱贫攻坚座谈会上重要讲话精神，研究制订《中国农业科学院 2020 年科技帮扶重点贫困县工作方案》，持续为 5 个农业农村部定点贫困县、4 个院科技扶贫示范县、89 个“三区三州”深度贫困县提供强有力的科技支撑。各单位结合各自实际制订 2020 年科技扶贫方案，成立帮扶工作领导小组，积极推进科技扶贫工作。三是坚持一手抓疫情防控，一手抓科技扶贫。疫情发生以来，各单位严格遵守属地防疫要求，根据贫困县的生产实际和技术需求，开展政策咨询、产业指导等科技服务，解决生产实践中的问题。据不完全统计，全院 14 个研究所的 64 名专家，针对农业种植、病害防治、畜禽健康养殖等技术问题，组织开展网络培训 103 场，在线听众达206 268人次。棉花所积极开展棉花产业扶贫，向莎车县捐赠 68 吨高产优质早熟性好、纤维品质达“双 30”、适合当地果棉套种的棉花品种中棉所 88，可种植棉花 4.4 万亩，通过优质优价提高棉农收入。

（二）聚焦科技扶贫工作更具实效，强化日常监督

坚持把开展科技扶贫工作是否及时到位、取得实效作为监督的重中之重。一是发挥考核“指挥棒”作用。把脱贫攻坚责任落实情况作为党建述职评议、纪委书记述职的重要内容，量化考核指标，检查在派专家、送技术、出主意、做示范等具体工作中是否压实了主体责任、监督责任和“一岗双责”，确保脱贫攻坚各项工作任务落到实处。二是开展实地督查。各单位纪委组织走访村干部代表和贫困户代表，详细了解帮扶团队和人员在政治言行、群众观念、生活作风、廉洁自律等方面的现实表现，一旦发现苗头性问题，及时批评教育和提出要求，不断强化对扶贫干部的日常管理和监督。郑果所先后到河南宁陵、河南兰考、贵州沿河等地对选派的 23 专家团队扶贫工作情况进行抽查监

督，推动脱贫攻坚任务落实。三是加强警示教育。坚持以案促教，及时转载中央纪委关于扶贫领域形式主义官僚主义典型案例通报，组织开展警示教育，从典型案例中总结制度漏洞和作风建设盲点，督促各单位以案促改，推动科技扶贫工作有序健康发展。

（三）聚焦脱贫攻坚政治责任落实，强化巡视监督

把脱贫攻坚落实情况纳入巡视监督重点内容，发挥巡视“利剑”作用。2019 年，在对水稻所等 7 个单位的巡视工作中，把中央脱贫攻坚方针政策落实情况、党委履行脱贫攻坚主体责任情况、纪委履行脱贫攻坚监督责任情况作为监督重点，督促各单位针对巡视发现的科技扶贫工作中存在的问题落实整改。例如，水稻所针对落实浙江省下达的新一轮结对帮扶任务聚焦问题精准发力不够、科技扶贫工作的考核激励机制尚有不足等问题，专门安排 3 名处级干部担任驻村扶贫干部，推动杨丰山大米提质增效，增加村集体和低收入农户经济收入，同时完善所内对科技扶贫工作考核激励机制，鼓励创新团队和科研人员积极参与科技扶贫工作，对相关团队和个人承担的工作任务和完成情况给予表彰奖励。

（四）聚焦形式主义、官僚主义突出问题，强化作风监督

持续深入扎实开展脱贫攻坚形式主义、官僚主义问题专项治理行动，设立举报邮箱、公布举报电话，畅通扶贫领域问题信访举报渠道。组织各单位党组织、纪检组织紧盯有令不行、有禁不止，做表面文章、喊口号不落实；层层“甩锅”不作为、拍脑袋决策乱作为、欺上瞒下假作为；联系服务群众消极应付、态度冷漠等方面可能出现的作风问题，认真开展自查自纠。未发现存在以上形式主义、官僚主义突出问题。

三、纪检工作存在的问题和建议

（一）建议更加重视纪检监察工作力量的配备

全面从严治党工作点多、线长、面广，任务日益繁重，但纪检监察组织力量薄弱，人员力量明显不足，且大多数都是兼职，往往需要同时承担多项工作，精力不足，影响工作质效，人与事不匹配的矛盾日益凸现。以院监察局为例，需要承担全院党风廉政建设日常工作、廉政监督、信访举报办理与纪律审查、巡视等工作，2013 年制定的 14 人（含巡视组 1 人）编制严重不足。建议充实院所纪检监察力量，在研究所增加专职纪检监察干部或主要精力从事纪检监察工作的兼职干部，加强纪检监察干部队伍建设，更加重视纪检监察干部的培养使用。

（二）建议更加重视纪检监察干部队伍能力建设

面对新时期全面从严治党新形势新任务新要求，农业科研单位纪检监察干部能力建设更加迫切，特别是日常监督能力、抓早抓小能力、运用“四种形态”能力、“三个区分开来”能力、容错纠错能力等，还有监督保障执行的能力，出现能力危机和能力不足的危险，迫切希望密切结合农业和农业科研实际，加强纪检监察干部系统培训，帮助克服惯性思维，提高分析问题、把握问题、解决问题能力，更好地担负起履行监督责任的职责和使命。

（三）建议更加重视对农业科研单位纪检监察工作的分类指导

农业科研单位不同于一般行政事业单位，全面从严治党涉及党的建设、精神文明建设、创新文化建设以及科技创新、成果转化、科研经费、基地管理、期刊杂志、学会协会、公司企业、学术道德、师德师风、外事、基建、检测中心等多个方面，监督工作涉及领域多，党风廉政建设全覆盖的任务十分艰巨。建议上级纪检部门多深入基层调研，多了解实际情况，有针对性地加强对农业科研单位全面从严治党和党风廉政建设工作的指导，提高科研单位纪检监察部门监督执纪问责能力，为农业科技创新和科技支撑脱贫攻坚提供作风和纪律保障。

附件 2

部系统纪检组织履行监督责任情况调查问卷统计表（一）

调查单位：中国农业科学院党组纪检组　　　　（单位：人）

问题	调查对象	调查结果					问题	调查对象	调查结果				
第 3 题 您对本单位党组织、纪检组织加强作风建设的总体评价		1 分	2 分	3 分	4 分	5 分	第 4 题 您了解本单位纪检组织组成人员吗？		不清楚	清楚一部分	清楚大部分	全部清楚	
	司局级	0	0	1	6	58		司局级	0	0	1	64	
	处级	1	0	1	43	260		处级	0	3	27	275	
	处级以下	0	0	4	38	223		处级以下	1	10	65	189	
	党务工作者	1	0	2	16	150		党务工作者	0	0	7	162	
	业务工作者	0	0	4	71	392		业务工作者	1	13	84	369	
第 5 题 您对本单位纪检组织履行监督责任的总体评价		1 分	2 分	3 分	4 分	5 分	第 6 题 您对本单位领导干部履行“一岗双责”情况的总体评价		1 分	2 分	3 分	4 分	5 分
	司局级	0	0	0	10	55		司局级	0	0	2	8	55
	处级	1	0	4	44	256		处级	0	1	3	43	258
	处级以下	0	0	3	40	222		处级以下	0	0	6	39	220
	党务工作者	1	0	3	20	145		党务工作者	0	1	2	21	145
	业务工作者	0	0	4	74	389		业务工作者	0	0	9	70	388

（续表）

问题	调查对象	调查结果					问题	调查对象	调查结果				
第7题 您对本单位执行中央八项规定及其实施细则精神的总体满意度		1分	2分	3分	4分	5分	第8题 您对本单位纠治形式主义、官僚主义方面的总体评价		1分	2分	3分	4分	5分
	司局级	0	0	0	4	61		司局级	0	0	0	11	54
	处级	1	0	1	25	277		处级	2	1	7	50	245
	处级以下	0	0	1	27	237		处级以下	0	2	11	51	200
	党务工作者	1	0	0	13	155		党务工作者	0	2	4	26	137
	业务工作者	0	0	2	43	421		业务工作者	2	1	14	89	360
第9题 您对本单位经常性纪律教育开展情况的总体评价		1分	2分	3分	4分	5分	第10题 2019年本单位纪检组织用身边发生的违规违纪案例或者上级通报的违规违纪典型案例开展过警示教育吗？		未开展	开展1次	开展2次	开展3次及以上	
	司局级	0	1	0	7	57		司局级	0	0	3	62	
	处级	1	0	2	36	266		处级	1	3	18	279	
	处级以下	0	0	7	27	230		处级以下	1	9	30	224	
	党务工作者	1	0	2	13	153		党务工作者	0	2	9	158	
	业务工作者	0	1	7	57	401		业务工作者	2	10	42	407	

（续表）

问题	调查对象	调查结果					问题	调查对象	调查结果				
第11题 您是否了解本单位廉政风险防控制度？		不知道	知道一部分	知道大部分	完全知道		第12题 您对本单位脱贫攻坚任务落实情况的总体评价		1分	2分	3分	4分	5分
	司局级	0	1	6	58			司局级	0	0	0	18	47
	处级	1	8	124	172			处级	1	0	5	75	223
	处级以下	2	40	109	114			处级以下	0	1	6	66	192
	党务工作者	0	7	31	131			党务工作者	1	0	4	36	127
	业务工作者	3	42	208	214			业务工作者	0	1	7	123	336
第13题 您对本单位纪检组织在脱贫攻坚任务落实工作中发挥监督作用的总体评价		1分	2分	3分	4分	5分	第15题 您认为本单位纪检信访举报处理工作中是否存在形式主义、官僚主义问题？		存在	偶尔存在	不存在		
	司局级	0	0	1	22	42		司局级	0	1	64		
	处级	0	1	7	75	219		处级	0	11	293		
	处级以下	0	2	6	75	182		处级以下	2	5	256		
	党务工作者	0	2	3	48	113		党务工作者	0	2	167		
	业务工作者	0	1	11	124	331		业务工作者	2	15	448		

附件 2

部系统纪检组织履行监督责任情况调查问卷统计表（二）

调查单位：中国农业科学院党组纪检组　（单位：人）

问题	调查对象	调查结果									
第 14 题 您认为本单位在脱贫攻坚任务落实工作中还存在哪些问题？		学习研究不够深入	思想认识不够到位	对脱贫攻坚工作淡漠被动	缺乏攻坚克难精神	统筹协调、指导督促、服务保障不够有力	政策措施不够完善、针对性不强	其他			
	司局级	15	4	1	5	12	16	可单独汇总			
	处级	60	15	2	15	40	76				
	处级以下	47	18	3	11	51	77				
	党务工作者	35	10	2	9	36	38				
	业务工作者	96	21	4	21	68	128				
第 16 题 您认为当前本单位纪检信访举报处理工作中存在哪些形式主义、官僚主义问题？		受理信访举报渠道不畅通	应受理的信访举报不受理	对不受理事项未做好解释说明	保密工作不到位	对待群众来访态度生硬	核查线索不全面深入细致	处理简单化甚至掩盖矛盾、问题	处置情况未向实名举报人反馈	监督执纪宽松软	其他
	司局级	0	0	1	0	0	1	1	1	1	可单独汇总
	处级	3	0	3	1	0	4	4	1	6	
	处级以下	3	0	5	0	0	6	3	1	4	
	党务工作者	1	0	2	1	0	0	0	0	3	
	业务工作者	5	0	6	0	0	11	7	3	8	

（续表）

问题	调查对象	调查结果									
第17题 您认为本单位纪检组织履行监督责任应该在哪些方面加强？		中央八项规定贯彻落实情况	领导干部履行责任情况	重点岗位、重点人员行使权力的监督	工作纪律或规章制度执行情况	单位工作作风	依规依纪执纪	其他			
	司局级	4	12	29	31	15	7	可单独汇总			
	处级	22	44	130	98	54	27				
	处级以下	12	31	112	63	35	27				
	党务工作者	9	25	79	70	31	13				
	业务工作者	29	62	193	124	71	48				

注：①参加问卷调查的司局级干部 65 人、处级干部 305 人、处级以下干部 265 人；党务工作者 169 人、业务工作者 467 人（有1人党务、业务双肩挑）。

②调研问卷第14题、第16题、第17题如有其他问题，以及第18—20题可单独汇总另附。

附件 3

问卷第 14 题及第 16—20 题汇总

14. 您认为本单位在脱贫攻坚任务落实工作中还存在哪些问题?

主要问题为：①政策支持到位，但缺少经费支持。②发挥学科优势，进一步加大科技帮扶力度。③力量分散，应用性成果不够；结对帮扶方式还有待开展；部分工作与脱贫攻坚对接不够；脱贫工作需与成果转化有机地衔接；推广工作与研究工作的人员比重还需调整。④缺少指导农业生产实践的复合型人才。⑤扶贫措施宣传不够，聚焦度不够。⑥希望加大脱贫攻坚任务在年终考核中的占比，充分体现科技人员在脱贫攻坚中的劳动价值。

16. 您认为当前本单位纪检信访举报处理工作中存在哪些形式主义、官僚主义问题?

未发现纪检信访举报处理工作中存在形式主义、官僚主义问题。个别院属单位需要进一步加强制度建设，增强对匿名举报的线索分析研判能力，做好对不受理事项的解释说明工作。

17. 您认为本单位纪检组织履行监督责任应该在哪些方面加强?

①多数为兼职干部，应加强纪检干部配置。②加强纪律教育培训力度，增强纪检组织人员沟通能力。③加强宣传。④加强对中央及上级党组织决策部署的贯彻落实，加强对人事、基建、财务重点部门权力监督。

18. 您认为本单位党组织是否重视、支持纪律检查工作，是否定期研究纪检工作，有何建议?

本单位党组织重视、支持纪律检查工作，能够做到定期、不定期研究纪检监察工作，并加以指导。主要建议为：①进一步加强纪检监察组织和干部队伍建设，选优配强纪检监察干部，增加专职干部数量。②进一步加强纪检监察干部综合能力和业务能力培训、交流研讨和实践锻炼。加强教育培训力度，扩大培训范围（到基层支部纪检监察小组），增加培训内容，发放纪检监察业务教材，提升基层纪检委员的综合素质和业务能力。③完善奖惩机制，调动纪检监察工作者积极性、主动性、创造性，能者上，庸者下。④进一步完善纪检监察工作制度。如完善纪委工作、财务监管、考勤纪律、特殊事项报告等制度，降低犯错风险，把纪检监察工作做在事前。制定出台政策措施前，充分调研，全面分析政策的可行性和有效性。⑤落实落细监督责任。不能仅发文件、微信，更要落实到位。对重点岗位、重点人员加强监督。要结合工作需要，研究相关纪检工作。⑥加强纪检监察信息公开力度，定期公布纪检监察工作动态。该保密必须保密，该公之于众的，要让群众知晓处理结果。⑦做好宣传教育工作，加强事前监督。宣传教育要形式多样，灵活生动。

19. 您认为本单位纪律检查工作存在哪些突出问题，有何建议？

存在的主要问题包括：①纪检监察干部配备不足，力量不够，纪检组织职能作用发挥不够全面充分。②纪检干部能力不足。大多数为兼职，没有太多精力和时间专心思考和抓纪检工作，业务素质有待提升。如支部纪检监察小组成员一般为科研人员兼职，对纪律检查工作重视程度还不够，专业素养还不强。③教育培训还需加强。如对从事公司管理经营活动的党员及职工尚缺更有针对性的教育培训。④纪检监察工作有时针对性还不够。⑤信息公开还需加强。个别党员干部认为本单位纪律检查情况普通干部职工不了解。⑥制度建设还需加强。在支部建在团队上，如何更好地发挥各支部纪检监察小组的作用方面需进一步探索新形式。

主要建议为：①加强纪检干部队伍建设。加强纪检监察干部力量配备，增加专职人员数量，提供经费和条件保障。支持纪检监察工作，完善纪检监察干部成长和职业发展体制机制，加大纪检监察干部交流、轮岗和使用力度。②加强纪检监察干部业务培训力度。加强实地学习教育工作。以监督的重点、监督的方式为重点内容，加强对纪检监察小组成员的培训。③加强纪律教育力度。用喜闻乐见的形式，加强警示教育，做到警钟长鸣。加强“红八条”宣贯。可与外单位联合，加强警示教育、知识培训等。④进一步聚焦重点领域、重点工作加强监督。在目前工作基础上再进行细化，对重点领域再细化监督检查。创新工作方式方法，加大监督检查力度。加强重点、敏感岗位的检查监督。进一步加强对工作纪律及规章制度落实的督促检查。提高纪检监察工作针对性，在工作纪律和制度执行方面加强监督，对违反纪律的人员给予追责，维护纪律和制度的严肃性。⑤深入基层调研。进一步完善管理工作和提升监督力度，深入到党员同志和普通群众，切实了解纪检工作在本单位职工中开展力度，找到更多的问题，形成机制，影响长远。⑥对纪检监察检查出的问题和处理结果进行公示。⑦根据实际和科研中心工作特点，合理优化纪律检查内容和要求，加强对民主集中制的督查，放宽对没有行政职能科研人员的限制，为促进研究所健康发展，促进农业领域科研工作的发展发挥更大作用。

20. 您对部系统纪律检查工作有何意见和建议？

①加强纪检监察干部队伍建设，增加专职人员人数。②重视纪检监察干部的成长和培养，多支持和为纪检监察干部撑腰，并为他们成长和职业生涯有所考虑，加大纪检干部交流、轮岗和使用力度。③提高纪检监察工作水平和能力。多组织系统内不同形式纪检监察干部培训、交流，开展干部互相挂职锻炼。希望多举办些具体的有针对性的培训和交流，以作为基层纪检工作的指导，便于开拓基层思路。对党支部的纪检监察小组如何履职，多给予指导性意见，加强对小组成员的业务培训。④多下基层，指导工作，提高纪律检查工作针对性。中国农业科学院与部委工作性质不同，不应一概而论，应多到基层走访，了解实际情况，针对农业科研单位的特点制定符合农业科研人员的纪检监察制度办法。到基层开展现场监督教育，增强单位中层干部和基层群众的纪律意识。⑤加强教育宣传工作。加大宣传教育，营造主动学习氛围。以案为鉴，加强警示教育。在纪检工作促进业务工作开展方面挖掘一些案例，供大家学习。⑥加强对重点人、重点事的监督检查。

中共中国农业科学院党组纪检组关于落实脱贫攻坚工作重点关注的问题情况报告

农科院党组纪检组〔2020〕18 号

驻部纪检监察组第二监督检查室：

贵室 2020 年 4 月 28 日《脱贫攻坚工作重点关注的问题》来函聚焦“三区三州”等深度贫困地区，扭住了科技支撑脱贫攻坚关键和重点环节，切中要害，既对中国农业科学院下一步脱贫攻坚提出了明确要求，也为更好完成脱贫攻坚任务指明了着力点和实践路径，院党组对此高度重视，院主要领导作出批示，要求对照问题认真梳理，抓好驻部纪检监察组相关要求的落实。长期以来，中国农业科学院密切结合农业科研实际和脱贫攻坚需要，上下联动、多措并举，全面推进科技扶贫工作的实施，为打赢脱贫攻坚战提供科技支撑。有关情况报告如下。

一、加强学习，提高认识，勇挑科技扶贫重担

中国农业科学院党组始终将习近平总书记关于脱贫攻坚的重要论述和指示作为开展科技扶贫工作的行动指南，切实为贫困地区产业发展和脱贫致富贡献智慧和力量。一是充分认识脱贫攻坚是全党的重要使命，是全院各级党组织的重要任务。强化院所党政一把手负总责的领导责任制，在脱贫攻坚主战场充分发挥党的政治引领作用、基层党组织的战斗堡垒作用、党员的模范带头作用。二是充分认识产业扶贫是脱贫攻坚的根本之策、必由之路。认真贯彻习近平总书记“一个地方必须有产业，有劳动力，内外结合才能发展”“要脱贫也要致富，产业扶贫至关重要”的指示精神，坚持把产业扶贫放在重要位置，通过产业发展提高贫困地区发展，把资源优势转化为产业和经济优势，保证脱贫效果可持续性。三是充分认识科技扶贫是脱贫攻坚的有力支撑、坚强保障。科技创新是引领发展的第一动力，是战胜困难的有力武器，中国农业科学院始终贯彻习近平总书记“真扶贫、扶真贫、真脱贫”的扶贫思想，大力弘扬不忘初心、勇于担当的攻坚精神，深化帮扶、确保实效，为全面打赢科技扶贫攻坚战做出贡献。

二、关于落实脱贫攻坚工作重点关注的问题有关情况

（一）关于落实农业农村部2020年“三区三州”等深度贫困地区农业扶贫实施方案有关情况

1. 制订方案，统筹规划

按照中共中央、农业农村部决战决胜脱贫攻坚的总体部署，结合院所实际和地方需求，中国农业科学院制订了《中国农业科学院2020年科技帮扶重点贫困县工作方案》，明确了在全面帮扶的基础上，突出科技扶贫重点，提出了6项具体的帮扶措施，加强组织领导，强化党建引领，调动全院力量，加强对特色产业的帮扶力度，提升扶贫产业可持续发展能力，为持续帮扶农业农村部5个定点扶贫县、4个中国农业科学院科技扶贫示范县、89个“三区三州”深度贫困县提供强有力的科技支撑，巩固农业产业扶贫成果。

2. 加强调度，全力以赴

中国农业科学院召开全院脱贫攻坚调度会议，深入学习习近平总书记在决战决胜脱贫攻坚座谈会上重要讲话，认真落实农业农村部党组关于脱贫攻坚的总体部署，院党组对扶贫工作提出了进一步要求。聚焦“三区三州”国家挂牌督战县，集结全院优势科技力量，加大科技扶贫力度，推进全院扶贫工作的落实。进一步明确“脱贫攻坚的主战场在哪儿，中国农业科学院专家团队就在哪儿”的扶贫思路，坚持办实事、见实效，只争朝夕，攻坚克难，力争将新冠肺炎疫情影响降到最低，全力以赴完成科技扶贫目标任务。

3. 集中产业技术专家力量，长期稳定协同帮扶

根据中国农业科学院科技帮扶重点贫困县方案，对“三区三州”深度贫困县，每县分别安排一个产业指导专家组开展科技帮扶。在此基础上，中国农业科学院加强对“三区三州”深度贫困县的产业技术支持力度，根据深度贫困地区存在的农业生产问题，协调全院专家力量，整合技术资源，由原来的一个专家团队扩展为多个团队协同帮扶，集中力量解决相关问题，助推深度贫困县脱贫攻坚。例如，根据莎车县在水果种植、土壤改良、养殖业等方面的技术需求，结合中国农业科学院技术资源，协调郑果所、资划所、兰牧药，组织专家团队，对莎车县开展协同帮扶。

4. 防疫扶贫“两手抓，两不误”

疫情不能阻断扶贫，在脱贫攻坚的关键时期，全院各单位采取信息化手段等多种途径和形式，一手抓疫情防控，一手抓科技扶贫。结合贫困地区的生产实际和技术需求，研究解决因疫情产生的新问题、新情况，开展灵活多样的技术培训和生产指导，帮扶受困企业尽快恢复生产，带动贫困群众稳定脱贫。据不完全统计，中国农业科学院14个

研究所的64名专家，针对农业种植、病害防治、畜禽健康养殖等技术问题，组织开展网络培训103场，在线听众达20多万人次。切实做到了防疫和扶贫工作“两手抓、两手硬”。例如，中国农业科学院牧医所主办“生猪复养系列大师课”，组织来自农业农村部畜牧兽医局，以及中国农业科学院哈兽研、上兽研、兰牧药等单位的多名专家，围绕国家政策、非洲猪瘟防控和种猪生产技术等问题，进行了全面解读和技术讲解，对当前企业复产保供，提升核心竞争力具有很强的指导意义。油料所围绕花生、大豆等油料作物的管理技术和产业发展开展了多次线上指导，并举办国家油菜良种重大科研项目“云观摩”会，通过网络直播形式在线展出了31个适宜机械化生产、高含油量等特性的油菜新品种，帮助贫困地区生产经营主体和种植户近距离了解适合当地生态条件的优良品种，有助于提高当地油菜产业发展水平，推动我国油菜产业高质量发展，直播当天累计观看人次达到3.5万余人次。院扶贫办联合院培训中心搭建“抗疫情·助脱贫公益课堂”，整合全院技术培训力量，在中国农业科学院在线学习平台、院科技扶贫专栏、国家人事人才培训网、中国教育干部网络学院及其下属网站、中央广电总台相关频道、新媒体，以及中国青年网及其管理的大学生村官网、第一书记网等传媒资源播出，向社会提供更多高质量、高标准的农业科技在线学习资源。

5. 提供技术服务，加强产销对接

构建农产品产销协作平台，着力加强农产品产地与市场的对接，开展系列农产品产销对接，为农产品增值增效提供科技支撑和供销服务，为贫困地区提供全产业链技术服务。开展线上宣传、拍卖等推介活动，提高当地优质农产品知名度，促进产销对接和农产品流通，为贫困地区长期稳定脱贫、群众增收致富提供支撑保障。例如，蜜蜂研究所通过国家优质蜂产品创新联盟等平台的一系列活动，帮助湖北恩施土家族苗族自治州、竹山县等贫困地区销售蜂产品，销售额达40余万元。营养所充分发挥其在食物营养方面的学科优势，对四川省理塘县高原特色农产品的营养品质进行分析评价，在甘孜藏族自治州农特产品产销对接现场会上，帮助理塘县在本次产销对接会上共签订了金额达1.7亿元的高原特色农产品采购订单。

（二）关于落实2019年5月、12月驻部纪检监察组致部党组函有关情况

1. 开展驻村帮扶

根据中共中央、地方政府关于结对帮扶的工作部署，研究所结合贫困县的生产实际和技术需求，成立驻村帮扶工作队，深入调研农业技术、产业发展等方面的突出问题，开展长期稳定的驻村帮扶和技术指导，协调对接科技扶贫项目，协助制定切实可行的产业发展规划与帮扶计划，为当地早日脱贫摘帽提供科技支撑。中国农业科学院兰牧药、灌溉所等多个单位派出驻村工作队，共有50多名专家、干部长期驻村，持续帮扶。水稻所成立由处级干部和科研骨干组成的浙江省仙居县杨丰山驻村工作组，针对地区产业发展，形成了梯田、优质稻米产业发展等专题调研报告。兰兽研坚持结对帮扶和驻村帮

扶相结合，成立沙冒多、沙冒后等多个驻村帮扶工作团队。环保所成立驻天津市静海区西翟庄村结对帮扶工作组，并由赖欣副研究员挂职西翟庄村第一书记。沼科所积极帮助位于秦巴山区的四川广安华蓥市，选派4专家、1名挂职干部开展驻村帮扶工作。兰牧药自2015年成立驻临潭县帮扶工作队，选派工作队队长，对临潭县开展全方位的驻村帮扶工作，打造了“临潭模式”。灌溉所驻韩堂村扶贫工作队从2015年开始，连续派出3任村第一书记，2016年底推动韩堂村提前实现脱贫摘帽。油料所驻田凤坪村精准扶贫工作队自2015年开展驻村帮扶以来，坚持以产业发展为主线，以多维度精准帮扶为手段，实现全村建档立卡贫困户全部脱贫。

2. 选派挂职干部

（1）加强制度建设。中国农业科学院先后在《关于进一步推进人才队伍建设的若干意见》《关于适应“三个面向”要求大力发现培养选拔优秀年轻干部的实施意见》中明确指出，要加大年轻干部挂职锻炼力度，实施百名年轻干部挂职锻炼计划。提出对挂职期间表现优秀且符合任职资格条件的，统筹把握，合理使用，树立干得好用得好的导向，在职数上予以支持，在职称上予以倾斜，在评奖上予以优先，在待遇上予以保障。对在艰苦地区、关键时刻或者急难险重任务中经受住考验、表现特别优秀、作出重大贡献的挂职干部，可破格提拔。对援藏援疆援青干部，援派期间不占本单位领导干部职数，每有1个集中考核结果为优秀等次的，晋升职级的任职年限缩短半年；可在受援地参加职称评审，无须派出单位确认直接有效，援派期为3年的，期满后可提前一年申报高一级别职称。出台《关于进一步鼓励、支持优秀年轻干部人才踊跃投身乡村振兴一线挂职锻炼的意见（试行）》，明确选派目标、选派重点、选派机制，在生活待遇、职称职级晋升、科研资源配置和考核评优等方面提供政策支持和激励保障机制。

（2）建立生活补助制度。出台《中国农业科学院关于干部援派挂职期间有关待遇实施细则》，建立了挂职干部生活补助制度，明确了各类挂职干部补助标准，并从组织关系、医疗保险、单位探望、职称评审、探亲休假等方面进行了规范，为进一步鼓励中国农业科学院干部在基层一线和困难艰苦地区安心、安身、安业，更好履职奉献，发挥了重要的推动作用。

（3）积极选派挂职干部。重点围绕服务保障乡村振兴、脱贫攻坚、西部大开发等重大战略，服务保障“一带一路”倡议、雄安新区建设、海南自由贸易区（港）建设等重大工程、重大项目、重点任务，服务保障中国农业科学院乡村振兴与科技扶贫示范县建设、中国农业科学院战略合作与协同攻关地区，服务保障国家成都农业科技中心、西部农业研究中心、国家南繁研究院等中国农业科学院新机构筹建，近三年先后选派近百名（95名）干部人才挂职，推动干部队伍建设与中心工作深度融合，引导干部人才在实践实干中锻炼成长。

（4）建立“挂职锻炼干部人才储备库”。为进一步提升挂职锻炼工作前瞻性、科学性、系统性，确保挂职锻炼工作与干部人才培养使用紧密结合，专门下发通知，在全院范围内开展“挂职锻炼干部人才储备库”人选推荐工作，并完成了150人规模的储备库建设，为乡村振兴等一线地区提供智力支撑与人才保障。

三、下一步工作计划

中国农业科学院将对照《脱贫攻坚工作重点关注的问题》，针对性制定强化措施，继续落实扶贫工作方案，按照“不脱贫不松劲，脱了贫不脱钩”的思路原则，强化对“三区三州”等贫困地区的产业技术服务，安排全院专家团队科技帮扶形成常态化，协同作战，全面助力脱贫攻坚。

（一）进一步强化责任意识

2020 年是脱贫攻坚决战决胜之年，中国农业科学院要把更多的科技扶贫力量和资源向贫困地区倾斜，加强扶贫团队的协同配合，以不获全胜决不收兵的意志啃下脱贫硬骨头，以一鼓作气、乘势而上的姿态奋勇夺取新胜利。脱贫摘帽不是终点，而是新生活、新奋斗的起点。要继续大力弘扬不忘初心、勇于担当的攻坚精神，深化帮扶、持续帮扶、稳定帮扶，为全面打赢科技扶贫攻坚战做出贡献。

（二）继续落实驻村工作队制度

根据中央和地方政府关于结对帮扶的工作部署，结合贫困县的生产实际和技术需求，各研究所持续成立驻村帮扶工作队，开展长期稳定的驻村帮扶，全方面提供技术指导，为对接的农村提供源源不断的智力支撑。

（三）持续选派优秀干部挂职

在全院“挂职锻炼干部人才储备库”中遴选优秀的援疆、援藏干部，以及其他服务保障部定点扶贫县、院示范县、“三区三州”贫困县等各类挂职干部。在基层和实践一线培养锻炼干部，把业务技能和科技扶贫工作有机地结合起来，长期服务于农业农村一线。

（四）完善产业技术顾问制度

按照农业农村部关于进一步推动科技助力产业扶贫的要求，建立产业技术顾问制度，切实提高科技助力产业扶贫的实效。中国农业科学院要发挥产业技术顾问组多学科交叉的科技互补优势，聚焦贫困地区特色产业需求，从新品种、新技术、新产品、产销对接以及防灾减灾等方面全方位提供技术服务。

（五）探索建立可持续的远程实时科技帮扶系统

为了长期、快捷、方便地发挥产业技术顾问的优势，科技扶贫要充分运用现代化、数字化、信息化的通信以及大数据分析等科技手段获取信息、处理信息、传递信息。即时整合不同领域、不同地域的科技专家资源“远程会诊”，实现扶贫产业技术顾问与贫困县决策层、基层扶贫人员实时零距离交流及指导培训。有利于产业顾问及时掌握扶贫一线的需求，贫困县及时获得解决技术问题的方法，形成良性互动。促成产业技术顾问长期稳定为“三区三州”等贫困县当地产业发展提供决策咨询和全产业链服务。

（六）进一步强化监督检查

增强相关扶贫主体单位责任意识，进一步强化监督，切实推进科技扶贫工作稳定有序落实。按照院脱贫攻坚调度会部署，实行每月扶贫工作进展上报督查，典型做法实时宣传，同时抓好驻部纪检监察组相关要求的落实，及时将中国农业科学院扶贫措施和工作成效的情况上报驻部纪检监察组。

中共中国农业科学院党组纪检组

2020 年 6 月 8 日

关于开展“李宁案”启示研讨活动的情况报告

2020 年 1 月 3 日，吉林省松原市中级人民法院对原中国工程院院士、中国农业大学教授李宁贪污一案进行了公开宣判。为充分吸取“李宁案”的深刻教训，以案为鉴，强化科研人员纪律规矩意识，加强科研经费管理，2020 年 5—7 月，中国农业科学院组织部分研究所开展了“李宁案”启示研讨活动。现将有关情况汇报如下。

一、活动开展情况

2020 年 5—6 月，按照院党组要求，院纪检组监察局组织作科所、植保所、蔬菜所、环发所、牧医所和资划所 6 个单位的纪委书记，对“李宁案”进行专题研讨。6 个单位对此高度重视，分别采取查阅资料、召开专家专题座谈会等方式对相关问题进行深入思考和调研，对“李宁案”问题根源进行深刻剖析，结合本单位科研工作实际和科研“放管服”政策，提出了相应对策建议和强化管理措施，形成了“李宁案”启示研究报告。

2020 年 7 月 21 日，院党组书记张合成同志主持召开专题研讨会，以“李宁案”为鉴，就如何进一步加强课题结余经费、科研副产品和劳务费管理等进行深入研讨，院领导李杰人、王汉中、万建民、梅旭荣、陈华宁参加研讨交流。会上，作科所、植保所等 6 个研究所党委书记和纪委书记分别结合工作实际进行交流发言，科技管理局、财务局、成果转化局、监察局从分管工作角度进行认真思考并就加强科研经费管理和作风学风建设提出了意见建议。

二、取得成效

通过此次研讨，进一步统一了思想、提高了认识，增强了加强科研经费管理和作风学风建设的责任感和紧迫感。与会人员普遍认为，李宁作为党和国家多年培养的动物生物学方面的领军科学家，法制观念淡薄，底线意识不强，把国家科研经费视作自己的个人财产，公私不分，不仅葬送了自己的学术生命，也给国家造成了巨大损失，教训极其惨痛。

研讨中，大家认为，中国农业科学院作为农业科研单位，对“李宁案”中暴露出的 3 个突出问题需要特别关注，一是其利用职务便利截留科研项目实验后淘汰的猪、牛及产出牛奶销售款，二是其利用职务便利虚开发票套取结余科研经费，三是其利用职务便利虚报套取课题经费中结余劳务费。根据审理查明，李宁等人将这些截留和套取款项转入其个人控制的银行账户后，绝大部分被用于其个人投资公司或增资入股。涉案的北京全顺捷达科技有限公司、无锡科捷诺生物技术有限公司等公司，截至案发时尚未从事任何科研活动，且上述公司既非中国农业大学设立或授权设立，也不属于中国农业大学指定和核定的科研平台，中国农业大学对上述公司的设立、投资均不知情。另外，还需要关注的就是单位的管理监督问题。“李宁案”的发生，固然是与李宁等人的违法犯罪行为直接相关，但是，相关单位和部门对科研经费监管缺位，没有有效落实科研经费监督管理责任也是造成案件发生的重要原因。

针对以上问题，与会人员一致表示，“李宁案”的研讨非常必要，特别对于同样从事农业科研工作的科技人员警示意义更大，必须引以为鉴、警钟长鸣。一要坚守底线，合理合规使用科研经费。李宁等人理想信念动摇、法制观念淡薄，对科研经费属于国有资产的专属性缺乏清晰认识，采取非法手段化公为私、据为己有、中饱私囊，为我们敲响了警钟。广大科研人员要切实增强廉洁从业意识，不论是纵向科研经费还是横向科研经费，都属于公共财物，不是课题负责人或科研人员的个人财产，决不允许采取违规违纪违法手段装入个人腰包。二要以案为鉴，进一步规范科研经费管理。研究所要切实担负起科研经费管理的主体责任，建立健全科研经费管理制度和内控流程并严格执行，紧盯重点人、重点事和关键环节，抓早抓小、防微杜渐，把问题和矛盾消灭在萌芽状态。三要院所联动，系统谋划，防范科研经费管理风险。要重点关注科研副产品、劳务费和课题结余经费的管理，查找风险点和薄弱环节，建立完善制度，加强警示教育，防止违规违纪违法问题发生，为科技创新活动和科研专家提供作风和纪律保障。四要加强作风学风建设。要弘扬科学家精神，继承发扬老一辈农业科学家严谨求实、无私奉献的农科精神，坚守科研报国为民的初心使命，培养优良的作风、扎实的学风，勇于创新、多出成果，为实施“三个面向”、科技支撑脱贫攻坚和乡村振兴作出贡献。

三、下一步工作思路

我们将按照院党组工作部署，针对“李宁案”启示在全院研究所组织开展研讨活动，并进一步加强对“李宁案”相关问题的深入研究。主要包括：第一，“李宁案”中反映出的科研副产品、结余经费、劳务费管理方面的三个犯罪事实，对农业科研领域的特殊价值；第二，正确认识“李宁案”反映出的“三个关系”，即科研经费中自筹资金与财政资金、私人公司与科研平台、私人经营活动与科研活动的关系等；第三，从“李宁案”正确认识“公与私”问题，正确认识违法犯罪的“主动与被动”“故意与无意”“贪腐与违规”等；第四，推动科研专家从“李宁案”吸取教训、受到启示，引导科研专家正确定位，防止不受监管的“科研老板”出现，教育他们要坚守公私分明的底线，在潜规则面前一定要保持清醒的头脑。通过对“李宁案”启示研讨活动，以案为鉴，落实好科研管理“放管服”政策，加强作风学风建设，为科技创新营造良好的政治生态。

专此报告。

中共中国农业科学院党组纪检组关于督促制止餐饮浪费行为的有关情况报告

驻部纪检监察组：

为深入贯彻落实习近平总书记制止餐饮浪费行为作出的重要指示精神和中央纪委国家监委《关于贯彻落实习近平总书记重要批示精神　加强监督执纪坚决制止餐饮浪费行为的工作意见》有关要求，中国农业科学院党组纪检组把监督节约粮食、坚决制止餐饮浪费作为一项重要任务，近期对院后勤服务中心有关负责同志开展专项约谈，督促建立制止餐饮浪费行为长效机制。现将有关情况汇报如下。

一、专项约谈情况

2020 年 8 月 28 日，院党组纪检组组长李杰人同志，就落实习近平总书记制止餐饮浪费行为的重要指示精神，推动中国农业科学院在厉行节约、反对浪费特别是制止餐饮浪费行为上走在前、做表率，专题约谈了院后勤服务中心有关负责同志。李杰人组长带头重温学习了习近平总书记对制止餐饮浪费行为所作重要指示。同时，对后勤服务中心落实重要指示精神提出了四点要求：一是进一步查找餐饮浪费行为的各种现象和原因；二是进一步制定遏制餐饮浪费行为的各种措施；三是开展反对餐饮浪费行为宣传教育；四是建立制度化长效化的机制。

二、专项约谈落实情况

（一）传达学习习近平总书记关于制止餐饮浪费行为的重要指示精神

专项约谈后，后勤服务中心及时将李杰人组长的约谈内容发至中心领导和相关部门，组织认真传达学习，深入抓好落实。中心餐饮部第一时间组织学习习总书记关于制止餐饮浪费行为的重要指示、《致中央和国家机关广大干部职工的一封公开信》以及李杰人组长约谈会议精神等内容，统一思想，提高认识。

（二）加强宣传教育

2020 年 8 月 19 日，后勤服务中心向全体职工发起“厉行节约、反对浪费”的倡议，倡导大家做勤俭节约的践行者、制止浪费的支持者、良好风尚的引领者。在食堂外醒目位置悬挂“珍惜粮食、杜绝浪费”横幅，在餐厅内张贴“厉行节约、反对浪费”“光盘行动”等宣传展板，在取餐台张贴“按需取餐、杜绝浪费”“勤打少取、避免浪费”等宣传标语和提示牌，使节约意识成为全民共识，变成行动自觉。中心餐饮部还对全院干部职工发起“杜绝餐饮浪费争做文明表率”倡议书，上报院办，拟在全院发表。同时，撰写了“珍惜粮食、杜绝浪费，后勤中心餐饮在行动”新闻内容，加强宣传报道。

（三）贯彻落实节约举措

后勤服务中心及时改变订售模式，采取按大小份售餐、按个人需求订餐模式。机关各局每天在上报订餐数量时，都能按照个人需求量进行订餐。落实精细加工制作，采取按人定量、按时加量、分量烹饪的方式，依据各时间段人员购餐量，坚持少量勤炒，合理控制成品量，做到了菜量到位，确保不浪费。盯抓切配加工环节，组织负责切配菜的员工实操培训，分类存放粗加工材料，从源头上减少材料浪费。2 名主管带领厨师，把能利用的茎、叶、花、果等食用部位分类烹饪，部分不能烹饪的根茎制作成美味爽脆的泡菜和腌菜，最大限度发挥原材料的使用率。

（四）加强跟踪督导检查

后勤服务中心始终抓住食品安全和监督检查，餐饮部建立厨余垃圾每日登记表，按照切配、面点、炒菜、冷荤、洗消等小组，专人负责称重登记，让节约举措在日积月累中形成自觉。严格遵守生产加工环节的安全卫生操作规范及工作流程，避免因加工、烹饪环节操作不当而导致的食品污染和食品原料变质而发生的食品安全事故。充分发挥中心党支部和纪检小组成员的作用，强化监督，建立厉行勤俭节约、反对铺张浪费的长效机制。

2020 年 8 月 31 日，院党组召开会议，传达学习习近平总书记关于制止餐饮浪费行为的重要指示精神，就相关工作做了部署。接下来，中国农业科学院将推进制订《贯彻落实习近平总书记重要指示精神　坚决制止餐饮浪费行为的行动方案》，全面推动在厉行节约、反对浪费特别是制止餐饮浪费行为上走在前、做表率。全院纪检组织将严格按照中央纪委国家监委《关于贯彻落实习近平总书记重要批示精神　加强监督执纪坚决制止餐饮浪费行为的工作意见》要求，把监督节约粮食、坚决制止餐饮浪费作为一项重要任务，立足职能职责精准监督、创新监督，狠刹奢侈浪费歪风。

中共中国农业科学院党组纪检组

2020 年 9 月 7 日

中国农业科学院2020年全面从严治党任务落实及党风廉政建设工作总结

农业农村部直属机关纪委：

2020年以来，中国农业科学院以习近平新时代中国特色社会主义思想为指导，深入贯彻党的十九大、十九届四中全会、五中全会和中央纪委四次全会精神，增强“四个意识”，坚定“四个自信”，做到“两个维护”，落实农业农村部和中国农业科学院全面从严治党工作部署，推进中国农业科学院全面从严治党各项工作顺利开展。现将一年来工作情况总结如下。

一、持续增强“两个维护”的政治自觉

（一）坚持用习近平新时代中国特色社会主义思想武装头脑

院党组坚持第一时间学习贯彻习近平总书记重要讲话精神和中央重要会议精神。制定印发《中共中国农业科学院党组贯彻落实〈中国共产党党委（党组）理论学习中心组学习规则〉实施细则》，通过召开理论中心组学习会、专题学习会、干部大会等，带头深入学习贯彻党的十九届四中全会、中央纪委四次全会、全国“两会”、十九届五中全会、中央全面依法治国工作会议等精神，迅速把思想和行动统一到习近平总书记重要讲话精神和中央部署上来，切实把增强“四个意识”、坚定“四个自信”、做到“两个维护”落实到思想和行动上。

认真学习贯彻党的十九届五中全会精神。制定印发《中共中国农业科学院党组关于学习宣传贯彻党的十九届五中全会精神的通知》及学习工作方案，组织学习贯彻党的十九届五中全会精神专题报告会。贯彻落实党的十九届五中全会关于“十四五”规划和2035年远景目标建议，以总书记“四个面向”指示精神为总方针，加强中国农业科学院“十四五”时期战略谋划和部署，制定中国农业科学院“十四五”发展总规划及9个专项规划，基本形成“1+9”“十四五”规划体系。

进一步深入学习贯彻习近平总书记致中国农业科学院建院60周年贺信精神以及习近平总书记关于加快科技创新和推动更深层次改革的最新论述精神。唐华俊院长在院党组理论学习中心组（扩大）学习会上，围绕“全面对标‘两个一流’加快推进科技创新”作主题发言并讲党课，对标建设一批世界一流学科、建成世界一流科研院所的战

略目标，深入分析当前中国农业科学院学科建设和改革发展的形势和使命，深入查找与世界一流水平的差距，系统谋划院所“十四五”发展思路、战略目标和任务措施，明确提出了“两个一流”的主要特征、建设基本思路和重点任务。开展习近平总书记贺信三周年主题活动。专题学习贯彻习近平总书记在科学家座谈会上的讲话精神，紧密结合学习习近平总书记给 25 位科技工作者代表的回信精神，系统总结中国农业科学院贯彻落实习近平总书记贺信精神成效与进展，要求全院以习近平总书记重要讲话精神和贺信精神为指导，守好报国为民的科研初心，勇挑科技强国的使命担当，大力弘扬科学家精神，抢占农业科技创新制高点，突破农业发展“卡脖子”技术，促进农业产学研深度融合。

（二）强化党的政治建设

深入贯彻落实习近平总书记在中央和国家机关党的建设工作会议上的重要讲话精神。院党组出台《关于加强和改进院属单位党的建设的意见》，印发《开展强化政治机关意识教育工作方案》，教育引导院属各级党组织和广大党员干部强化政治意识，确保科研国家队的政治方向，锤炼忠诚干净担当的政治品格，始终同以习近平同志为核心的党中央保持高度一致。

强化科研工作者理论武装，强调科学家讲政治。张合成书记深入基层科研党支部，给科研人员讲“做讲政治的农业科学家”专题党课。院党组坚持正向引导和典型引领，注重教育引导广大科研工作者和科学家提升政治站位，站稳政治立场，坚持用党的科学理论武装头脑，贯彻落实中央科技兴农、科技支撑乡村振兴政治任务，聚焦“四个面向”，多抢占制高点，多解决“卡脖子”问题，多提高成果转化率。

严明党的政治纪律和政治规矩。深入开展党的政治纪律和政治规矩学习教育，把党章党规党纪纳入理论学习中心组、党支部、青年理论学习小组学习的重要内容，引导党员干部强化政治责任，自觉遵守、贯彻、维护党章。强化《中央和国家机关党员工作时间之外政治言行若干规定（试行）》的落实，严格规范党员工作时间内外政治言行，做到旗帜鲜明讲政治，自觉加强自我约束。

研究制定重大事项请示报告制度。贯彻落实《中国共产党重大事项请示报告条例》，结合农业科研单位特点，专题研究制定《院党组重大事项请示报告实施办法》及请示报告事项清单。研究探索科研进展报告与评价制。建立科研人员向科研团队首席报告重要进展，科研团队向研究所报告重要进展，研究所向院报告重要进展的分级报告制度。

二、强化落实全面从严治党主体责任

（一）部署2020年全面从严治党重大任务

召开2020年全面从严治党工作会议，深入学习贯彻十九届中央纪委四次全会精神和农业农村部全面从严治党工作会议精神，总结2019年工作成效，部署2020年全面从严治党重点任务。驻部纪检监察组组长、部党组成员吴清海同志指出了中国农业科学院全面从严治党工作中存在的问题和不足，要求中国农业科学院党员干部在清醒认识形势上切实把自己摆进去；在坚决做到“两个维护”上进一步把自己摆进去；在坚决纠治“四风”上进一步把自己摆进去；在严守纪律执行制度方面进一步把自己摆进去。会上通报了十九大以来农业农村部党风廉政典型案例和中国农业科学院典型问题；机关党委、财务局、水稻所、哈兽研进行了工作交流；院党组对各级党组织落实全面从严治党主体责任提出明确要求、做出工作部署。

（二）落实2020年全面从严治党重点任务分工责任

召开三次院党风廉政建设工作领导小组会议，制定印发《中国农业科学院2020年全面从严治党工作要点及分工意见》，对全面从严治党工作会议各项任务部署细化分解，把分工任务和责任落实到院机关各部门、院属单位党组织和纪检组织。要求院机关各部门根据分工意见，细化落实措施，明确责任人和完成时限，院属各单位党委要专题研究全面从严治党工作任务落实，所纪委要制订年度工作计划，年终要报告工作情况，并作为党委书记、纪委书记述职、考核的重要内容。

（三）压紧压实院、所、团队三级责任体系

院党组认真学习贯彻《党委（党组）落实全面从严治党主体责任规定》，院长、书记发挥头雁效应，履行第一责任人职责，院领导管人、管事、管党建、管监督一体化；所长、书记履行主体责任、监督责任，支持所纪委履行监督专责；团队首席、支部书记切实负起责任，支持纪检监察小组发挥“政治安全员”“纪律宣传员”“作风监督员”的作用。

督促院属单位纪委履职尽责。加强对院属单位纪委年度工作计划制定情况的监督；强化纪委书记述职考核，对2019年度考评优秀的11个单位予以通报表扬，采取现场述职结合书面述职方式，组织2020年度纪委书记述职考核；组织开展“纪委书记讲党课”活动，遴选优秀党课进行重点宣传，分享交流履职经验。

（四）制定院党组落实全面从严治党主体责任清单

深入贯彻落实习近平总书记在中央和国家机关党的建设工作会议上的重要讲话精神，推动院系统全面从严治党向纵深发展，制定出台《中共中国农业科学院党组落实全面从严治党主体责任清单》。明确了院党组全面从严治党 15 项责任内容；院长、党组书记 6 项责任内容，落实第一责任人职责；明确院领导班子其他成员 6 项责任内容，强化“一岗双责”；院机关各部门和院属各单位在院党组统一领导下，认真落实本部门、本单位全面从严治党主体责任，推动全面从严治党向基层延伸。

（五）认真传达贯彻农业农村部党组与驻部纪检监察组共同研究全面从严治党工作专题会议精神

以党组文转发了农业农村部直属机关党委《关于印发韩长赋同志、吴清海同志在农业农村部党组与驻部纪检监察组共同研究全面从严治党工作专题会议上讲话的通知》，组织院机关各部门、后勤服务中心、研究生院领导班子及院资产经营公司负责人集中学习传达。结合中国农业科学院实际，进一步强调和督促各部门各单位要压实主体责任，领导班子落实“一岗双责”；要强化党员干部教育管理，提高日常监督的针对性和实效性；要深入落实以案促改，增强风险意识，抓好薄弱环节、末梢领域的廉政风险防控工作；要坚决防止形式主义、官僚主义，加强一流作风和学风建设。

三、加强党中央重大决策部署落实的政治监督

（一）紧扣中心工作加强监督检查

院党组面向国家重大需求，落实中共中央和部院党组决策部署，以科技创新工程引领非洲猪瘟和草地贪夜蛾防控等重大攻关，首批启动了包括藏粮于技科研攻关、主要畜禽良种化科研攻关、非洲猪瘟防控、草地贪夜蛾防控等 18 项院级重大任务。制定《创新工程联合攻关重大科研任务管理办法》《中国农业科学院创新团队制改革方案》《加强所级重点任务管理的指导意见》，进一步加强机制保障，将院、所、团队科研攻关目标聚焦到“三农”重大问题。召开院第四次人才工作会，贯彻落实新时代党的组织路线、十九届五中全会精神，对标“四个面向”“两个一流”需要，系统谋划“十四五”人才队伍建设新思路新举措，聚焦打造国家战略科技力量。

院纪检组发挥监督保障执行作用，确保党中央、部院党组重大工作部署到哪里，监督工作就跟进到哪里。制订《重点业务工作监督方案》，有关部门协同配合，对全院疫

情防控、复工复产复研以及开展藏粮于技、非洲猪瘟、草地贪夜蛾防控等重大科研攻关情况进行重点监督。开展人才工作会议重点工作督查。制订《中国农业科学院人才工作会议重点工作督查方案》，采取日常督查与现场督查相结合的方式，牵头4部门组成联合督查组，选取4个京外所开展人才工作会精神落实情况专项督查，坚持问题导向，剖析问题原因，提出对策建议，推动院党组关于人才队伍建设的各项改革举措落地见效。

（二）全力保障决战决胜脱贫攻坚

院党组召开脱贫攻坚调度会，深入学习贯彻落实习近平总书记在决战决胜脱贫攻坚座谈会上重要讲话，落实部党组关于脱贫攻坚的总体要求，制定《中国农业科学院2020年科技帮扶重点贫困县工作方案》和《推进支部结对帮扶助力脱贫攻坚工作安排》，聚焦“三区三州”国家挂牌督战县，加大力度组织研究所专家团队深入贫困地区开展科技扶贫对接，推动党组织和党员在支撑脱贫攻坚中发挥作用，打造了具有农科特色的“集团帮扶模式”“桦川模式”“临潭模式”“安康模式”等多种科技扶贫新模式。目前，中国农业科学院对接帮扶的21个国家挂牌督战县已全部退出贫困县序列；农业农村部5个定点扶贫县，中国农业科学院4个科技扶贫示范县和结对帮扶的“三区三州”89个深度贫困县已全部脱贫摘帽。

按照驻部纪检监察组《脱贫攻坚工作重点关注的问题》来函要求和部直属机关纪委关于开展履行脱贫攻坚监督责任情况检查的通知精神，院纪检组对全院落实脱贫攻坚监督责任情况进行每月一次的调度监督，通过巡视、日常监督，对院属单位纪检组织强化脱贫攻坚监督责任提出要求，做到专家下得去、技术用得上、农民听得懂、脱贫见实效。

（三）做细做实疫情防控监督

新冠肺炎疫情发生以来，中国农业科学院党组坚决贯彻落实习近平总书记关于打赢疫情防控阻击战、统筹抓好疫情防控和复工复产、全面恢复经济社会秩序等重要指示批示精神，把防疫一线作为“守初心、担使命”的重大考场和战场，院长、书记靠前指挥，亲自抓全院疫情防控，根据形势变化及时召开党组会、调度会，研判疫情防控措施、及时调度工作安排，举全院之力架构疫情防控的钢铁防线，确保了全院在职职工、全体学生、湖北以外单位、京区大院“四个零感染”，同时坚持疫情防控和科技创新“两手抓”“两不误”，体现了不误农时、不误重大科研攻关任务的责任担当。院纪检组印发《关于加强新型冠状病毒感染肺炎疫情防控监督工作实施方案》，通过明察暗访、定点走访、电话抽查等形式，围绕疫情防控重点工作、重点环节部署开展监督检查、工作约谈，压紧压实各单位党组织纪检组织监督责任。及时调度疫情防控监督情况，编发

28 期疫情防控监督通报，推动风险隐患和薄弱环节的整改落实。对疫情防控责任落实不力、防疫措施落实不到位的有关单位和个人予以严肃处理、通报批评，为坚决做好疫情防控工作提供强有力的纪律保障。

（四）加强农业科研特色监督体系建设的顶层设计

按照院“十四五”规划编制工作部署，成立规划编制小组，制订工作方案，及时组织讨论、调研，收集资料、分工起草，并广泛征求机关各部门、院属各单位意见建议，形成《中国农业科学院“十四五”农业科研特色监督体系发展规划（审议稿）》，推动农业科研特色监督体系建设，为农业科技自立自强提供有力保障。

四、严肃党内各项制度的落实

（一）严格党内政治生活和组织生活

认真贯彻《中央和国家机关严格党的组织生活制度的若干规定（试行）》，高度重视“三会一课”和主题党日制度落实。对院属各单位党组织生活落实情况开展全面监督检查，印发了《关于党支部落实“三会一课”“主题党日”制度情况的通报》，要求各单位针对近期中国农业科学院巡视、日常监督检查中发现的“三会一课”频次不到位、记录不规范，党费交纳不及时不主动，主题党日形式化无主题化，党员发展等指标，科研骨干中发展党员不力，党员组织关系管理不严格等问题，开展自查自纠、立行立改，进一步健全和完善长效机制。

（二）在科技创新和成果转化中发挥党建“三个作用”

转发中央和国家机关工委《关于破解“两张皮”问题推动中央和国家机关党建和业务工作深度融合的意见》，强化机关党建和业务工作融合发展的理念。以“从科研转化看三个作用发挥”为题，对研究所党委、党支部和党员作用发挥情况进行专题调研，解决党建、业务“两张皮”问题，推进党建工作与科研工作深度融合，引领全院科技人员深入落实“三个面向”重要指示精神，加快科技创新和成果转化，真正把“抢占了几个制高点、解决了几个卡脖子难题、提高了几个成果转化率百分点”作为研究所党建工作的出发点和落脚点。2020 年对果树所、特产所、上兽研、哈兽研、草原所、兰牧药、兰兽研、农机化所 8 家单位进行了专题调研。

（三）开展民主集中制学习教育活动

为提高院所两级领导班子和干部队伍建设质量和水平，解决基层党组织贯彻落实民主集中制存在的突出问题，尽快补齐全院基层组织治理的短板，院党组在全院范围部署开展“党的民主集中制学习活动”，印发《党的民主集中制学习活动方案》，召开中国共产党成立99周年纪念大会暨党的民主集中制学习活动动员部署会，院党组书记张合成做学习活动第一讲专题党课报告，结合研究所实际，对领导班子贯彻落实民主集中制提出了严格执行五项重要制度和全面落实八项重点任务的针对性要求。高质量、高标准推进党的民主集中制学习宣传。以院党组书记张合成同志的党课报告为蓝本，制作6期专题新媒体（H5）学习材料；邀请学习人员谈体会、谈思路、谈举措，制作4期《民主集中制大家谈》；梳理交流各级党组织的学习方式方法和经验成效，制作3期《学习动态》，分期陆续推送到各级党政领导班子、每个党支部、每位党员干部，以丰富载体、广泛传播、便于学习的形式推动学习入脑入心、走深走实。

（四）加强对领导干部关键少数的监督

贯彻落实《农业农村部领导干部插手干预重大事项记录报告有关规定（试行）》。以党组文转发全院落实，要求以副处级以上干部和各级重大事项承办人员为重点，组织专题学习，严格遵守工作纪律，带头执行廉洁自律准则。

落实“凡提必审”要求，严格审核拟提任干部廉政情况。出具干部提任、评先评优、职称评审等廉政意见函353人次。不断完善院属单位副所局级领导干部廉政档案，建立机关处级干部廉政档案，实现动态管理。针对加强领导干部监督管理问题，深刻吸取教训，起草上报《关于落实加强领导干部监督管理纪检监察建议的情况报告》。

抓好领导干部个人有关事项报告工作。及时传达中组部、农业农村部集中填报工作新精神、新要求，建立回执机制，要求院属各单位向每一位填报人及时传达有关精神，并以回执形式报送传达学习情况、传达人员名单，确保政策要求传达到位。集中填报后，安排专门人员审核每位领导干部的《领导干部个人有关事项报告表》，确保报告主体不漏人、报告内容不漏项。同时，根据农业农村部要求，对2017年以来中国农业科学院领导干部报告个人有关事项工作进行了自查自纠。

严格执行领导干部请假报告制度。强化领导干部组织纪律观念，履行请假报备手续，确保领导干部请假报告制度得到有效落实。2020年，院领导外出请假报告103人次，院机关各部门、院属各单位主要负责同志外出请假报告969人次。

通过以上措施，激发了全院党员干部和广大科技工作者创先争优的积极性。1个研究所获第六届“全国文明单位”，4名同志被授予“全国先进工作者”荣誉称号，1名同志被授予“全国三八红旗手”荣誉称号。在第二届全国创新争先奖表彰奖励大会上，中国农业科学院 8 名科研人员获奖，获奖人数居全国农业科研单位之首。在农业农村部直属机关 2018—2019 年度“两优一先”评选中，中国农业科学院 3 个党组织获评先进基层党组织，3 名同志获评优秀共产党员，4 名同志获评优秀党务工作者。在中国农业科学院 2018—2019 年度“优秀共产党员、优秀党务工作者和先进基层党组织”评选表彰中，42 名同志获评“优秀共产党员”、31 名同志获评“优秀党务工作者”、20 个基层党组织获评“先进基层党组织”。

五、驰而不息加强优良作风建设

（一）认真学习习近平总书记关于力戒形式主义官僚主义重要论述

以“作风、改革、效率”为主题，院所两级同步开展《习近平关于力戒形式主义官僚主义重要论述摘编》（以下简称《摘编》）的学习，围绕切实解决形式主义突出问题，深化院所改革，提升机关工作效率等进行深入研讨。召开 2020 年院机关工作会议，要求机关各部门提高政治站位，力戒形式主义、官僚主义，实现作风建设有新突破、管理水平有新提升、服务科研有新成效。各单位党组织通过开展党课学习、主题党日、党员大会、党支部会议、交流研讨会等多种形式，认真学习《摘编》。通过学习，使广大党员干部清醒认识到形式主义官僚主义的实质、根源与危害，切实增强政治责任感、历史使命感和工作紧迫感。

（二）扎实开展形式主义官僚主义问题自查自纠

坚持把查纠形式主义官僚主义作为一项严肃而重大的政治任务，自觉站在从厚植党的执政基础、巩固党的执政地位、履行党的执政使命的高度来深刻认识整治的重大政治意义，始终与党中央、习近平总书记重要指示要求对表对标，自觉把查纠整治形式主义官僚主义作为增强“四个意识”、坚定“四个自信”、做到“两个维护”的具体行动，督促广大党员干部树立正确的权力观、政绩观、事业观，立行立改、坚决破除。

坚持破立并举、标本兼治，采取普遍查与重点查相结合的方式，督促党组织重点结合脱贫攻坚专项巡视整改专题民主生活会和主题教育专项整治中梳理出的形式主义、官僚主义问题开展自查“回头看”，对照《中共中央办公厅关于解决形式主义突出问题为基层减负的通知》和《关于进一步改进院机关工作作风的实施意见》，以整治“推拖等”不良倾向为重点，制订《院机关效率建设行动方案》，落实限时办结制、牵头主责制、首问主办制、反馈回应制、归档追溯制，着力构建行为规范、运转高效的工作机制。持续改进文风会风，从严从紧控制会议数量，运用视频会议系统开展会风会纪监督。特别是疫情期间，为减少人员密集，减少文山会海，降低传播感染的概率，充分利用视频会议研讨和部署工作，实实在在做到推动工作、科学防护两不误。2020 年中国农业科学院四类会议由 19 个调减至 17 个，评审类会议由 17 个调减至 11 个，会议经费同比压减 30%。制定《中国农业科学院视频会议管理细则（试行）》，创新会议形式，减轻基层负担，提高工作效率，降低会议成本。

发挥办公自动化系统优势，优化流程环节，切实提高文件审批效率。开发科研管理信息系统，为全院科研人员提供基本科研业务费和创新工程在线申报的平台支撑，目前，全院已有 15 个研究所启动上线，下力气提升科研管理工作效率，为科研人员做好服务。

（三）巩固中央八项规定精神成果

坚决贯彻落实中央八项规定纪律红线和高压线。紧盯公务用车、加油卡管理使用、公款吃喝、公款旅游、接受礼金礼品等问题严格监管，要求领导干部坚决杜绝接受下属单位或管理服务对象宴请、旅游接待，保持亲清工作关系。大力压减一般性支出和非刚性、非重点支出，加强会议费、差旅费、培训费、公务接待费和出国经费管理，严格预算执行，从严控制活动审批和经费开支，形成厉行节约、反对浪费、自觉过紧日子的习惯。把“三公经费”及会议费、培训费等涉及中央八项规定精神方面的内容列为经济责任审计、巡视专项审计、科研经费专项抽查方面的重点，紧盯超标准、超范围列支招待费、差旅费、会议费、培训费等问题，以审促改、以审明纪。

坚决贯彻落实习近平总书记关于制止餐饮浪费行为的重要批示精神，制订中国农业科学院《贯彻落实习近平总书记重要指示精神　坚决制止餐饮浪费行为的行动方案》，通过约谈、检查，督促各级党组织切实担起主体责任，有关部门认真履行监管职责，切实把节约粮食、制止餐饮浪费规定要求落实到位。

（四）科研诚信和学风建设取得新进展

对院属研究所科研诚信制度建设情况进行摸底，对 2013 年以来的 12 篇国际期刊撤稿论文进行调查核实，督促各单位落实管理责任、强化内部监督、加强教育预防。认真落实《中国农业科学院科研诚信与信用管理暂行办法》和《学术道德和学术纠纷问题调查认定办法》，制定《中国农业科学院科研诚信建设分工落实方案》，进一步完善了科研诚信管理工作机制和责任体系，完善学风问题处理机制，严惩学术不端行为。组织完成 1 起科研诚信问题的调查核实工作，向上级部门报送了调查结果。推进学术委员会改革工作。研究制定《中国农业科学院学术委员会改革方案》，通过强化学部职能、建立专职机构、完善激励与约束机制等改革，推动学术委员会切实发挥决策咨询评议作用，健全完善现代院所学术治理体系与治理机制，为“两个一流”建设营造优良学术环境。

六、加强院所办企业监管

（一）研究落实院所办企业监管的各项措施

认真落实驻部纪检监察组对中国农业科学院加强企业监管的要求，以“吸取案例教训，落实主体责任，加强企业监管”为主题召开加强企业监管专题生活会。在成果转化局、人事局、财务局、机关党委、监察局、兰兽研、哈兽研、植保所、棉花所先行召开专题会基础上，院党组召开专题生活会，对照《中农威特公司部分工作人员违纪违法问题调研情况的报告》进行检视，向部党组、驻部纪检监察组上报《中国农业科学院党组关于中农威特公司案件问题的对照检查报告》。唐华俊院长、张合成书记带头把自己摆进去，把责任摆进去，把工作摆进去，各位院领导结合自己分管的工作谈教训、谈认识、谈责任，达成认识上的共识，研究提出了加强企业监督管理的工作措施，明确了牵头负责的院领导、相关责任部门以及工作时限要求，体现了院党组切实加强对企业的领导，落实主体责任和监督责任，促进企业健康快速发展的坚定决心。在部党组和驻部纪检监察组共同研究全面从严治党工作专题会议上，中国农业科学院做了《关于吸取中农威特公司案件教训加强企业监管整改工作情况》的汇报。

（二）在全院深入开展以案为鉴警示教育

向全院印发《关于中农威特公司部分工作人员发生严重违纪违法案件情况的通报》（农科院党组发〔2020〕36 号），组织院属各单位召开领导班子加强企业监管专题生活会，以案为鉴、举一反三，在各单位领导班子、职能部门、科研团队、所办企业中深入开展警示教育，强化研究所管好办好企业的责任和全体党员干部职工遵纪守法、廉洁从业的意识。

（三）加强和改进院所办企业党建工作

面向全院 33 个单位和部门（含院本级）开展了院所办企业党建工作情况调研，召开“院所办企业党建工作汇报交流会”“加强和改进院所办企业党建工作任务落实情况会商调度会”，印发《关于尽快实现院所办企业党建工作全覆盖的通知》。截至目前，基本解决了企业党建工作空白化的问题，78 家实际运营的院所办全资、控股企业已实现党的组织和党的工作全覆盖。持续推动解决企业党建“边缘化”“弱化”“虚化”问题，压实所长、书记、分管所领导、副书记在企业领导上的责任；要求所党委定期听取企业工作汇报，所纪委定期研究企业监督中的重大问题；着力规范和落实企业党组织“三会一课”、组织生活会、民主生活会、理论学习中心组学习等制度，在国有企业相关规定和章程内发挥民主集中制决策作用；同步推进企业效益和“一岗双责”，解决党建工作跟企业业务工作“两张皮”的问题。

（四）深化院所办企业党风廉政建设

把企业全面从严治党和党风廉政建设工作纳入全院全面从严治党工作大局，作为2020年九项重点任务之一进行部署，纳入中国农业科学院三大重点领域十七个方面风险防控指南。把企业全面从严治党和党风廉政建设工作作为党建工作和纪委书记年度述职考核的内容之一；设立企业纪检监察小组，强化企业内部日常廉政监督；加强巡视监督，利用专项巡视和“回头看”对企业加强监督；着力抓好企业人员廉洁从业教育，把所办企业高管、关键岗位、高风险岗位的从业人员的廉洁自律教育、遵纪守法教育作为一项基础性、长期工程抓紧抓好。

（五）研究加强企业监管系统化指导意见

聚焦“促进发展”和“加强监管”，把涉及企业管理的一些重大问题，从院党组的层面予以明确。由成果转化局牵头，院办公室、人事局、财务局、机关党委、监察局等部门配合，起草《中国农业科学院推进企业发展加强企业监管的指导意见》，已经院常务会审议原则通过，待进一步完善后出台实施。

（六）强化院所办企业领导人员选拔任用和管理监督

研究将出版社社长、执行董事（经理），党委书记、总编辑、副社长、副总编辑、党委副书记、纪委书记、监事，以及院资产公司董事长纳入院党组管理干部，推动列入《中国农业科学院干部职务名称表》，严格按照所局级干部选拔任用条件、方式及程序开展选拔任用工作。研究将院所办企业高级职务人员纳入领导干部个人有关事项报告填报范围，重点关注其家庭资产情况、经商办企业情况等，对出现家庭资产价值巨大或年度之间相差明显等异常情况的，及时开展资金来源合法性验证，存在谋取非法利益风险的，及时移交院纪检监察部门调查，在调查结果不明确之前，不予提拔使用。研究建立年度考核“双向述职”制度，要求在企业兼职的领导人员既要参加所在单位年度考核述职并进行测评，也要参加兼职企业年度考核述职，进一步加强对企业兼职人员履职尽责情况的监督。

七、持续抓好重点领域风险防控

（一）落实《三大重点领域十七个方面风险防控指南》

制订《2020 年风险防控工作方案》。调度、督促全院各级党组织落实落细重点领域风险防控工作。补充制定了生物安全、成果转化、学生管理方面的风险防控方案，形成《三大重点领域十七个方面风险防控指南》。落实驻部纪检监察组有关建议，堵塞风险漏洞。落实《关于切实加强对派出董事监事履职情况监督的纪检监察建议》和《关于纠正规范联盟名称等问题的纪律检查建议》，认真开展一系列立行立改和制度建设工作，对有关党员领导干部违规兼职取酬问题予以诫勉谈话和批评教育，研究起草了《中国农业科学院院所派股东代表、董事、监事管理办法》，对企业院所派干部履职尽责加强规范和监督。

（二）实化各项监管措施

加强科研经费的监管。在全面从严治党会议上通报近年来财务资产领域特别是科研经费管理使用中发现的 10 个主要问题，分析问题产生的原因，提出防范风险的具体要求和措施。制定《科研经费专项抽查方案》，深入开展巡视专项审计。深入院属单位开展科研副产品管理情况调研，研究起草中国农业科学院科研副产品管理办法，进一步系统、科学地加强和规范中国农业科学院科研副产品登记处置、收入支出管理和监督检查。在处理信访举报过程中，注意发现科研经费监管中存在的共性问题和风险隐患，举一反三，提出切实可行的防范措施。

开展全院内控机制自查。聘请专业第三方机构对院机关开展了内控评价，对院机关内控机制建设及执行情况进行全面“体检”。严格按照《内部控制报告》要求，组织院属 35 家部门和单位，自查内部控制机制建设及运行情况，发现揭示问题，完善内部控制。提升审计监督工作质量。开展对后勤中心、环发所的经责审计，注重发挥内部审计监督、评价和建议的作用，及时梳理审计中发现的问题、风险和隐患，深挖成因、表现和潜在的重大风险，研究提出整改思路和建议。

进一步规范房屋出租出借管理。制定《中国农业科学院京区委托房产管理办法》，按照市场调研、公开招租、会议研究、财务局报备的程序规范房产出租出借，做到工作流程可回溯、可追查。加强合同管理，监督实施履约、跟踪统计、登记合同台账，确保所有合同不漏签、费用不漏收，防止国有资产流失。印发《关于进一步加强出租房产管理防范法律风险的通知》，防范房产承租户不当冠名、违规经营给中国农业科学院带来法律责任和风险。

加强师德师风建设和研究生管理教育。院党组书记张合成对研究生院新任导师进行了集体政治谈话，不断强化导师研究生培养“第一责任人”的意识和能力。修订完善《中国农业科学院全面落实研究生导师立德树人职责实施细则》和《关于加强和改进新时代师德师风建设的意见》，明确导师立德树人职责，划定导师禁止行为“红十三条”。召开研究生党建工作汇报交流会，进一步规范和提高研究生党员教育管理工作，扎实研究和改进研究生教育管理中的问题，补齐研究生教育短板。起草制定中国农业科学院《关于进一步加强研究生教育管理工作的若干意见（试行）》和《客座学生管理办法》。加强研究生党员管理，出台《关于加强新时代研究生党员教育管理工作的意见》。

把生物安全、实验室安全抓紧抓实。召开院党组生物安全专题会，制定《中国农业科学院生物安全内控体系建设工作方案》《农业科研生物安全内控指南》《中国农业科学院科研生物安全管理办法》，推进院所两级生物安全组织体系、制度体系、监督体系和应急体系建设。加强实验室安全管理。围绕实验室危化品安全、消防安全、实验废弃物处理、实验人员个人防护等重点，落实管理责任，强化安全建设。

加强试验基地监管。探索新乡综合试验基地功能型党组织建设和发挥作用，开展主题党日活动，建设党员活动室，适时在全院试验基地推广。在院层面逐步建立新建基地审批办法等制度，研究起草中国农业科学院科研试验基地审批管理规定，进一步规范基地发展。采取随机抽查、实地调研等方式，加强基地管理使用状况、规章制度执行的检查督促，完善基地考评指标体系，从规划、运行、使用、管理、建设等环节加强全过程监管。

八、注重抓早抓小和纪律教育

（一）做实做细日常监督，突出抓早抓小

用好用足第一种形态。截至 2020 年 11 月 30 日，共受理信访举报 60 件（去除重复件 12 件）。其中，按照干部管理权限径送部纪委 2 件，自办及转有关单位党委办理 58 件，已了结 35 件，正在办理 23 件。对院所管理的干部予以谈话函询 6 人次，诫勉 4 人，谈话提醒 4 人，批评教育 7 人，发出监察建议书 5 件。同时，坚持“二三四种形态”不放松，对 1 名涉嫌违纪违法党员予以立案审查。注重加强信访举报信息分析研判，围绕反映较集中的职称评审、企业监管、招投标管理等问题，研究提出监察建议，为院党组决策提供参考依据。

重视抓早抓小。唐华俊院长、张合成书记对新一批晋升研究员、副研究员职称的高级专家开展集体谈话；李杰人组长对新提任所局级干部进行集体廉政谈话，帮助系好纪律规矩第一粒扣子；张合成书记深入博士研究生“中国马克思主义与当代”思政课堂，以“做‘一懂两爱’的新时代农科学子”为主题，为 320 余名 2020 级博士新生上思政

第一课；为 2020 级博士研究生讲授“乡村振兴理论与实践”课程第一讲“乡村振兴战略概论”，教导农科学子深刻领会党中央乡村振兴战略精神，以科学理论滋养初心，始终坚守“一懂两爱”的农科情怀，为“三农”事业发展作贡献。

（二）持之以恒加强纪律教育，强化红线意识

深入开展“李宁案”启示研讨活动。召开“李宁贪污案”专题研讨会，就课题结余经费、科研副产品、劳务费管理深入研讨，对加强科研经费管理和学风建设提出意见建议。针对“李宁案”启示，在全院组织开展研讨活动，教育中国农业科学院广大科研专家坚守公私分明的底线，在潜规则面前保持清醒头脑，加强学风建设，涵养良好科研生态。加强《科研人员重点纪律红线》的宣传贯彻。紧扣重要时间节点，及时开展警示教育，向全院转发有关违反中央八项规定精神等典型案例或案例通报 12 期、学习园地 2 期；组织全院 86 名司局级干部传阅违纪违法干部忏悔录，强化底线红线高压线教育。对 2016 年以来的信访举报件进行梳理归档，要求各单位对违纪人员做好回访，及时做好谈心谈话、跟踪掌握思想动态，并按规定要求保障党员权利。在全院范围内组织开展“学习《条例》遵规守纪”主题征文评选活动，共收到文稿 87 篇，评选出获奖文稿 53 篇，向部纪委推荐 5 篇，获奖 2 篇，中国农业科学院获优秀组织奖。

（三）推进中国农业科学院纪律检查工作规范化

落实部直属机关纪委关于加强部系统纪律检查工作的意见，结合中国农业科学院实际，开展院系统纪检组织履行监督责任情况调研，坚持问题导向，加强制度建设。组织安排座谈，接受部直属机关纪委调研组到中国农业科学院开展“部系统纪检组织履行监督责任情况”实地调研，从加强党建、加强脱贫攻坚监督、纪检组织履行监督责任等方面汇报交流，进一步促进中国农业科学院纪检监察工作规范化、制度化。

九、不断强化政治巡视力度

（一）全力做好接受中央巡视工作

10 月 13 日，中央第九巡视组巡视中国农业科学院党组工作动员会召开，对中国农业科学院开展为期两个半月政治巡视。院党组和全院党员干部自觉把思想和行动统一到习近平总书记重要讲话精神和党中央重大决策部署上来，增强“四个意识”、坚定“四个自信”、做到“两个维护”，增强接受政治监督的自觉性和坚定性，以高度的政治责任感积极配合和保障中央巡视各项工作。

成立接受中央巡视工作领导小组，组建综合协调组、信访维稳组、舆情监测组、文件材料组、后勤保障组，建立巡视保障工作机制。院党组召开专题学习会，认真学习习近平总书记关于巡视工作重要论述和中央巡视工作系列文件精神，提高接受政治巡视的思想认识。紧张有序安排好见面会、动员会、院党组工作汇报会，组织好专题汇报、谈心谈话、延伸巡视、材料报送、信访处理等各方面工作，为中央巡视营造良好的政治生态和工作环境。召开党组查找问题、对照检视专题会，院长、党组书记把自己摆进去、把工作摆进去，带头查找问题、带头剖析原因、带头整改落实，全力支持保障中央巡视工作有序开展。

（二）巩固2016年中央专项巡视整改成果

把巡视整改作为检验“四个意识”试金石。召开院党组研究巡视工作专题会议，学习传达全国巡视工作会议精神，系统梳理中央专项巡视反馈意见整改情况，对2016年中央专项巡视整改工作再检视、再部署、再落实，结合机关各部门工作职责进行系统梳理，不折不扣落实好中央巡视反馈的问题、脱贫攻坚专项巡视的任务整改、专项审计提出的问题、部党组关于干部监督工作的要求、中纪委驻部纪检监察组提出的监察建议，以及重点案例的分析研讨教训吸取等工作，要求院属单位对巡视整改进展情况开展对照检查，进一步巩固扩大中央专项巡视整改成果。

（三）认真落实部巡视整改工作

2019年年底，部党组第二巡视组对中国农业科学院党组巡视工作开展检查，对油料所党委开展“提级式”巡视，反馈中，部巡视组对院党组坚守政治巡视定位，完善巡视工作体系，结合农业科研单位特点不断提高巡视工作质量，取得的工作成效给予充分肯定，同时也明确指出中国农业科学院在巡视工作安排、工作保障、巡视工作质量以及巡视整改监督等方面存在的问题。院党组高度重视，将巡视整改工作作为履行巡视工作责任的重要抓手，及时研究制订巡视反馈方案，围绕推动院巡视工作与部巡视工作同频共振、扎实做好巡视“后半篇文章”、进一步提高巡视工作质量制定了整改措施，扎实做好整改工作。

（四）扎实做好2020年内部巡视工作

（1）组织开展8个单位巡视。坚持政治巡视定位，贯彻中央巡视工作会议精神和部党组巡视工作要求，制订《中国农业科学院2020年巡视工作方案》，召开2020年巡视工作动员部署会、业务培训会，坚持“四个对照”标准，加强政治监督，聚焦农业科技创新职责使命，完成7个单位常规巡视、1个单位巡视“回头看”。召开巡视工作领导小组会议，听取 8 个单位的巡视报告，研究巡视发现的问题，研判单位政治生态，认真部署下一步工作。

（2）强化 2019 年内部巡视反馈力度。召开院党组巡视反馈会，唐华俊院长、张合成书记向 7 个单位党政一把手面对面反馈、通报政治巡视情况，严肃指出突出问题，要求各单位把巡视整改作为一项政治任务，作为加强党性锻炼、落实全面从严治党“两个责任”、加快研究所发展的有利契机，要通过召开党政领导谈心会、领导班子专题民主生活会、理论中心组学习会等，统一思想形成共识，牢固树立国家队的使命意识，围绕“两个一流”目标，加强重大科技成果培育，提高科技创新能力。分管院领导带队，分别对 7 个单位开展了现场巡视意见反馈，院纪检组对其中问题较突出的兰兽研党政主要负责人进行了约谈，要求研究所领导班子对中农威特公司违法违纪案件深刻反思，全面加强所办企业党的建设、加强纪律教育和完善制度建设。

（3）强化内部巡视整改监督。不断压实领导班子落实巡视整改的政治责任，坚持党政同责，明确所长和党委书记均为巡视整改第一责任人。建立巡视整改台账和整改销账制度，院纪检组每季度开展督导调度，通过列席民主生活会、调阅会议记录、抽查领导班子成员对照检查材料等方式，督查指导，确保巡视整改工作质量。对 2019 年被巡视单位巡视整改工作加强督导和重大整改事项跟踪监督，压实部门责任和基层责任，通过整改构建长效机制，推动改革，促进发展。

2021 年，院党组将认真贯彻落实中央巡视整改部署和要求，把中央巡视整改作为加强全院党员干部党性锤炼，促进农业科技创新事业更好更快发展的重要抓手，深入查找自身存在的问题和不足，推动改革、促进发展。进一步压紧压实全面从严治党主体责任，夯实基层党组织建设，深入推进党风廉政建设全覆盖；加强关键少数和重点领域监督，着力健全完善风险防控体系，以贯彻落实民主集中制为重点提升领导班子治理能力；不断强化巡视利剑作用，强化领导班子政治建设，切实把党的领导优势转化为引领科技创新和成果转化的强大动力，为实施“四个面向”、建设“两个一流”、促进农业科技自立自强提供坚强政治保障。

2020 年 12 月 16 日

十、人物介绍

扎根“三农”一线的科技尖兵

——记2020年全国先进工作者苗保河

北京的妙峰山是中国玫瑰三大产地之一。每年5—6月，这里上万亩绽放的玫瑰花吸引着四面八方的游客，也是当地村民们主要经济收入来源。如今，这里的玫瑰通过设施栽培能够四季开放，实现“花开随人意”。赠人玫瑰，手有余香。妙峰山玫瑰的“赠花人”正是中国农业科学院都市农业研究所的园艺栽培专家苗保河。

扎根山区　练就十八般武艺

2000年前后，北京门头沟区的发展还是典型的资源依赖模式，主要产业是“一黑一白一黄”，也就是煤炭、白石灰、砂子，门头沟急需转型。自2005年至今，门头沟区的定位从“生态涵养发展区”逐步调整为“生态涵养区”，不仅要进行生态修复，还要发展高质量的生态产业。

2009年12月，苗保河从中国科学院植物研究所被引进到北京市门头沟区科学技术委员会。“如何把绿水青山变成金山银山?”带着这个问题，苗保河深入文旅产业一线调研，并发现了大有可为的玫瑰产业。“一朵小小的玫瑰花，可实现药食同源、景观绿化、涵养水土、食品营养、健康医药、生物化工等多项功能。”

妙峰山地区从汉代开始就有种植玫瑰的传统，尽管有良好的种植基础，但缺乏规划、品种老化、管理粗放、加工落后的现实问题也很突出，“农民自己晾晒一点玫瑰花茶，用塑料袋简单包装一下，或用罐头瓶腌制成玫瑰酱，在景区售卖，游客也不咋买。”

苗保河从研发优质品种开始破局，从山东引进优良玫瑰品种，进行嫁接。“当地品种根系发达，抗旱抗寒性强，山东品种产量比较高，二者嫁接结合，辅之以配套栽培技术后，解决了当地玫瑰花品种老化和品质较差的问题。”

“原来纯粹是露地大田栽培，不遮不盖，开花只有半个月，6月天很热，花很快就凋谢了。”针对花期短的问题，苗保河带领团队通过遮光、冷库低温等一系列休眠春化关键技术处理，逐步实现了“花开随人意”目标，成为门头沟区招商引资的金字招牌之一。

短短几年里，门头沟的玫瑰种植发展到2万多亩，这背后是苗保河倾心科研的不懈努力，他先后主持承担国家和省（市）自然科学基金、国家“863”计划、国家攻关计划、国家科技富民强县计划等重大重点科技项目60余项，选育植物新品种3个，引进优良新品种 30 余个。

三创一体　打造玫瑰芳香产业

“农业科技不能只是待在实验室，要实实在在开发、转化和推广开来，在土地上生根发芽、开花结果，这是我毕生的追求。”苗保河说，“原来加工品种比较少，只有玫瑰酱、玫瑰茶，就是将玫瑰花用白糖红糖腌制后成酱，或者把玫瑰花泡茶喝。”

在苗保河的带领下，团队打造出一个具有 4 个大类 20 个新品种的玫瑰芳香产业。开发玫瑰洁面乳时，苗保河为解决专业人员和实验设备缺乏的问题，他前往山东淄博市租了一个化妆品设备车间搞研发，其中有一种简称 LS-30 的新型表面活性剂让苗保河反复试验了百余次。“加多了会产生刺激性气味，加少了清洁去污作用不显著。”苗保河至今回想起来仍记忆犹新，“为了优化用量，我两天两夜没睡觉，研发成功后，一次性睡了 20 多个小时”。

涧沟村是门头沟区最偏远的乡村之一，海拔2 000米以上。从汉代以来，村民们就一直以种植玫瑰为生。苗保河带领村民通过玫瑰花种植、观光，以及玫瑰产品开发走上了致富路，培养出种植大户 36 户、加工大户 12 户、专业技术人才 65 名、技术员 1 300 余人。

历经 10 余年不懈努力，苗保河采用“研发专家+专技推广人员+技术员+种植/加工大户”等模式，在四川、北京、天津、河北、山东、甘肃、西藏等地建立了 29 个玫瑰产业技术研究与示范推广核心试验区，推广关键技术 9.7 万亩，种植业新增经济效益 9 500余万元，加工业新增经济效益1 500余万元，旅游业新增经济效益 240 余万元。

转战西南　永远做农民的好朋友

2020 年 6 月，苗保河加入中国农业科学院都市农业研究所担任团队首席。“干农业是需要土地情怀的，干了这么多年的科研和推广，我对土地、对农民有了深深的眷念，也在寻找新的研究方向，力争把‘芳香产业’越做越大。”

作为观赏园艺与创意栽培科技创新团队的首席科学家，苗保河来到都市农业研究所进一步探索西南地区特色的康养农业模式。

“多年来，我养成了一个习惯，每到一地，都要同当地有思想有想法的青年农民进行沟通，对当地专业合作社进行考察，看技术上存在哪些问题，还有哪些可以突破的空间。”苗保河说。在四川，他发现一些很有想法的年轻人，正尝试把玫瑰做成药食兼用特色食品、把农业做成康养产业，实现种植、加工、旅游的一二三产业融合发展。

入川短短几个月的时间里，苗保河主持国家成都农业创新中心项目 1 项、院统筹项目 1 项，组织申报各类项目 10 余项，组织创建观赏植物试验基地 1 处、引种月季和玫瑰等观赏园艺植物资源 200 余种。他带领团队前往海拔 4 000余米的夹金山玫瑰产业基地实地考察，与四川省专业龙头企业筹建玫瑰产业技术研究院，在祖国大地上无怨无悔地奔忙着，在一株株玫瑰叶片上留下手掌的温度，让一位位花农露出满意的微笑。

“随着技术的进步和时代的发展，农业已不再是面朝黄土背朝天的传统生产。”为应对新冠肺炎疫情，苗保河研发了玫瑰免洗抑菌洗手液等 3 种疫情防控专用新产品。“我们的科研要以习近平总书记‘四个面向’为指引，更加贴近生产智能化、生态景观化、生活品质化，未来都市农业的发展是大有可期的。”

“我 1967 年出生在鲁西南黄河岸边的一个小村，河水经常吞没村民种植的大豆高粱。父母给我起名保河，希望长大能安澜洪水，过上安稳日子。”苗保河一直记得自己名字里蕴含的厚望，不忘初心、砥砺前行，继续扎根“三农”，为农业科技创新支撑农业高质量发展作出新的更大贡献。

乡村振兴中的“粪斗士”

——记 2020 年全国先进工作者张克强

打好农业农村污染治理攻坚战，是实施乡村振兴战略的重要任务，事关美丽中国和农村生态文明建设。农业农村部环境保护科研监测所养殖业污染防治创新团队首席科学家张克强研究员多年来致力于研究乡村中普遍存在的污水和畜禽粪便的治理难题，为我国农业环保事业作出了重要贡献。在工作中常伴污水和畜禽粪便的他，被大家亲切地称为农业环境保护领域的“粪斗士”。

志存高远　服务“三农”

1990 年大学毕业后，张克强到环境保护科研监测所工作，开始了农业环保事业的逐梦筑梦之路。20 世纪 90 年代，张克强身边的一些同事纷纷选择出国、“下海”，但一心向农的他丝毫没有动摇，一步一个脚印地“充电”“蓄能”，攻读了天津大学的硕士和博士学位。

农业环保研究领域那么多，应该从哪个方向入手，才能既符合自身研究志趣，又能解决农业实际问题呢？带着这样的疑问与思考，张克强遍访农村，通过实地调研，他下定决心要在农村埋头做“文章”，解决农村普遍存在的污水和畜禽粪便治理难题。

为了获得农村污水情况的第一手资料，张克强扎根塘宁育苗场，开展净化水产养殖废水小试和中试试验，面对潮湿难耐的虾池、蟹池、鱼池，一待就是好几年。2000 年，为了攻克农村污水处理难题，他带领科研人员在远离市中心的天津大港区（今滨海新区大港街）搭建简易棚，融合微生物技术和填料技术等，通过几代产品更迭，打造了基于“厌氧生物滤池+潜流式人工湿地+景观生物塘”的一体化处理技术及装备，在多地应用后广受好评。

为了研究如何从源头上减少养殖废弃物的产生，他甘当“粪斗士”，不辞辛苦地跟着“牛屁股”“猪屁股”，研究粪污排放规律，详细梳理养殖全过程的各个环节，利用先进技术进行创新研究和技术攻关，改进养殖场清粪过程，开发出适合中国国情的种养循环模式。

针对养殖场提出的粪污处理难点，张克强带领团队成员不分寒冬酷暑，日夜奔波在各养殖场进行研究，仅天津市周边的行程就高达 10 余万千米，相继攻克了 5 项关键技术，开发 5 种粪污治理技术模式，为天津市 1 000余家养殖场制订“一场一策”粪污治理技术方案，培训 5 万余人，取得了丰硕的成果。

试点示范　遍地开花

“把论文写在大地上，把成果留在百姓家”是张克强的心愿和诺言，更是他的行动与业绩。中国农业科学院启动科技创新工程后，张克强牵头组建了“养殖业污染防治创新团队”。他带领团队成员，改变以往的单一末端处理思路，将科研的视野向前延展、向大扩展，进而提出“源头控制—过程减量—末端处理—农田利用”的绿色产业链整体全程解决方案，把成果真正送到了千万家。

跨进天津市凯润淡水养殖有限公司的大门，便可以看到一个池塘上点缀着丛丛绿色植物。往远处看才发现，这里是公司旗下的一座奶牛场，存栏量 850 头。这里不仅没有臭味，而且“池塘”的水源居然来自牛舍、运动场、车间的污水。

“这些水能养鱼，还能用于大棚蔬菜灌溉。”公司负责人说。这套由张克强提出的“牛—沼—菜”的模式引进了现代循环经济发展理念，在农业废弃物有效处理的带动下，形成了循环农业链模式。将产出的粪污在场内循环利用，对外零排放，优美的环境也为休闲观光农业提供了可能。此外，张克强团队还为不同畜种、不同规模的养殖场设计了不同的方案，如沼气工程模式“猪—沼—小麦/玉米（设施蔬菜）”模式、种养一体模式、“猪—沼—稻/蟹”模式、纳管排放等模式，极大地促进了农业污染防治新理念和模式的推广。

多年来，张克强带领团队坚持立足天津、面向全国，将探索出来的“天津模式”推广到洱海流域、丹江口库区，有效推动了畜禽养殖的转型升级和绿色发展，获得当地一致好评，受到中国科学报、中国青年报等媒体宣传报道。

面向未来　奋斗不止

2017 年，张克强被任命为环境保护科研监测所副所长。面对诸多复杂难解的问题，他以拼命三郎的干劲，科学谋划、履职尽责。在他的带领下，用两年多的时间基本破解了基建验收等历史遗留难题。

同时，张克强还坚持全球视野，面向国际前沿，积极推进研究所与国外研究机构建立合作关系，推动建立中瑞（中国—瑞典）、中芬（中国—芬兰）农业环境技术国际联合实验室。建立国家引进国外智力成果示范推广基地，为科研人员提供赴德国、英国、爱尔兰、美国、瑞典、芬兰等国访问交流和学习进修的机会。通过这种“请进来，送出去”的方式，张克强研究员搭建起中外交流平台，拓展了科研人员的国际视野。

从弱冠年华到鬓生白发，张克强带领团队完成了 10 余项国家级重大项目和课题，创新研发了粪便高值转化、养殖废水无害化处理和资源化利用等 10 项关键技术，获国家发明专利 17 项，制定地方标准 12 项，发表学术论文 200 余篇，获得全国农牧渔业丰收奖、神农中华农业科技奖等 9 项奖项。

桃李不言，下自成蹊。张克强连续多年被评为中国农业科学院、天津市农业系统和环境保护科研监测所优秀共产党员，获得天津市五一劳动奖章以及天津市劳动模范等荣誉称号。在他的言传身教下，团队青年人才辈出，逐渐成长为全国知名的科技创新力量，先后被农业农村部、天津市、中国农业科学院评选为先进集体。

唯愿天下粮满仓

——记2020年全国先进工作者程式华

金秋十月，第三届中国·黑龙江国际大米节在哈尔滨开幕，一个名为“万象优111”的籼稻品种从来自8个国家的726份稻米中脱颖而出，力压泰国香米等知名品种，获评籼米组金奖。它的培育者就是中国水稻研究所国家水稻改良中心主任、国家水稻产业技术体系首席科学家程式华研究员。

1986年，程式华硕士研究生毕业后，被分配到中国水稻研究所工作，进入了杂交水稻遗传育种课题组，由此开始了他与水稻的毕生缘分。

迎难而上 破解两系杂交稻育种难题

鉴于三系杂交稻产量徘徊的情况，我国农业科研人员一直在探索新的育种途径。两系杂交稻是利用光温敏不育系配制的杂交稻，在理论上更易于选配出杂种优势更强、增产潜力更大的杂交稻新组合，其研究和利用一直受到水稻界的重视。

1989年，在老师孙宗修的指导下，程式华开创性地应用人工气候箱鉴定和大田分期播种相结合的技术路线，对两系杂交稻在我国南方稻区生长季节气候异常时出现的育性波动等现象做出了科学解释，提出了实用性籼稻光敏核不育水稻育性转变光温反应的理想模式。这项研究结果是我国在基础研究中具有独创性、突破性的重大成果之一。

2010年，“水稻重要种质创新及其应用”获得国家科技进步奖二等奖。参加成果鉴定的院士专家一致认为，该研究工作是我国农学领域长期坚持研究而取得的系统性、标志性成果，对提升我国在水稻功能基因组研究中的国际地位发挥了重要作用。这一成果凝聚了中国水稻研究所老中青三代科研人员的心血，20余年来，他们像接力赛一样，一棒接着一棒地坚持完成了整个项目。作为整个“接力赛”过程中的第一棒，程式华开创性地提出杂交稻育种相关重要概念和理想模式，为后来的创新研究奠定了坚实的基础。

扎根田间 发掘水稻增产潜力新途径

为实现水稻单产的突破，继续保持我国水稻育种的世界领先水平，1996年农业部启动了“中国超级稻育种”项目。程式华从超级稻育种亲本选配出发，扎根田间、埋头苦干，创新性地提出了利用中间型亲本培育超级稻的理论和技术，并育成超级杂交稻组合协优 9308，形成了一套超高产栽培集成技术，在浙江省进行大面积推广。2000 年，协优 9308 在新昌县百亩片平均亩产达到 790 千克，其中高产田块亩产高达 818.8 千克，创浙江水稻单产历史新高。“协优 9308” 在生产上累计推广种植面积1 000多万亩，取得社会经济效益 10 多亿元，成为第一个获得国家科技进步奖的三系超级稻品种。

2005 年，农业部成立全国超级稻研究与推广专家组，程式华担任专家组组长。他带领团队研发了“后期功能型超级稻”育种技术，培育了一批“国稻”系列超级稻，及时解决了当时国内水稻品种产量徘徊的问题。

进入新时代以来，随着社会经济的发展和人民生活水平的提高，老百姓的要求逐渐上升到吃得健康安全的层次，对超级稻研究提出了更大的挑战。程式华带领团队充分调研百姓需求，深入田间地头，将水稻育种的目标转向高产优质和绿色，培育出的优质稻品种万象优 111 在国内各类稻米品评会上多次获奖。

勇挑重担　构建国家水稻创新体系

自“九五”以来，程式华先后主持国家攻关计划、国家支撑计划、国家自然科学基金等多项国家、省部级重点研究项目和国际合作项目，制订中国水稻发展战略，组织全国水稻育种大协作，为我国水稻连续多年稳产增产提供了科技支撑。

2007 年年底，水稻产业技术体系成为农业部、财政部首批启动的 10 个体系之一，程式华被委以水稻体系首席科学家的重任。程式华为这一体系的建设倾注了大量心血，他走基层，下田地，足迹遍布大江南北、边疆垦区，联合了育种、栽培、植保、农机、加工和农经等六大领域包括 10 位院士在内的 49 位国内优秀专家，在全国建立了 53 个综合试验点，打造了一支全领域覆盖、全天候支撑、全身心投入的产业科技创新队伍，构建形成了从源头创新到试验示范的完整的产业技术支撑系统，为我国水稻产业的发展提供了坚实的科技支撑。

“精耕细作，春华秋实”是中国水稻研究所的所训，曾担任所长的程式华也是这样身体力行的。他坚信，科技人员只要做到埋头学习、埋头苦干、埋头探索，就一定能在科学事业上取得成绩，实现人生的价值。唯有栉风沐雨，才能真正成为“生活的胜者”。严谨的治学态度、锐意创新的勇气和以身作则的作风，正是程式华耕耘多年不变的宗旨。作为水稻育种科研人，他坚信未来要更加脚踏实地践行使命担当，发挥科技优势，为我国水稻育种领域添砖加瓦，为稳定生产、促农增收提供支撑，为国家社会发展贡献力量！

坚守小麦科研四十年

——记2020年全国先进工作者何中虎研究员

民以食为天。小麦是我国最重要的农作物之一，逢年过节各种花样面点，日常生活充饥饱腹的面条和馒头，都离不开小麦。

在中国农业科学院小麦试验田里，每到农忙时节，总能看到一个熟悉的身影，他就是党的十九大代表、中国农业科学院作物科学研究所“小麦品质研究与新品种选育”创新团队首席科学家、2020年全国先进工作者何中虎研究员。

1963年，何中虎出生于陕西省蒲城县一个农民家庭。小时候，曾目睹干旱和吸浆虫对小麦生产的危害，每天吃捞面和白面馍是他儿时的梦想。于是，学习农业便成了他的最终选择。1980年，他考取了北京农业大学作物遗传育种专业，经过9年刻苦学习，1989年获得博士学位。

后来，何中虎获得了到国际玉米小麦改良中心做博士后的机会，还到美国堪萨斯州立大学做访问学者。国外的经历让何中虎开阔了视野。“中国小麦的品质怎么样?”与国外学者打交道的时候，他经常被这样问到。事实上，美国早在20世纪40年代就已建成较为完善的小麦品质常规评价技术体系，品质优良是育种的基本目标，而我国小麦品质研究在80年代中期才刚刚起步。面对近半个世纪的差距，何中虎暗暗下定决心，回国后要将研究重点放在小麦品质改良上，让国人不仅“吃饱”更要“吃好”。

建团队　品质育种闯难关

1993年5月，何中虎回国后就承担起小麦品质研究重任。这是一项异常艰巨的任务，也是严峻的挑战。西方的面制品以面包、饼干为主，这与中国的面条、馒头等面食对面粉的要求并不相同。要研制中国的优质小麦，需从国内老百姓的主食开始。

何中虎带领团队从面条开始，经过对成千上万份样品的品尝、分析，最终明确了蛋白质质量、色泽、淀粉特性是决定品种面条品质的主要因素。他还引入了新兴的分子标记技术，在基因层次阐释面条品质遗传机理，使品质育种有规可循。由此，以面条为切入点的小麦品质评价体系逐渐构建起来。

之后，他又一鼓作气确定了馒头、饺子等主要食品的品质选择指标。在此基础上，形成了表型分析与基因鉴定相结合，包括磨粉品质评价、加工品质间接评价和5种主要食品（面包、饼干、面条、馒头、饺子）实验室评价与选择指标的中国小麦品种品质评价体系，被20多家育种单位和面粉公司采用，发掘的基因标记在美国、澳大利亚等

22 个国家广泛使用。2008 年，“中国小麦品质评价体系建立与分子改良技术研究”项目获国家科技进步奖一等奖。

研究初期，在项目资金、育种材料、团队管理等各个方面都存在困难的情况下，何中虎得到了庄巧生院士等老专家的鼎力支持，课题组逐渐从最初的 2 人增加到现在的 40 多人，初步形成了一支常规育种与谷物化学、植物病理、分子生物学相结合，既有明确分工、又能互相协作，与国内外密切合作的开放型国家小麦品质育种创新团队，为科研事业的快速发展奠定了基础。何中虎深知自己的研究是在前人基础上进行的，离不开庄巧生院士等老一辈科学家的指导与帮助，离不开团队全体成员的共同努力，更离不开国内外同行的合作与支持。他将获得的中华农业英才奖的 20 万元奖金捐献给专为奖励一线小麦育种人员设立的“庄巧生小麦奖励基金会”，以实际行动传承老一辈科学家精神。

育品种　产业融合结硕果

一线永远是最好的“实验室”。何中虎坚持带领团队到基层，了解小麦生产和食品加工业的需求以及诸种不利因素，通过现代生物技术与常规育种有机结合，育成 26 个高产优质高效小麦新品种。2008 年他带领团队育成了优质面条品种中麦 175，通过北部冬麦区水地和黄淮旱肥地两个区域国家审定，累计推广约5 000万亩。中麦 175 的选育与应用获 2017 年中华农业科技奖一等奖。2000 年，随着北部冬麦区小麦面积的逐年下降，何中虎及时将育种工作的重点转移到黄淮主产区。与中国农业科学院棉花研究所合作育成的中麦 895，高产矮秆，耐热性好，面条品质优良，已累计推广约4 300多万亩。中麦 895 的选育与应用获 2019 年中华农业科技奖一等奖。

国内优质强筋小麦生产不足，每年需要从美国、加拿大等国家进口优质强筋小麦来弥补供给缺口。他带领团队与棉花研究所合作，选育出了既优质强筋又高产稳产的小麦新品种中麦 578，并于 2020 年通过国家审定。在农业农村部谷物品质监督检测中心组织的全国小麦质量鉴评中，中麦 578 的面包品质居所有参试品种第一位，与进口优质小麦品质相当，既适宜做优质面包，也可通过配麦配粉生产优质面条粉和饺子粉，解决了“优质不高产、优质不广适”两大突出生产问题。

促产业　科企融合谱新篇

2019 年 10 月，在外出工作途中，何中虎遭遇严重车祸。虽然不能像往常一样每天到办公室工作，但他还是定期和团队成员交流科研情况，中麦 578 的产业化和推广工作是最让他挂心的事情之一。2020 年 5 月，他刚刚能下地，就迫不及待到试验田看小麦的长势情况，并紧锣密鼓地筹备中麦 578 在各地的产业化对接工作以及高产创建工作。

2020 年，中麦 578 在河南高产创建田亩产 841. 5 千克，创下了全国优质强筋小麦高产纪录；相关企业签订的2020年中麦578定向收购订单，每千克加价0.2元，夏收后实际收购量38 000余吨，为农民增收770余万元。“2020年夏收面积超过100万亩，预计秋播可达300万亩。”何中虎兴奋地说。

“夜来南风起，小麦覆陇黄”，数十年如一日，坚守在农业科研的最前线。麦田里的守望，守的是“民以食为天”固国之策。今天的中国，人们不仅吃得饱，更是一年比一年吃得好。而这些成就的背后，是与何中虎一样的小麦研究者们始终默默守护着民生安居之根本，保卫着国家发展之根基。

十一、大事记

中国农业科学院2020年大事记

1月

1月3日 中共中国农业科学院直属机关第七次代表大会在北京举行。大会全面总结了第六届党委会的工作，酝酿并选举产生了第七届党委会和纪委会。农业农村部直属机关党委常务副书记潘学峰、中国农业科学院党组书记张合成出席会议并讲话。院党组副书记、副院长、直属机关党委书记吴孔明作工作报告。

1月8日 中国农业科学院2020年工作会议在京召开。会议以习近平新时代中国特色社会主义思想为指导，深入学习贯彻党的十九届四中全会和中央农村工作会议、全国农业农村厅局长会议精神，总结分析2019年工作，梳理明确面临的新形势新问题新任务，研究部署2020年重点任务。农业农村部副部长张桃林出席会议并讲话。农业农村部党组成员、中国农业科学院院长唐华俊作工作报告。会议由院党组书记张合成主持。

1月10日 中共中央、国务院在北京隆重召开2019年度国家科学技术奖励大会。中国农业科学院主持完成的1项成果获国家自然科学奖二等奖，1项成果获国家技术发明奖二等奖，5项成果荣获国家科学技术进步奖二等奖，连续两年实现三大奖全覆盖。

1月13日 中国农业科学院党组召开专题学习会，传达学习习近平总书记在中央政治局“不忘初心、牢记使命”专题民主生活会和“不忘初心、牢记使命”主题教育总结大会上的重要讲话精神，研究部署贯彻落实工作。农业农村部党组成员、中国农业科学院院长唐华俊出席会议，院党组书记张合成主持会议。

1月14日 中国农业科学院举办学习贯彻党的十九届四中全会精神辅导报告会，邀请中央党校赵建军教授以“坚持和完善生态文明制度体系实现高质量发展”为题作报告。院党组副书记、副院长吴孔明主持报告会。

1月20日 中国农业科学院院部举办迎新春茶话会，共贺新春佳节。农业农村部党组成员、中国农业科学院院长唐华俊，院党组书记张合成等在家院领导出席茶话会，院党组副书记、副院长吴孔明代表院党组致辞。

1月27日 中国农业科学院召开院党组专题会议暨院新型冠状病毒肺炎疫情应急指挥部会议，传达学习中共中央、国务院关于应对新型冠状病毒肺炎疫情的重要决策部署和农业农村部党组有关工作要求，研究部署疫情应对工作。农业农村部党组成员、中国农业科学院院长唐华俊出席会议。院党组书记张合成主持会议。

2 月

2 月 5 日　中国农业科学院召开党组专题视频会议，传达学习 2 月 3 日中央政治局常委会关于加强新型冠状病毒肺炎疫情防控会议精神，审议中国农业科学院贯彻落实会议精神推动疫情防控落实工作抓实抓细工作方案，研究部署深度贯彻落实会议精神抓实抓细全院疫情防控工作相关安排。院党组书记张合成出席会议并讲话。院党组副书记、副院长吴孔明主持会议。

2 月 14 日　中国农业科学院在线召开 2020 年院机关工作会议。农业农村部党组成员、中国农业科学院院长唐华俊出席会议并讲话，强调要坚持疫情防控和科研工作“两手抓、两推进、两不误”，有力有序推进重点工作扎实开展，加强机关效率建设，加快推动中国农业科学院“两个一流”建设步伐。会议由院党组书记张合成主持。

2 月 17 日　中国农业科学院召开非洲猪瘟防控科研攻关进展研讨视频会议。农业农村部党组成员、中国农业科学院院长唐华俊，院党组书记张合成，国家首席兽医师（官）李金祥出席会议并讲话。会议由副院长冯忠武主持。

2 月 21 日　深圳市委书记、市新冠肺炎防控领导小组组长王伟中到中国农业科学院深圳农业基因组研究所调研疫情防控工作落实和复工复产情况。王伟中一行首先来到基因组所实验平台，详细了解研究所疫情防控措施落实和科研工作情况。对基因组所充分发挥党员先锋模范作用，强化科研攻关，有序组织复工返岗等作法表示充分肯定。王伟中希望基因组所继续采取周密精准、务实管用的措施，做好员工返深返岗后的疫情防控工作。

2 月 24 日　中国农业科学院召开院党组 2020 年第六次专题（扩大）会议。会议学习贯彻中共中央统筹推进新冠肺炎疫情防控和经济社会发展工作部署会议精神、国务院关于落实好疫情防控工作要求推动企事业单位稳步有序复工复产的决策部署，以及农业农村部党组专题会有关精神，研究部署全院下一阶段工作重点。农业农村部党组成员、中国农业科学院院长唐华俊出席会议并讲话。会议由院党组书记张合成主持。

3 月

3 月 3 日　中国农业科学院召开科研导向改革方案研讨会。农业农村部党组成员、中国农业科学院院长唐华俊，院党组书记张合成，院党组副书记、副院长吴孔明，副院长王汉中、万建民、孙坦，院党组成员、人事局局长陈华宁出席会议。

3 月 4 日　中国农业科学院召开“藏粮于技”科研攻关任务进展研讨视频会议。农业农村部党组成员、中国农业科学院院长唐华俊，院党组书记张合成出席会议并讲话，会议由副院长万建民主持。

3 月 8 日　在第 110 个“三八”国际劳动妇女节到来之际，农业农村部党组成员、中国农业科学院院长唐华俊，院党组书记张合成，院党组副书记、副院长吴孔明，副院长冯忠武一行，先后到职工食堂、国家农业图书馆、蔬菜花卉研究所温室、院机关办公楼等地点，给坚守疫情防控和科研攻关一线的女干部职工送去关怀和慰问。

3月9日 中国农业科学院召开院信息化工作领导小组扩大会议。农业农村部党组成员、中国农业科学院院长唐华俊，院党组书记张合成，副院长梅旭荣出席会议并讲话。会议由副院长孙坦主持。

3月12日 第9次中国—欧盟食品、农业和生物技术工作组会议召开。中国农业科学院副院长孙坦和欧盟委员会农业与农村发展总司质量、研究与创新、外联司司长纳瑟琳·索兹·万德尔作为工作组成员共同主席出席会议并讲话。科技部国家科技评估中心、欧盟委员会农业与农村发展总司、欧盟驻华使团等代表参加了会议。

3月13日 中国农业科学院组织召开支撑生猪恢复生产研讨视频会议。农业农村部党组成员、中国农业科学院院长唐华俊，院党组书记张合成，农业农村部畜牧兽医局副局长魏宏阳出席会议。会议由副院长冯忠武主持。

3月23日 农业农村部副部长张桃林一行到中国农业科学院植物保护研究所云南江城草地贪夜蛾防控试验基地和雷达监测点调研，实地了解草地贪夜蛾监测与防控措施等情况。

3月24日 浙江省副省长彭佳学赴中国农业科学院茶叶研究所嵊州综合实验基地，考察调研研究所疫情防控和科研复工复产情况。在此之前，浙江省人大常委会副主任、省总工会主席史济锡，杭州市人大常委会党组书记、主任于跃敏等领导也先后带队赴嵊州基地和所办企业进行走访调研。

3月26日 中国农业科学院召开草地贪夜蛾联合攻关重大科技任务科研进展研讨视频会议。农业农村部党组成员、中国农业科学院院长唐华俊，院党组书记张合成，农业农村部种植业管理司司长潘文博、二级巡视员宁鸣辉，农业农村部科技教育司二级巡视员张文，全国农业技术推广服务中心等相关领导出席会议。院党组副书记、副院长吴孔明主持会议。

3月31日 中国农业科学院组织召开联合攻关重大科研任务进展视频研讨会。农业农村部党组成员、中国农业科学院院长唐华俊，院党组书记张合成出席会议并讲话。院党组副书记、副院长吴孔明出席会议。会议由副院长万建民主持。

4月

4月3日 北京市海淀区副区长沙海江一行到中国农业科学院调研，双方围绕智慧农业、设施农业发展，推进现代农业融入中关村科学城发展大局，打造高质量“农业中关村”等问题开展深入交流。院党组书记张合成出席并讲话。副院长王汉中主持会议。

4月9日 中国农业科学院组织召开草地贪夜蛾防控手册发布与防控技术视频报告

会，面向全国各省（自治区、直辖市）植物保护总站发布草地贪夜蛾最新防控技术。农业农村部党组成员、中国农业科学院院长唐华俊出席会议并讲话。中国农业科学院党组书记张合成，全国农技推广服务中心主任魏启文，农业农村部种植业管理司副司长朱恩林，中国农业科学院党组副书记、副院长吴孔明等出席会议。

4 月 10 日　中国农业科学院与浙江大学通过视频连线方式，举行战略合作框架协议签约仪式，正式建立全面长期战略合作关系。农业农村部党组成员、中国农业科学院院长唐华俊，浙江大学校长吴朝晖出席仪式并讲话。中国农业科学院党组副书记、副院长吴孔明，浙江大学副校长罗卫东出席仪式。中国农业科学院副院长万建民，浙江大学党委副书记邬小撑代表双方签署合作协议。

4 月 15 日　中国农业科学院召开创新工程重大任务（院级）启动视频会议。会议旨在深入贯彻落实习近平总书记“三个面向”“两个一流”指示精神，加大优势科技资源集中投入力度，加快提升科技创新与产业支撑能力。农业农村部党组成员、中国农业科学院院长唐华俊，中国农业科学院党组书记张合成等全体院领导出席。会议由副院长万建民主持。

4 月 20 日　2020 中国农业展望大会以视频直播方式在京召开，大会主题为“信息引领农业高质量发展”。农业农村部部长韩长赋、联合国粮食及农业组织总干事屈冬玉受邀作视频致辞。农业农村部副部长于康震出席现场会议并讲话。会议由农业农村部党组成员、中国农业科学院院长唐华俊主持，中国农业科学院党组书记张合成、副院长梅旭荣出席会议。

4 月 22 日　浙江省人大常委会副主任史济锡在省人大农委相关负责人陪同下到中国农业科学院茶叶研究所调研指导，了解茶叶科研最新进展和落实习近平总书记在浙江讲话精神的情况，以及服务浙江茶产业的下一步工作规划。

4 月 26 日　中国农业科学院召开全院脱贫攻坚调度会议。会议深入学习贯彻落实习近平总书记在决战决胜脱贫攻坚座谈会上重要讲话，认真落实农业农村部党组关于脱贫攻坚的总体要求，充分认识抓好脱贫攻坚的政治性、重要性和紧迫性，抓紧、抓细、抓实 2020 年院工作会议、2019 年婺源院扶贫工作会议的各项部署，聚焦“三区三州”国家挂牌督战县，集结中国农业科学院优势科技力量，加大科技扶贫力度，推进中国农业科学院扶贫工作的落实实施，力争将新冠肺炎疫情影响降到最低，全力以赴完成科技扶贫目标任务，为打赢脱贫攻坚战、全面建成小康社会做出新的更大贡献。农业农村部党组成员、中国农业科学院院长唐华俊作出席会议并讲话。会议由院党组书记张合成主持。

4 月 28 日　中国农业科学院召开 2020 年第一次安全生产扩大会议，传达学习中央领导关于安全生产的重要指示批示精神，农业农村部安全生产委员会第一次会议精神，部署 2020 年全院安全生产工作重点。院纪检组组长、党组成员、安全委员会主任李杰人出席会议并讲话。会议由院党组成员、人事局局长、安全委员会副主任陈华宁主持。

5月

5月4日 中国农业科学院举办了“青春国家队 筑梦主战场”五四主题活动，认真学习贯彻习近平总书记对新时代青年的寄语，展示疫情期间农科青年坚持投身科研生产一线的良好工作状态，进一步引导青年树立农业科技创新的自觉意识，营造关注青年成长发展的良好氛围，激励青年科研人员积极投身科研生产一线，鼓舞广大青年职工更加敬业乐业。农业农村部党组成员、中国农业科学院院长唐华俊，院党组书记张合成，院党组副书记、副院长吴孔明，院党组成员、人事局局长陈华宁出席活动。

5月9日 全国人大外事委副主任陈国民和吉林省长春市九台区委书记李洪亮一行到中国农业科学院调研。会议强调，要支持和保障地方农业科技发展，深度推入院地科技合作工作。院党组书记张合成出席并讲话。副院长梅旭荣主持会议。

5月11日 由中国农业科学院油料作物研究所主办、监利县人民政府和荆州农业科学院承办的油菜“万元田”模式创建与示范现场观摩会在湖北省监利县举办。位于监利县程集镇的油菜“万元田”模式示范区示范面积达到2万亩，集成国内油菜最新科技成果，通过油菜全产业链开发和全价值链挖掘，实现亩综合产值5 000~17 000元，1 000亩核心示范区亩产值均超过10 000元，综合效益十分突出。中国农业科学院副院长、中国工程院院士、国家油菜产业技术体系首席科学家王汉中通过视频连线出席会议。

5月12日 农业农村部副部长张桃林到中国农业科学院北京畜牧兽医研究所调研国家畜禽基因库建设项目筹备情况。中国农业科学院党组书记张合成，农业农村部科技教育司司长廖西元、种业管理司司长张延秋，中国农业科学院副院长冯忠武、刘现武等参加调研。

5月12日 中国农业科学院国合局组织召开第十二届农业农村部-CABI生物安全联合实验室指导委员会视频会议。副院长孙坦出席会议并致辞。

5月13日 农业农村部副部长刘焕鑫一行到中国农业科学院调研“十四五”农业农村现代化规划编制工作。农业农村部党组成员、中国农业科学院院长唐华俊，院党组书记张合成陪同调研。

5月20日 联合国粮食及农业组织（FAO）联合中国农业科学院、斯洛文尼亚农林食品部、国际蜂联、中国养蜂学会共同举办的“5·20世界蜜蜂日”主题庆祝活动通过视频会议方式召开。FAO总干事屈冬玉，农业农村部党组成员、中国农业科学院院长唐华俊，斯洛文尼亚农林食品部部长亚历山德拉·皮韦茨，国际蜂联主席杰夫·佩蒂斯出席会议并致辞。

5月20日 中国农业科学院召开保密委员会扩大会议。会议传达学习习近平总书记关于保密和密码工作的重要指示批示及中共中央有关会议精神，通报保密工作案件情况，安排部署2020年保密工作。院党组书记、院保密委员会主任张合成出席会议并讲话。

5 月 22 日 中国农业科学院在京启动“农业纳米药物靶向递送机理研究与新产品创制”重大任务，旨在通过重大任务牵引，推动农业纳米高新技术在农业领域布局，更好发挥农业国家队引领职能。任务由环发所牵头，植保所、哈兽研、兰兽医及相关企业联合承担，将以利用纳米技术提高农业药物有效性、安全性与应用性的基础研究为先导，重点创制一批高效、安全的农药、兽药、疫苗新制剂，通过产学研协作实现大规模产业化。院党组书记张合成出席视频启动会并强调，要通过纳米科技等前沿高新技术的研究，推动交叉学科的协同联合攻关，努力攻破国外垄断的卡脖子技术，引领现代农业和未来农业的发展。

5 月 22 日 中国农业科学院在京启动“农业纳米药物靶向递送机理研究与新产品创制”重大任务，旨在通过重大任务牵引，推动农业纳米高新技术在农业领域布局，更好发挥农业国家队引领职能。中国农业科学院党组书记张合成出席会议并讲话。

5 月 28 日 苏州市人民政府与中国农业科学院在京召开发布会，共同发布《苏州市率先基本实现农业农村现代化评价考核指标体系（2020—2022 年）（试行）》。中央农村工作领导小组办公室副主任、农业农村部党组副书记、副部长韩俊，农业农村部党组成员、中国农业科学院院长唐华俊，江苏省副省长马秋林，苏州市委副书记、市长李亚平等出席会议并讲话。

5 月 28 日 中国农业科学院与仲恺农业工程学院签署院校战略合作协议，双方将进一步加强科企科产合作。院党组书记张合成和仲恺农业工程学院校长程萍出席座谈会并讲话。副院长梅旭荣和仲恺农业工程学院副校长肖更生代表双方在协议上签字。

5 月 30 日 第二届全国创新争先奖表彰奖励大会在北京举行。中国农业科学院 8 人获奖，其中，蔬菜所金黎平获全国创新争先奖章，作科所黄长玲、植保所周雪平、蔬菜所张友军、棉花所杜雄明、兰兽医郑海学、基因组所黄三文等 7 人获全国创新争先奖状。获奖人数居全国农业科研单位之首。

6 月

6 月 3 日 中国农业科学院和国际食物政策研究所（IFPRI）在京联合举办 2020 中国和全球农业政策论坛暨《中国农业产业发展报告》和《全球粮食政策报告》发布会。农业农村部党组成员、中国农业科学院院长唐华俊出席会议并致辞。国际食物政策研究所所长约翰·思文视频致辞。全国政协委员、农业农村部原副部长、中国农业经济学会会长陈晓华，中国农业科学院党组书记张合成，中国农业科学院原院长翟虎渠，副院长王汉中、梅旭荣出席会议。

6 月 4 日 内蒙古自治区副主席李秉荣赴中国农业科学院草原研究所锡林郭勒典型草原生态系统保护与可持续利用试验示范基地，专题调研退化草原修复治理、草原生态系统可持续利用、牧户草畜平衡管理及草原生态补偿政策等方面的研究与示范工作。

6月4日 中国农业科学院农业环境与可持续发展研究所团队研发的“基于种养结合生态循环的农业面源污染治理关键技术”，入选中国科学技术协会2019年度中国生态环境十大科技进展。

6月4日 中国农业科学院与南平市农业科技战略合作座谈会在北京举行，双方就充分发挥中国农业科学院科技人才和平台优势，助力南平现代农业绿色发展，践行“两山”理论进行了充分研讨和交流，并达成合作共识。院党组书记张合成、南平市委书记袁毅出席会议并讲话。座谈会由副院长王汉中主持。

6月5日 由中国农业绿色发展研究会主办、中国农业科学院农业资源与农业区划研究所承办的中国农业绿色发展研究会第一届会员代表大会在京召开。农业农村部党组书记、部长韩长赋出席会议并讲话。全国政协委员、农业农村部原副部长、中国农业绿色发展研究会理事长余欣荣主持开幕式。农业农村部党组成员、中国农业科学院院长唐华俊出席会议。

6月5日 范云六院士学术思想研讨会在中国农业科学院生物技术研究所召开，庆贺范院士90华诞，进一步弘扬范云六院士“敬业执着、严谨探索、继承开拓”的学术思想和科学精神。院党组书记张合成，副院长万建民，院党组成员、人事局局长陈华宁，中国工程院二局副局长左家和出席会议并讲话。

6月6日 中国农业科学院蚕业研究所及中国丝绸桑蚕品牌集群等单位主办，人民网强国论坛部、全国农产品产销对接公益服务联盟联合承办的“首届桑蚕经济论坛”以视频方式举行。论坛以“扩大线上新型消费、推进桑蚕产业发展”为主题，主要聚焦桑饲料产业发展，促进生猪生产恢复，推动消费回升，助力脱贫攻坚。农业农村部总畜牧师马有祥等领导致辞，中国工程院院士向仲怀，政协第十三届全国委员会委员、中国农业科学院原党组书记、国家食物与营养咨询委员会主任陈萌山等出席会议。

6月7日 内蒙古自治区党委副书记、主席布小林赴以中国农业科学院草原研究所为技术支撑的苜蓿种植基地调研优质牧草技术攻关项目。自治区党委常委、呼和浩特市委书记王莉霞及自治区相关领导陪同调研。

6月8日 中国农业科学院海外农业研究中心牵头组织召开农业科技“走出去”协同创新任务“FAO-CAAS区域创新平台建设”和“中非重点国家农业科技示范”项目工作推进会，就新冠肺炎疫情形势下如何做好国际合作与协同创新任务进行研讨。中国农业科学院副院长孙坦出席会议。

6月9日 中国农业科学院作物科学研究所举办“小麦藏粮于技计划优异抗逆种质资源田间展示暨研讨会”，展示了小麦基因资源发掘与利用创新团队筛选出的455份表型多样的抗旱耐热小麦种质。院党组书记张合成、副院长万建民，中国工程院院士刘旭、程顺和、康振生、胡培松等领导和专家出席会议。

6月10日 中国农业科学院在京召开2017—2020年重大科研进展发布会，总结贯彻落实习近平总书记贺信精神三年来的阶段性成效，面向社会发布了“中国农业科学院2017—2020年十大科研进展”。农业农村部党组成员、中国农业科学院院长唐华俊出席会议并讲话。会议由院党组书记张合成主持。

6 月 11 日　院党组书记张合成一行访问北京大学，与北京大学党委书记邱水平、校长郝平在临湖轩就进一步深化院校合作进行了座谈交流。北京大学原校长许智宏、副校长张平文，中国农业科学院党组成员、人事局局长陈华宁出席座谈会。

6 月 11 日　浙江省委常委、组织部长黄建发一行到中国水稻研究所调研并开展“三服务”。黄建发走访了水稻生物学国家重点实验室，看望了两院院士、省特级专家以及优质稻育种实验室和种质创新与利用实验室科研人员，对水稻所在农业科技创新和人才培养等方面取得的成绩表示祝贺，对水稻所为国家粮食安全和浙江省经济社会发展作出的贡献予以肯定。

6 月 12 日　农业农村部党组成员、中国农业科学院院长唐华俊在人民日报发表署名文章《智慧农业赋能农业现代化高质量发展》，文章表示，智慧农业是数字技术科技创新的新场景，科技创新与农业产业的深度融合，不仅会催生农业产业发展新动能，也会引发数字技术、数据科学、人工智能和区块链等技术创新。

6 月 12 日　全国人大常委会副委员长吉炳轩率执法检查组赴农业农村部南京农业机械化研究所就《中华人民共和国农业机械化促进法》贯彻落实情况开展执法检查，并围绕提高农机装备水平、确保国家粮食安全等进行调研。

6 月 17 日　山西省副省长王成一行到中国农业科学院调研，双方就进一步加强农业科技合作、建立院省战略合作关系、科技支撑山西“农谷”建设、做大做强“特”“优”农业、加强旱作有机农业发展等内容进行座谈交流。农业农村部党组成员、中国农业科学院院长唐华俊出席座谈会并讲话。座谈会由副院长王汉中主持。

6 月 19 日　中国农业科学院召开院党组生物安全专题会。会议传达了习近平总书记关于国家生物安全的重要讲话精神，邀请生物安全领域专家作专题报告，听取生物安全调查工作汇报，审议院生物安全内控体系建设工作方案，对进一步防范化解全院面临的潜在生物安全风险，增强生物安全科技创新能力建设等工作作出部署。农业农村部党组成员、中国农业科学院院长唐华俊出席会议并讲话。院党组书记张合成主持会议。

6 月 22 日　中国农业科学院召开 2020 年全面从严治党工作会议，深入学习贯彻十九届中央纪委四次全会精神和农业农村部全面从严治党工作会议精神。中央纪委委员、中央纪委国家监委驻农业农村部纪检监察组组长、部党组成员吴清海出席会议并讲话。农业农村部党组成员、中国农业科学院院长唐华俊主持会议。中国农业科学院党组书记张合成作工作报告。

6 月 29 日　科睿唯安（Clarivate Analytics）发布了一年一度的《期刊引证报告》（Journal Citation Reports）。中国农业科学院《农业科学学报》（*Journal of Integrative Agriculture*）、《作物学报》（*The Crop Journal*）、《园艺学报》（*Horticultural Plant Journal*）、《水稻科学》（*Rice Science*）4 种期刊影响因子有所提升，期刊影响力不断增强。这标志着中国农业科学院期刊水平向世界一流科技期刊的目标又迈进了一大步。

7月

7月1日 在中国共产党建党99周年之际，中国农业科学院召开纪念大会。农业农村部党组成员、中国农业科学院院长唐华俊，院党组书记张合成等全体院领导出席。院党组副书记、副院长吴孔明主持会议。大会在雄壮的国歌声中开幕。

7月3日 农业农村部副部长刘焕鑫一行来院调研计划财务工作，实地考察了在建种质库和重大工程中心实验室、农业遥感实验室以及国家农业图书馆和农业大数据中心，并与院领导及相关部门、研究所负责人座谈，对中国农业科学院计划财务工作提出明确要求。农业农村部党组成员、中国农业科学院院长唐华俊，院党组书记张合成，副院长万建民、梅旭荣、刘现武参加调研和座谈活动。

7月10日 中国农业科学院举行2020届研究生毕业典礼，全院师生、校友通过线上线下同步参与，共同见证青春成长的重要时刻。农业农村部党组成员、中国农业科学院院长、研究生院院长唐华俊，院党组书记张合成，院党组副书记、副院长吴孔明，院党组成员、人事局局长陈华宁等出席毕业典礼。

7月15日 中国农业科学院党组召开研究生党建工作汇报交流会。会议强调，要认真学习习近平总书记关于高校思想政治工作的重要讲话精神，加强研究生党建工作，全面提升研究生教育管理水平。农业农村部党组成员、中国农业科学院院长唐华俊出席会议。院党组书记张合成主持会议。

7月16日 内蒙古自治区党委副书记、自治区主席布小林一行到中国农业科学院草原研究所调研草业科技创新支撑“科技兴蒙”工作。

7月17日 农业农村部副部长张桃林到中国农业科学院麻类所苎麻基地调研并指导工作。

7月24日 中国农业科学院党组书记张合成到北京畜牧兽医研究所调研并出席奶业振兴科研联合攻关研讨会，强调要创新协同整合集成机制，大力推进奶业振兴科技攻关，全面引领国家奶业振兴战略实施进程。副院长冯忠武、刘现武出席会议。

7月25日 由中国农业科学院学术委员会经济与园艺学部主办、蔬菜花卉研究所承办的“经济与园艺作物科技发展研讨会”在京召开。会议系统总结了经济与园艺学部积极贯彻落实习近平总书记贺信精神近三年工作成效，展望了“十四五”科技发展蓝图。中国农业科学院党组书记张合成、副院长王汉中，中国农业科学院蔬菜花卉所方智远院士、北京大学邓兴旺院士、湖南农业大学校长邹学校院士、湖南农业大学刘仲华院士等出席会议。

7月28日 全国政协提案委员会副主任、中编办原副主任李晓全，全国政协农业和农村委员会委员、国家卫健委原副主任崔丽，全国政协农业和农村委员会委员、农业农村部原党组成员宋建朝，全国政协农业和农村委员会办公室副主任胡文改等全国政协领导来中国农业科学院农业质量标准与检测技术研究所调研农产品质量安全速测产品研发工作，并出席院创新工程重大任务“农产品质量安全速测产品创制与示范应用”项目推进会。中国农业科学院党组书记张合成、院纪检组组长李杰人等出席推进会。

7月29日 浙江省委副书记、省长袁家军到中国农业科学院茶叶研究所、中国水稻研究所调研并主持召开专题座谈会。

7月29日 北京市平谷区委书记王成国，区委副书记、代区长吴小杰一行到中国农业科学院调研，就深化双方战略合作进行深入交流。院党组书记张合成出席会议并讲话。院党组副书记、副院长吴孔明主持会议。

7月31日 中国农业科学院召开西藏农业技术服务团行前座谈会。院党组书记张合成，农业农村部人事司司长廖西元，西藏农业农村厅厅长杜杰出席会议。会议由院党组成员、人事局局长陈华宁主持。

8月

8月1日 农业农村部国家首席兽医师李金祥一行到中国农业科学院特产研究所及下属企业、左家所区调研服务地方经济发展工作。农业农村部畜牧兽医局副局长陈光华、中国农业科学院副院长孙坦、刘现武陪同调研。

8月3日 吉林省政协主席江泽林率队到中国农业科学院农业经济与发展研究所，就农民专业合作社、农业农村现代化等问题进行调研座谈。农业农村部党组成员、中国农业科学院院长唐华俊出席座谈会并讲话。副院长梅旭荣主持会议。

8月3日 中国农业科学院副院长孙坦会见了来访的阿拉伯联合酋长国驻华大使阿里·扎希里一行，双方就加强中阿农业科技合作深入交换了意见。

8月4日 西藏农业技术服务团启动仪式在西藏农业农村厅举行。中国农业科学院副院长王汉中赴拉萨出席启动仪式并讲话。西藏农业农村厅党组书记高巴松致辞。

8月14日 农业农村部部长韩长赋一行到哈尔滨兽医研究所，就非洲猪瘟疫苗研发进展情况进行调研。农业农村部副部长于康震，农业农村部党组成员、中国农业科学院院长唐华俊，黑龙江省委常委、副省长王永康，部总农艺师、办公厅主任广德福等陪同调研。

8月15日 中国农业科学院党组书记张合成赴黑龙江省宝清县中国水稻研究所北方水稻研究中心实地调研指导，强调要将中心建成中国农业科学院服务现代农业建设主战场的标志性工程。

8月16日 中国农业科学院田间课堂启动暨桦川科技帮扶现场会在黑龙江省佳木斯市桦川县举行。中国农业科学院党组书记张合成，院党组副书记、副院长吴孔明出席会议。

8月17日 农业农村部党组成员、中国农业科学院院长唐华俊与延安市副市长张强一行就加强院地全面战略合作进行交流座谈，双方围绕农业农村规划编制、人才培养、产业优势重新挖掘和科技支撑产业发展等方面进行深入探讨。副院长王汉中主持会议，院党组成员、人事局局长陈华宁参加座谈。

8月18日 农业农村部党组成员、中国农业科学院院长唐华俊与来访的广东省科技厅副厅长李旭东一行就深化科技合作开展调研座谈。

8月18日 中国农业科学院与先正达集团签署全新合作框架协议。中国农业科学院副院长孙坦与先正达集团中国总裁覃衡德、全球种子业务总裁杰夫·罗（Jeff Rowe）出席签约仪式。

8月19日 农业农村部2019年度“西部之光”访问学者、少数民族特培学员培养工作总结座谈会在中国农业科学院召开。中组部人才工作局副局长唐永刚，人社部专技司二级巡视员高擎，农业农村部人事司副司长、一级巡视员陆红，中国农业科学院党组副书记、副院长吴孔明出席会议。院党组成员、人事局局长陈华宁主持会议。

8月21日 财政部部党组成员、部长助理欧文汉，科教文司司长黄家玉等一行8人，到中国农业科学院实地考察了国家种质资源库、国家数字农业创新中心，参观了中国农业科学院贯彻落实习近平总书记贺信精神重大科技成就展，并与科研人员、科技管理人员开展了调研座谈交流。农业农村部副部长刘焕鑫、计划财务司司长陶怀颖、科技教育司副司长李波等陪同调研。唐华俊院长、张合成书记等院领导陪同。

8月24日 内蒙古自治区副主席欧阳晓晖到中国农业科学院草原研究所调研指导工作。欧阳晓晖参观了牧草与草畜产品质量安全监督检测中心、国家种质牧草中期库、草地生态遥感与大数据应用研究中心，观看了草原所“沙尔沁国家草原自然公园”宣传片，并与所领导班子进行了座谈。

8月25日 农业农村部党组成员、中国农业科学院院长唐华俊调研四川生猪产业发展，强调要进一步发挥好科技创新对畜牧业产业发展的支撑作用。

8月26日 中国农业科学院党组书记张合成率队赴中国农业发展集团，与集团党委书记、董事长余涤非及企业负责人座谈科企融合发展事宜。

8月28日 中国农业科学院水稻所王克剑研究员荣获2020年度陈嘉庚青年科学奖。是该奖项自设立以来首次授予农业领域优秀青年科学家。

8月28日 中国农业科学院第八届学术委员会第五次会议在京召开，听取院学术委员会工作报告，谋划“十四五”科技发展。农业农村部党组成员、中国农业科学院院长唐华俊出席会议并讲话。院领导、院学术委员会全体委员出席会议。

8月30日 中国农业科学院深圳农业基因组研究所暨岭南现代农业科学与技术广东省实验室深圳分中心第一届理事会第一次会议在深圳召开。中国农业科学院党组副书记、副院长吴孔明，深圳市委常委、市政府党组成员黄敏出席会议并讲话。

9月

9月2日 中央纪委国家监委驻科技部纪检监察组组长、科技部党组成员龚堂华一行到中国农业科学院调研并座谈。农业农村部党组成员、中国农业科学院院长唐华俊，院党组书记张合成等陪同调研。

9 月 3 日　按照农业农村部党组统一部署，中国农业科学院召开 2020 年巡视工作动员部署会，正式启动 2020 年巡视工作。院党组书记、院巡视工作领导小组组长张合成出席会议并作动员讲话。院纪检组组长李杰人主持会议。

9 月 7 日　中国农业科学院和北京大学战略合作座谈会在京举行，双方签署战略合作协议，共同探索农业科教融合新模式。农业农村部党组成员、中国农业科学院院长唐华俊，北京大学校长郝平，原校长、中国科学院院士许智宏出席会议。中国农业科学院党组书记张合成主持会议。

9 月 9 日　中国科学技术协会党组书记、常务副主席、书记处第一书记怀进鹏到中国农业科学院调研并座谈。中国工程院副院长、中国科学技术协会副主席邓秀新，中国科学技术协会副主席、书记处书记孟庆海，农业农村部党组成员、中国农业科学院院长唐华俊，院党组书记张合成等陪同调研。

9 月 10 日　中共中央政治局委员、国务院副总理胡春华到中国农业科学院哈尔滨兽医研究所考察。农业农村部部长韩长赋，黑龙江省委书记、省人大常委会主任张庆伟，农业农村部副部长于康震，农业农村部党组成员、中国农业科学院院长唐华俊，黑龙江省委常委、副省长王永康，省委秘书长张雨浦陪同考察。

9 月 10 日　北京市召开 2019 年度北京市科学技术奖励颁奖大会，共有 154 项科研成果获奖，其中自然科学奖 15 项、技术发明奖 12 项、科技进步奖 127 项。中国农业科学院共有 3 项成果获奖，其中作物科学研究所韩天富研究员团队牵头完成的“黄淮海麦茬夏大豆免耕覆秸栽培技术体系构建与示范”和北京畜牧兽医研究所陈继兰研究员团队牵头完成的“北京油鸡新品种培育与产业升级关键技术研发应用”2 项成果获得科技进步奖一等奖。

9 月 11 日　中国农业科学院党组书记张合成到北京畜牧兽医研究所主持召开生猪科研进展研讨会，强调要系统谋划新时代生猪全产业链科研任务和重大项目，凝聚力量解决我国生猪重大产业问题和“卡脖子”核心技术难题，支持保障生猪产业高质量发展。副院长刘现武出席会议。

9 月 14 日　中国农业科学院党组书记张合成走进博士研究生“中国马克思主义与当代”思政课堂，结合新时代背景，紧紧围绕国情、农情和院情，以“做‘一懂两爱’的新时代农科学子”为主题，为 320 余名 2020 级博士新生上了思政第一课。

9 月 15 日　农业农村部党组成员、中国农业科学院院长唐华俊到茶叶研究所和中国水稻研究所调研，考察茶叶所茶树病虫害防控创新团队实验室、茶叶深加工产品研发情况和水稻所新品种示范展示区，并与水稻所、茶叶所的创新团队首席科学家进行座谈。副院长万建民主持座谈会。

9 月 16 日　农业农村部党组成员、中国农业科学院院长唐华俊到苏州市调研，考察苏州未来农业研究院（华东农业科技中心）筹建工作，了解未来智慧田园项目和智能设施园艺装备研发制造基地建设情况。唐华俊会见了苏州市委副书记、市长李亚平，并分别与苏州市委副书记朱民、昆山市委书记吴新明座谈，就建设华东农业科技中心、共同推动苏州率先基本实现农业农村现代化进行深入交流，达成广泛共识。

9月16日 吉林省政协副主席赵晓君一行就“发挥科技创新优势，推动农村一二三产业融合发展”到中国农业科学院特产研究所左家所区开展专题调研。吉林省政协农业农村委及省政协、吉林省农业资源与农业区划研究所相关负责同志等陪同调研。

9月18日 农业农村部党组成员、中国农业科学院院长唐华俊调研农业农村部南京农业机械化研究所、江苏省农业科学院和南京国家现代农业产业科技创新示范园区（南京农创园）。江苏省农业科学院院长易中懿、南京市人民政府副市长霍慧萍陪同调研。

9月18日 国家自然科学基金委公布了2020年度集中受理阶段科学基金申请项目评审结果，中国农业科学院35个相关单位共获资助项目313项，比2019年增长9%，直接费用1. 64亿元，增长了7. 2%，立项率18.4%。其中，获资助面上项目176项、青年科学基金项目123项、优青项目5项、重点及国际合作重点项目7项、组织间国际（地区）合作交流项目1项、联合基金项目1项。

9月19日 由中国农业科学院农业环境与可持续发展研究所、中国农学会农业气象分会主办的“第十四届农业环境科学峰会”在湖南长沙召开。中国工程院院士印遇龙、中国农业科学院副院长梅旭荣出席会议。

9月20日 中国农业科学院作物科学研究所作物科普基地“北京市海淀区科普教育基地”正式揭牌。院党组书记张合成出席活动，院党组副书记、副院长吴孔明和海淀区人民政府党组成员、副区长沙海江共同为科普教育基地揭牌。

9月23日 全国人大常委会委员、农业与农村委员会副主任委员刘振伟到中国农业科学院哈尔滨兽医研究所听取非洲猪瘟疫苗研发与产业化进展情况汇报，并与所班子成员、陈化兰院士及各国家参考实验室负责人进行座谈。

9月25日 中国农业科学院党组书记张合成前往湖南祁阳农田生态系统国家野外科学观测研究站开展“传承祁阳站精神”主题活动。院党组成员、人事局局长陈华宁，湖南省农业农村厅副厅长唐建初，湖南省农业科学院党委书记柏连阳等出席活动。

9月25日 中国农业科学院作科所栽培与生理创新团队在新疆奇台通过实施增密种植、水肥一体化和化控等高产栽培技术创造了玉米亩产1 663. 25千克的新纪录，较上一次单产提高了146.14千克/亩，这是该团队第七次刷新我国玉米高产纪录。

9月27日 科技部党组成员、副部长、直属机关党委书记李萌应邀出席中国农业科学院党组2020年第四次理论学习中心组（扩大）学习会并作“十四五”科技规划专题报告。院党组书记张合成主持会议。

10月

10月10日 以“节水与社会”为主题的第二届中国节水论坛在甘肃省兰州市召

开。中国农业绿色发展研究会理事长余欣荣应邀出席论坛并讲话。

10 月 11 日　宁夏建设黄河流域生态保护和高质量发展先行区院士专家战略咨询会在银川举行，旨在把脉黄河流域生态保护和高质量发展先行区建设，问诊宁夏“十四五”发展规划。中国农业科学院副院长梅旭荣以“宁夏农业绿色发展建议”为题作报告。

10 月 11 日　中共深圳市委、深圳市人民政府公布了《关于表彰深圳经济特区建立 40 周年创新创业人物和先进模范人物的决定》，中国农业科学院深圳农业基因组研究所所长黄三文研究员荣膺“深圳经济特区建立 40 周年杰出创新人才”，并应邀参加深圳经济特区建立 40 周年庆祝大会。

10 月 14 日　农业农村部党组成员、中国农业科学院院长唐华俊会见了来访的福建农业科学院党委书记陈永共、院长翁启勇一行。院党组书记张合成、副院长梅旭荣出席座谈会。双方就进一步加强省院、院院战略合作进行深入务实的座谈交流，达成了广泛共识。

10 月 15 日　中国农业科学院战略研究中心和农业信息研究所、农业经济与发展研究所共同主办“农经观察”第十四期会商会议，深入交流和探讨了后疫情时期中国特色农产品流通现状、流通模式与冷链物流创新、电商促进农产品上行及推动乡村振兴的实践、发达国家农产品流通体系启示等。副院长梅旭荣主持会议。农业农村部市场与信息化司副司长刘涵出席会议。

10 月 17 日　2020 年全国脱贫攻坚奖表彰大会暨先进事迹报告会在京举行，中国农业科学院资源区划所张金霞研究员荣获“2020 年全国脱贫攻坚奖创新奖”。

10 月 18 日　中国农业科学院茶叶研究所科技新成果展示推介会在四川省宜宾市举办。四川省政协副主席祝春秀、中国工程院院士刘仲华等出席推介会并为宜宾市茶产业研究院揭牌。

10 月 19 日　在“智汇海淀”人才主题周开幕式上，中国农业科学院党组副书记、副院长吴孔明与北京市海淀区副区长沙海江签署了农业科技服务合作协议，以科技助推海淀区打造高质量“农业中关村”。海淀区委书记于军、北京市组织部副部长徐熙等出席会议。

10 月 23 日　中国农业科学院乡村振兴示范县——江苏省东海县《乡村振兴总体规划》通过论证。论证会前，农业农村部党组成员、中国农业科学院院长唐华俊，院党组成员、纪检组组长李杰人、副院长王汉中等会见了东海县委书记高美峰一行。

10 月 24 日　农业农村部副部长刘焕鑫一行到中国农业科学院基因组所调研，考察了基因组所科技创新、体制机制改革和基本建设情况。

10 月 24 日　中国农业科学院蔬菜花卉所金黎平研究员被授予“全国三八红旗手”荣誉称号。

10 月 25 日　北方水稻研究中心建设与发展座谈会暨中国水稻研究所与北大荒农垦集团战略合作协议签约仪式在北京举行。中国农业科学院副院长王汉中，北大荒农垦集团总经理杨宝龙等出席签约仪式。

10月26日 中国农业科学院党组举办专家讲座，学习贯彻生物安全法，全国人大常委会法工委行政法室副主任刘海涛围绕生物安全法的立法背景、立法意义、体制机制、基本制度等方面，为中国农业科学院干部职工作了系统讲解。院党组副书记、副院长吴孔明主持会议。

10月28日 由中国茶叶学会等单位主办的2020中国茶业科技年会在江西婺源召开。会议主题为“科技引领·提质增效·转型升级”，旨在分享先进技术和经验，为产业转型升级提出新技术、新方法、新思路。江西省人民政府副省长罗小云、中国农业科学院副院长梅旭荣等出席会议。

11月

11月3日 中国农业科学院召开研讨会，对新时代党的组织路线进行再学习、再贯彻、再落实，为办好第四次人才工作会作进一步的研讨和准备。农业农村部党组成员、中国农业科学院院长唐华俊，院党组书记张合成出席会议并讲话。院党组成员、人事局局长陈华宁主持会议。

11月8日 国际著名农学家、“杂交水稻之父”袁隆平院士高度赞赏了中国农业科学院深圳农业基因组研究所“优薯计划”取得的进展并专门为“优薯计划”题词：“马铃薯杂交种子繁殖技术是颠覆性创新，将带来马铃薯的绿色革命”。

11月8日 崇明农业绿色发展座谈会在上海市崇明区举行，中国农业绿色发展研究会理事长余欣荣，崇明区委书记李政、区长缪京出席座谈会，并为中国农业绿色发展研究会崇明实验站和国家农业绿色发展长期固定观测崇明试验站揭牌。

11月11日 内蒙古草业与草原研究院第一届理事会成立大会和第一次工作会议在中国农业科学院草原研究所召开。会议选举中国农业科学院副院长孙坦为第一届理事会理事长，研究通过了研究院章程，并任命中国农业科学院草原所所长金轲为理事会秘书长和研究院院长。

11月13日 海南省举行自由贸易港建设项目（第四批）集中开工仪式，以中国农业科学院国家南繁研究院作为依托单位的国家作物表型研究设施（海南）位列其中。副院长万建民出席开工仪式。

11月15日 在中国农业科学院祁阳红壤实验站建站60周年之际，中国农业科学院农业资源与农业区划研究所举办耕地质量监测与红壤健康创新发展学术研讨会。中国农业科学院党组书记张合成、中国农业绿色发展研究会理事长余欣荣出席会议。副院长刘现武主持会议。

11月16日 农业农村部党组成员、中国农业科学院院长唐华俊赴革命老区陕西延安调研，强化中国农业科学院对延安现代农业建设主战场的科技服务与支撑。陕西省委常委、延安市委书记徐新荣会见唐华俊一行。副院长刘现武与延安市副市长张强分别代表双方签署了战略合作协议。

11 月 20 日　2020 中国农业农村科技发展高峰论坛在南京举行。农业农村部副部长张桃林出席论坛并讲话。中国农业科学院副院长万建民、梅旭荣、孙坦出席会议并分别发布了《2020 中国农业科学重大进展》《2020 全球农业研究热点前沿》和《2020 中国农业科技论文与专利全球竞争力分析》等专项报告。

11 月 20 日　全国精神文明建设表彰大会在京举行。中国农业科学院哈尔滨兽医研究所荣获第六届“全国文明单位”荣誉称号，成为全院第四个获此殊荣的研究所。

11 月 23 日　科技部发布了 2020 年中央级高校和科研院所重大科研基础设施和大型科研仪器开放共享评价考核结果，中国农业科学院 25 个研究所分别获评“优秀”“良好”，大型科研仪器开放共享取得了新突破。

11 月 24 日　中国农业科学院召开 2020 年科研工作会议。农业农村部党组成员、中国农业科学院院长唐华俊，院党组书记张合成出席会议并讲话。副院长万建民主持会议。

11 月 24 日　全国劳动模范和先进工作者表彰大会在北京人民大会堂举行。中国农业科学院作科所何中虎研究员、水稻所程式华研究员、环保所张克强研究员、都市所苗保河研究员 4 名同志获得全国先进工作者荣誉称号，在当选数量上实现历史性突破。

11 月 25 日　中国农业科学院召开第四次人才工作会。农业农村部党组成员、中国农业科学院院长唐华俊作大会主旨报告，院党组书记张合成主持会议并作总结讲话。农业农村部人事司司长廖西元，人力资源社会保障部专业技术人员管理司副司长刘冬梅，科学技术部引进国外智力管理司二级巡视员赵慧君等出席会议。

11 月 26 日　中国农业科学院与山西省战略合作签约座谈会在北京召开。农业农村部党组成员、中国农业科学院院长唐华俊和山西省副省长王成分别代表双方签署战略合作框架协议。副院长王汉中主持会议。

11 月 27 日　中国农业科学院与澳大利亚联邦科技工业组织（CSIRO）召开农业科技合作线上研讨会。副院长孙坦出席会议，并代表中国农业科学院与 CSIRO 续签合作备忘录。

11 月 27 日　中国农业科学院与安庆市人民政府战略合作签约座谈会在北京召开。农业农村部党组成员、中国农业科学院院长唐华俊，安庆市委书记魏晓明出席会议。副院长王汉中和安庆市副市长刘克胜分别代表双方签署战略合作协议。

12 月

12 月 2 日　中国农业科学院与新疆维吾尔自治区科技援疆工作座谈会在京召开。农业农村部党组成员、中国农业科学院院长唐华俊，院党组书记张合成，新疆维吾尔自治区党委常委、副主席艾尔肯·吐尼亚孜出席会议。

12 月 2 日　“首届中国牛·优质牛肉品鉴大会”在北京召开。农业农村部党组成员、中国农业科学院院长唐华俊、农业农村部总畜牧师马有祥发表主旨演讲，中国农业绿色发展研究会理事长余欣荣，甘肃省政协副主席、平凉市委书记郭承录出席会议。

12月4日 中国—德国粮食安全与食物营养研讨会在京召开。中国农业科学院副院长孙坦出席会议并致辞。140余位中德农业专家参加会议。

12月4日 中国农业科学院召开动植物品种命名工作研讨会，贯彻落实习近平总书记在中央政治局第二十五次集体学习时关于“全面加强知识产权保护工作 激发创新活力推动构建新发展格局”的重要讲话精神，进一步统一了对动植物品种命名在提升“中国农业科学院”品牌价值、提高知识产权管理水平、加速科技成果转化等方面重要性的认识，并对下一步规范全院动植物新品种命名进行了研究和部署。院党组书记张合成出席会议并讲话。副院长王汉中主持会议。

12月11日 由科技部和内蒙古自治区政府共同举办的科技兴蒙合作推进会在呼和浩特召开。科技部党组书记、部长王志刚，内蒙古自治区党委书记、人大常委会主任石泰峰出席会议并讲话。中国农业科学院副院长孙坦出席会议并代表科技兴蒙4+8合作主体单位发言。

12月14日 中国农业科学院国合局、海外农业研究中心、信息所组织召开第四届海外农业研究大会。中国农业科学院副院长孙坦、农业农村部国合司副司长彭廷军出席开幕式。

12月15日 中国农业科学院与中国农业发展集团共同召开科企融合发展研讨会。农业农村部党组成员、中国农业科学院院长唐华俊，院党组书记张合成，中农发集团有限公司党委书记、董事长余涤非出席会议。

12月16日 中国农业科学院作物科学研究所、茶叶研究所与安徽省安庆市岳西县人民政府在京签署全面战略合作协议。双方将在农业科技联合攻关、成果转移转化、技术创新平台建设、科技人才交流培训等方面开展深入合作。中国农业科学院副院长刘现武出席签约仪式。

12月17日 中国农业科学院脱贫攻坚与成果转化工作会在北京召开。农业农村部党组成员、中国农业科学院院长唐华俊作大会主旨报告。院党组书记张合成出席并讲话。副院长王汉中主持会议。

12月21日 第二十三届中国—韩国农业科技工作组会议在线举办。中国农业科学院副院长孙坦、韩国农村振兴厅次长李龙范（Lee Yongbeom）出席会议。

12月22日 中国农业科学院与中国林业集团召开科企融合发展研讨会，双方发起成立区域性科企融合发展联合体，建立开放合作、协同推进、利益共享的新机制，构建科企合作共赢新格局。院党组书记张合成、副院长王汉中，中国林业集团董事长宋权礼出席会议。

12月25日 中央农办主任、农业农村部部长唐仁健在位于中国农业科学院的国家作物种质资源库调研时强调，要深入学习贯彻习近平总书记在中央经济工作会议上的重要讲话精神，把解决好种子问题作为保障国家粮食安全的要害来抓，加强农业种质资源保护利用，加快推进关键核心技术攻关，坚决打赢种业翻身仗，确保中国碗主要装中国粮、中国粮主要用中国种。农业农村部党组成员、中国农业科学院院长唐华俊，院党组书记张合成等参加调研。

12 月 29 日　中国农业科学院组织申报的山西寿阳、云南大理 2 个野外站列入国家野外站择优建设名单。至此，中国农业科学院共建设国家野外科学观测研究站 7 个，涵盖了土壤质量、农田生态、草原生态、农作物种质资源等主要学科领域。

十二、附　录

中国农业科学院科技期刊及报纸一览表

序号	刊物名称	主办单位	主管单位	创刊年份	类别	学科	主编	编辑部主任	电话	刊号	联系人	联系人电话	电子邮件	网址	刊期
1	中国农业科学	中国农业科学院（信息所承办）	农业农村部	1960	学术类	综合	万建民	孙雷心	010-82109808	CN 11-1328/S ISSN 0578-1752	孙雷心	010-82109808	sunleixin@ caas. cn	www.ChinaAgriSci. com	半月
2	*Journal of Integrative Agriculture*	中国农业科学院（信息所承办）	农业农村部	2002	学术类	综合	万建民	张以民	010-82105098	CN 10-1039/S ISSN 2095-3119	张以民	010-82105098	zhangyimin@ caas. cn	www.ChinaAgriSci. com	月
3	农产品质量与安全	中国农业科学院（质标所承办）	农业农村部	2003	学术类	质量安全与加工	翟虎渠	钱永忠	010-82106522	CN 11-5896/S ISSN 1674-8255	李　艳	010-82106522	aqs@ caas. cn	www.iqstap.com/sites/iqt/	双月
4	农业科技通讯	中国农业科学院（信息所承办）	农业农村部	1972	技术类	综合	侯连德	刘　东	010-82109664	CN 11-2395/S ISSN 1000-6400	刘　东	010-82109664	tongxun@ caas. cn tongxuna@ 126. com	aii. caas. net. cn	月
5	中国食物与营养	中国农业科学院/国家食物与营养咨询委员会（信息所承办）	农业农村部	1995	技术类	质量安全与加工	许世卫	刘　宏	010-82109761	CN 11-3716/TS ISSN 1006-9577	刘　宏	010-82109761	foodandn@ 263. net	aii. caas. cn	月
6	作物学报	中国作物学会/作科所	中国科协	1950	学术类	作物	万建民	程维红	010-82108548	CN 11-1809/S	程维红	010-82108548	chengweihong@ caas. cn	zwxb. chinacrops. org/	月
7	*The Crop Journal*	中国作物学会/作科所/中国科技出版传媒股份有限公司	中国科协	2013	学术类	作物	万建民	程维红	010-82108548	CN 10-1112/S	程维红	010-82108548	chengweihong@ caas. cn	www.journals. elsevier.com/the-crop-journal/	双月

（续表）

序号	刊物名称	主办单位	主管单位	创刊年份	类别	学科	主编	编辑部主任	电话	刊号	联系人	联系人电话	电子邮件	网址	刊期
8	作物杂志	中国作物学会/作科所	中国科协	1985	技术类	作物	赵　明	姚　杰	010-82108790	CN 11-1808/S	姚　杰	13681491781	yaojie@ caas.cn	zwzz.cbpt.cnki.net zwzz.chinacrops.org/magas.asp?menuid=22	双月
9	中国种业	作科所/中国种子协会	农业农村部	1982	技术类	作物	王述民	陈丽娟	010-82109494	CN 11-4413/S ISSN 1671-895X	陈丽娟	13683272938	chenlijuan@ caas.cn	www.chinaseedqks.cn	月
10	植物遗传资源学报	作科所/中国农学会	农业农村部	2000	学术类	作物	刘　旭	陈丽娟	010-82109494	CN 11-4996/S ISSN 1672-1810	陈丽娟	13683272938	chenlijuan@ caas.cn	www.zwyczyxb.cn	双月
11	植物保护	中国植物保护学会，中国农业科学院植物保护研究所	中国科协	1963	学术类	植物保护	陈万全	王　音	010-62819059	CN 11-1982/S ISSN 0529-1542	王　音	13581952263	zwbh1963@ 263.net	www.plantprotection.ac.cn	双月
12	中国蔬菜	蔬菜所	农业农村部	1981	技术类	园艺	孙日飞	龚一帆	010-82109550	CN 11-2326/S ISSN 1000-6346	龚一帆	13718787897	zgsc@ caas.cn	www.cnveg.org	月
13	园艺学报	中国园艺学会/蔬菜所	中国科协	1962	学术类	园艺	杜永臣	赵　华	010-62192388	CN 11-1924/S ISSN 0513-353X	陈　洁	010-62192388	yuanyixuebao@ 126.com	http：//www. ahs.ac.cn	月
14	*Horticultural Plant Journal*	中国园艺学会/蔬菜所/中国农业科学技术出版社	中国科协	2015	学术类	园艺	王晓武	赵　华	010-62192388	CN 10-1305/S ISSN 2095-9885	陈　洁	010-82109523	ivfyyxb@ caas.cn	网站正在建设中	双月
15	中国生物防治学报	植保所/中国植物保护学会	农业农村部	1985	学术类	植物保护	张　杰	张　莹	010-62815625	CN 11-5973/S ISSN 2095-039X	张　莹	010-62815625	bj_ zhangying @ 163.com	www.zgswfz.com.cn	双月
16	中国农业气象	环发所	农业农村部	1979	学术类	资源与环境	梅旭荣	雷水玲	010-82109774	CN 11-1999/S ISSN 1000-6362	雷水玲 高志平	010-82109774 010-82109772	leishl@ ieda.org.cn gaozhiping @ ieda.org.cn	zgnyqx.ieda.org.cn	双月

（续表）

序号	刊物名称	主办单位	主管单位	创刊年份	类别	学科	主编	编辑部主任	电话	刊号	联系人	联系人电话	电子邮件	网址	刊期
17	畜牧兽医学报	中国畜牧兽医学会	中国科协	1956	学术类	畜牧、兽医	文　杰	任　鹏	010-62815987	CN 11-1985/S ISSN 0366-6964	任　鹏	010-62815987	xmsyxb@ 263.net	www.xmsyxb.com	月
18	中国畜牧兽医	畜牧所	农业农村部	1974	技术类	畜牧、兽医	李　琍	晋大鹏	010-62816020	CN 11-4843/S ISSN 1671-7236	李　琍	010-62811226	zgxmsy@ caas.cn	www.chvm.net	月
19	中国蜂业	蜜蜂所/中国养蜂学会	农业农村部	1934	综合类	畜牧	方兵兵		010-62598244	CN 11-5358/S ISSN 0412-4367	刘世丽	010-62595931	zgyf2008@ 126.com	www.bee1934.org	月
20	中国农业科技导报	中国农村技术开发中心（生物所承办）	科技部	1999	学术类	综合	范云六	蔡晶晶	010-82109845	CN 11-3900/S ISSN 1008-0864	温小杰	010-82109848	nykjdb@ 163.com comnkdb@ caas.cn	www.nkdb.net	月
21	核农学报	中国原子能学会/原子能所	农业农村部	1987	学术类	作物	刘录祥	杨　洋	010-62811654	CN 11-2265/S	杨　洋	010-62811654	hnxb5109@ 126.com	www.hnxb.org	月
22	农业经济问题	中国农业经济学会/农经所	农业农村部	1980	学术类	信息与经济	王东阳	李玉勤	010-82108705	CN 11-1323/F	张宁宁	010-82109789	zhangningning@ caas.cn	www.iaecn.cn	月
23	农业技术经济	中国农业技术经济研究会/农经所	农业农村部	1982	学术类	信息与经济	王济民	李玉勤	010-82108705	CN 11-1883/S	张宁宁	010-82109789	zhangningning@ caas.cn	www.iaecn.cn	月
24	中国土壤与肥料	资划所/中国植物营养与肥料学会	农业农村部	1964	学术类	资源与环境	徐明岗	张　华	010-82109637	CN 11-5498/S ISSN 1673-6257	单秀枝	010-82108656	trfl@ caas.cn	chinatrfl.alljournal.net.cn	双月
25	植物营养与肥料学报	中国植物营养与肥料学会	农业农村部	1994	学术类	资源与环境	白由路	张　华	010-82109637	CN 11-3996/S ISSN 1008-505X	徐晓芹	010-82108653	zwyf@ caas.ac.cn zwyf@ chinajournal.net.cn	www.plantnutrifert.org	双月
26	中国农业资源与区划	资划所/全国农业资源区划办公室	农业农村部	1980	学术类	资源与环境	唐华俊	张　华	010-82109637	CN 11-3513/S ISSN 1005-9121	李　刚	010-82109628	quhuabjb@ caas.cn	www.cjarrp.com	月

（续表）

序号	刊物名称	主办单位	主管单位	创刊年份	类别	学科	主编	编辑部主任	电话	刊号	联系人	联系人电话	电子邮件	网址	刊期
27	中国农业信息	资划所	农业农村部	1989	技术类	信息与经济	王道龙	张　华	010-82109637	CN 11-4922/S ISSN 1672-0423	李　刚	010-82109628	zgnyxx001@ 126. com nyxxbjb@ caas.cn	www.cjarrp.com	半月
28	农业图书情报学刊	信息所	农业农村部	1984	学术类	信息与经济	贾善刚	刘　东	010-82109667	CN 11-2711/G2	孔晔晗	010-82109667	xuekan@ caas.cn	nytsqb.caas.cn	月
29	中国乳业	信息所	农业农村部	2002	技术类	畜牧	冯艳秋	赵京颐	010-82109890	CN 11-4768/S ISSN 1671-4393	聂迎利	010-82109890	zhgry@ caas.cn	www.ryzxw.com	月
30	生物技术通报	信息所	农业农村部	1985	学术类	综合	路铁刚	李　楠	010-82109903	CN 11-2396/Q ISSN 1002-5464	李　楠	010-82109903	biotech@ caas.cn linan@ caas.cn	biotech.caas.cn	月
31	农业网络信息	信息所	农业农村部	1986	技术类	信息与经济	刘世洪	赵京颐	010-82109657	CN 11-5065/TP ISSN 1672-6251	陈晓明	010-82109657	nywlxx@ caas.cn	aii.caas.net.cn/	月
32	农业展望	信息所	农业农村部	2005	技术类	信息与经济	许世卫	潘月红	010-82109913	CN 11-5343/S ISSN 1673-3908	潘月红	010-82109913	nyzy@ caas.cn	aii.caas.net.cn/	月
33	中国园艺文摘	信息所	农业农村部	1985	技术类	园艺	赵瑞雪	李文炬	010-82109897	CN 11-4921/S	李文炬	010-82109897	zgyywz@ caas.cn	aii.caas.net.cn/	月
34	中国猪业	信息所	农业农村部	2006	技术类	畜牧	冯艳秋	赵京颐 彭　华	010-82106275	CN 11-5435/S	彭　华	010-82106275	zhuye@ caas.cn	aii.caas.net.cn/	月
35	中国畜牧兽医文摘	信息所	农业农村部	1985	技术类	畜牧 兽医	刘继芳	刘　斌	010-82109897	CN 11-4919/S ISSN 1672-0857	刘　斌	010-82109924	zgxmsywz@ 126. com	zxwa. cbpt. cnki. net/WKD/Web-Publication/index. aspx? mid=zxwa	月
36	中国畜禽种业	信息所	农业农村部	2005	技术类	畜牧	孟宪学	杨　碚	010-82106255	CN 11-5342/S	张跃武	010-82106255	zgxq010@ 126. com	aii.caas.cn	月
37	农业科研经济管理	中国农学会	中国科协	1993	学术类	信息与经济	史志国	张　华	010-82109637	CN 11-3801/S ISSN 2095-3577	李　刚	010-82109628	nykygl@ 126.com	www.cjarrp.com	季

（续表）

序号	刊物名称	主办单位	主管单位	创刊年份	类别	学科	主编	编辑部主任	电话	刊号	联系人	联系人电话	电子邮件	网址	刊期
38	灌溉排水学报	灌溉所	水利部/农业农村部	1982	学术类	工程与机械	段爱旺	乔冬梅	0373-3393346	CN 41-1337/S ISSN 1672-3317	刘春成	0373-3393346	gfid@ sina.com	ggps.cbpt.cnki.net	双月
39	中国水稻科学	水稻所	农业农村部	1986	学术类	作物	程式华	阮刘青	0571-63370480	CN 33-1146/S ISSN 1001-7216	夏小东	0571-63370278	cjrs@ 263.net ruanlq@ 163.com	www.ricesci.cn	双月
40	*Rice Science*［水稻科学（英文版）］	水稻所	农业农村部	1990	学术类	作物	程式华	阮刘青	0571-63370480	CN 33-1317/S ISSN 1672-6308	李　冠	0571-63371017	li@ ricescience.org	www.ricescience.org	双月
41	中国稻米	水稻所	农业农村部	1995	技术类	作物	钱前	庞乾林	0571-63370368	CN 33-1201/S	庞乾林	13388608073	zgdm@ 163.com	www.zgdm.net	双月
42	中国棉花	棉花所	农业农村部	1958	技术类	作物	李付广	刘全义	0372-2525362/9	CN 41-1451/S ISSN 2096-5044 eISSN 2523-3254	曾志平	0372-2525369	journal@ cricaas.com.cn cottonsci@ gmail.com	journal.cricaas.com.cn	月
43	棉花研究（英文）	棉花所/中国农学会	农业农村部	2017	学术类	作物	李付广	刘全义	0372-2525362/9	CN 41-1451/S ISSN 2096-5044 eISSN 2523-3254	曾志平	0372-2525369	journal@ cricaas.com.cn cottonsci@ gmail.com	journal.cricaas.com.cn	季
44	棉花学报	中国农学会	中国科协	1989	学术类	作物	李付广	刘全义	0372-2525362/9	CN 41-1163/S ISSN 1002-7807	曾志平	0372-2525369	journal@ cricaas.com.cn cottonsci@ gmail.com	journal.cricaas.com.cn	双月
45	中国油料作物学报	油料所	油料所	1979	学术类	作物	廖伯寿	肖唐华	027-86813823	CN 42-1429/S ISSN 1007-9084	吴克力	13147160655	ylxb@ oilcrops.cn	www.jouroilcrops.cn	双月
46	中国油料作物学报（英文）	油料所	油料所	2014	学术类	作物	廖伯寿	肖唐华	027-86813823	CN 42-1861/S	董彩华	18907148250	ocs@ oilcrops.cn		季

（续表）

序号	刊物名称	主办单位	主管单位	创刊年份	类别	学科	主编	编辑部主任	电话	刊号	联系人	联系人电话	电子邮件	网址	刊期
47	中国麻业科学	麻类所	农业农村部	1979	学术类	作物	熊和平		0731-88998521	CN 43-1467/S ISSN 1671-3532	黎　宇	18900710623	csibfc@ sina.com	www.chinaibfc.com/zyzz/&i=46&comContentId=46.html	双月
48	中国果树	果树所	农业农村部	1959	技术类	果树	赵进春		0429-3598131	CN 21-1165/S ISSN 1000-8047	郝红梅	0429-3598131	zggsbjb@ vip.163.com	www.zggskj.com	双月
49	果树实用技术与信息	果树所	农业农村部	1994	科普类	果树	赵进春		0429-3598131	CN 21-1342/S	郝红梅	0429-3598131	gsjsxx@ 126.com	www.zggskj.com	月
50	果树学报	郑州果树所	农业农村部	1984	学术类	园艺	王志强	陈新平	0371-65330928	CN 41-1308/S ISSN 1009-9980	王　珂	0371-65330927	chinagsxb@ 163.com	gskk. cbpt. cnki.net/WKA/Web-Publication/index.aspx? mid=gskk	双月
51	中国瓜菜	郑州果树所	农业农村部	1988	技术类	园艺	刘君璞	陈新平	0371-65330928	CN 41-1374/S	代　军	0371-65330927	zggc@ 163.com	www.zzgss.cn/Qk/QkDefault.aspx?tid=3	双月
52	果农之友	郑州果树所	农业农村部	2000	技术类	园艺	陈新平	陈新平	0371-65330928	CN 41-1343/S	李艳萍	0371-65330949	gnzy@ 163.com	www.zzgss.cn/Qk/QkDefault.aspx?tid=1	月
53	中国茶叶	茶叶所	农业农村部	1979	学术类	园艺	黄　飞		0571-86650375	CN 33-1117/S	黄　飞	0571-86650375	zjf@ mail.tricaas.com	http：//www.caayee.com/	月
54	茶叶科学	中国茶叶学会	中国科协	1964	学术类	园艺	朱永兴	朱永兴	0571-86651902	CN 33-1115/S	朱永兴	0571-86651902	cykx@ vip.163.com	www.tea-science.com	双月
55	生物技术进展	茶叶所/生物所	农业农村部	2011	学术类	生物	林　敏	蔡晶晶	010-82109845	CN 33-1375/Q ISSN 2095-2341	刘　莹	010-82106118-802	curr_biotech@163.com prog_biotech@caas.cn	www.swjsjz.cn	双月
56	中国预防兽医学报	哈尔滨兽医所	农业农村部	1979	学术类	兽医	步志高	赵晓岩	18946066140	CN 23-1417/S ISSN 1008-0589	赵晓岩	18946066140	zhaoxiaoyan2080@ aliyun.com	www.zgyfsyxb.com	月

（续表）

序号	刊物名称	主办单位	主管单位	创刊年份	类别	学科	主编	编辑部主任	电话	刊号	联系人	联系人电话	电子邮件	网址	刊期
57	畜牧兽医科技信息	哈尔滨兽医所	农业农村部	2002	技术类	畜牧、兽医	王笑梅	秦红丽	0451-51997179	CN 23-1501/S ISSN 1671-6027	秦红丽	0451-51997179	Xmsykjxx2004@sohu.com		月
58	中国兽医科学	兰州兽医所	农业农村部	1971	学术类	兽医	殷 宏	张文举	0931-8342195	CN 62-1192/S ISSN 1673-4696	张文举	13919450537	zgsykx@zgsykx.com	www.zgsykx.com	月
59	中国草食动物科学	兰州牧药所	农业农村部	1981	学术类	畜牧	阎 萍	魏云霞	0931-2115279	CN 62-1206/Q ISSN 2095-3887	肖玉萍	0931-2115279	xumuchj@163.com	zgcsdw.periodicals.net.cn/	双月
60	中兽医医药杂志	中兽医所	农业农村部	1982	学术类	兽医	杨志强	赵四喜	0931-2115280	CN 62-1063/R ISSN 1000-6354	王华东	0931-2115280	zsyyyzz@periodicals.net.cn zhaosixi@sina.com		双月
61	中国动物传染病学报	上海兽医所	农业农村部	1993	学术类	兽医	童光志		021-34293142	CN 31-2031/S ISSN 1674-6422	郑海红	021-34293142	bianjibu@shvri.ac.cn	www.shvri.ac.cn/zazhi/	双月
62	中国草地学报	草原所	农业农村部	1979	学术类	作物	侯向阳	刘天明	0471-4926880	CN 15-1344/S ISSN 1673-5021	刘天明	0471-4926880	zgcdxb@126.com	www.gricaas.net/web/news.asp?nc=13.80	双月
63	特产研究	特产所/中国农学会特产学会	农业农村部	1962	技术类	综合	杨福合	刘艳环	0431-81919588	CN 22-1154/S ISSN 1001-4721		13804326623	tcyjbjb@126.com		季
64	特种经济动植物	特产所	农业农村部	1982	技术类	综合	杨福合	周淑荣	0431-81919599	CN 22-1155/S ISSN 1001-4713		15943088623	tzjjdzw@126.com		月
65	农业资源与环境学报	环保所/中国农业生态环境保护协会	农业农村部	1984	学术类	资源与环境	任天志	李无双	022-23611149	CN 12-1437/S ISSN 2095-6819	肖 洁	022-23611102	caed@vip.163.com	www.aed.org.cn	双月
66	农业环境科学学报	环保所/中国农业生态环境保护协会	农业农村部	1982	学术类	资源与环境	李文华	李无双	022-23674336	CN 12-1347/S ISSN 1672-2043	潘淑君	022-23674336	caep@vip.163.com	www.aes.org.cn	月

（续表）

序号	刊物名称	主办单位	主管单位	创刊年份	类别	学科	主编	编辑部主任	电话	刊号	联系人	联系人电话	电子邮件	网址	刊期
67	中国沼气	沼科所/中国沼气学会	农业农村部	1983	学术类	工程与机械	张凤桐	任晓斌	028-85230681	CN 51-1206/S ISSN 1000-1166	杨雅涵	13880092462	zhongguozhaoqi1983@ vip.163.com		双月
68	中国农机化学报	农机化所	农业农村部	1957	学术类	工程与机械	陈巧敏		025-84346296	CN 32-1123/S ISSN 1006-7205	凌小燕	025-84346270	jcam@ vip.163.com		双月
69	农业开发与装备	农机化所	农业农村部	1995	学术类	工程与机械	陈巧敏	胡进鑫	025-84346221	CN 32-1779/TH ISSN 1673-9205	胡进鑫	025-84346221	njjzy2189@ sina.com	www.nriam.com/njjzy	月
70	中国烟草科学	烟草所	农业农村部	1979	学术类	作物	王树声	梁晓芳	0532-88703238	CN 37-1277/S ISSN 1007-5119	梁晓芳	13515327122	liangxiaofang@caas.cn	www.zgyckx.com.cn	双月

中国农业科学院通信录

单位名称	通信地址	邮编	区号	电话	传真
院办公室	北京市海淀区中关村南大街12号	100081	010	82105101	82103005
科技管理局	北京市海淀区中关村南大街12号	100081	010	82109427	82105534
人事局	北京市海淀区中关村南大街12号	100081	010	82109437	82109431
财务局	北京市海淀区中关村南大街12号	100081	010	82105658	82105668
基本建设局	北京市海淀区中关村南大街12号	100081	010	82105586	82105581
国际合作局	北京市海淀区中关村南大街12号	100081	010	82106756	62174060
成果转化局	北京市海淀区中关村南大街12号	100081	010	82105192	82105540
直属机关党委	北京市海淀区中关村南大街12号	100081	010	82105707	82105707
监察局	北京市海淀区中关村南大街12号	100081	010	82105096	82109502
后勤服务中心	北京市海淀区中关村南大街12号	100081	010	82109668	82109668
研究生院	北京市海淀区中关村南大街12号	100081	010	82109689	82106609
作物科学研究所	北京市海淀区中关村南大街12号	100081	010	82109715	82105819
植物保护研究所	北京市海淀区圆明园西路2号	100193	010	62815905	62895365

（续表）

单位名称	通信地址	邮编	区号	电话	传真
蔬菜花卉研究所	北京市海淀区中关村南大街 12 号	100081	010	82109520	62146160
农业环境与可持续发展研究所	北京市海淀区中关村南大街 12 号	100081	010	82109567	82109567
北京畜牧兽医研究所	北京海淀区圆明园西路 2 号	100193	010	62815851	62895372
蜜蜂研究所	北京市海淀区香山北沟 1 号	100093	010	62596028	62596122
饲料研究所	北京市海淀区中关村南大街 12 号	100081	010	82109812	82106054
农产品加工研究所	北京市海淀区圆明园西路 2 号	100193	010	62815836	62895382
生物技术研究所	北京市海淀区中关村南大街 12 号	100081	010	82106405	82106405
农业经济与发展研究所	北京市海淀区中关村南大街 12 号	100081	010	82109801	62187545
农业资源与农业区划研究所	北京市海淀区中关村南大街 12 号	100081	010	82109640	82106225
农业信息研究所	北京市海淀区中关村南大街 12 号	100081	010	82109915	82103127
农业质量标准与检测技术研究所	北京市海淀区中关村南大街 12 号	100081	010	82106515	82106500
农业部食物与营养发展研究所	北京市海淀区中关村南大街 12 号	100081	010	82105179	82105184
中国农业科学技术出版社	北京市海淀区中关村南大街 12 号	100081	010	82109700	82109700
农田灌溉研究所	河南省新乡市牧野区宏力大道（东）380 号	453002	0373	3393354	3393344
中国水稻研究所	浙江省杭州市富阳区新桥水稻所 28 号	310006	0571	63370235	63370989

（续表）

单位名称	通信地址	邮编	区号	电话	传真
棉花研究所	河南省安阳市黄河大道西段 38 号	455000	0372	2562200	2562256
油料作物研究所	湖北省武汉市武昌区徐东二路 2 号	430062	027	86811837	86816451
麻类研究所	湖南省长沙市岳麓区咸嘉湖西路 348 号	410205	0731	88998505	88998528
果树研究所	辽宁省兴城市兴海南街 98 号	125100	0429	3598299	3598288
郑州果树研究所	河南省郑州市未来路南端	450009	0371	65330901	65330987
茶叶研究所	浙江省杭州市梅灵南路 9 号	310008	0571	86650115	86650056
哈尔滨兽医研究所	黑龙江省哈尔滨市香坊区哈平路 678 号	150069	0451	51997177	51997166
兰州兽医研究所	甘肃省兰州市城关区盐场堡徐家坪 1 号	730046	0931	8342489	8340977
兰州畜牧与兽药研究所	甘肃省兰州市七里河区硷沟沿 335 号	730050	0931	2164180	2115191
上海兽医研究所	上海市闵行区紫月路 518 号	200241	021	54082828	54081818
草原研究所	内蒙古呼和浩特市新城区乌兰察布东街 120 号	010010	0471	4961330	4961330
特产研究所	吉林省长春市净月经济开发区聚业大街 4899 号	130112	0431	81919856	81919800
环境保护科研监测所	天津市南开区复康路 31 号	300191	022	23613820	23613820
沼气科学研究所	四川省成都市人民南路四段 13 号	610041	028	85230685	85230685
南京农业机械化研究所	江苏省南京市玄武区中山门外柳营 100 号	210014	025	84346267	84432672

（续表）

单位名称	通信地址	邮编	区号	电话	传真
烟草研究所	山东省青岛市崂山区科苑经四路 11 号	266101	0532	88701806	88702056
深圳农业基因组研究所	广东省深圳市大鹏新区鹏飞路 7 号	518120	0755	23250160	23251430
都市农业研究所	四川省成都市天府新区科学城湖畔西路 99 号天府青蓉 D 区 B1 栋 2 楼	610213	028	80203183	80203191
家禽研究所	江苏省扬州市邗江区仓颉路 58 号	225125	0514	85599000	85599010
柑橘研究所	重庆市北碚区歇马镇柑橘村 15 号	400712	023	68349709	68349709
农业遗产研究室	江苏省南京市卫岗 1 号南京农业大学院内	210095	025	84396771	84396771
水牛研究所	广西南宁市邕武路 24－1 号	530001	0771	3338589	3338814
草原生态研究所	甘肃省兰州市嘉峪关西路 768 号	730020	0931	8913074	8913074
甘薯研究所	江苏省徐州市经济技术开发区徐海路高铁站北	221131	0516	82189208	82189209
蚕业研究所	江苏省镇江市四摆渡	212018	0511	85616572	85628183
军事兽医研究所	吉林省长春市净月经济开发区柳莺西路 666 号	130122	0431	86985807	86985889
中国农业科学院资产经营公司	北京市海淀区中关村南大街 12 号	100081	010	62189180	62189189
甜菜研究所	黑龙江省哈尔滨市南岗区学府路 74 号	150080	0451	86609312	86609312

各省、自治区、直辖市农（牧、林）业科学院通信录

单位名称	通信地址	邮编	区号	电话	传真
北京市农林科学院	北京市海淀区曙光中路11号	100097	010	51503241	51503300
天津市农业科学院	天津市南开区白堤路268号	300192	022	23678666	23678667
河北省农林科学院	河北省石家庄市和平西路598号	050051	0311	87652019	87066140
山西省农业科学院	山西省太原市龙城大街81号	030031	0351	7073032	7040092
内蒙古自治区农牧业科学院	内蒙古呼和浩特市玉泉区昭君路22号	010031	0471	5295455	5295644
辽宁省农业科学院	辽宁省沈阳市沈河区东陵路84号	110161	024	31027396 31023112 （一楼大厅收发室）	31027397
吉林省农业科学院	吉林省长春市生态大街1363号	130033	0431	87063015 87063030	87063028
黑龙江省农业科学院	黑龙江省哈尔滨市南岗区学府路368号	150080	0451	86662295	86662295
黑龙江省农垦科学院	黑龙江省哈尔滨市香坊区香福路101号	154007	0451	55399306	55399306
上海市农业科学院	上海市奉贤区金齐路1000号	201403	021	62200183	62201221
江苏省农业科学院	江苏省南京市孝陵卫钟灵街50号	210014	025	84390012	84392233

（续表）

单位名称	通信地址	邮编	区号	电话	传真
浙江省农业科学院	浙江省杭州市德胜中路 298 号	310021	0571	86404011	86400481
安徽省农业科学院	安徽省合肥市庐阳区农科南路 40 号	230031	0551	65160537	62160337
福建省农业科学院	福建省福州市五四路 247 号	350003	0591	87884606	87884262
江西省农业科学院	江西省南昌市南昌县莲塘北大道 1738 号	330200	0791	87090310	87090001
山东省农业科学院	山东省济南市工业北路 202 号	250100	0531	83179224	88604644
河南省农业科学院	河南省郑州市花园路 116 号	450002	0371	65729140 65723784	65711374
湖北省农业科学院	湖北省武汉市洪山区狮子山街南湖大道 29 号	430064	027	87389499	87389499
湖南省农业科学院	湖南省长沙市芙蓉区远大二路 892 号	410125	0731	84691212 84691327	84691624
广东省农业科学院	广东省广州市天河区金颖路 29 号	510640	020	85516501 87511099	87503358
广西壮族自治区农业科学院	广西南宁市大学东路 174 号	530007	0771	3243866 3248710	3244521
海南省农业科学院	海南省海口市兴丹路 14 号	571100	0898	65369365 65231208	65314539
四川省农业科学院	四川省成都市锦江区静居寺路 20 号	610066	028	84504011	84504198
重庆市农业科学院	重庆市九龙坡区白市驿镇农科大道	401329	023	65705208	65703532
贵州省农业科学院	贵州省贵阳市花溪区金欣社区	550006	0851	83761026	83761504

（续表）

单位名称	通信地址	邮编	区号	电话	传真
云南省农业科学院	云南省昆明市北京路2238号	650200	0871	65136637	65136633
西藏自治区农牧科学院	西藏拉萨市金珠西路130号	850000	0891	6862174	6862174
西北农林科技大学（陕西省农业科学院）	陕西省杨凌示范区	712100	029	87082809 87080678	87082810
甘肃省农业科学院	甘肃省兰州市安宁区农科院新村1号	730070	0931	7616187	7616187
青海省农林科学院	青海省西宁市城北区宁大路253号	810016	0971	5311151	5311192
宁夏农林科学院	宁夏银川市黄河东路590号	750002	0951	6886710	6886712
新疆农业科学院	新疆乌鲁木齐市南昌路403号	830091	0991	4502057 4500711	4516057
新疆畜牧科学院	新疆乌鲁木齐市经济技术开发区阿里山街468号	830011	0991	3075180	3075183
中国热带农业科学院（华南热带农业大学）	海南省海口市城西学院路4号	571101	0898	66962965 66968965	66962904

农业农村部有关司局及直属单位电话号码

单位	电话	单位	电话	单位	电话
办公厅值班室	010-59192316	渔业渔政管理局	010-59192936	中国农业电影电视中心	010-82101700
中央农办秘书局	010-59191884	农垦局	010-59192648	农民日报社	010-85834842
人事司	010-59192510	种业管理司	010-59192813	中国农业出版社	010-59195133
法规司	010-59192730	农业机械化管理司	010-59192822	中国农村杂志社	010-68250953
政策与改革司	010-59193108	农田建设管理司	010-59191293	中国农民体育协会	010-59194391
发展规划司	010-59192532	机关党委	010-59192416	管理干部学院、党校、中央农业干部教育培训中心	010-81706299 010-81708543
计划财务司	010-59191178	驻部纪检监察组	010-59192480	人力资源开发中心（农学会）	010-59194203
乡村产业发展司	010-59191899	离退休干部局	010-59192411	农村经济研究中心	010-66115901
农村社会事业促进司	010-59192668	长江流域渔政监督管理办公室	010-59193091	农产品质量安全中心	010-59198500
农村合作经济指导司	010-59193160	机关服务局	010-59192225	中国绿色食品发展中心	010-62122266
市场与信息化司	010-59193146	农业农村部信息中心	010-59192709	规划设计研究院	010-59196868

（续表）

单位	电话	单位	电话	单位	电话
国际合作司	010-59192440	农业农村部国际交流服务中心	010-59191510	工程建设服务中心	010-59193925
科技教育司	010-59193024	农林水利审计局	010-59192601	财会服务中心、中华农业科教基金会	010-59194361
农产品质量安全监管司	010-59193168	中国水产科学研究院	010-68673938	对外经济合作中心	010-59194805
种植业管理司	010-59192806	中国热带农业科学院	0898-66962965	农业贸易促进中心	010-59194627
畜牧兽医局	010-59191873	全国农业展览馆	010-65919095	中央农业广播电视学校	010-59196013
科技发展中心	010-59199373	农业机械化技术开发推广总站	010-59198610	农村社会事业发展中心	010-59199656
农业生态与资源保护总站	010-59196397	全国畜牧总站、中国饲料工业协会	010-59194609	全国水产技术推广总站	010-59195075
全国农业技术推广服务中心	010-59194544	中国动物疫病预防控制中心	010-59194743	中国水产学会	010-59199606
农药检定所	010-59194067	中国兽医药品监察所	010-62160625	华龙实业发展有限责任公司	010-59194432
农业机械试验鉴定总站	010-59199017	中国农垦经济发展中心	010-59199506		

有关单位通信录

单位	通信地址	邮编	区号	电话	电子邮件
科学技术部	北京市复兴路乙15号	100862	010	58881800	
国家发展和改革委员会	北京市西城区月坛南街38号	100824	010	68502000	bgt@ ndrc. gov. cn
国家机关事务管理局	北京市西城区西安门大街22号	100017	010	66036447	webmaster@ ggj. gov. cn
中国农业大学	北京市海淀区圆明园西路2号	100094	010	62736673	xbglq@ cau. edu. cn
中国农学会	北京市朝阳区麦子店街22号	100125	010	59194203	
中国科学技术协会	北京市海淀区复兴路3号	100863	010	68571878	